"十二五"普通高等教育本科国家级规划教材

# 机械原理

**第3版**


武汉科技大学机械原理教研组　组编

主编　廖汉元　孔建益

参编　杨金堂　李　佳　闻欣荣

汤　勃　侯　宇　邹光明

李公法

主审　翁海珊


机械原理课程概述

扫码观看视频讲解


机械工业出版社

本书主要介绍机构及机械分析与综合的基本理论与方法。全书包括概论、机构的结构分析、平面机构的运动分析、机构的力分析、机构的型综合、平面连杆机构、优化方法及机构优化设计、凸轮机构、直齿圆柱齿轮机构、其他齿轮机构、齿轮系等典型机构的分析与综合，在此基础上介绍了组合机构及机构系统设计，传动系统设计中的机械运转及调速和机械的平衡等机械动力学方面的内容。

本书的特点在于根据当今工程设计的要求对机械原理教材内容进行了取舍和增补，并按设计程序安排顺序，根据科技发展的要求，与现代计算机技术与方法相结合。本书全部采用解析方法，且各章配有习题，附录编有计算机程序。阅读本书必须具备高等数学、理论力学、线性代数和算法语言等基础知识。

本书是作为高等院校工科大学教材编写的，也可供工程技术人员自学参考。

**图书在版编目（CIP）数据**

机械原理/廖汉元，孔建益主编．—3版．—北京：机械工业出版社，2013.5（2025.7重印）
“十二五”普通高等教育本科国家级规划教材
ISBN 978-7-111-41529-9

Ⅰ．①机…　Ⅱ．①廖…②孔…　Ⅲ．①机构学—高等学校—教材
Ⅳ．①TH111

中国版本图书馆CIP数据核字（2013）第031258号

机械工业出版社（北京市百万庄大街22号　邮政编码100037）
策划编辑：刘小慧　责任编辑：刘小慧　韩旭东　邓海平　赵亚敏
版式设计：霍永明　责任校对：肖　琳
封面设计：张　静　责任印制：常天培
河北虎彩印刷有限公司印刷
2025年7月第3版第9次印刷
184mm×260mm・23.5印张・564千字
标准书号：ISBN 978-7-111-41529-9
定价：59.80元

电话服务　　网络服务
客服电话：010-88361066　机　工　官　网：www.cmpbook.com
010-88379833　机　工　官　博：weibo.com/cmp1952
010-68326294　金　书　网：www.golden-book.com
**封底无防伪标均为盗版**　机工教育服务网：www.cmpedu.com

# 第3版前言

受编撰组委托撰写本教材第3版前言。庚寅本命逾古稀，方知人老多忆昔。

20世纪70年代末召开的全国《机械原理》新教材研讨会还历历在目，聆听众多前辈同行的教诲使我受益匪浅。由天津大学等五院校主编的《机械原理》新教材一改原有“几何学派”统治教材内容的格局，加入了不少解析法的内容。如张启先先生有关低副机构的运动分析、唐锡宽先生有关广义质量替代、陈立周先生有关优化方法等新的教材内容，给我很深的印象并引起我极大的兴趣和关注，但图解法仍是教材的主导内容。长期以来，由于图解法是教材的“精华”，大家对完全废弃图解法意见不一，所以教材内容未见本质改变。随着科学技术的进步，原有《机械原理》教材以图解法为主的体系已不能满足工程设计的需要。大家逐渐认识到放弃精度差、内容陈旧落后的图解法势在必行，创建一本以培养机械系统设计和创新能力为主线，采用现代计算方法的全解析法《机械原理》是本教材改革的方向。我和我的同仁经多年不懈探求，终于在1998年出版了全解析法的《机械原理》第2版，现今已使用了十多个春秋。从同仁、学生的评价和教学中取得的成果来看，教材改革是成功的。新版之际，希望再得到同行的建议和斧正，以期完美。

本教材特点如下：

1. 先进性

放弃落后的图解方法完全采用解析方法；机构综合采用现代设计方法，在分析与设计中，应用计算数学及优化的有关知识与方法，以期达到能应用给出的程序进行机构设计计算之目的。

2. 实用性和系统性

机械原理是一门与专业紧密相关、培养机构设计方法和机械系统创新设计能力的专业基础课，因此具有很强的实用性和系统性。但现有教材各章孤立，互不呼应，使学生感到学完课程后仍对“设计”一无所知。因此，教材的改革应从实用的观点以设计为主线实现其系统性。

建立以机械系统设计和培养创新能力为主线，以设计程序为顺序选择和安排教学内容的教材新体系。此教材新体系为：绪论（机构及其应用、设计方法简介——建立感性认识）→机构设计基础（机构的结构分析、运动分析、力分析——机构设计的基础）→机构型综合创新实践（机构型综合的连杆组合法——机构设计基础的应用）→典型机构的尺度综合（机构型综合的进一步深化——机械系统设计的基础）→机械系统设计（组合机构和机械系统设计方法）→机械系统的动力学（完成机械系统的完整设计）。这种新体系达到了实用性和系统性的完美统一。为把各章内容按设计程序有机地结合起来，多数章节的习题中安排有某一机器（如飞剪机）的分析设计，并与授课同步进行，这样在课程结束时学生已接受了单体机械设备完整分析设计的初步训练。

3. 创新性

教材内容应与时代发展相适应，有所发展和创新。教材有较大改变和更新的内容为：①机构型综合的创造技法（数值分析的机构型综合连杆组合法）；②高级别机构的Newton-Raphson 迭代法；③高副机构及两自由度机构的运动分析；④将圆柱齿轮机构改为以变位齿轮为主线编写，标准齿轮为其特例，并对内容作了较大删减；⑤介绍了优化方法和机构优化设计的建模方法；⑥首次提出的计入摩擦力分析的线性化法；⑦建立平面连杆机构尺度综合的全解析方法；⑧介绍了近年来的研究热点——受控五杆机构。

4. 本书为新形态教材

本书以二维码形式引入了课程讲解视频和部分动画演示视频，帮助学生更好地理解机械原理课程的重要性和学习方法，以及重难点知识；同时，部分章节以二维码形式引入了“中国创造：外骨骼机器人”“冯如的飞机”“歼击机”等拓展学习视频，将党的二十大精神融入其中，树立学生对中国特色社会主义的道路自信、理论自信、制度自信、文化自信，培养学生的科技自立自强意识，助力培养德才兼备的拔尖创新人才。

5. 开发了 PPT 教学课件

多媒体教学手段不仅使学生在课堂中能体验工程实际的动态感受，大大加强了学生对工程机械的感性认识和对本课程的学习热情，还可解决学时少与内容新、多、深间的矛盾。多媒体课件把图形、动画、音响、文字、机构仿真、录像等有机地组合起来，生动形象地描述教学内容，使无声的教材变成一位活跃在屏幕上的经验丰富的教师。本教材 PPT 教学课件有如下特点：

1）画面具有与理论推导的同步性。画面的切换与理论推导同步，将理论推导过程形象化以加深学生的理解与印象。

2）实际工程机械运动的可视性。将实际工程机械的运动用动画演示，使学生在课堂上即可体验工程机械的实际工作过程。

3）实验和加工过程的演示性。将实验和加工过程用动画或仿真代替。

4）本课件融合了丰富的教学方法。①启发式教学法——用自问、提问、讨论等多种形式启发思维与求知欲望，使学生集中精力地参与教学；②模式教学法——将某一理论、原理或概念，按照一定的模式进行从感性到理性、从抽象到具体的加工，使其变为具体的便于理解的图形；③设疑教学法——在讲解某一原理、方法、问题时，先有意地设置疑难问题，然后讲解解决问题的方法，以加深理解；④准实践教学法——利用计算机、多媒体等现代化教学手段，模拟、展现实体的特征与动态，以加深学生对实体的认识与理解，并激发学生的学习热情。

5）便于师生使用。多媒体课件分为备课（自学）版、精简版和图表汇总版三种版本。备课（自学）版可满足教师备课或学生自学之需要；精简版能使教师事半功倍地授课；采用图表汇总版授课能充分地发挥教师的主观能动性。

本书与第 2 版相比，对圆柱齿轮机构和受控五杆机构进行了较大修改，其他各章节针对使用中发现的错误和不足进行了修订。全书由廖汉元、孔建益修改审定，各章修改分工如下：廖汉元第 3 版前言，孔建益第一章，李佳第二章、第十一章，李公法第三章、第七章，侯宇第四章、第五章，杨金堂第六章、附录和参考文献，邹光明第八章、第十二章，闻欣荣第九章、第十章，汤勃第十三章、第十四章。

本书是高等工科院校大学教材，也可供工程技术人员自学参考。

由于水平有限，遗误不妥之处难免，恳望同仁及广大读者批评指正。

廖汉元

# 第2版前言

本教材自1998年出版以来，已经历九年的教学实践。由于本教材适应社会发展和科学进步的要求，以设计程序建立教材新体系，对教材内容进行了充实与更新，使得在机械原理教学中对学生在形象思维能力、计算分析能力、发散思维、创新能力和工程实践能力的培养方面取得了可喜的进步。凡此种种说明，本教材在教学内容和设计方法的增减、取舍，建立以机械系统设计和培养创新能力为主线，以设计程序为顺序选择和安排教学内容的教材新体系等方面是成功的。再版之际，希望得到同行的批评和建议，以期更加完善。

本教材是以设计程序为顺序选择和安排教学内容的教材新体系，把各章孤立的内容有机地结合起来，以求达到实用性和系统性的统一。本教材有如下特点：

1. 机构的分析与综合全部采用解析法，以满足科学技术进步的需要。

2. 应用现代设计方法、计算数学及优化有关知识与方法，以期达到能利用给出的程序进行机构设计计算之目的，使学生的理论水平和设计、计算应用技能有大幅度提高。教材附录中给出了若干可应用的计算机程序。

3. 教材内容在下列方面有所发展和创新：

1）机构型综合的创造技法（数值分析的机构型综合连杆组合法）。

2）高级别机构运动分析的 Newton-Raphson 迭代法。

3）高副机构及两自由度机构的运动分析及五杆两自由度机构简介。

4）优化方法简介及机构的优化设计。

5）计入摩擦的机构非线性力分析的线性化法。

4. 备有电子教案及课件。多媒体课件分为备课（自学）版、精简版和图表汇总版三种版本。备课（自学）版可满足教师备课或学生自学之需要；教师采用精简版能事半功倍方便地授课；采用图表汇总版授课能充分发挥教师的主观能动性。

在第1版使用中也发现一些错误和不足，再版时重新进行了修改并加以完善。由于工作等情况变迁，编撰、修改人员有所变更。本书第一、三、八、十四等章由廖汉元编撰；第二、十一章由李佳编撰；第四、七、十二章由孔建益编撰；第五章由侯宇编撰；第六章及附录由杨金堂编撰；第九章及第十章由闻欣荣编撰；第十三章由汤勃编撰。全书由杨金堂刊校；课件模块的交互控制和功能控制系统及有关动画由汤勃、侯宇、李佳等完成，研究生李公法、刘源炯、刘怀广、田松、曾国华、周艳、魏静、赵志杰等参与该项工作，在此表示由衷地感谢。全书由廖汉元、孔建益负责主编。

此次修订得到北京科技大学翁海珊教授认真的审阅和悉心的指导，谨此表示衷心感谢！

本书是工科院校大学教材，也可供工程技术人员自学参考。

由于水平有限，遗误不妥之处难免，恳望同仁及广大读者批评指正。

编　者

# 第1版前言

随着科学技术的进步，现代计算方法和计算机技术得到迅速发展和广泛应用。原有《机械原理》教材以图解法为主的体系已不能满足工程设计的需要。编者结合教学、科研实践补充了其他《机械原理》教材的不足，本书完全采用解析方法。编著本书考虑到以下原则：

（1）适应教学改革的要求。拓宽基础，淡化专业是教学改革的重要精神，《机械原理》学时势必减少。以解析法研究机构的分析与综合必可得到事半功倍之效果。

（2）加强机构型综合的内容。原有教材重视机构的尺度综合，对机构的型综合强调不够。本书增加机构型综合的连杆组合法，并单独作为一章。连杆组合法是一种以数字综合形式表示的机构型综合创造技法，其最大特点是具有强烈的散发性思维成分，可以启发设计者创造新机构。在此基础上并介绍组合机构及机械传动系统设计。

（3）删去图解法内容。图解法的取舍及其在教材中的地位，意见不一为时已久。尽管图解法具有直观简明之优点，但也存在着精确度差，难以建立运动参数与尺度参数间的关系等缺点，特别是当机构复杂时无法综合出最佳的机构尺寸。因此，用图解法作为研究机构的主要手段已不能适应现代设计之要求。本书在连杆机构型综合和尺度综合、计入摩擦的机构力分析、高级别机构的分析与设计、机构平衡、两自由度机构等内容提出了分析与设计的解析方法。这也是用解析法编著本书的重点、难点和特点。

（4）与现代设计方法相结合。为分析与综合机构并使其达到最佳的性能，本书在分析与设计中应用了计算数学及优化的有关知识与方法。这方面的知识对于当代的工科大学生来说，是非常需要的。

本书是以其他《机械原理》教材为基础，结合编著者教学与科研实践，根据科学技术发展的需要重新增补编排后撰写的。本书在内容先后安排上考虑实际工程中机构综合的程序，因此与教学过程同步安排一个课外大作业可以把本书基本内容有机联系起来，为课程设计打下良好的基础。全书共分十四章，主要介绍机构及机械分析与综合的基本理论与方法。全书包括概论、机构的结构分析、运动分析、力分析、机构的型综合、优化方法简介以及连杆机构、凸轮机构、齿轮机构、轮系等典型机构的分析与综合。在此基础上介绍了组合机构和传动系统的设计以及机械平衡、调速等机械动力学方面的内容。每章后均有数量较多的习题，书后附录编入了机构分析与综合及机构优化设计等计算机程序。

本书第一、三、五、六、八、十四等章及各章习题、附录由廖汉元编写；第四、七、十二章由孔建益编写；第九章及第十章部分内容由钮国辉编写；第十三章由励明德编写；第十一章由鞠远萍和勾频编写；第二章由李佳编写；第十章部分内容由闻欣荣编写。全书计算机程序由胡晓涛复核。全书由廖汉元、孔建益、钮国辉主编。

本书承华中理工大学廖道训、武汉汽车工业大学张斌、武汉交通科技大学肖先镛、武汉冶金科技大学李友荣四位教授审阅，由廖道训教授主审。他们提出了很多宝贵的意见，为提高本书的质量给予了很大的帮助，在此谨致以衷心的谢意！本书在编写过程中，还得到了李钢林、马慧、孔建利的大力帮助，在此也深表谢意！

本书是作为高等院校工科大学教材编写的，也可供工程技术人员自学参考。

由于水平有限，遗误不妥之处难免，恳望同仁及广大读者批评指正。

编　者

# 目　录


第 3 版前言

第 2 版前言

第 1 版前言

**第一章　概论** …… 1

第一节　本课程的研究内容 …… 1

第二节　机构的分析与综合及其方法 …… 2

第三节　学习本课程的目的与方法 …… 7

**第二章　机构的结构分析** …… 10

第一节　概述 …… 10

第二节　平面机构自由度及其计算 …… 13

第三节　机构的组成 …… 17

第四节　平面机构的高副低代 …… 20

第五节　机构运动简图 …… 21

习题 …… 24

**第三章　平面机构的运动分析** …… 29

第一节　概述 …… 29

第二节　Ⅱ级机构的运动分析 …… 30

*第三节　高级别机构的运动分析 …… 34

*第四节　多杆机构的运动分析方法 …… 39

*第五节　两自由度机构的运动分析方法 …… 40

*第六节　高副机构的运动分析方法 …… 41

第七节　速度瞬心及其位置确定 …… 44

习题 …… 47

**第四章　机构的力分析** …… 53

第一节　概述 …… 53

第二节　运动副反力及构件组静定条件 …… 55

第三节　不考虑摩擦的机构力分析 …… 59

第四节　考虑摩擦的机构力分析 …… 66

第五节　机械效率与机械自锁 …… 72

习题 …… 79

**第五章　机构的型综合** …… 86

第一节　概述 …… 86

第二节　机构型综合的连杆组合法及其分类 …… 87

第三节　机构型综合的基本机构分类法 …… 98

习题 …… 104

**第六章　平面连杆机构** …… 105

第一节　概述 …… 105

第二节　连杆机构的运动特性 …… 107

第三节　机构综合的位移矩阵法 …… 113

第四节　机构综合的代数式法 …… 130

*第五节　受控五杆机构简介 …… 136

习题 …… 141

**第七章　优化方法及机构优化设计** …… 147

第一节　概述 …… 147

*第二节　优化问题的几何描述 …… 151

*第三节　约束最优化的一般概念 …… 152

*第四节　随机搜索法 …… 154

*第五节　复合形法 …… 157

第六节　机构优化设计 …… 162

习题 …… 173

**第八章　凸轮机构** …… 176

第一节　概述 …… 176

第二节　从动件常用运动规律及其选择 …… 179

第三节　凸轮的轮廓曲线设计 …… 185

第四节　凸轮机构的结构参数 …… 188

*第五节　圆柱凸轮机构简介 …… 195

习题 …… 198

**第九章　直齿圆柱齿轮机构** …… 201

第一节　概述 …… 201

第二节　渐开线及其特性 …… 202

第三节　齿轮的基本参数 …… 205

第四节　齿廓啮合基本定律 …… 208

第五节　渐开线齿廓及齿轮传动的特性 …… 209

第六节　齿轮加工 …… 213

第七节　齿轮机构的几何尺寸计算 …… 219

第八节　齿轮机构的传动设计 …… 221

习题 …… 228

**第十章　其他齿轮机构** …… 231

第一节　斜齿圆柱齿轮机构 …… 231

第二节　蜗杆蜗轮 …… 238

第三节　锥齿轮机构 …… 242

*第四节　非渐开线齿廓的齿轮机构 …… 248

* 第五节　非圆齿轮机构 …… 253
习题 …… 255

**第十一章　齿轮系 …… 256**
第一节　定轴轮系及其传动比计算 …… 256
第二节　周转轮系及其传动比计算 …… 258
第三节　复合轮系及其传动比计算 …… 262
第四节　轮系的功用 …… 265
* 第五节　行星轮系的效率及选型 …… 268
* 第六节　行星轮系各轮齿数和行星轮数的选择 …… 271
* 第七节　渐开线少齿差行星传动、摆线针轮传动及谐波齿轮传动 …… 274
习题 …… 279

**第十二章　组合机构及机构系统设计 …… 285**
第一节　概述 …… 285
第二节　机构组合的方式 …… 286
第三节　常见组合机构的运动设计 …… 290
第四节　机构系统的方案设计 …… 297
第五节　机构系统的协调设计 …… 303
习题 …… 307

**第十三章　机械运转及调速 …… 308**
第一节　概述 …… 308
第二节　机器运动的等效量及其动力学模型 …… 310
第三节　机械的运动方程式 …… 314
第四节　机械系统的真实运动规律 …… 315
第五节　机械系统周期性速度波动的调节 …… 319
习题 …… 326

**第十四章　机械的平衡 …… 331**
第一节　概述 …… 331
第二节　刚性转子的平衡原理 …… 331
第三节　转子的平衡试验及平衡精度 …… 335
* 第四节　平面连杆机构质量矩平衡方法 …… 339
第五节　平面连杆机构惯性力平衡的适用方法 …… 345
习题 …… 350

**附录 …… 354**
附录 A　求解线性方程组的高斯主元消去法子程序 …… 354
附录 B　优化方法及其源程序 …… 355
附录 C　位移矩阵法及其程序 …… 359

**参考文献 …… 363**


---

带 * 的章节是选学内容。

# 第一章　概　　论

## 第一节　本课程的研究内容

**机器**这个词我们并不陌生，如汽车、拖拉机、机车、起重机、机床、纺织机、轧钢机、包装机、破碎机等都是机器。虽然机器有不同的用途与构造，但它们都有以下三个共同的特征：

1）它们都是由一系列的运动单元体所组成的。一个运动单元体，称为一个**构件**。例如图1-1所示的内燃机，由壳体1、活塞2、连杆3、曲轴4（齿轮4′与曲轴4固结在同一根轴上）、凸轮5′（齿轮5与凸轮5′固结在同一根轴上）以及气阀杆6等一系列构件组成。

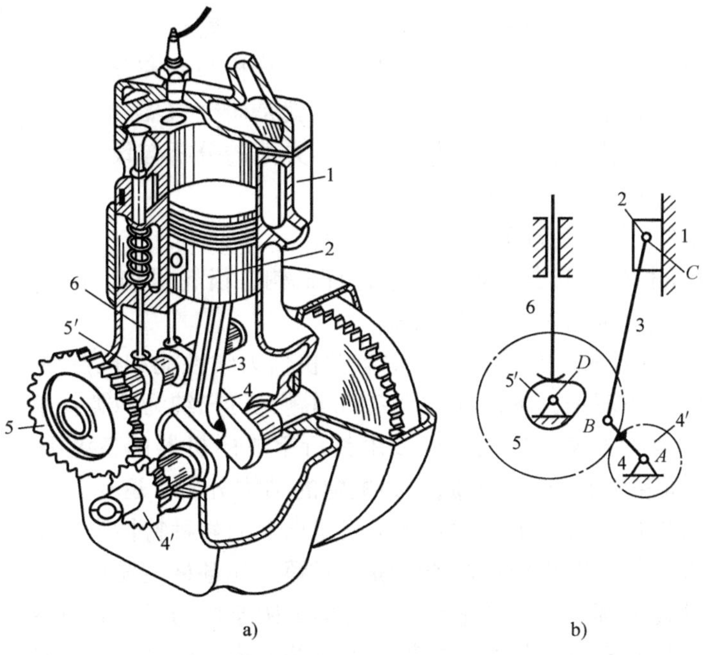


图1-1　内燃机

1—壳体　2—活塞　3—连杆　4—曲轴

4′、5—齿轮　5′—凸轮　6—气阀杆

2）组成机器的各构件之间都具有确定的相对运动。

3）它们均能转换机械能或完成有用的机械功以代替或减轻人们的劳动。例如，内燃机能将热能转换成机械能，机床能切削工件完成有用的机械功。

这里特别要强调在机构学中应用最多的一个术语，即**构件**。所谓构件是由一个或多个零件所构成的运动单元体。如图1-1中曲轴4与齿轮4′是固结在同一根轴上的，只能是一个构件。图1-2所示为内燃机中的连杆，它是由连杆体1，连杆头2，轴套3、4，螺栓5和螺母6等零件相互刚性联接而成的，各零件间无相对运动，是作为一个整体而运动的，也只能作为一个构件。



机构与机器的根本区别是它不具备机器的第三个特征。即**机构**是由若干个构件组成的系统，各构件间具有确定的相对运动。在图1-1所示的内燃机中，由壳体1、活塞2、连杆3、曲轴4等构成的系统称为连杆机构；由壳体1、齿轮4′和5三个构件组成的系统称为齿轮机构；而由壳体1、凸轮5′和气阀杆6三个构件构成的系统称为凸轮机构。一部机器可以是若干个机构的组合，也可以只有一个机构。所以又可以说，机器乃是能够完成机械功或转化机械能的机构或机构的组合。

从结构和运动的观点看机器和机构并无区别，故把机器和机构统称为**机械**。应该指出，机器和机构的含义随着科学技术的发展已有了扩展。不仅刚体，而且气体、液体、电子信息控制系统也参与了实现预期的机械运动，有的还可以代替人的脑力劳动。

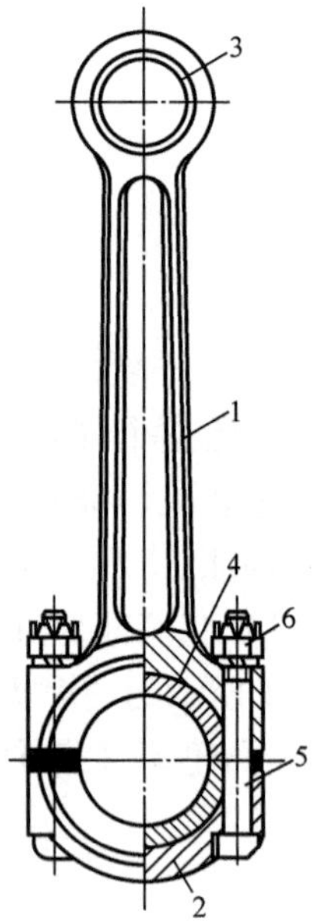

图1-2　连杆
1—连杆体　2—连杆头
3、4—轴套　5—螺栓
6—螺母

机器大多是由一些常见的基本机构组合而成的，尽管机构的结构和用途千差万别，但只要对这些常见机构进行分析与研究就为机器的分析与设计打下了坚实的基础。本课程就是研究机器和一些常见机构的有关结构组成、运动学、动力学方面的分析与设计原理、方法的一门课程。其具体内容大致有：

1）机构的结构分析、运动分析、动力分析。

2）几种典型机构的分析与设计，包括连杆机构、齿轮机构、凸轮机构、轮系。并介绍一些特殊机构、组合机构等方面的知识。

3）机器的运转、摩擦、效率、平衡等有关机器力学性能和机器动力学方面的内容。

就上述内容的性质而论，本课程所研究的问题又可归纳为两类：第一类问题是根据已有机构的结构和主要参数来分析该机构或由其所组成的机器的各种特性（结构、运动学和动力学），即机构和机器的**分析问题**，如机构的结构分析、运动分析、力分析和在已知力作用下机器的真实运动等；第二类问题是根据预期的各种特性来确定新的机构和机器的形式、结构和主要参数，即机构和机器的**设计问题**，如各种主要机构的运动设计、机构的平衡和机器速度波动的调节等。这里研究的问题只限于对与机构和机器的运动和动力特性有关的机构形式、结构和各部件主要参数之间的关系进行**综合**，而不研究与机械零件有关的问题，如零件的形状、构造、强度、材料和工艺等。故在机械原理学科中常用“综合”来代替上述的“设计”这一名词，以示区别。综合也就是分析的逆问题。

## 第二节　机构的分析与综合及其方法

### 一、机构分析与综合

如上节所述，机构的分析与综合是机械原理研究的基本问题，也是机器设计者首先需要解决的问题。

所谓机构综合即根据工艺过程对机构提出的运动学、动力学诸方面的要求来确定机构的结构形式、尺寸参数以及某些构件的动力学参数（如质量、转动惯量和质心的位置等）。应该指出，分析和综合在机械设计的过程中常常是互为因果，交替进行的。综合所得到的结果需要以分析（或需实验）来验证，而分析的结果常常为进一步改进设计提出方向。



总的来讲，机构综合大致包括三方面内容。

**1. 机构的结构综合**

机构的结构综合主要研究机构的组成规律。即用多少个构件，多少个运动副能组成多少个具有给定自由度的机构。这方面的研究在平面机构中有较大进展。当构件较多时，考虑不同类型的运动副，不同的构件配置可能组成的机构的种类相当庞杂，而且当构件数增多时使机构的运动积累误差增大，机械效率降低，因此总希望用较少构件的机构完成相同的运动。结构综合的目的就是根据机械预期实现的功能，把功能转换为运动，从可能构成的机构中选择实现运动方案的若干最佳机构，并把它们组合起来完成机械预期的功能。

**2. 机构的尺度综合（或运动学综合）**

对于一定结构形式的机构如何按给定的运动要求确定其尺寸参数，这是机构综合中研究得较充分也是十分重要的领域。工艺过程对机构提出的运动变换要求是多种多样的，典型的运动变换可概括为四种类型。

（1）刚体导引　当机构的原动件作简单运动（转动或移动）时，要求刚体在平面或空间按预定规律连续地变换其位置，此即刚体导引的机构综合问题。这类问题在工程机械、包装机械、机械手等方面的机械设计中可以遇到。

（2）函数变换　以机构原动件的运动参数（例如转角）为自变量，使机构某从动件的运动参数（如转角、位移）为自变量的给定函数，即函数机构综合。这类问题在解算机构、仪表显示装置的设计中可以遇到。例如仪表装置中将敏感元件的变形与被测物理量的非线性关系转变为指示装置示数刻度与被测物理量间的线性关系。

（3）轨迹复演　设计一机构使其运动过程中连杆上某点的轨迹能近似地与给定曲线复合，即复演轨迹机构综合。平面连杆机构连杆上各点在机构运动过程中绘出各种各样的连杆曲线，因此复演轨迹的机构综合是通过改变机构结构尺寸以及复演点在连杆上的位置尺寸而实现的。

（4）瞬时运动参数约束　机构在运动过程中各构件的运动参数是不断变化的，如果按给定机构中某些构件在某些特定位置时的运动量（如角速度、角加速度或线速度、线加速度等）来设计机构的结构参数，即为瞬时运动量约束机构综合。如带有间歇的机构综合即属此类。

在机构尺度综合问题中，机构在可能运动的全域内准确地实现上述要求，只有对某些个别的特殊问题才可以做到，例如图 1-3a、b 所示的正弦机构及直线导路机构等。而对一般的机构运动综合主要是研究在某一指定的区域内，近似地实现预期的运动要求的近似设计。

**3. 机构的动力学综合**

如果对所设计的机构不仅提出运动变换的要求，同时也提出某些动力学的要求，即为机构动力学综合。例如高速运转机械中考虑动载引起的构件弹性变形时，按机构真实运动规律与预期运动规律的误差，以及通过调整构件质量及其质心位置使机座上振动力极小的机构综合问题，即属机构动力学综合。

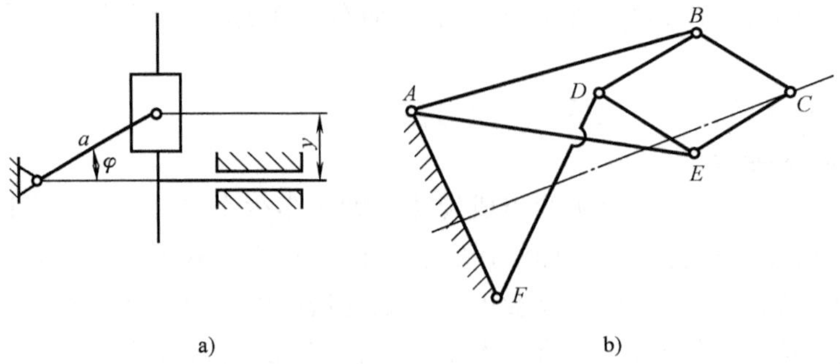


图 1-3　机构尺度综合
a）正弦机构　b）直线导路机构

## 二、机构的综合方法

尽管传统上使用的几何图解法具有简明快捷的突出优点，但同时也存在精度差，难以建立运动参数与尺度参数间的关系，且当机构复杂时难以综合出最佳机构尺寸等缺点。在国民经济飞速发展的今天，对机器提出高速、高生产率、高机械效率、高精度以及自动化、智能化等多方面的性能要求，几何图解法已不能适应。因此在本教材中对机构的分析与综合均采用解析方法。机构综合常用的近似方法有准点法、数值迭代法、优化方法及平方差法等，这里仅介绍前三种方法。

**1. 准点法**

若不要求在机构运动区域内准确地实现给定的条件，而只要求在区域内几个给定位置处符合给定条件，该近似设计方法称为准点法。所指定的符合预定条件的几个位置称为准点。

例如刚体导引机构综合。如图 1-4 所示，刚体位置用其上一直线 $MN$ 表示，给定点 $M$ 的运动轨迹 $y=f(x)$ 和 $MN$ 的转角变化规律 $\varphi=\varphi(x)$。设所设计的机构某构件上 $M'N'$ 的导引规律的对应参数用 $y'$、$\varphi'$ 表示，显然 $y'$、$\varphi'$ 均是机构结构参数 $r_k$ 的函数，即

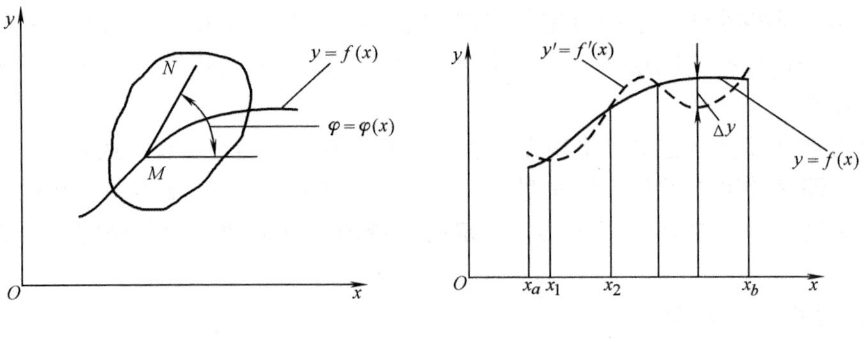


图 1-4　刚体 $MN$ 及其给定点 $M$ 的运动

$$\begin{cases}y'=f'(x,r_k)\\ \varphi'=\varphi'(x,r_k)\end{cases}\quad(k=1,2,\cdots,m)\tag{1-1}$$

式中，$r_k$ 为机构的结构参数；$m$ 为结构参数的个数。一般来说，所选定的 $r_k$ 使 $y=y'$、$\varphi=\varphi'$是不可能的，但可以在指定的几个点位 $x_1$，$x_2$，…，$x_n$ 上，设法选定 $r_k$ 得到

$$\begin{cases}f(x_i)=f'(x_i,r_k)\\ \varphi(x_i)=\varphi'(x_i,r_k)\end{cases}\quad(i=1,2,\cdots,n)$$

式中，$n$ 为自变量 $x$ 给定值的个数。所指定的 $n$ 个位置即 $n$ 个准点。上式说明，机构所实现的运动关系只在准点处与预定的运动关系相符，而准点以外允许有差异。此即为准点法机构综合。

准点以外 $y$ 与 $y'$不等，其差值 $\Delta y=y-y'$称为机构的结构误差。减小结构误差的可能途径有：

1）增加准点的数目。遗憾的是准点的数目受到所设计机构的待定结构参数的数目限制，即与准点数 $n$ 相等的可列方程数应等于待定的结构参数的数目 $m$，式（1-1）才有定解。此外，准点数目增多求解将变得复杂。

2）合理确定准点的分布。研究表明，准点位置分布也影响到结构误差的大小。初步设计时可按契比谢夫零值公式配置准点

$$x_i=\frac{(x_a+x_b)}{2}-\frac{(x_b-x_a)}{2}\cos\frac{(2i-1)\pi}{2n}\tag{1-2}$$

式中，$i$ 为准点序号；$x_a$、$x_b$ 为逼近域的下限和上限；$n$ 为准点的数目。该式几何形象如图 1-5 所示（此时 $n=4$）。

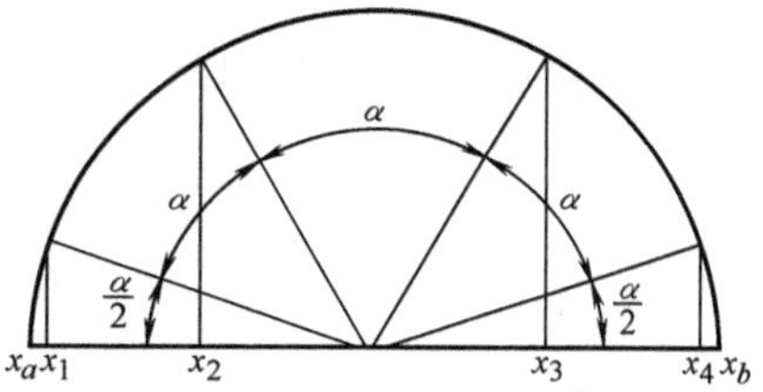


图 1-5 契比谢夫零值公式配置准点几何图

**2. 数值迭代法**

在机构分析和综合中常常遇到求解多元非线性方程的问题，而当方程元数增多时，这一求解过程几乎难以建立。此时可采用其级数并用迭代方法近似求解。

对于单变量非线性函数 $f(x)=0$，若当 $f(x)$ 在 $x_0$ 处各阶导数均存在时，其在 $x_0$ 邻域内的泰勒（Taylor）公式为

$$f(x)=f(x_0)+f'(x_0)(x-x_0)+\frac{1}{2}f''(x_0)(x-x_0)^2+\cdots=0$$

若近似取其线性项，则有

$$f(x)\approx f(x_0)+f'(x_0)(x-x_0)\tag{1-3}$$

用式（1-3）可以将 $f(x)$ 关于 $x$ 的非线性方程化为近似的线性方程。此即非线性方程近似线性化。这一方法将在高级别机构的运动分析及计及摩擦的机构力分析中应用。

对于多变量非线性函数 $f(X)=0$，在点 $\boldsymbol{X}^{(0)}=(x_1^{(0)},x_2^{(0)},\cdots,x_n^{(0)})^{\mathrm{T}}$ 处各阶导数均存在时，其在 $\boldsymbol{X}^{(0)}$ 邻域内的泰勒公式为

$$\begin{aligned}f(X)&=f(X^{(0)})+f'(X^{(0)})(X-X^{(0)})+\frac{1}{2}f''(X^{(0)})(X-X^{(0)})^2+\cdots\\&=f(X^{(0)})+f'(X^{(0)})\Delta X+\frac{1}{2}f''(X^{(0)})(\Delta X)^2+\cdots\end{aligned}$$

$$=f(X^{(0)})+\mathrm{d}f(X^{(0)})+\frac{1}{2}\mathrm{d}^2f(X^{(0)})+\cdots=0$$

若近似取其线性项，则有

$$f(X)\approx f(X^{(0)})+\mathrm{d}f(X^{(0)})\approx 0 \tag{1-4}$$

而

$$\mathrm{d}f(X^{(0)})=\left(\frac{\partial f(X^{(0)})}{\partial x_1},\frac{\partial f(X^{(0)})}{\partial x_2},\cdots,\frac{\partial f(X^{(0)})}{\partial x_n}\right)\begin{pmatrix}\mathrm{d}x_1\\ \mathrm{d}x_2\\ \vdots\\ \mathrm{d}x_n\end{pmatrix}$$

于是对任一非线性函数组

$$f_j(X)=0 \qquad (j=1,2,\cdots,n)$$

有方程

$$f_j(X^{(0)})+\left(\frac{\partial f_j(X^{(0)})}{\partial x_1},\frac{\partial f_j(X^{(0)})}{\partial x_2},\cdots,\frac{\partial f_j(X^{(0)})}{\partial x_n}\right)\begin{pmatrix}\mathrm{d}x_1\\ \mathrm{d}x_2\\ \vdots\\ \mathrm{d}x_n\end{pmatrix}\approx 0$$

为简化符号，记 $f_j$（$X^{(0)}$）为 $f_j$，且用 $\Delta x_i$ 代替 $\mathrm{d}x_i$，$i=1$，2，…，$n$，则有

$$\left(\frac{\partial f_j}{\partial x_1},\frac{\partial f_j}{\partial x_2},\cdots,\frac{\partial f_j}{\partial x_n}\right)\begin{pmatrix}\Delta x_1\\ \Delta x_2\\ \vdots\\ \Delta x_n\end{pmatrix}=-f_j$$

因此对于整个非线性方程组 $f_j(X)=0$，$j=1$，2，…，$n$，可得矩阵方程式（1-5）

$$\begin{pmatrix}\frac{\partial f_1}{\partial x_1} & \frac{\partial f_1}{\partial x_2} & \cdots & \frac{\partial f_1}{\partial x_n}\\ \frac{\partial f_2}{\partial x_1} & \frac{\partial f_2}{\partial x_2} & \cdots & \frac{\partial f_2}{\partial x_n}\\ \vdots & \vdots & & \vdots\\ \frac{\partial f_n}{\partial x_1} & \frac{\partial f_n}{\partial x_2} & \cdots & \frac{\partial f_n}{\partial x_n}\end{pmatrix}\begin{pmatrix}\Delta x_1\\ \Delta x_2\\ \vdots\\ \Delta x_n\end{pmatrix}=\begin{pmatrix}-f_1\\ -f_2\\ \vdots\\ -f_n\end{pmatrix} \tag{1-5}$$

由式（1-5）求出第 $k$ 次迭代的 $\Delta X^{(k)}$ 后再由下式求出第（$k+1$）次迭代的 $X^{(k+1)}$

$$X^{(k+1)}=X^{(k)}+\Delta X^{(k)}$$

就可以求出点（$k+1$）处的 $f_j(X^{(k+1)})$ 的值。如此反复直到（$k+r$）次使得

$$\left|f_j(X^{(k+r)}+\Delta X^{(k+r)})\right|\leqslant\varepsilon$$

为止。$\varepsilon$ 为根据需要所规定的极小值。此时的 $X^{(k+r+1)}$ 即为所求。

此种逼近求解方法通常称为牛顿—拉普森（Newton-Raphson）算法。

**3．优化方法**

数学规划被引入机构综合中后，提出了机构的最优化设计问题。机构综合的近似方法必然存在着结构误差，而这种结构误差是机构参数的函数。如何确定机构的各个结构参数以使结构误差最小，就是一个数学规划问题。如果从机构的具体工作要求出发对机构的结构参数、运动参数和某些动力学参数加上一定的约束，在此条件下如何合理地确定机构的参数（包含结构参数）以使预定追求的目标值误差（包括结构误差及其他性能误差）最小，这就是**机构最优化综合问题**。

在机构最优化综合问题中，关键之一是建立优化数学模型，其二是优化方法。由于本课程的重点不是优化方法，因此本书仅从实用观点出发介绍优化的一般概念以及实用的两种优化方法。对优化方法的深入研究不是本课程要解决的问题，可参阅有关专著。

优化问题的数学模型包括设计变量、目标函数及约束条件。例如在 $B\times L$ 的长方形地基上要求建一个容积为 $V_0$，长宽高分别为 $x_1$、$x_2$、$x_3$ 的水箱，要求材料消耗最少。这就是一个优化问题。所谓目标函数即设计目标，它是以设计变量为函数的数学表达式。所谓设计变量就是作为目标函数自变量的独立设计参数，如水箱长宽高三个设计参数中只有两个是独立的，另一个必须满足已知水箱容积 $V_0=x_1x_2x_3$ 的要求，如确定 $x_1$、$x_2$ 为设计变量，则 $x_3=V_0/(x_1x_2)$ 为非独立设计参数，就不能作为设计变量。这样数学模型就可以写成如下形式：

目标函数 $\quad \min F(X)=x_1+x_2+\dfrac{V_0}{x_1x_2}$

设计变量 $\quad \boldsymbol{X}=(x_1,x_2)^{\mathrm{T}}$

约束条件 $\quad 0<x_1,\ x_2,\ \dfrac{V_0}{x_1x_2}\leqslant L_i$

式中，$L_i$ 表示 $x_1$、$x_2$、$V_0/(x_1x_2)$ 中人为规定的尺寸上限。可以根据优化方法不断改变 $x_1$、$x_2$ 的值，使得目标函数 $F(X)$ 值最小。这一计算过程是从若干个甚至几十个、几百个方案中找到 $F(X)$ 值最小的最优方案。可见这一计算过程必须借助于计算机才能完成。

优化方法尽管是一个近似方法，但一般可以达到工程上要求的足够精度。此法与其他方法相比的一个突出优点是：不但可以实现机构在位置上的预期要求，而且能使机构具有优良的运动性能和动力性能，它是机构综合中对各类设计问题都适用的一种方便且通用的方法。

## 第三节 学习本课程的目的与方法

### 一、学习目的

在介绍了本课程研究的内容之后，对于学习本课程的目的就不难理解了。机械类各专业的同学，在以后的学习或工作中总要遇到许多关于机械的设计和使用方面的问题，而本课程所学的内容乃是研究现有机械的运动及工作性能和设计新机械的基础知识。正因如此，它成为机械类各专业所必修的一门主干技术基础课程。本课程的先修课程是高等数学、物理、理论力学、机械制图、计算机算法语言和优化设计等；而通过对本课程的学习，将为学习机械零件、机床、机械制造工艺以及其他机械性质的专业课程打下基础。



机构学在发展国民经济方面也具有重要意义。为了实现祖国的四个现代化，就要在一切生产部门实现生产的机械化和自动化，这就需要创造出大量的种类繁多的新颖优质的机械，需要对现有设备进行革新改造和合理使用。而为了完成这些任务，有关机械原理的知识是必不可少的。虽然任何机械的改革和创造都是设计、工艺等各种机械知识的综合运用，但本课程的知识却是最为基本的。当掌握了本课程所介绍的内容之后，我们就有可能为现有机械设备的合理改进和根据需要创造新的机械提出切实可行的建议。对于一个使用机器的工作人员来说，要想充分发挥机械设备的潜力，其关键在于了解机器的性能。学习机械原理，掌握机构分析的方法，才能进而了解机器的性能和更合理地使用机器。

总之，本课程所学的内容，既是专业课程的基础，同时也是一个工科学生所应具备的关于机械的一般基础知识。

## 二、学习方法

### 1. 注意基本理论与基本设计方法之间的联系

本课程中对于机械的研究，是通过以下两个途径来进行的：

1）研究各种机构和机器所具有的一般共性问题，如机构的组成理论、机构运动学、机器动力学等。

2）研究各种机器中常用的一些机构（如连杆机构、凸轮机构、齿轮机构等）的运动和动力性能，以及它们的设计方法。

这两部分内容虽然自成系统，却又是互相结合的。在学习过程中，应注意把一般的原理和方法与研究实际机构和机器时的具体运用密切联系起来，并应随时注意在日常生活和生产中所遇到的各种机构和机器，根据所学的原理和方法进行观察和分析，做到理论和实际的紧密结合。

### 2. 应注意理解本课程的基本理论和方法，并应具有工程观点

机械原理是一门技术基础课程。它一方面较物理、理论力学等理论基础课程更加结合工程实际（例如在理论力学中也有运动学和动力学，但其研究的对象是质点和刚体，而机械原理中的运动学和动力学则是就机构和机器进行研究的），另一方面，它与专业课程又有所不同。由于专业机械的种类繁多，机械原理不可能，也没有必要对各种各样的具体机械进行研究，而只是对这些机械的一些共性问题、各种机器中常用的一些机构进行较为深入的探讨。根据本课程的这一性质，不能期望在学完本课程后就能承担某种具体机械的全部设计任务，但是，它对完成这些任务却提供了必不可少的知识基础。为了打好这一基础，在学习本课程的过程中，一方面要着重注意搞清基本概念，理解基本原理，掌握机构分析和综合的基本方法；另一方面也要注意这些原理和方法在机械工程上实际应用的范围和条件。总之，在学习本课程时，应注意它是一门技术基础课这一特点，在学习方法上亦应与大家所习惯的学习理论基础课程的方法有所不同，要有一定的工程观点，例如选择与

比较的观点，实验与理论分析相结合的观点等。

**3. 注意加强感性认识和实践性环节**

机械原理是以机器中最常用的机构的分析与综合为研究对象，因此学习本课程必须对各种机构的组成、动作原理和运动性能有深刻的感性认识。只有对这些机构有直观上的认识后才能正确建立分析和综合的数学模型。因此本课程应安排必要的实践性环节（如参观机构陈列、机构动态演示、机构录像、实验等）。学习者对这些实践性教学环节应给予足够的重视，并力求深入理解和掌握理论课程的内容。



**拓展学习视频**

冯如的飞机

# 第二章　机构的结构分析

## 第一节　概　　述

机构结构分析的主要内容包括：

1）研究机构的组成及其具有确定运动的条件。即了解机构是怎样组成的、结构对运动的影响，以及机构在什么条件下才能具有确定的运动等。

2）研究机构的组成理论。即研究组成机构的途径和机构的可能形式。

3）研究机构运动简图的绘制。即研究如何用简单的图形把机构的结构和运动状态表示出来。

显然，不论是对已有的机械进行分析研究，还是设计新的机械，对机构的结构进行分析研究都是十分必要的。

机构是由各构件按一定的规则人为组合而成的。如前所述，机构中的构件是由一个或多个零件刚性构成的运动单元体。为了从机构学的观点对机构进行严格定义，除构件外，下面对运动副、运动链这些构成机构的基本要素进行讨论。

### 一、运动副

机构是由许多构件组合而成的。在机构中，每个构件都以一定的方式与其他构件相互联接，而且每个构件至少必须与另一构件相联接。这种联接不同于铆接和焊接之类的刚性联接，而是使相互联接的两构件之间仍能产生某些相对运动。把由两个构件组成的且能产生某些相对运动的联接称为**运动副**。并把两构件上参加接触而构成运动副的部分称为**运动副元素**。

如图 2-1 所示，轴颈 1 与轴承 2 的配合，滑块 3 与导轨 4 的接触，齿轮 5 与齿轮 6 的齿面啮合，就都构成了运动副。它们的运动副元素分别为圆柱面和圆孔面、平面和内外棱柱面、两齿廓曲面。

两构件组成运动副后，它们之间的相对运动将受到约束，从而使它们只能产生某些相对运动。两构件构成运动副之后，能产生哪些相对运动呢？这与它们所构成的运动副的性质有关，即与运动副对两构件间的相对运动所引入的约束有关，现说明如下：

如图 2-2 所示，设有任意两个构件，当构件 1 与构件 2 未构成运动副之前，构件 1 相对于构件 2（坐标系 $Oxyz$ 固定于构件 2 上）能产生 6 个独立的相对运动（沿 $x$、$y$、$z$ 轴的三个移动和绕 $x$、$y$、$z$ 轴的三个转动），即构件 1 相对于构件 2 共有 6 个相对运动的自由度。现将两构件联接而构成运动副，由于两构件相互接触并提供某些约束使其自由度减少，而且其减少的数目就等于该运动副所引入的约束的数目。又因两构件组成运动副后，仍需保证能产生一定的相对运动，故运动副引入的约束数目最多为 5 个，而剩下的自由度的数目最少为 1 个。

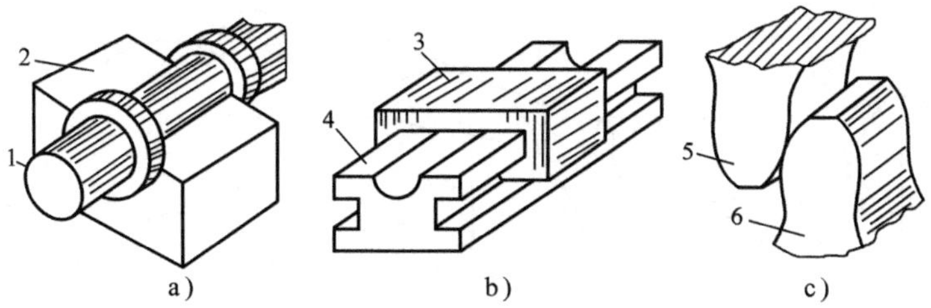


图 2-1 运动副
a) 转动副 b) 移动副 c) 高副
1—轴颈 2—轴承 3—滑块 4—导轨 5、6—齿轮



根据运动副所引入的约束的数目，可以将运动副分为五级：引入一个约束的运动副称为Ⅰ级副，引入两个约束的运动副称为Ⅱ级副，依此类推，还有Ⅲ级副、Ⅳ级副和Ⅴ级副。

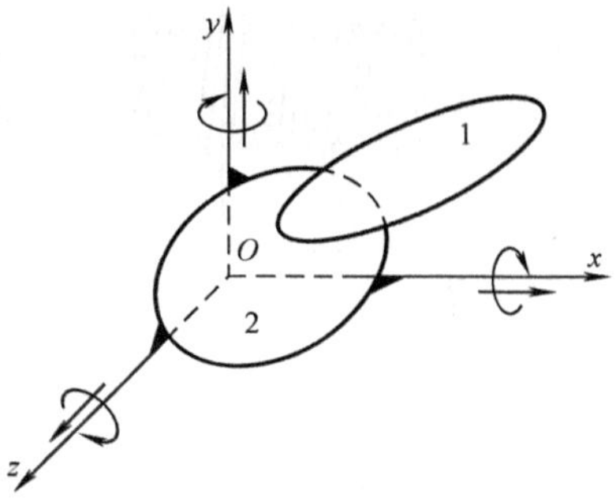


图 2-2 构件与运动副自由度示意图

最常见的运动副有移动副（图 2-3）、转动副（或称回转副，图 2-4）、螺旋副（图 2-6）、球面副（图 2-7）和球销副（图 2-8）等。通常，将两构件通过点或线接触而构成的运动副称为**高副**，如图 2-1c 和图 2-5 所示，而两构件通过面接触而构成的运动副则统称为**低副**，如图 2-1a、b 所示。

由于构成运动副的两构件之间的相对运动仅与两运动副元素的几何形状及它们的接触情况有关，所以在绘制机构运动简图时，常将运动副用简单的符号表示。图 2-3 ~ 图 2-7 右部为运动副简图，左部为结构示意图。

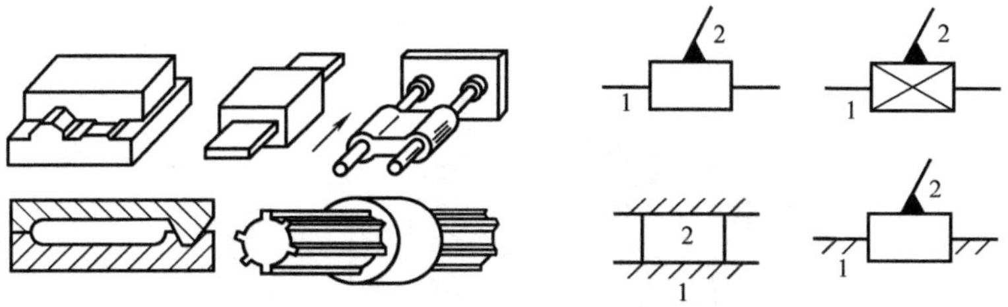


图 2-3 移动副

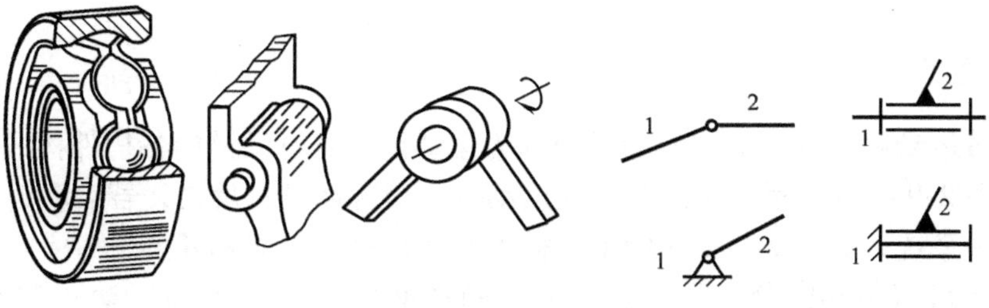


图 2-4 转动副

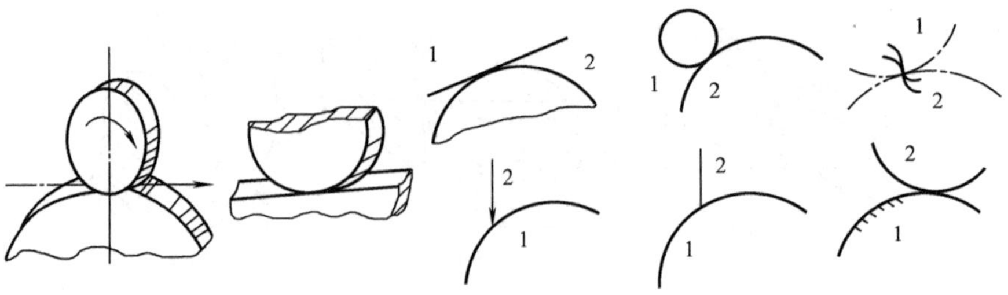


图 2-5　高副

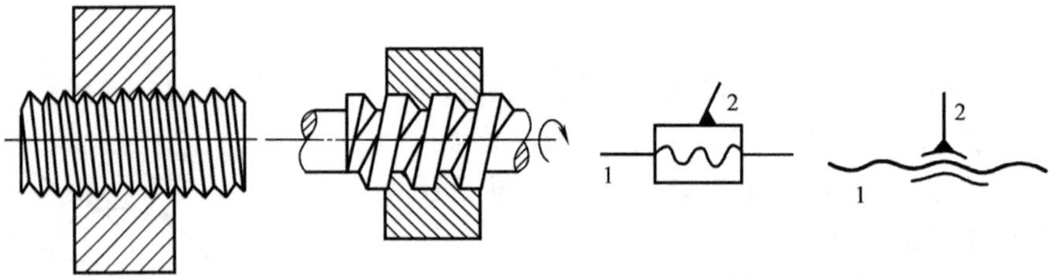


图 2-6　螺旋副

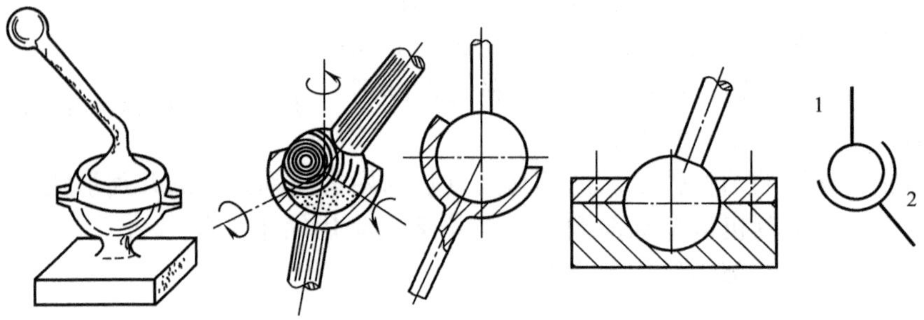


图 2-7　球面副

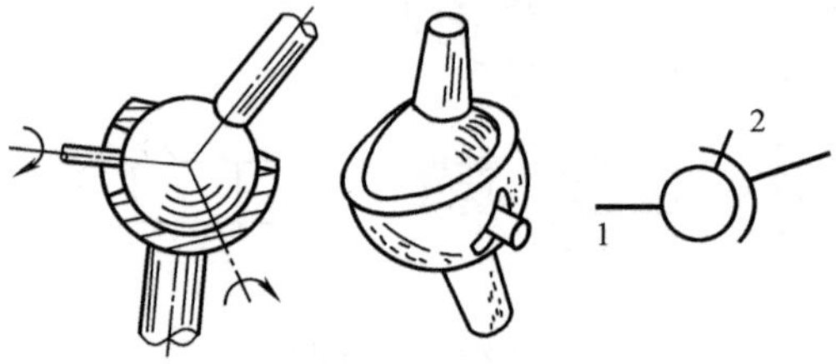


图 2-8　球销副

## 二、运动链

构件通过运动副的联接而构成的系统称为**运动链**。若运动链的各构件构成了首尾封闭的系统，如图 2-9a、b 所示，则称为闭式运动链，简称**闭链**；反之，若运动链的构件未构成首尾封闭的系统，如图 2-9c、d 所示，称为开式运动链，简称**开链**。

此外，还可将运动链分为平面运动链（构件间的运动为平面运动）和空间运动链（构件间的运动为空间运动）两类，分别如图 2-9 和图 2-10 所示。

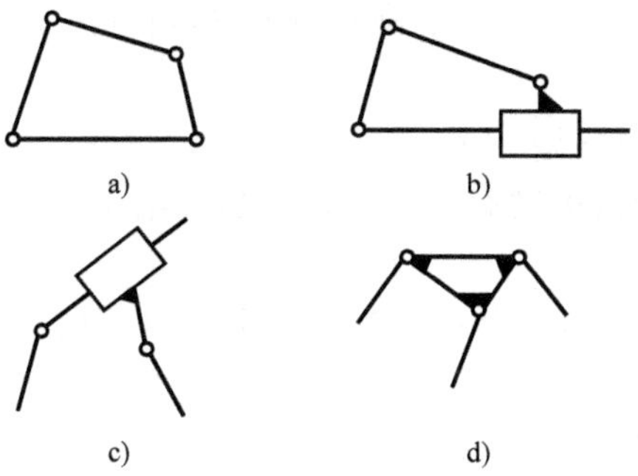


图 2-9 平面运动链

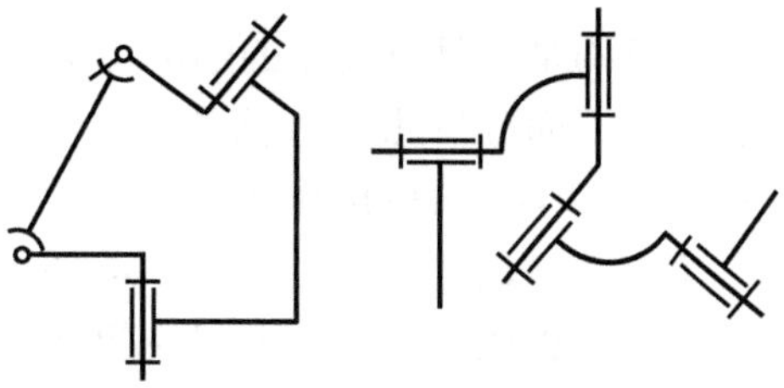

图 2-10 空间运动链

### 三、机构

在运动链中，若选定某构件加以固定而成为机架，另一个（或几个）按给定规律独立运动时，其余活动构件随之作确定的运动，则该运动链便成为**机构**。

一般情况下，机架是固定不动的构件。若机械安装在诸如车辆、船舶、飞机等运动物体上，则机架相对于该运动物体是固定不动的。

机构中传入驱动力（矩）的构件称为**主动件**，而运动规律已知的构件称为**原动件**，并用箭头表示。有时机构中的原动件不一定是主动件，但在无特殊指明的情况下，两者不严格区分仍标以箭头。除原动件外的其余活动构件统称**从动件**，其中输出运动或动力（用于实现机构所需运动或工作要求）的从动件，特称为**输出构件**。

## 第二节 平面机构自由度及其计算

如前所述，在运动链中，若以某一构件作为机架，而当其另一个（或几个）构件按给定的运动规律运动时，其余各构件都具有确定的运动，则该运动链便成为机构。显然不能运动或无规则乱动的运动链都不是机构。为了使所设计的机构能够运动并且有运动的确定性，必须探讨机构自由度和机构具有确定运动的条件。机构具有确定运动时所必须给定的独立运动参数的数目，称为机构的**自由度**。

在平面机构中，各构件只作平面运动，如图 2-11 所示，当作平面运动的构件 1 尚未与构件 2 构成运动副时，共具有 3 个自由度（沿 $x$、$y$ 轴的移动及绕与运动平面垂直的轴线的转动），设一平面机构共有 $n$ 个活动构件（除机架外的可动构件），当各构件尚未构成运动副时共有 $3n$ 个自由度。当各构件用运动副联接后，由于运动副的约束而使系统的自由度相应减少，减少的数目将等于运动副引入的约束数。在平面机构中，每个运动副引入的约束至多为2，至少为1。而每个低副引入 2 个约束，每个高副引入 1 个约束（这里所说的高副，是指如图 2-5 所示的高副，即两构件间既可以沿瞬时接触点的公切线方向滑动，又可绕瞬时接触点转动）。所以在平面机构中，两构件构成的运动副可以有低副和高副。

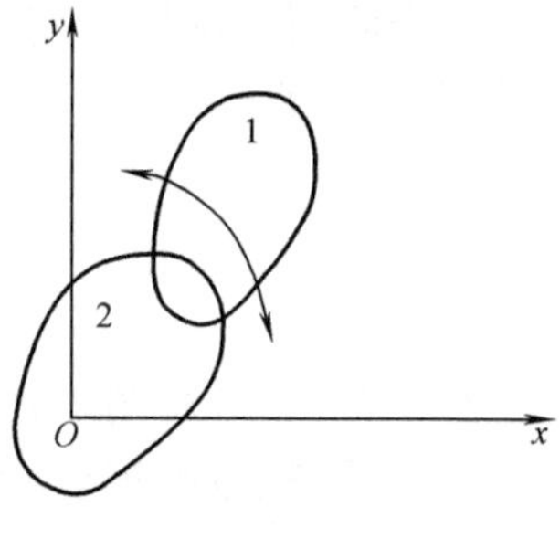


图 2-11 平面机构自由度示意图

若该机构中各构件间共构成了 $p_L$ 个低副和 $p_H$ 个高副，那么它将共引入（$2p_L+p_H$）个约束，于是该机构的自由度为

$$F=3n-(2p_L+p_H)=3n-2p_L-p_H \tag{2-1}$$

一个机构是否具有确定的运动，除了与机构的自由度有关外，还与机构给定的原动件数目有关。下面分析几个例子。

如图 2-12 所示的四杆机构，$n=3$，$p_L=4$，$p_H=0$。由式（2-1）得 $F=1$，所以只要给定一个运动参数（即给定一个原动件），如给定构件 1 的角位移 $\varphi_1$，则其余构件的位移也是确定的。也就是说，这个自由度为 1 的机构在具有一个原动件时可以获得确定的运动。又如图 2-13 所示的五杆机构，$n=4$，$p_L=5$，$p_H=0$，所以 $F=2$，应当具有两个自由度，若只给定一个原动件，例如给定构件 1 的角位移 $\varphi_1$，此时其余构件的运动并不能确定。当构件 1 占有位置 $AB$ 时，构件 2、3、4 可占有位置 $BCDE$，也可以占有位置 $BC'D'E$ 或其他位置。但是，若再给定一个原动件，如构件 4 的角位移 $\varphi_4$，即同时给定 2 个独立的运动参数，则不难看出，此时五杆机构各构件的运动便完全确定了。所以，该机构必须给定两个原动件，才能有确定的运动。又如图 2-14 所示的运动链，$n=2$，$p_L=3$，$p_H=0$，由式（2-1）得 $F=0$，可以看出这个自由度等于零的运动链是不能产生相对运动的桁架。综上所述，机构具有确定运动的条件是：机构的自由度大于零且机构自由度的数目必须等于原动件的数目。

图 2-13 动画

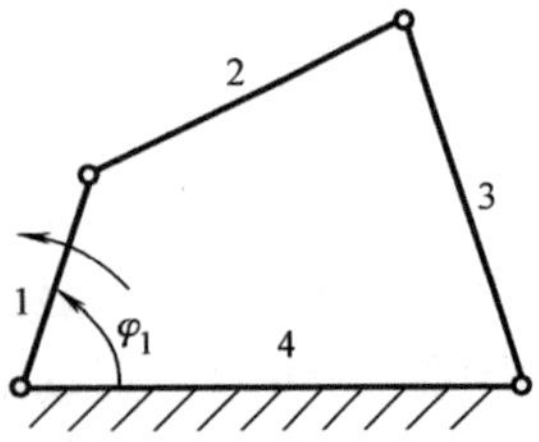


图 2-12　四杆机构

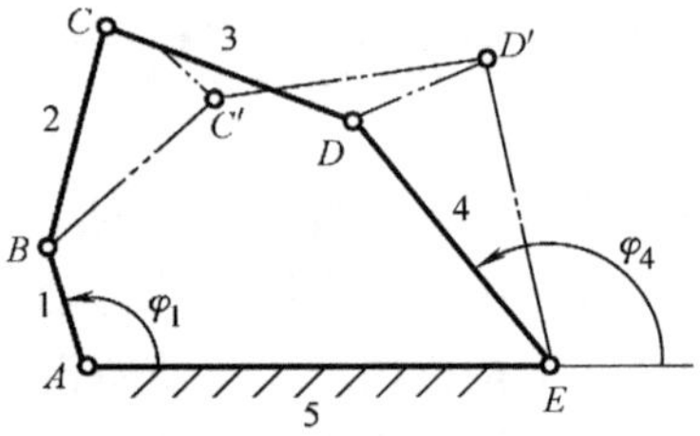


图 2-13　五杆机构

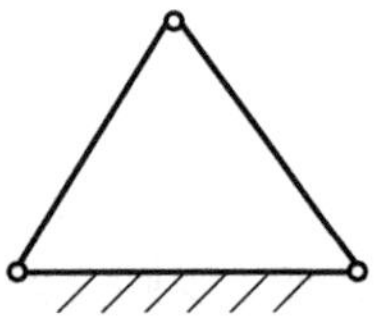

图 2-14　桁架

**例 2-1**　试计算图 2-15 所示颚式破碎机机构的自由度，并判断该机构是否有确定运动。

**解**　由该机构的运动简图可以看出，该机构共有 5 个活动构件（即构件 1、2、3、4、5），7 个低副（即转动副 $O$、$A$、$B$、$C$、$D$、$E$ 及 $F$），而没有高副，故根据式（2-1）可求得其自由度为

$$F=3n-2p_L-p_H=3\times5-2\times7-0=1$$

由图示箭头可知，该机构有一个原动件，与机构的自由度相等，故该机构具有确定的运动。

**例 2-2**　试计算图 2-16 所示牛头刨床机构的自由度，并判断该机构是否有确定的运动。

**解**　由该机构的运动简图可以看出，该机构共有 6 个活动构件（即构件 2、3、4、5、6、7），8 个低副（即转动副 $A$、$B$、$C$、$D$、$E$，移动副 $F$、$G$、$H$），1 个高副（即齿轮 2 与齿轮 3 的啮合），故根据式（2-1）可求得该机构的自由度为

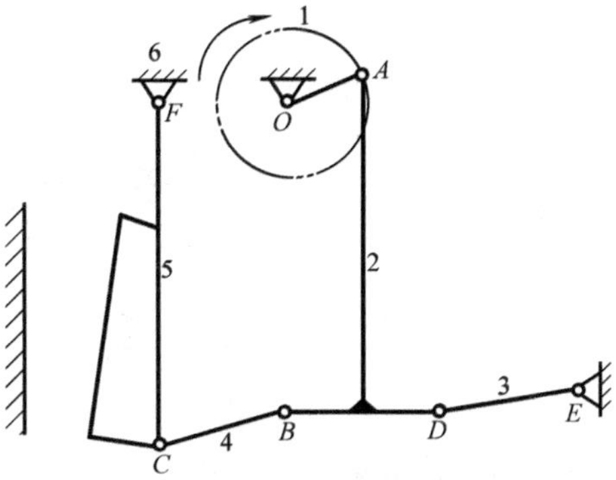

图 2-15　颚式破碎机简图

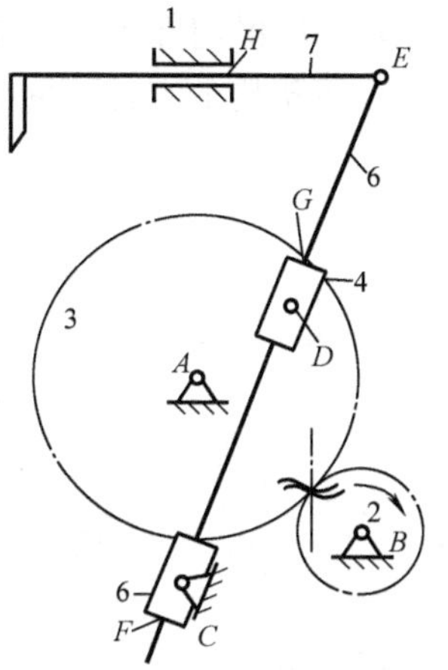

图 2-16　牛头刨床机构简图

$$F = 3 \times 6 - 2 \times 8 - 1 = 1$$

由图示箭头可知，该机构具有一个原动件，与机构的自由度相等，故该机构具有确定的运动。

在计算机构自由度时，还应当注意以下一些特殊问题：

（1）复合铰链　两个以上的构件构成同轴线的转动副时，就构成了所谓的**复合铰链**。如图 2-17a 所示，3 个构件在一起以转动副相联接而构成复合铰链，而由图 2-17b 可以清楚地看出，此 3 个构件共构成了 2 个转动副，而不是 1 个。同理，若 $m$ 个构件在一处用复合铰相联时，其构成的转动副数目应为 $(m-1)$ 个。在计算机构自由度时，应注意是否存在复合铰链，以免把转动副数目弄错，而使自由度的计算出错。

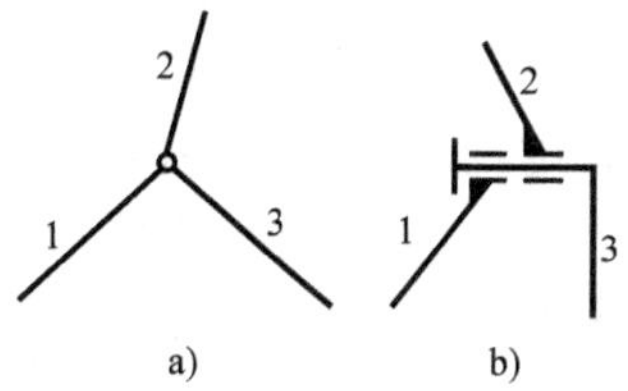

图 2-17　复合铰链

（2）局部自由度　若机构中的某些构件所产生的局部运动并不影响其他构件的运动，则把这种不影响机构整体运动的自由度，称为**局部自由度**。

如图 2-18a 所示的凸轮机构，在按式（2-1）计算自由度时，$F = 3n - 2p_L - p_H = 3 \times 3 - 2 \times 3 - 1 = 2$。但是，滚子绕其自身的转动并不影响其他构件的运动，因而它是一种局部自由度。对于局部自由度的处理方法是：设想将滚子 2 与推杆 3 固接在一起，即把 2 和 3 看成一个构件，显然其并不影响机构整体的运动。但此时，$n = 2$，$p_L = 2$，$p_H = 1$，所以按式（2-1）计算得 $F = 1$。由此可见，在计算机构的自由度时，应将机构中的局部自由度除去不计。局部自由度虽然不影响整个机构的运动，但滚子可使高副接触处的滑动摩擦变为滚动摩擦，减少磨损，所以实际机械中常有局部自由度出现。

（3）虚约束　对机构运动实际上不起限制作用的约束称为**虚约束**。

如图 2-19a 所示的平行四边形机构，该机构的自由度 $F = 1$。若在构件 3 与机架 1 之间与 $AB$ 或 $CD$ 平行地铰接一构件 5，即构件 5 与构件 2、4 相互平行且长度相等。显然这对该机构的运动并不产生任何影响。但此时该机构的自由度却变为 $F = 3n - 2p_L - p_H = 3 \times 4 - 2 \times 6 = 0$，这是因为连杆 $BC$ 作平动，其上一点（包括构件 3 上的点 $E$）的轨迹均为圆心位于 $AD$ 线上半径等于 $AB$（$= CD = EF$）的圆。因此构件 3 上点 $E$ 的轨迹与构件 5 上点

*E* 的轨迹重合，使得构件 5 及其添加的 *E*、*F* 运动副未起实际的约束作用，因而它是一个虚约束。在计算机构的自由度时，应将机构中构成虚约束的构件连同其所附带的运动副全都除去不计。

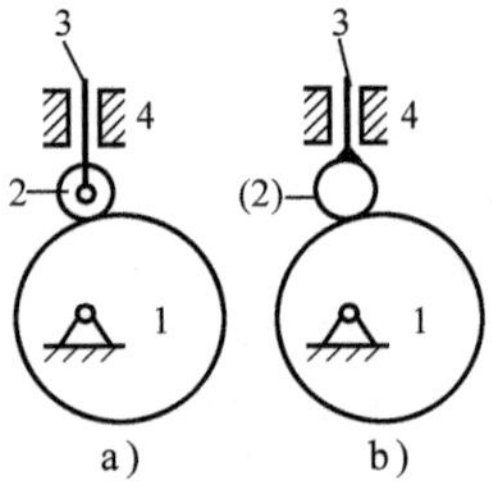


图 2-18　局部自由度

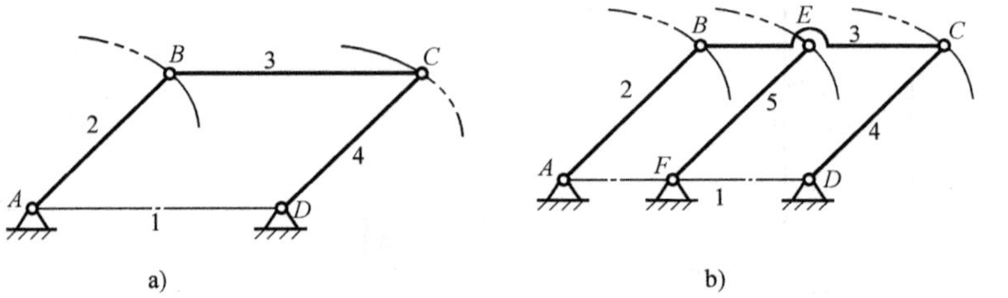


图 2-19　虚约束

机构中引入虚约束，主要是为了改善机构的受力情况或增加机构的刚度。机构中的虚约束常发生在下列情况中：

1）若构件上某点的轨迹与在该点引入运动副后的轨迹完全相同，则构成虚约束（如图 2-19 所述的情况）。又如图 2-20 所示为一椭圆仪机构，图中 $\angle CAD = 90°$，$AB = BC = BD$，可以几何证明该机构运动时构件 2 上的点 *C* 和滑块 3 上的点 *C* 轨迹都是直线 *AC*，所以 *C* 处（或 *D* 处）为虚约束。

2）若两个构件之间组成多个导路平行的移动副时，只有一个移动副起作用，其他都是虚约束，如图 2-21 所示。

3）若两构件之间组成多个轴线重合的回转副时，只有一个回转副起作用，其余都是虚约束，如图 2-22 所示。

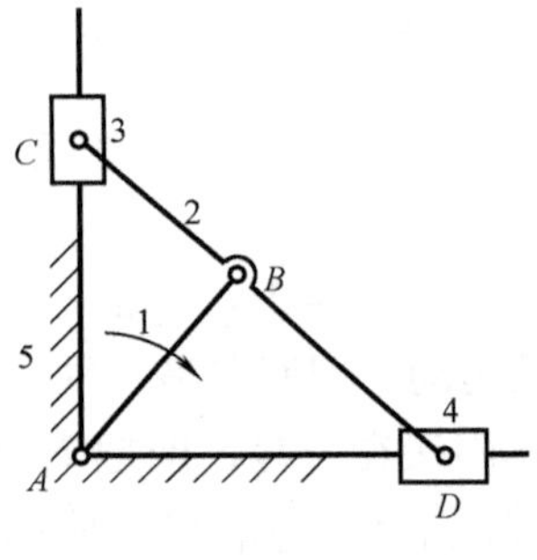


图 2-20　椭圆仪机构

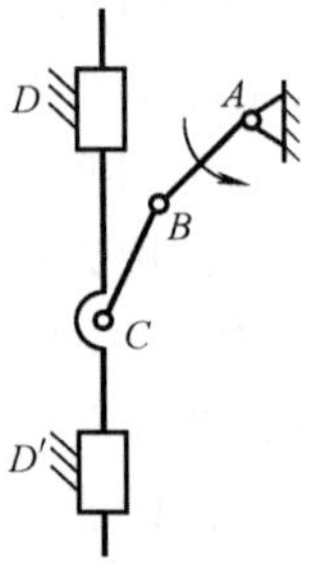


图 2-21　导路平行的移动副

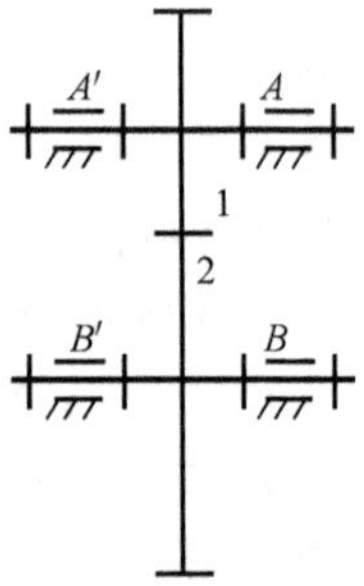


图 2-22　轴线重合的回转副

4）若在机构的运动过程中，某两构件上的两动点之间的距离始终保持不变，若将此两点以构件相联，则也带入虚约束，如图 2-23 所示。

上面讨论了在计算机构的自由度时应注意的一些事项，只有正确地处理了这些问题，才能得到正确的自由度的计算结果。

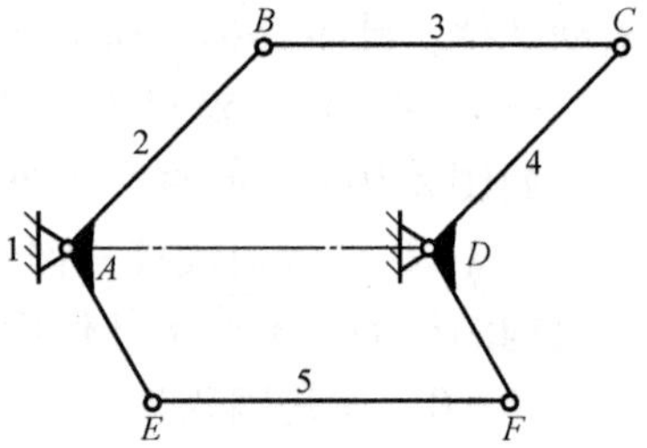


图 2-23　两动点之间引入虚约束

**例 2-3**　计算图 2-24a 所示大筛机构的自由度。

**解**　该机构中共有 7 个活动构件，机构中的滚子有一个局部自由度，推杆与机架在 $E$ 和 $E'$ 组成两个导路平行的移动副，其中之一为虚约束，$C$ 处是复合铰链。现将滚子与推杆固结为一体，去掉移动副 $E'$，$C$ 处回转副的数目为 2，如图 2-24b 所示。由图 2-24b 得，$n=7$，$p_L=9$（7 个回转副和 2 个移动副），$p_H=1$，故由式（2-1）得

$$F=3n-2p_L-p_H=3\times7-2\times9-1=2$$

此机构的自由度为 2。

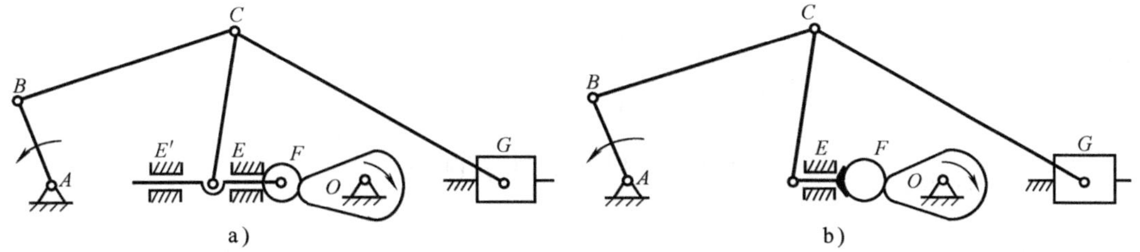


图 2-24　大筛机构



# 第三节　机构的组成

## 一、机构的组成原理

如前所述，一个机构具有确定运动必满足原动件的数目与自由度的数目相等。设想将原动件和机架从机构中分离出来，则其余的活动构件构成的构件组必然是一个自由度为零的运动链。而这个自由度为零的运动链也许还可以进一步拆成为若干个更简单的自由度为零的运动链。把自由度为零且不可再拆的运动链称为**基本杆组**，或称**杆组**。由以上可知：任何机构都可以看成是由若干个基本杆组依次联接于原动件和机架上而构成的。这就是**机构的组成原理**。

根据以上原理，在设计一个新的机构时，就可以先选定一个构件固定作为机架，然后将数个构件（其个数与机构的自由度相等）作为原动件以运动副的形式联接在机架上，最后再将一个或几个基本杆组依次联接于机架和原动件上而构成。反之，对现有机构进行运动和动力分析时，可根据上述原理，将机构分解成机架、原动件和若干基本杆组。然后对相同的基本杆组以相同的方法进行分析。例如对于图 2-25a 所示的平面六杆机构，其自由度 $F=1$，只要原动件为 1 个，其运动便确定了。假设构件 2 为原动件，根据以上原理，将原动件 2 和机架 1 从机构中分离，则剩余部分是由构件 3、4、5、6 所组成的运动链，其自由度 $F=3\times4-2\times6=0$，如图 2-25b 所示。构件 3、4、5、6 所组成的运动链还可以再拆成由构件 3、4 和构件 5、6 所组成的基本杆组，它们的自由度均为 $F=3\times2-2\times3=0$。可见图 2-25b 所示的四杆运动链不能称为杆组，因为它还可以拆成如图 2-25c 所示的两个基本杆组。

## 二、平面机构的结构分类

### 1. 杆组及其分类

机构的结构是根据机构中组成基本杆组的形态进行分类的。组成平面机构的基本杆组

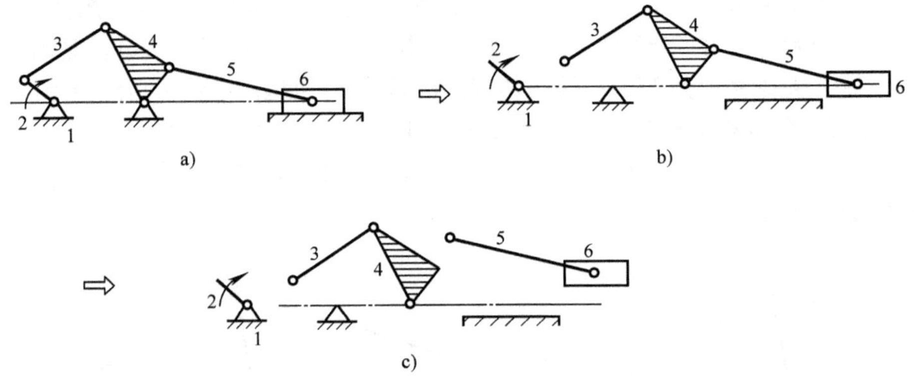


图 2-25　平面六杆机构的拆分

应符合条件

$$F = 3n - 2p_{\mathrm{L}} - p_{\mathrm{H}} = 0 \tag{2-2}$$

式中，$n$ 为基本杆组中的构件数；$p_{\mathrm{L}}$ 为基本杆组中低副的数目；$p_{\mathrm{H}}$ 为基本杆组中高副的数目。

若在基本杆组中的运动副全部为低副，即 $p_{\mathrm{H}} = 0$，则式（2-2）可变为

$$n = \frac{2}{3}p_{\mathrm{L}} \tag{2-3}$$

由于构件数和低副数都必须为整数，它们的组合见表 2-1。所以最简单的基本杆组是 $n = 2$、$p_{\mathrm{L}} = 3$ 的基本杆组，把这种基本杆组称为Ⅱ级组。Ⅱ级组是应用最多的一种基本杆组，其基本形式如图 2-26 所示。

**表 2-1　构件数和低副数的组合表**

| $n$ | 2 | 4 | 6 | … |
|---|---|---|---|---|
| $p_{l}$ | 3 | 6 | 9 | … |

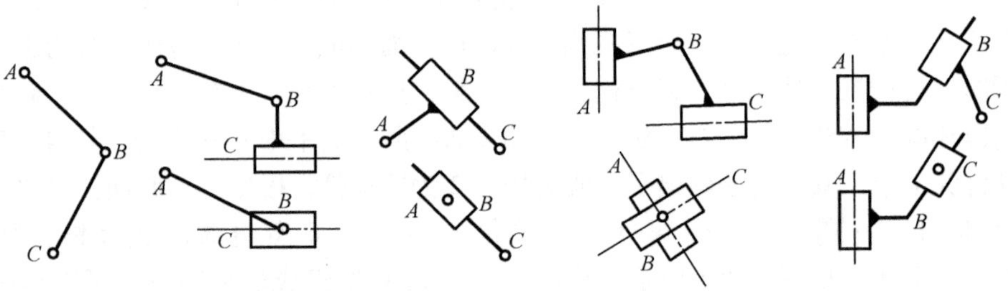


图 2-26　Ⅱ级组的基本形式

较为复杂的杆组为 $n = 4$、$p_{\mathrm{L}} = 6$ 的运动链，其基本形式有两类。图 2-27 所示运动链具有一个含有三个内运动副的构件，三个内运动副分别与三个外悬构件相连。这种含有三个内运动副的中心构件且 $n = 4$、$p_{\mathrm{L}} = 6$ 的运动链称为Ⅲ级组。图 2-28 所示为具有封闭四边形且 $n = 4$、$p_{\mathrm{L}} = 6$ 的杆组，称为Ⅳ级组。

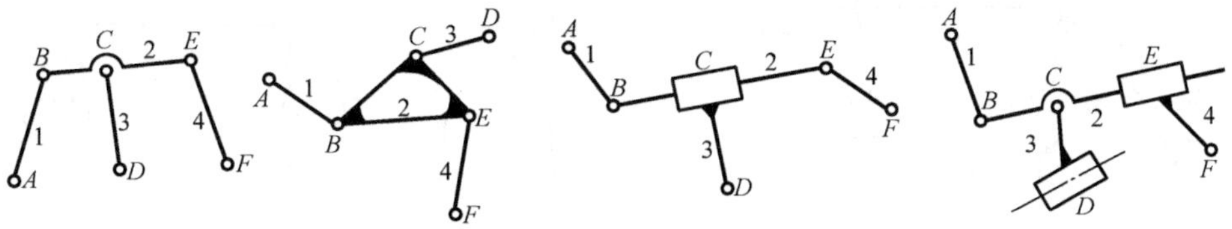


图 2-27　Ⅲ级组

应该指出Ⅲ级组或Ⅳ级组的构件数 $n=4$、运动副数 $p_L=6$，从数字上看，刚好都是Ⅱ级组的两倍。但它们绝不是由两个Ⅱ级组组成的，因为它们不可能拆分成两个完整的Ⅱ级组。

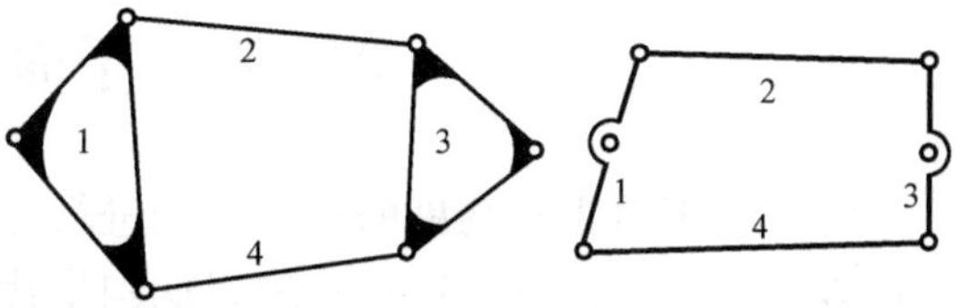


图 2-28　Ⅳ级组



**2. 机构的结构分类**

在同一机构中可以包含不同的杆组，由最高级别为Ⅱ级组的基本杆组组成的机构称为**Ⅱ级机构**，由最高级别为Ⅲ级组的基本杆组组成的机构称为**Ⅲ级机构**，其余类推。即**机构的级别**是以其中含有的杆组的最高级别确定的。机构的结构分类旨在将已知机构分解为若干杆组，并确定这些杆组的级别和类型，以便在机构分析时对同级同类杆组用同一方法进行。

机构的结构分析过程与机构的结构综合刚好相反，一般先从远离原动件的部分开始拆组。结构分析的要领是：①首先除掉结构中的虚约束和局部自由度，有时还要将高副加以低代；②先试拆Ⅱ级组，若拆不出Ⅱ级组时，再试拆Ⅲ级组。正确拆组的判别标准是：拆出一个杆组后，剩余的必须仍为一个完整的机构或若干个与机架相联的原动件，不许有不成组的零散构件或运动副存在，否则这个杆组拆得不对。每当拆出一个杆组后，再对剩余机构拆组，并按第②个要领进行，直到全部杆组拆完，只剩下与机架相联的原动件为止。

**例 2-4**　试分析图 2-29 所示机构的结构，并判别其级别。

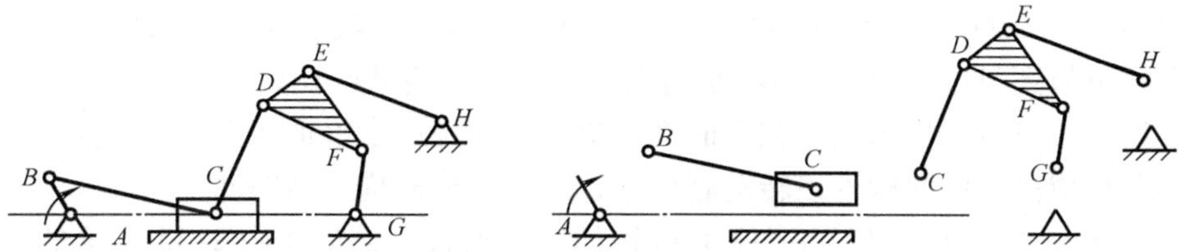


图 2-29　八杆机构的拆分

**解**　先从远离原动件的地方进行拆分，由于不能拆下Ⅱ级杆组，只能拆下Ⅲ级杆组 *CDEFGH*，余下部分 *ABC* 仍为一个完整的机构。接着拆下Ⅱ级杆组 *BC*，最后剩下联于机架上的原动件。因此，可知该机构为Ⅲ级机构。

**例 2-5**　试分析图 2-30 所示机构的结构，并判定其组别。

**解**　先从远离主动件 1 的构件 5 开始试拆，由于不能拆下Ⅱ级组或Ⅲ级组，只能拆下Ⅳ级组 *BCDEFG*，剩下机架 6 和主动件 1。所以该机构是Ⅳ级机构。

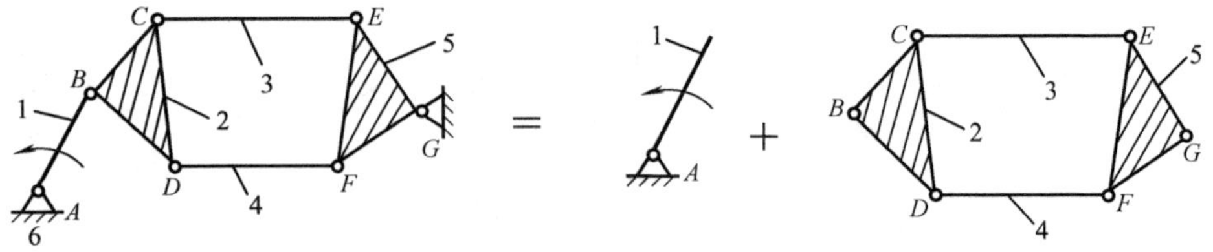


图 2-30　六杆机构的拆分

## 第四节　平面机构的高副低代

为了便于对含有高副的平面机构进行分析研究，可以将机构中的高副以一定的条件虚拟地以低副加以代替，这种高副以低副来代替的方法就叫做**高副低代**。

进行高副低代必须满足的条件是：①代替前后机构的自由度不变；②代替前后保持机构的运动关系不变，即瞬时速度和瞬时加速度不变。

要满足第一个条件，就必须保持代换前后运动副提供的约束的数目相同。在平面机构中，一个高副只提供一个约束，而一个低副却提供两个约束，所以，不能只用一个低副来代替一个高副。用含有两个低副的一个构件来代替一个高副，则可以保持代换前后运动副提供的约束数相同。因为在平面机构中，一个活动构件具有三个自由度，当其与其他构件组成两个低副时，可引入四个约束。所以用含有两个低副的一个构件来代替一个平面高副时，刚好也是提供一个约束。它与一个平面高副所提供的约束完全相同。

如何满足第二个条件呢？先研究如图 2-31 所示的机构，构件 1 和构件 2 为分别绕 $A$ 和 $B$ 回转的圆盘。这两个圆盘的几何中心分别为 $O_1$、$O_2$，它们在接触点 $C$ 以高副相接触，当构件 1 绕点 $A$ 转动时，借两圆盘的接触点推动构件 2 绕点 $B$ 转动，显然，当机构运动时，$AO_1$、$O_1O_2$（$=r_1+r_2$）、$BO_2$ 的距离始终保持不变。因此，如果设想在 $O_1O_2$ 间加上一个虚拟的构件，并分别与构件 1、2 在点 $O_1$、$O_2$ 处构成转动副，以代替该两圆盘所组成的高副（图 2-31 中虚线所示），显然，这种代替对机构的运动并不发生任何改变。所以，设想由构件 $O_1O_2$ 及其引入的两个低副来代替高副 $C$，就能满足高副低代的第二个条件。由上述分析还可以知道 $O_1$、$O_2$ 是高副两元素在其接触点 $C$ 处的曲率中心。

综上所述，可以得出结论：在平面机构中，只要用一个虚拟构件分别在高副两元素的曲率中心与构成高副的两构件以转动副相联，即可完成机构的高副低代。

上述代替方法可以应用于各种平面机构的高副低代。例如在图 2-32 所示的具有任意曲廓的高副机构中，过接触点 $C$ 作两曲廓的公法线 $n$-$n$，找出 $C$ 处的曲率中心 $K_1$、$K_2$，再将虚拟的构件分别在 $K_1$、$K_2$ 与两构件 1、2 以转动副相联就可以了。

由图 2-32 可见，两曲线轮廓各点处的曲率半径是不同的，其曲率中心至构件固定回转轴的距离也不同，所以图中所示的代替，只是保持机构在此位置时的瞬时速度和瞬时加速度不变的瞬时代替。当机构在不同位置时代替机构的尺寸也是不同的。

又如图 2-33 所示的凸轮机构，由于高副两元素之一为点，则该副元素的曲率中心 $K_2$ 与接触点 $C$ 重合。故对此机构进行高副低代时，虚拟构件两端的转动副之一取在点 $C$，另一转动副在凸轮廓线在点 $C$ 的曲率中心 $K_1$ 处。

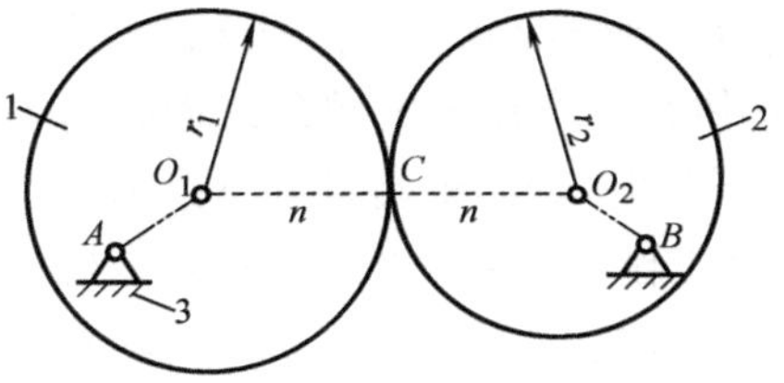


图 2-31 高副低代机构

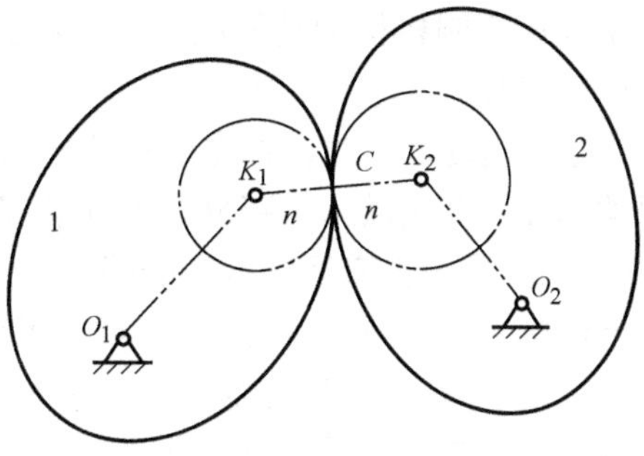


图 2-32 高副机构



在图 2-34 所示的另一种凸轮机构中，由于高副两元素之一为直线，因为直线的曲率中心趋于无穷远处，所以在进行高副低代时虚拟构件一端的转动副将转化成移动副，另一端的转动副取在凸轮曲线在接触点的曲率中心 $K_1$ 处。

既然平面机构中的高副可以用低副来代替，那么含有高副的平面机构可都视为只含有低副的平面机构。因此，平面高副机构可以首先进行高副低代，并按照低副平面机构的分析方法进行分析研究。

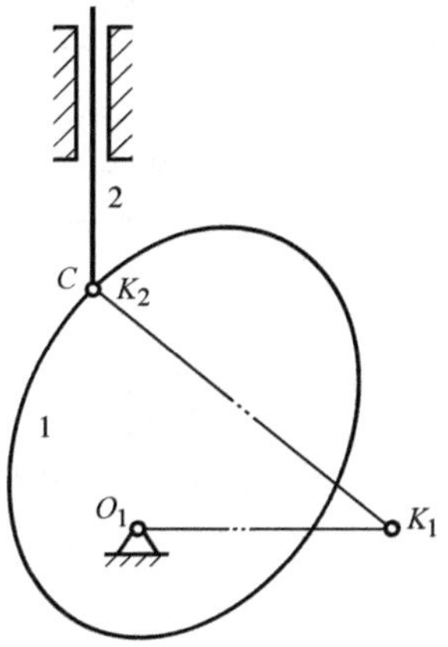


图 2-33 凸轮机构点接触高副低代

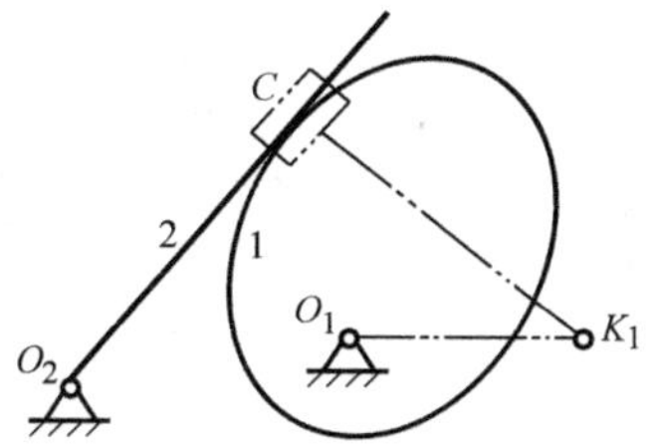


图 2-34 凸轮机构线接触高副低代

## 第五节 机构运动简图

在对现有的机械进行分析或设计新的机械时，为了使问题简化，可以不考虑那些与运动无关的因素（如构件的外形、断面尺寸、组成构件的零件数目及固联方式、运动副的具体构造等)，仅用简单的线条和符号来代表构件和运动副，并按一定的比例表示各运动副的相对位置。这种说明机构各构件间相对运动关系并用规定的代表符号按比例绘制的简单图形称为**机构运动简图**。

机构运动简图应与原机构具有完全相同的运动特性。因而可以根据该图对机构进行运动及动力分析。

有时只是为了表明机构的结构状况或说明其运动原理，则可以不要求严格地按比例来绘制简图，这样的机构简图称为**机构示意图**。

正确地绘制机构运动简图，是工程技术人员的一种基本技能。下面将一部分常用机构运动简图符号列于表 2-2 中。

在绘制运动简图时，首先要把该机构的实际构造和运动情况弄清楚，因此，需首先定出其原动部分（即运动起始部分）和工作部分（即直接执行生产任务的部分或最后输出运动的部分），然后再循着运动传递的路线将原动部分和工作部分之间的传动部分弄清楚。即弄清楚该机械原动部分的运动是怎样经过传动部分传递到工作部分的。从而弄清楚该机械是由多少构件组成的，各构件之间组成了何种运动副。这样，才能正确绘制其机构运动简图。

为了将机构运动简图表示清楚，需要恰当地选择投影面。在选定投影面后，便可选择恰当的比例尺，定出各运动副之间的相对位置，并以简单的线条和各种运动副的符号，将机构运动简图画出来。

**表 2-2　常用机构运动简图符号**（摘自 GB/T 4460—1984）

| 名　称 | 符　号 | 名　称 | 符　号 |
|---|---|---|---|
| 在支架上的电动机 | 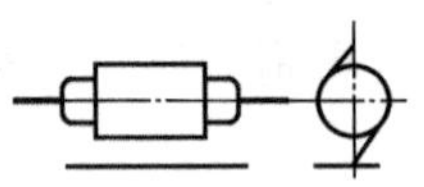 | 齿轮齿条传动 | 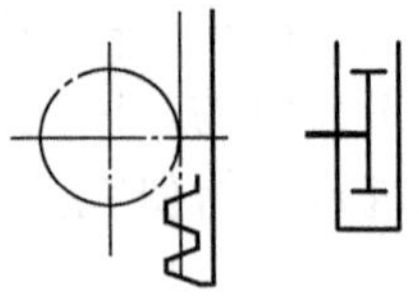 |
| 带传动 | 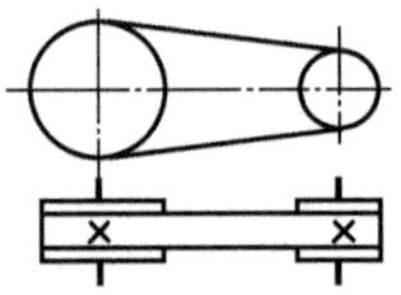 | 圆锥齿轮传动 | 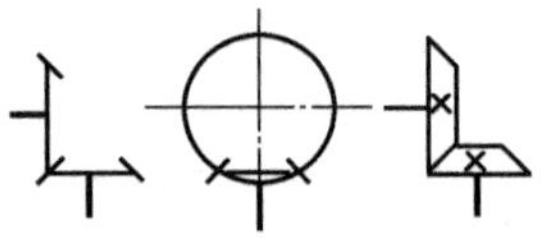 |
| 链传动 | 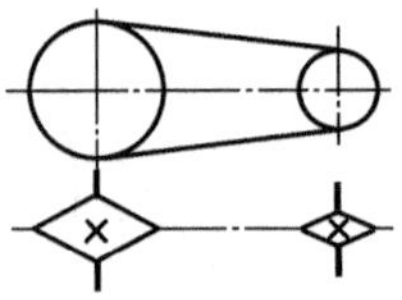 | 蜗轮与圆柱蜗杆传动 | 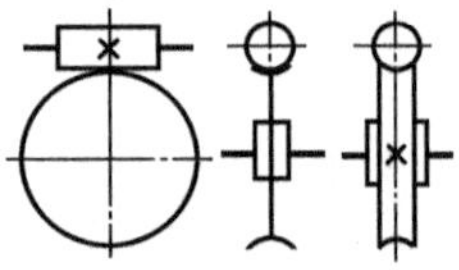 |
| 外啮合圆柱齿轮传动 | 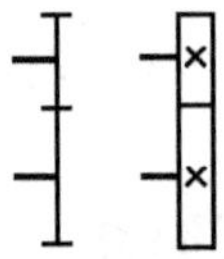 | 凸轮传动 |  |
| 内啮合圆柱齿轮传动 | 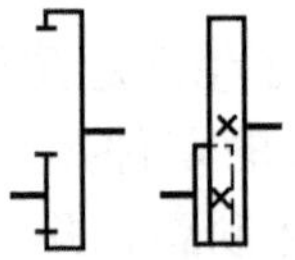 | 棘轮传动 | 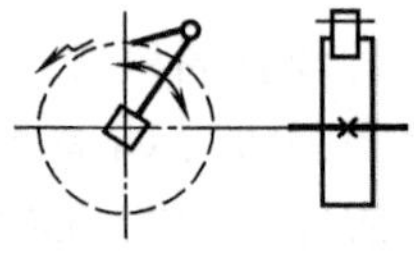 |

为了具体说明机构运动简图的画法，下面举两个例子。

**例 2-6**　如图 2-35a 所示的一颚式碎矿机，当曲轴 1 绕轴心 $O$ 连续回转时，动颚板 5 绕轴心 $F$ 往复摆动，从而将矿石轧碎。试绘制此碎矿机的机构运动简图。

**解**　根据前述绘制机构运动简图的步骤，先找出碎矿机的原动部分曲轴 1，工作部分动颚板 5。然后循着运动传递的路线可以看出，此碎矿机是由 6 个构件组成的，其中曲轴

1 和机架 6 在点 $O$ 构成转动副，曲轴 1 和构件 2 也构成转动副，其轴心在点 $A$。而构件 2 与构件 3、4 在 $D$、$B$ 两点分别构成转动副；构件 3 还与机架 6 在点 $E$ 构成转动副；动颚板 5 与构件 4 和机架 6 分别在点 $C$ 和点 $F$ 构成转动副。

将碎矿机的组成情况弄清楚后，再选定投影面和比例尺，并定出各转动副的位置，即可绘出其机构运动简图，如图 2-35b 所示。

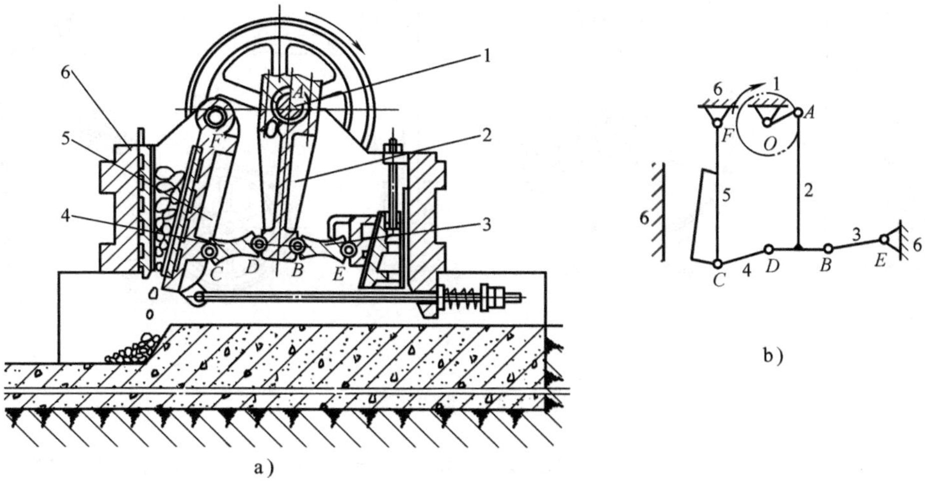


图 2-35　颚式碎矿机
a）结构示意图　b）机构运动简图
1—曲轴　2、3、4—构件　5—动颚板　6—机架

**例 2-7**　试绘制图 2-36a 所示简易压力机机构的运动简图。

**解**　仔细考察此图，可知该机构共有 6 个构件组成，其中主动件为偏心轮 1，工作部分为滑块 5，偏心轮 1 与构件 2 以转动副相联，构件 2 还与构件 3、4 以转动副相联，滑块 5 与构件 4 也以转动副相联，滑块 5 与机架 6 组成了移动副。选定投影面和比例尺，定出各运动副的位置，可绘出该机构的运动简图，如图 2-36b 所示。

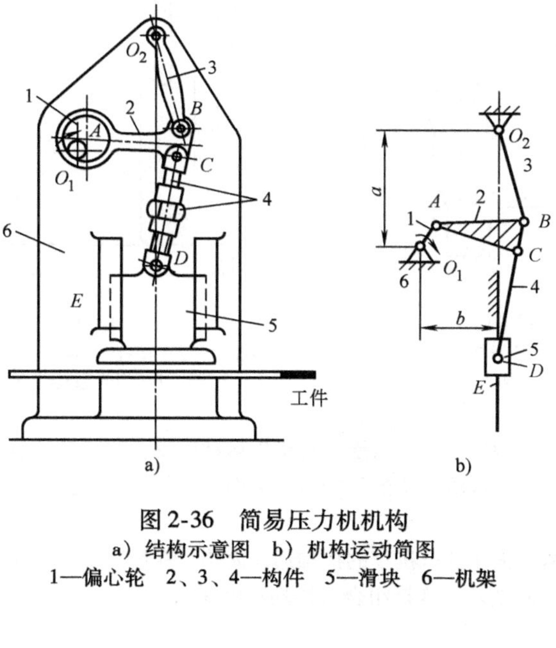


图 2-36　简易压力机机构
a）结构示意图　b）机构运动简图
1—偏心轮　2、3、4—构件　5—滑块　6—机架

## 习　　题

2-1　试画出图 2-37 中各平面机构的运动简图，并计算其自由度。

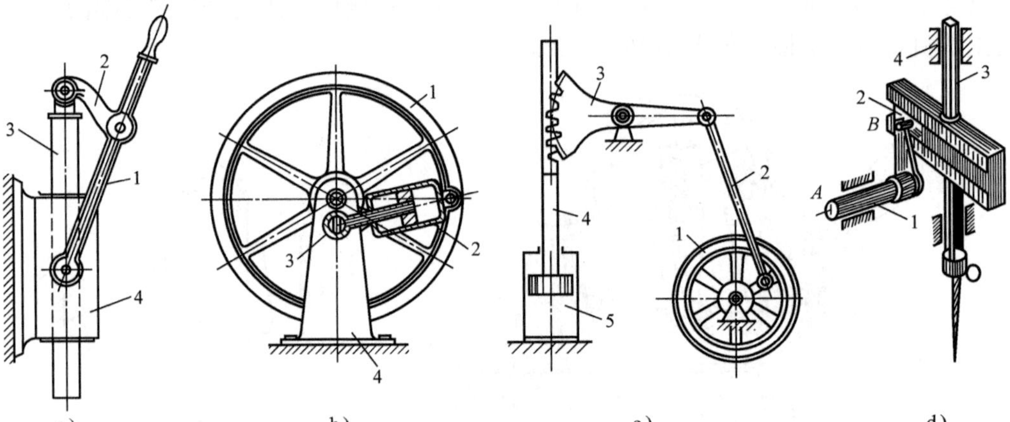


a)　　b)　　c)　　d)

图 2-37　题 2-1 图

2-2　图 2-38 所示为一简易压力机的初拟设计方案。设计者的思路是：动力由齿轮 1 输入，使轴 $A$ 连续回转；而固装在轴 $A$ 上的凸轮 2 与杠杆 3 组成的凸轮机构将使冲头 4 上下运动以达到冲压的目的。试绘出其机构运动简图，分析其运动是否确定，若运动不确定请提出修改措施。

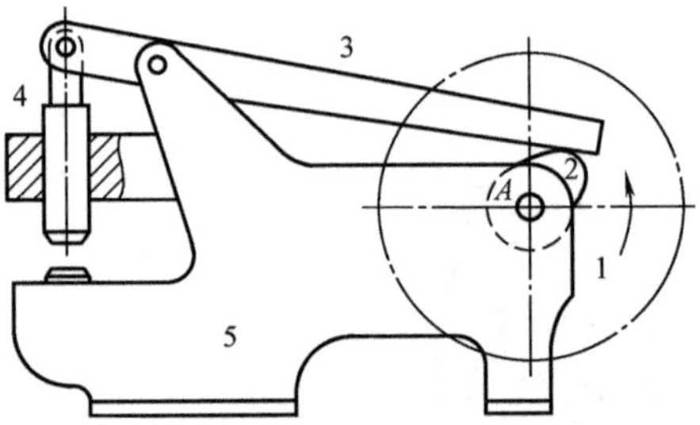


图 2-38　题 2-2 图
1—齿轮　2—凸轮　3—杠杆
4—冲头　5—机架

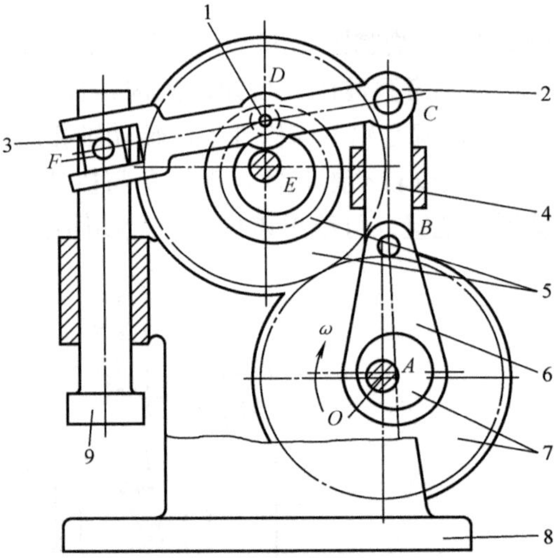


图 2-39　题 2-3 图
1—滚子　2—摆杆　3—滑块　4—滑杆　5—齿轮及凸轮
6—连杆　7—齿轮及偏心轮　8—机架　9—压头

2-3　图 2-39 所示为一小型压力机，试绘制其机构运动简图，并计算其自由度。

2-4　试绘制图 2-40 所示工件输送机的机构运动简图，并计算其自由度。若 $AB$ 为原动件，说明工件被输送的过程。

2-5　试绘制图 2-41 所示火车蒸汽机车的机构运动简图，并计算其自由度。

2-6　试计算图 2-42 所示凸轮—连杆组合机构的自由度。

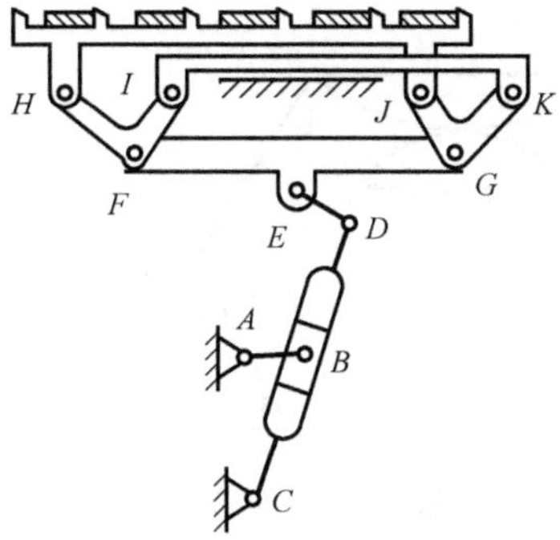


图 2-40　题 2-4 图

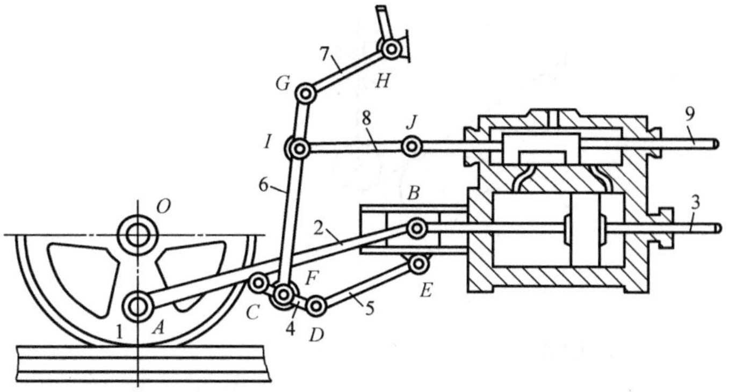


图 2-41　题 2-5 图

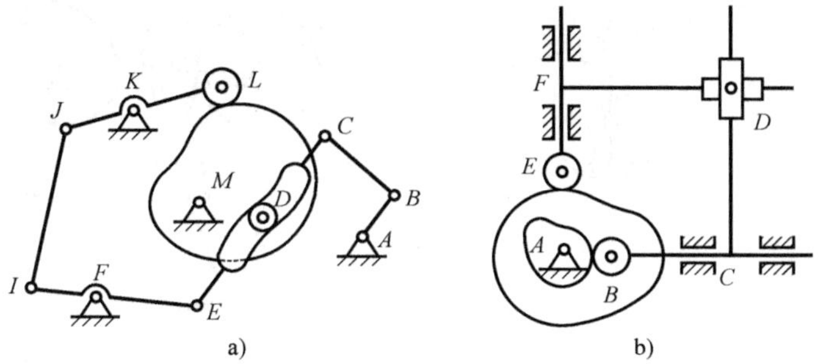


图 2-42　题 2-6 图

2-7　试计算图 2-43 所示齿轮—连杆组合机构的自由度。

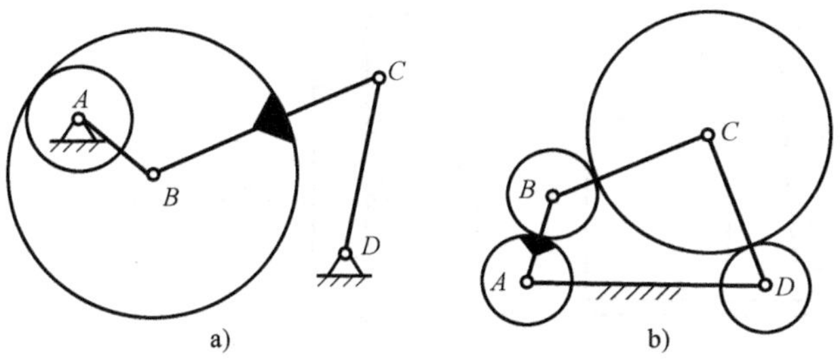


图 2-43　题 2-7 图

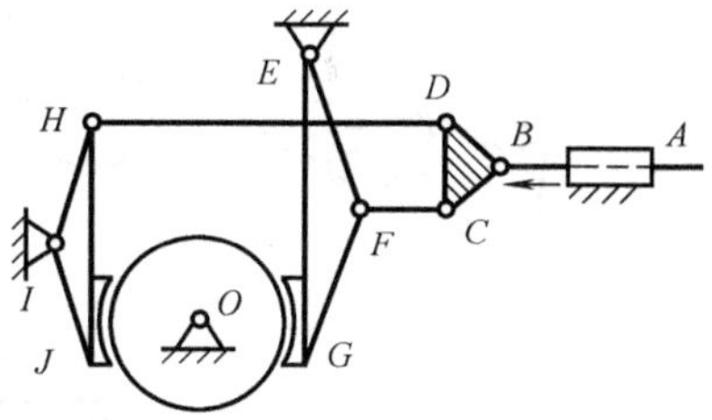


图 2-44　题 2-8 图

2-8　试计算图 2-44 所示制动机构的自由度。并就制动过程说明此机构自由度的变化情况。

2-9　先计算图 2-45 ~ 图 2-50 所示平面机构的自由度。再将其中的高副转化为低副，确定机构所含杆组的数目和级别，以及机构的级别。机构中的原动件用圆弧箭头表示。

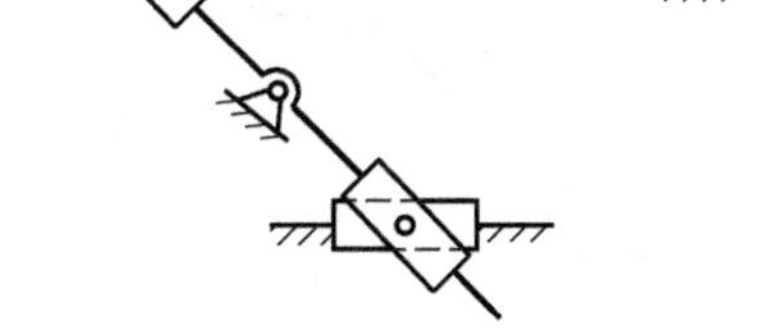

图 2-45　题 2-9 图（一）

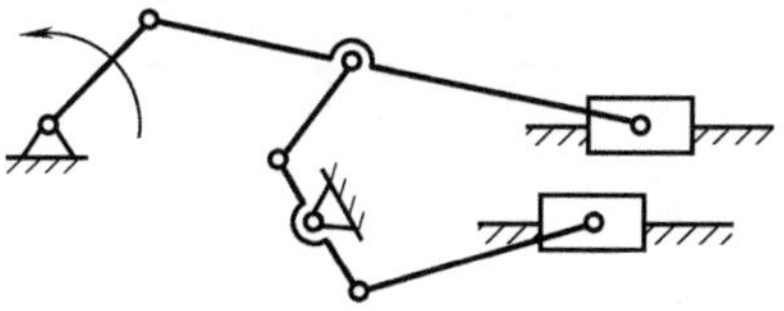

图 2-46　题 2-9 图（二）

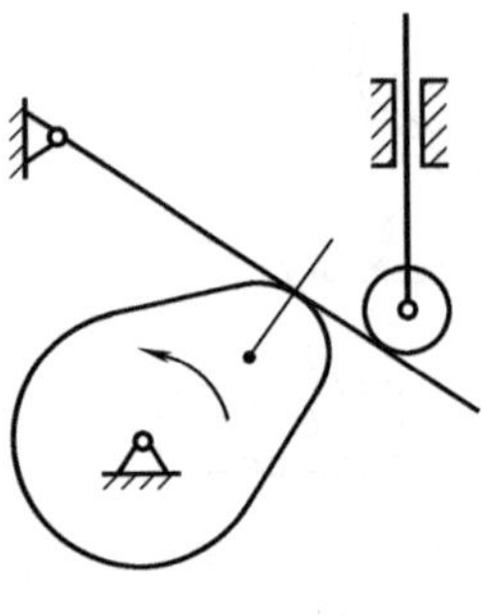

图 2-47　题 2-9 图（三）

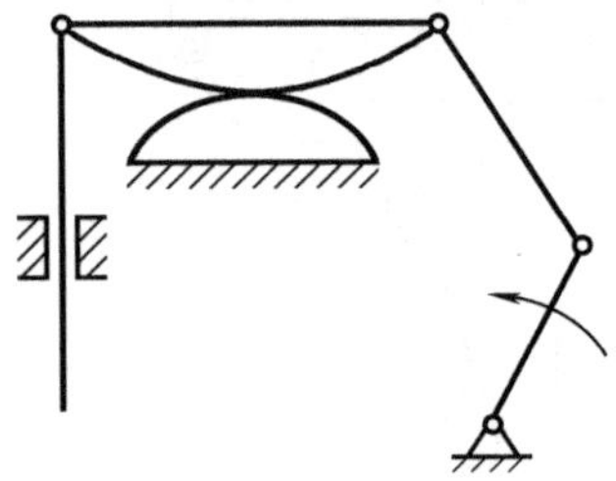

图 2-48　题 2-9 图（四）

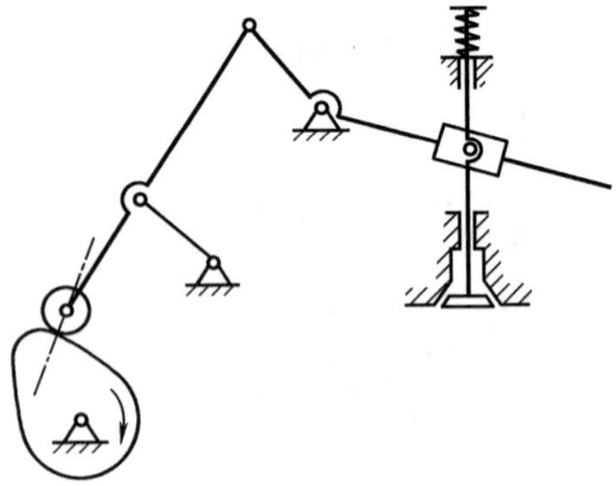

图 2-49　题 2-9 图（五）

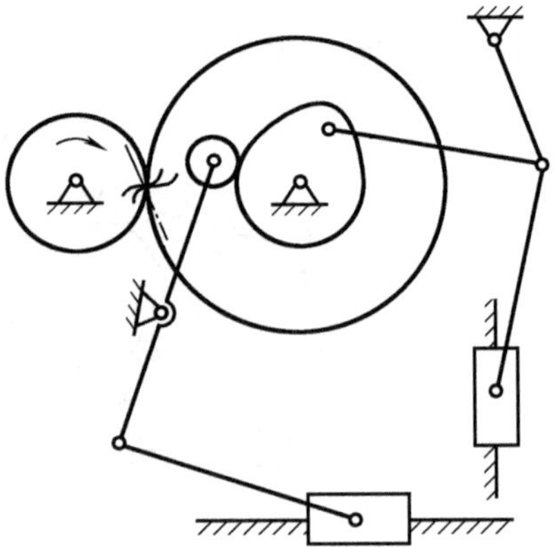

图 2-50　题 2-9 图（六）

2-10　计算图 2-51 所示机构的自由度，其中图 2-51a 为液压挖掘机构，图 2-51b 为差动轮系。

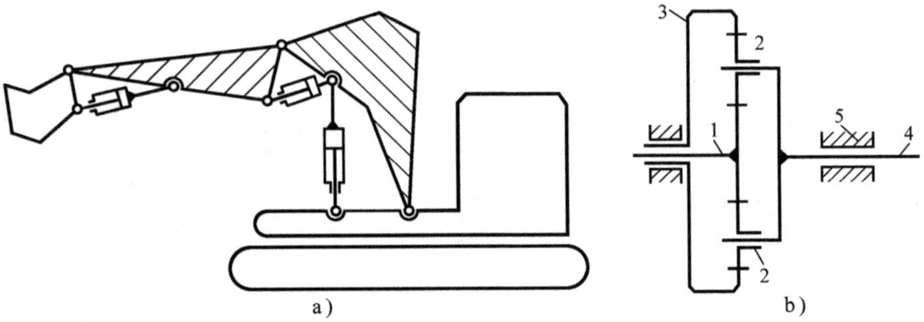


图 2-51　题 2-10 图

2-11　图 2-52 中箭头所示构件为原动件，试判断该机构是否有确定的相对运动。

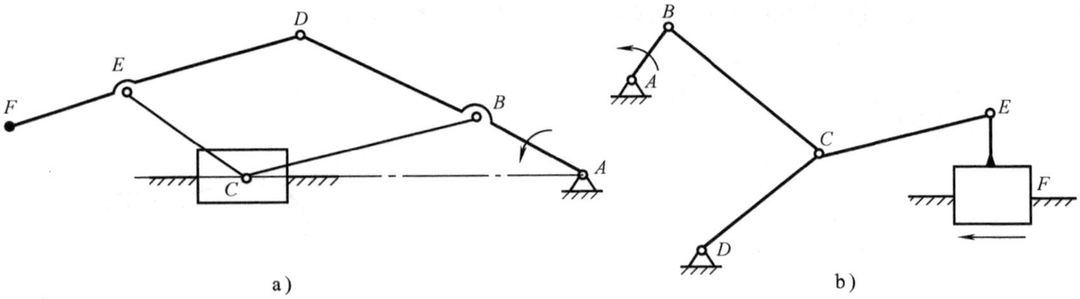


图 2-52　题 2-11 图

2-12　图 2-53 所示分别为椭圆仪和三等分分角器的示意图，箭头所示为原动件。判断它们有无确定的相对运动。

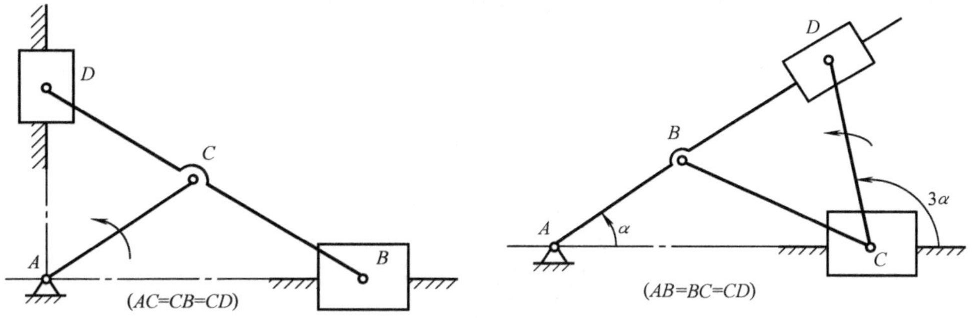


a)　　b)

图 2-53　题 2-12 图

2-13　试判定图 2-54 所示机构的级别，需具体说明其拆组过程。

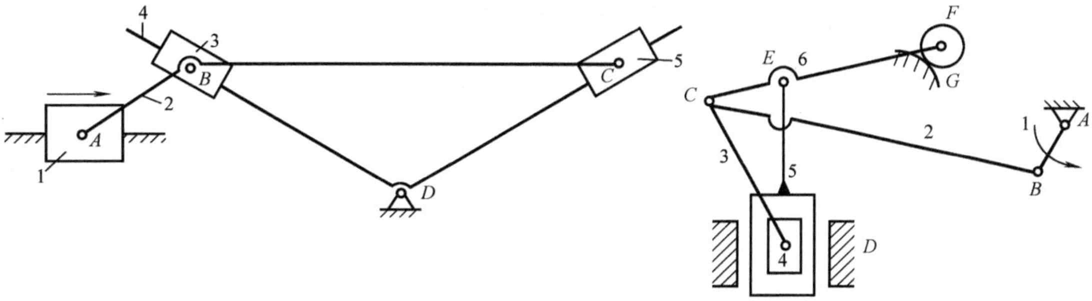


a)　　b)

图 2-54　题 2-13 图

2-14　图 2-55 所示为一个把轧制线上运动中的钢材剪切为定长尺寸的飞剪机构。曲柄 *AB* 转一周剪切一次。试计算两种机构的自由度，为使机构有确定运动应如何处理？图 2-55b 所示机构有何特殊作用？

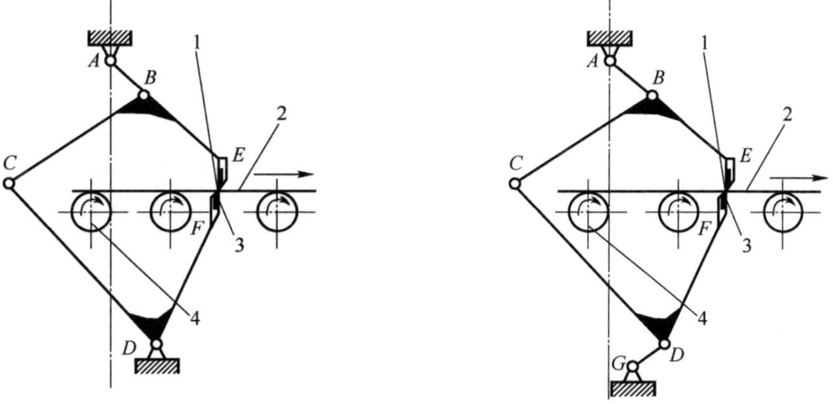


a)　　b)

图 2-55　题 2-14 图

a）摆式飞剪机构（一）　b）摆式飞剪机构（二）

1—上剪刀　2—运动中的钢材　3—下剪刀　4—运送钢材的辊子

2-15　如图 2-56 所示，已知飞剪的尺寸参数如下：$a=190\text{mm}$，$b=461\text{mm}$，$c=1050\text{mm}$，$d=1000\text{mm}$，$e=355\text{mm}$，$f=675\text{mm}$，$\alpha_2=160°$，$\alpha_3=50°$，$\alpha_4=24°$。要求将曲柄 $AB$ 的圆周至少分成 12 等分，并绘出上、下剪刃的运动轨迹。（比例尺按：$\mu_l=0.1$，即缩小 10 倍）

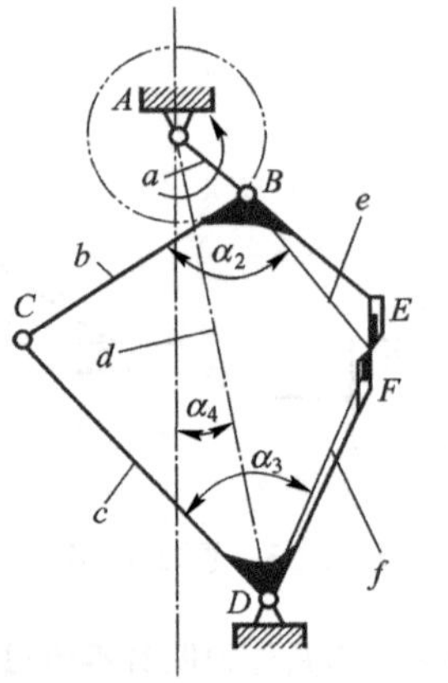


图 2-56　题 2-15 图

# 第三章　平面机构的运动分析

## 第一节　概　　述

本章的讨论中将不考虑引起机构运动的外力以及机构构件弹性变形和机构运动副中间隙对机构运动的影响，而仅仅研究在已知原动构件的运动规律时，如何确定机构其余构件上各点的轨迹、位移、速度和加速度，以及机构其余构件的位置、角位移、角速度和角加速度等运动参数。

之所以要进行机构的运动分析，是因为不论是设计新的机械还是分析现有机械的工作性能，都必须首先计算其机构的运动参数。

例如在图 3-1 所示的 V 形发动机简图中，为了确定活塞 $E$ 的冲程、确定机壳的轮廓，必须先确定连杆 $DE$ 的连接点 $D$ 的轨迹。

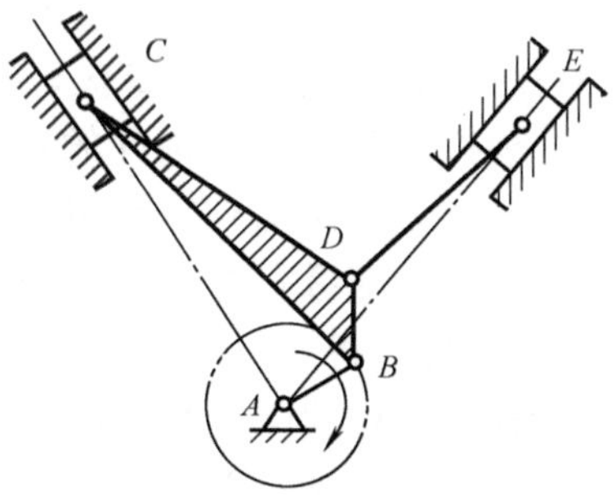

图 3-1　V 形发动机机构简图

此外，合理地选择机构构件上某些点的运动轨迹，便能很好地满足各种机械的不同工作要求，例如港口起重机、搅面机等的连杆曲线便是这样。

又如，为了确定机械的工作条件，往往要求确定其机构构件上某些点的速度。例如设计牛头刨床的导杆机构时，必须知道影响刀具寿命和工作质量的刨头的速度变化规律（它要求工作行程是近似等速运动，而空行程是急回运动）。在要求确定机构构件上某些点的加速度或机器的动能和功率以及进行机构的力分析时，也都必须先对机构进行速度分析。

对于高速机械和重型机械，其构件的惯性力往往极大，因此在进行强度计算或分析其工作性能时，绝不能不考虑这些惯性力的影响。为了确定惯性力，则必须先进行机构的加速度分析。

平面机构运动分析的方法有图解法、解析法和实验法三种。而图解法又可分为速度瞬心法、相对运动法和线图法。本章主要讨论解析法。

机构的运动分析一般是先建立机构的位置方程，然后将位置方程式对时间求导，即可得机构的速度方程和加速度方程。由于所用数学工具（如代数、三角、矢量、复数、矩阵等）的不同，解析的方法可分为封闭矢量多边形投影法、复数矢量法、拆杆法、矩阵式法等。

本章将采用封闭矢量多边形投影法（由于各参数求解以代数式形式表示，故简称代数式法）和矩阵式法。

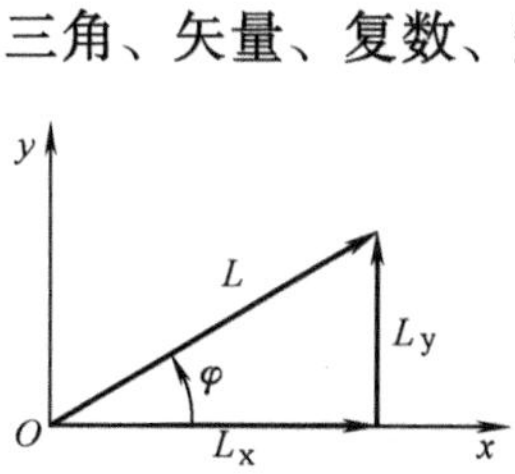

图 3-2　矢量的分解

如图 3-2 所示，一个矢量 $\boldsymbol{L}$ 可用其向径的模 $l$ 和极角（也称位置角）$\varphi$ 来表示。若将 $\boldsymbol{L}$ 置于坐标系 $Oxy$ 中，则规定位置角 $\varphi$

为矢量 $\boldsymbol{L}$ 沿 $x$ 轴的正向沿逆时针方向度量，且定为正。这样该矢量向两坐标轴分解则有

$$\begin{cases}L_x = l\cos\varphi \\ L_y = l\sin\varphi\end{cases}$$

## 第二节　Ⅱ级机构的运动分析

Ⅱ级机构即全由Ⅱ级杆组所组成的机构。如铰链四杆机构、曲柄滑块机构和导杆机构均为Ⅱ级机构。



### 一、铰链四杆机构的运动分析

如图 3-3 所示的铰链四杆机构，已知各杆长 $l_1$、$l_2$、$l_3$、$l_4$，原动件的位置角 $\varphi_1$，其角速度 $\omega_1$ 为常数，且以逆时针方向为正。连杆 $BC$ 上一点 $M$ 的位置用向径 $r_2$ 和位置角 $\theta_2$ 表示。机架 $AD$ 倾斜放置，其倾斜角为 $\theta_4$。试分析点 $M$ 位移、速度、加速度的求解方法。

求解程序：首先建立机构的位置方程式，求出给定 $\varphi_1$ 时的各构件的位置角 $\varphi_2$、$\varphi_3$。将位置方程分别对时间 $t$ 求导一次、二次，得速度方程式和加速度方程式，并求得各构件的角速度 $\omega_2$、$\omega_3$ 和角加速度 $\varepsilon_2$、$\varepsilon_3$。最后列出点 $M$ 的位置方程并对 $t$ 求导一次、二次即可完成。

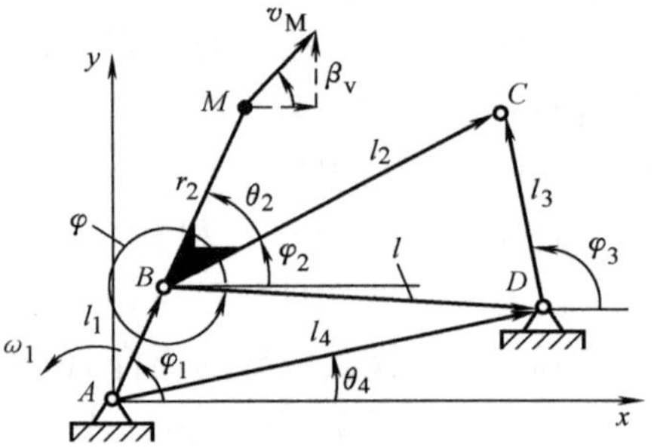


图 3-3　铰链四杆机构运动分析简图

**1．位移分析**

为建立机构的位置方程式，首先画出各构件的矢量指向（图 3-3）。以 $x$ 轴正向沿逆时针方向画出各杆的转角 $\varphi_1$、$\varphi_2$、$\varphi_3$、$\theta_4$ 及 $\theta_2$，由矢量封闭回路 $ABCD$ 写出矢量方程

$$\boldsymbol{l}_1 + \boldsymbol{l}_2 = \boldsymbol{l}_4 + \boldsymbol{l}_3$$

将上述矢量方程写成坐标方程

$$\begin{cases}l_1\cos\varphi_1 + l_2\cos\varphi_2 = l_4\cos\theta_4 + l_3\cos\varphi_3 \\ l_1\sin\varphi_1 + l_2\sin\varphi_2 = l_4\sin\theta_4 + l_3\sin\varphi_3\end{cases} \tag{3-1}$$

上述方程的待求量为 $\varphi_2$、$\varphi_3$。由于该方程为 $\varphi_2$、$\varphi_3$ 的非线性方程，为方便起见，在图 3-3 中加辅助矢量 $\boldsymbol{BD}$，即 $l$、$\varphi$。在封闭矢量回路 $ABD$ 中

$$\boldsymbol{l}_1 + \boldsymbol{l} = \boldsymbol{l}_4$$

及

$$\begin{cases}l_1\cos\varphi_1 + l\cos\varphi = l_4\cos\theta_4 \\ l_1\sin\varphi_1 + l\sin\varphi = l_4\sin\theta_4\end{cases} \tag{3-2}$$

解得

$$\begin{cases}l = \sqrt{l_1^2 + l_4^2 - 2l_1 l_4\cos(\varphi_1 - \theta_4)} \\ \varphi = \arctan\left(\dfrac{l_4\sin\theta_4 - l_1\sin\varphi_1}{l_4\cos\theta_4 - l_1\cos\varphi_1}\right)\end{cases} \tag{3-3}$$

在封闭矢量回路 $BCD$ 中

$$\boldsymbol{l}_2=\boldsymbol{l}+\boldsymbol{l}_3$$

及

$$\begin{cases} l_2\cos\varphi_2=l\cos\varphi+l_3\cos\varphi_3 \\ l_2\sin\varphi_2=l\sin\varphi+l_3\sin\varphi_3 \end{cases}$$

解得

$$\begin{cases} \cos(\varphi_3-\varphi)=\dfrac{l_2^2-l^2-l_3^2}{2ll_3} \\ \tan\varphi_2=\dfrac{l\sin\varphi+l_3\sin\varphi_3}{l\cos\varphi+l_3\cos\varphi_3} \end{cases} \tag{3-4}$$

注意：按正切函数求其角度时，应根据函数中分子分母的正负号判断其所在象限后决定。而按余弦函数求其角度时，如式（3-4）中由 $\cos(\varphi_3-\varphi)$ 的值求 $\varphi_3$ 时，由于 $\cos(\varphi_3-\varphi)=\cos(\varphi-\varphi_3)$，故有两个解。当用 $\cos(\varphi_3-\varphi)$ 时为图 3-3 中所示的解，即点 $C$ 在 $BD$ 线之上；当用 $\cos(\varphi-\varphi_3)$ 时为另一解，即点 $C$ 位于 $BD$ 线之下（图 3-3 中未示出）。

**2. 速度分析**

将式（3-1）对 $t$ 求导，注意到 $\dfrac{d\varphi_1}{dt}=\omega_1$，$\dfrac{d\varphi_2}{dt}=\omega_2$，$\dfrac{d\varphi_3}{dt}=\omega_3$，得

$$\begin{cases} -l_1\omega_1\sin\varphi_1-l_2\omega_2\sin\varphi_2=-l_3\omega_3\sin\varphi_3 \\ l_1\omega_1\cos\varphi_1+l_2\omega_2\cos\varphi_2=l_3\omega_3\cos\varphi_3 \end{cases} \tag{3-5}$$

为求解方便起见，采用坐标旋转方法。例如求 $\omega_2$ 时，可将式（3-5）中第一式的 $\omega_3$ 项消去，即将坐标系假想按逆时针方向旋转 $\varphi_3$，此时该公式中各转角应加上（$-\varphi_3$），即可消去 $\omega_3$。按此法求得 $\omega_2$、$\omega_3$ 的公式

$$\begin{cases} \omega_2=\dfrac{-l_1\omega_1\sin(\varphi_1-\varphi_3)}{l_2\sin(\varphi_2-\varphi_3)} \\ \omega_3=\dfrac{l_1\omega_1\sin(\varphi_1-\varphi_2)}{l_3\sin(\varphi_3-\varphi_2)} \end{cases} \tag{3-6}$$

**3. 加速度分析**

将式（3-5）对时间 $t$ 求导，并注意到 $\dfrac{d\omega_1}{dt}=0$，$\dfrac{d\omega_2}{dt}=\varepsilon_2$，$\dfrac{d\omega_3}{dt}=\varepsilon_3$，得

$$\begin{cases} -l_1\omega_1^2\cos\varphi_1-l_2\omega_2^2\cos\varphi_2-l_2\varepsilon_2\sin\varphi_2=-l_3\omega_3^2\cos\varphi_3-l_3\varepsilon_3\sin\varphi_3 \\ -l_1\omega_1^2\sin\varphi_1-l_2\omega_2^2\sin\varphi_2+l_2\varepsilon_2\cos\varphi_2=-l_3\omega_3^2\sin\varphi_3+l_3\varepsilon_3\cos\varphi_3 \end{cases} \tag{3-7}$$

同样采用坐标旋转法，可求得 $\varepsilon_2$、$\varepsilon_3$

$$\begin{cases} \varepsilon_2=\dfrac{-l_1\omega_1^2\cos(\varphi_1-\varphi_3)-l_2\omega_2^2\cos(\varphi_2-\varphi_3)+l_3\omega_3^2}{l_2\sin(\varphi_2-\varphi_3)} \\ \varepsilon_3=\dfrac{l_1\omega_1^2\cos(\varphi_1-\varphi_2)+l_2\omega_2^2-l_3\omega_3^2\cos(\varphi_3-\varphi_2)}{l_3\sin(\varphi_3-\varphi_2)} \end{cases} \tag{3-8}$$

**4. 点 $M$ 的运动分析**

设点 $M$ 的坐标用 $x_M$、$y_M$ 表示，则

$$\begin{cases} x_M = l_1\cos\varphi_1 + r_2\cos(\varphi_2+\theta_2) \\ y_M = l_1\sin\varphi_1 + r_2\sin(\varphi_2+\theta_2) \end{cases} \tag{3-9}$$

将式（3-9）对时间 $t$ 求导得

$$\begin{cases} \dot{x}_M = v_{Mx} = -l_1\omega_1\sin\varphi_1 - r_2\omega_2\sin(\varphi_2+\theta_2) \\ \dot{y}_M = v_{My} = l_1\omega_1\cos\varphi_1 + r_2\omega_2\cos(\varphi_2+\theta_2) \end{cases} \tag{3-10}$$

将式（3-10）对时间 $t$ 求导得

$$\begin{cases} \ddot{x}_M = a_{Mx} = -l_1\omega_1^2\cos\varphi_1 - r_2\omega_2^2\cos(\varphi_2+\theta_2) - r_2\varepsilon_2\sin(\varphi_2+\theta_2) \\ \ddot{y}_M = a_{My} = -l_1\omega_1^2\sin\varphi_1 - r_2\omega_2^2\sin(\varphi_2+\theta_2) + r_2\varepsilon_2\cos(\varphi_2+\theta_2) \end{cases} \tag{3-11}$$

若点 $M$ 的速度大小及方向角用 $v_M$ 和 $\beta_v$ 表示，点 $M$ 的加速度大小及方向角用 $a_M$ 和 $\beta_a$ 表示，则得

$$\begin{cases} v_M = \sqrt{v_{Mx}^2 + v_{My}^2} \\ \beta_v = \arctan\dfrac{v_{My}}{v_{Mx}} \\ a_M = \sqrt{a_{Mx}^2 + a_{My}^2} \\ \beta_a = \arctan\dfrac{a_{My}}{a_{Mx}} \end{cases} \tag{3-12}$$

## 二、曲柄滑块机构的运动分析

图 3-4 所示为曲柄滑块机构运动分析简图。已知曲柄长 $l_1$，连杆长 $l_2$，滑块导路距曲柄转轴 $A$ 的偏置距离为 $h$，给定原动件位置角 $\varphi_1$ 及其角速度 $\omega_1$ 为常数。试分析滑块的位移、速度、加速度。

按图 3-4 所示标出各构件矢量方向及其位置角，按矢量封闭回路 $ABCD$ 建立矢量方程和其投影的坐标方程

$$\boldsymbol{l}_1 + \boldsymbol{l}_2 = \boldsymbol{s} + \boldsymbol{h}$$

$$\begin{cases} l_1\cos\varphi_1 + l_2\cos\varphi_2 = s \\ l_1\sin\varphi_1 + l_2\sin\varphi_2 = h \end{cases} \tag{3-13}$$

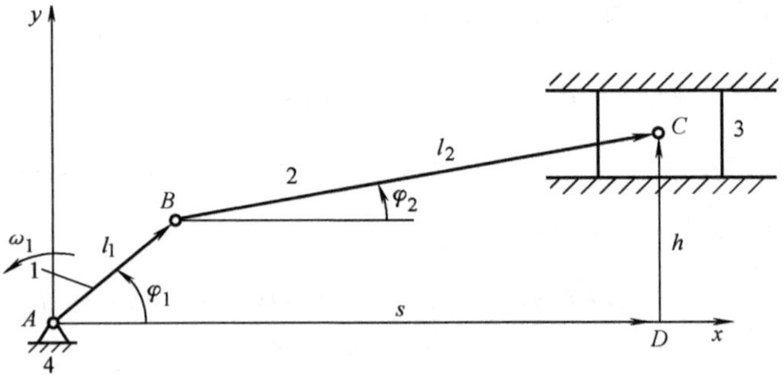


图 3-4 曲柄滑块机构运动分析简图
1—曲柄 2—连杆 3—滑块 4—机架

由式（3-13）可求 $\varphi_2$

$$\sin\varphi_2 = \frac{h - l_1\sin\varphi_1}{l_2} \tag{3-14}$$

将求出的 $\varphi_2$ 代入式（3-13）第一式中可求得 $s$。

将式（3-13）对 $t$ 求导

$$\begin{cases} \dot{s} = -l_1\omega_1\sin\varphi_1 - l_2\omega_2\sin\varphi_2 \\ 0 = l_1\omega_1\cos\varphi_1 + l_2\omega_2\cos\varphi_2 \end{cases} \tag{3-15}$$

由式（3-15）第二式可得 $\omega_2$

$$\omega_2 = -\frac{l_1\omega_1\cos\varphi_1}{l_2\cos\varphi_2}$$

将求出的 $\omega_2$ 代入式（3-15）第一式可求得 $\dot{s}$。

将式（3-15）对 $t$ 求导

$$\begin{cases} \ddot{s} = -l_1\omega_1^2\cos\varphi_1 - l_2\omega_2^2\cos\varphi_2 - l_2\varepsilon_2\sin\varphi_2 \\ 0 = -l_1\omega_1^2\sin\varphi_1 - l_2\omega_2^2\sin\varphi_2 + l_2\varepsilon_2\cos\varphi_2 \end{cases} \tag{3-16}$$

由式（3-16）可得到 $\varepsilon_2$

$$\varepsilon_2 = \frac{l_1\omega_1^2\sin\varphi_1 + l_2\omega_2^2\sin\varphi_2}{l_2\cos\varphi_2} \tag{3-17}$$

将求出的 $\varepsilon_2$ 代入式（3-16）第一式可求得 $\ddot{s}$。

若需求连杆上某点 $M$ 的运动，其求解公式与式（3-9）～式（3-12）类似。

注意：与坐标轴相重合的矢量为变量（如 $s$）时，不可使用坐标系转旋法求解 $\omega_2$、$\varepsilon_2$。

## 三、导杆机构的运动分析

若已知图 3-5 所示导杆机构的尺寸 $l_1$、$l_2$，原动件 $AB$ 的位置角 $\varphi_1$ 及角速度 $\omega_1$ 为常数。试分析该机构的运动。

在选取各尺寸矢量的方向时，注意到 $\boldsymbol{l}_1$、$\boldsymbol{l}_2$ 为构件的尺寸矢量，而 $\boldsymbol{s}$ 则表示滑块 2 在导杆 3 上的相对位移矢量，因此 $\dot{s}$、$\ddot{s}$ 则分别表示构件 2 对构件 3 上重合点的相对速度与相对加速度。

由矢量封闭回路 $ABC$ 建立如下矢量方程及坐标方程

$$\boldsymbol{l}_1 + \boldsymbol{l}_2 = \boldsymbol{s}$$

$$\begin{cases} l_1\cos\varphi_1 = s\cos\varphi_3 \\ l_1\sin\varphi_1 + l_2 = s\sin\varphi_3 \end{cases} \tag{3-18}$$

由式（3-18）可求得 $\varphi_3$，再由 $\varphi_3$ 求得 $s$

$$\begin{cases} \tan\varphi_3 = \dfrac{l_1\sin\varphi_1 + l_2}{l_1\cos\varphi_1} \\ s = \dfrac{l_1\cos\varphi_1}{\cos\varphi_3} \end{cases} \tag{3-19}$$

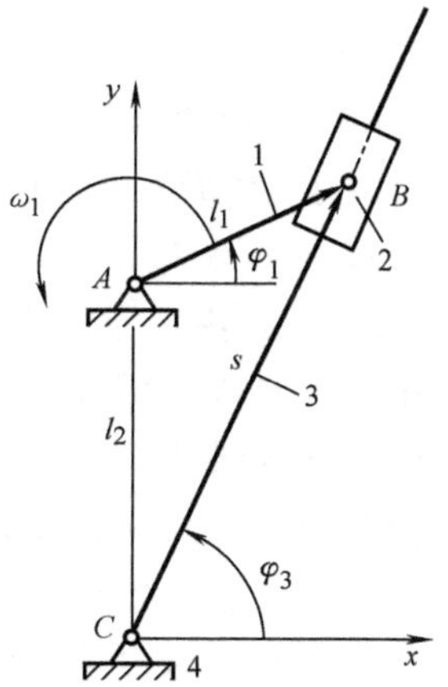

图 3-5　导杆机构运动分析简图
1—曲柄　2—滑块
3—导杆　4—机架

将式（3-18）对 $t$ 求导

$$\begin{cases} -l_1\omega_1\sin\varphi_1 = \dot{s}\cos\varphi_3 - s\omega_3\sin\varphi_3 \\ l_1\omega_1\cos\varphi_1 = \dot{s}\sin\varphi_3 + s\omega_3\cos\varphi_3 \end{cases} \tag{3-20}$$

采用坐标旋转法，由式（3-20）可求得 $\dot{s}$ 及 $\omega_3$

$$\begin{cases} \omega_3 = \dfrac{l_1\omega_1\cos(\varphi_1-\varphi_3)}{s} \\ \dot{s} = -l_1\omega_1\sin(\varphi_1-\varphi_3) \end{cases} \tag{3-21}$$

将式（3-20）对 $t$ 求导得

$$\begin{cases} -l_1\omega_1^2\cos\varphi_1 = \ddot{s}\cos\varphi_3 - 2\dot{s}\omega_3\sin\varphi_3 - s\varepsilon_3\sin\varphi_3 - s\omega_3^2\cos\varphi_3 \\ -l_1\omega_1^2\sin\varphi_1 = \ddot{s}\sin\varphi_3 + 2\dot{s}\omega_3\cos\varphi_3 + s\varepsilon_3\cos\varphi_3 - s\omega_3^2\sin\varphi_3 \end{cases} \tag{3-22}$$

采用坐标旋转法，由式（3-22）可求得 $\ddot{s}$ 及 $\varepsilon_3$

$$\begin{cases} \ddot{s} = -l_1\omega_1^2\cos(\varphi_1-\varphi_3) + s\omega_3^2 \\ \varepsilon_3 = \dfrac{-l_1\omega_1^2\sin(\varphi_1-\varphi_3) - 2\dot{s}\omega_3}{s} \end{cases} \tag{3-23}$$

## *第三节　高级别机构的运动分析

所谓高级别机构是指机构中具有大于Ⅱ级的杆组所组成的机构。这种机构一定为非单环机构。高级别机构中由某单环封闭回路所建立的坐标方程数少于待求量数而无法求解，因此，必须按各封闭回路分别列出全部坐标方程。求解由两个以上方程而构成的非线性方程组，其复杂性将大大增加。因此，高级别机构的位移方程求解一般可采用数值迭代逼近方法。

图 3-6 所示机构是由曲柄 1、机架 6 与Ⅳ级杆组 $BCDEGF$ 所组成的Ⅳ级机构。在单环封闭回路 $ABCDE$ 中可列出两个位移坐标方程，待求量为 $\varphi_2$、$\varphi_3$、$\varphi_5$ 共三个；在另一单环封闭回路 $ABFGE$ 中也只能列出两个坐标方程，其待求量为 $\varphi_2$、$\varphi_4$、$\varphi_5$ 共三个。可见要求出这四个待求量 $\varphi_2$、$\varphi_3$、$\varphi_4$、$\varphi_5$，必须将两个单环封闭回路的 4 个位移坐标方程联立才可求解。

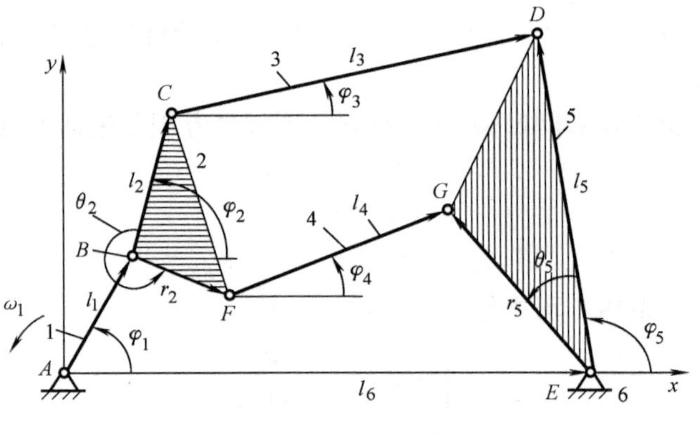


图 3-6　Ⅳ级机构运动分析简图

1—曲柄　2、3、4—连杆　5—连架杆　6—机架

按两个单环封闭回路列出的坐标方程为

$$\begin{cases} f_1 = l_1\cos\varphi_1 + l_2\cos\varphi_2 + l_3\cos\varphi_3 - l_6 - l_5\cos\varphi_5 = 0 \\ f_2 = l_1\sin\varphi_1 + l_2\sin\varphi_2 + l_3\sin\varphi_3 - l_5\sin\varphi_5 = 0 \\ f_3 = l_1\cos\varphi_1 + r_2\cos(\varphi_2+\theta_2) + l_4\cos\varphi_4 - l_6 - r_5\cos(\varphi_5+\theta_5) = 0 \\ f_4 = l_1\sin\varphi_1 + r_2\sin(\varphi_2+\theta_2) + l_4\sin\varphi_4 - r_5\sin(\varphi_5+\theta_5) = 0 \end{cases} \tag{3-24}$$

以上方程是以 $\varphi_2$、$\varphi_3$、$\varphi_4$、$\varphi_5$ 为待求量的非线性方程组。因此不能直接求解而采用 Newton-Raphson 算法用式（1-5）来求解。先选定 $\varphi_i^{(0)}$，由以上方程求出 $\varphi_i^{(0)}$ 处的 $f_i$ 及 $\dfrac{\partial f_i}{\partial \varphi_j}$（$i=1$，2，3，4；$j=2$，3，4，5），得如下求解各迭代增量 $\Delta\varphi_2$、$\Delta\varphi_3$、$\Delta\varphi_4$、$\Delta\varphi_5$ 的矩阵式

$$\begin{pmatrix} \frac{\partial f_1}{\partial\varphi_2} & \frac{\partial f_1}{\partial\varphi_3} & \frac{\partial f_1}{\partial\varphi_4} & \frac{\partial f_1}{\partial\varphi_5} \\ \frac{\partial f_2}{\partial\varphi_2} & \frac{\partial f_2}{\partial\varphi_3} & \frac{\partial f_2}{\partial\varphi_4} & \frac{\partial f_2}{\partial\varphi_5} \\ \frac{\partial f_3}{\partial\varphi_2} & \frac{\partial f_3}{\partial\varphi_3} & \frac{\partial f_3}{\partial\varphi_4} & \frac{\partial f_3}{\partial\varphi_5} \\ \frac{\partial f_4}{\partial\varphi_2} & \frac{\partial f_4}{\partial\varphi_3} & \frac{\partial f_4}{\partial\varphi_4} & \frac{\partial f_4}{\partial\varphi_5} \end{pmatrix} \begin{pmatrix} \Delta\varphi_2 \\ \Delta\varphi_3 \\ \Delta\varphi_4 \\ \Delta\varphi_5 \end{pmatrix} = \begin{pmatrix} -f_1 \\ -f_2 \\ -f_3 \\ -f_4 \end{pmatrix}$$

根据式（3-24）写出如下求解方程

$$\begin{pmatrix} -l_2\sin\varphi_2 & -l_3\sin\varphi_3 & 0 & l_5\sin\varphi_5 \\ l_2\cos\varphi_2 & l_3\cos\varphi_3 & 0 & -l_5\cos\varphi_5 \\ -r_2\sin(\varphi_2+\theta_2) & 0 & -l_4\sin\varphi_4 & r_5\sin(\varphi_5+\theta_5) \\ r_2\cos(\varphi_2+\theta_2) & 0 & l_4\cos\varphi_4 & -r_5\cos(\varphi_5+\theta_5) \end{pmatrix} \begin{pmatrix} \Delta\varphi_2 \\ \Delta\varphi_3 \\ \Delta\varphi_4 \\ \Delta\varphi_5 \end{pmatrix} = \begin{pmatrix} -f_1 \\ -f_2 \\ -f_3 \\ -f_4 \end{pmatrix} \tag{3-25}$$

选定一组初值 $\varphi_2^{(0)}$、$\varphi_3^{(0)}$、$\varphi_4^{(0)}$、$\varphi_5^{(0)}$，该初值可用图解法试凑近似得到。将该组初值代入式（3-24）、式（3-25），可求得迭代增量 $\Delta\varphi_2^{(0)}$、$\Delta\varphi_3^{(0)}$、$\Delta\varphi_4^{(0)}$、$\Delta\varphi_5^{(0)}$ 和下一次的迭代变量

$$\varphi_j^{(1)} = \varphi_j^{(0)} + \Delta\varphi_j^{(0)} \qquad (j=2,\ 3,\ 4,\ 5)$$

从而可计算出第一次迭代的位移函数 $f_i^{(1)}$（$i=1$，2，3，4）。如此反复迭代直到第 $r$ 次，若

$$|f_i^{(r)}| \leqslant \varepsilon_i \quad (i=1,\ 2,\ 3,\ 4)$$

则终止计算。其中 $\varepsilon_i$ 为各函数 $f_i$ 设定的计算精度。

矩阵式中 $\Delta\varphi_j$ 的求解可采用求解线性方程组的高斯主元消去法的子程序（附录 A）。其迭代框图如图 3-7 所示。

该机构的速度及加速度分析方法与Ⅱ级机构类似。即由式（3-24）对 $t$ 分别一次、二次求导，即可求得 $\omega_j$、$\varepsilon_j$（$j=2$，3，4，5）。但由于求解式是四元的线性方程组，求解稍微麻烦。一般可写出矩阵方程后由调用高斯子程序求解。

由式（3-24）对 $t$ 求导得

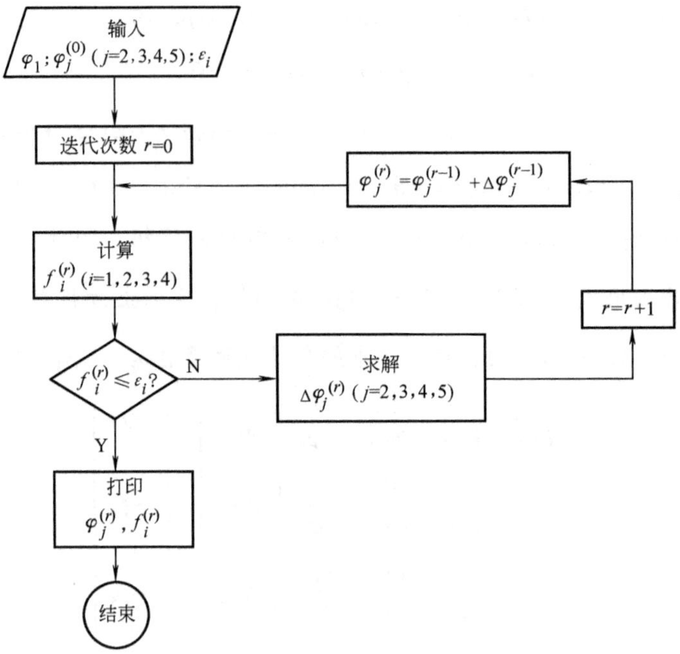


图 3-7　高斯主元消去法程序框图

$$\begin{cases}-l_1\omega_1\sin\varphi_1-l_2\omega_2\sin\varphi_2-l_3\omega_3\sin\varphi_3+l_5\omega_5\sin\varphi_5=0\\ l_1\omega_1\cos\varphi_1+l_2\omega_2\cos\varphi_2+l_3\omega_3\cos\varphi_3-l_5\omega_5\cos\varphi_5=0\\ -l_1\omega_1\sin\varphi_1-r_2\omega_2\sin(\varphi_2+\theta_2)-l_4\omega_4\sin\varphi_4+r_5\omega_5\sin(\varphi_5+\theta_5)=0\\ l_1\omega_1\cos\varphi_1+r_2\omega_2\cos(\varphi_2+\theta_2)+l_4\omega_4\cos\varphi_4-r_5\omega_5\cos(\varphi_5+\theta_5)=0\end{cases}$$

写成矩阵式可求出 $\omega_2$、$\omega_3$、$\omega_4$、$\omega_5$，即

$$\begin{pmatrix}-l_2\sin\varphi_2 & -l_3\sin\varphi_3 & 0 & l_5\sin\varphi_5\\ l_2\cos\varphi_2 & l_3\cos\varphi_3 & 0 & -l_5\cos\varphi_5\\ -r_2\sin(\varphi_2+\theta_2) & 0 & -l_4\sin\varphi_4 & r_5\sin(\varphi_5+\theta_5)\\ r_2\cos(\varphi_2+\theta_2) & 0 & l_4\cos\varphi_4 & -r_5\cos(\varphi_5+\theta_5)\end{pmatrix}\begin{pmatrix}\omega_2\\ \omega_3\\ \omega_4\\ \omega_5\end{pmatrix}=\begin{pmatrix}l_1\omega_1\sin\varphi_1\\ -l_1\omega_1\cos\varphi_1\\ l_1\omega_1\sin\varphi_1\\ -l_1\omega_1\cos\varphi_1\end{pmatrix}\tag{3-26}$$

式（3-26）对 $t$ 求导可求出 $\varepsilon_2$、$\varepsilon_3$、$\varepsilon_4$、$\varepsilon_5$，即

$$\begin{pmatrix}-l_2\sin\varphi_2 & -l_3\sin\varphi_3 & 0 & l_5\sin\varphi_5\\ l_2\cos\varphi_2 & l_3\cos\varphi_3 & 0 & -l_5\cos\varphi_5\\ -r_2\sin(\varphi_2+\theta_2) & 0 & -l_4\sin\varphi_4 & r_5\sin(\varphi_5+\theta_5)\\ r_2\cos(\varphi_2+\theta_2) & 0 & l_4\cos\varphi_4 & -r_5\cos(\varphi_5+\theta_5)\end{pmatrix}\begin{pmatrix}\varepsilon_2\\ \varepsilon_3\\ \varepsilon_4\\ \varepsilon_5\end{pmatrix}=l_1\omega_1^2\begin{pmatrix}\cos\varphi_1\\ \sin\varphi_1\\ \cos\varphi_1\\ \sin\varphi_1\end{pmatrix}$$

$$-\begin{pmatrix}-l_2\cos\varphi_2 & -l_3\cos\varphi_3 & 0 & l_5\cos\varphi_5\\ -l_2\sin\varphi_2 & -l_3\sin\varphi_3 & 0 & l_5\sin\varphi_5\\ -r_2\cos(\varphi_2+\theta_2) & 0 & -l_4\cos\varphi_4 & r_5\cos(\varphi_5+\theta_5)\\ -r_2\sin(\varphi_2+\theta_2) & 0 & -l_4\sin\varphi_4 & r_5\sin(\varphi_5+\theta_5)\end{pmatrix}\begin{pmatrix}\omega_2^2\\ \omega_3^2\\ \omega_4^2\\ \omega_5^2\end{pmatrix}\tag{3-27}$$

**例 3-1** 图 3-8 所示为Ⅲ级机构运动分析简图。已知 $l_1=20\text{mm}$，$l_2=r_3=50\text{mm}$，$l_3=40\text{mm}$，$l_4=30\text{mm}$，$l_6=70.7\text{mm}$，$\theta_3=68°$，$\theta_6=135°$，$e=10\text{mm}$，$\omega=10\text{rad/s}$，求原动件 $\varphi_1=30°$时的 $s$、$\dot{s}$。

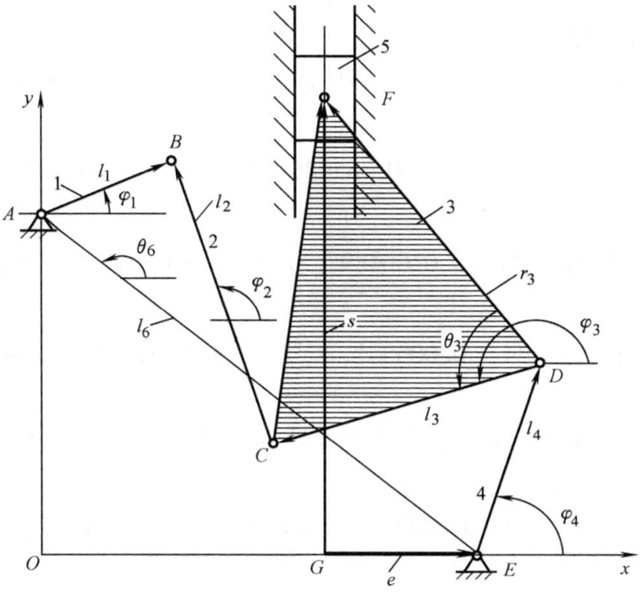


图 3-8 Ⅲ级机构运动分析简图
1、4—连架杆 2、3—连杆 5—滑块

**解** 根据图 3-8 中所示各矢量，分别按矢量封闭回路 $ABCDE$ 和 $EDFG$ 列出位移方程

$$\begin{cases}f_1=l_1\cos\varphi_1-l_2\cos\varphi_2-l_3\cos\varphi_3-l_4\cos\varphi_4+l_6\cos\theta_6=0\\ f_2=l_1\sin\varphi_1-l_2\sin\varphi_2-l_3\sin\varphi_3-l_4\sin\varphi_4+l_6\sin\theta_6=0\\ f_3=e+l_4\cos\varphi_4+r_3\cos(\varphi_3-\theta_3)=0\\ f_4=l_4\sin\varphi_4+r_3\sin(\varphi_3-\theta_3)-s=0\end{cases}\tag{3-28}$$

根据 Newton-Raphson 算法（附录 A）列出求解未知量增量的矩阵方程

$$\begin{pmatrix} l_2\sin\varphi_2 & l_3\sin\varphi_3 & l_4\sin\varphi_4 & 0\\ -l_2\cos\varphi_2 & -l_3\cos\varphi_3 & -l_4\cos\varphi_4 & 0\\ 0 & -r_3\sin(\varphi_3-\theta_3) & -l_4\sin\varphi_4 & 0\\ 0 & r_3\cos(\varphi_3-\theta_3) & l_4\cos\varphi_4 & -1\end{pmatrix}\begin{pmatrix}\Delta\varphi_2\\ \Delta\varphi_3\\ \Delta\varphi_4\\ \Delta s\end{pmatrix}=\begin{pmatrix}-f_1\\ -f_2\\ -f_3\\ -f_4\end{pmatrix}\tag{3-29}$$

用试凑方法绘制机构，量取各待求量的值作为初值，得

$\varphi_2^{(0)}=100°$，$\varphi_3^{(0)}=185°$，$\varphi_4^{(0)}=45°$，$s=55\text{mm}$ 代入式（3-28），求 $f_i$。代入式(3-29)求各增量值 $\Delta\varphi_2=0.104°$，$\Delta\varphi_3=0.173°$，$\Delta\varphi_4=0.039°$，$\Delta s=7.658\text{mm}$

得下步迭代计算的各待求量的值

$$\varphi_2^{(1)}=\varphi_2^{(0)}+\Delta\varphi_2=100°+0.104°=100.104°$$

$$\varphi_3^{(1)}=185°+0.173°=185.173°$$

$$\varphi_4^{(1)}=45°+0.039°=45.039°$$

$$s=(55+7.658)\text{mm}=62.658\text{mm}$$

再将其代入方程式(3-28)，得第一次迭代的函数值$f_i^{(1)}$。

第一次迭代函数值：$f_1^{(1)}=31.082802$，$f_2^{(1)}=21.152674$，$f_3^{(1)}=-38.597561$，$f_4^{(1)}=-24.931477$

其他各次函数迭代的结果如下。

第二次迭代函数值：$f_1^{(2)}=10.315518$，$f_2^{(2)}=-5.084411$，$f_3^{(2)}=-2.472043$，$f_4^{(2)}=13.367112$。

第三次迭代函数值：$f_1^{(3)}=-0.385486$，$f_2^{(3)}=-0.805153$，$f_3^{(3)}=0.475114$，$f_4^{(3)}=0.428285$。

3

第四次迭代函数值：$f_1^{(4)}=0.004897$，$f_2^{(4)}=-0.003111$，$f_3^{(4)}=-0.002873$，$f_4^{(4)}=0.004075$。

第五次迭代函数值：$f_1^{(5)}=0.000001$，$f_2^{(5)}=0.000003$，$f_3^{(5)}=-0.000001$，$f_4^{(5)}=-0.000001$。

可见各函数值$f_i$均在逐渐减小。如此经5次迭代计算，直到各$f_i$值达到人为确定的值时终止计算。当令$\varepsilon_i=10^{-5}$时，求得

$\varphi_2=106.341136°$，$\varphi_3=194.934053°$，$\varphi_4=48.074864°$，$s=62.286938\text{mm}$

将式（3-28）对$t$求导

$$\begin{cases}-l_1\omega_1\sin\varphi_1+l_2\omega_2\sin\varphi_2+l_3\omega_3\sin\varphi_3+l_4\omega_4\sin\varphi_4=0\\ l_1\omega_1\cos\varphi_1-l_2\omega_2\cos\varphi_2-l_3\omega_3\cos\varphi_3-l_4\omega_4\cos\varphi_4=0\\ -l_4\omega_4\sin\varphi_4-r_3\omega_3\sin(\varphi_3-\theta_3)=0\\ l_4\omega_4\cos\varphi_4+r_3\omega_3\cos(\varphi_3-\theta_3)-\dot{s}=0\end{cases} \tag{3-30}$$

将式（3-30）中第3式代入第1式，并将坐标逆时针旋转$\varphi_2$，得

$$\omega_3=\frac{l_1\omega_1\sin(\varphi_1-\varphi_2)}{l_3\sin(\varphi_3-\varphi_2)-r_3\sin(\varphi_3-\theta_3-\varphi_2)} \tag{3-31}$$

解出$\omega_3$后，再由式（3-30）中的第1、3、4式得到

$$\begin{cases}\omega_4=-\dfrac{r_3\sin(\varphi_3-\theta_3)}{l_4\sin\varphi_4}\omega_3\\ \dot{s}=l_4\omega_4\cos\varphi_4+r_3\omega_3\cos(\varphi_3-\theta_3)\\ \omega_2=\dfrac{l_1\omega_1\sin\varphi_1-l_3\omega_3\sin\varphi_3-l_4\omega_4\sin\varphi_4}{l_2\sin\varphi_2}\end{cases} \tag{3-32}$$

若需要求$\ddot{s}$，则式（3-30）对$t$求导

$$\begin{cases}-l_1\omega_1^2\cos\varphi_1+l_2\omega_2^2\cos\varphi_2+l_2\varepsilon_2\sin\varphi_2+l_3\omega_3^2\cos\varphi_3+l_3\varepsilon_3\sin\varphi_3+l_4\omega_4^2\cos\varphi_4+l_4\varepsilon_4\sin\varphi_4=0\\ -l_1\omega_1^2\sin\varphi_1+l_2\omega_2^2\sin\varphi_2-l_2\varepsilon_2\cos\varphi_2+l_3\omega_3^2\sin\varphi_3-l_3\varepsilon_3\cos\varphi_3+l_4\omega_4^2\sin\varphi_4-l_4\varepsilon_4\cos\varphi_4=0\\ -l_4\omega_4^2\cos\varphi_4-l_4\varepsilon_4\sin\varphi_4-r_3\omega_3^2\cos(\varphi_3-\theta_3)-r_3\varepsilon_3\sin(\varphi_3-\theta_3)=0\\ -l_4\omega_4^2\sin\varphi_4+l_4\varepsilon_4\cos\varphi_4-r_3\omega_3^2\sin(\varphi_3-\theta_3)+r_3\varepsilon_3\cos(\varphi_3-\theta_3)-\ddot{s}=0\end{cases}$$

得

$$
\begin{cases}
\varepsilon_3 = \dfrac{l_1\omega_1^2\cos(\varphi_1-\varphi_2)-l_2\omega_2^2-l_3\omega_3^2\cos(\varphi_3-\varphi_2)+r_3\omega_3^2\cos(\varphi_3-\theta_3-\varphi_2)}{l_3\sin(\varphi_3-\varphi_2)-r_3\sin(\varphi_3-\theta_3-\varphi_2)} \\
\varepsilon_4 = -\dfrac{l_4\omega_4^2\cos\varphi_4+r_3\omega_3^2\cos(\varphi_3-\theta_3)+r_3\varepsilon_3\sin(\varphi_3-\theta_3)}{l_4\sin\varphi_4} \\
\ddot{s} = -l_4\omega_4^2\sin\varphi_4+l_4\varepsilon_4\cos\varphi_4-r_3\omega_3^2\sin(\varphi_3-\theta_3)+r_3\varepsilon_3\cos(\varphi_3-\theta_3) \\
\varepsilon_2 = \dfrac{l_1\omega_1^2\cos\varphi_1-l_2\omega_2^2\cos\varphi_2-l_3\omega_3^2\cos\varphi_3-l_3\varepsilon_3\sin\varphi_3-l_4\omega_4^2\cos\varphi_4-l_4\varepsilon_4\sin\varphi_4}{l_2\sin\varphi_2}
\end{cases}
\tag{3-33}
$$

# * 第四节　多杆机构的运动分析方法

为了更方便地说明一些概念，这里建立一个新的术语：**基本机构**。所谓基本机构即无法从该机构上拆下杆组的最简单的机构。即：基本机构 = 主动件 + 机架 + 一个基本杆组。如Ⅱ**级基本机构** = 主动件 + 机架 + 一个Ⅱ级基本杆组；Ⅲ级基本机构 = 主动件 + 机架 + 一个Ⅲ级基本杆组。把Ⅲ级及以上的基本机构称为**高级别的基本机构**。

**多杆机构**都是在Ⅱ级或高级别的基本机构基础上再添加杆组后而构成的机构。即：多杆机构 = 主动件 + 机架 + 两个及以上基本杆组。它可分为**Ⅱ级多杆机构**（再添加的杆组均为Ⅱ级基本杆组）和**高级别多杆机构**（再添加的杆组至少有一个Ⅲ级及以上的基本杆组）两种。

## 一、Ⅱ级多杆机构

Ⅱ级多杆机构可分为并联型、串联型和混合联接型三种。如图 3-9a 所示的 V 形发动机，它是在原动件上并列添加两个Ⅱ级组 2、3 和 4、5 构成的，称为并联型的六杆机构。图 3-9b 所示为使滑块 5 具有急回作用的机构。它是在四杆机构 *ABCD* 的从动件 3 上串接一个Ⅱ级杆组 4、5 构成的，称为串联型的六杆机构。既有串接又有并接的机构称为混合联接型的多杆机构。

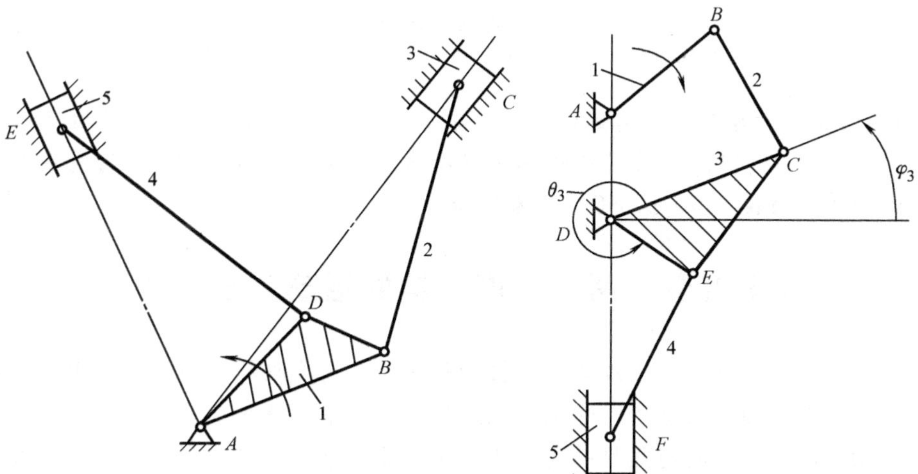


图 3-9　Ⅱ级多杆机构

a）并联型六杆机构　b）串联型六杆机构

## 二、高级别多杆机构

由于机构的运动误差和加工成本均随杆件增多而增大，因此机构设计中完成相同工艺要求的机构的构件数越少越好。这里只讨论由两个基本机构构成多杆机构的联接情况：①Ⅱ级机构串接一个高级别杆组（如图3-10a所示的连铸机结晶器振动机构）；②高级别机构串接一个Ⅱ级杆组（图3-10b）；③高级别机构串接高级别杆组。

从以上分析可知，不论多杆机构多么复杂，其组成方法均是在一个基本机构上添加杆组构成的。由于已经建立了各种基本机构的运动分析方程，因此只需研究添加的杆组的运动分析中应注意的问题即可对多杆机构建立运动方程。运动分析时应注意以下几点：

1）在基本机构的运动分析完成后，再进行添加杆组的运动分析。

2）添加杆组与基本机构相连的运动副处的运动是已知的。如图3-10a中，添加的Ⅲ级杆组4、5、6、7通过$E$运动副与基本机构相连，而点$E$的运动是已知的。例如$\boldsymbol{DE}$矢量可用其长度$l_{DE}$及其方向角（$\varphi_3+\theta_3$）表示，其中$\varphi_3$已从1、2、3构成的四杆机构运动分析中求得。

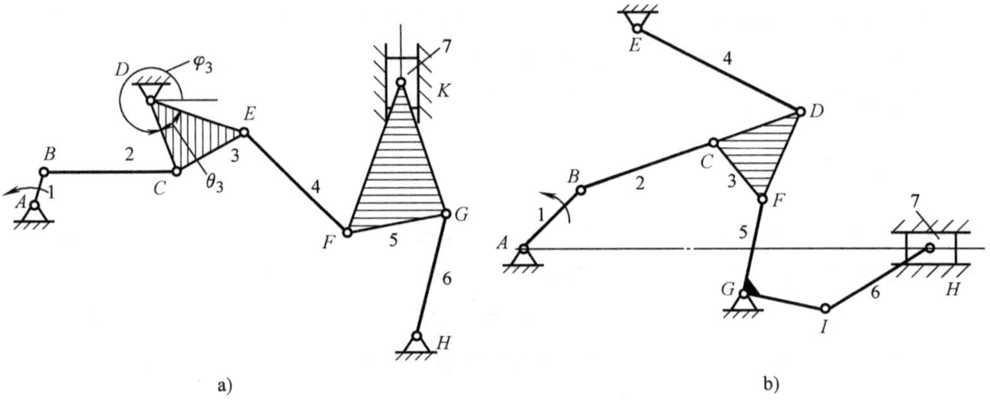


图3-10　高级别多杆机构

a）Ⅱ级机构串接一个Ⅲ级杆组　b）Ⅲ级机构串接一个Ⅱ级杆组

3）当多杆机构的原动件以匀速运动时，添加杆组与基本机构联接处的运动不一定是匀速运动。如图3-10a中，按Ⅲ级机构$DEFKGH$建立运动方程时，构件3可看成该机构的原动件，但构件3的$\omega_3\neq0$，$\varepsilon_3\neq0$，且为已知。

# *第五节　两自由度机构的运动分析方法

具有两个原动件或机构自由度为2的机构称为两自由度机构。由于两自由度机构较单自由度机构具有更好的运动功能，它们已被应用于工程中，并越来越被重视。例如，五杆两自由度机构较四杆机构具有更好的复演轨迹的性能；单自由度曲柄滑块机构中滑块的运动速度为近似正弦波的变速运动，若采用双自由度曲柄滑块机构则可使滑块在某一段行程的速度接近匀速。两自由度机构的开发有待于人们进一步研究以开辟机构研究的新途径。

两自由度机构的运动分析与前述基本原理一样。设该机构两个主动件的运动规律为已知，现以钢板侧压机同步机构为例说明之。

图 3-11 所示为一五杆机构，其中构件 1 和构件 3 为原动件。动力传动装置用万向联轴器将动力传入轴 $D$。现已知机构的尺寸及两原动件的角速度 $\omega_1$、$\omega_3$ 均为常数。建立坐标系，按向量封闭回路 $ABCDE$ 可写出如下位移方程式

$$\begin{cases} l_1\cos\varphi_1 + l_2\cos\varphi_2 = s + l_3\cos\varphi_3 \\ l_1\sin\varphi_1 + l_2\sin\varphi_2 = h + l_3\sin\varphi_3 \end{cases} \tag{3-34}$$

由式（3-34）的第二式求得待求量 $\varphi_2$

$$\sin\varphi_2 = \frac{h + l_3\sin\varphi_3 - l_1\sin\varphi_1}{l_2} \tag{3-35}$$

将 $\varphi_2$ 代入式（3-34）的第一式中求出 $s$。

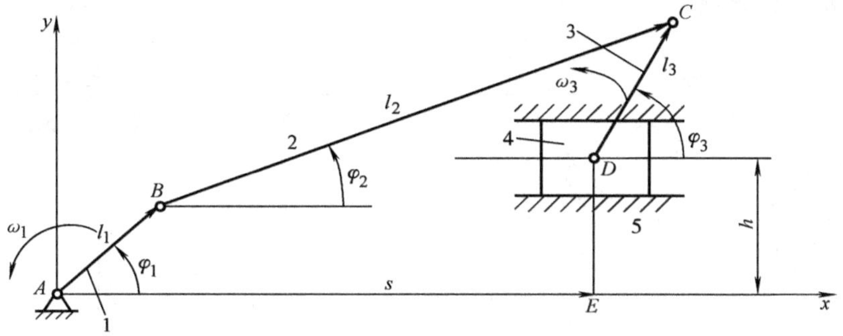


图 3-11　五杆机构
1—曲柄　2、3—连杆　4—滑块　5—机架

将式（3-34）对时间 $t$ 求导

$$\begin{cases} -l_1\omega_1\sin\varphi_1 - l_2\omega_2\sin\varphi_2 = \dot{s} - l_3\omega_3\sin\varphi_3 \\ l_1\omega_1\cos\varphi_1 + l_2\omega_2\cos\varphi_2 = l_3\omega_3\cos\varphi_3 \end{cases} \tag{3-36}$$

由式（3-36）第二式求得待求量 $\omega_2$

$$\omega_2 = (l_3\omega_3\cos\varphi_3 - l_1\omega_1\cos\varphi_1)/(l_2\cos\varphi_2) \tag{3-37}$$

将 $\omega_2$ 代入式（3-37）可求得 $\dot{s}$。

将式（3-36）对时间 $t$ 求导

$$\begin{cases} -l_1\omega_1^2\cos\varphi_1 - l_2\omega_2^2\cos\varphi_2 - l_2\varepsilon_2\sin\varphi_2 = \ddot{s} - l_3\omega_3^2\cos\varphi_3 \\ -l_1\omega_1^2\sin\varphi_1 - l_2\omega_2^2\sin\varphi_2 + l_2\varepsilon_2\cos\varphi_2 = -l_3\omega_3^2\sin\varphi_3 \end{cases}$$

由上式求出 $\varepsilon_2$、$\ddot{s}$

$$\begin{cases} \varepsilon_2 = (l_1\omega_1^2\sin\varphi_1 + l_2\omega_2^2\sin\varphi_2 - l_3\omega_3^2\sin\varphi_3)/(l_2\cos\varphi_2) \\ \ddot{s} = l_3\omega_3^2\cos\varphi_3 - l_1\omega_1^2\cos\varphi_1 - l_2\omega_2^2\cos\varphi_2 - l_2\varepsilon_2\sin\varphi_2 \end{cases} \tag{3-38}$$

## *第六节　高副机构的运动分析方法

所谓高副机构是指含有高副的机构，如齿轮机构、凸轮机构、槽轮机构、齿轮连杆组

合机构以及凸轮连杆组合机构等。其中齿轮机构及凸轮机构的通用的运动分析方法将在相应的章节中叙述。

本节推荐两种分析方法，根据不同的机构特点选择不同的分析方法。

## 一、高副低代法

此法即把高副机构转化为等效的低副机构，按低副机构进行运动分析。它适用于高副机构在其运动全程内具有构件尺寸不变的低副机构的情况。

例如，图 3-12a 所示的槽轮机构要求当销柱杆 1 在 $\alpha_1$ 转角范围内运动时，对槽轮 2 进行运动分析。其低副替代机构如图 3-12b 所示。槽轮机构的运动分析完全可以用其替代的导杆机构运动分析来代替。又如图 3-13 中的几种高副低代机构，均可以作为其对应的高副机构运动分析模型。



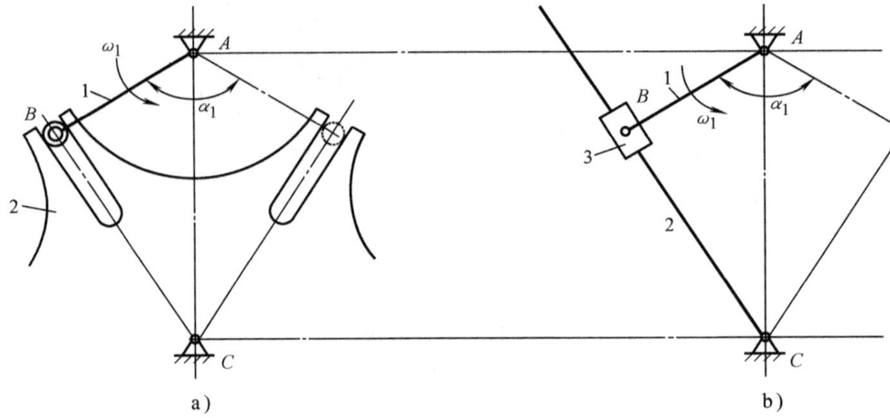


图 3-12　槽轮机构高副低代
a）槽轮机构　1—销柱杆　2—槽轮
b）低副替代机构　1—曲柄　2—导杆　3—滑块

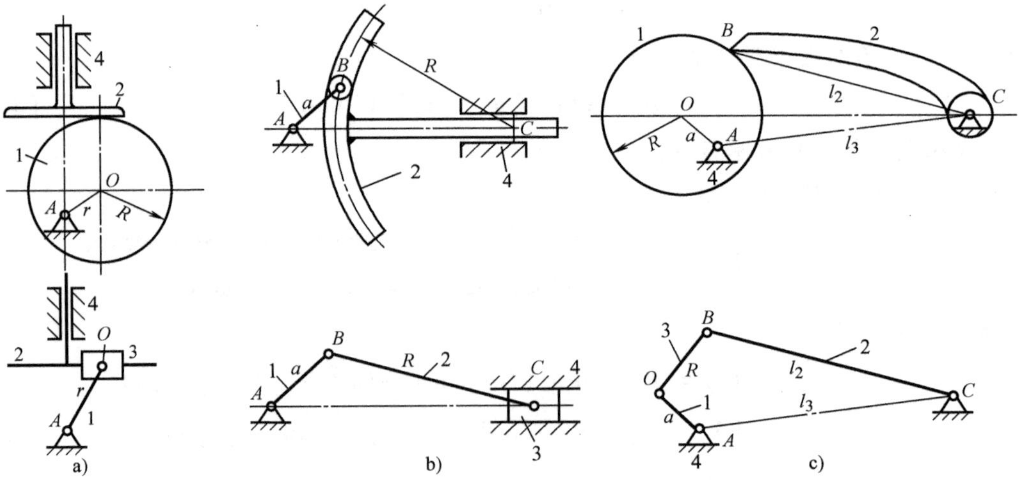


图 3-13　几种高副低代机构
a）直动从动件凸轮机构的高副低代　1—凸轮　2—推杆（平底）　3—滑块　4—机架
b）曲柄槽形滑块机构的高副低代　1—曲柄　2—连杆　3—滑块　4—机架
c）摆动从动件凸轮机构的高副低代　1—偏心轮　2—摆动从动件　3—连杆　4—机架

## 二、直接法

与高副代替法不同，此法不必将机构进行低副变换，而直接在高副机构上按照矢量坐标投影的方法进行运动分析。这种方法适用于机构具有纯滚动高副的情况，如齿轮连杆组合机构。

图 3-14 所示为一齿轮连杆组合机构。其中构件 3 为齿轮，它与安装在机架上的齿条啮合传动（为简明起见，图中未画出保持齿轮 3 沿水平运动的附加结构）。根据以后有关章节的理论，该齿轮与齿条的运动，相当于 $R$ 为半径的滚子在机架导路上作无滑动的纯滚动。

若已知机构尺寸 $l_1$、$l_2$、$h$、$R$ 以及原动件的位置角 $\varphi_1$ 和角速度 $\omega_1$，求齿轮 3 圆周上的一点 $P$（向径 $R$，位置角 $\varphi_3$）的运动。

由图 3-14 知，滚子点 $P$ 的运动是点 $C$ 的运动与点 $P$ 相对点 $C$ 的相对运动而合成的复合运动。现分别讨论这两种运动。



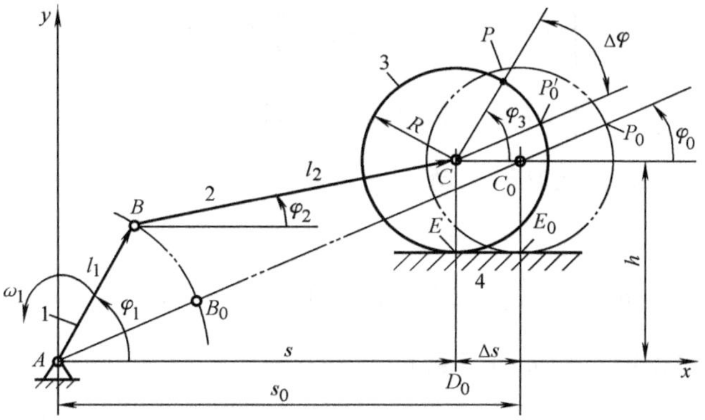


图 3-14　齿轮连杆组合机构

1—曲柄　2—连杆　3—齿轮　4—机架

当不考虑齿轮 3 与齿条的啮合传动时，机构 $ABC$ 的运动与曲柄滑块机构完全一样，故点 $C$ 的运动按曲柄滑块机构求解，即

$$\begin{cases}\sin\varphi_2=(h-l_1\sin\varphi_1)/l_2\\ s=l_1\cos\varphi_1+[l_2^2-(h-l_1\sin\varphi_1)^2]^{1/2}\end{cases}$$

$$\begin{cases}\omega_2=-l_1\omega_1\cos\varphi_1/(l_2\cos\varphi_2)\\ \dot{s}=-l_1\omega_1(\sin\varphi_1-\cos\varphi_1\tan\varphi_2)\end{cases}$$

$$\begin{cases}\varepsilon_2=(l_1\omega_1^2\sin\varphi_1+l_2\omega^2\sin\varphi_2)/(l_2\cos\varphi_2)\\ \ddot{s}=-l_1\omega_1^2[\cos\varphi_1+l_1\cos^2\varphi_1/(l_2\cos\varphi_2)+\sin\varphi_2\sin(\varphi_1-\varphi_2)]\end{cases}$$

图 3-14 中 $AB_0C_0$ 为机构的远极限位置，此时曲柄 $AB$ 与连杆 $BC$ 拉成一条直线，点 $C_0$ 的水平位置为 $s_0$，点 $P$ 的对应位置为 $P_0$，$C_0P_0$ 的初位角为 $\varphi_0$。当机构由 $AB_0C_0$ 运动到 $ABC$ 时，齿轮在齿条上滚过 $\Delta s$ 即齿轮与齿条接触点的位移 $EE_0$。

此时齿轮的转动角度为 $\Delta\varphi=\angle PCP_0'$。由图中几何关系知

$$\begin{cases} s_0 = [(l_1 + l_2)^2 - h^2]^{1/2} \\ \Delta s = s_0 - s \\ \sin\varphi_0 = h/(l_1 + l_2) \\ \Delta\varphi = \Delta s/R = (s_0 - s)/R \\ \varphi_3 = \varphi_0 + \Delta\varphi \end{cases} \tag{3-39}$$

点 $P$ 的位移用 $x_p$、$y_p$ 表示，则

$$\begin{cases} x_P = s + R\cos\varphi_3 \\ y_P = h + R\sin\varphi_3 \end{cases} \tag{3-40}$$

由于 $\varphi_3 = \varphi_0 + \Delta\varphi = \varphi_0 + (s_0 - s)/R$ 所以 $\dot{\varphi}_3 = -\dot{s}/R$，式（3-40）对 $t$ 求导有

$$\begin{cases} \dot{x}_P = \dot{s} + \dot{s}\sin\varphi_3 \\ \dot{y}_P = -\dot{s}\cos\varphi_3 \end{cases} \tag{3-41}$$

将式（3-41）对 $t$ 求导有

$$\begin{cases} \ddot{x}_P = \ddot{s} + \ddot{s}\sin\varphi_3 - \dfrac{\dot{s}^2}{R}\cos\varphi_3 \\ \ddot{y}_P = -\ddot{s}\cos\varphi_3 - \dfrac{\dot{s}^2}{R}\sin\varphi_3 \end{cases} \tag{3-42}$$

现查看点 $P$ 在两个特殊位置时的运动。

当 $\varphi_3 = 90°$ 时

$$x_P = s,\ y_P = h + R;\ \dot{x}_P = 2\dot{s},\ \dot{y}_P = 0;\ \ddot{x}_P = 2\ddot{s},\ \ddot{y}_P = -\frac{\dot{s}^2}{R}$$

当 $\varphi_3 = 270°$ 时，即齿轮与齿条的节点 $E$

$$x_P = s,\ y_P = h - R;\ \dot{x}_P = 0,\ \dot{y}_P = 0;\ \ddot{x}_P = 0,\ \ddot{y}_P = \frac{\dot{s}^2}{R}$$

其他形式的齿轮连杆组合机构将在以后有关章节中叙述。

## 第七节　速度瞬心及其位置确定

速度瞬心的概念有助于建立高副机构运动分析的机构模型，从而使机构的运动分析大为简化。

### 一、速度瞬心

由理论力学可知，彼此作一般平面运动的两构件，任一瞬时都可以看作绕某一相对静止的重合点作相对运动，该点称为瞬时速度中心，简称**瞬心**。由此可见，瞬心即彼此作一般平面运动的两构件上的瞬时等速重合点或瞬时相对速度为零的重合点，因此又可称为**瞬时同速重合点**。若该重合点的绝对速度为零时，称为**绝对瞬心**；该重合点的绝对速度不为零时，称为**相对瞬心**。用 $P_{ij}$（或 $P_{ji}$）表示构件 $i$ 及构件 $j$ 间的瞬心。

如图 3-15 所示，若 $P_{12}$ 表示构件 1、2 的瞬心，则 $P_{12}$ 既是构件 1 上的一点（$P_1$），又是构件 2 上的一点（$P_2$），且满足 $v_{P_1} = v_{P_2}$，即点 $P_1$ 相对于点 $P_2$ 的相对速度 $v_{P_1P_2} = 0$。由

于该瞬时两构件绕 $P_{12}$ 作相对运动，故两构件上任一重合点的相对速度必垂直于该重合点距瞬心 $P_{12}$ 的向径，其大小等于该向径与两构件相对角速度 $\omega_{12}$ 的乘积（例如，图中重合点 $A_2$（$A_1$）有 $v_{A_1A_2} \perp \overline{P_{12}A_2}$，$v_{A_2A_1} = \omega_{21}\overline{P_{12}A_2}$）。

## 二、机构中瞬心的数目

因为每两个构件就有一个瞬心，所以由 $N$ 个构件组成的机构，其总的瞬心数 $k$，根据排列组合的知识可知为

$$k = \frac{N(N-1)}{2} \tag{3-43}$$

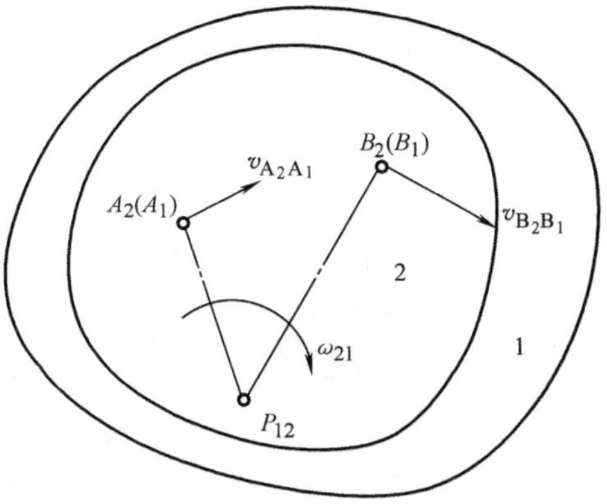


图 3-15　两构件的速度瞬心

## 三、机构中瞬心位置的确定

如上所述，机构中每两个构件之间就有一个瞬心，如果两个构件是通过运动副而直接联接在一起的，那么其瞬心位置可以很容易地通过直接观察加以确定。而如果两构件并非直接联接，则它们瞬心的位置需借助于所谓“三心定理”来确定，现分别介绍如下。

**1. 通过运动副直接相联的两构件的瞬心**

1）以转动副联接的两构件的瞬心如图 3-16a、b 所示，当两构件 1、2 以转动副联接时，则转动副的中心即为其瞬心 $P_{12}$。在图 3-16a、b 中的 $P_{12}$ 分别为绝对瞬心及相对瞬心。

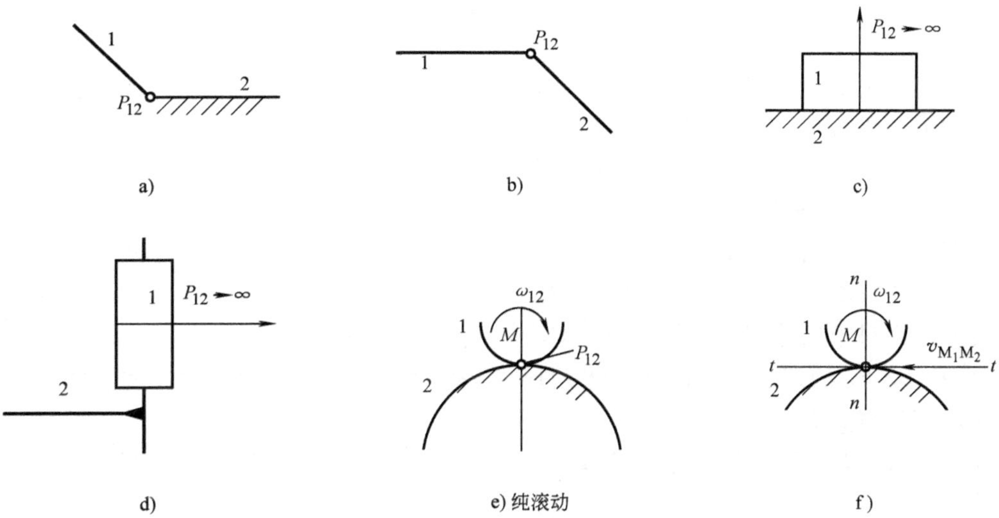


图 3-16　通过运动副直接相联的两构件的瞬心确定

2）以移动副联接的两构件的瞬心如图 3-16c、d 所示，当两构件以移动副联接时，构件 1 相对于构件 2 移动的速度平行于导路方向，因此瞬心 $P_{12}$ 应位于移动副导路方向垂线上的无穷远处。在图 3-16c、d 中的 $P_{12}$ 分别为绝对瞬心及相对瞬心。

3）以平面高副联接的两构件的瞬心如图 3-16e、f 所示，当两构件以平面高副联接

时，如果高副两元素之间为纯滚动时（$\omega_{12}$为相对滚动的角速度），则两元素的接触点 $M$ 即为两构件的瞬心 $P_{12}$（图 3-16e）。如果高副两元素之间既作相对滚动，又有相对滑动（$v_{M_1M_2}$为两元素接触点间的相对滑动速度），则不能直接定出两构件的瞬心 $P_{12}$ 的位置（图 3-16f）。但是，因为构成高副的两构件必须保持接触，而且两构件在接触点 $M$ 处的相对滑动速度必定沿着高副接触点处的公切线 $t$-$t$ 方向，由此可知，两构件的瞬心 $P_{12}$必位于高副两元素在接触点处的公法线 $n$-$n$ 上。

**2. 三心定理**

如图 3-17 所示，有三个构件 1、2、3 彼此作平面运动。根据式（3-43）它们有三个瞬心，即 $P_{12}$、$P_{23}$、$P_{13}$。构件 3 与 1、2 构成的瞬心 $P_{13}$、$P_{23}$分别位于 $A$、$B$ 处。取任意重合点 $N$（$N_1$，$N_2$），$N_1$、$N_2$ 点的速度分别为 $v_{N_1}$、$v_{N_2}$。由于 $v_{N_1}$与 $v_{N_2}$的方向不同，显然 $N$ 不是构件 1、2 的瞬心。由图知，只有当 $P_{12}$（点 $M$）位于 $A$（$P_{13}$）$B$（$P_{23}$）连线上时，$v_{M_1}$与 $v_{M_2}$才可能相等。由此证明瞬心 $P_{13}$、$P_{12}$、$P_{23}$位于同一直线上。

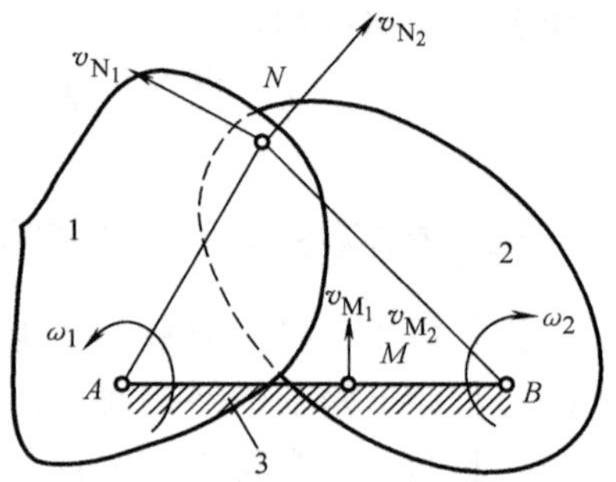

图 3-17　三心定理示意图

由此得：彼此作平面运动的三个构件有三个速度瞬心，它们位于同一条直线上，此即三心定理。

**例 3-2**　图 3-18 所示为一平面四杆机构，试确定该机构在图示位置时其全部瞬心的位置。

**解**　根据式（3-43）可知，该机构所有瞬心的数目为

$$k=\frac{N(N-1)}{2}=\frac{4\times(4-1)}{2}=6$$

即 $P_{12}$、$P_{13}$、$P_{14}$、$P_{23}$、$P_{24}$、$P_{34}$。其中 $P_{12}$、$P_{23}$、$P_{34}$、$P_{14}$分别在四个转动副的中心，可直接定出；而其余两个瞬心 $P_{13}$及 $P_{24}$则可应用三心定理来确定。

如图 3-18 所示，根据三心定理，对于构件 1、2、3 来说，瞬心 $P_{13}$必在 $P_{12}$及 $P_{23}$的连线上；而对于构件 1、4、3 来说，瞬心 $P_{13}$必在 $P_{14}$及 $P_{34}$的连线上。因此上述两连线的交点即为瞬心 $P_{13}$。

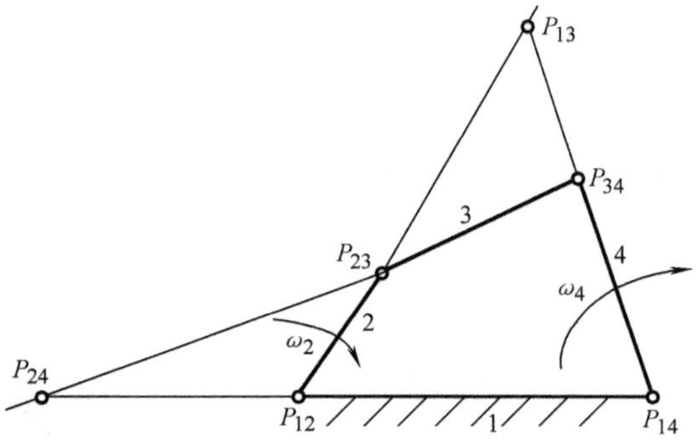

图 3-18　平面四杆机构的速度瞬心

同理可知，$P_{24}$必是 $P_{23}P_{34}$及 $P_{12}P_{14}$两连线的交点。

**例 3-3**　如图 3-19a、b 的平面高副机构，试确定其全部瞬心的位置。

**解**　根据式（3-43），两种机构的总瞬心数

$$k=\frac{N(N-1)}{2}=\frac{3\times(3-1)}{2}=3$$

图 3-19a 所示高副机构的 $P_{13}$、$P_{23}$分别在两转动副的中心 $O_1$、$O_2$。过高副两元素的接触点 $K$ 作公法线 $n$-$n$，则 $P_{12}$应在此公法线 $n$-$n$ 上。又根据三心定理 $P_{12}$应在 $P_{13}P_{23}$线

上。故 $n$-$n$ 与 $P_{13}P_{23}$（$O_1O_2$）的交点 $P$ 即 $P_{12}$。即具有高副的两转动构件的瞬心位于高副接触点的公法线（$n$-$n$）与两构件转动中心连线（$O_1O_2$）的交点（$P$）上。图 3-19b 中的高副机构（凸轮机构），$P_{12}$在转动副的中心，$P_{13}$在垂直导路的无穷远处。过高副两元素的接触点 $K$ 作公法线 $n$-$n$，$P_{23}$应在公法线 $n$-$n$ 上，根据三心定理，过 $P_{12}$作导路的垂线，其与 $n$-$n$ 的交点即 $P_{23}$。

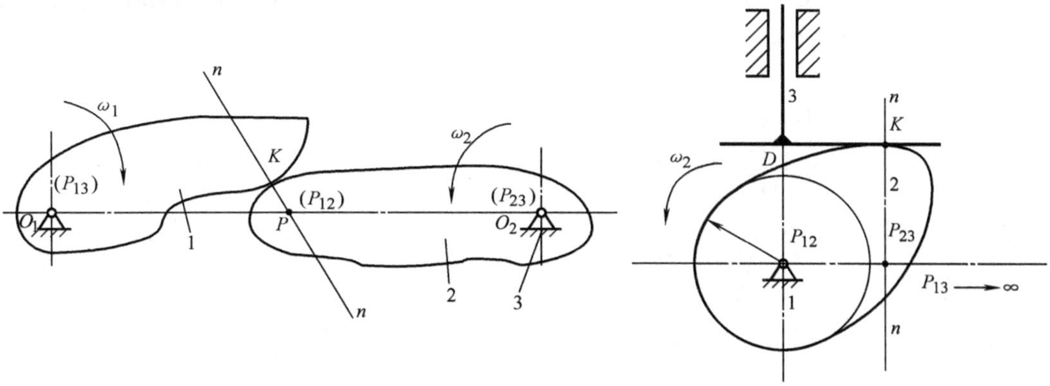


图 3-19　平面高副机构的速度瞬心

a）曲面高副机构　b）凸轮机构

以上两机构中，活动构件与机架构成的瞬心均为绝对瞬心，因为机架是静止的，瞬心处的绝对速度为零。两活动构件构成的瞬心均为相对瞬心，且两构件在瞬心处的速度相等。

对于图 3-19a 有

$$\omega_1\ \overline{O_1P}=\omega_2\ \overline{O_2P}$$

所以

$$\omega_1/\omega_2=\overline{O_2P}/\overline{O_1P}$$

由此得到：三构件中具有高副的两转动构件的瞬心将另外两瞬心连线（$O_1O_2$）分成的两线段长度与两构件的角速度成反比。

对于图 3-19b，从动件的移动速度 $v_3$ 可用构件 2 上 $P_{23}$处的速度表示

$$v_3=\omega_2\ \overline{P_{12}P_{23}}\mu_l$$

式中，$\mu_l$ 为图形的长度比例尺。

## 习　　题

3-1　在图 3-20 所示的曲柄滑块机构中，若已知 $a$、$b$、$e$，当 $\varphi_1$ 给定后，试导出滑块位移 $s$ 和连杆转角 $\varphi_2$ 的表达式。

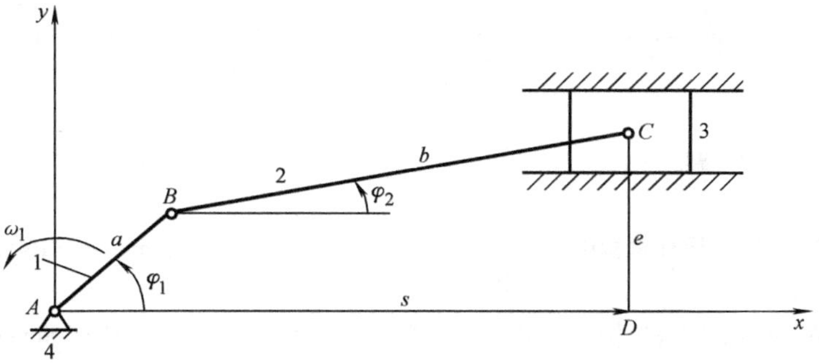


图 3-20　题 3-1 图

3-2　如图 3-20 所示，若已知 $a=20\text{mm}$，$b=140\text{mm}$，$\omega_1=-10\text{rad/s}$，$\varphi_1=60°$，$e=10\text{mm}$，设经计算得到：$\varphi_2=-2.997°$，$s=149.81\text{mm}$，请导出 $v_c$ 和 $\omega_2$ 的表达式，并求出其数值。

3-3　如图 3-21 所示，已知压力机的机构尺寸：$l_1=100\text{mm}$，$l_2=x_D=500\text{mm}$，$l_3=l_5=y_D=250\text{mm}$，$\omega_1=20\text{rad/s}$，当 $\varphi_1=45°$ 时，经计算得 $\varphi_2=-9.10814°$，$\varphi_3=75.07084°$，$s=233.1225\text{mm}$，$\omega_2=-2.0147\text{rad/s}$，$\omega_3=6.5146\text{rad/s}$，求 $AB$ 匀速转动时压力机头 6 的速度 $v_s$ 的值。

3-4　如图 3-22 所示机构中，$AD\perp DE$，各杆长 $a=120\text{mm}$，$b=60\text{mm}$，$c=250\text{mm}$，$d=60\text{mm}$，$\varphi_1=30°$，若杆 1 以等角速度 $\omega_1=10\text{rad/s}$ 顺时针方向转动，求点 $E$ 的速度 $v_E$ 和加速度 $a_E$。

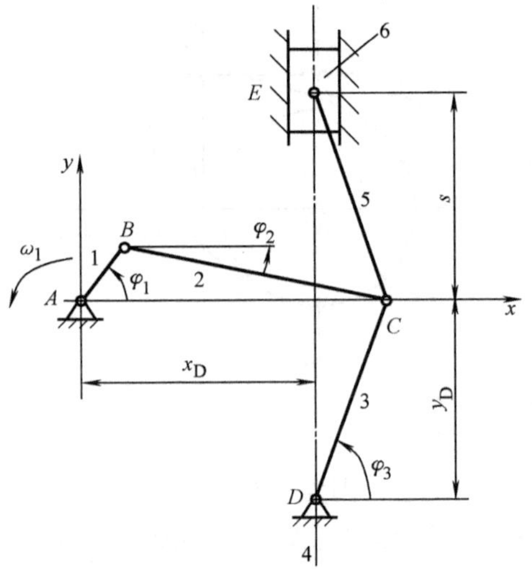


图 3-21　题 3-3 图

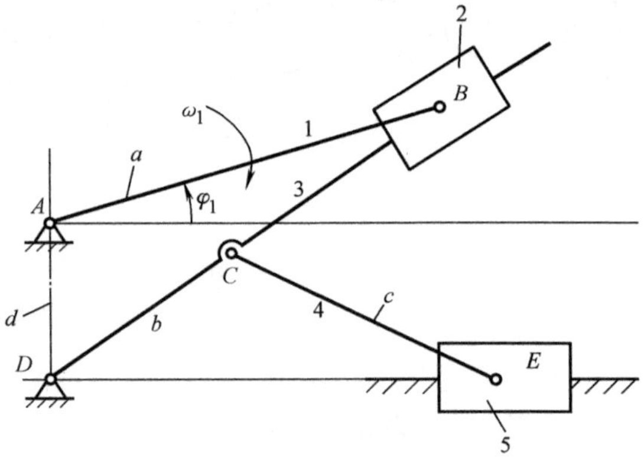


图 3-22　题 3-4 图

3-5　如图 3-23 所示，设 $a=80\text{mm}$，$b=250\text{mm}$，$c=140\text{mm}$，$d=140\text{mm}$，$e=270\text{mm}$，$f=220\text{mm}$。令 $\varphi_4=60°$，求此时的原动件 $AB$ 的位置角 $\varphi_1$？若已知 $AB$ 的角速度以 $\omega_1$ 表示，试列出求解各杆角速度 $\omega_2$、$\omega_3$、$\omega_4$、$v_{35}$ 的矩阵方程。

3-6　在图 3-24 所示的摆块机构中，已知 $a=50\text{mm}$，$d=250\text{mm}$，$s=248\text{mm}$，若活塞在缸内的移动速度 $v=2\text{m/s}$，求曲柄的转角 $\varphi_1$ 及角速度 $\omega_1$。

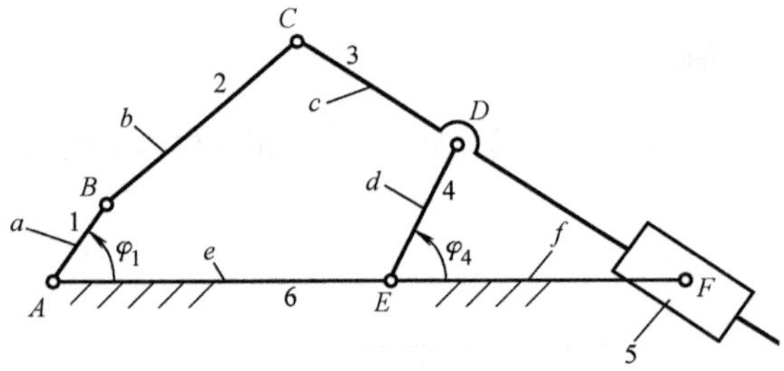


图 3-23　题 3-5 图

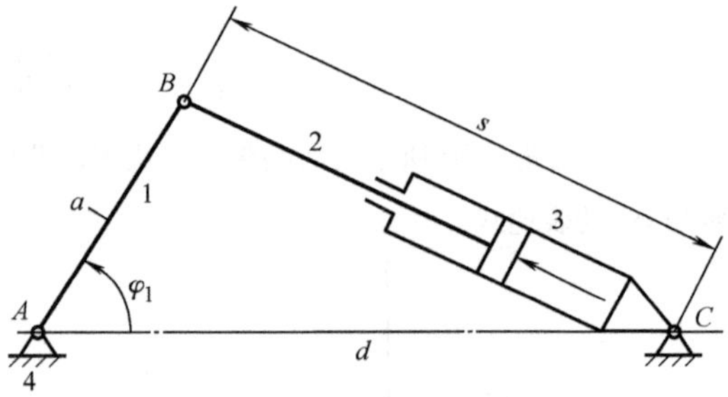


图 3-24　题 3-6 图

3-7　在图 3-25 所示的导杆机构中，已知 $\omega_1=20\text{rad/s}$，$AB=CD=50\text{mm}$，$x=150\text{mm}$，$y=50\text{mm}$，求 $\varphi_1=30°$时的 $\omega_3$、$\varepsilon_3$。

3-8　在图 3-26 所示的摆块机构中，已知 $\omega_1=40\text{rad/s}$，$AB=100\text{mm}$，$AC=200\text{mm}$，$Bs_2=86\text{mm}$，求 $s_2$ 的速度 $v_{s_2}$？

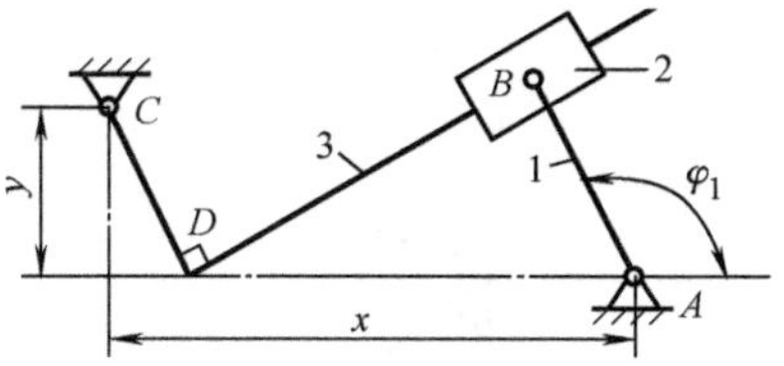

图 3-25　题 3-7 图

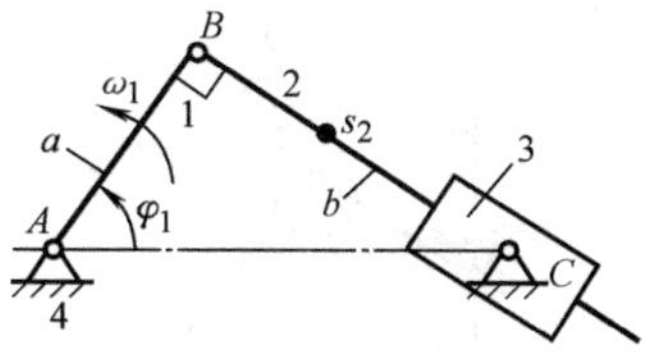

图 3-26　题 3-8 图

3-9　在图 3-27 所示的曲柄滑块机构中，已知曲柄沿顺时针方向作等角速转动，$\omega_1=300\text{rad/s}$，$a=75\text{mm}$，$b=180\text{mm}$，滑块导路的曲率中心的坐标 $x=100\text{mm}$，$y=150\text{mm}$，曲率半径 $C=175\text{mm}$，$\varphi_1=60°$，求该位置 $v_C$ 及 $a_C$。

3-10　如图 3-28 所示，已知凸轮 1 的角速度 $\omega_1=20\text{rad/s}$ 为常数，半径 $l_{AB}=R=50\text{mm}$，$\angle DAB=90°$ $\angle CDA=60°$，若凸轮逆时针方向转动，求该瞬时构件 2 的角速度 $\omega_2$ 及角加速度 $\varepsilon_2$（高副低代后求解）。



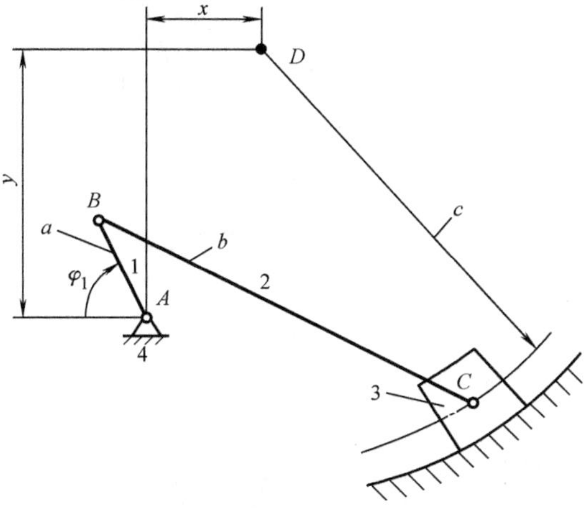

图 3-27　题 3-9 图

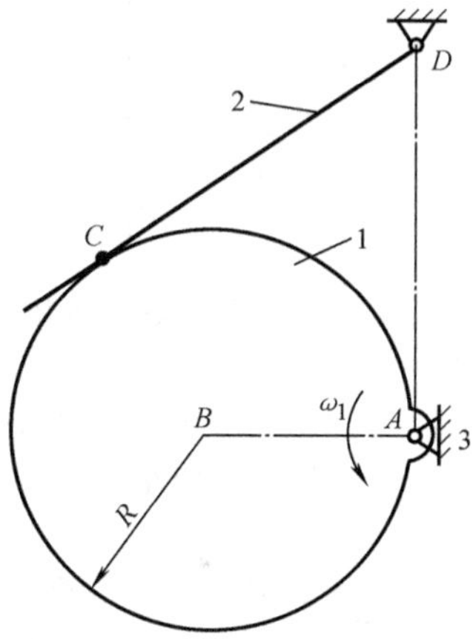

图 3-28　题 3-10 图

3-11　图 3-29 所示为压力机机构，已知 $a=100\text{mm}$，$b=400\text{mm}$，$c=125\text{mm}$，$d=540\text{mm}$，$h=350\text{mm}$，$y=200\text{mm}$，当 $\omega_1=10\text{rad/s}$ 逆时针转动，$\varphi_1=30°$时，求冲头 $D$ 的速度 $v_D$ 和加速度 $a_D$。

3-12　在图 3-30 所示的曲柄摆动导杆机构中，各杆长 $a=400\text{mm}$，$d=500\text{mm}$，$l_{BD}=250\text{mm}$，构件 1 以等角速度 $\omega_1=20\text{rad/s}$ 绕 $A$ 顺时针方向转动，求此时 $v_D$ 及角速度比 $\omega_1/\omega_3$。

3-13　如图 3-31 所示，已知正弦机构的构件 1 以等角速度 $\omega_1=10\text{rad/s}$ 逆时针转动，$a=150\text{mm}$，求 $\varphi_1=200°$时，轭架 3 的位移 $s_3$、速度 $v_3$、加速度 $a_3$。

3-14　如图 3-32 所示，已知正切机构中，$\varphi_1=30°$，构件 1 以等角速度逆时针转动，$h=400\text{mm}$，$\omega_1=15\text{rad/s}$，求构件 3 的速度 $v_3$、加速度 $a_3$。

3-15　图 3-33 所示为采煤康拜因的钻探机构，已知 $b=280\text{mm}$，$a=840\text{mm}$，$l_{AD}=1300\text{mm}$，$\varphi_1=15°$，构件 2 绕构件 1 上的点 $B$ 以等角速度 $\omega_{21}=1\text{rad/s}$ 逆时针方向转动，求 $C$、$D$ 两点的速度及加速度。

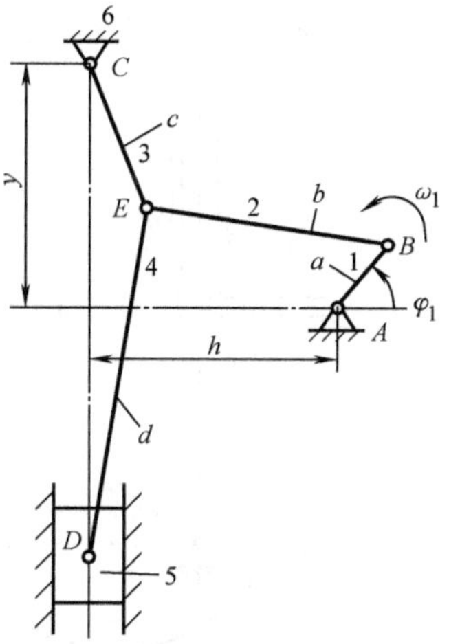

图 3-29　题 3-11 图

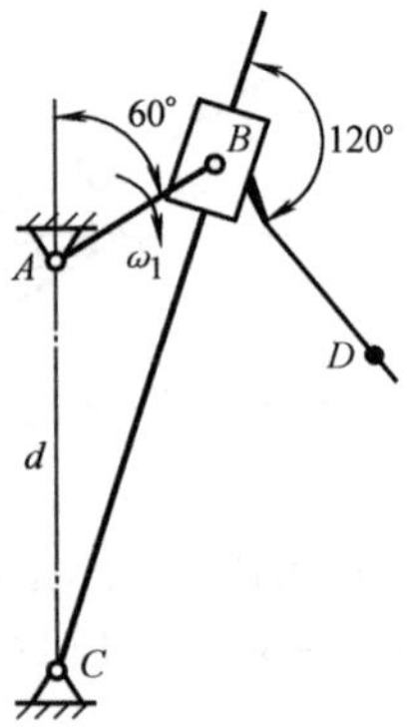


图 3-30　题 3-12 图

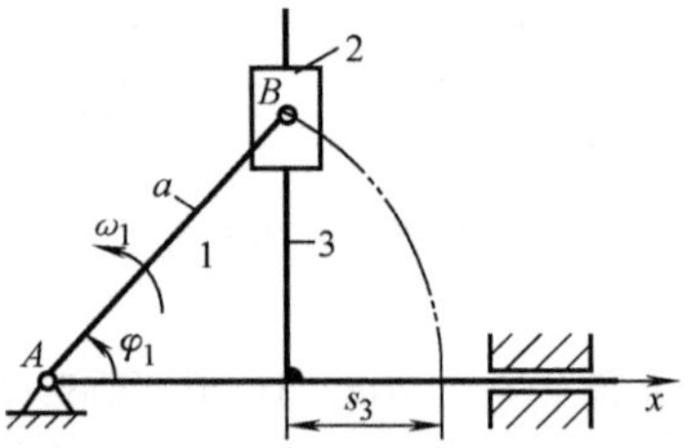


图 3-31　题 3-13 图

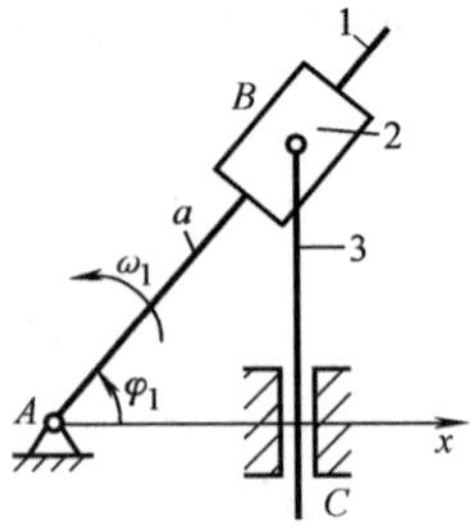


图 3-32　题 3-14 图

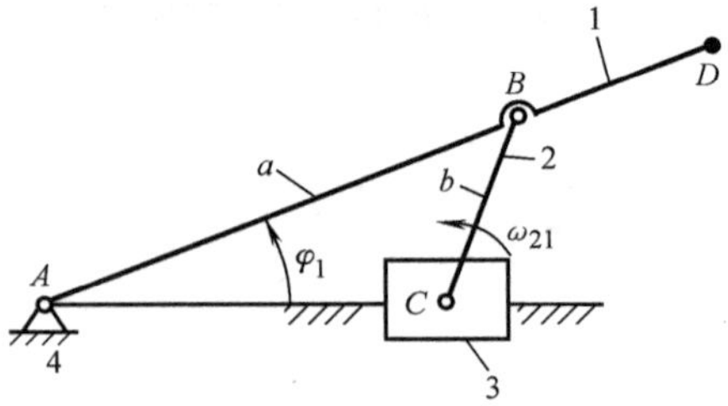


图 3-33　题 3-15 图

3-16　在图 3-34 所示的双滑块机构中，已知 $\alpha=60°$，$\beta=40°$，$v_A=0.7\text{m/s}$（向左），$a_A=1\text{m/s}^2$（向右），求 $v_B$ 及 $a_B$。

3-17　在图 3-35 所示的凸轮机构中，$l_{AB}=e=20\text{mm}$，$R=50\text{mm}$，$\omega_1=10\text{rad/s}$，指出速度瞬心 $P_{12}$，并用瞬心法求 $\varphi_1=0°$、45°及 90°时构件 2 的速度 $v_2$。

3-18　在图 3-36 所示的曲柄滑块机构中，已知 $a=100\text{mm}$，$\alpha=60°$，$\angle ABC=90°$，$v_c=2\text{m/s}$。指出速度瞬心 $P_{13}$，并用瞬心法求构件 1 的角速度 $\omega_1$。

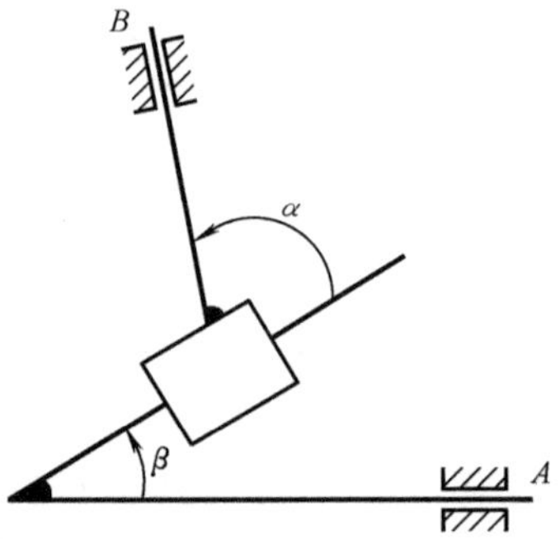


图 3-34　题 3-16 图

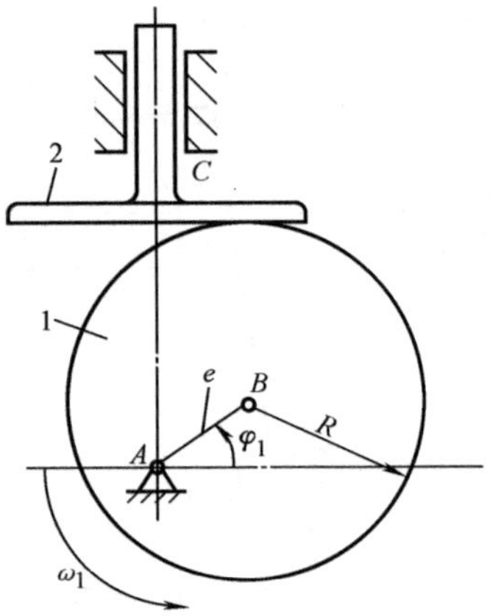


图 3-35　题 3-17 图

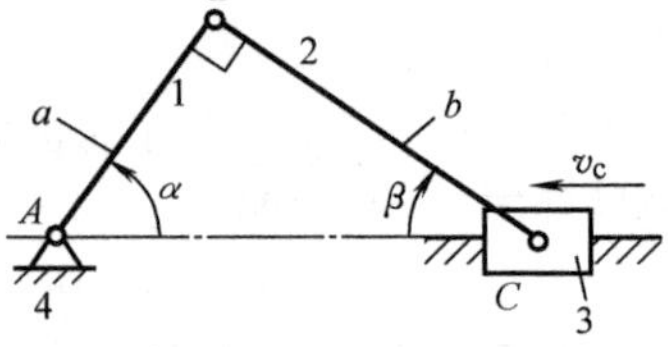


图 3-36　题 3-18 图

3-19　在图 3-28 所示的凸轮机构中，指出速度瞬心 $P_{12}$，并用速度瞬心法求从动件的角速度 $\omega_2$。

3-20　图 3-37 所示为齿轮连杆组合机构，三个齿轮相互作纯滚动，指出齿轮 1、3 间的速度瞬心 $P_{13}$，并用瞬心法写出 1、3 两轮角速比（$\omega_1/\omega_2$）的表达式（不需具体数据）。

3-21　图 3-38 所示为铰链四杆机构，试用瞬心法分析欲求构件 2 和构件 3 上任何重合点的速度相等时的机构位置，此时 $\varphi_1$ 为多少？

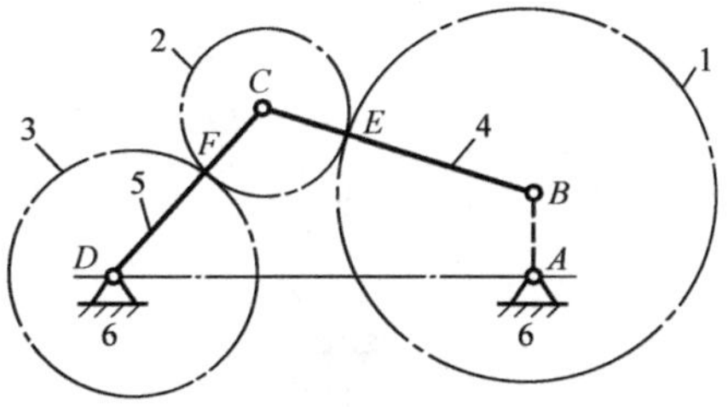


图 3-37　题 3-20 图

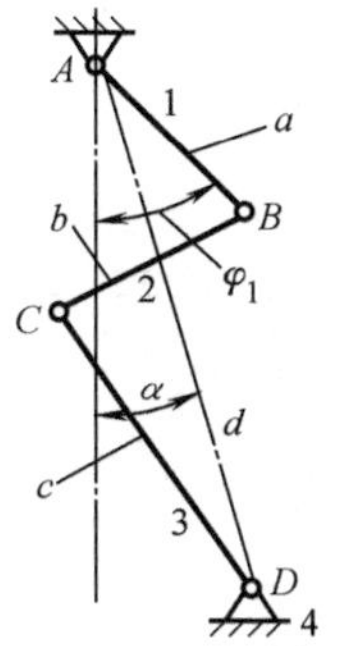


图 3-38　题 3-21 图

3-22　如图 3-39 所示，已知 $n_1=1000\text{r/min}$，$a=100\text{mm}$，$b=1750\text{mm}$，$c=e=450\text{mm}$，$\alpha_3=126°$，$d=300\text{mm}$，$f=600\text{mm}$，$x_G=2210\text{mm}$，$y_G=420\text{mm}$，$x_F=1080\text{mm}$，$y_F=670\text{mm}$，试求 $\varphi_1=30°$时的 $v_E$、$v_D$、$a_E$、$a_D$。

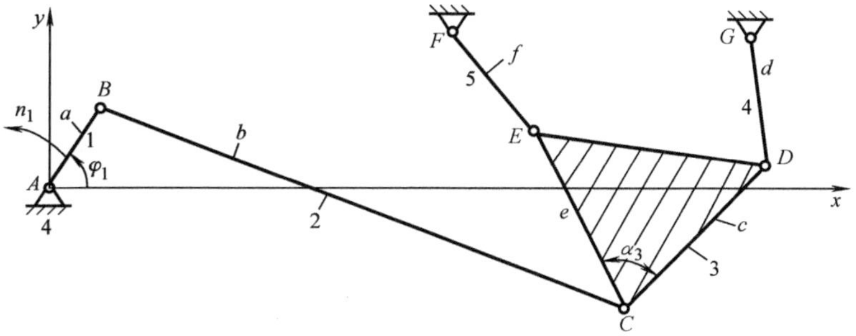


图 3-39　题 3-22 图

3-23　在图 3-40 所示的牛头刨床机构中，$l_1=75\text{mm}$，$l_2=300\text{mm}$，$l_3=100\text{mm}$，$l_4=150\text{mm}$，$y=280\text{mm}$。求 $\varphi_1=30°$时刨头 $E$ 的位移 $s$ 及刨头 $E$ 的行程 $H$。

3-24　图 3-41 所示为把轧制线上以 $v_s=2\text{m/s}$ 的速度运动中的钢材剪切成定长尺寸的飞剪机构。曲柄 $AB$ 的转速 $n_1=120\text{r/min}$，且转一周剪切一次。已知飞剪的尺寸参数如下：$a=190\text{mm}$，$b=461\text{mm}$，$c=1050\text{mm}$，$d=1000\text{mm}$，$e=355\text{mm}$，$f=675\text{mm}$，$\alpha_2=160°$，$\alpha_3=50°$，$\alpha_4=24°$。设 $\varphi_1=14.73°$ 时进行剪切，求上、下剪刃（$E$、$F$ 点）沿钢材运动方向（$y$ 方向）的速度 $v_{E_y}$、$v_{F_y}$和 $v_{平均}=(v_{E_y}+v_{F_y})/2$ 以及刀刃剪切速度 $v_{E_x}$、$v_{F_x}$的值。若要求剪切时不推钢（即 $v_{平均}>v_s$），上下剪刃的相对速度误差不大于 0.01，问此飞剪设计是否满足要求？

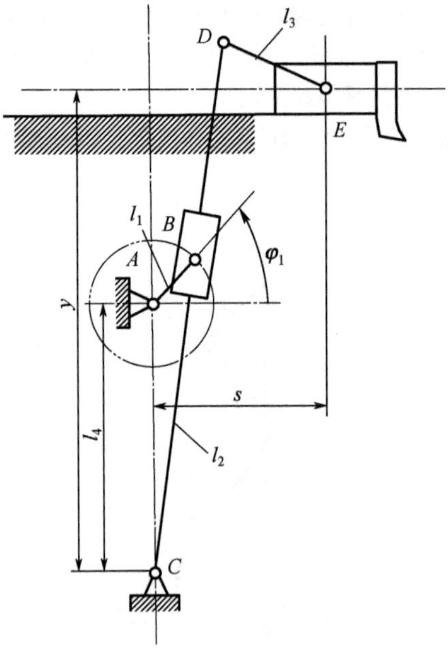


图 3-40　题 3-23 图

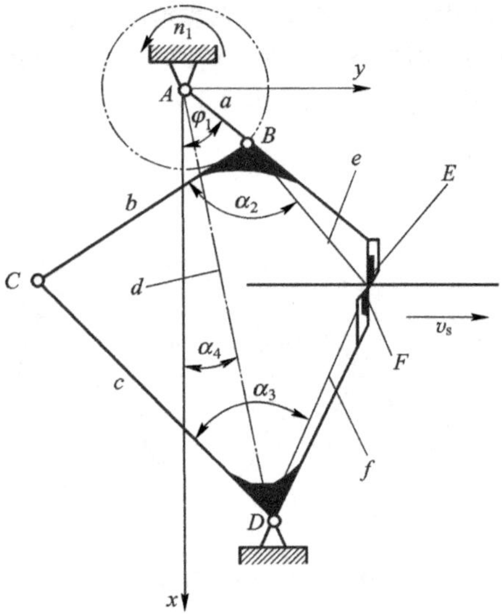


图 3-41　题 3-24 图

# 第四章　机构的力分析

## 第一节　概　　述

拓展学习视频

中国创造：外骨骼机器人

### 一、作用在机构上的力

机构不但要能实现预期的运动，而且还要传递动力。所以在机构的运动过程中，它们的各个构件都受到力的作用。作用在机构和构件上的力常见的有：

（1）原动力　原动力是驱使机构产生运动的由外部施予机构的力。各种原动机加在机构上的力为原动力。

（2）生产阻力　生产阻力是机械在生产过程中为了改变工作物的外形、位置或状态等所受到的阻力；克服了这些阻力就完成了有益的工作。如机床的切削阻力、起重机的荷重等都是生产阻力。

（3）运动副反力　运动副反力是当机构受到外力作用时，在运动副两元素接触处所产生的反作用力。它又可分解为沿运动副两元素接触处的法向和切向两个分力。

法向反力又称为**正压力**，由于它与运动副元素的相对运动方向垂直，所以它是诸力中唯一不做功的力。

切向反力即**摩擦力**，这是由正压力而产生的，它起阻止运动副两元素作相对运动的作用。

（4）重力　重力是作用在构件质心上的地球引力。因构件质心每经一个运动循环后回到原来的位置，所以在一个运动循环中重力所做的功为零。重力通常比其他各力小得多，故在很多情况下（尤其是高速机械的计算中）可以忽略不计。

（5）惯性力　惯性力是力学中一种虚拟地加在变速运动的构件上的力。在机械正常工作的一个运动循环中，惯性力所做的功为零。低速机械的惯性力一般很小，可以忽略不计，但高速机械的惯性力往往很大。当机构构件的运动、质量及尺寸已知时，则其惯性力就可以求出。

机构和构件上所受到的力，按其与作用点运动方向之间的关系，可以分为两类：

（1）驱动力　凡是驱使机械产生运动的力统称为驱动力。如上述原动力即为驱动力。驱动力的特征是该力与其作用点速度的方向相同或成锐角，故其所做的功为正功，常称为**输入功**。

（2）阻抗力　凡是阻止机械产生运动的力统称为阻抗力。阻抗力的特征是该力与其作用点速度的方向相反或成钝角，故其所做的功为负功，常称为**阻抗功**。

阻抗力又可分为**有益阻力**和**有害阻力**两种。生产阻力是有益阻力，克服有益阻力所完成的功称为**输出功**。有害阻力是机构在运转过程中所受到的非生产阻力。机械为了克服这类阻力所做的功是一种纯粹的浪费。克服有害阻力所做的功称为**损耗功**。

因此，摩擦力、重力和惯性力视其与作用点运动方向的关系，在某种情况下会是驱动力，在另外一些情况下又会变成阻抗力。

## 二、机构力分析的目的和方法

不论是设计新的机械，还是对现有机械进行分析，都必须计算各个零件的强度和确定原动机功率或计算生产能力，而这一切都是以机构力分析为前提的。因此，机构力分析是设计和分析机械必不可少的重要一环。

**1. 机构力分析的目的**

（1）计算运动副反力　因为运动副中反力的大小和性质对于计算零件的强度、摩擦力和机械效率，以及计算运动副中的磨损和确定轴承型式等，都是有用的已知条件。

（2）计算**平衡力（平衡力矩）**　所谓**平衡力**是指与作用在机械上的已知外力以及当该机械按给定规律运动时其各构件的惯性力相平衡的未知外力。当已知生产阻力时，求出的平衡力一般为原动力，据此可确定所需原动机的功率；当已知原动力时，求出的平衡力一般为生产阻力，据此可确定机械所能克服的生产负荷。机械平衡力的确定，对于设计新的机械及合理地使用现有机械，充分挖掘机械的生产潜力都是十分必要的。

**2. 机构力分析方法**

在对机械进行力分析时，对于低速机械，由于惯性力的影响不大，故常略而不计。在不计惯性力的条件下，对机械进行的力分析称为机构的**静力分析**。

但对于高速及重型机械，由于某些构件的惯性力往往很大，有时甚至比机械所受的外力还大得多。所以，在进行力分析时就必须考虑惯性力的影响。不过，根据理论力学中所讲的达朗伯原理，此时如将惯性力视为一般外力加于产生该惯性力的构件上，就可将该机械视为处于静力平衡状态，而仍可采用静力学方法对其进行受力分析。这样的力分析称为机构的**动态静力分析**。

在设计新机械进行其机构的动态静力分析时，当然需要求出各构件的惯性力。惯性力的大小取决于构件的质量、转动惯量和角加速度及质心点的加速度。因此，在进行机构动态静力分析之前，应先根据设计要求和经验，必要时还可先进行机构静力分析，进行各构件的初步结构设计，初步定出它们的质量和转动惯量等参数，而据此进行机构动态静力分析。然后根据力分析结果，进行机构各构件的强度验算，再按照所得的应力修正各构件的结构尺寸。此后重新进行力的计算和强度验算。重复上述过程，直至合理地定出各构件的结构尺寸为止。

在进行机构的力分析时，若忽略摩擦，则为不考虑摩擦的机构力分析。这对于低速轻载机构和对力分析精度要求不高时，是允许的；但是对于高速重载机构或对力分析精度要求较高时，或要研究摩擦对于机构的影响时，则必须进行考虑摩擦的机构力分析。

此外，为了简化计算，在进行机构力分析时，一般假定其原动件作等速运动。

机构力分析，不论是静力分析，还是动态静力分析；不论是不考虑摩擦，还是考虑摩擦，主要有下面两种解法：

（1）**图解法**　图解法是用作图的方法来求解未知力，它直观、概念清楚，但精度差。在理论力学中对图解法已作了介绍。随着计算技术的不断发展和机构学研究的日益深入，以及对机构力分析精度要求的提高，图解法已不能适应新形势的要求，故本章对图解法不予介绍。

（2）**解析法** 解析法中又有代数式法和矩阵法等多种方法。

代数式法通过列代数式求解未知力。这种方法可以直接得到已知力和未知力之间的代数关系式，便于分析各参数对力的影响。但该方法复杂，过程烦琐，而且不适用于复杂机构或受力情况复杂使得未知力难以直接表达的场合。

矩阵法不仅概念清楚，列方程简单，而且可以同时求出各运动副中的反力和所需的平衡力，对于这种矩阵方程式还有许多标准计算机程序进行解算。

## 第二节 运动副反力及构件组静定条件

### 一、不考虑摩擦时运动副反力及其表示方法

约定：构件 $i$ 作用于构件 $j$ 的运动副反力矢量用 $\boldsymbol{R}_{ij}$ 表示，它的大小用 $R_{ij}$ 表示，而且有 $\boldsymbol{R}_{ij}=-\boldsymbol{R}_{ji}$。

**1. 移动副的反力**

如图 4-1 所示，不考虑摩擦时反力 $\boldsymbol{R}_{21}$ 的作用线总是垂直于导路轴线 $x$-$x$ 的。要完全确定移动副反力还需求两个未知量，即反力的大小和作用点。

**2. 转动副的反力**

如图 4-2 所示，不考虑摩擦时反力 $\boldsymbol{R}_{21}$ 的作用线总是通过转动副中心 $A$ 的。要完全确定转动副反力还需求两个未知量，即反力的方向和大小。解算时，一般将这个未定方向的转动副反力 $\boldsymbol{R}_{21}$ 分解为一个沿 $x$ 轴方向的分量 $\boldsymbol{R}_{21x}$ 和一个沿 $y$ 轴方向的分量 $\boldsymbol{R}_{21y}$

$$R_{21}=\sqrt{R_{21x}^2+R_{21y}^2} \tag{4-1}$$

这样，一个转动副反力的两个未知量就分别是 $\boldsymbol{R}_{21x}$ 的大小 $R_{21x}$ 和 $\boldsymbol{R}_{21y}$ 的大小 $R_{21y}$。

**3. 平面高副的反力**

如图 4-3 所示，不考虑摩擦时反力 $\boldsymbol{R}_{21}$ 沿接触点 $C$ 的公法线 $n$-$n$ 作用。要完全确定平面高副的反力，只要求一个未知量，即反力的大小。

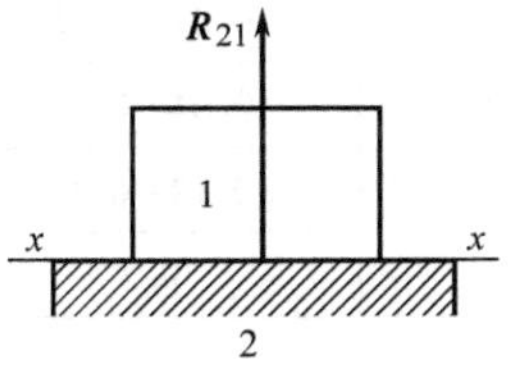


图 4-1 移动副的反力

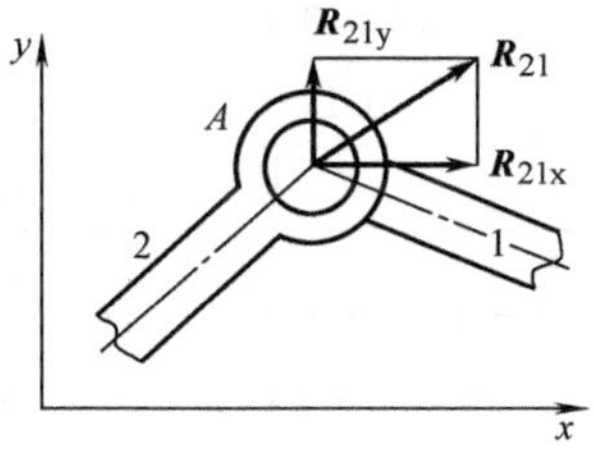


图 4-2 转动副的反力

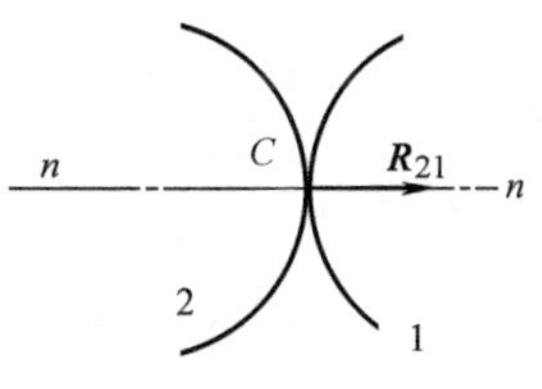


图 4-3 平面高副的反力

由此可见，确定一个低副反力需求两个未知量，确定一个高副反力需求一个未知量。

### 二、考虑摩擦时运动副反力及其表示方法

在机构运动时，运动副两元素间将产生摩擦力。平面机构中的运动副共有移动副、转

动副和平面高副三种。其中在属于平面低副的移动副和转动副中，只有滑动摩擦发生。平面高副中两构件的相对运动属纯滑动的摩擦，与低副的摩擦力求法相同；相对运动属纯滚动的摩擦在理论力学中已有论述；相对运动属滑动带滚动的摩擦可以将它们分开求解。而且滚动摩擦一般较滑动摩擦小得多，所以在对机构进行力分析时可将其略而不计，而只考虑滑动摩擦。故本节只介绍考虑摩擦后平面低副的反力及其表示方法。

**1. 移动副中的摩擦力**

图 4-4 所示为一平面移动副。设受铅垂载荷 $\boldsymbol{F}_Q$ 的构件 1 在 $\boldsymbol{F}$ 力作用下以 $v_{12}$ 的速度匀速向右运动。$\boldsymbol{N}_{21}$ 为构件 2 作用于构件 1 上的法向反力。设构件 1 与构件 2 之间的摩擦因数为 $f$（表4-1），构件 1 相对于构件 2 的相对运动方向（或相对运动趋势的方向）向右，因此构件 2 给构件 1 的摩擦力 $\boldsymbol{F}_{21}$ 向左为

$$F_{21} = fN_{21} = fF_Q \qquad (4\text{-}2)$$

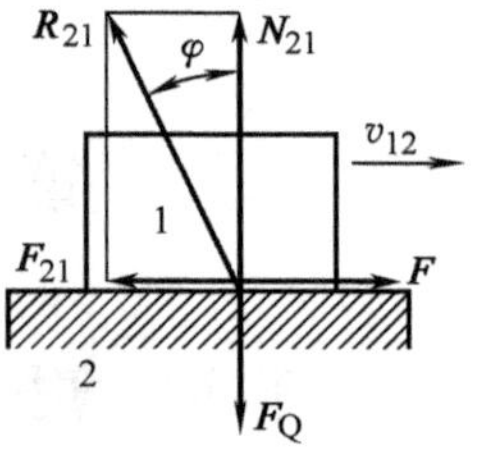


图 4-4　移动副反力

在进行机械的受力分析时，由于 $\boldsymbol{N}_{21}$ 及 $\boldsymbol{F}_{21}$ 都是构件 2 作用在构件 1 的反力，故可将它们合成为一个总反力 $\boldsymbol{R}_{21}$

$$R_{21} = \sqrt{N_{21}^2 + (fN_{21})^2} \qquad (4\text{-}3)$$

设总反力 $\boldsymbol{R}_{21}$ 和法向反力 $\boldsymbol{N}_{21}$ 之间的夹角为 $\varphi$，则

$$\tan\varphi = \frac{F_{21}}{N_{21}} = \frac{fN_{21}}{N_{21}} = f \qquad (4\text{-}4)$$

角 $\varphi$ 称为摩擦角。

**表 4-1　不同材料副的摩擦因数**

| 材料副名称 | 摩擦因数 | | | |
|---|---|---|---|---|
| | 静摩擦 | | 动摩擦 | |
| | 无润滑油 | 有润滑油 | 无润滑油 | 有润滑油 |
| 钢-钢 | 0.15 | 0.10~0.12 | 0.10 | 0.05~0.10 |
| 钢-铸铁 | 0.20~0.30 | | 0.16~0.18 | 0.05~0.15 |
| 钢-青铜 | | 0.10~0.15 | 0.15~0.18 | 0.07 |
| 铸铁-铸铁 | | 0.15~0.16 | 0.15 | 0.07~0.12 |
| 铸铁-青铜 | 0.28 | 0.16 | 0.15~0.21 | 0.07~0.15 |
| 青铜-青铜 | | | 0.15~0.20 | 0.04~0.10 |
| 皮革-铸或铁铜 | | | 0.30~0.50 | 0.12~0.15 |
| 橡胶-铸铁 | | | 0.8 | 0.5 |

由图 4-4 可以看出，由于构成运动副的两构件中，一构件所受的摩擦力总是与其相对于另一构件运动的方向相反，所以滑块 1 所受的总反力 $\boldsymbol{R}_{21}$ 与其对平面的相对速度 $v_{12}$ 间的夹角总是一个钝角（$90° + \varphi$）。故在分析移动副中的摩擦时，可以利用这个规律来确定总反力的方向。

由此可知，考虑摩擦后，与不考虑摩擦一样，要完全确定移动副反力也需求两个未知量，即反力的大小和作用点。

对于如图 4-5 所示的楔形面移动副，两构件沿一楔形角为 $2\theta$ 的楔形面接触，此时法向反力 $\boldsymbol{N}_{21}$ 为

$$N_{21}=\frac{F_{Q}}{\sin\theta} \tag{4-5}$$

所以楔形滑块的摩擦力 $\boldsymbol{F}_{21}$ 为

$$F_{21}=fN_{21}=f\frac{F_{Q}}{\sin\theta}=\frac{f}{\sin\theta}F_{Q} \tag{4-6}$$

若令 $f_{v}=f/\sin\theta$，则式（4-6）可写为

$$F_{21}=fN_{21}=f_{v}F_{Q} \tag{4-7}$$

由以上分析可见，不论两运动副元素的几何形状如何，两元素间产生的滑动摩擦力均可用通式 $F_{21}=fN_{21}=f_{v}F_{Q}$ 来计算，式中 $f_{v}$ 称为当量摩擦因数。因此，总反力 $\boldsymbol{R}_{21}$ 和法向反力 $\boldsymbol{N}_{21}$ 之间的夹角为 $\varphi_{v}$，则 $\tan\varphi_{v}=f_{v}$，角 $\varphi_{v}$ 称为当量摩擦角。

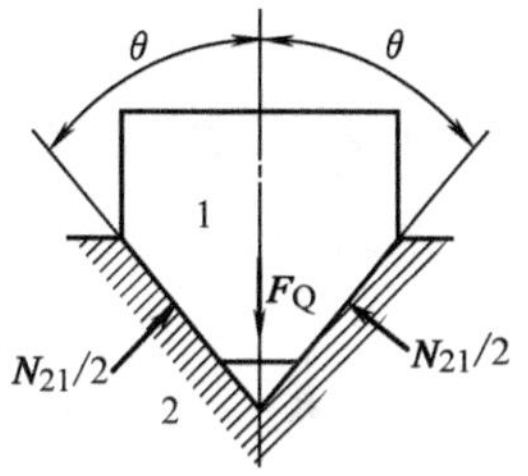

图 4-5 楔形滑块受力图

引入当量摩擦因数和当量摩擦角这个概念，是为了使问题简单化。因为如上所述，在计算运动副中的滑动摩擦力时，不管运动副两元素的几何形状如何，均可将其视为沿单一平面接触来计算其摩擦力，只需按运动副元素几何形状的不同引入当量摩擦因数就行了。

又如上述可知，当运动副两元素为沿楔面接触时，其当量摩擦因数 $f_{v}$ 大于摩擦因数 $f$，故在其他条件相同的情况下，运动副两元素沿楔面接触时所产生的滑动摩擦力较运动副两元素为平面接触时所产生的摩擦力为大。在机械传动中采用 V 带，和在螺纹联接中采用管螺纹，都是以改变运动副两元素几何形状的方法来达到增大摩擦力目的的。顺便指出，当量摩擦因数 $f_{v}$ 是为计算方便引入的一个参数，楔面接触时摩擦力较大是因为 $N_{21}>F_{Q}$。

**2. 径向轴颈转动副中的摩擦力**

在实际机械中，转动副的形式很多，现以轴与轴承构成的径向轴颈转动副为代表分析其考虑摩擦后的反力及其表示方法。

如图 4-6 所示，轴安装在轴承中的部分称为轴颈。径向轴颈所受的载荷沿其半径的方向。

如图 4-7 所示，设半径为 $r$ 的轴颈 1 在径向载荷 $\boldsymbol{F}_{Q}$、驱动力矩 $\boldsymbol{M}_{d}$ 作用下相对轴承 2 以等角速度 $\omega_{12}$ 回转，此时在轴颈 1 和轴承 2 间便存在法向反力 $\boldsymbol{N}_{21}$ 和摩擦力 $\boldsymbol{F}_{21}$，转动副总反力 $\boldsymbol{R}_{21}$ 为

$$\boldsymbol{R}_{21}=-\boldsymbol{F}_{Q}$$

由于轴颈 1 和轴承 2 之间是圆柱面摩擦，参照式（4-7），可得

$$F_{21}=fN_{21}=f_{v}F_{Q}$$

式中，$f_{v}$ 为当量摩擦因数，其值为 $f_{v}=(1\sim1.57)f$（对于配合紧密且未经磨合的转动副 $f_{v}$ 取较大值，而对于有较大间隙的转动副 $f_{v}$ 取较小值）。而此摩擦力 $\boldsymbol{F}_{21}$ 对轴颈形成的摩擦力矩 $\boldsymbol{M}_{f21}$ 则为

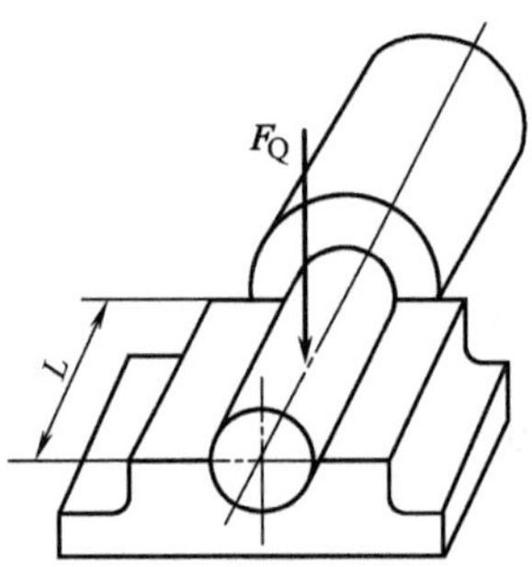


图 4-6　径向轴颈所受的载荷

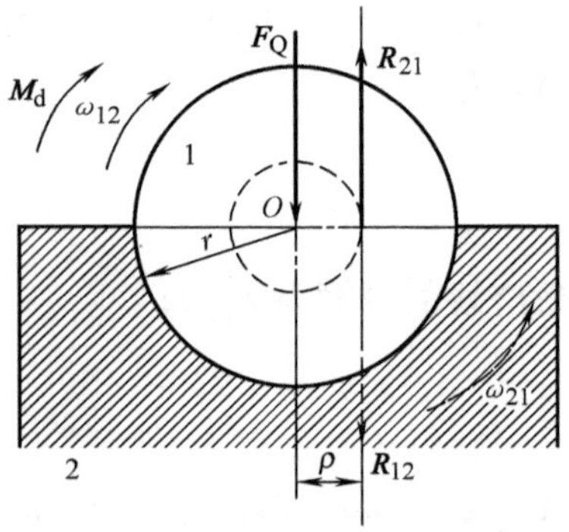


图 4-7　径向轴颈转动副中的摩擦力



$$M_{f21} = F_{21}r = f_v F_Q r \tag{4-8}$$

且 $\boldsymbol{R}_{21}$ 与 $\boldsymbol{F}_Q$ 构成一阻止轴颈转动的力矩，该力矩与 $\boldsymbol{M}_d$ 相平衡。设 $\boldsymbol{R}_{21}$ 与 $\boldsymbol{F}_Q$ 之间的距离为 $\rho$，则

$$R_{21}\rho = M_{f21} = -M_d \tag{4-9}$$

即总反力 $\boldsymbol{R}_{21}$ 对轴颈中心 $O$ 的力矩即为摩擦阻力矩 $\boldsymbol{M}_{f21}$，而由式（4-8）知

$$M_{f21} = f_v F_Q r = f_v R_{21} r = R_{21}\rho \tag{4-10}$$

式中

$$\rho = \frac{M_{f21}}{R_{21}} = f_v r \tag{4-11}$$

对于一个具体的轴颈，由于 $f_v$ 及 $r$ 均为一定，所以 $\rho$ 是一固定长度。现如以轴颈中心 $O$ 为圆心，$\rho$ 为半径作圆（如图 4-7 中虚线小圆所示），则此圆必为一定圆，特称其为**摩擦圆**，$\rho$ 称为**摩擦圆半径**。而由此可知，只要轴颈相对于轴承滑动，则轴承对轴颈的总反力 $\boldsymbol{R}_{21}$ 将始终切于摩擦圆。

因此，考虑摩擦后的径向轴颈转动副中的总反力 $\boldsymbol{R}_{21}$ 的作用线可根据以下三点确定：

1）根据力平衡条件，总反力 $\boldsymbol{R}_{21}$ 与载荷 $\boldsymbol{F}_Q$ 大小相等，方向相反。

2）$\boldsymbol{R}_{21}$ 必切于摩擦圆。

3）$\boldsymbol{R}_{21}$ 对轴颈轴心 $O$ 之矩的方向必与轴颈 1 相对于轴承 2 的角速度 $\boldsymbol{\omega}_{12}$ 的方向相反。

为便于用解析法求解，将这个切于摩擦圆的总反力 $\boldsymbol{R}_{21}$ 用一个大小与之相等并与之平行但作用于转动副中心 $O$ 的 $\boldsymbol{R}_{21}$ 和一个摩擦力矩 $\boldsymbol{M}_{f21}$ 代替。并按式（4-1），将这个未定方向的转动副反力 $\boldsymbol{R}_{21}$ 分解为一个沿 $x$ 轴方向的分量 $\boldsymbol{R}_{21x}$ 和一个沿 $y$ 轴方向的分量 $\boldsymbol{R}_{21y}$

$$R_{21} = \sqrt{R_{21x}^2 + R_{21y}^2} \tag{4-12}$$

这样，一个转动副反力的两个未知量就分别是 $\boldsymbol{R}_{21x}$ 的大小 $R_{21x}$ 和 $\boldsymbol{R}_{21y}$ 的大小 $R_{21y}$。而摩擦力矩则为

$$M_{f21} = f_v R_{21} r = f_v r\sqrt{R_{21x}^2 + R_{21y}^2} \tag{4-13}$$

由此可知，考虑摩擦后的径向轴颈转动副同不考虑摩擦一样，仍然有两个未知量 $R_{21x}$ 和 $R_{21y}$，但是，由它们产生的摩擦力矩 $M_{f21}$ 虽然并不增加新的未知量，但 $M_{f21}$ 却是 $R_{21x}$ 与 $R_{21y}$ 的非线性函数，这就给考虑摩擦的机构力分析带来了特殊性和困难。

## 三、构件组的静定条件

机构力分析是要根据机构所受的已知外力来确定各运动副中的反力和需加于该机构上的平衡力。但是，运动副中的反力对于整个机构来说是内力，所以不能就整个机构进行分析计算，而必须将机构分解为若干构件组，然后逐个进行分析，求出各运动副中的反力和所需加的平衡力。然而，这样分解成的每一个构件组都必须是静定的，即必须满足构件组的静定条件。所谓构件组的**静定条件**，就是该构件组中的所有未知外力都可以用静力学的方法求解的条件。显然，欲使构件组成为静定的，则对该构件组所能列出的独立的力平衡方程式的数目，应等于构件组中所有力的未知要素的数目。

如前所述，不论是否考虑摩擦，每一个低副（不论是转动副还是移动副）中的反力都有两个未知要素，而每一个高副中的反力则只有一个未知要素。因此，如在构件组中共含有 $p_L$ 个低副和 $p_H$ 个高副，则各运动副中的反力将共有（$2p_L+p_H$）个未知要素。又如该构件组中共有 $n$ 个构件，因每一构件可列出三个独立的力平衡方程式，所以共可列出 $3n$ 个独立的力平衡方程。于是，该构件组的**静定条件**应为

$$3n=2p_L+p_H \tag{4-14}$$

如当构件组中仅有低副时，则为

$$3n=2p_L \tag{4-15}$$

由第二章可知，式（4-15）与基本杆组的条件相同，所以基本杆组满足静定条件。即所有的基本杆组都是静定杆组。



# 第三节　不考虑摩擦的机构力分析

## 一、数学模型

如前所述，基本杆组都是静定的。下面以图 4-8 所示的由构件 $i$ 和构件 $j$ 构成的Ⅱ级组为例来讨论不考虑摩擦的机构力分析的数学模型。

该Ⅱ级组由构件 $h$ 和构件 $k$ 上拆下。构件 $i$ 的长度用 $l_i$ 表示，作用在其上的外力（包含惯性力）用 $\boldsymbol{F}_i$ 表示，外力矩（包含惯性力矩）用 $\boldsymbol{M}_i$ 表示；构件 $j$ 的长度用 $l_j$ 表示，作用在它上的外力用 $\boldsymbol{F}_j$ 表示，外力矩用 $\boldsymbol{M}_j$ 表示。构件 $i$ 对 $j$ 的约束反力用 $\boldsymbol{R}_{ij}$ 表示，其分量为 $\boldsymbol{R}_{ijx}$ 和 $\boldsymbol{R}_{ijy}$，为减少约束反力的记号，构件 $j$ 对构件 $i$ 的反力不采用 $\boldsymbol{R}_{ji}$ 而采用 $-\boldsymbol{R}_{ij}$。所有力均假设沿坐标轴正向为正，所有力矩以逆时针为正。

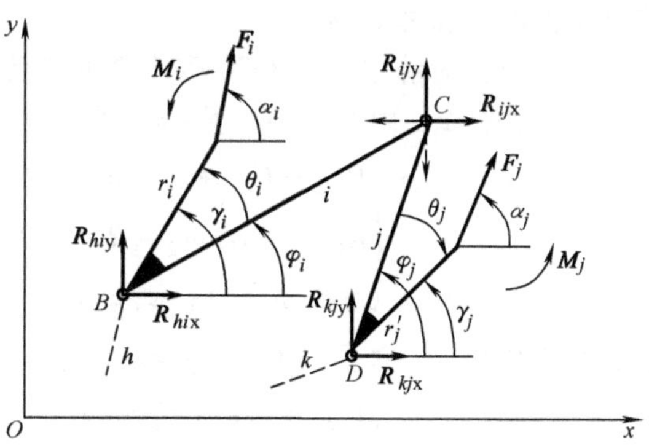

图 4-8　Ⅱ级组受力分析

对于构件 $i$，由 $\sum x=0$，$\sum y=0$ 及 $\sum M_B=0$ 得如下力平衡方程式

$$\begin{cases}R_{hix}+F_i\cos\alpha_i-R_{ijx}=0\\R_{hiy}+F_i\sin\alpha_i-R_{ijy}=0\\M_i+F_ir_i'\sin(\alpha_i-\gamma_i)-R_{ijy}l_i\cos\varphi_i+R_{ijx}l_i\sin\varphi_i=0\end{cases}\tag{4-16}$$

式中，$\gamma_i=\varphi_i+\theta_i$，其中 $\theta_i$ 为力 $\boldsymbol{F}_i$ 作用点的矢径 $r_i'$与 $i$ 构件轴线间的夹角，逆时针方向变量为正，反之为负。

对于构件 $j$，由 $\sum x=0$，$\sum y=0$ 及 $\sum M_D=0$ 得

$$\begin{cases}R_{ijx}+F_j\cos\alpha_j+R_{kjx}=0\\R_{ijy}+F_j\sin\alpha_j+R_{kjy}=0\\M_j+F_jr_j'\sin(\alpha_j-\gamma_j)+R_{ijy}l_j\cos\varphi_j-R_{ijx}l_j\sin\varphi_j=0\end{cases}\tag{4-17}$$

在式（4-16）和式（4-17）中共有六个未知量：$\boldsymbol{R}_{ijx}$、$\boldsymbol{R}_{ijy}$、$\boldsymbol{R}_{hix}$、$\boldsymbol{R}_{hiy}$、$\boldsymbol{R}_{kjx}$和 $\boldsymbol{R}_{kjy}$，共有六个方程，而且这六个方程都是未知量的**线性方程**，因此是可解的。

4

## 二、矩阵法

用矩阵法求解，首先应根据构件组的静定条件，将机构拆成若干个静定的构件组及输入构件，先逐一对构件组列平衡方程，然后写出其平衡方程的矩阵表达式，用矩阵法分别进行解算，最后分析输入构件，列出其平衡方程，求出平衡力，从而完成力分析。

对于各种具体机构，都不难按上述步骤进行力分析。下面举几个具体例子来说明。

**例 4-1** 铰链四杆机构中各构件的长度分别为 $l_1$、$l_2$、$l_3$、$l_4$，作用在构件上的外力分别为 $\boldsymbol{F}_1$、$\boldsymbol{F}_2$、$\boldsymbol{F}_3$，外力矩分别为 $\boldsymbol{M}_1$、$\boldsymbol{M}_2$、$\boldsymbol{M}_3$，均为已知，如图4-9 所示。试用矩阵法求各运动副反力和需作用在平衡构件 1 上的平衡力矩 $M_b$。

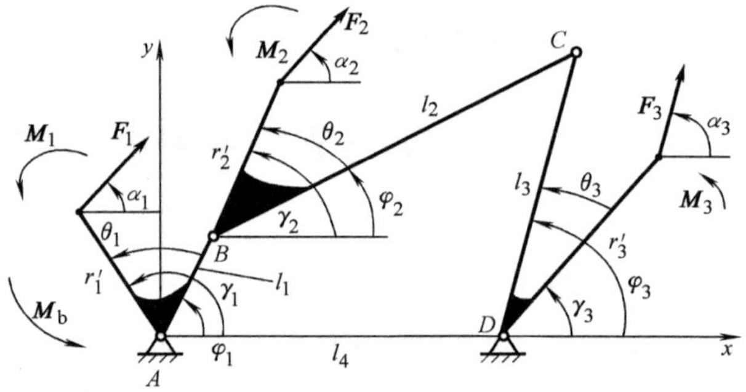

图 4-9 铰链四杆机构受力分析

**解** 首先对静定杆组 $BCD$ 列出平衡方程式如下：

对于构件 2，由 $\sum x=0$，$\sum y=0$ 及 $\sum M_B=0$ 得力平衡方程式

$$\begin{cases}R_{12x}+F_2\cos\alpha_2-R_{23x}=0\\R_{12y}+F_2\sin\alpha_2-R_{23y}=0\\M_2+F_2r_2'\sin(\alpha_2-\gamma_2)-R_{23y}l_2\cos\varphi_2+R_{23x}l_2\sin\varphi_2=0\end{cases}$$

对于构件 3，由 $\sum x=0$，$\sum y=0$ 及 $\sum M_D=0$ 得

$$\begin{cases}R_{23x}+R_{43x}+F_3\cos\alpha_3=0\\R_{23y}+R_{43y}+F_3\sin\alpha_3=0\\M_3+F_3r_3'\sin(\alpha_3-\gamma_3)+R_{23y}l_3\cos\varphi_3-R_{23x}l_3\sin\varphi_3=0\end{cases}$$

写出上述六个平衡方程的矩阵式如下

$$\begin{pmatrix} 1 & 0 & -1 & 0 & 0 & 0 \\ 0 & 1 & 0 & -1 & 0 & 0 \\ 0 & 0 & l_2\sin\varphi_2 & -l_2\cos\varphi_2 & 0 & 0 \\ 0 & 0 & 1 & 0 & 1 & 0 \\ 0 & 0 & 0 & 1 & 0 & 1 \\ 0 & 0 & -l_3\sin\varphi_3 & l_3\cos\varphi_3 & 0 & 0 \end{pmatrix}\begin{pmatrix} R_{12x} \\ R_{12y} \\ R_{23x} \\ R_{23y} \\ R_{43x} \\ R_{43y} \end{pmatrix}=\begin{pmatrix} -F_2\cos\alpha_2 \\ -F_2\sin\alpha_2 \\ -M_2-F_2r_2'\sin(\alpha_2-\gamma_2) \\ -F_3\cos\alpha_3 \\ -F_3\sin\alpha_3 \\ -M_3-F_3r_3'\sin(\alpha_3-\gamma_3) \end{pmatrix}$$

调用高斯子程序（见附录 A）即可求得六个运动副反力未知量 $R_{12x}$、$R_{12y}$、$R_{23x}$、$R_{23y}$、$R_{43x}$、$R_{43y}$。然后分析平衡构件 1，可写成如下三个方程

$$\begin{cases} R_{41x}=R_{12x}-F_1\cos\alpha_1 \\ R_{41y}=R_{12y}-F_1\sin\alpha_1 \\ M_b=R_{12y}l_1\cos\varphi_1-R_{12x}l_1\sin\varphi_1-M_1-F_1r_1'\sin(\alpha_1-\gamma_1) \end{cases}$$

即可求出 $R_{41x}$、$R_{41y}$和 $M_b$。

**例 4-2**　曲柄滑块机构各构件的长度分别为 $l_1$、$l_2$，作用在构件上的外力分别为 $\boldsymbol{F}_1$、$\boldsymbol{F}_2$、$\boldsymbol{F}_3$，外力矩 $\boldsymbol{M}_1$、$\boldsymbol{M}_2$、$\boldsymbol{M}_3$ 均为已知，如图 4-10a 所示。试用矩阵法求各运动副反力和需作用在平衡构件 1 上的平衡力矩 $M_b$。

**解**　如图 4-10b 所示，对静定杆组 2-3 进行力分析。移动副反力 $\boldsymbol{R}_{43}$垂直于滑道，但大小和作用点未知，其作用点距转动副 $C$ 的中心距离为 $h_{43}$，列出静定杆组 2-3 的平衡方程式如下：

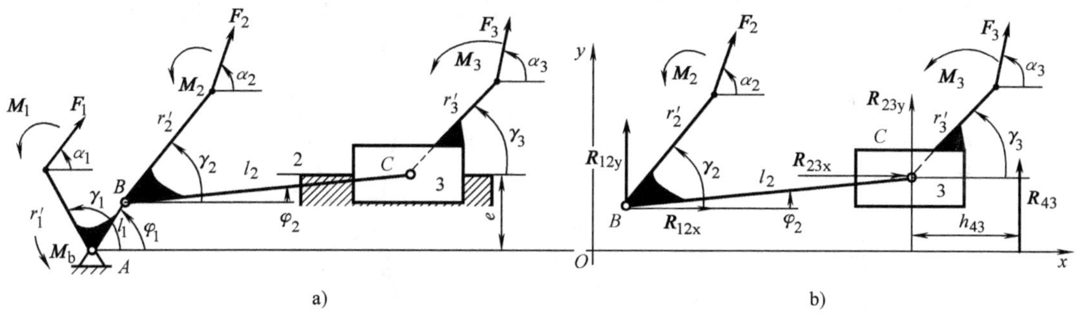


图 4-10　曲柄滑块机构

a）机构力分析　b）静定杆组 2-3 力分析

对于构件 2，由 $\sum x=0$，$\sum y=0$ 及 $\sum M_B=0$ 得力平衡方程式

$$\begin{cases} R_{12x}+F_2\cos\alpha_2-R_{23x}=0 \\ R_{12y}+F_2\sin\alpha_2-R_{23y}=0 \\ M_2+F_2r_2'\sin(\alpha_2-\gamma_2)-R_{23y}l_2\cos\varphi_2+R_{23x}l_2\sin\varphi_2=0 \end{cases}$$

对于滑块 3，由 $\sum x=0$，$\sum y=0$ 及 $\sum M_C=0$ 得

$$\begin{cases} R_{23x}+F_3\cos\alpha_3=0 \\ R_{23y}+R_{43}+F_3\sin\alpha_3=0 \\ M_3+F_3r_3'\sin(\alpha_3-\gamma_3)+R_{43}h_{43}=0 \end{cases}$$

由于 $R_{43}$及 $h_{43}$均为待求量，令（$R_{43}h_{43}$）为一个待求量，可见以上两个方程组的待求

量为 $R_{12x}$、$R_{12y}$、$R_{23x}$、$R_{23y}$、$R_{43}$ 和（$R_{43}h_{43}$）共六个，共六个方程，均为线性方程。将以上两式写成矩阵形式有

$$\begin{pmatrix} 1 & 0 & -1 & 0 & 0 & 0 \\ 0 & 1 & 0 & -1 & 0 & 0 \\ 0 & 0 & l_2\sin\varphi_2 & -l_2\cos\varphi_2 & 0 & 0 \\ 0 & 0 & 1 & 0 & 0 & 0 \\ 0 & 0 & 0 & 1 & 1 & 0 \\ 0 & 0 & 0 & 0 & 0 & 1 \end{pmatrix}\begin{pmatrix} R_{12x} \\ R_{12y} \\ R_{23x} \\ R_{23y} \\ R_{43} \\ R_{43}h_{43} \end{pmatrix} = \begin{pmatrix} -F_2\cos\alpha_2 \\ -F_2\sin\alpha_2 \\ -M_2 - F_2 r_2'\sin(\alpha_2-\gamma_2) \\ -F_3\cos\alpha_3 \\ -F_3\sin\alpha_3 \\ -M_3 - F_3 r_3'\sin(\alpha_3-\gamma_3) \end{pmatrix}$$

调用高斯子程序即可求得六个运动副反力未知量 $R_{12x}$、$R_{12y}$、$R_{23x}$、$R_{23y}$、$R_{43}$ 和（$R_{43}h_{43}$）。然后分析平衡构件 1，可写成如下三个方程

$$\begin{cases} R_{41x} = R_{12x} - F_1\cos\alpha_1 \\ R_{41y} = R_{12y} - F_1\sin\alpha_1 \\ M_b = R_{12y}l_1\cos\varphi_1 - R_{12x}l_1\sin\varphi_1 - M_1 - F_1 r_1'\sin(\alpha_1-\gamma_1) \end{cases}$$

即可求出 $R_{41x}$、$R_{41y}$ 和 $M_b$。

**例 4-3** 图 4-11 所示的一导杆机构，已知曲柄 1 的长度为 $l_1$，滑块 2 距点 $D$ 的距离为 $s_3$，作用在活动构件上的外力分别为 $\boldsymbol{F}_1$、$\boldsymbol{F}_2$、$\boldsymbol{F}_3$，外力矩分别为 $\boldsymbol{M}_1$、$\boldsymbol{M}_2$、$\boldsymbol{M}_3$，其他已知参数如图 4-11 所示。试用矩阵法求各运动副反力和需作用在平衡构件 1 上的平衡力矩 $M_b$。

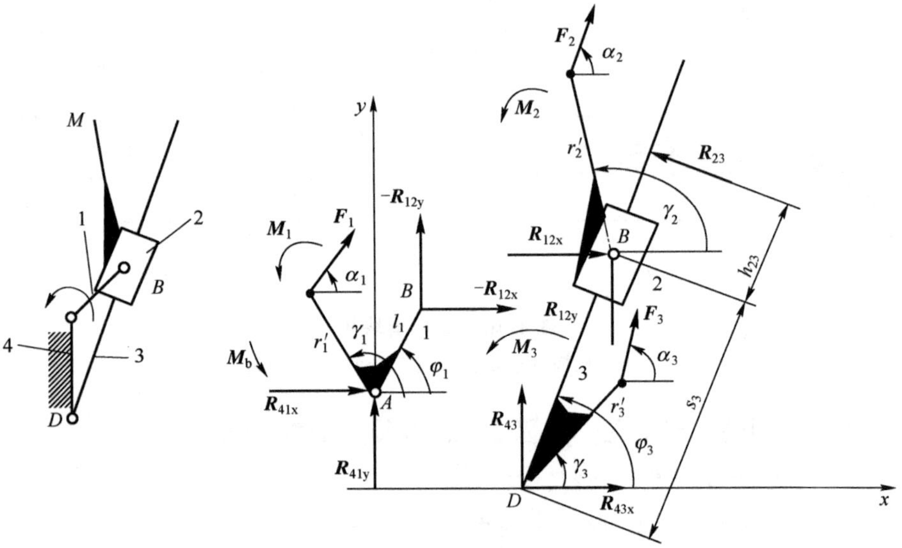


图 4-11 导杆机构力分析

1—曲柄 2—滑块 3—导杆 4—机架

**解** 如图 4-11 所示，首先对静定杆组 2-3 进行力分析。滑块和导杆间移动副反力 $\boldsymbol{R}_{23}$ 垂直于导杆，但大小和作用点未知，其作用点距转动副 $B$ 的中心距离为 $h_{23}$，列出静定杆组 2-3 的平衡方程式如下：

对于构件 2，由 $\sum x=0$，$\sum y=0$ 及 $\sum M_B=0$ 得力平衡方程式

$$\begin{cases} R_{12x}+F_2\cos\alpha_2-R_{23}\cos(\varphi_3+\pi/2)=0 \\ R_{12y}+F_2\sin\alpha_2-R_{23}\sin(\varphi_3+\pi/2)=0 \\ M_2+F_2r_2'\sin(\alpha_2-\gamma_2)-R_{23}h_{23}=0 \end{cases}$$

对于构件 3，由 $\sum x=0$，$\sum y=0$ 及 $\sum M_D=0$ 得

$$\begin{cases} R_{43x}+R_{23}\cos(\varphi_3+\pi/2)+F_3\cos\alpha_3=0 \\ R_{43y}+R_{23}\sin(\varphi_3+\pi/2)+F_3\sin\alpha_3=0 \\ M_3+F_3r_3'\sin(\alpha_3-\gamma_3)+R_{23}s_3+R_{23}h_{23}=0 \end{cases}$$

由于 $R_{23}$ 及 $h_{23}$ 均为待求量，同曲柄滑块机构一样，也令（$R_{23}h_{23}$）为一个待求量，可见以上三个方程组的待求量为 $R_{12x}$、$R_{12y}$、$R_{43x}$、$R_{43y}$、$R_{23}$ 和（$R_{23}h_{23}$）共六个，共六个方程，均为线性方程，可解。将以上方程组写成矩阵形式有

$$\begin{pmatrix} 1 & 0 & -\cos(\varphi_3+\pi/2) & 0 & 0 & 0 \\ 0 & 1 & -\sin(\varphi_3+\pi/2) & 0 & 0 & 0 \\ 0 & 0 & 0 & -1 & 0 & 0 \\ 0 & 0 & \cos(\varphi_3+\pi/2) & 0 & 1 & 0 \\ 0 & 0 & \sin(\varphi_3+\pi/2) & 0 & 0 & 1 \\ 0 & 0 & s_3 & 1 & 0 & 0 \end{pmatrix}\begin{pmatrix} R_{12x} \\ R_{12y} \\ R_{23} \\ R_{23}h_{23} \\ R_{43x} \\ R_{43y} \end{pmatrix}=\begin{pmatrix} -F_2\cos\alpha_2 \\ -F_2\sin\alpha_2 \\ -M_2-F_2r_2'\sin(\alpha_2-\gamma_2) \\ -F_3\cos\alpha_3 \\ -F_3\sin\alpha_3 \\ -M_3-F_3r_3'\sin(\alpha_3-\gamma_3) \end{pmatrix}$$

调用高斯子程序即可求得六个运动副反力未知量。

对于构件 1，同理可得三个方程

$$\begin{cases} R_{41x}-R_{12x}+F_1\cos\alpha_1=0 \\ R_{41y}-R_{12y}+F_1\sin\alpha_1=0 \\ M_1+M_b-R_{12y}l_1\cos\varphi_1+R_{12x}l_1\sin\varphi_1+F_1r_1'\sin(\alpha_1-\gamma_1)=0 \end{cases}$$

即可求出 $R_{41x}$、$R_{41y}$ 和 $M_b$。

如果在滑块 2 中无外载作用，即 $F_2=0$，$M_2=0$，则有 $\boldsymbol{R}_{23}=\boldsymbol{R}_{12}$，$h_{23}=0$。

## 三、代数式解法

上面所讨论的机构力分析的矩阵法适用于任意平面机构受任意复杂的外力，但矩阵法还需要借助电算完成。为了便于手算，下面介绍首解运动副法和等功率法。

### 1. 首解运动副法

机构中首解运动副的条件是：组成该运动副的两个构件上的所有外力和力矩均为已知，且为杆组中两构件相连的内运动副。对于如图 4-9 所示的铰链四杆机构，在用代数式法进行力分析时，其关键是判断出“首解运动副”，先列出代数式求出“首解副”中的反力，首解副中的反力一旦求出，其他运动副中的反力也就不难求出了。在图 4-9 所示的四杆机构中，运动副 $C$ 应为首解副。现对该机构的受力分析进行如下。

（1）求首解副反力 $R_{23}$

对于构件 2，由 $\sum M_B=0$ 得力平衡方程式

$$M_2+F_2r_2'\sin(\alpha_2-\gamma_2)-R_{23y}l_2\cos\varphi_2+R_{23x}l_2\sin\varphi_2=0$$

对于构件 3，由 $\sum M_D=0$ 得

$$M_3+F_3r_3'\sin(\alpha_3-\gamma_3)+R_{23y}l_3\cos\varphi_3-R_{23x}l_3\sin\varphi_3=0$$

由上述两式，可得 $R_{23x}$ 和 $R_{23y}$ 计算代数式为

$$\begin{cases}R_{23x}=\dfrac{M_2+F_2r_2'\sin(\alpha_2-\gamma_2)}{l_2\cos\varphi_2(\tan\varphi_3-\tan\varphi_2)}+\dfrac{M_3+F_3r_3'\sin(\alpha_3-\gamma_3)}{l_3\cos\varphi_3(\tan\varphi_3-\tan\varphi_2)}\\ R_{23y}=\dfrac{\tan\varphi_3[M_2+F_2r_2'\sin(\alpha_2-\gamma_2)]}{l_2\cos\varphi_2(\tan\varphi_3-\tan\varphi_2)}+\dfrac{\tan\varphi_2[M_3+F_3r_3'\sin(\alpha_3-\gamma_3)]}{l_3\cos\varphi_3(\tan\varphi_3-\tan\varphi_2)}\end{cases}\tag{4-18}$$

（2）求反力 $R_{12}$

对于构件 2，由 $\sum x=0$，$\sum y=0$ 得力平衡方程式

$$\begin{cases}R_{12x}+F_2\cos\alpha_2-R_{23x}=0\\ R_{12y}+F_2\sin\alpha_2-R_{23y}=0\end{cases}$$

所以

$$\begin{cases}R_{12x}=R_{23x}-F_2\cos\alpha_2\\ R_{12y}=R_{23y}-F_2\sin\alpha_2\end{cases}$$

（3）求反力 $R_{43}$

对于构件 3，由 $\sum x=0$，$\sum y=0$ 得

$$\begin{cases}R_{43x}=-R_{23x}-F_3\cos\alpha_3\\ R_{43y}=-R_{23y}-F_3\sin\alpha_3\end{cases}$$

（4）求反力 $R_{41}$ 和平衡力矩 $M_b$

分析平衡构件 1，可写成如下三个方程

$$\begin{cases}R_{41x}=R_{12x}-F_1\cos\alpha_1\\ R_{41y}=R_{12y}-F_1\sin\alpha_1\\ M_b=R_{12y}l_1\cos\varphi_1-R_{12x}l_1\sin\varphi_1-M_1-F_1r_1'\sin(\alpha_1-\gamma_1)\end{cases}$$

到此机构的受力分析进行完毕。上述代数式解法不用列矩阵式，不用电算，可以直接手算，可以用于任意机构受任意复杂力系的情况。

对于某些简单机构且机构中有二力杆时，可以直接确定某些运动副反力的方向，不需要像上面那样将运动副反力进行分解，求解过程比上述利用首解运动副列代数式进行力分析还简单，只要根据理论力学中有关二力杆和三力汇交的理论，直接根据几何关系，应用平衡力系理论，列出力的代数式求解。这种方法简单，快速而且也可以手算，并且可以清楚地看出已知力和未知力之间的关系。下面举例说明其具体方法步骤。

**例 4-4** 试用代数式法求图 4-12a 所示的双滑块机构中各运动副反力和为使滑块 2 匀速向上运动需作用在平衡构件 1 上的平衡力 $\boldsymbol{F}_b$。已知生产阻力 $F_2=200$N，构件 3 的长度为 $l_3=200$mm，角 $\beta=45°$。不计各构件的质量和惯性力。

**解** 如图 4-12a 所示，由于构件 3 除了在转动副 $A$ 和 $B$ 处受有约束反力 $\boldsymbol{R}_{13}$ 和 $\boldsymbol{R}_{23}$ 以

外，未受其他载荷，因此构件 3 是二力杆，约束反力 $\boldsymbol{R}_{13}$ 和 $\boldsymbol{R}_{23}$ 必定共线反向即 $\boldsymbol{R}_{13}=-\boldsymbol{R}_{23}$，$\boldsymbol{R}_{13}$ 和 $\boldsymbol{R}_{23}$ 的方向就确定下来了。取静定构件组 2-3 分析，由于构件组只受三力，根据三力汇交理论，可以确定 $\boldsymbol{R}_{42}$ 的作用点，如图 4-12b 所示。由 $\sum x=0$，$\sum y=0$ 得

$$R_{13}\sin\beta-F_2=0,\ R_{13}=\frac{F_2}{\sin\beta}=282.843\text{N}$$

$$R_{13}\cos\beta-R_{42}=0,\ R_{42}=\frac{F_2}{\tan\beta}=200\text{N}$$

如图 4-12c 所示，分析平衡构件 1，$\boldsymbol{R}_{13}=-\boldsymbol{R}_{31}$，同理可得

$$F_{\text{b}}-R_{31}\cos\beta=0,\ F_{\text{b}}=R_{31}\cos\beta=\frac{F_2}{\sin\beta}\cos\beta=\frac{F_2}{\tan\beta}=200\text{N}$$

$$R_{41}-R_{31}\sin\beta=0,\ R_{41}=R_{31}\sin\beta=F_2=200\text{N}$$

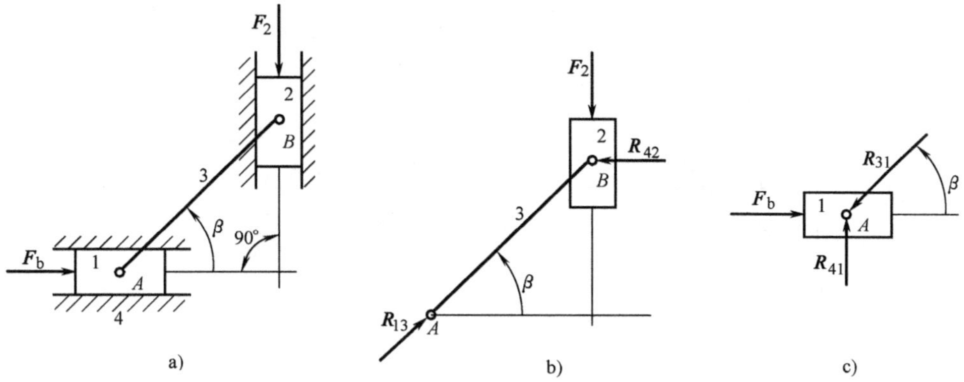


图 4-12　双滑块机构力分析

a）机构受力图　b）2-3 杆组力分析　c）滑块力分析

1、2—滑块　3—连杆　4—机架

**2. 等功率法**

机构的动态静力分析，是将惯性力视为一般外力加于产生该惯性力的构件上，将该机械视为处于静力平衡状态。等功率法是基于机构处于动态平衡时作用在机构上的所有外力（包括力矩）的瞬时功率之和为零这一原理来求解平衡力（矩）的。由于是将整个机构作为研究对象，此时运动副反力为内力，所以不需求出运动副反力即可求出平衡力。因此如果机构力分析只需求输入构件的输入（平衡）力矩 $\boldsymbol{M}_{\text{b}}$（或平衡力 $\boldsymbol{F}_{\text{b}}$），此法较其他方法更为简捷。

设机构上的已知外力 $\boldsymbol{F}_i$、外力矩 $\boldsymbol{M}_i$，各构件的角速度 $\omega_i$、力作用点的线速度 $v_i$、力与速度间的夹角 $\delta_i=\alpha_i-\beta_{vi}$，其中 $\alpha_i$ 为力的方向角，$\beta_{vi}$ 为线速度的方向角。若输入构件的角速度为 $\omega$，求输入力矩 $M_{\text{b}}$。由机构上的所有外力的瞬时功率之和为零得

$$M_{\text{b}}\omega+\sum M_i\omega_i+\sum F_i v_i\cos\delta_i=0$$

即

$$M_{\text{b}}=-\left[\sum M_i\omega_i+\sum F_i v_i\cos\delta_i\right]/\omega$$

$$\delta_i = \alpha_i - \beta_{vi} \tag{4-19}$$

使用该法应先对机构进行运动分析，求出各构件的角速度 $\omega_i$、力作用点的线速度 $v_i$ 及线速度的方向角 $\beta_{vi}$。由式（4-19）知，$M_b$ 值只与相对速度值有关，故求解各构件的角速度及力作用点的线速度时，设定输入构件的某一角速度值并不影响求解的结果。

图 4-13 所示的曲柄滑块机构，若已知作用在各构件上的外力 $\boldsymbol{F}_1$、$\boldsymbol{F}_2$、$\boldsymbol{F}_3$ 及其方向角 $\alpha_1$、$\alpha_2$、$\alpha_3$，外力矩 $\boldsymbol{M}_1$、$\boldsymbol{M}_2$、$\boldsymbol{M}_3$。经运动分析得各力作用点处的速度 $v_1$、$v_2$、$v_3$ 及其方向角 $\beta_{v1}$、$\beta_{v2}$、$\beta_{v3}$。由式（4-19）得 $\delta_1 = \alpha_1 - \beta_{v1}$、$\delta_2 = \alpha_2 - \beta_{v2}$、$\delta_3 = \alpha_3 - \beta_{v3}$。从而求得平衡构件的平衡力矩

$$M_b = -[M_1\omega_1 + M_2\omega_2 + M_3\omega_3 + F_1 v_1 \cos\delta_1 + F_2 v_2 \cos\delta_2 + F_3 v_3 \cos\delta_3]/\omega_1$$

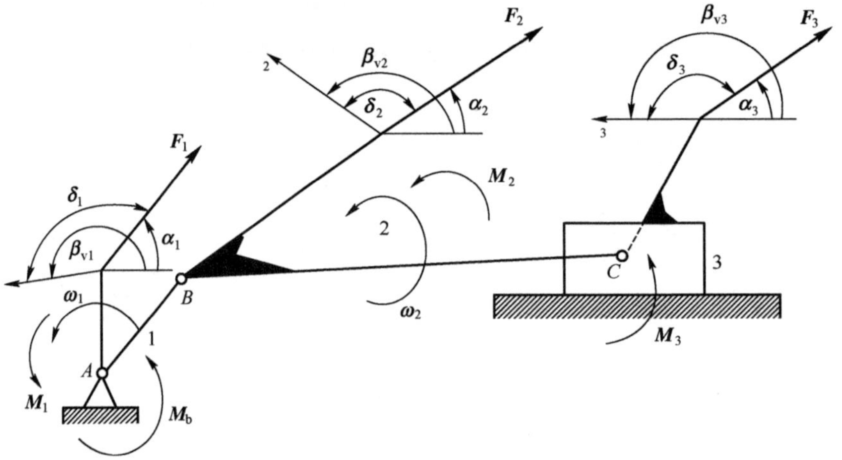


图 4-13　曲柄滑块机构的力分析

## 第四节　考虑摩擦的机构力分析

在矿山、冶金等重载机构中，经常出现曲轴轴颈尺寸大大超过曲柄半径的情况，此时轴颈处的摩擦力矩很大，若在机构力分析时不考虑摩擦将使计算结果产生较大误差，因此必须考虑摩擦。

### 一、建立数学模型

同不计摩擦时机构的力分析一样，仍以构件 $i$、$j$ 构成的Ⅱ级组来讨论考虑摩擦的机构力分析如何建立数学模型。各运动副反力及外力在坐标轴上的投影与坐标轴同向为正，力矩以逆时针方向为正，反之为负。图 4-14 所示为 $i$、$j$ 构成的Ⅱ级组的受力图，为清晰起见构件上所有外力未画出。可见与不计摩擦时的不同之处是，运

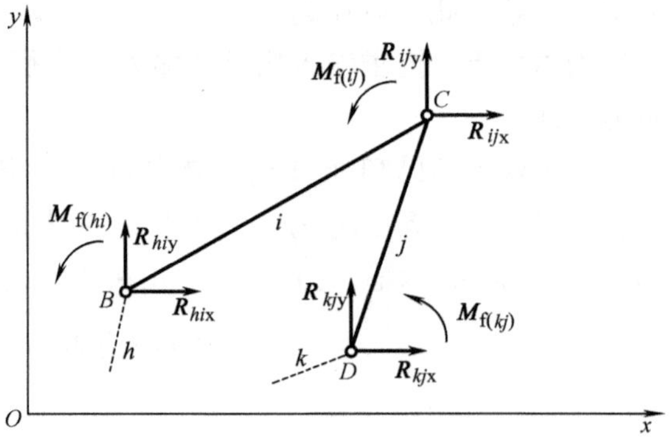


图 4-14　考虑摩擦时的Ⅱ级组受力图

动副中除运动副反力外，还有摩擦力矩 $\boldsymbol{M}_{\mathrm{f}}$。用 $\boldsymbol{M}_{\mathrm{f}(ij)}$ 表示构件 $i$ 对构件 $j$ 的摩擦力矩。参照式（4-11）和式（4-13）可知 $M_{\mathrm{f}(ij)}=\rho_{ij}\sqrt{R_{ij\mathrm{x}}^2+R_{ij\mathrm{y}}^2}$；由于构件 $i$ 对构件 $j$ 的摩擦力矩方向与构件 $i$ 对构件 $j$ 转动方向一致，故用由 $|\omega_i-\omega_j|/(\omega_i-\omega_j)$ 确定的正负号冠于 $\boldsymbol{M}_{\mathrm{f}(ij)}$ 的公式前面。即 $i$ 对 $j$ 的摩擦力矩为

$$M_{\mathrm{f}(ij)}=\frac{|\omega_i-\omega_j|}{\omega_i-\omega_j}\rho_{ij}\sqrt{R_{ij\mathrm{x}}^2+R_{ij\mathrm{y}}^2} \tag{4-20}$$

式中，$\rho_{ij}$为构件 $i$、$j$ 构成的转动副的摩擦圆半径，为减少表示摩擦力矩的符号，构件 $j$ 对构件 $i$ 的摩擦力矩不用 $M_{\mathrm{f}(ji)}$ 而用 $-M_{\mathrm{f}(ij)}$。同理，图 4-14 中的 $M_{\mathrm{f}(hi)}$、$M_{\mathrm{f}(kj)}$ 均可按式（4-20）的形式写出。

由图 4-14 知该Ⅱ级组力分析中共有六个未知量，每个构件各列三个方程式共六个方程是可解的。但是，由于式（4-20）中摩擦力矩是其运动副反力的非线性函数，使得该Ⅱ级组的力分析式变成包含摩擦力矩在内的非线性方程组，致使力分析大为复杂。

摩擦力矩是方程组中的非线性项，如果能够先计算出摩擦力矩的值并作为已知外力代入方程组，则该方程组即为线性方程组，其求解方法与不计摩擦完全一样。然而在运动副反力未知时摩擦力矩也无法先行计算，这正是问题的困难之处。传统方法是采用逐步迭代逼近法，即首先不计摩擦计算各运动副反力，按此运动副反力计算该运动副的摩擦力矩，再以该已知的摩擦力矩进行下一次考虑摩擦的机构力分析。以后每次力分析时的摩擦力矩均以上一次的运动副反力为依据算出，并作为已知值代入方程进行计算。如此循环，直到前后两次计算出运动副反力的误差很小时终止计算。

上述传统的逐次逼近迭代法一般要经过 10～20 次迭代才能得到较精确的解，也可以采用求解非线性方程组的直接解法如牛顿法、梯度法和布罗依登法等。不管何种方法均需进行逐次迭代，这对于需要大量反复进行力分析的情况，将耗费大量机时。因此本节提出非迭代线性化解法。

## 二、非迭代线性化解法

为避免多次迭代过程，提高求解速度，将力分析的非线性方程组简化为线性方程组，不用迭代就能求得结果的力分析方法称为**非迭代线性化解法**，简称为**线性化法**。

力分析方程组的非线性项是由于转动副摩擦力矩为非线性函数而引入的。即

$$M_{\mathrm{f}(ij)}=\frac{|\omega_i-\omega_j|}{\omega_i-\omega_j}\rho_{(ij)}\sqrt{R_{(ij)\mathrm{x}}^2+R_{(ij)\mathrm{y}}^2}$$

若将上式展开为 $R_{(ij)\mathrm{x}}$和 $R_{(ij)\mathrm{y}}$的线性函数，则可将上式线性化。设先求出不考虑摩擦的运动副反力，并记为 $R_{(ij)\mathrm{x}}^{(0)}$和 $R_{(ij)\mathrm{y}}^{(0)}$。把$\sqrt{R_{(ij)\mathrm{x}}^2+R_{(ij)\mathrm{y}}^2}$在（$R_{(ij)\mathrm{x}}^{(0)}$，$R_{(ij)\mathrm{y}}^{(0)}$）处展开成泰勒级数并只保留其线性项，有

$$\sqrt{R_{(ij)\mathrm{x}}^2+R_{(ij)\mathrm{y}}^2}\approx\sqrt{(R_{(ij)\mathrm{x}}^{(0)})^2+(R_{(ij)\mathrm{y}}^{(0)})^2}+\frac{(R_{(ij)\mathrm{x}}-R_{(ij)\mathrm{x}}^{(0)})R_{(ij)\mathrm{x}}^{(0)}}{\sqrt{(R_{(ij)\mathrm{x}}^{(0)})^2+(R_{(ij)\mathrm{y}}^{(0)})^2}}+\frac{(R_{(ij)\mathrm{y}}-R_{(ij)\mathrm{y}}^{(0)})R_{(ij)\mathrm{y}}^{(0)}}{\sqrt{(R_{(ij)\mathrm{x}}^{(0)})^2+(R_{(ij)\mathrm{y}}^{(0)})^2}}$$

令 $R_{(ij)}^{(0)}=\sqrt{(R_{(ij)\mathrm{x}}^{(0)})^2+(R_{(ij)\mathrm{y}}^{(0)})^2}$，带入上式并简化得

$$\sqrt{R_{(ij)x}^2+R_{(ij)y}^2}\approx\frac{R_{(ij)x}^{(0)}}{R_{(ij)}^{(0)}}R_{(ij)x}+\frac{R_{(ij)y}^{(0)}}{R_{(ij)}^{(0)}}R_{(ij)y}$$

由此得到线性化后的摩擦力矩表达式

$$M_{f(ij)}\approx K_{(ij)x}^{(0)}R_{(ij)x}+K_{(ij)y}^{(0)}R_{(ij)y} \tag{4-21}$$

式中

$$\begin{cases}K_{(ij)x}^{(0)}=\dfrac{|\omega_i-\omega_j|}{\omega_i-\omega_j}\rho_{(ij)}\dfrac{R_{(ij)x}^{(0)}}{R_{(ij)}^{(0)}}\\[2ex] K_{(ij)y}^{(0)}=\dfrac{|\omega_i-\omega_j|}{\omega_i-\omega_j}\rho_{(ij)}\dfrac{R_{(ij)y}^{(0)}}{R_{(ij)}^{(0)}}\end{cases} \tag{4-22}$$

由于摩擦力矩已化为运动副反力的线性函数，因此包含摩擦力矩在内的机构力分析式即为线性方程组。可以直接调用高斯子程序求解。

4

考虑摩擦的机构力分析线性化法求解步骤如下：

1）根据构件组静定条件，划分构件组，列出力平衡方程式，并将摩擦力矩线性化，写出该Ⅱ级组力分析的矩阵式。

2）令所有运动副的摩擦因数为零，第一次求解该矩阵式，得到不考虑摩擦的运动副反力 $\boldsymbol{R}_{(ij)}^{(0)}$。

3）令所有运动副的摩擦因数为给定值，第二次求解该矩阵式，得到考虑摩擦的运动副反力 $\boldsymbol{R}_{(ij)}$。

以上线性化法只要两次求解线性方程组即可求得考虑摩擦的机构力分析结果，而不像迭代法需要多次迭代才能得到结果，大大提高了运算速度。经理论分析证明，线性化法所带来的误差很小，完全可以满足工程实际对力分析精度的要求。对于需要反复进行力分析的问题，线性化法的优越性更为显著。

**例 4-5** 对图 4-10a 所示的曲柄滑块机构，试用线性化法求考虑摩擦的各运动副反力和平衡力矩 $\boldsymbol{M}_b$。

**解** 同例 4-2，首先对静定杆组 2-3 进行力分析，列出力平衡方程式的非线性方程组，按式（4-21）、式（4-22）将其线性化为线性方程组

$$\begin{cases}R_{12x}+F_2\cos\alpha_2-R_{23x}=0\\ R_{12y}+F_2\sin\alpha_2-R_{23y}=0\\ M_2+F_2r_2'\sin(\alpha_2-\gamma_2)-R_{23y}l_2\cos\varphi_2+R_{23x}l_2\sin\varphi_2\\ \quad+K_{12x}^{(0)}R_{12x}+K_{12y}^{(0)}R_{12y}-K_{23x}^{(0)}R_{23x}-K_{23y}^{(0)}R_{23y}=0\end{cases}$$

和

$$\begin{cases}R_{23x}+F_3\cos\alpha_3+R_{43}f_v\dfrac{|v_{34}|}{-v_{34}}=0\\ R_{23y}+R_{43}+F_3\sin\alpha_3=0\\ M_3+F_3r_3'\sin(\alpha_3-\gamma_3)+R_{43}h_{43}+K_{23x}^{(0)}R_{23x}+K_{23y}^{(0)}R_{23y}=0\end{cases}$$

将其写成矩阵式有

$$\begin{pmatrix} 1 & 0 & -1 & 0 & 0 & 0 \\ 0 & 1 & 0 & -1 & 0 & 0 \\ K_{12x}^{(0)} & K_{12y}^{(0)} & l_2\sin\varphi_2 - K_{23x}^{(0)} & -l_2\cos\varphi_2 - K_{23y}^{(0)} & 0 & 0 \\ 0 & 0 & 1 & 0 & f_v|v_{34}|/(-v_{34}) & 0 \\ 0 & 0 & 0 & 1 & 1 & 0 \\ 0 & 0 & K_{23x}^{(0)} & K_{23y}^{(0)} & 0 & 1 \end{pmatrix} \begin{pmatrix} R_{12x} \\ R_{12y} \\ R_{23x} \\ R_{23y} \\ R_{43} \\ R_{43}h_{43} \end{pmatrix}$$

$$= \begin{pmatrix} -F_2\cos\alpha_2 \\ -F_2\sin\alpha_2 \\ -M_2 - F_2 r_2'\sin(\alpha_2-\gamma_2) \\ -F_3\cos\alpha_3 \\ -F_3\sin\alpha_3 \\ -M_3 - F_3 r_3'\sin(\alpha_3-\gamma_3) \end{pmatrix}$$

对于上述线性方程组，先令所有运动副的摩擦因数为零，第一次求解该矩阵式，得到不考虑摩擦的运动副反力 $\boldsymbol{R}_{(ij)}^{(0)}$。然后令所有运动副的摩擦因数为给定值，第二次求解该矩阵式，得到考虑摩擦的运动副反力 $\boldsymbol{R}_{(ij)}$。

最后对平衡构件 1 进行力分析。同例 4-2，可列出力平衡方程式

$$\begin{cases} R_{41x} = R_{12x} - F_1\cos\alpha_1 \\ R_{41y} = R_{12y} - F_1\sin\alpha_1 \\ M_b = M_{f12} - M_{f41} + R_{12y}l_1\cos\varphi_1 - R_{12x}l_1\sin\varphi_1 - M_1 - F_1 r_1'\sin(\alpha_1-\gamma_1) \end{cases}$$

即可求出 $R_{41x}$、$R_{41y}$和 $M_b$。

下面给出一组具体数据计算，已知：$F_1 = F_2 = 0$，$M_1 = M_2 = M_3 = 0$，$e = 0$，$F_3 = 5000\text{N}$，$\rho_{23} = f_p = 0$，$l_1 = 0.18\text{m}$，$l_2 = 1.26\text{m}$，$\gamma_3 = \alpha_3 = 0°$，$\rho_{14} = \rho_{12} = 0.06\text{m}$，$\varphi_1 = 30°$，$\varphi_2 = 343.4°$，$\omega_1 = 10\text{rad/s}$，$\omega_2 = -1.29\text{rad/s}$。

将已知数据带入上面矩阵中运算，可得如下结果：

不考虑摩擦的运动副反力和不考虑摩擦的理想平衡力矩为

$$R_{12x}^{(0)} = R_{23x}^{(0)} = R_{41x}^{(0)} = -5000\text{N}$$

$$R_{12y}^{(0)} = R_{23y}^{(0)} = R_{41y}^{(0)} = R_{12x}^{(0)}\tan\varphi_2 = 1490.6\text{N}$$

$$R_{43}^{(0)} = -1490.6\text{N}$$

$$M_b^{(0)} = 682.4\text{N}\cdot\text{m}$$

$$R_{12}^{(0)} = R_{23}^{(0)} = R_{41}^{(0)} = 5217.5\text{N}$$

线性化摩擦力矩系数值

$K_{12x}^{(0)} = -0.057$　$K_{12y}^{(0)} = 0.017$　$K_{41x}^{(0)} = -0.057$　$K_{41y}^{(0)} = -0.017$　$K_{23x}^{(0)} = K_{23y}^{(0)} = 0$

考虑摩擦的运动副反力和平衡力矩为

$$R_{12x} = R_{23x} = R_{41x} = -5000\text{N}$$

$$R_{12y} = R_{23y} = R_{41y} = 1751.25\text{N}$$

4

$$R_{43} = -1751.25\text{N}$$
$$M_b = 1352.5\text{N} \cdot \text{m}$$
$$R_{12} = R_{23} = R_{41} = 5297.82\text{N}$$

## 三、代数式解法

上面所讨论的考虑摩擦时机构力分析非迭代线性化方法适用于任意平面机构受任意复杂的外力作用的情况，但列方程和求解过程复杂，而且还需要电算设备。下面介绍一种在摩擦力矩线性化基础上通过建立运动副反力和平衡力求解代数式进行力分析的方法，这种方法称为考虑摩擦时机构力分析**线性化代数式解法**。

对于如图 4-9 所示的铰链四杆机构，同不考虑摩擦一样，取运动副 $C$ 为首解副。现对该机构考虑摩擦的受力分析进行如下。

### 1. 求首解副反力 $R_{23}$

对于构件 2，由 $\sum M_B = 0$ 得力平衡方程式

$$M_2 + F_2 r_2' \sin(\alpha_2 - \gamma_2) - R_{23y} l_2 \cos\varphi_2 + R_{23x} l_2 \sin\varphi_2 + M_{f12} - M_{f23} = 0 \tag{4-23}$$

对于构件 3，由 $\sum M_D = 0$ 得

$$M_3 + F_3 r_3' \sin(\alpha_3 - \gamma_3) + R_{23y} l_3 \cos\varphi_3 - R_{23x} l_3 \sin\varphi_3 + M_{f43} + M_{f23} = 0 \tag{4-24}$$

将式（4-22）和式（4-23）中的摩擦力矩按式（4-21）、式（4-22）线性化后得

$$\begin{aligned} M_2 &+ F_2 r_2' \sin(\alpha_2 - \gamma_2) - R_{23y} l_2 \cos\varphi_2 + R_{23x} l_2 \sin\varphi_2 \\ &+ K_{12x}^{(0)} R_{12x} + K_{12y}^{(0)} R_{12y} - K_{23x}^{(0)} R_{23x} - K_{23y}^{(0)} R_{23y} = 0 \end{aligned} \tag{4-25}$$

$$\begin{aligned} M_3 &+ F_3 r_3' \sin(\alpha_3 - \gamma_3) + R_{23y} l_3 \cos\varphi_3 - R_{23x} l_3 \sin\varphi_3 \\ &+ K_{23x}^{(0)} R_{23x} + K_{23y}^{(0)} R_{23y} + K_{43x}^{(0)} R_{43x} + K_{43y}^{(0)} R_{43y} = 0 \end{aligned} \tag{4-26}$$

由此得到

$$\begin{cases} R_{23x} = \dfrac{AD + BC}{CF - DE} \\ R_{23y} = \dfrac{AF + BE}{CF - DE} \end{cases} \tag{4-27}$$

式中

$$A = M_2 + F_2 r_2' \sin(\alpha_2 - \gamma_2) + K_{12x}^{(0)} R_{12x}^{(0)} + K_{12y}^{(0)} R_{12y}^{(0)}$$
$$B = M_3 + F_3 r_3' \sin(\alpha_3 - \gamma_3) + K_{43x}^{(0)} R_{43x}^{(0)} + K_{43y}^{(0)} R_{43y}^{(0)}$$
$$C = l_2 \cos\varphi_2 + K_{23y}^{(0)} \qquad D = l_3 \cos\varphi_3 + K_{23y}^{(0)}$$
$$E = l_2 \sin\varphi_2 - K_{23x}^{(0)} \qquad F = l_3 \sin\varphi_3 - K_{23x}^{(0)}$$

### 2. 求反力 $R_{12}$

对于构件 2，由 $\sum x = 0$，$\sum y = 0$ 得

$$\begin{cases} R_{12x} = R_{23x} - F_2 \cos\alpha_2 \\ R_{12y} = R_{23y} - F_2 \sin\alpha_2 \end{cases} \tag{4-28}$$

**3. 求反力 $R_{43}$**

对于构件3，由$\sum x=0$，$\sum y=0$得

$$\begin{cases}R_{43x}=-R_{23x}-F_3\cos\alpha_3\\R_{43y}=-R_{23y}-F_3\sin\alpha_3\end{cases}\tag{4-29}$$

**4. 求反力 $R_{41}$ 和平衡力矩 $M_b$**

分析输入构件1，可写成如下三个方程

$$\begin{cases}R_{41x}=R_{12x}-F_1\cos\alpha_1\\R_{41y}=R_{12y}-F_1\sin\alpha_1\\M_b=R_{12y}l_1\cos\varphi_1-R_{12x}l_1\sin\varphi_1-M_1-F_1r_1'\sin(\alpha_1-\gamma_1)+M_{f12}-M_{f41}\end{cases}\tag{4-30}$$

到此机构的受力分析进行完毕。上述代数式解法不用列矩阵式，不用电算，可以直接手算，可以用于任意机构受任意复杂力系的情况。

**例4-6**　试用代数式法求图4-12a所示的双滑块机构考虑摩擦后（图4-15a、b）各运动副反力和为使滑块2匀速向上运动需作用在平衡构件1上的平衡力 $\boldsymbol{F}_b$。已知生产阻力 $F_r=200\text{N}$，构件3的长度为 $l_3=200\text{mm}$，角 $\beta=45°$，转动副$A$、$B$处的轴颈半径为 $d=10\text{mm}$，移动副的摩擦因数 $f_p=0.1$，转动副的当量摩擦因数 $f_v=0.127$。不计各构件的质量和惯性力。

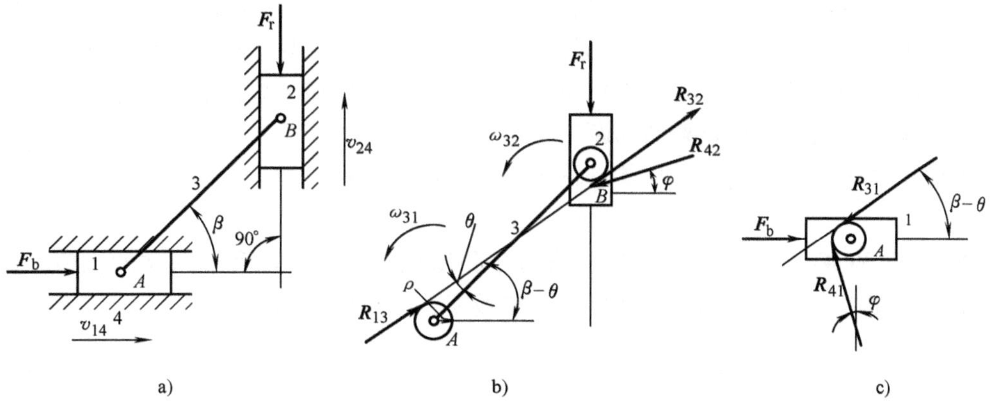

图4-15　考虑摩擦时的双滑块机构力分析

a）机构受力图　b）2-3杆组力分析　c）滑块力分析

1、2—滑块　3—连杆　4—机架

**解**　如图4-15b所示，由于构件3是二力杆，约束反力 $\boldsymbol{R}_{13}$ 和 $\boldsymbol{R}_{23}$ 必定共线反向即 $\boldsymbol{R}_{13}=-\boldsymbol{R}_{23}$，$\omega_{31}$ 和 $\omega_{32}$ 均为逆时针，故 $\boldsymbol{R}_{13}$ 和 $\boldsymbol{R}_{23}$ 对各自摩擦圆中心的摩擦力矩均为顺时针。摩擦圆半径为 $\rho=f_vr=1.27\text{mm}$，$\boldsymbol{R}_{13}$ 与构件3的夹角为 $\theta=\arcsin[\rho/(0.5l)]=0.7277°$。$\boldsymbol{R}_{42}$ 与滑道垂线之间的夹角为摩擦角 $\varphi=\arctan f=5.711°$。取静定构件组2-3分析构件2，由$\sum x=0$，$\sum y=0$得

$$\begin{cases}R_{32}\cos(\beta-\theta)-R_{42}\cos\varphi=0\\R_{32}\sin(\beta-\theta)-F_r-R_{42}\sin\varphi=0\end{cases}$$

解得

$$\begin{cases} R_{32}=R_{13}=\dfrac{F_2\cos\varphi}{\sin(\beta-\varphi-\theta)}=319.254\text{N} \\ R_{42}=\dfrac{F_2\cos(\beta-\theta)}{\sin(\beta-\varphi-\theta)}=229.736\text{N} \end{cases}$$

如图4-15c 所示，分析平衡构件1，$\boldsymbol{R}_{13}=-\boldsymbol{R}_{31}$，由$\sum x=0$，$\sum y=0$ 得

$$\begin{cases} F_b-R_{31}\cos(\beta-\theta)-R_{41}\sin\varphi=0 \\ R_{41}\cos\varphi-R_{31}\sin(\beta-\theta)=0 \end{cases}$$

解得

$$\begin{cases} F_b=R_{31}\dfrac{\cos(\beta-\varphi-\theta)}{\cos\varphi}=\dfrac{F_r}{\tan(\beta-\varphi-\theta)}=250.883\text{N} \\ R_{41}=R_{31}\dfrac{\sin(\beta-\theta)}{\cos\varphi}=\dfrac{F_r\sin(\beta-\theta)}{\sin(\beta-\varphi-\theta)}=223.973\text{N} \end{cases}$$

4

## 第五节　机械效率与机械自锁

### 一、机械的效率

如前所述，机器运转时，作用在机械上的驱动力所做的功为驱动功（亦即输入功）；克服生产阻力所做的功为有益功（亦即输出功）；而克服有害阻力所做的功为损耗功。损耗功完全是一种能量的损失，应当力求减少。因此，研究如何衡量机器对能量的有效利用程度以及确定的方法是十分重要的问题。

当机械正常运转时，输入功将等于输出功与损耗功之和，即

$$W_d=W_r+W_f \tag{4-31}$$

式中，$W_d$、$W_r$ 和 $W_f$ 分别表示输入功、输出功和损耗功。输出功和输入功的比值，反映了输入功在机械中有效利用的程度，称为**机械效率**，通常以 $\eta$ 表示，即

$$\eta=\frac{W_r}{W_d} \tag{4-32}$$

或

$$\eta=\frac{W_r}{W_d}=\frac{W_d-W_f}{W_d}=1-\frac{W_f}{W_d} \tag{4-33}$$

如将以上三式各项除以做功的时间 $t$，则得对应的功率表达式

$$P_d=P_r+P_f \tag{4-34}$$

即

$$\eta=\frac{W_r/t}{W_d/t}=\frac{P_r}{P_d} \tag{4-35}$$

或

$$\eta=1-\frac{P_f}{P_d} \tag{4-36}$$

式中，$P_d$、$P_r$ 和 $P_f$ 分别为输入功率、输出功率与损耗功率。

由式（4-33）及式（4-36）可知，因为损耗功 $W_f$ 或损耗功率 $P_f$ 不可能为零，所以机械效率 $\eta$ 总是小于1的。而且 $W_f$ 或 $P_f$ 越大，机械效率就越低。因此在设计机械时，为了使其具有较高的机械效率，应尽量减小机械中的损耗，主要是减小摩擦损耗。这就要求：一方面应尽量简化机械传动系统，使功率传递通过的运动副数目越少越好；另一方面，应设法减少运动副中的摩擦，如采用滚动摩擦代替滑动摩擦，选用适当的润滑剂及润滑装置进行润滑，合理选用运动副元素及其材料等。

在匀速运转的条件下，驱动力和生产阻力为常数，机械效率也可以用力的比值的形式来表达。图4-16所示为一机械传动示意图，设 $\boldsymbol{F}$ 为驱动力，$\boldsymbol{F}_r$ 为生产阻力，$v_p$ 和 $v_r$ 分别为 $\boldsymbol{F}$ 和 $\boldsymbol{F}_r$ 的作用点沿该力作用线方向的速度，于是根据式（4-35）可得

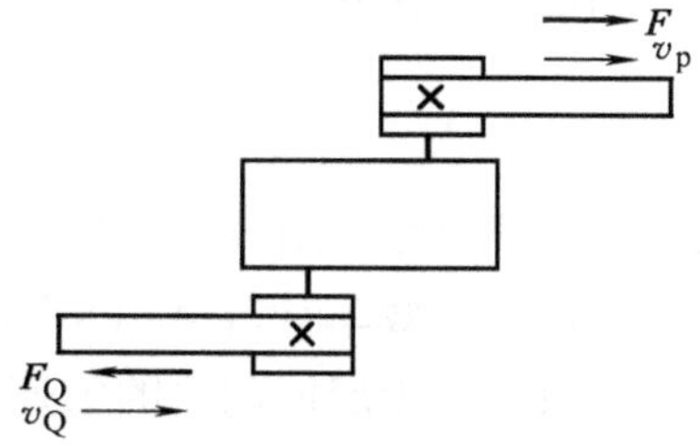


图4-16 带传动示意图

$$\eta=\frac{P_r}{P_d}=\frac{F_r v_r}{F v_p} \tag{4-37}$$

为进一步将式（4-37）简化，设想该机械不存在摩擦（这样的机械称为**理想机械**）。这时，为克服同样的生产阻力 $\boldsymbol{F}_r$，所需的驱动力（称为**理想驱动力**）显然就不再需要像 $\boldsymbol{F}$ 那样大了。如用 $\boldsymbol{F}_0$ 表示这时所需的驱动力，则因为对理想机械来说，其效率 $\eta_0$ 应等于1，故得

$$\eta_0=\frac{F_r v_r}{F_0 v_p}=1$$

即

$$F_r v_r=F_0 v_p \tag{4-38}$$

该式说明：对于理想机械（或当机械中不计损耗功率时）瞬时输入功率与瞬时输出功率相等，或作用于理想机械上的外力其瞬时功率之和为零。这一结论也可用于不计摩擦时求解作用在机构上的平衡力。

于是，将式（4-38）代入式（4-37），得

$$\eta=\frac{F_r v_r}{F v_p}=\frac{F_0 v_p}{F v_p}=\frac{F_0}{F} \tag{4-39}$$

此式说明，机械效率也等于不计摩擦时，克服生产阻力所需的理想驱动力 $\boldsymbol{F}_0$，与克服同样生产阻力（连同克服摩擦力）时该机械实际所需的驱动力 $\boldsymbol{F}$ 之比。

同理，机械效率也可以用力矩之比的形式表达，即

$$\eta=\frac{M_0}{M} \tag{4-40}$$

式中，$M_0$ 和 $M$ 分别表示为了克服同样生产阻力所需的理想驱动力矩和实际驱动力矩。

机械效率还可以用生产阻力来表示。同样设想在该机械中不存在摩擦，这时，同样的驱动力 $\boldsymbol{F}$ 可以克服的生产阻力显然比 $\boldsymbol{F}_r$ 大。如果用 $\boldsymbol{F}_{r0}$ 表示这时所能克服的**理想生产阻力**，则因为对理想机械来说，其效率 $\eta_0$ 应等于1，故得

$$\eta_0=\frac{F_{r0} v_r}{F v_p}=1$$

即

$$F_{r0}v_r = Fv_p \tag{4-41}$$

于是，将式（4-41）代入式（4-37），得

$$\eta = \frac{F_r v_r}{F v_p} = \frac{F_r v_r}{F_{r0} v_r} = \frac{F_r}{F_{r0}} \tag{4-42}$$

此式说明，机械效率也等于实际生产阻力 $F_r$，与不计摩擦时的理想生产阻力 $F_{r0}$之比。

同理，机械效率也可以用生产阻力矩之比的形式表达，即

$$\eta = \frac{M_r}{M_{r_0}} \tag{4-43}$$

式中，$M_{r_0}$和 $M_r$ 分别表示同样驱动力下所能克服的理想生产阻力矩和实际生产阻力矩。

上述五个效率计算式（4-39）～式（4-43）可用来具体计算一些机构的机械效率。但它们只能用于定传动比的匀速运动情况下，对于像连杆机构这样的变速稳定运动机构，用上述公式只能求出其**瞬时效率**，若要求出其机械效率，必须求出一个运动循环内的输出功与输入功的比值，或求出运动循环内输出功率与输入功率的平均值之比。

上面介绍了机械效率的计算方法。机械效率的确定，除了用计算方法外，更常用实验方法来测定。对于已有的机器，可以用实验的方法直接测得机械效率。对于正在设计和制造的机器，虽然不能直接用实验法测定机械效率，但是，如前所述，各种机器都不过是由一些基本机构组合而成的，而这些基本机构的效率，通过实验积累的资料却是可以预先估定的。表 4-2 所列就是由实验所得的有关机构和运动副的机械效率的一部分资料。在已知这些基本机构和运动副的机械效率后，就可以通过计算确定出整个机器的机械效率。同理，对于由许多机器组成的**机组**而言，只要知道了各台机器的机械效率，则该机组的总效率也可以由计算求得。具体的计算方法可按下述三种不同的情况进行：

**表 4-2　简单传动机构和运动副的效率**

| 名　称 | 传动形式 | 效率值 | 备　注 |
|---|---|---|---|
| 圆柱齿轮传动 | 6～7 级精度齿轮传动 | 0.98～0.99 | 良好磨合、稀油润滑 |
| | 8 级精度齿轮传动 | 0.97 | 稀油润滑 |
| | 9 级精度齿轮传动 | 0.96 | 稀油润滑 |
| | 切制齿、开式齿轮传动 | 0.94～0.96 | 干油润滑 |
| | 铸造齿、开式齿轮传动 | 0.90～0.93 | |
| 锥齿轮传动 | 6～7 级精度齿轮传动 | 0.97～0.98 | 良好磨合、稀油润滑 |
| | 8 级精度齿轮传动 | 0.94～0.97 | 稀油润滑 |
| | 切制齿、开式齿轮传动 | 0.92～0.95 | 干油润滑 |
| | 铸造齿、开式齿轮传动 | 0.88～0.92 | |
| 蜗杆传动 | 自锁蜗杆 | 0.40～0.45 | 润滑良好 |
| | 单头蜗杆 | 0.70～0.75 | |
| | 双头蜗杆 | 0.75～0.82 | |
| | 三头和四头蜗杆 | 0.80～0.92 | |
| | 圆弧面蜗杆 | 0.85～0.95 | |

（续）

| 名　称 | 传动形式 | 效率值 | 备　注 |
|---|---|---|---|
| 带传动 | 平带传动 | 0.90～0.98 | |
| | V带传动 | 0.96 | |
| 链传动 | 套筒滚子链 | 0.96 | 润滑良好 |
| | 无声链 | 0.97 | |
| 摩擦轮传动 | 平摩擦轮传动 | 0.85～0.92 | |
| | 槽摩擦轮传动 | 0.88～0.90 | |
| 滑动轴承 | | 0.94 | 润滑不良 |
| | | 0.97 | 润滑正常 |
| | | 0.99 | 液体润滑 |
| 滚动轴承 | 球轴承 | 0.99 | 稀油润滑 |
| | 滚子轴承 | 0.98 | 稀油润滑 |
| 螺旋传动 | 滑动螺旋 | 0.30～0.60 | |
| | 滚动螺旋 | 0.85～0.95 | |

（1）串联　图4-17a所示为由若干台机器串联组成的机组。设机组的输入功率为 $P_d$，依次经过机器1、2、…而传到机器 $k$。$P_k$ 为该机组的输出功率。于是该机组的机械效率应为

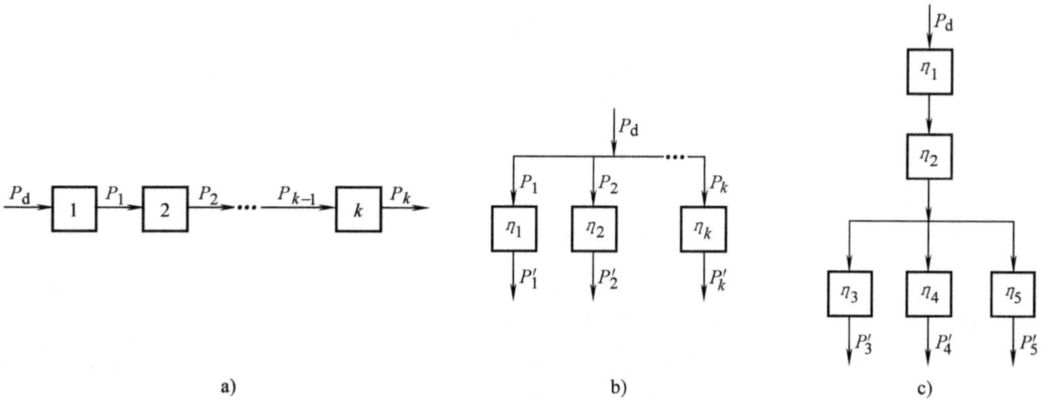


图4-17　机组的总效率

a）串联机组　b）并联机组　c）混联机组

$$\eta = \frac{P_k}{P_d} \tag{4-44}$$

而功率在传递的过程中，前一机器的输出功率即为后一机器的输入功率，设各机器的效率分别为 $\eta_1$、$\eta_2$、…、$\eta_k$，则得

$$\eta_1 = \frac{P_1}{P_d},\ \eta_2 = \frac{P_2}{P_1},\ \cdots,\ \eta_k = \frac{P_k}{P_{k-1}}$$

将 $\eta_1$、$\eta_2$、…、$\eta_k$ 连乘起来，得

$$\eta_1\eta_2\cdots\eta_k=\frac{P_1}{P_d}\frac{P_2}{P_1}\cdots\frac{P_k}{P_{k-1}}=\frac{P_k}{P_d}=\eta \tag{4-45}$$

此即表明，串联机组的总效率等于组成该机组的各个机器的效率的连乘积。

（2）并联　图4-17b所示为由若干台机器并联组成的机组。设各个机器的输入功率分别为 $P_1$、$P_2$、…、$P_k$，而输出功率分别为 $P_1'$、$P_2'$、…、$P_k'$。因为总输入功率为

$$P_d=P_1+P_2+\cdots+P_k$$

总输出功率为

$$P_r=P_1'+P_2'+\cdots+P_k'=P_1\eta_1+P_2\eta_2+\cdots+P_k\eta_k$$

所以总效率 $\eta$ 为

$$\eta=\frac{P_r}{P_d}=\frac{P_1\eta_1+P_2\eta_2+\cdots+P_k\eta_k}{P_1+P_2+\cdots+P_k} \tag{4-46}$$

式（4-46）表明，并联机组的总效率 $\eta$ 不仅与各机器的效率有关，而且也与各机器所传递的功率有关。设在各个机器中效率最高者及最低者的效率分别用 $\eta_{max}$ 及 $\eta_{min}$ 表示，则 $\eta_{min}<\eta<\eta_{max}$。又若各个机器的效率均相等，则不论数目 $k$ 为多少、各机器传递的功率如何，总效率总是等于机组中任一机器的效率。

（3）混联　图4-17c所示为兼有串联和并联的混联机组。为了计算其总效率，可先将输入功至输出功的路线弄清，然后分别按各部分的联接方式，用式（4-45）或式（4-46）计算出各部分的效率。对于如图4-17c所示的混联机组，设机组串联部分的效率为 $\eta'$，并联部分的效率为 $\eta''$，则机组的总效率应为

$$\eta=\eta'\eta'' \tag{4-47}$$

**例4-7**　图4-18所示为一输送辊道的传动简图。设已知一对圆柱齿轮传动的效率为0.95，一对锥齿轮传动的效率为0.92（均已知包括轴承效率）。现需求该传动装置的总效率 $\eta$。

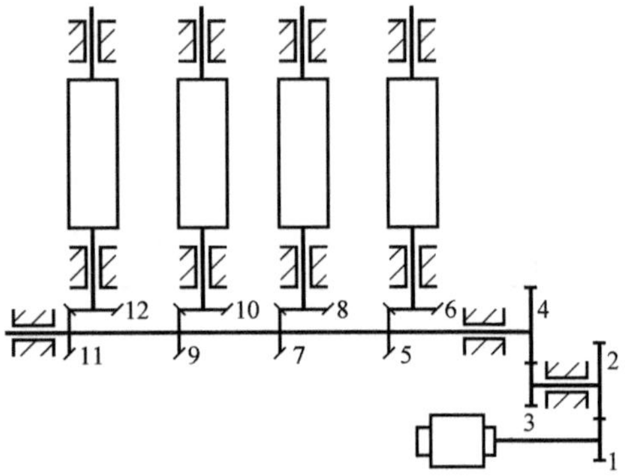


图4-18　输送辊道的传动简图

**解**　由图4-18可见，此传动装置为一混联系统，圆柱齿轮1、2、3、4为串联，而锥齿轮5-6、7-8、9-10、11-12为并联，每对锥齿轮各驱动一个辊道辊子。又由题设知，各对锥齿轮的效率均相同，故并联部分的总效率就等于一对锥齿轮的效率，于是，此传动装置的总效率 $\eta$ 为

$$\eta=\eta_{12}\eta_{34}\eta_{56}=0.95^2\times0.92=0.83$$

## 二、机械的自锁

一般情况下，只要对机械加上足够大的驱动力，机械就能够沿着有效驱动力作用的方向运动。但有些机械由于摩擦的存在，却会出现无论驱动力如何增大，也无法使它运动的现象，这种现象就叫做**机械的自锁**。

自锁现象在机械工程中具有十分重要的意义。一方面，当设计机械时，为使机械能够实现预期的运动，必须避免该机械在所需的运动方向上发生自锁；另一方面，有些机械的

工作又需要具有自锁的特性。例如牛头刨床中，工作台的升降机构及进给机构就应该具有自锁性。那么机械为什么会发生自锁现象呢？下面从效率的观点来看机械发生自锁的条件。

由前述可知，当出现自锁的情况时，无论驱动力的大小如何增大，都不能使机械发生运动。这实质上是由于在此情况下，驱动力所能做的功 $W_d$ 总是小于（或等于）克服由其引起的最大摩擦阻力所需要的损耗功 $W_f$ 的缘故。因此，根据式（4-33）可见，当机械自锁时，其机械效率将恒小于或等于零，即 $\eta \leqslant 0$。

设计机械时，可以利用上式来判断其是否自锁及出现自锁的条件。当然，因机械自锁时已根本不能做功，故此时，$\eta$ 已没有一般效率的意义，它只表明机械自锁的程度。当 $\eta = 0$ 时，机械处于临界自锁状态；若 $\eta < 0$，则其绝对值越大，表明自锁越可靠。

一般而言，每一机器都有正、反两个行程。当驱动力作用在原动件上面使运动向一个方向（从原动件到从动件）传递时，称为**正行程**；反之，当将正行程的生产阻力作为驱动力作用在原来的从动件上面使运动向相反方向（从正行程的从动件到原动件）传递时，称为**反行程**。由此可知，正、反行程的原动件和从动件刚好互相对调。但是对于由两个构件组成一个运动副的简单机构，如斜面、杠杆等，其原动件和从动件是同一构件，所以该构件向一个方向运动时为正行程，而向反方向运动时为反行程。

正行程的效率 $\eta$ 和反行程的效率 $\eta'$ 一般不相等。在计算实际机器的正、反行程效率时，可能遇到下列两种情形：①$\eta > 0$ 及 $\eta' > 0$；②$\eta > 0$ 及 $\eta' < 0$。第一种情形表示正、反行程时机器都能运动；第二种情形表示正行程时机器能够运动，而反行程时发生自锁，这时不论驱动力有多么大，机器都不能运动。凡使机器反行程自锁的机构通称为自锁机构。这种自锁的原理常应用于各种夹具、楔联接、起重装置和压榨机上。

下面举两个例子，说明如何确定自锁条件。

**例 4-8** 螺旋传动的效率与自锁条件。

当研究螺旋传动的摩擦和效率时，通常将螺纹接触面间的比压近似地看做常数，因此便假定螺杆与螺母之间的压力作用在中圆柱的螺旋线上。同时，如果忽略各个圆柱面上螺纹升角的差异，那么，当将螺旋的螺纹展开以后，即得一连续的斜面。这样便可将螺旋中的摩擦和效率问题化为斜面的摩擦和效率问题。机械中常用的螺纹主要有矩形、三角形、梯形及锯齿形等四种牙型。矩形螺纹的牙型角 $\beta$ 为零，而其他三种螺纹的 $\beta$ 不为零。现分述如下：

（1）矩形螺纹 如图 4-19a 所示，为了清楚起见，图中仅画出螺杆的一个螺纹 $B$ 和螺母螺纹上的一小块 $A$。如前所述，当将该螺纹展开后，即为图 4-19b 所示的滑块 $A$ 和斜面 $B$。

设 $\boldsymbol{F}_r$ 为加于螺母上的轴向载荷（对于起重螺旋而言，它就是被举起的重力；对于车床的传导螺杆而言，它就是轴向进给的阻力；对于联接螺旋而言，它就是被联接零件所受到的相应夹紧力）；$\boldsymbol{M}$ 为驱使螺母旋转的力矩，它等于假想的作用在螺旋中圆柱上的水平驱动力 $\boldsymbol{F}$ 和中圆柱半径 $r_2$ 的乘积，即 $M = Fr_2$，螺旋的平均升角为

$$\lambda = \arctan \frac{s}{2\pi r_2} \tag{4-48}$$

式中，$s$ 为螺旋的导程。

如图 4-19b 所示，当螺母沿轴向移动的方向与力 $\boldsymbol{F}_r$ 的方向相反时（即滑块沿斜面匀

4

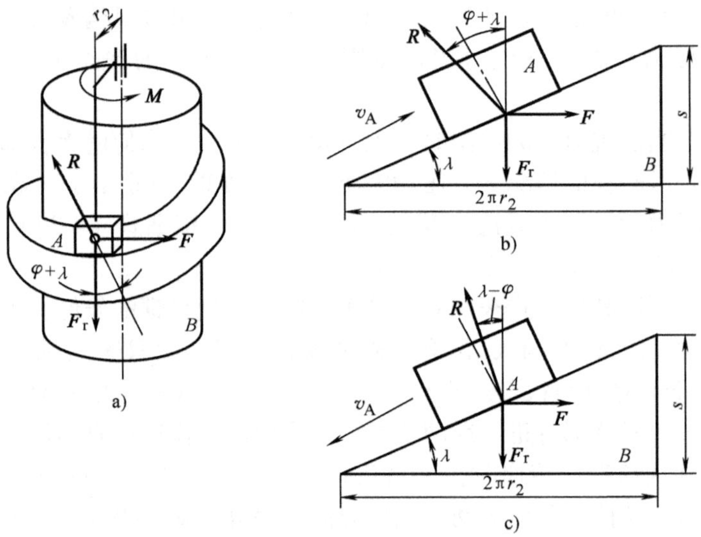


图 4-19 螺旋传动的效率与自锁

a）矩形螺纹 b）滑块沿斜面匀速上升

c）滑块沿斜面匀速下降

速上升，它相当于通常的拧紧螺母），因此斜面作用于滑块的总反力 $\boldsymbol{R}$ 与铅垂线的夹角为（$\lambda+\varphi$），由滑块的力平衡可得

$$F=F_r\tan(\lambda+\varphi) \tag{4-49}$$

即

$$M=Fr_2=F_r r_2\tan(\lambda+\varphi) \tag{4-50}$$

设螺旋副没有摩擦，则 $\varphi=0$，可得理想的水平驱动力

$$F_0=F_r\tan\lambda \tag{4-51}$$

由式（4-39）可得拧紧螺母时的效率为

$$\eta=\frac{F_0}{F}=\frac{\tan\lambda}{\tan(\lambda+\varphi)} \tag{4-52}$$

反之，当螺母沿轴向移动的方向与力 $\boldsymbol{F}_r$ 的方向相同时（图 4-19c）（即滑块沿斜面匀速下降，它相当于通常的拧松螺母），因此斜面作用于滑块上的总反力 $\boldsymbol{R}$ 与铅垂线的夹角为（$\lambda-\varphi$），由滑块的力平衡可得此时须作用于螺纹中径上的圆周力为

$$F'=F_r\tan(\lambda-\varphi) \tag{4-53}$$

即

$$M'=F'r_2=F_r r_2\tan(\lambda-\varphi) \tag{4-54}$$

螺母松脱时，$\boldsymbol{F}_r$ 为驱动力，$\boldsymbol{F}'$为阻力。设螺旋副没有摩擦，则 $\varphi=0$，可得理想的水平阻力为

$$F_0'=F_r\tan\lambda \tag{4-55}$$

由式（4-42）可得拧松螺母时的效率为

$$\eta'=\frac{F'}{F_0'}=\frac{\tan(\lambda-\varphi)}{\tan\lambda} \tag{4-56}$$

式中，$\boldsymbol{F}'$（或力矩 $\boldsymbol{M}'$）为维持螺母在载荷 $\boldsymbol{F}_r$ 作用下等速松开的支持力，它的方向仍与 $\boldsymbol{F}$（或力矩 $\boldsymbol{M}$）相同，如果要求螺母在力 $\boldsymbol{F}_r$ 作用下不会自动松开，则必须使 $\eta'\leqslant0$，即要满

足反行程自锁条件

$$\lambda \leqslant \varphi \tag{4-57}$$

（2）非矩形螺纹　非矩形螺纹是指牙型角 $\beta$ 不为零的三角形、梯形及锯齿形等三种牙型的螺纹。

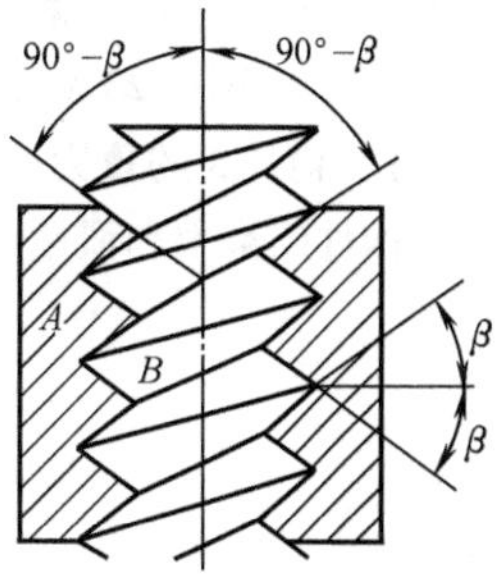

图 4-20　三角形螺纹

图 4-20 所示为一三角形螺纹。非矩形螺纹与矩形螺纹相比，其不同点仅是后者相当于平滑块与斜平面的作用，而前者相当于楔形滑块与楔形槽面的作用。因此，参照第二节中讲到的楔形滑块摩擦的特点，只需用当量摩擦角 $\varphi_v$ 代替式(4-49) ~ 式(4-57)中的摩擦角 $\varphi$，便可得到非矩形螺纹的各个对应的公式。如图 4-20 所示，楔形槽的半夹角 $\theta$ 近似地等于（$90° - \beta$），因此

$$f_v = \frac{f}{\sin\theta} = \frac{f}{\sin(90° - \beta)} = \frac{f}{\cos\beta} \tag{4-58}$$

$$\varphi_v = \arctan f_v = \arctan\left(\frac{f}{\cos\beta}\right) \tag{4-59}$$

非矩形螺纹不同牙型其牙型角 $\beta$ 各不相同，但均大于零，所以 $\varphi_v$ 总大于 $\varphi$。在四种常用螺纹中，三角形螺纹的牙型角 $\beta$ 最大，故三角形螺纹的摩擦最大、效率最低，易于发生自锁。因此三角形螺纹应用于联接的螺旋；而矩形螺纹的牙型角 $\beta$ 为零，效率最高；梯形螺纹和锯齿形螺纹的牙型角 $\beta$ 小于三角形螺纹，故它们的效率高于三角形螺纹，应用于传递运动和动力的螺旋，例如起重螺旋、螺旋压床及各种机床的传导螺杆等。

**例 4-9**　试求图 4-12a 所示的双滑块机构在 $F_b$ 为驱动力时的机构效率和自锁条件。已知条件同例 4-4 和例 4-6。

**解**　由例 4-4 和例 4-6 知，不计摩擦时的理想驱动力为

$$F_{b0} = \frac{F_2}{\tan\beta} = 200\text{N}$$

计入摩擦后的实际驱动力为

$$F_b = \frac{F_2}{\tan(\beta - \varphi - \theta)} = 250.883\text{N}$$

由式(4-39)得

$$\eta = \frac{F_0}{F} = \frac{F_{b0}}{F_b} = \frac{\tan(\beta - \varphi - \theta)}{\tan\beta} = 0.797$$

机构自锁条件为 $\eta \leqslant 0$，所以

$$\beta - \varphi - \theta \leqslant 0$$

即

$$\beta \leqslant \varphi + \theta = 6.4387°$$

## 习　　题

4-1　在图 4-21 所示的曲柄滑块机构中，设已知曲柄长度 $l_{AB} = 100\text{mm}$，连杆长度 $l_{BC} = 330\text{mm}$，曲柄转速 $n = 1500\text{r/min}$，活塞及其附件的重力 $G_3 = 21\text{N}$，连杆重力 $G_2 = 25\text{N}$，连杆对其质心 $c_2$ 的转动惯量 $I_{c2} = 0.0425\text{kg}\cdot\text{m}^2$，连杆质心 $c_2$ 至曲柄销 $B$ 的距离 $l_{BC_2} = l_{BC}/3$。试确定在图示位置时活塞及连杆的惯性力。

4-2　在图 4-22 所示的正切机构中，已知 $h = 500\text{mm}$，$\omega_1 = 10\text{rad/s}$（为常数），构件 3 的重力 $G_3 =$

10N，重心在其轴线上，生产阻力 $F_r=100N$，其余构件的重力和惯性力均略去不计。试求当 $\varphi_1=60°$时，需加在构件 1 上的平衡力矩 $M_b$。

4-3　在图 4-23 所示的正弦机构中，已知 $l_{AB}=100mm$，$h_1=120mm$，$h_2=80mm$，$\omega_1=10rad/s$（为常数），构件 3 的重力 $G_3=100N$，质心 $c_3$ 的位置如图 4-23 所示，加于构件 3 上的生产阻力 $F_r=400N$，其余构件的重力和惯性力均略去不计。试求机构在图示位置时，需加于构件 1 上的平衡力矩 $M_b$。

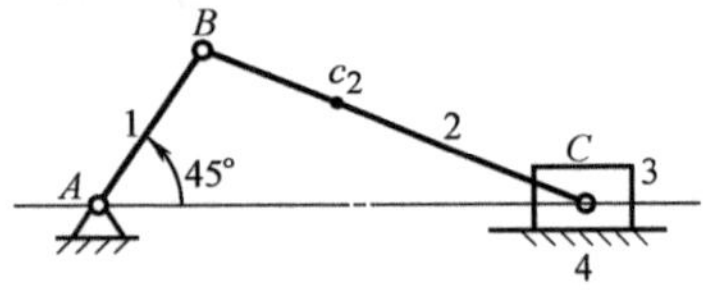

图 4-21　题 4-1 图

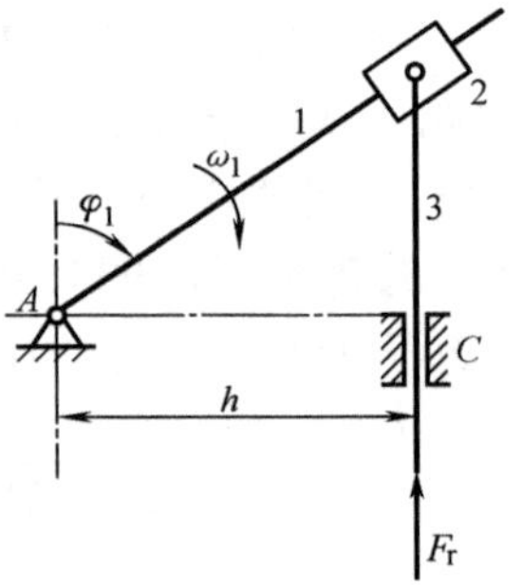

图 4-22　题 4-2 图

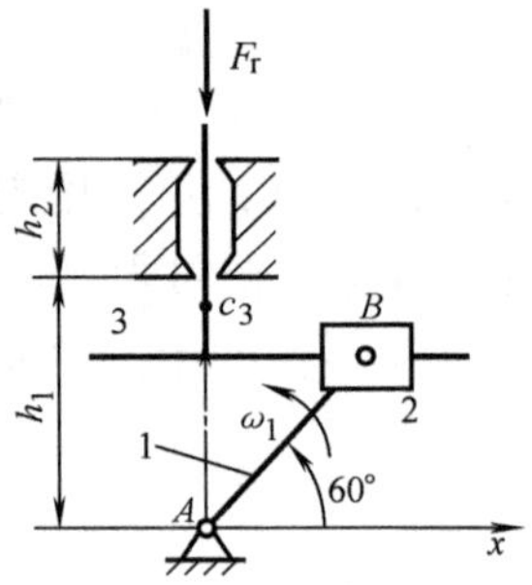

图 4-23　题 4-3 图

4-4　在图 4-24 所示的对心尖顶直动推杆盘形凸轮机构中，已知 $r_0=50mm$，$b_1=30mm$，$l=80mm$，$b_2=12mm$，$\omega_1=0.1rad/s$（为常数）。又机构在图 4-24 所示位置时，推杆以等加速度 $a_2=1m/s^2$ 垂直向上运动，该处凸轮的压力角 $\alpha=16°$。推杆重力 $G_2=20N$，重心位于其轴线上。凸轮的质心与回转中心 $A$ 相重合。若加于凸轮的驱动力矩 $M_d=1N\cdot m$，试求各个运动副中的反力和推杆所能克服的生产阻力 $F_r$。

4-5　图 4-25 所示为消防梯升降机构，已知 $a=540mm$，$\alpha_1=20°$，$e=l_{AD}=15000mm$（$D$ 为消防队员站立的位置），$d=1700mm$，$\alpha_4=45°$。设消防队员的重力 $G_Q=1000N$，构件 1 质心位于点 $A$，其余构件重力忽略不计，要求 $\varphi=0°$和 80°时应加于液压缸活塞的平衡力 $F_b$。

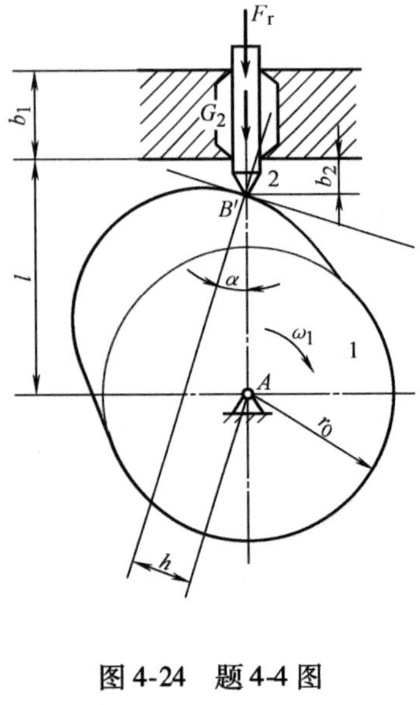

图 4-24　题 4-4 图

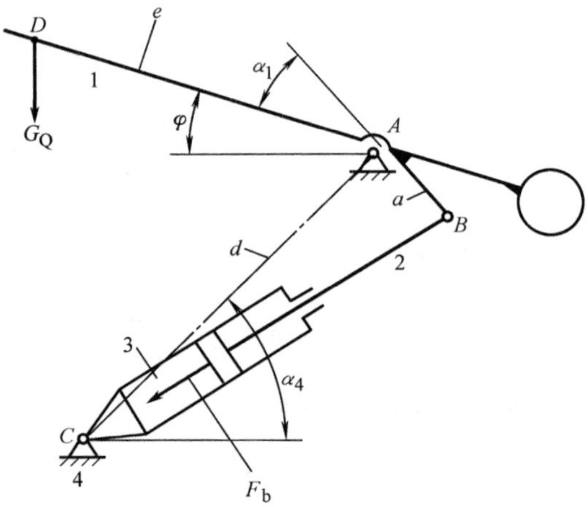

图 4-25　题 4-5 图

4-6　已知图 4-26 所示四杆机构的尺寸与位置：$\varphi_1=\varphi_3=90°$，$\varphi_2=0°$，外力 $F_2=500N$，$\alpha_2=45°$，$l_1=500mm$，$l_2=l_3=1000mm$，$r=550mm$，$\theta=30°$，求 $R_{23}$、$R_{12}$及构件 1 上的平衡力矩 $M_b$。

4-7　如图 4-27 所示，已知 $l_1=20mm$，$l_2=l_3=40mm$，$l_4=l'_2=50mm$，$\alpha_4=20°$，$\alpha_2=30°$，当 $\varphi_1=$

45°时，$\varphi_2=71.1°$，$\varphi_3=120°$，点 $M$ 加速度 $a_M=450\text{m/s}^2$，$\beta_a=195°$，角加速度 $\varepsilon_2=4190\text{rad/s}^2$。若构件质量 $m_2=10\text{kg}$，质心在点 $M$，构件 2 对点 $M$ 的转动惯量 $J_M=0.5\text{kg}\cdot\text{m}^2$，求由惯性载荷在运动副中产生的反力及构件 1 上的平衡力矩 $M_b$。

4-8　如图 4-28 所示，已知对心曲柄滑块机构 $l_{AB}=200\text{mm}$，$l_{BC}=200\text{mm}$，$\varphi_1=150°$，$F=100\text{kN}$，$\omega_1=-100\text{rad/s}$（即顺时针方向），各构件质量不计，求

1）按图示坐标系列出位移方程，并求出滑块在该位置的速度 $v_3$、方向角 $\beta_v$ 及构件 2 的角速度 $\omega_2$。

2）求出各运动副反力 $R_{41}^0$、$R_{12}^0$、$R_{23}^0$、$R_{43}^0$。

3）求出平衡构件 $AB$ 的平衡力矩 $M_b^0$ 及其方向。

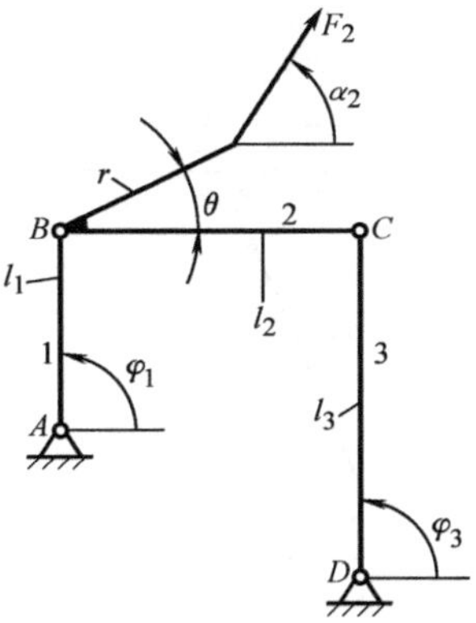

图 4-26　题 4-6 图

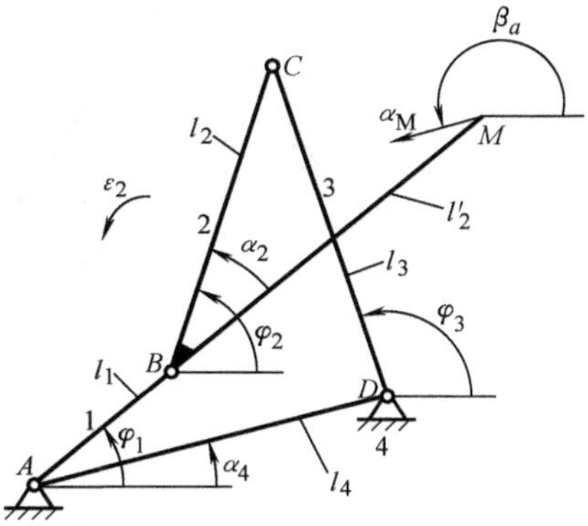

图 4-27　题 4-7 图

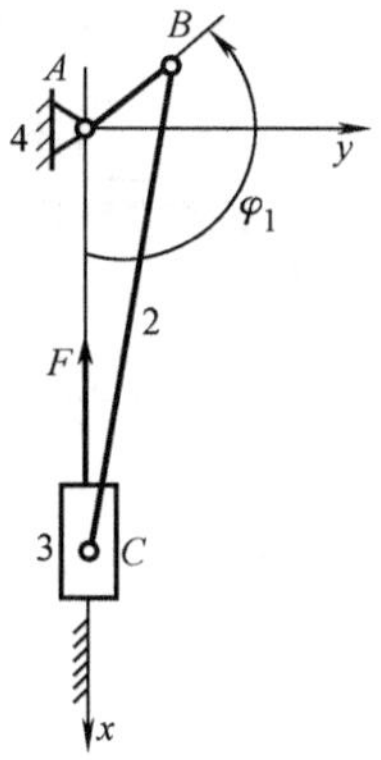

图 4-28　题 4-8 图

4-9　在图 4-29 所示的压力机中，设已知：$l_{BC}=690\text{mm}$，$l_{CD}=270\text{mm}$，$l_{CE}=340\text{mm}$，$l_1=l_h=400\text{mm}$，$l_2=250\text{mm}$，工作时的载荷 $F_r=50\text{kN}$。试求当构件 $CE$ 在垂直位置时，作用在活塞上的平衡力 $F_b$。（经计算 $\varphi_2=116.5°$，$\varphi_3=22.2°$）

4-10　在图 4-30 所示的摆动导杆机构中，已知 $a=300\text{mm}$，$\varphi_3=30°$，$\varphi_1=90°$，加于导杆的力矩 $M_3=60\text{N}\cdot\text{m}$，求机构各运动副的反力及应加于曲柄 1 的平衡力矩 $M_b$。

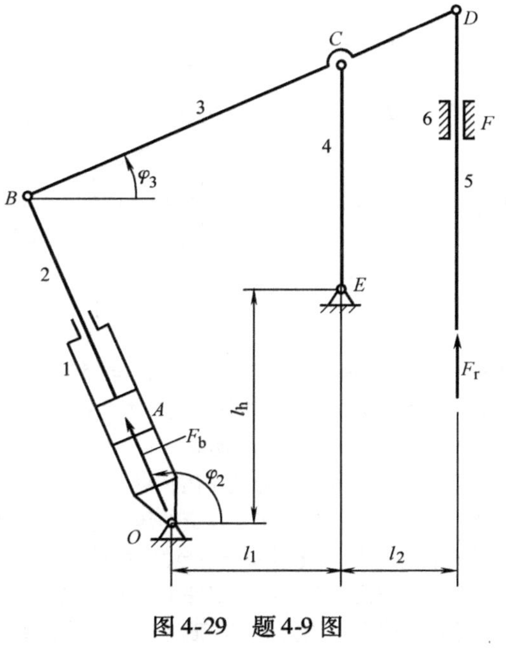

图 4-29　题 4-9 图

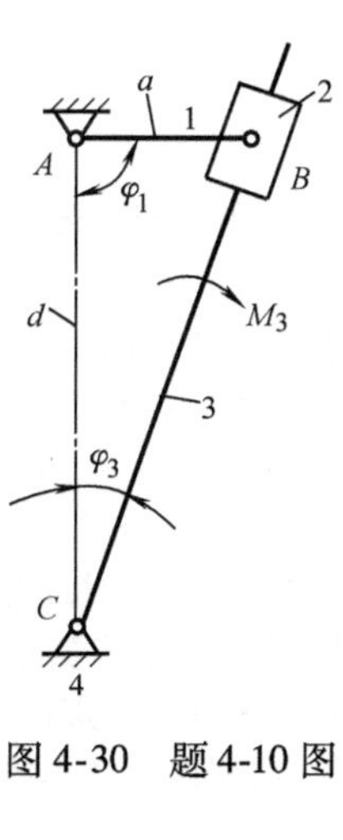

图 4-30　题 4-10 图

4-11　在图4-31所示的偏心轮凸轮机构中，已知 $R=60\text{mm}$，$OA=a=30\text{mm}$，且 $OA$ 位于水平位置，外载 $F_2=1000\text{N}$，$\beta=30°$。求运动副反力和凸轮1上的平衡力矩 $M_b$。

4-12　如图4-32所示，已知 $a=250\text{mm}$，$b=700\text{mm}$，$c=350\text{mm}$，$d=700\text{mm}$，$l_{BE}=400\text{mm}$，$\varphi_1=45°$，水平作用于点 $E$ 的力 $F_2=350\text{N}$，$M_3=45\text{N}\cdot\text{m}$，求各运动副反力及构件1上的平衡力矩 $M_b$（经计算 $\varphi_3=-117.97°$，$\varphi_2=-43.79°$）。

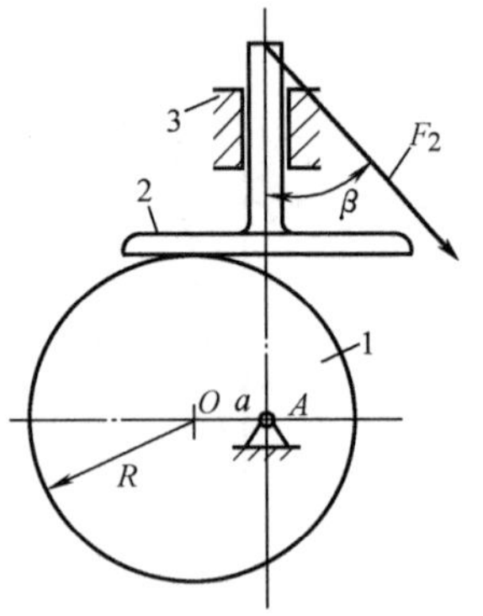


图4-31　题4-11图

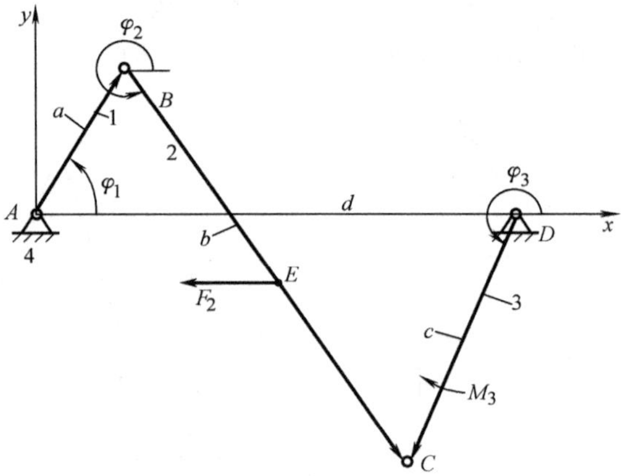


图4-32　题4-12图

4-13　在图4-33所示的曲柄滑块机构中，已知 $a=200\text{mm}$，$b=640\text{mm}$，$h=80\text{mm}$，$\varphi_1=90°$，水平方向作用力 $F_3=1000\text{N}$，求各运动副反力及加在构件1上的平衡力矩 $M_b$。（此时 $\varphi_2=-19.47°$）

4-14　在图4-34所示的机构中，已知 $a=60\text{mm}$，$b=240\text{mm}$，$c=s=120\text{mm}$，$\varphi_1=90°$，$\varphi_2=0°$，$F_5=1000\text{N}$，$\varphi_3=135°$，$\varphi_5=0$。求构件1上的平衡力矩 $M_b$。（提示：$R_{43}\neq F_5$）

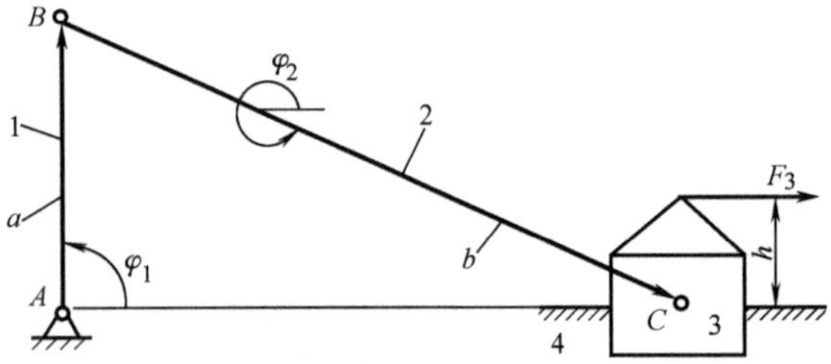


图4-33　题4-13图

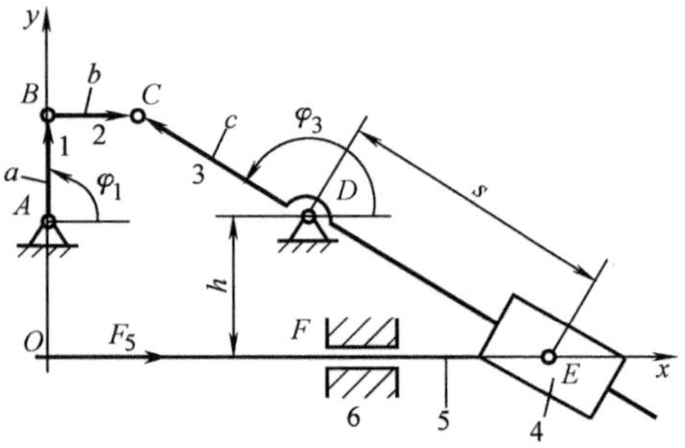


图4-34　题4-14图

4-15　在图4-35所示的四杆机构中，已知 $d=400\text{mm}$，$h=300\text{mm}$，$l_{DK}=350\text{mm}$，$\varphi_1=45°$，$\alpha=45°$，作用在构件3上的力 $F_3=1000\text{N}$，力矩 $M_3=75\text{N}\cdot\text{m}$，试求运动副反力及加于构件1的平衡力矩 $M_b$。

4-16　在图4-36所示的四杆机构中，已知 $a=100\text{mm}$，$b=46\text{mm}$，$c=24\text{mm}$，$d=105\text{mm}$，$l_{BE}=30\text{mm}$，$l_{AK}=60\text{mm}$，$\beta=\alpha=90°$，$\varphi_3=30°$，$F_1=500\text{N}$。求运动副 $B$ 处的反力及作用在点 $E$ 的平衡力 $F_b$。

4-17　在图4-37所示的缓冲器中，若已知各滑块接触面间的摩擦因数 $f$ 及弹簧的压力 $Q$，试求当楔块2、3被等速推开及等速恢复原位时力 $F$ 的大小、该机构的效率以及此缓冲器不至发生自锁的条件。

4-18　图4-38所示为一焊接用的楔形夹具。利用这个夹具把两块要焊接的工件1及1′预先夹妥，以便焊接。图中2为夹具体，3为楔块。如已知各接触面间的摩擦因数均为 $f$，试确定此夹具的自锁条件

（即当夹紧后，楔块 3 不会自动松脱出来的条件）。

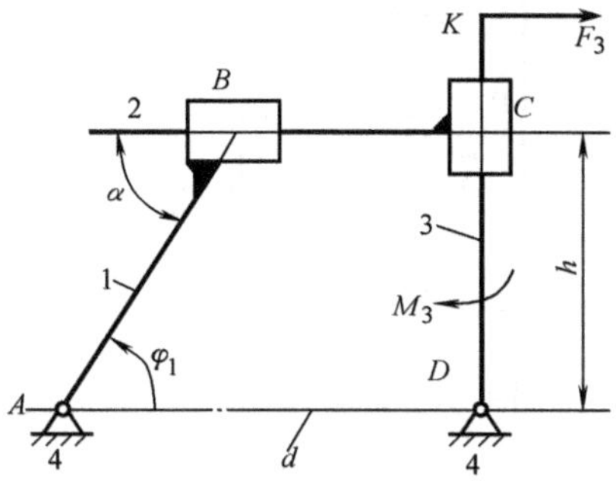


图 4-35　题 4-15 图

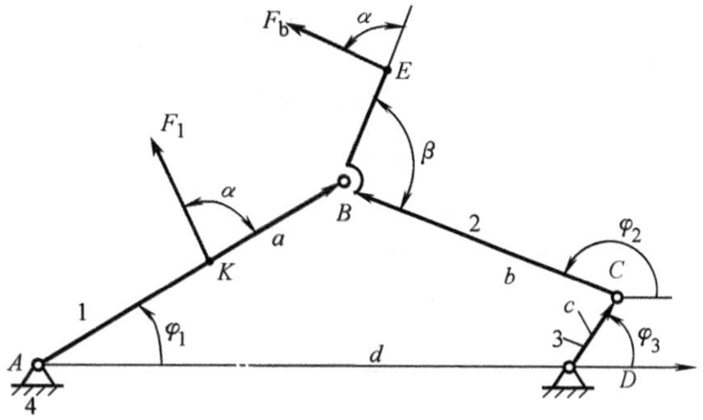


图 4-36　题 4-16 图

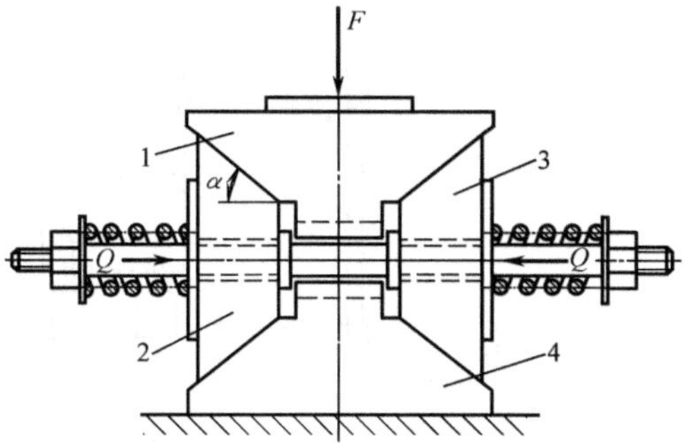


图 4-37　题 4-17 图

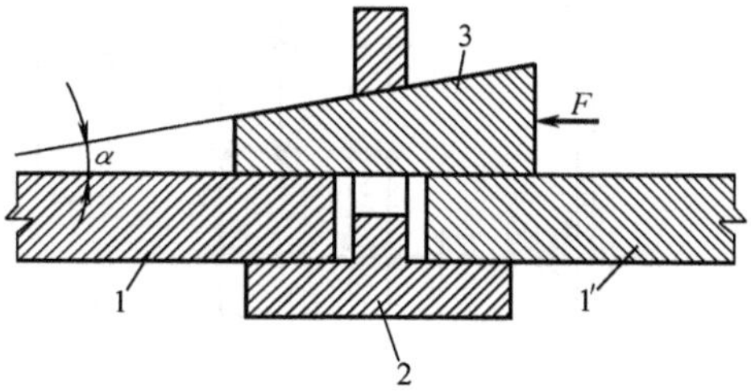


图 4-38　题 4-18 图

4-19　如图 4-39 所示，构件 1 为一凸轮机构的推杆，它在力 $F$ 的作用下，沿导轨 2 向上运动，设两者的摩擦因数 $f=0.2$，为了避免发生自锁，导轨的长度 $L$ 应满足什么条件（解题时不计构件 1 的质量）？

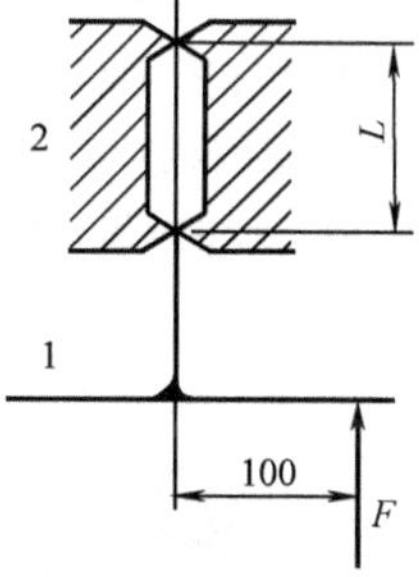


图 4-39　题 4-19 图

4-20　在图 4-40 所示的双滑块机构中，设已知构件 3 的长度 $l=200\text{mm}$，转动副 $A$、$B$ 处的轴颈直径为 $d=20\text{mm}$，移动副的摩擦因数 $f=0.1$，回转副的摩擦因数 $f_v=0.127$。

1）试求当 $\beta=45°$，滑块 2 上的载荷 $F_Q=200\text{N}$ 时，使滑块 2 等速向上移动所需作用于滑块 4 上的水平驱动力。

2）求在 $F$ 力为驱动力时，机构在何位置时发生自锁（不计各构件的质量）。

4-21　图 4-41 所示为一夹具机构。设已知所需的夹紧力为 $F_Q=1\text{kN}$，楔块斜角 $\alpha=6°$，滑动摩擦因数均为 0.1，各回转副的轴颈直径均为 $d=16\text{mm}$，构件尺寸如图 4-41 所示，若不计各构件的质量，试求机构在图示位置时所需作用力 $F$ 的大小。

4-22　图 4-42 所示为一胶带运输机，由电动机 1 经过平带传动及一个两级齿轮减速器，带动运输带 8。设已知运输带 8 所需的曳引力 $F=5500\text{N}$，运输带 8 的运送速度 $v=1.2\text{m/s}$，滚筒直径 $D=900\text{mm}$，平带传动（包括轴承）的效率 $\eta_1=0.95$，每对齿轮（包括其轴承）的效率 $\eta_2=0.97$，运输带 8 的机械效率 $\eta_3=0.97$。试求该传动系统的总效率 $\eta$ 及电动机所需的功率 $P$。

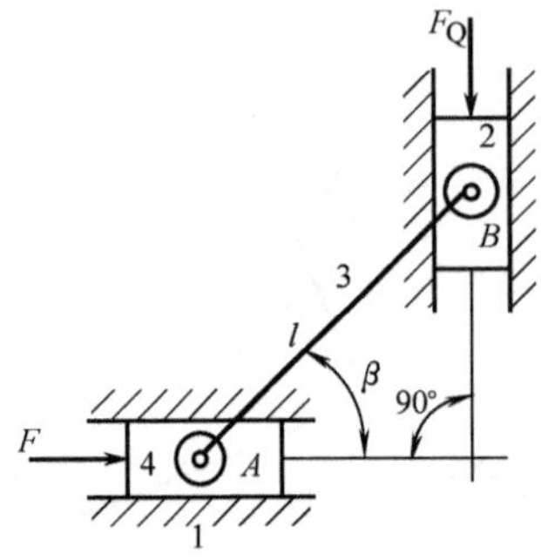


图 4-40　题 4-20 图

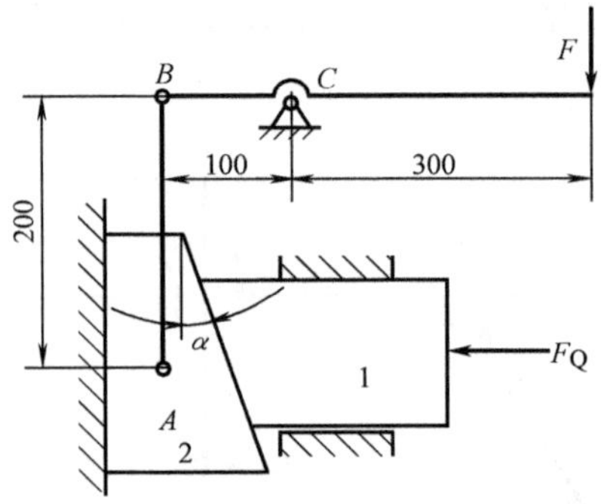


图 4-41　题 4-21 图



4-23　如图 4-43 所示，电动机通过 V 带传动及锥齿轮、圆柱齿轮传动带动工作机 $A$ 及 $B$，设每对齿轮的效率 $\eta_1=0.96$，每个轴承的效率 $\eta_2=0.98$，带传动的效率 $\eta_3=0.92$，工作机 $A$、$B$ 的功率分别为 $P_A=3\text{kW}$，$P_B=2\text{kW}$，效率分别为 $\eta_A=0.7$，$\eta_B=0.8$，试求所需电动机的功率。

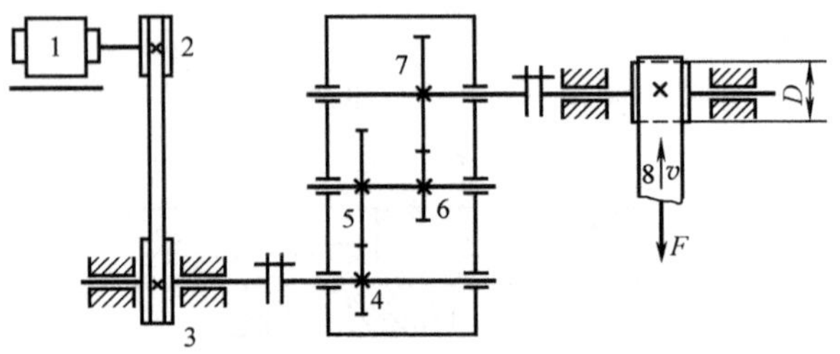


图 4-42　题 4-22 图

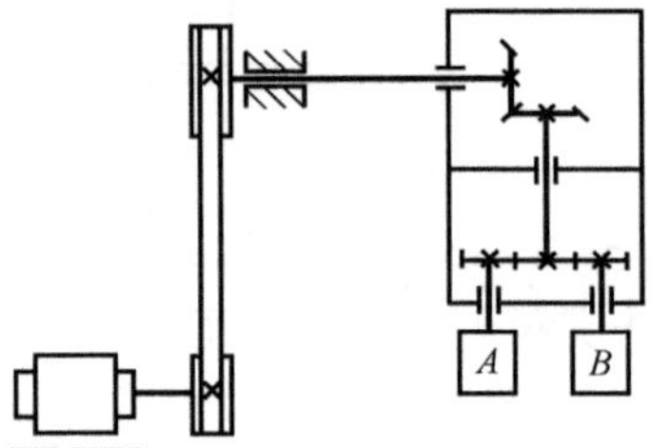


图 4-43　题 4-23 图

4-24　图 4-44 所示重物 1、2 的质量分别为 $Q_1$、$Q_2$，用一根通过滑轮的绳索连接起来。若重物与斜面间的摩擦因数均为 $f$，两斜面倾角 $\alpha>\beta$，重物初速度为零。不计滑轮处的摩擦，试求使重物 1、2 保持平衡的 $Q_1/Q_2$ 保持什么关系。

4-25　在图 4-45 所示的滑块机构中，已知 $l=200\text{mm}$，$b=100\text{mm}$，$\alpha=30°$，摩擦圆半径 $\rho=1\text{mm}$，移动副中摩擦因数 $f=0.177$，各构件自重不计。当 $F=500\text{N}$ 时，求在 $F$ 力作用下机构等速运动时所能克服的生产阻力 $F_r$ 及该机构的瞬时效率 $\eta$。

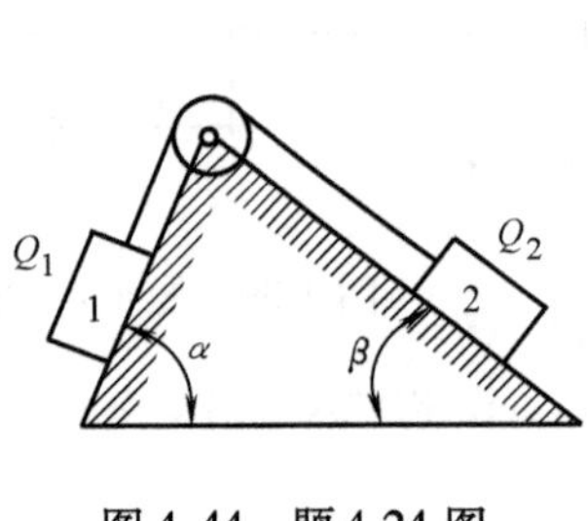


图 4-44　题 4-24 图

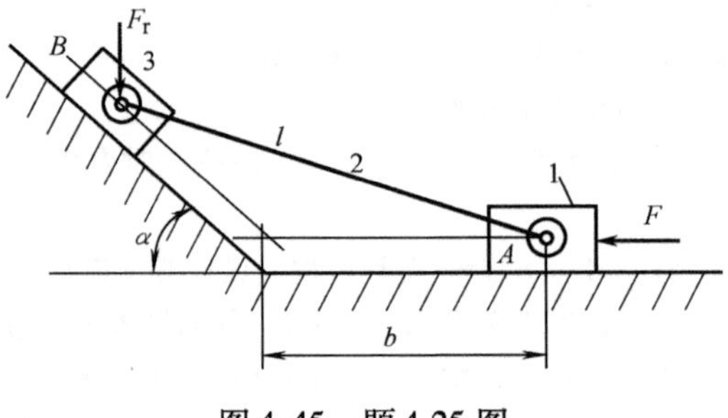


图 4-45　题 4-25 图

4-26　图 4-46 所示为一正弦机构，若不计转动副中的摩擦及各构件自重。设各移动副间的摩擦因数为 $f=0.2$，生产阻力 $F=500\text{N}$，曲柄半径为 $a=100\text{mm}$。

1）试证明滑块 2 对十字架 3 的法向反力 $N$ 为：$N=F/(1-f^2)$。

2）求曲柄上需加的平衡力矩 $M_b$（$\varphi_1=90°$时）。

3）求该机构的效率 $\eta$（$\varphi_1=90°$时）。

4-27　如图4-47所示，该题已知条件与题4-26完全相同，仅十字架为双边支承，支承距离 $2l=400$mm。

1）求滑块2对十字架3的法向反力 $N$ 的表达式。

2）求曲柄上需加的平衡力矩 $M_b$ 的表达式。

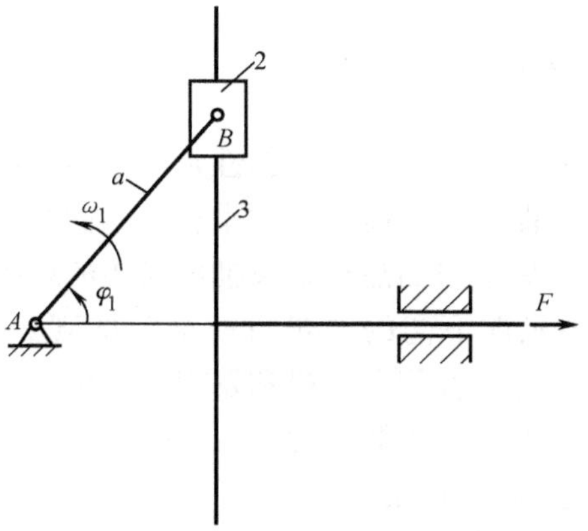


图4-46　题4-26图

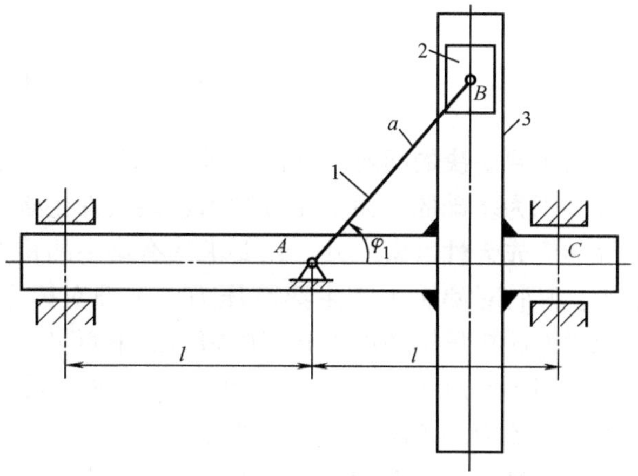


图4-47　题4-27图

4-28　如图4-48所示，若作用在上、下剪刃处的剪切力 $F_r=50\times10^3$kN。利用第三章题3-24的已知条件及计算结果，求曲柄上的平衡力矩 $M_b$ 和电动机的功率 $P_d$。（提示：电动机功率计算公式 $P_d=(M_b n_1)/9750$。其中 $M_b$ 单位为kN，$n_1$ 单位为r/min）

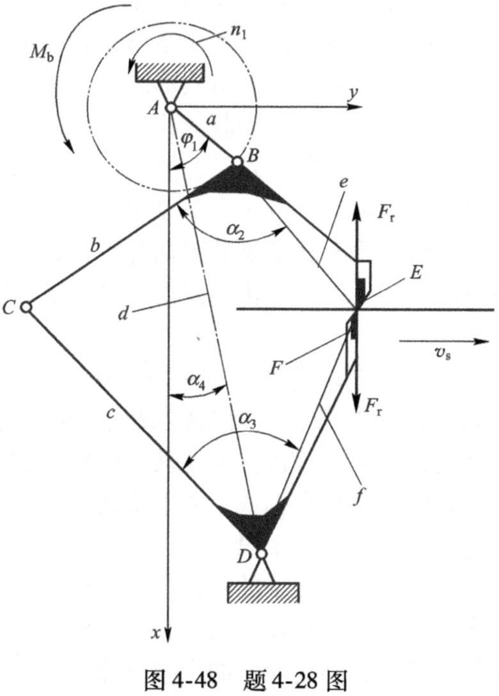


图4-48　题4-28图

# 第五章　机构的型综合

## 第一节　概　　述

对于要解决的问题往往需要进行独创性的活动才能顺利完成。其独创性是以才能、经验和知识为基础的，为了充分利用这些条件还必须具有促进创造能动性的手段。人们的才能除包含先天性因素之外，还要求具有集中的精力和坚韧不拔的品格以及抽象联想的思维能力。瓦特对沸腾水产生蒸汽压力、牛顿对树上苹果只能下落的“灵机一动”的观察，如果没有联想思维的能力和集中精力的不懈努力，是不可能发明蒸汽机和发现万有引力定律的。但不能总依靠“灵机一动”来解决问题，必须要有一种激发创造性的辅助手段，即使是天才应用了激发创造性的方法也有助于使其设想得到补充。

本章是作为激发创造性机构综合型的方法而提出的，尽管实际的创造成果随具体情况（天才、经验、知识、自身的品格）而异，但有了这些方法必然可以激发创造的能动性，以达到促进独创性的目的。本章提出了促进独创性的两种辅助方法：机构结构分类法和基本机构分类法。其中结构分类法是根据不同的连杆组合所构成的运动链进行机构型综合的，所以结构分类法又称连杆组合分类法。

基本机构分类法实质上是根据实际设计经验得到的一种激发创造能动性的辅助方法。将已有基本机构根据其运动转换、运动性能及使用范围进行分类，并以工艺要求为依据选择合适的基本机构进行排列组合后得到最佳的机构形式。

机构结构分类是研究由多少个构件、运动副能构成给定自由度的、结构类型不同的多少个机构，再从这些机构中选择出最佳的满足工艺要求的机构的一种型综合方法。

由于机构中的高副可以用低副替代，且一个移动副与一个转动副提供的约束数相同。因此在讨论机构结构分类时只讨论含有转动副的平面低副机构。设机构中包含机架在内的总构件数为 $N$，则活动构件数为 $N-1=n$，转动副的个数为 $p$，机构的自由度为 $F$，则得机构的自由度计算公式

$$F=3n-2p=3(N-1)-2p \tag{5-1}$$

由于 $N$ 为包含机架在内的总构件数，也就是组成该机构的运动链的构件数。因此讨论机构的自由度公式，也就是讨论组成该机构的运动链的构件数、运动副数与机构自由度的关系。由于可以用不同形式的构件组合构成不同形式的机构，因此在机构型综合中讨论不同形式的运动链将是创造新机构的重要手段。

所谓运动副是两构件间能限制相对运动的联接，而构成两构件相互约束且相互接触的几何形状体称为运动副元素。显然一个运动副是由相互接触的两个运动副元素构成的。为方便讨论机构的结构，构件用所含运动副元素的个数来命名。含有两个运动副元素的构件称为二元连杆，含有三个运动副元素的构件称为三元连杆，其余类推。由于构件运动副元素增加时其机构结构更加复杂，因此四元以上的连杆将不予讨论。如图 5-1 所示的运动链

是由五个二元连杆、两个三元连杆和一个四元连杆构成的。为叙述方便起见，把高于二元的连杆称为多元连杆。

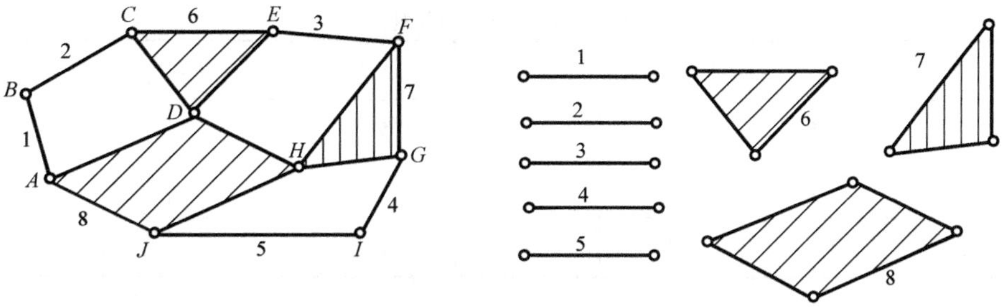

图 5-1 运动链的构成
1、2、3、4、5—二元连杆 6、7—三元连杆 8—四元连杆

由构件和运动副所组成的独立封闭系统称为**运动链的环**，如图 5-2 所示的两个运动链。图 5-2a 所示的运动链有四个二元连杆、四个转动副，它构成一个简单的封闭形，称为**单环运动链**。若含有一个以上的封闭形则称为**多环运动链**，图 5-2b 即为一双环运动链。它是在单环运动链上再添加三个转动副 $E$、$F$、$G$ 和两个构件 5、6 构成的。可见多环运动链是在 $N=4$、$p=4$ 的单环运动链的基础上添加构件构成的。根据机构组成原理，也可以理解为多环运动链是在 $N=p$ 的单环运动链上添加杆组构成的。每添加一个 $N=2$、$p=3$ 的Ⅱ级组即增加一个环；每添加一个 $N=4$、$p=6$ 的Ⅲ级或Ⅳ级组即增加两个环。可见增加的环数为（$N-p$）。若运动链的环数以 $L$ 表示，则运动链的环数计算公式为

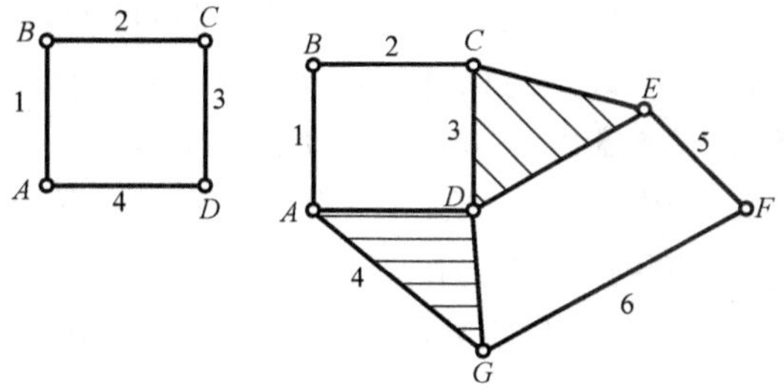

a) b)

图 5-2 运动链的环
a）单环运动链 b）双环运动链

$$L=1+p-N \tag{5-2}$$

例如图 5-2a 所示的运动链的环数 $L=1+4-4=1$，而图 5-2b 所示的运动链的环数 $L=1+7-6=2$。

## 第二节 机构型综合的连杆组合法及其分类

### 一、连杆组合分类

由式（5-1）得

$$p=\frac{3}{2}N-\left(\frac{F+3}{2}\right) \tag{5-3}$$

当 $F=1$ 时

$$p=\frac{3N-4}{2} \tag{5-4}$$

5

当 $F=2$ 时
$$p=\frac{3N-5}{2} \tag{5-5}$$

由于 $N$、$p$ 均为整数，故可计算出 $N$、$p$ 以及 $L$ 的组合并列在表 5-1 中。

**表 5-1　$N$、$p$ 和 $L$ 的组合**

| | $F=1$ | | | | $F=2$ | | | |
|---|---|---|---|---|---|---|---|---|
| $N$ | 4 | 6 | 8 | … | 5 | 7 | 9 | … |
| $p$ | 4 | 7 | 10 | … | 5 | 8 | 11 | … |
| $L$ | 1 | 2 | 3 | … | 1 | 2 | 3 | … |

应该指出，由于机构的构件数越少，机构的结构也越简单，所以在实际机构设计中，其构件总数一般不应超过 8 ~9 个。从表 5-1 中也可以看出单自由度的机构其构件数为偶数，双自由度的机构其构件数为奇数。

根据所要求的机构自由度、构件的数量、运动副以及二元连杆与多元连杆的不同组合形式，可以把总构件数不超过 8 ~9 个的运动链进行分类。其中 $F=1$ 的运动链共 6 类 17 种，见表 5-2。$F=2$ 的运动链共 6 类 35 种，见表 5-3。为清楚地表示出运动链的结构形式，分别用 $N_2$、$N_3$、$N_4$ 表示二元、三元及四元连杆的个数，用数组表示多元连杆与二元连杆的联接方式。其规则为：

1）每一数组表示一个多元连杆的联接方式，因此数组的个数与该运动链中多元连杆数相等。

2）数组中数的个数与多元连杆的元数相等。如某三元连杆用 $N_3$ 连接一个由三个数字组成的数组 $N_3$ - × × × 表示，四元连杆用 $N_4$ 连接一个由四个数字组成的数组 $N_4$ - × × × × 表示。

3）数组中某数的值表示该副元素上串联的二元连杆的个数；两个多元连杆在该运动副上直接相连时，用数值“0”表示；

如图 5-1 所示，第一个三元连杆 6，副元素 $D$ 直接与四元连杆 8 相连，用“0”表示，副元素 $C$ 上串接两个二元连杆用“2”表示，副元素 $E$ 上串接一个二元连杆用“1”表示。因此表示该三元连杆联接形式的数组可写成 $N_3^1-021$。同理第 2 个三元连杆的联接形式写成 $N_3^2-012$，而四元连杆写成 $N_4-0022$。

**表 5-2　单自由度运动链**

| 组合序号 | 特　　性 | $N_3^1$ | $N_3^2$ | $N_3^3$ | $N_3^4$ | $N_4^1$ | $N_4^2$ | 备　　注 |
|---|---|---|---|---|---|---|---|---|
| Ⅰ | $n=4$，$L=1$<br>$N_4=0$，$N_3=0$ | | | | | | | 均为四杆运动链 |
| Ⅱ | $n=6$，$L=2$<br>$N_2=5$，$N_3=0$，$N_4=1$ | | | | | | | |
| Ⅲ-1<br>Ⅲ-2 | $n=6$，$L=2$<br>$N_2=4$，$N_3=2$，$N_4=0$ | 022<br>112 | 022<br>112 | | | | | |
| Ⅳ-1<br>Ⅳ-2 | $n=8$，$L=3$<br>$N_2=6$，$N_3=0$，$N_4=2$ | | | | | 0222<br>1122 | 0222<br>1122 | |

（续）

| 组合序号 | 特　　性 | $N_3^1$ | $N_3^2$ | $N_3^3$ | $N_3^4$ | $N_4^1$ | $N_4^2$ | 备　　注 |
|---|---|---|---|---|---|---|---|---|
| Ⅴ-1 | $n=8$，$L=3$<br>$N_2=5$，$N_3=2$，$N_4=1$ | 012 | 012 | | | 0022 | | |
| Ⅴ-2 | | 012 | 002 | | | 0122 | | |
| Ⅴ-3 | | 012 | 111 | | | 0112 | | |
| Ⅴ-4 | | 111 | 111 | | | 1111 | | |
| Ⅴ-5 | | 012 | 011 | | | 1112 | | |
| Ⅵ-1 | $n=8$，$L=3$<br>$N_2=4$，$N_3=4$，$N_4=0$ | 002 | 002 | 002 | 002 | | | |
| Ⅵ-2 | | 011 | 011 | 002 | 002 | | | |
| Ⅵ-3 | | 000 | 011 | 012 | 012 | | | |
| Ⅵ-4 | | 001 | 011 | 011 | 111 | | | |
| Ⅵ-5 | | 011 | 011 | 011 | 011 | | | |
| Ⅵ-6 | | 001 | 001 | 012 | 012 | | | |
| Ⅵ-7 | | 002 | 001 | 011 | 012 | | | |

**表 5-3　$F=2$ 的运动链**

| 类别 | 代　　号 | $N$ | $P$ | $L$ | $N_2$ | $N_3$ | $N_4$ | $N_3^1$ | $N_3^2$ | $N_3^3$ | $N_3^4$ | $N_4^1$ | $N_4^2$ |
|---|---|---|---|---|---|---|---|---|---|---|---|---|---|
| *A* | *A* | 5 | 5 | 1 | 5 | 0 | 0 | | | | | | |
| *B* | *B* | 7 | 8 | 2 | 6 | 0 | 1 | | | | | 3333 | |
| *C* | *C*-1 | 7 | 8 | 2 | 5 | 2 | 0 | 023 | 023 | | | | |
| | *C*-2 | | | | | | | 113 | 113 | | | | |
| | *C*-3 | | | | | | | 122 | 122 | | | | |
| *D* | *D*-1 | 9 | 11 | 3 | 7 | 0 | 2 | | | | | 0223 | 0223 |
| | *D*-2 | | | | | | | | | | | 1123 | 1123 |
| | *D*-3 | | | | | | | | | | | 1222 | 1222 |
| *E* | *E*-1 | 9 | 11 | 3 | 6 | 2 | 1 | 002 | 013 | | | 0123 | |
| | *E*-2 | | | | | | | 002 | 022 | | | 0222 | |
| | *E*-3 | | | | | | | 003 | 012 | | | 0123 | |
| | *E*-4 | | | | | | | 012 | 012 | | | 1122 | |
| | *E*-5 | | | | | | | 011 | 013 | | | 1113 | |
| | *E*-6 | | | | | | | 011 | 022 | | | 1122 | |
| | *E*-7 | | | | | | | 012 | 013 | | | 0023 | |
| | *E*-8 | | | | | | | 012 | 112 | | | 0122 | |
| | *E*-9 | | | | | | | 013 | 111 | | | 0113 | |
| | *E*-10 | | | | | | | 022 | 022 | | | 0022 | |
| | *E*-11 | | | | | | | 022 | 112 | | | 0112 | |
| | *E*-12 | | | | | | | 111 | 112 | | | 1112 | |
| | *E*-13 | | | | | | | 112 | 112 | | | 1111 | |
| *F* | *F*-1 | 9 | 11 | 3 | 5 | 4 | 0 | 000 | 011 | 013 | 013 | | |
| | *F*-2 | | | | | | | 000 | 012 | 012 | 022 | | |
| | *F*-3 | | | | | | | 001 | 001 | 013 | 013 | | |
| | *F*-4 | | | | | | | 001 | 002 | 012 | 022 | | |
| | *F*-5 | | | | | | | 001 | 003 | 011 | 013 | | |
| | *F*-6 | | | | | | | 001 | 011 | 012 | 112 | | |
| | *F*-7 | | | | | | | 001 | 012 | 012 | 111 | | |
| | *F*-8 | | | | | | | 002 | 011 | 011 | 112 | | |
| | *F*-9 | | | | | | | 002 | 002 | 003 | 003 | | |
| | *F*-10 | | | | | | | 002 | 002 | 012 | 012 | | |
| | *F*-11 | | | | | | | 002 | 011 | 012 | 111 | | |
| | *F*-12 | | | | | | | 011 | 011 | 003 | 003 | | |
| | *F*-13 | | | | | | | 011 | 011 | 111 | 111 | | |
| | *F*-14 | | | | | | | 011 | 011 | 012 | 012 | | |

图 5-3 ~ 图 5-7 分别列出了机构自由度 $F=1$ 和 $F=2$ 的构成平面连杆机构的构件数不大于 9 的全部可能的运动链的结构图。而每一个运动链可能变换出数量可观的机构，因此这些运动链所变换的机构的数量将是难以置信的。在工程设计过程中应力求结构简单，这不但可以减轻机器质量与成本，而且可以避免因运动副过多而带来的由运动副间隙产生的

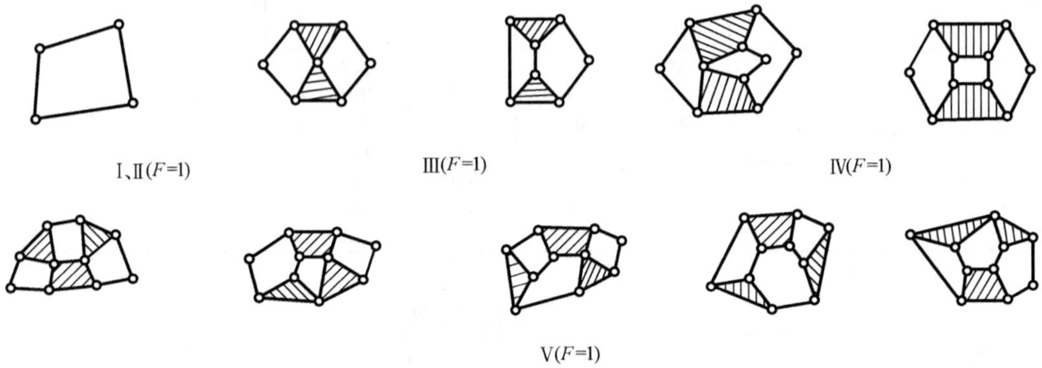


图 5-3　Ⅰ ~ Ⅴ类运动链结构图（$F=1$）

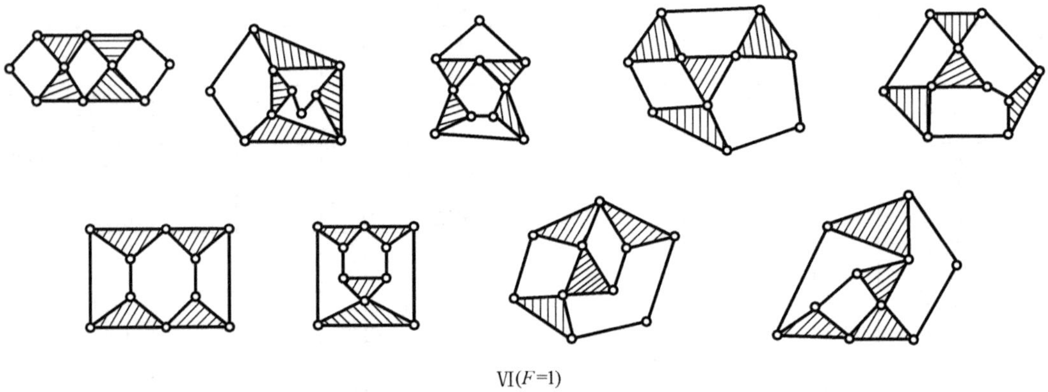


图 5-4　Ⅵ类运动链结构图（$F=1$）

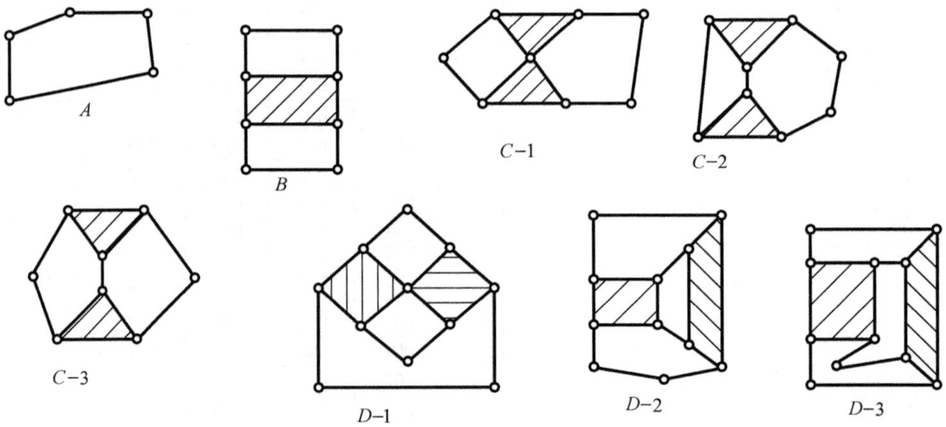


图 5-5　$A$、$B$、$C$、$D$ 类运动链结构图（$F=2$）

5

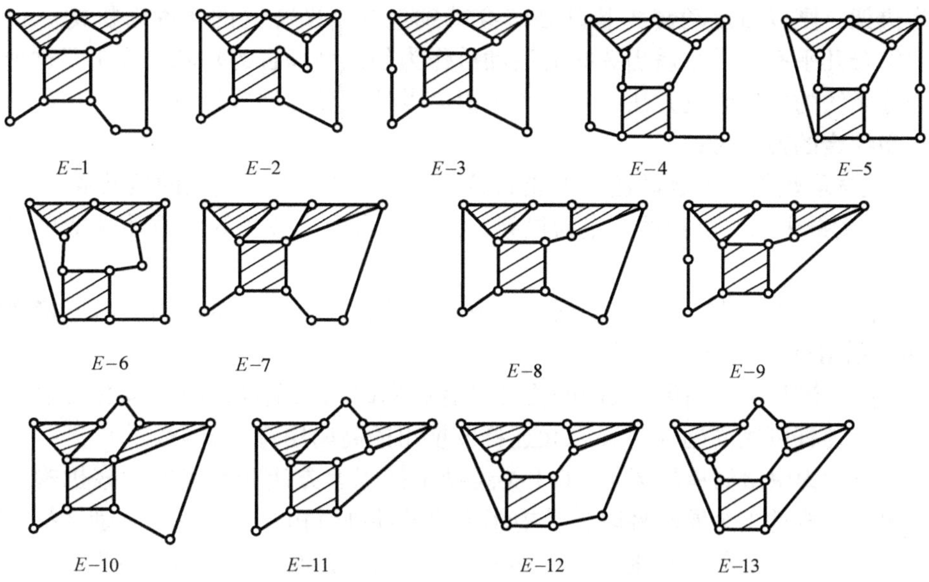


图 5-6　*E* 类运动链结构图（$F=2$）

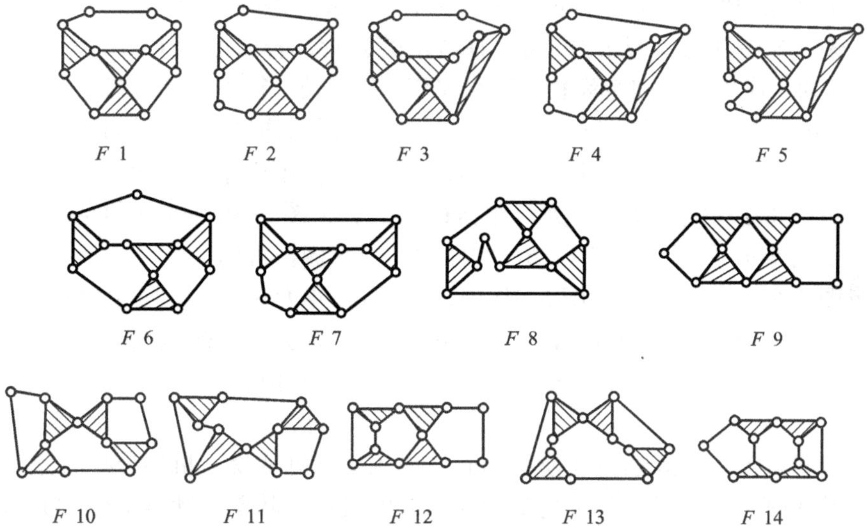


图 5-7　*F* 类运动链结构图

运动积累误差，从而提高机器的运动精度。所以最简单的运动链对于机构型综合有较大的实用价值。例如，$F=1$ 时应首选四杆或六杆运动链，$F=2$ 时应首选五杆和七杆运动链进行机构型综合。只有对于执行构件较多以及要求实现复杂运动规律的机构综合时才采用更多构件的运动链。

## 二、机构型综合一般方法

根据运动副所具有的约束及其高副低代原则，在连杆组合分类分析中把移动副、高副均转化为转动副。在机构型综合中，如果对某选定的运动链进行上述过程的反演，并以不同构件为机架，则以该运动链为基础必然会得到包括高副在内的各种新机构。新的机械装置的型综合几乎都是采用适当选择的运动链作为创造型综合的基础，采用了这种被称为连杆组合分类法的创造激发方法，可以大大提高设计人员的创造能力。

**机构型综合的方法为：**

1）首先选取较简单的运动链，不能满足要求时再选结构较复杂的运动链。

2）将运动链中的一个构件固定为机架，给出与自由度数相等的原动件即可得到一个全转动副机构。

3）由于一个转动副与一个移动副的约束数相等，因此一个转动副可以直接变换为移动副（移动副用符号 $T$ 表示）。

4）由于一个高副与含两个铰链的构件具有相同的约束条件，因此包含两端运动副在内的一个二元连杆可用高副代替（二元连杆变换出的高副用符号 $HS$ 表示）

图 5-8 所示为由最简单的 $F=1$ 的 I 类运动链按以上方法变换出的一些机构。若均以构件 4 为机架，构件 1 为原动件时，其中①为全转动副机构；②～⑤为分别选择不同的转动副变换为移动副时的单移动副机构；⑥～⑨分别为选择两个转动副变换为移动副时得到的双移动副机构；⑩～⑮为选择不同的二元连杆为高副及某一转动副再进行移动副变换得到的机构。理论上讲最简单的 I 类运动链至少可以变换出 17 种不同的机构。如果再考虑更换机架、更换原动件以及取不同的构件尺寸，得到的机构还会更多。

例如，图 5-8 中⑪为 $AD$ 固定的两定轴转动的齿轮，若以齿轮 1 固定为机架，则原机架 $AD$ 绕 $A$ 转动，齿轮 3 与固定齿轮 1 啮合又随 $AD$ 转动，得到一周转齿轮传动。

又如图 5-8 中的①为全铰链四杆机构。当选择不同的构件尺寸比例时可得到运动性质不同的机构。如图 5-9a 所示，$AB$ 整周转动，$CD$ 在 $\psi$ 范围内来回摇摆，为曲柄摇杆机构；图 5-9b 中 $AB$ 与 $CD$ 均整周转动，为双曲柄机构；若将图 5-9a 中 $CD$ 固定为机架，取 $AB$ 为原动件，如图 5-9c 所示，则 $AD$、$BC$ 均摇动，为双摇杆机构。

又如将图 5-8 中的⑤表示在图 5-10 中，$AB$ 的尺寸为 $a$，机架尺寸为 $d$，此时 $d \geqslant a$。当 $AB$ 整周转动时，构件 3 往复摆动，该机构称为曲柄摆动导杆机构（或称摆动导杆机构）；若取 $a>d$，则导杆 3 将整周转动，称为转动导杆机构。两机构的运动情况如图 5-10 所示。

由以上分析可见，用运动链变换机构时，应用运动副变换、机架变换、原动件变更及调整各杆尺寸比例，将会得到很多运动性能不同的机构。随着运动链构件数的增多，能变换出的机构也会相应增加。

## 三、机构型综合例

应该强调指出，该机构型综合方法本身并不会自动提供一个关于机械装置的可行方案，它只能在创造性型综合中对激发各种设想起有帮助的指导作用。首先必须选择较为合适的运动链，从实用角度看，结构简单是优良设计的一条基本原则。因此应首先考虑最简单的运动链，只有证明其不能满足预期要求时才增加运动链的复杂性。另外根据实际要求，如果在运动链转化为机构后存在无功能的结构部分，则将是一个坏设想并应予摒弃。在由运动链进行创造性型综合过程中，会激发出大量的方案，其中好方案和坏方案都可能出现。这也正是创造性设计的特点。这就要求把基础知识与实际要求

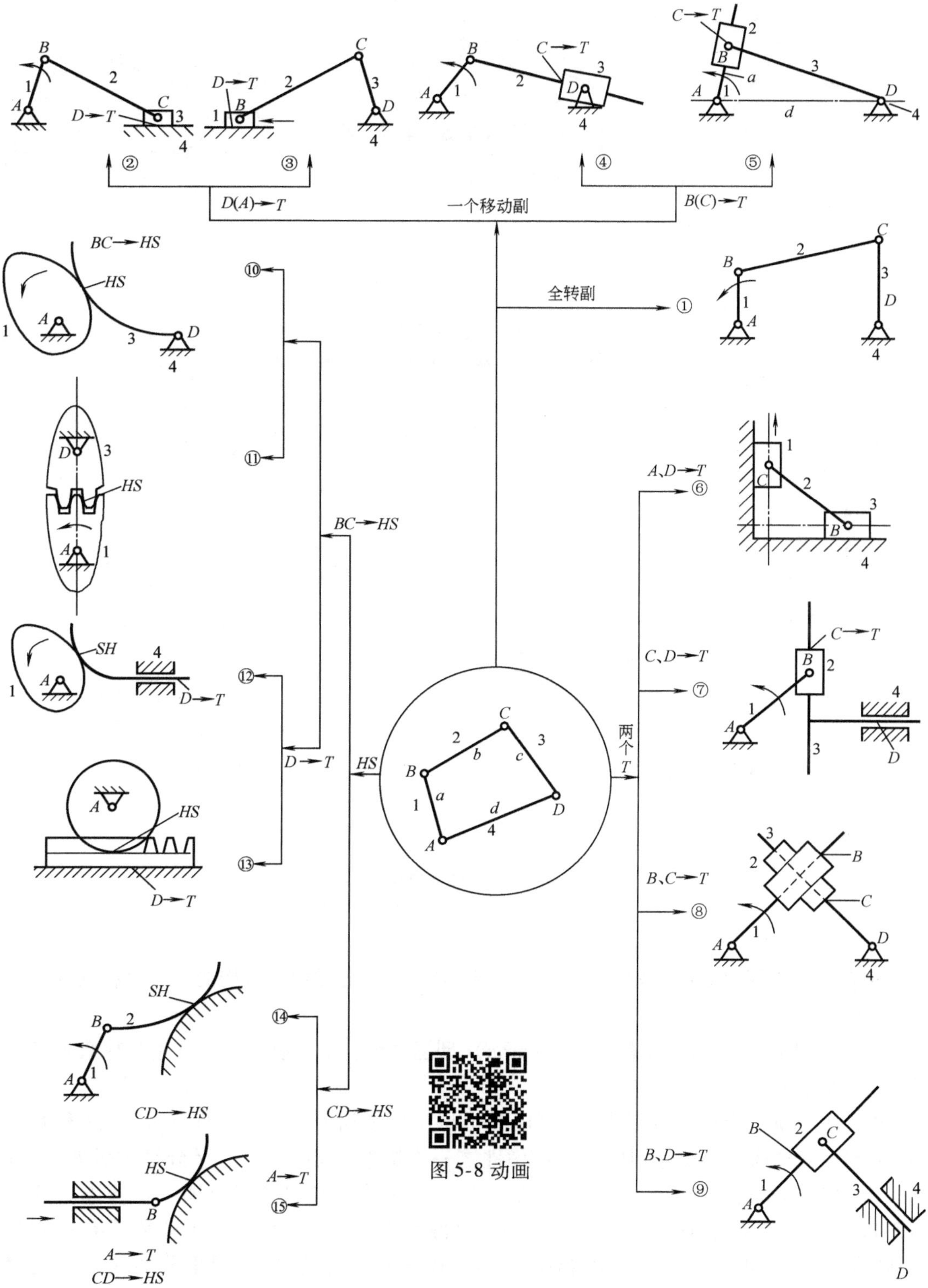


图 5-8 I类运动链机构变换图

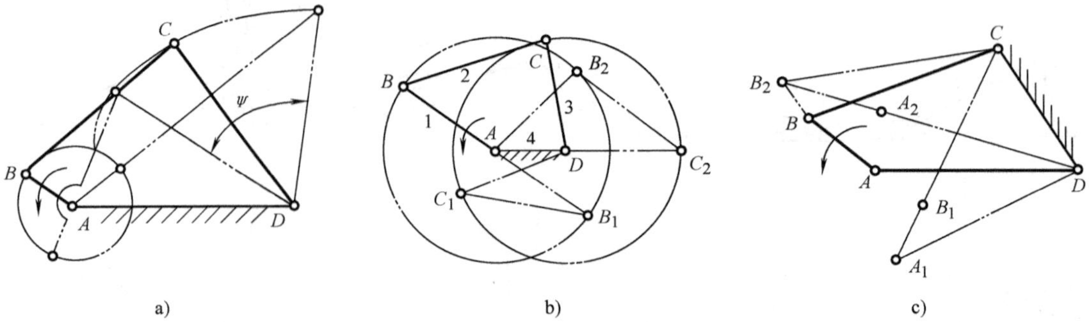


图 5-9　铰链四杆机构
a）曲柄摇杆机构　b）双曲柄机构　c）双摇杆机构



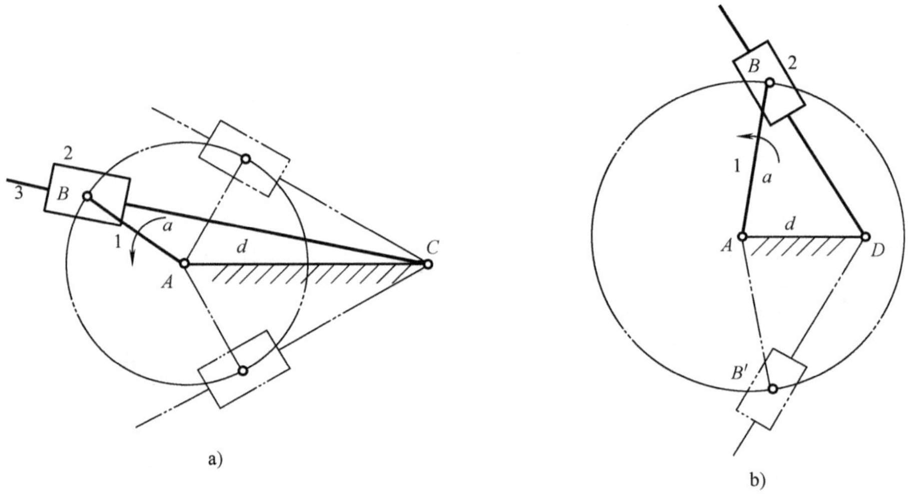


图 5-10　导杆机构
a）摆动导杆机构　b）转动导杆机构

结合起来，摒弃坏方案取用好方案。因此，机构的型综合过程与机构的分析过程往往是交替进行的。

**例 5-1**　用Ⅲ－2 斯蒂芬森（Stephenson）型运动链，对具有一个移动副为执行构件的低副机构进行型综合。

图 5-11a 所示为Ⅲ-2 斯蒂芬森（Stephenson）型运动链，其中构件 $c$ 和 $d$、$a$ 和 $b$、$e$ 和 $f$ 分别为对称构件。现分别取各对称构件之一为机架（如取 $a$、$c$、$f$ 分别为机架），并使与机架相连的某转动副转化为移动副进行型综合，得到图 5-11b ~ g 各图。其中图 5-11b、c 是以 $a$ 为机架分别以 $f$ 和 $d$ 为滑块得到的机构；图 5-11d、e 则是以 $a$ 为滑块，分别以对称的两构件 $c$、$d$ 为机架得到的机构；图 5-11f、g 是以 $f$ 为机架分别以 $e$、$a$ 为滑块得到的机构。

应该指出，在图 5-11c、d、e 的机构中若滑块为执行构件，则机构中出现无功能结构 $e$、$f$ 部分，实际得到的仅为四杆曲柄滑块机构，故应予舍去。另外，图 5-11d、e 中两机构是分别以对称的两构件 $c$、$d$ 为机架而导出的机构，从图中可见它们是等效的。

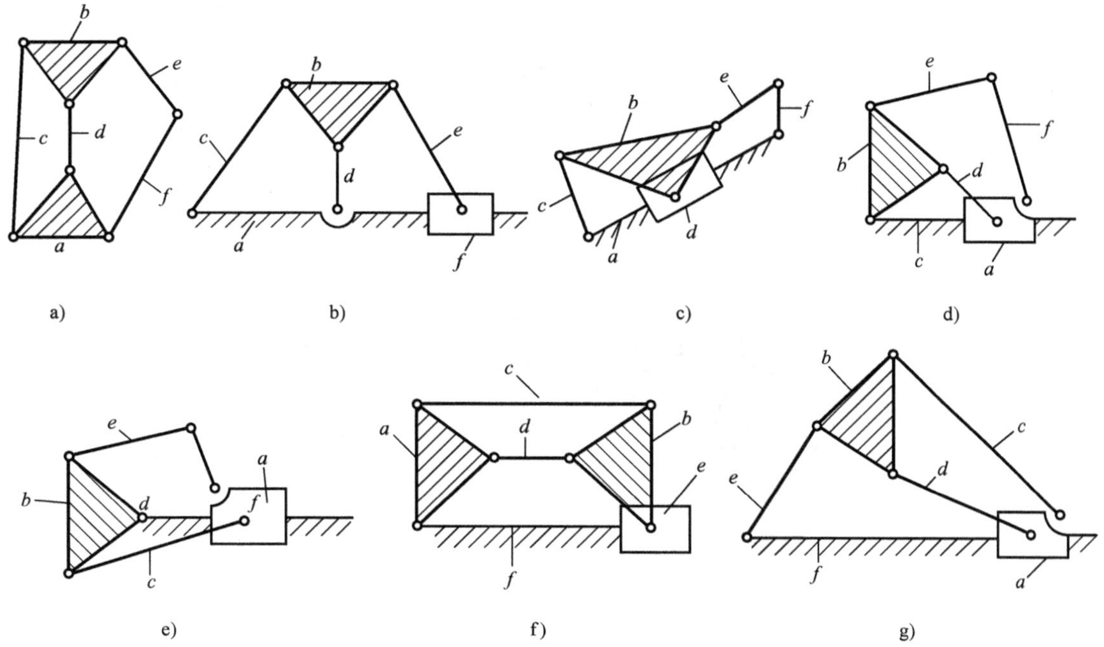


图 5-11　Ⅲ-2 斯蒂芬森（Stephenson）型运动链的型综合

a）Ⅲ-2 斯蒂芬森（Stephenson）型运动链　b）型综合方案 1

c）型综合方案 2　d）型综合方案 3　e）型综合方案 4

f）型综合方案 5　g）型综合方案 6

**例 5-2**　由运动链Ⅴ-1 获得包括凸轮与齿轮机构且执行构件为滑块的传动机构。

图 5-12a 所示为运动链Ⅴ-1，若齿轮机构、凸轮机构及滑块均需有固定支座，则该运动链应该有四个固定支座，因此应选择运动链中的四元连杆 *ADGT* 构件 1 为机架。其中 *T* 为移动副，*BC* 与 *EF* 为转化成高副的二元连杆 *HS*。若用二元连杆 *HS* 转化为齿轮副或凸轮副，由此得到图 5-12b、c 所示的机构，在二元连杆 *BC* 和 *EF* 中，其铰链 *B*、*C*、*E*、*F* 分别为各对应高副元素的曲率中心，其机构图中未全部标出。

应该指出，如果以 *HI* 构件 5 作为高副替代的二元连杆 *HS* 而转化为凸轮副，而构件 6 为直动从动件，也可以得到另一种传动机构。感兴趣的读者不妨练习一下。

此外，还可以用其他二元连杆或三元连杆作为机架而得到不同的机构。但此时得到的机构其齿轮、凸轮的转轴可能不是固定支座，而且其机构图不再为图 5-12 中所示的Ⅱ级机构而可能是更高级别的机构，这将给机构分析带来困难。因此，在运动链进行机构型综合时为得到较低级别的机构以使机构分析简化，一般应该选择元数较高的连杆作为机架比较适合。

**例 5-3**　要求用凸轮来控制机构使质量 *M* 按给定的行程 *H* 往复运动。其空间约束条件及其结构要求如图 5-13a 所示。

由图 5-13a 可知，固定支座最少三个。故所选运动链中的连杆元数不小于三，且应以

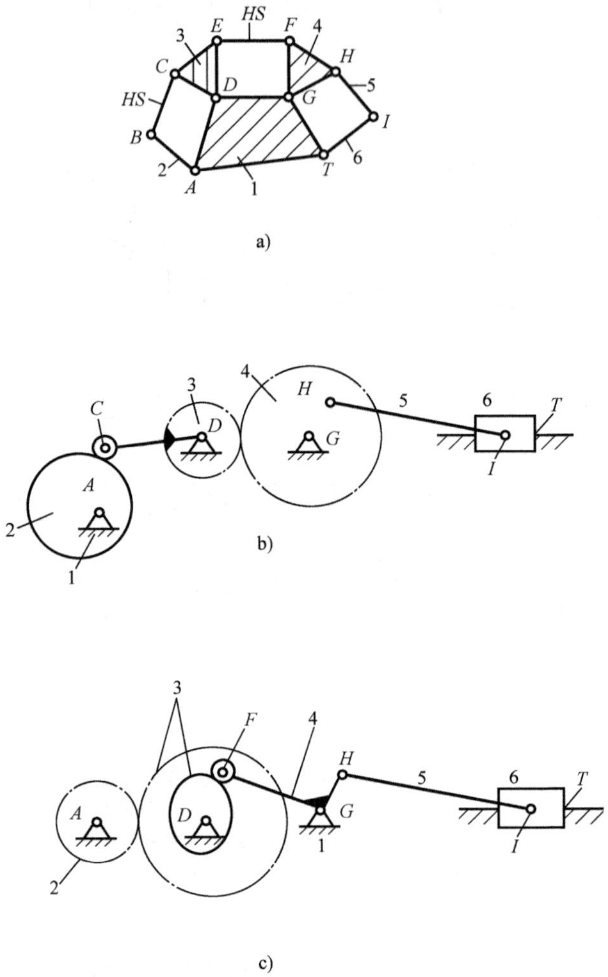


图 5-12　Ⅴ-1 运动链的型综合
a）Ⅴ-1 运动链　b）二元连杆 *HS* 转化为齿轮副　c）二元连杆 *HS* 转化为凸轮副

不小于三元的连杆为机架。为此分别选择以下各运动链进行机构型综合，Ⅲ-1、Ⅲ-2、Ⅳ-1、Ⅳ-2、Ⅴ-1、Ⅴ-2，并以最高元连杆为机架。图 5-13b ~ g 分别表示了各运动链及其对应的机构。应该指出，如果更换这些图中的高副二元连杆 *HS* 及机架构件还可以得到一些机构，当然继续选择其他运动链可得到更多的机构。

就以上综合的各机构而言，图 5-13c 中缺少滑块连杆；图 5-13d 中的 4、5 构件组成无功能结构应舍去；图 5-13b、f 中的机构随滑块位移的变化其滑块连杆处的传动角随之变化，但其优越之处在于调整各杆长度比可以使滑块行程 *H* 得到放大或缩小。尽管图 5-13e 并非最简单的Ⅱ级机构，但图 5-13e、g 中的机构可以通过调整各杆的位置布置使得滑块处的传动角在滑块行程 *H* 变化过程中其变化最小，以使传动角保持较大值得到最佳的传力效果。当然，此项工作只能通过连杆机构分析来完成，并由此选出最佳方案。

**例 5-4**　用 *A* 类运动链，综合出具有一个移动副的两自由度机构。

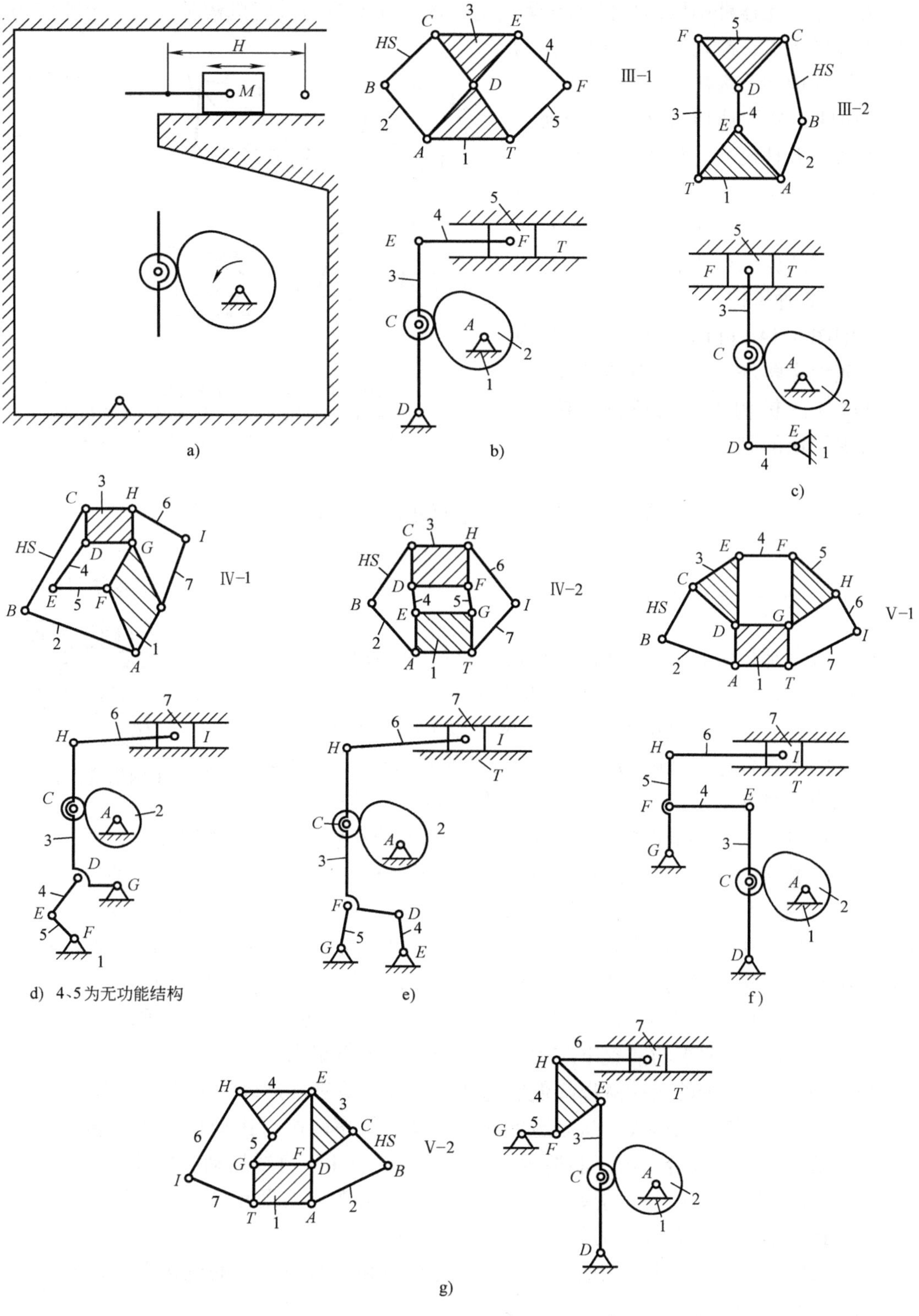


图 5-13　给定空间约束条件和机构要求的型综合

a）约束条件　b）Ⅲ−1 运动链型综合　c）Ⅲ−2 运动链型综合

d）Ⅳ−1 运动链型综合　e）Ⅳ−2 运动链型综合　f）Ⅴ−1 运动链型综合　g）Ⅴ−2 运动链型综合

由于是二元连杆串联而成的单环运动链，因此在变换为低副机构时，机构可能的类型与机架选择无关，故可任选一构件作为机架。如选构件5为机架，两连架杆1、4为原动件，分别选择各转动副变换为移动副共有五种机构。但 $A\rightarrow T$ 与 $E\rightarrow T$ 以及 $B\rightarrow T$ 与 $D\rightarrow T$ 是对称等效的，故只有如图5-14a ~ c 三种机构。其中每种机构更换不同的原动件组合，可得4种机构，共有12种机构。

其中图5-14c可用作连杆3上某点精确复演给定轨迹。图5-14d以构件2、4为原动件的机构用于钢坯侧压机上，它可实现滑块的等速运动。

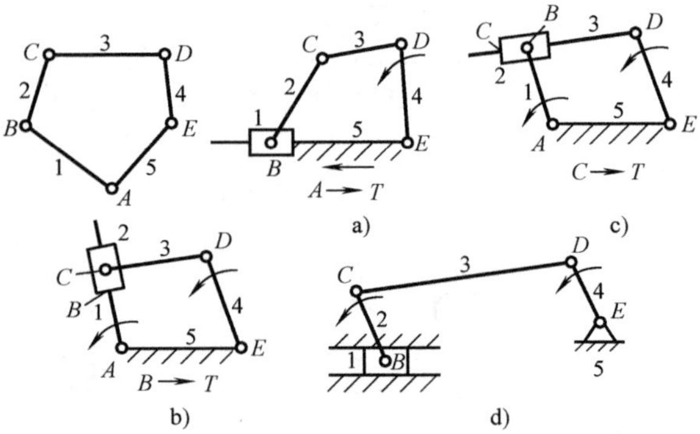


图5-14　A类运动链的型综合
a）转动副A变为移动副　b）转动副B变为移动副
c）转动副C变为移动副　d）钢坯侧压机构

## 第三节　机构型综合的基本机构分类法

拓展学习视频

中国创造：彩云号

### 一、一般方法与原则

任何机器都是由若干基本机构组合而成的，所谓基本机构是指由最少构件通过最少运动副联接而成的单环机构。机器由机构组成，而机构可以是某一个基本机构也可以是由两个以上的基本机构所组成。

机构的型综合可以理解为根据工艺给定的条件选取实现这些条件的基本机构或将各基本机构进行组合的过程。这种活动往往称为发明、构思、设计等。这种创造性的活动往往与设计者的经验和直觉知识密切相关，而且对设计者具有不可胜言的吸引力。所谓基本机构分类法激发的创造性机构型综合，即根据已有经验对各种常用的基本机构就运动性能（运动可靠性、运动副形式）、技术参数（传动比、圆周速度、传动功率）、经济效益（尺寸、成本、优缺点）及应用分项列出（表5-4），并借此选用基本机构或对基本机构进行组合，从而得到满足要求的各种机构。

在根据基本机构分类选用基本机构并进行组合时，应注意如下选取原则：

1）在满足工艺要求的前提下应力求结构简单，可靠耐用。

2）尽量采用较少的运动链以降低制造成本、安装难度和运动副的积累误差。

3）选择合适的运动形式。从制造方便、精度和效率较高考虑应优先采用转动副。高副适用于低速轻载的场合；由于制造困难，移动副一般用于直线运动的构件。

4）尽量避免机构中的虚约束。采用虚约束一般增大加工量和导致安装困难，尺寸精度不高时还会引起构件附加内力甚至出现楔紧现象。

5）力求改善动力特性。例如尽量采用大传动角和大增力系数的机构以合理利用动力并减小机构尺寸和质量。

尽管机构型综合的过程与设计经验有关，但还应总结一些规律并加以借鉴。这些方法将有助于更好地发挥设计者的业务知识，提高工作效率。根据工艺给定的条件进行型综合的一般步骤如下：

1）根据工艺要求制订并概括出各种基本边界条件或约束条件，例如空间约束、结构尺寸等。

2）拟订满足工艺要求的基本运动及其限制条件，即拟订出输入和输出的基本形式和要求。

3）找出能完成这些基本动作、基本运动相应的机构。

4）对这些相应的机构进行不同组合而合成各种方案。

5）对这些方案进行尺度综合及性能分析，从中选出一种“最佳”方案。

## 二、基本机构分类及其选型

更深刻更直接的设计经验是在设计实践中获取的，为更快学习这些经验特列出表5-4。该表列出了常用基本机构的性能及其特点供设计选用。现列举一些典型的例子，说明如何利用表 5-4 进行机构的型综合。

**例 5-5**　欲设计一台压力机的主传动机构。根据工艺要求按步骤 1）～3）分析出输入、输出要求及某些约束条件：运动形式要求由电动机的转动变为冲头的往复移动，且能承受较大的冲击载荷；冲头的运动规律无严格要求，其冲程不大。

由表 5-4 知，由转动变为往复移动的机构有齿轮齿条机构、直动从动件凸轮机构、连杆机构及螺旋机构等。压力机对运动精度要求不高，属低速、小行程、重载机构。其中齿轮齿条适用于大行程、高速度的场合；凸轮机构适用于小行程、运动规律严格且实现各构件协调配合的场合，由于高副传力小、磨损快，不宜用于重载冲击的机械中；螺旋机构适用于低速进给和精密调整机构中，而且要求自锁的场合更佳；连杆机构为低副机构，其承载能力大，行程可大可小，且制造容易，但不宜用于高速和对移动构件运动规律严格要求的场合。通过对各机构优缺点分析比较，用曲柄滑块机构作为压力机的主传动机构是较为合适的。

**表 5-4　基本机构选型参考表**

| 机构类型 / 项目类型 | Ⅰ摩擦轮 | Ⅱ挠性杆 | | Ⅲ齿轮 | | | | |
|---|---|---|---|---|---|---|---|---|
| | | 1 平带 V带 齿形带 | 2 链 | 1 圆柱齿轮 锥齿轮 | 2 齿轮齿条 | 3 非圆齿轮 | 4 螺旋齿轮 | 5 蜗杆传动 |
| 主从动传动形式 | 转动→转动 | | | | 转→移 | 转动→转动 | | |
| 运动可靠性 | 不可靠 | 不大可靠 | 可靠 | | | | | |
| 运动副 | 高副 | 柔韧体面接触 | 高副 | | | | | |
| 传动比性质 | 非严格传动比 | | 定传动比 | | | 变传动比 | 定传动比 | |
| 单级传动比值 | ≤7 | | ≤10 | ≤5 | ≤7 | | ≤5 | 10～80 |

（续）

| 项目类型 \ 机构类型 | Ⅰ摩擦轮 | Ⅱ挠性杆 | | | Ⅲ齿轮 | | | | | | |
|---|---|---|---|---|---|---|---|---|---|---|---|
| | | 1 平带 V带 齿形带 | | 2 链 | 1 圆柱齿轮 锥齿轮 | | 2 齿轮齿条 | 3 非圆齿轮 | 4 螺旋齿轮 | 5 蜗杆传动 | |
| 圆周速度/（m/s） | ≤15～25 | 5～30 | 0.1～50 | 5～25 | ≤5 | ≤100 | | ≤100 | ≤50 | ≤15～50 | |
| 传递功率/kW | 150～250 | <2000 | | <2240 | <22400 | | 大、中、小 | | 小 | <750 | |
| 传动效率 | 0.85～0.92 | 0.92～0.96 | 0.96～0.98 | 0.93～0.97 | 0.92～0.96 | 0.95～0.98 | | | 0.94～0.96 | 0.4～0.45 | 0.7～0.82 |
| 相对外廓尺寸 | 中、大 | 大 | | | 中、小 | | | | 中 | 小 | |
| 相对成本 | 低 | 中 | | | | | | 高 | 中 | | |
| 主要优缺点 | 工作平稳，无噪声，结构简单，有过载打滑作用；传动比不严格，轴上受力大 | 结构简单，无噪声，平稳，V带能过载打滑；齿形带保证定传动比，但价高，寿命短 | | 中心距变化范围大，承载能力大于带传动，但冲击下寿命短 | 适用范围广，寿命长，效率高，传动比准确，但噪声大，制造精度要求高 | | 适用于大行程、移动速度高的场合，可传递大功率，但运动精度及平稳性不及螺旋机构 | 可实现特殊运动和函数运算，适用高速单向循环变速运动，但加工困难 | 可改变螺旋角得到不同的传动比及从动轮转向；磨损大，不宜重载 | 传动比大而尺寸小，磨损较螺旋齿轮小；效率低，成本高 | |
| 应用举例 | 适用于冲压、轧钢辊式运输摩擦绞车及部分机床器具中 | 广泛用于机床、农机、冶矿机械。齿形带，可用于电子计算机、电影放映机等 | | 广泛用于机床、起重、自行车、摩托车、棉纺机、船舶等机械中 | 用于各类机械中 | | 用于龙门刨床，插齿机，钻床轴向进给等机床的机构中 | 广泛用于自动机械、仪器及解算装置中 | 用于传递两交叉轴间的运动转换 | 用于空间交错两轴间的传动且传动比较大的机械中 | |

| 项目类型 \ 机构类型 | Ⅳ间歇传动 | Ⅴ凸轮 | | Ⅵ连杆 | | | Ⅶ螺旋及斜面 |
|---|---|---|---|---|---|---|---|
| | （不完全齿轮） | 1 直动杆 | 2 摆动杆 | 1 全转动副 | 2 一个移动副 | 3 两个移动副 | |
| 主从动传动形式 | 转动→间歇运动 | 转→移 | 转→摆 | 转或摆→转或摆 | 转→移 | 转或移→移 | 转或移→移 |
| 运动可靠性 | 可靠 | | | | | | |
| 运动副 | 高副 | | | 低副 | | | |
| 传动比性质 | 定传动比（间歇） | 变传动比 | | | | | 定传动比 |
| 单级传动比值 | | | | | | | 大 |
| 圆周速度 | 中、低 | | | 低 | | | |

（续）

| 机构类型 / 项目类型 | Ⅳ间歇传动 | Ⅴ凸轮 | | Ⅵ连杆 | | | Ⅶ螺旋及斜面 |
|---|---|---|---|---|---|---|---|
| | （不完全齿轮） | 1 直动杆 | 2 摆动杆 | 1 全转动副 | 2 一个移动副 | 3 两个移动副 | |
| 传递功率 | 中、小 | 小 | | 大、中、小 | | | 中、小 |
| 传动效率 | 60%～90% | | | | | | 滑动：30%～60% 滚动：85%～95% |
| 相对外廓尺寸 | 中、小 | | | | | | 小 |
| 相对成本 | 中 | | | 低 | | | |
| 主要优缺点 | 结构简单、制造方便，动停比不限；起动冲击大，易磨损，高速应加瞬心线附加杆 | 满足任意运动规律，加工复杂，易磨损，从动杆高速下冲击大 | | 结构简单、加工方便、行程距离较大，低副承载能力较大，设计、平衡困难，不宜用于高速 | | | 工作平稳，运动精度高，可传递较大轴向力，且易实现反行程自锁，但效率低，易磨损 |
| 应用举例 | 常用于多工位自动机和半自动机中 | 适用于各种自动机械和机构 | | 广泛用于各种动力、重型、轻工、农业机械中，以及仪表、国防工业等 | | | 常用于进给机构或调整装置，以及起重、升降装置 |

## 三、方案组合——功能单元组合法

上述基本机构分类及其选型法是将各种机构分析比较后通过由设计者的逻辑思维而组合确定的。这种组合法要求设计者对各种机构的功能有熟练地掌握，并具有较丰富的设计经验才能得心应手地完成。可以把这种方法称为逻辑经验组合法。但在一般情况下一个好方案往往是从若干个方案中筛选出来的，这些方案的组合可采用功能单元组合法。其步骤一般如下：

1）综合考虑输入、输出构件的动作要求，特别要仔细分析执行构件的运动形式，并把这种运动形式分解为若干个动作要求。

2）把这些动作要求转化成装置在运转中必须满足的基本功能。

3）根据经验或已有资料设想出满足这些基本功能的基本机构，把这种满足基本功能的基本机构称为功能单元。

4）根据工艺提出的各种约束把这些功能单元恰如其分地联接起来组合成各种方案。

5）根据已有知识对其中的可行方案进行定性或定量分析，从中选出最佳方案。

功能单元组合法是一项艰苦的工作，功能单元确定以及方案组合过程都必须付出大量的劳动和时间，有时必须徒手画出许多简图并适当进行定性或定量分析。只要认真地按顺序进行以上概括的步骤，就能够综合出有用的甚至是意想不到的好方案。

任何复杂的运动都是由一些最基本的运动合成的，其基本运动形式有单向转动、单向移动、往复摆动、往复移动、间歇运动等。而任何复杂的机构组合系统都是由一些基本机构组成的，这些机构有高副机构（如齿轮、凸轮机构等）、低副机构（如连杆机构）、多自由度机构（如差动机构、奇数连杆机构）。这些基本机构所能完成的基本运动形式可用一些代号来表示，如图 5-15 所示。

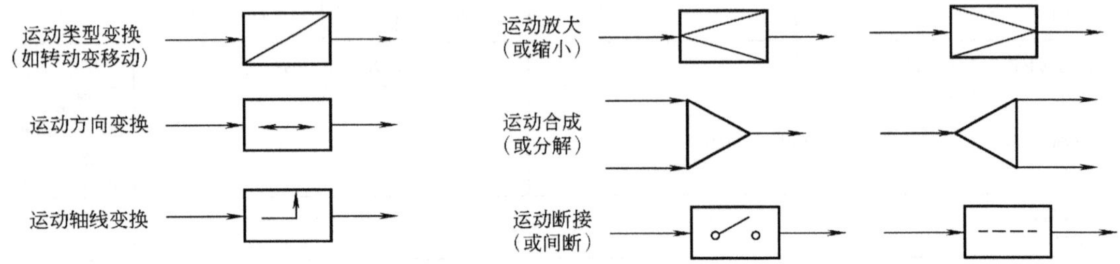


图 5-15　基本运动形式代号

例如某一机构的动作要求用三种运动形式组合完成：①运动形式转换；②运动轴线转换；③运动缩小，如图 5-16 所示。这三种运动形式的相互组合就可以得到六种方案。如果每种运动形式又有若干种基本机构来完成，则可以得到完成机构动作要求的功能单元组合。

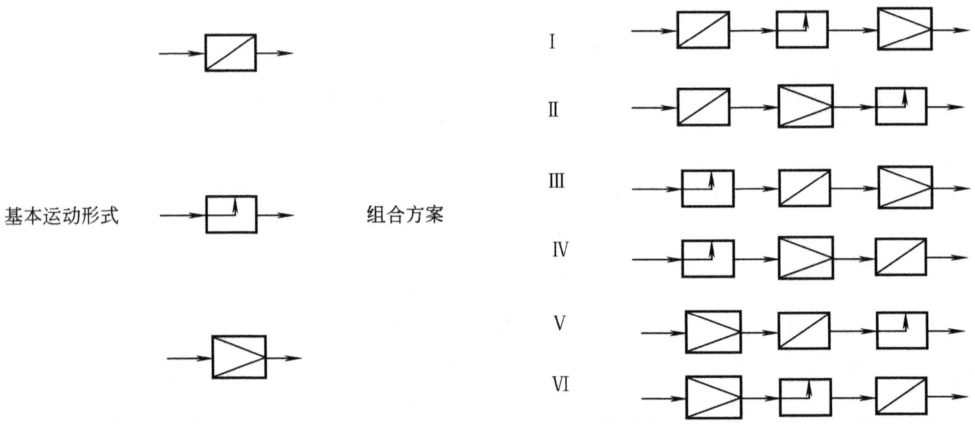


图 5-16　运动形式组合方案

现以刨床工作台进给机构为例说明用功能单元法组合各种进给传动方案的过程。

通过对刨削工艺过程的分析可对设计的机构提出如下工作要求：

1）通过刨刀刨削工件表面及工件的横向定量间歇移动使刨刀完成对工件整个平面的加工。

2）为保证加工的表面质量要求刨削运动近似等速，工件作间歇等量横向进给运动。

3）刨刀空行程移动速度大于工作行程移动速度以提高生产率。

4）表面分层加工时能方便地调整进给机构的正反向进给方向及进给量。

由以上分析可知，刨削工作由两个机构完成，即刨头往复移动机构和工作台（工件）横向间歇进给机构。

根据工艺要求分析知，刨削运动方向与进给运动方向相互垂直，且应把主传动的转动变成工作台的横向间断进给运动，并要求分层刨削时可以变向进给。把该工艺动作要求分解为五种基本功能：①转动转化为摆动；②摆动或转动转化为移动；③摆动或转动转化为间歇运动；④运动轴线变换；⑤运动方向变换。

表 5-5 列出了满足这五个基本功能的各种功能单元。表 5-5 每行中的任一机构按一定序列可以组成与工艺要求相应的若干机构方案，理论上共有 $3^5=243$ 种。根据各功能单元应恰如其分、合乎逻辑地相互组合的原则，有些方案可能应摒弃，而有些功能单元具有多

**表 5-5　由运动形式转化的对应机构方案**

| 功能＼机构 | 1 | 2 | 3 |
|---|---|---|---|
| Ⅰ 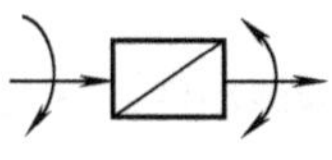 转 ——→ 摆 | 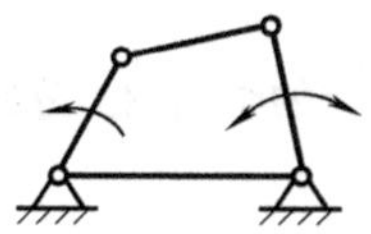 |  | 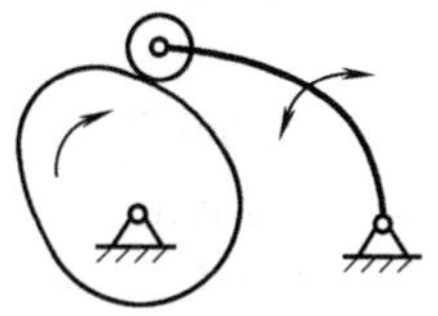 |
| Ⅱ 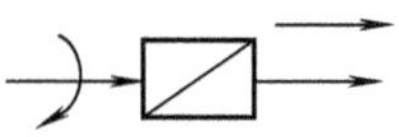 摆转 ——→ 移 | 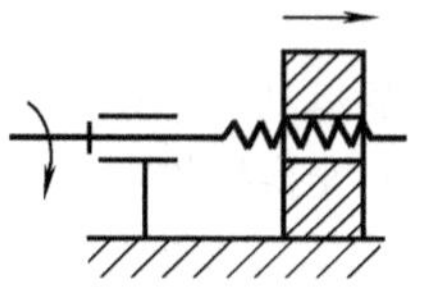 | 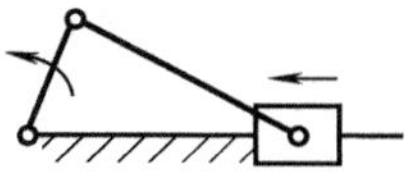 | 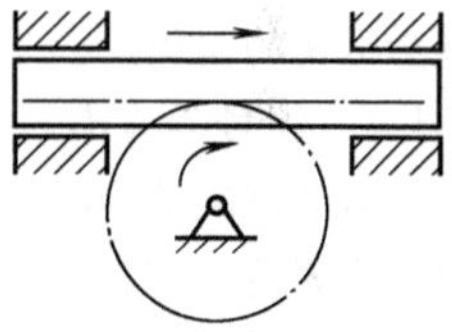 |
| Ⅲ 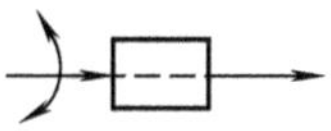 摆转 ——→ 间歇 | 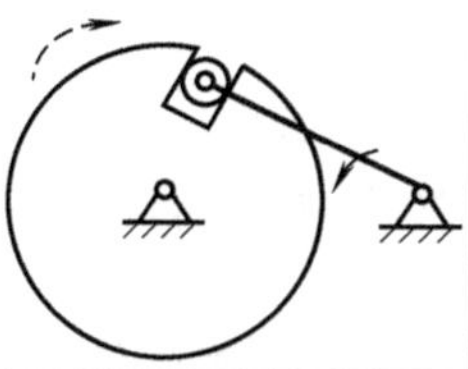 |  | 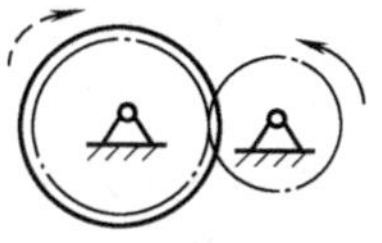 不完全齿轮机构 |
| Ⅳ 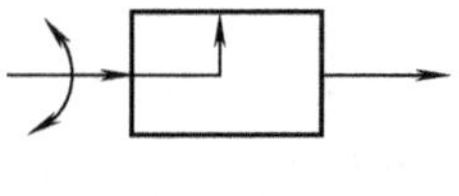 运动轴线变换 | 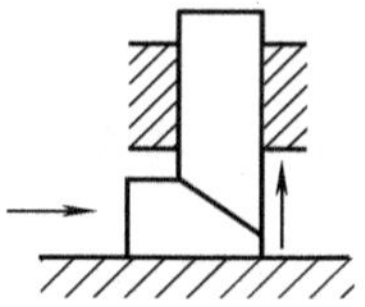 | 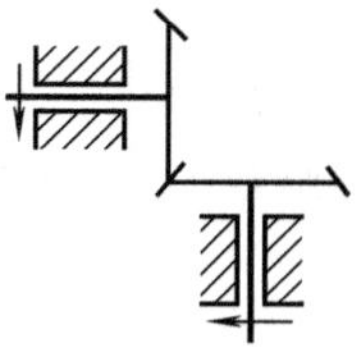 | 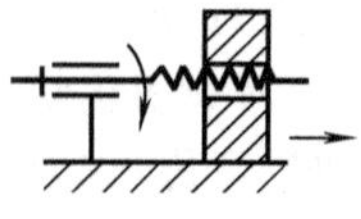 |
| Ⅴ 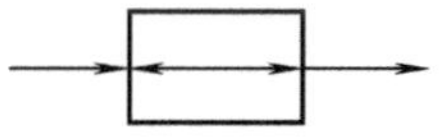 运动方向变换 | 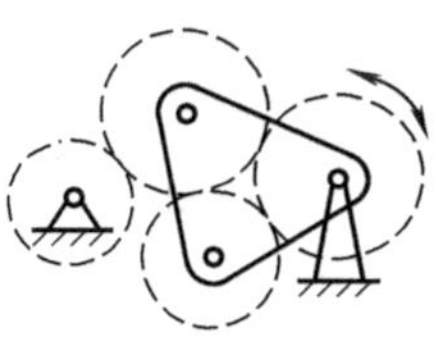 | 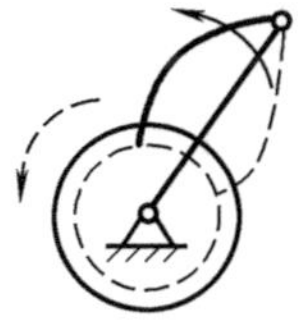 | 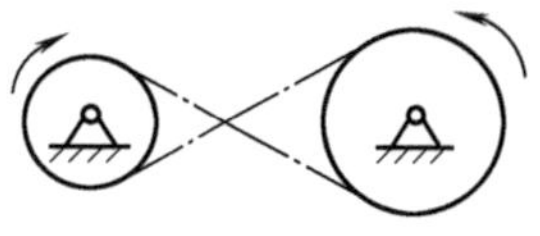 |
| 一种可行方案 | 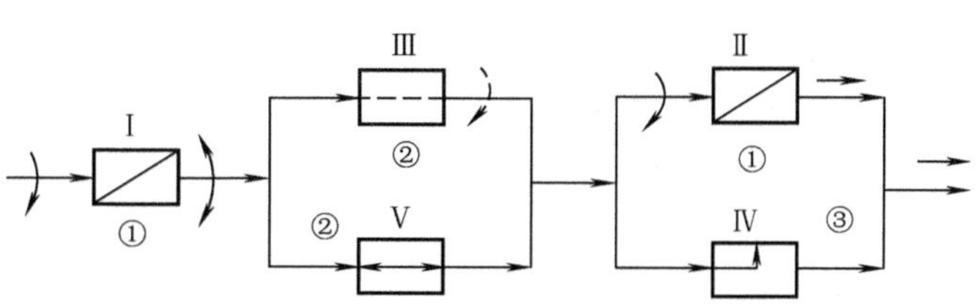  | | |

功能性质，因此可能组合的可行方案较理论方案少。然后，将这些可行方案加以定性或定量分析，就可以从中选出最佳方案。上节用逻辑经验组合法得到的方案即如表5-5中的可行方案。可知，该方案中的棘轮棘爪机构具有两种功能：将摆动转化为单向间歇运动和通过改变棘爪安装方向来改变进给方向。其中的螺旋机构具有两种功能：将单向间歇摆动转化为间歇单向移动和进行运动轴线转换。显然，在一个方案中某基本机构的功能越多，则得到的方案其结构越简单。

## 习　题

5-1　运动链 $N_3^{(1)}-012$、$N_3^{(2)}-012$、$N_4-0022$，请画出其运动链的结构图。若以四元连杆为机架，其中一个三元连杆作转动并为原动件，要求机构的执行构件为两个完全对称运动的滑块。试进行机构变换。

5-2　运动链 $N_3^{(1)}-112$、$N_3^{(2)}-112$，请画出运动链的结构图。分别取不同构件为原动件，三元连杆为机架。试综合出一个Ⅱ级机构和一个高级别机构。

5-3　指出代号 $N_3^{(1)}-111$、$N_3^{(2)}-111$、$N_4-1111$ 中有几个二、三、四元连杆。若以四元连杆为机架，取回转构件为原动件。试变换出一个连架杆为导杆，另两个连架杆为滑块的机构。

5-4　代号为 $N_3^{(1)}-002$、$N_3^{(2)}-013$、$N_4-0123$ 的运动链，请画出其运动链的结构图。问有几个二、三、四元连杆？变换机构后其自由度 $F$ 为多少？。

5-5　在自由度 $F=2$ 的 $A$ 类运动链中，其 $N=5$、$L=1$、$N_2=5$。请变换出具有一个移动副的所有机构。

5-6　为把从轧钢机轧出的钢材剪切成较短的定尺长度，用图5-17所示的飞剪机对运动中的钢材进行剪切，曲柄 $AB$ 转一周剪切一次。要求：

1）根据此工艺要求，如何确定对创新机构提出的动作要求？（上下剪刃的动作及轨迹）

2）请拟订评判机构方案优劣的准则。

3）用本章机构综合的连杆组合法，至少提出另外一个方案，用上述准则评价此方案的优缺点。

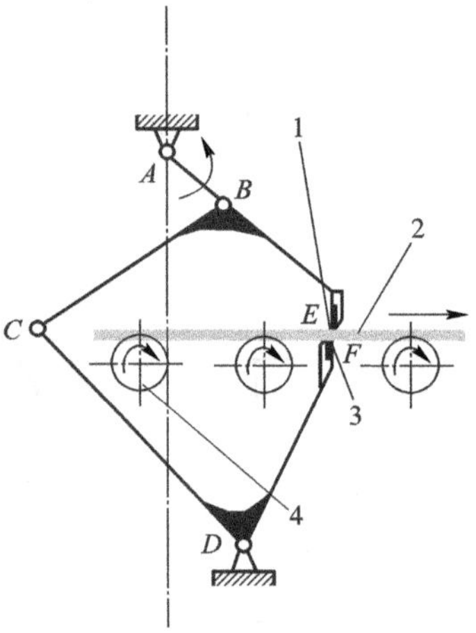


图5-17　题5-6图

1—上剪刃　2—运动中的钢材

3—下剪刃　4—运送钢材的辊子

# 第六章　平面连杆机构

平面连杆机构讨论课

扫码观看视频讲解

## 第一节　概　　述

由转动副和移动副这些低副联接而成的平面机构称为平面连杆机构。如机构的结构分析所述，多杆机构均是在最简单的四杆机构的基础上添加杆组构成的，因此四杆机构是分析连杆机构的基础。所以本章主要讨论四杆机构，最后简单介绍五杆机构。

### 一、平面连杆机构的特点

平面连杆机构主要有以下一些特点：

1）由于连杆机构的构件能够做成较长的杆，因此常用作实现远距离传动的操纵机构。如火车站所用的搬道机构以及自行车上的手闸机构等。有些机器还利用连杆机构实现增力（如图6-1所示颚式破碎机中的平面六杆机构）以及扩大行程（如牛头刨床中的平面六杆机构）。

2）平面连杆机构在运动过程中，连杆是作平面复杂运动的，其上各点的轨迹呈现各种不同形状的代数曲线（习称连杆曲线），因而工程中常用来作为直接完成某种轨迹要求的执行机构（如图6-2所示的搅拌机构）。

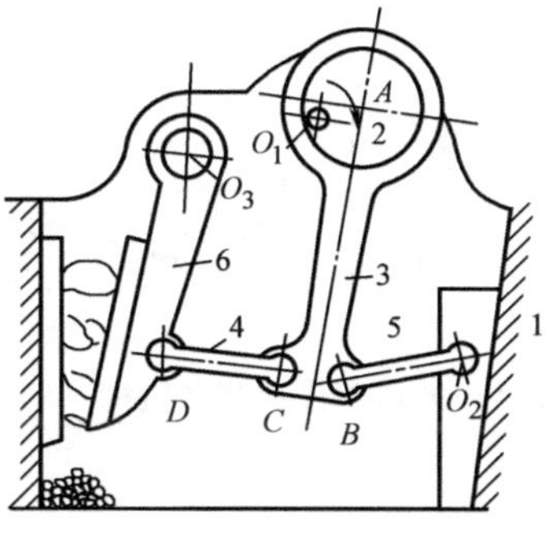


图6-1　颚式破碎机

1—机架　2—偏心轴　3、4—连杆　5—连架杆　6—连架杆（动颚）

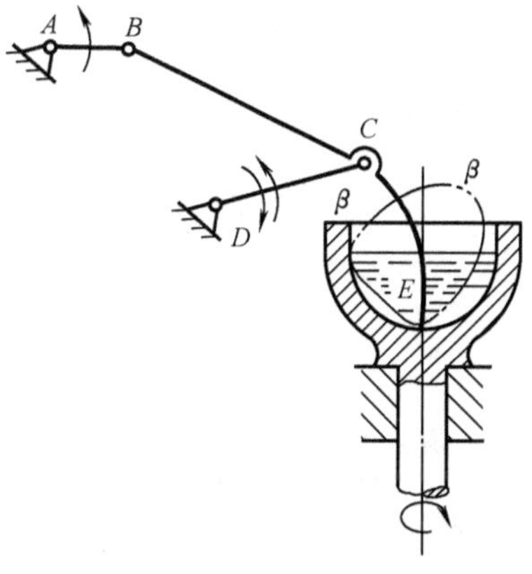


图6-2　搅拌机

3）由于连杆机构是低副机构，运动副元素为面接触，单位面积上的压力较小，寿命较长，适于传递较大的动力，所以动力机械、压力机等机器中的工作机构常采用连杆机构。

4）由于连杆机构构件间的相互接触是依靠运动副元素的几何形面来锁合的，而这些几何形面均为圆柱面或平面，便于制造。

平面连杆机构也有缺点，这就是当要求从动件精确实现给定运动规律时，与凸轮机构相比其设计要困难得多，而且在多数情况下只能近似地满足运动要求；同时连杆机构在运动过程中，多数构件及其质心都作变速运动，其惯性力难以平衡。

## 二、平面连杆机构设计的基本问题

平面连杆机构设计的主要问题是：根据机构所应起的作用而提出的已知条件来确定机构运动简图的参数。所谓机构运动简图的参数即转动副中心间的距离、确定移动副位置的尺寸以及确定描绘连杆曲线的点的位置尺寸等。由于已知的条件是根据机构的用途而定的，它是各式各样的，因此设计平面连杆机构的实际问题也是多种多样的。然而从这些范围广泛的问题中，可以归纳成两类基本问题：①实现已知的运动规律；②实现已知的轨迹。

所谓实现已知运动规律的问题，就是当机构原动构件的运动规律已知时，确定运动简图的待定参数，以保证执行构件按照给定的运动规律而运动。

图 6-3 所示为调整雷达天线俯仰角大小的连杆机构。曲柄 1 由减速器获得传动（图中未画出）驱使连架杆 3 绕点 $D$ 在一定角度范围内摆动，从而实现调整天线俯仰角的大小。在确定此机构运动简图的参数时，应当能够保证天线能实现所要求的最大俯仰角。



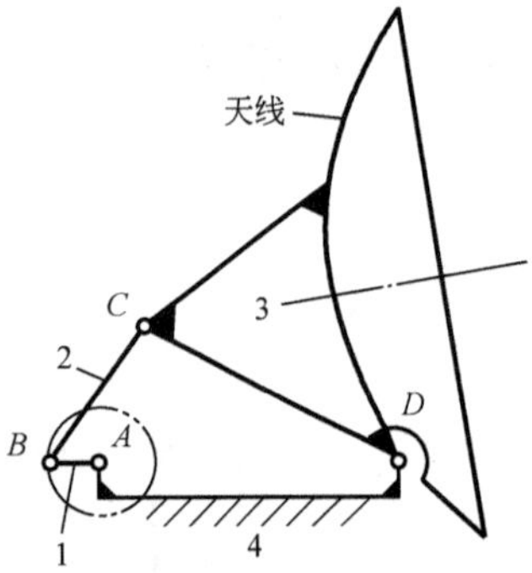


图 6-3 雷达天线俯仰角调整机构
1—曲柄 2—连杆
3—连架杆（天线） 4—机架

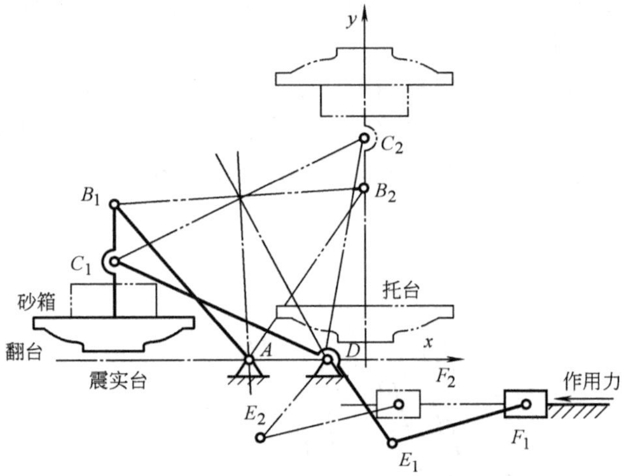


图 6-4 铸造工作台翻转机构

图 6-4 所示为铸工车间震实式造型机工作台的翻转机构。在图 6-4 所示实线位置处，翻台在震实台上造型震实，然后利用压缩空气推动气缸活塞 $F$，当使构件 $AB$ 转过一角度到达图 6-4 所示双点画线位置（起模位置）时，构件 $BC$ 便转过 180°，以达到翻转的目的。翻台从震实台位置运送至起模位置，托台就上升接触砂箱起模。确定该四杆机构 $ABCD$ 的运动简图参数时，应能满足上述转动角度的要求。

图 6-5 所示的轧钢车间的钢板摆式飞剪机构，它可以将刚轧制出来的正在运动着的钢材剪切成给定的长度。该机构即 $ABCD$ 四杆机构，在连杆 $BC$ 上装有上剪刃 $E$，在摇杆 $CD$ 上装有下剪刃 $F$，当原动件 $AB$ 整周转动时，下剪刃为圆弧轨迹，上剪刃为封闭轨迹。可

见当两轨迹相交时完成剪切。该机构的设计必须满足上、下剪刃的水平速度与钢板的运行速度同步。

所谓实现已知轨迹的问题，就是要使所确定的机构运动简图的参数能保证该机构中作平面复杂运动的构件上某一点沿着已知的轨迹运动。

在图 6-6 所示的起重机中，当四杆机构 *ABCD* 的构件 *CD* 摆动时，杆 *CB* 上悬挂重物的点 *M* 在近似的水平直线上移动。这样，重物在平移时可以避免不必要的升降而消耗能量。

图 6-7 所示为轧钢厂步进式加热炉的步进装置示意图。搬运梳 4 通过铰链 *E*、*E′*联接于两个相同的四杆机构 *ABCD* 与 *A′B′C′D′* 的连杆 2 和 2′上，其联接点 *E* 和 *E′* 的轨迹为近似于卵形的连杆曲线。构件 1 和 1′以相同的角速度沿逆时针方向回转，当点 *E* 和 *E′*行经卵形曲线的上部时，搬运梳作工作行程把钢坯推向左方；当点 *E* 和 *E′*行经卵形曲线其他部分时，此时搬运梳下降并脱离钢材作空行程，随后返回并上升，以便实现第二次工作行程。卵形曲线上部为近似直线，可使搬运梳与钢材的磨损减小。

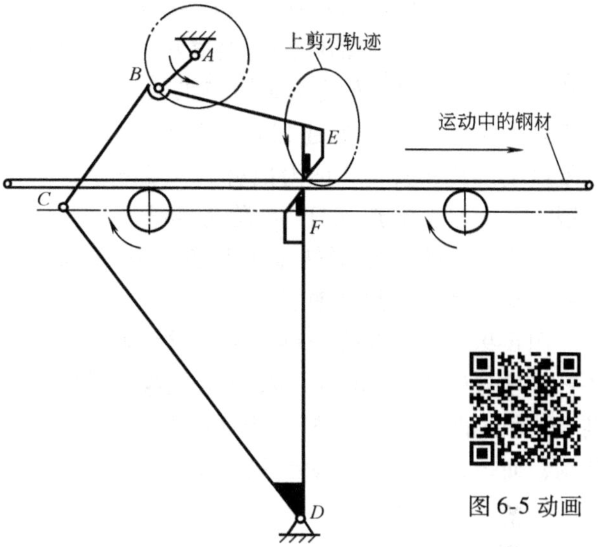


图 6-5　钢板飞剪机构

图 6-5 动画



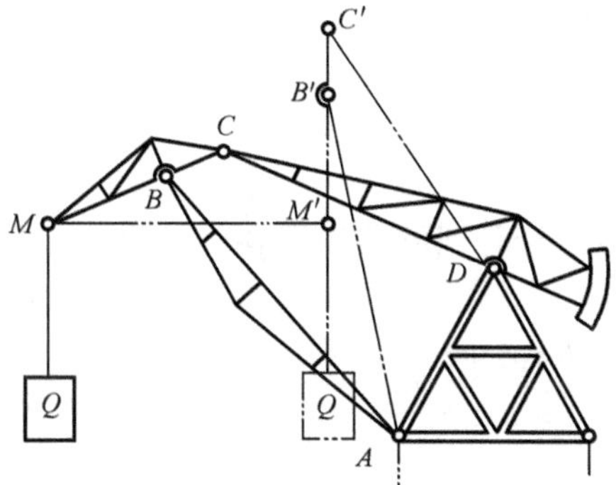


图 6-6　港口起重机

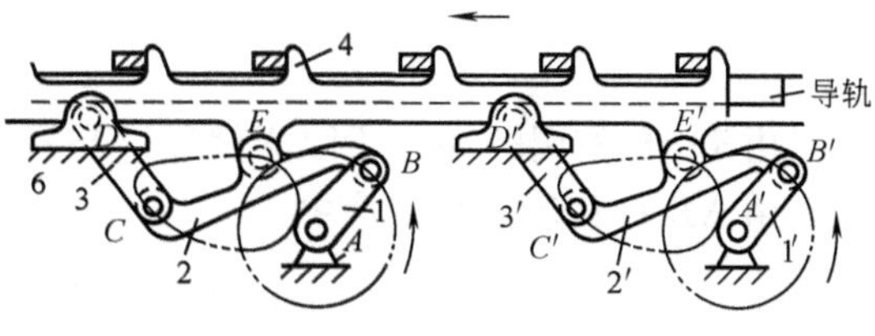


图 6-7　步进式加热炉的步进装置

## 第二节　连杆机构的运动特性

工程对机构提出的各种各样的运动要求是否能满足，取决于机构本身的属性。把机构的这些运动和传力性能，诸如机构的有曲柄条件、传动角、急回运动及止点（或称死点）称为机构的运动特性。这些运动特性取决于机构的结构和尺寸。

## 一、有曲柄的条件

图6-8所示为一以$AD$为机架的四杆机构$ABCD$。其中$AB$为原动件并作整周转动，而$CD$作往复摆动。由于$AB$与$CD$均与机架相连统称**连架杆**，作整周转动的连架杆$AB$则称为**曲柄**，往复摆动的连架杆$CD$称为**摇杆**（或**摆杆**），作一般平面运动的非连架杆$BC$称为**连杆**。

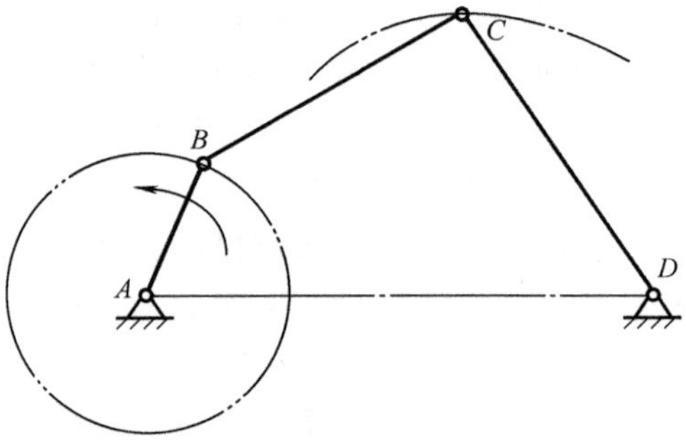

图6-8 铰链四杆机构

机构中是否有整周转动的构件与构成该机构的运动链各杆的尺寸有关。

图6-9a所示的铰链四杆运动机构$ABCD$，各杆尺寸分别为$a$、$b$、$c$、$d$，$d$为机架。若构件1绕$A$作整周转动，构件3绕点$D$摆动，则$AB$为曲柄，$CD$为摇杆。由运动关系知，曲柄两端的运动副$A$、$B$可整周转动，称为**全转副**；而摇杆两端的运动副只能作小于360°的往复摆动，称为**摆动副**。

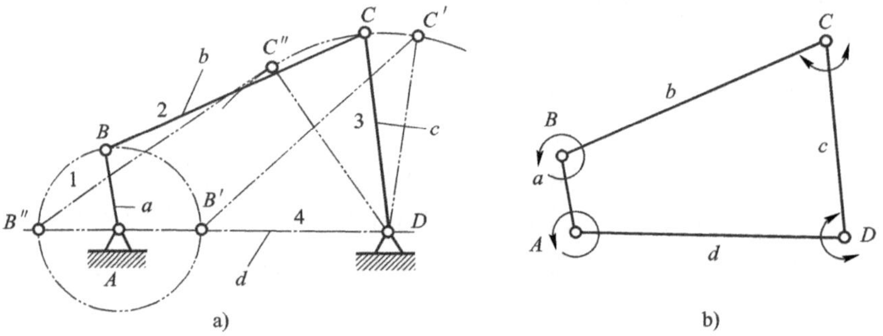

图6-9 曲柄摇杆机构模型图

a）曲柄与机架共线位置 b）运动链中全转副与摆动副

1—连架杆（曲柄） 2—连杆

3—连架杆（摇杆、摆杆） 4—机架

由于$AB$整周转动，所以必然通过与机架$AD$内、外共线的两位置$AB'$、$AB''$。

由$\triangle B'C'D$和$\triangle B''C''D$中

$$\begin{cases} b \leqslant d-a+c, \text{ 即 } a+b \leqslant d+c \\ c \leqslant d-a+b, \text{ 即 } a+c \leqslant d+b \\ a+d \leqslant b+c \end{cases} \tag{6-1}$$

将式（6-1）中每两式相加得

$$\begin{cases} a \leqslant b \\ a \leqslant c \\ a \leqslant d \end{cases} \tag{6-2}$$

由以上分析知，最短杆为$a$，其两端运动副都是全转副。且$a$与任何杆相加均小于其它两杆之和。由于低副机构具有低副运动的可逆性，即运动副的性质（是全转副还是摆动副）不随机架变更而改变。因此，把四杆机构转化为如图6-9b所示的四杆运动链，以研究有曲柄的一般条件。若该运动链满足式（6-1）和式（6-2），则$a$为最短杆，$A$、$B$

为全转副，$C$、$D$ 为摆动副。根据低副运动的可逆性知，若将运动链中的 $AB$ 固定为机架，因 $A$、$B$ 均为全转副，所以连架杆 $BC$、$AD$ 均为整周转动即曲柄，得双曲柄机构；$BC$ 与 $AD$ 之一为机架时，因为 $BC$、$AD$ 只有一个全转副，另一个为摆动副得曲柄摇杆机构；$CD$ 为机架时因 $CD$ 两端均为摆动副，故连架杆 $BC$、$AD$ 只能摆动，得双摇杆机构。由此得机构的**有曲柄条件**：

1）**满足杆长之和条件。即最短杆与最长杆之和小于或等于其他两杆之和。**

2）**最短杆或者最短杆的邻杆为机架。**

**推论**：当铰链四杆机构中各杆尺寸不满足杆长之和条件时，不论以何杆为机架只能得到双摇杆机构。

在双曲柄机构中，如果组成四边形的对边构件的长度分别相等，即 $a=c$、$b=d$，那么根据曲柄相对位置的不同，可得如图 6-10a 所示的平行双曲柄机构或图 6-10b 所示的反向双曲柄机构。前者两曲柄的回转方向相同且角速度相等，而后者两曲柄的回转方向相反且角速度不等。图 6-10c 所示为平行双曲柄机构的应用实例，液压缸通过平行双曲柄机构使铲斗上、下运动，由于连杆 $BC$ 始终平行于机架 $AD$，故铲斗不致倾斜，土、石不会掉落。

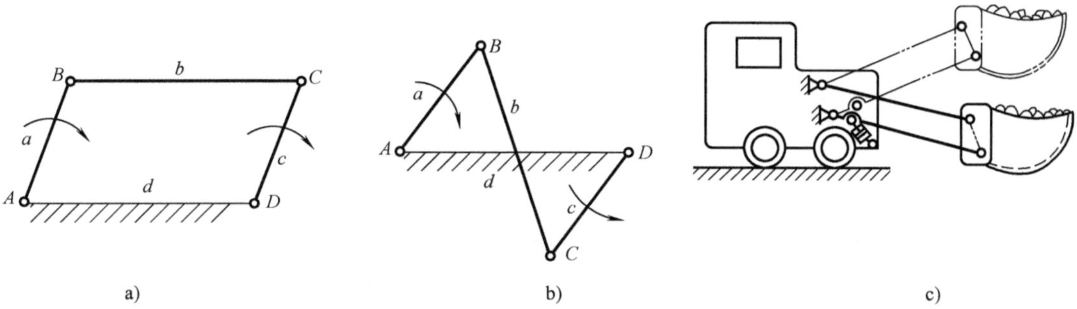


图 6-10　平行四边形机构及其应用
a）平行四边形机构　b）反向平行四边形机构　c）铲斗平动推举机构

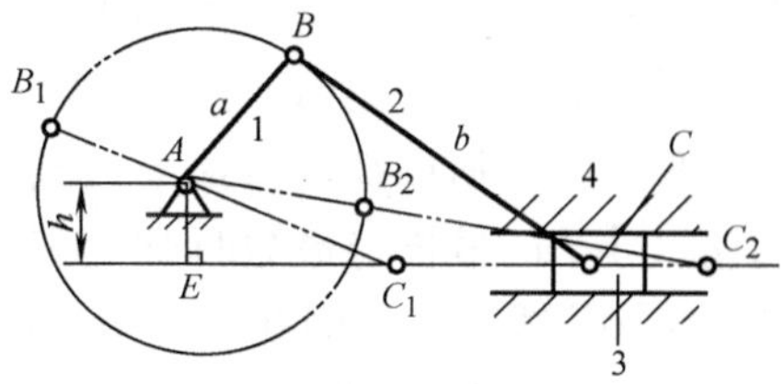


图 6-11　偏置曲柄滑块机构

曲柄滑块机构有曲柄的条件可分析如下：图 6-11所示为一偏置曲柄滑块机构，如构件 1 为曲柄，则点 $B$ 应能通过曲柄与连杆共线的两个极限位置。当曲柄位于 $AB_1$ 时，它与连杆重叠共线，此时在直角三角形 $AC_1E$ 中得 $AC_1>AE$，即 $b-a>h$，故

$$b>a+h \tag{6-3}$$

当曲柄位于 $AB_2$ 时，它与连杆拉直共线，此时在直角三角形 $AC_2E$ 中得 $AC_2>AE$，即 $b+a>h$。由于满足 $b-a>h$ 必然满足 $b+a>h$，故式（6-3）即为偏置曲柄滑块机构有曲柄的条件。

当 $h=0$ 时，曲柄滑块机构有曲柄的条件是 $b>a$。

## 二、压力角和传动角

在如图 6-12 所示的曲柄摇杆机构中，若不考虑构件的惯性力和运动副中摩擦力等的影响，则当原动件为曲柄时，通过连杆作用于从动件摇杆上的力 $F$ 沿 $BC$ 方向，此从动件所受的力的作用线与力作用点 $C$ 的绝对速度 $v_c$ 之间所夹的锐角 $\alpha$ 称为**压力角**。在机构设计中，要求所设计的机构不但应能实现预定的运动，而且希望运转轻便和效率较高。力 $F$ 在 $v_c$ 方向能作功的有效分力 $F_t = F\cos\alpha$，显然，这个分力越大越好；而 $F$ 沿摇杆杆长方向的分力 $F_n = F\sin\alpha$ 不作功，故越小越好。由此可知，压力角越小对机构工作越有利。

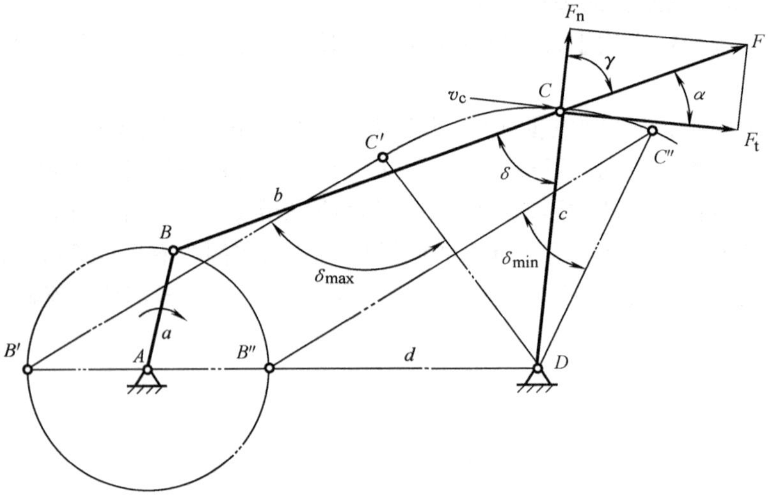


图 6-12 四杆机构的传动角与压力角

力 $F$ 与 $F_n$ 所夹的锐角 $\gamma$ 称为**传动角**。如图 6-12 所示，当连杆与摇杆的夹角 $\delta$ 为锐角时，$\delta=\gamma$。因 $\alpha+\gamma=90°$，故 $\alpha$ 越小而 $\gamma$ 越大，对机构工作也越有利。由于传动角可以从机构的运动简图上直接观察其大小，故在机构设计中常采用 $\gamma$ 来衡量机构的传动质量。当机构运转时，其传动角的大小是变化的，为了保证机构传动良好，设计时通常应使 $\gamma_{min} \geqslant 40°$；对于高速和大功率的传动机械，应使 $\gamma_{min} \geqslant 50°$。为此，需确定 $\gamma=\gamma_{min}$ 时机构的位置，并检验 $\gamma_{min}$ 的值是否不小于上述的许用值。

传动角 $\gamma$ 的大小随连杆与摇杆间的夹角而变化。当 $\delta<90°$ 时，$\gamma=\delta$；当 $\delta>90°$ 时，$\gamma=180°-\delta$。所以欲求得最小传动角，必须求得 $\delta_{min}$ 与 $\delta_{max}$。在 $\triangle BCD$ 中，$BD$ 为 $\delta$ 角的对边，当 $BD$ 最长与最短时则分别有 $\delta$ 最大值和最小值。由几何关系知，当曲柄 $AB$ 与机架 $AD$ 外共线时，如图 6-12 中机构 $AB'C'D$ 位置有 $\delta_{max}$。当曲柄 $AB$ 与机架 $AD$ 内共线时，如图 6-12 中机构 $AB''C''D$ 位置有 $\delta_{min}$。此位置的传动角按下式计算：

当 $\delta_{min}<90°$ 时

$$\gamma_1 = \delta_{min} = \arccos\left[\frac{b^2+c^2-(d-a)^2}{2bc}\right] \tag{6-4}$$

当 $\delta_{max}>90°$ 时，$\gamma_2=180°-\delta_{max}$

$$\gamma_2 = 180° - \arccos\left[\frac{b^2+c^2-(a+d)^2}{2bc}\right] \tag{6-5}$$

则 $\gamma_1$、$\gamma_2$ 中的较小值为最小传动角。所以铰链四杆机构的最小传动角出现在曲柄与机架共线的两位置之一。

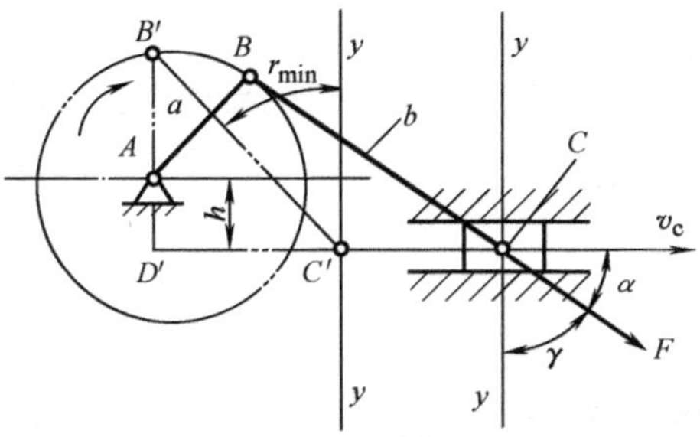


图 6-13　曲柄滑块机构的传动角与压力角

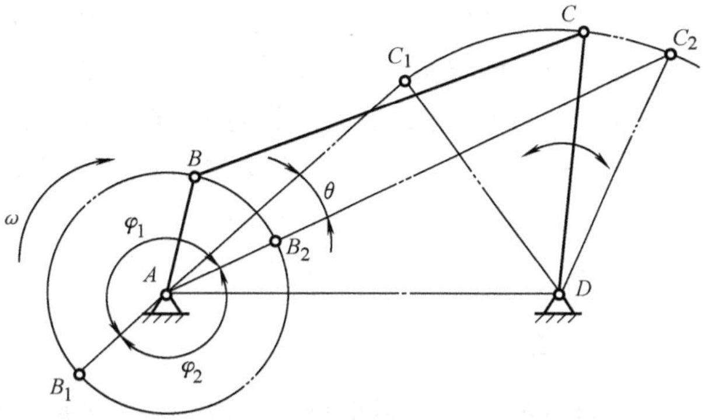


图 6-14　曲柄摇杆机构的极位夹角

在如图 6-13 偏置曲柄滑块机构中，当曲柄为主动件时，从动件所受的推力 $F$ 与从动件滑块 $C$ 的速度 $v_c$ 间的夹角为压力角 $\alpha$，而力 $F$ 与导路垂线 $y$-$y$ 间的夹角为传动角 $\gamma$。可见在图示 $AB'C'$处，有最小传动角 $\gamma_{min}$，按式（6-6）计算

$$\gamma_{min} = \arccos\left(\frac{a+h}{b}\right) \tag{6-6}$$

当曲柄为原动件时，曲柄滑块机构的最小传动角出现在曲柄与导路垂直且远离偏心一方的机构位置。

## 三、行程速度变化系数

在如图 6-14 所示的曲柄摇杆机构中，当曲柄 $AB$ 为原动件并作等速回转时，摇杆 $CD$ 为从动件并作往复变速摆动。曲柄 $AB$ 在回转一周的过程中有两次与连杆 $BC$ 共线，这时摇杆 $CD$ 分别位于极限位置 $C_1D$ 和 $C_2D$。当曲柄自 $AB_1$ 顺时针转过角 $\varphi_1$ 时，摇杆自 $C_1D$ 摆至 $C_2D$，其所需的时间为 $t_1$，点 $C$ 的平均速度为 $v_1$；当曲柄再继续转过角 $\varphi_2$ 时，摇杆自 $C_2D$ 摆至 $C_1D$。其所需的时间为 $t_2$，点 $C$ 的平均速度为 $v_2$。在此两极限位置处一曲柄与另一曲柄反向线间所夹的角 $\theta$ 称为**极位夹角**。因 $\varphi_1 = (180° + \theta)$ 大于 $\varphi_2 = (180° - \theta)$，所以 $t_1$ 大于 $t_2$，$v_2$ 大于 $v_1$。由此可知，当曲柄等速回转时，摇杆来回摆动的速度不同，且具有急回运动的特征。为了表达这个特征的相对程度，设

$$K = \frac{v_2}{v_1}$$

该比值称为从动件的**行程速度变化系数**。

根据以上所述可得

$$K = \frac{v_2}{v_1} = \frac{C_1C_2/t_2}{C_1C_2/t_1} = \frac{t_1}{t_2} = \frac{\varphi_1}{\varphi_2} = \frac{180° + \theta}{180° - \theta} \tag{6-7}$$

或

$$\theta = 180° \times \frac{K-1}{K+1} \tag{6-8}$$

设计这种机构时，通常根据给定的 $K$ 值算出角 $\theta$ 作为已知的运动条件。当 $K = 1$ 时，

6

$\theta=0°$，机构无急回特性；当 $K>1$ 时，$\theta>0°$，机构有急回特性。其中当 $K=3$ 时，$\theta=90°$；当 $K>3$ 时，$\theta$ 为钝角。工程中一般取 $K\leqslant2$，故 $\theta$ 常为锐角。

在曲柄摇杆机构中，如需调整摇杆摆角的大小或位置，可改变曲柄或连杆的长度来得到。因为当曲柄与连杆重叠共线时，$AC_1=B_1C_1-AB_1$；而当曲柄连杆拉直共线时，$AC_2=B_2C_2+AB_2$。所以，如果加大曲柄 $AB$ 的长度，则 $AC_1$ 减小，而 $AC_2$ 增加，于是点 $C_1$ 往左侧偏移，点 $C_2$ 往右侧偏移，此时摇杆摆角增大；反之，如果减小曲柄 $AB$ 的长度，则摇杆摆角减小。如果加大连杆 $BC$ 的长度，则 $AC_1$ 和 $AC_2$ 均加大，于是点 $C_1$ 及 $C_2$ 均向右侧偏移，这样就能改变摇杆的两个极限位置。

## 四、止点位置

在如图 6-15 所示的曲柄摇杆机构中，若取摇杆作为原动件，则摇杆在两极限位置时，通过连杆加于曲柄的力 $F$ 将经过铰链 $A$ 的中心，此时传动角 $\gamma=0$，即 $\alpha=90°$，故 $F_t=0$，它不能推动曲柄转动，而使机构卡死处于静止状态。这种位置称为**止点位置**。

对传动而言，机构有止点位置是一个缺点，且该点的运动方向不定，需设法克服。例如可利用构件的惯性通过止点位置，缝纫机在运动中就是靠带轮的惯性来通过止点位置的。



工程上，有时也需要利用机构的止点位置来进行工作。例如图 6-16 所示的电气设备上开关的分合闸机构，合闸时机构是在止点位置附近，触头接合力 $Q$ 和弹簧拉力 $F$ 对构件 $CD$ 产生很大的力矩，但此力矩不能推动构件 $AB$ 和 $CD$ 转动而分闸。当超负荷需要分闸时，通过控制装置（图 6-16 中未表示出）产生较小的力来推动构件 $AB$ 使机构脱离止点位置，构件 $CD$ 便能转动从而达到分闸的目的，如图 6-16 中双点画线所示的。

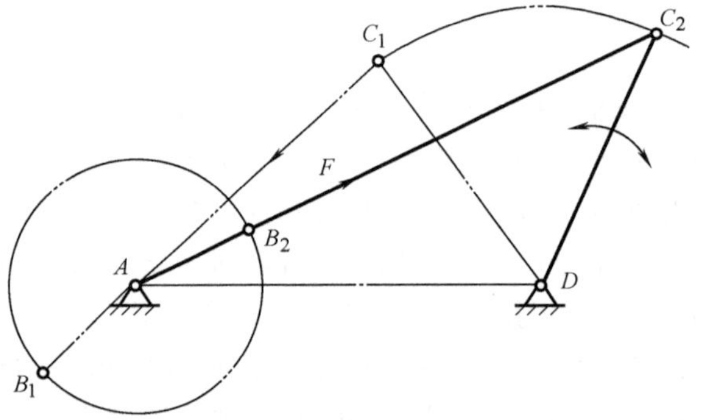


图 6-15 曲柄摇杆机构的止点位置

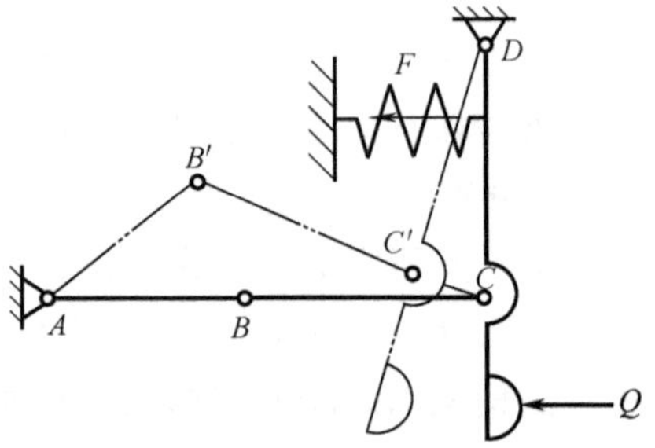


图 6-16 开关的分合闸机构

双摇杆机构也有止点位置，在实际使用中如需避免止点位置，应限制摇杆的摆动角度。

在双曲柄机构中，由于没有作往复运动的构件，机构没有极限位置，故无止点。但在如图 6-17所示的长边为机架的平行双曲柄机构中，需注意机构出现运动不确定的位置。当各构件位于一条直线上时，从动曲柄 $CD$ 可能向正、反两个方向转动，此位置称为机构的转折点位置，即平行双曲柄机构可能变成反向双曲柄机构。

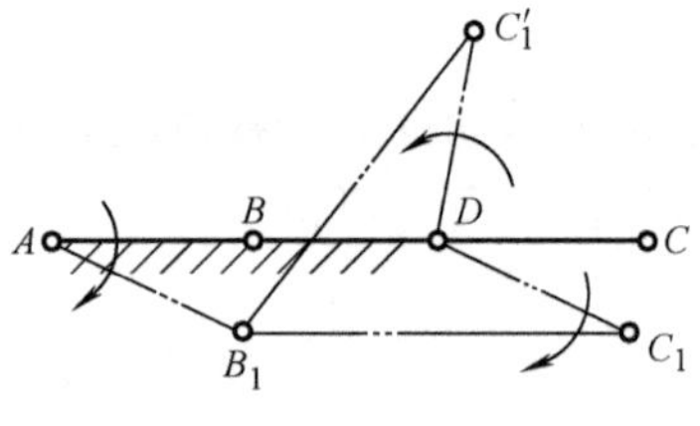


图 6-17 平行四边形机构的转折点位置

为了消除这种可能性，可利用从动件本身或附加质量的惯性来导向，或者在原有的平行双曲柄机构中装上一个辅助曲柄 $GH$（图6-18），或装上一个辅助连杆 $EF$（图6-19），或将若干组相同机构错列等方法来解决。值得注意的是，装加辅助曲柄 $GH$ 或装辅助连杆 $EF$ 时，必须严格按照构成虚约束的条件加工和安装机构，否则虚约束会变成真约束使机构不能运动，这样势必增加机械的成本。

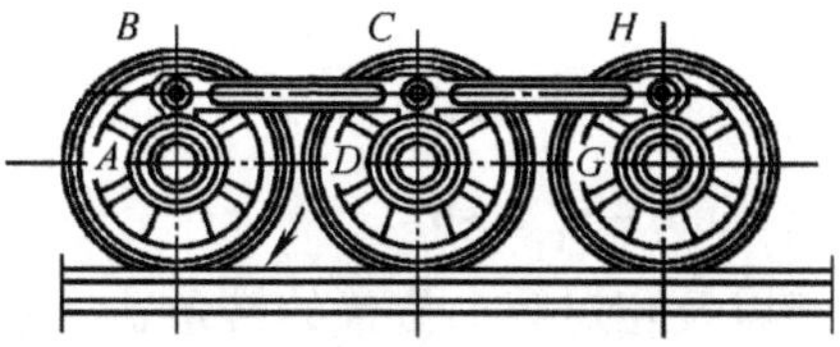


图6-18　通过转折点位置的方法（一）

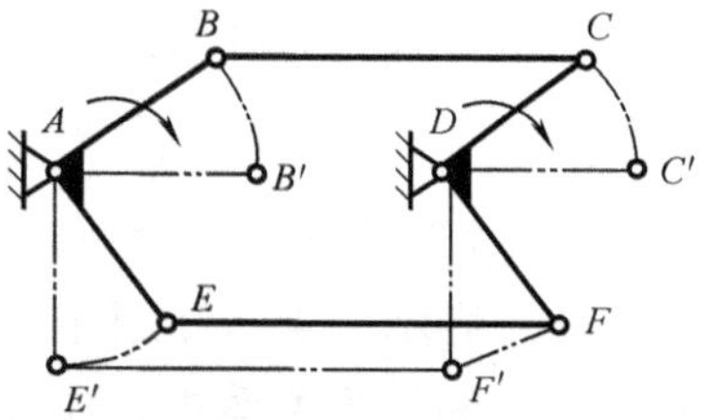


图6-19　通过转折点位置的方法（二）

## 第三节　机构综合的位移矩阵法

位移矩阵法是以各运动副位置坐标为参数，以杆长不变或移动方位角不变为约束条件建立方程，对机构尺寸进行综合的一种方法。由于构件上点的坐标可以用便于数值计算的位移矩阵来表示，因此这种方法具有较强的通用性与适用性。

### 一、刚体平面有限位移的位移矩阵

如图6-20所示，刚体的位置可用其上一直线 $PQ$ 表示。其任意 $j$ 位置用 $P_jQ_j$ 表示。若已知点 $P$ 的位置参数，现讨论如何建立该刚体上另一点 $Q$ 与已知点 $P$ 间的关系式。

设刚体置于定坐标系 $Oxy$ 中，与刚体固结的动坐标系为 $O'x'y'$。刚体初位置 $P_1Q_1$，动、定坐标重合，则点 $P_1$ 的位置坐标

$$\begin{cases} x'_{P_1} = x_{P_1} \\ y'_{P_1} = y_{P_1} \end{cases}$$

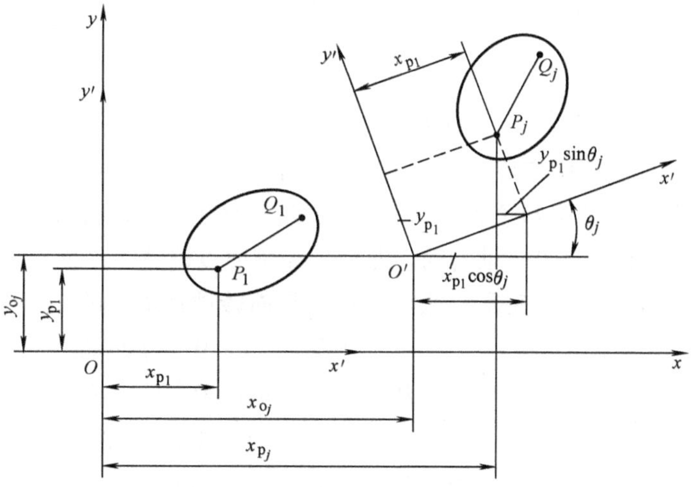


图6-20　坐标系的转换

现使钢体与动坐标 $O'x'y'$ 一起相对于定坐标 $Oxy$ 作有限位移到任意位置 $j$，动坐标系相对定坐标系的转角（即刚体 $P_jQ_j$ 相对 $P_1Q_1$ 的转角）用 $\theta_j$ 表示，则点 $P_j$ 在定坐标系中的坐标值为

$$\begin{cases} x_{p_j} = x_{o_j} + x_{p_1}\cos\theta_j - y_{p_1}\sin\theta_j \\ y_{p_j} = y_{o_j} + x_{p_1}\sin\theta_j + y_{p_1}\cos\theta_j \end{cases} \tag{6-9}$$

同理可列出点 $Q_j$ 在定坐标系中的坐标值方程

$$\begin{cases} x_{q_j} = x_{o_j} + x_{q_1}\cos\theta_j - y_{q_1}\sin\theta_j \\ y_{q_j} = y_{o_j} + x_{q_1}\sin\theta_j + y_{q_1}\cos\theta_j \end{cases} \tag{6-10}$$

将式（6-10）减去式（6-9）有

$$\begin{cases} x_{q_j} = x_{q_1}\cos\theta_j - y_{q_1}\sin\theta_j + x_{p_j} - x_{p_1}\cos\theta_j + y_{p_1}\sin\theta_j \\ y_{q_j} = x_{q_1}\sin\theta_j + y_{q_1}\cos\theta_j + y_{p_j} - x_{p_1}\sin\theta_j - y_{p_1}\cos\theta_j \end{cases} \tag{6-11}$$

式（6-11）表示，当已知刚体上点 $P$ 的位置坐标以及相对第一位置的转角 $\theta_j$，刚体上另一点 $Q_1$ 与 $Q_j$ 间位置关系式。式（6-11）可写成矩阵表达式

$$\begin{pmatrix} x_{q_j} \\ y_{q_j} \\ 1 \end{pmatrix} = \begin{pmatrix} \cos\theta_j & -\sin\theta_j & x_{p_j} - x_{p_1}\cos\theta_j + y_{p_1}\sin\theta_j \\ \sin\theta_j & \cos\theta_j & y_{p_j} - x_{p_1}\sin\theta_j - y_{p_1}\cos\theta_j \\ 0 & 0 & 1 \end{pmatrix} \begin{pmatrix} x_{q_1} \\ y_{q_1} \\ 1 \end{pmatrix} \tag{6-12}$$

若

$$\boldsymbol{D}_{1j} = \begin{pmatrix} \cos\theta_j & -\sin\theta_j & x_{p_j} - x_{p_1}\cos\theta_j + y_{p_1}\sin\theta_j \\ \sin\theta_j & \cos\theta_j & y_{p_j} - x_{p_1}\sin\theta_j - y_{p_1}\cos\theta_j \\ 0 & 0 & 1 \end{pmatrix} = \begin{pmatrix} d_{11j} & d_{12j} & d_{13j} \\ d_{21j} & d_{22j} & d_{23j} \\ 0 & 0 & 1 \end{pmatrix} \tag{6-13}$$

则式（6-12）可表达为

$$\begin{cases} \boldsymbol{Q}_j = \boldsymbol{D}_{1j}\boldsymbol{Q}_1 \\ \boldsymbol{Q}_j = [x_{q_j} \quad y_{q_j} \quad 1]^{\mathrm{T}} \\ \boldsymbol{Q}_1 = [x_{q_1} \quad y_{q_1} \quad 1]^{\mathrm{T}} \end{cases}$$

式（6-13）中的 $d_{13j} = x_{p_j} - x_{p_1}\cos\theta_j + y_{p_1}\sin\theta_j$；$d_{23j} = y_{p_j} - x_{p_1}\sin\theta_j - y_{p_1}\cos\theta_j$，即动坐标系的原点 $O'$在定坐标系中的坐标值 $x_{o_j}$、$y_{o_j}$，故 $\boldsymbol{D}$ 为构件上已知点 $\boldsymbol{P}_j$ 位置参数的系数矩阵，$\boldsymbol{D}_{1j}$称为从位置 1 到位置 $j$ 的**刚体平面运动的位移矩阵**。

设刚体绕 $z$ 轴转动，即动坐标系原点位置不变而绕定坐标原点转动。此时 $d_{13} = d_{23} = 0$，其位移矩阵用 $\boldsymbol{R}_{1j}$表示，称为**平面转动矩阵**。即

$$\boldsymbol{R}_{1j} = \begin{pmatrix} d_{11} & d_{12} & 0 \\ d_{21} & d_{22} & 0 \\ 0 & 0 & 1 \end{pmatrix} = \begin{pmatrix} \cos\theta_j & -\sin\theta_j & 0 \\ \sin\theta_j & \cos\theta_j & 0 \\ 0 & 0 & 1 \end{pmatrix} \tag{6-14}$$

当刚体作平动时，即 $\theta_j = 0$，此时 $\cos\theta_j = 1$，$\sin\theta_j = 0$。位移矩阵用($T_{1j}$)表示，称为平动矩阵，即

$$\boldsymbol{T}_{1j} = \begin{pmatrix} 1 & 0 & x_{p_j} - x_{p_1} \\ 0 & 1 & y_{p_j} - y_{p_1} \\ 0 & 0 & 1 \end{pmatrix} \tag{6-15}$$

**例 6-1**　如图 6-21 所示，构件 $PQ$ 作平面有限位移，已知构件初位置 $\boldsymbol{P}_1=\begin{pmatrix}1\\1\end{pmatrix}$，$\boldsymbol{Q}_1=\begin{pmatrix}3\\1\end{pmatrix}$，若点 $P$ 到位置 $\boldsymbol{P}_2=\begin{pmatrix}3\\2\end{pmatrix}$并相对第一位置转角为 $\theta_2=60°$，求 $Q_2$。

**解**　写出位移矩阵式并代入已知数值

$$\boldsymbol{D}_{12}=\begin{pmatrix}\cos60° & -\sin60° & 3-1\cos60°+1\sin60° \\ \sin60° & \cos60° & 2-1\sin60°-1\cos60° \\ 0 & 0 & 1\end{pmatrix}=\begin{pmatrix}0.5 & -0.866 & 3.366 \\ 0.866 & 0.5 & 0.634 \\ 0 & 0 & 1\end{pmatrix}$$

将上式代入位移方程（6-12）

$$\begin{pmatrix}x_{q_2}\\ y_{q_2}\\ 1\end{pmatrix}=\begin{pmatrix}0.5 & -0.866 & 3.366 \\ 0.866 & 0.5 & 0.634 \\ 0 & 0 & 1\end{pmatrix}\begin{pmatrix}3\\1\\1\end{pmatrix}=\begin{pmatrix}4.000\\3.732\\1\end{pmatrix}$$

解得 $\boldsymbol{Q}_2=[4.000\quad 3.732]^{\mathrm{T}}$。

**例 6-2**　如图 6-21 所示，已知条件同例 6-1，求构件从 $P_1$ 到 $P_2$ 的转动中心 $P_{12}$。

**解**　由于 $P_{12}$为转动中心，故从位置 1 到位置 2 时点 $P_{12}$不动，即运动前后 $P_{12}$的坐标值不变。将位移矩阵代入式（6-12）

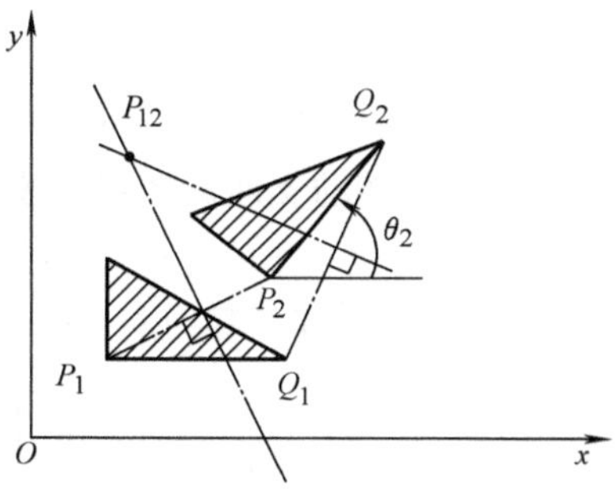

图 6-21　例 6-1、例 6-2 图

$$\begin{pmatrix}x_{p_{12}}\\ y_{p_{12}}\\ 1\end{pmatrix}=\begin{pmatrix}0.5 & -0.866 & 3.366 \\ 0.866 & 0.5 & 0.634 \\ 0 & 0 & 1\end{pmatrix}\begin{pmatrix}x_{p_{12}}\\ y_{p_{12}}\\ 1\end{pmatrix}$$

展开后

$$\begin{cases}0.5x_{p_{12}}+0.866y_{p_{12}}=3.366\\ 0.866x_{p_{12}}-0.5y_{p_{12}}=-0.634\end{cases}$$

解得

$$x_{p_{12}}=\frac{\begin{vmatrix}3.366 & 0.866\\ -0.634 & -0.5\end{vmatrix}}{\begin{vmatrix}0.5 & 0.866\\ 0.866 & -0.5\end{vmatrix}}=1.134$$

$$y_{p_{12}}=\frac{\begin{vmatrix}0.5 & 3.366\\ 0.866 & -0.634\end{vmatrix}}{\begin{vmatrix}0.5 & 0.866\\ 0.866 & -0.5\end{vmatrix}}=3.232$$

## 二、按连杆给定位置设计铰链四杆机构

如图 6-22 所示，被搬运的某刚体依次占据有限个位置，要求用一个四杆机构来完成，此即为刚体导引问题。由于刚体在平面上作一般平面运动，只有四杆机构中的连杆有这一

特性。因此该类问题属按连杆给定位置的设计问题。

如图 6-23 所示给定连杆 $BC$ 的诸位置：$\boldsymbol{P}_j=[x_{p_j} \quad y_{p_j}]^{\mathrm{T}}$，$\theta_j$。其中 $\theta_j$ 为连杆标线与其第一位置的相对转角（逆时针为正）。要求设计四杆机构实现给定的连杆诸位置，即确定支座 $A$、$D$ 和第一位置时运动副 $B_1$、$C_1$ 的坐标。

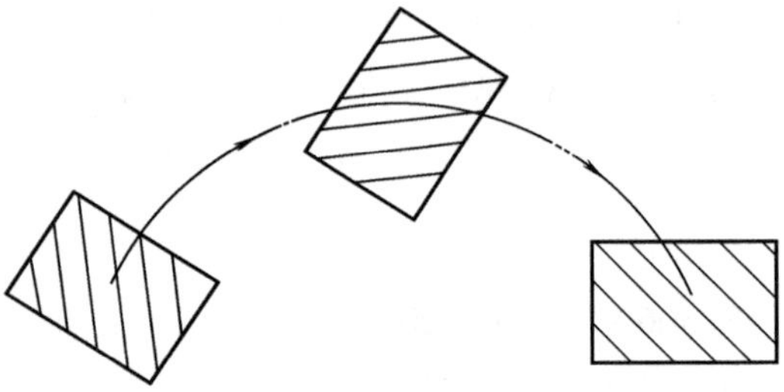

图 6-22　刚体导引

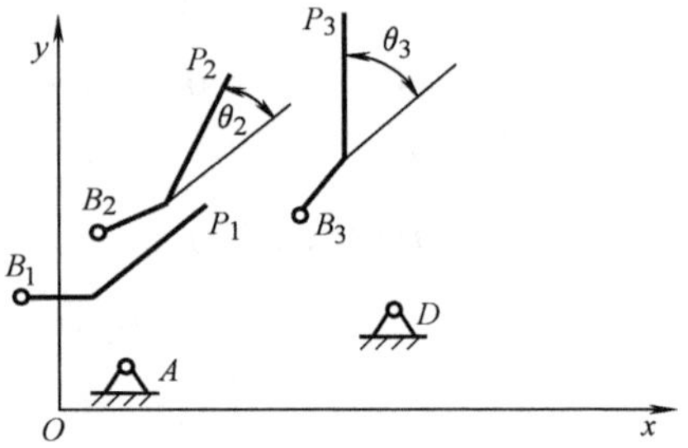


图 6-23　刚体导引机构综合模型



设可动运动副坐标以（$x_j$，$y_j$）表示，支座运动副坐标以（$x_0$，$y_0$）表示。根据可动运动副与其转动支座间距离不变（即杆长不变）可列出方程

$$(x_j-x_0)^2+(y_j-y_0)^2=(x_1-x_0)^2+(y_1-y_0)^2 \tag{6-16}$$

根据位移矩阵可写出 $[x_j \quad y_j]$ 与 $[x_1 \quad y_1]$ 间的位移方程

$$\begin{pmatrix} x_j \\ y_j \\ 1 \end{pmatrix}=\begin{pmatrix} d_{11j} & d_{12j} & d_{13j} \\ d_{21j} & d_{22j} & d_{23j} \\ 0 & 0 & 1 \end{pmatrix}\begin{pmatrix} x_1 \\ y_1 \\ 1 \end{pmatrix} \tag{6-17}$$

将式（6-17）代入式（6-16），可消去 $x_j$、$y_j$，简化后得

$$A_jx_1+B_jy_1=C_j \tag{6-18}$$

其中

$$\begin{cases} A_j=d_{11j}d_{13j}+d_{21j}d_{23j}+(1-d_{11j})x_0-d_{21j}y_0 \\ B_j=d_{12j}d_{13j}+d_{22j}d_{23j}+(1-d_{22j})y_0-d_{12j}x_0 \\ C_j=d_{13j}x_0+d_{23j}y_0-\dfrac{1}{2}(d_{13j}^2+d_{23j}^2) \end{cases} \tag{6-19}$$

由式(6-19)和式(6-18)知，未知量为 $x_1$、$y_1$、$x_0$、$y_0$，由于连杆的 $n$ 个位置可列出 $(n-1)$ 个方程，只有方程数与未知量相等时 $(n-1=4)$ 有定解，故式(6-18)、式(6-19)当给定连杆五位置时有定解。若已知连杆三位置，仅可列出两个方程，四个未知量中必须预先给定两个才有定解。一般给定支座位置($x_0$、$y_0$)，此时(6-19)式中的 $A_j$、$B_j$、$C_j$ 为常数，故式(6-18)为 $j=2$，3 的线性方程组。

将运动副 $B_1$ 和支座 $A$ 的坐标$(x_{B_1},y_{B_1})$、$(x_A,y_A)$分别置换式(6-18)、式(6-19)中的$(x_1,y_1)$、$(x_0,y_0)$，可求出$(x_{B_1},y_{B_1})$、$(x_A,y_A)$，同理可求出$(x_{C_1},y_{C_1})$、$(x_D,y_D)$。

**例 6-3**　已知连杆三位置 $\boldsymbol{P}_1=\begin{pmatrix}0\\1\end{pmatrix}$，$\boldsymbol{P}_2=\begin{pmatrix}1.6\\2.2\end{pmatrix}$，$\boldsymbol{P}_3=\begin{pmatrix}3.4\\1.9\end{pmatrix}$，$\theta_2=0$，$\theta_3=30°$，并给

定支座位置 $\boldsymbol{A}=\begin{pmatrix}0\\0\end{pmatrix}$，$\boldsymbol{D}=\begin{pmatrix}5\\0\end{pmatrix}$。试设计一铰链四杆机构。

**解** 将给定参考点 $P$ 的坐标及转角代入式（6-13）

$$\boldsymbol{D}_{12}=\begin{pmatrix}\cos\theta_2 & -\sin\theta_2 & x_{P_2}-x_{P_1}\cos\theta_2+y_{P_1}\sin\theta_2\\ \sin\theta_2 & \cos\theta_2 & y_{P_2}-x_{P_1}\sin\theta_2-y_{P_1}\cos\theta_2\\ 0 & 0 & 1\end{pmatrix}=\begin{pmatrix}1 & 0 & 1.6\\ 0 & 1 & 1.2\\ 0 & 0 & 1\end{pmatrix}$$

$$\boldsymbol{D}_{13}=\begin{pmatrix}\cos\theta_3 & -\sin\theta_3 & x_{P_3}-x_{P_1}\cos\theta_3+y_{P_1}\sin\theta_3\\ \sin\theta_3 & \cos\theta_3 & y_{P_3}-x_{P_1}\sin\theta_3-y_{P_1}\cos\theta_3\\ 0 & 0 & 1\end{pmatrix}$$

$$=\begin{pmatrix}0.866 & -0.5 & 3.4-0+1\sin30^\circ\\ 0.5 & 0.866 & 1.9-0-1\cos30^\circ\\ 0 & 0 & 1\end{pmatrix}=\begin{pmatrix}0.866 & -0.5 & 3.9\\ 0.5 & 0.866 & 1.034\\ 0 & 0 & 1\end{pmatrix}$$

先计算支座 $A$ 及运动副 $B_1$ 的坐标值。由于 $\boldsymbol{A}=\begin{pmatrix}0\\0\end{pmatrix}$，由式（6-19）

$$A_2=1\times1.6+0\times1.2+(1-1)x_A-0y_A=1.6$$

$$B_2=0\times1.6+1\times1.2+(1-1)y_A-0x_A=1.2$$

$$C_2=1.6\times0+1.2\times0-0.5(1.6^2+1.2^2)=-2$$

同理得 $A_3=3.8944$，$B_3=-1.0546$，$C_3=-8.1396$

将 $A_j$、$B_j$、$C_j$（$j=2$，3）代入式（6-18）有

$$\begin{cases}1.6x_{B_1}+1.2y_{B_1}=-2\\ 3.8944x_{B_1}-1.0546y_{B_1}=-8.1396\end{cases}$$

解出 $x_{B_1}=-1.8672$，$y_{B_1}=0.8092$

再计算支座 $D$ 及运动副 $C_1$ 的坐标值。由于 $\boldsymbol{D}=\begin{pmatrix}5\\0\end{pmatrix}$，根据 $\boldsymbol{D}_{12}$、$\boldsymbol{D}_{13}$ 及式（6-19）得

$$A_2=1\times1.6+0\times1.2+(1-1)x_D-0\times y_D=1.6$$

$$B_2=0\times1.6+1\times1.2+(1-1)y_D-0\times x_D=1.2$$

$$C_2=1.6\times x_D+1.2\times y_D-0.5(1.6^2+1.2^2)=6$$

同理得 $A_3=4.5644, B_3=1.4454, C_3=11.36042$

将 $A_j$、$B_j$、$C_j$（$j=2$，3）代入式（6-18）得线性方程组

$$\begin{pmatrix}1.6 & 1.2\\ 4.5644 & 1.4454\end{pmatrix}\begin{pmatrix}x_{C_1}\\ y_{C_1}\end{pmatrix}=\begin{pmatrix}6\\ 11.36042\end{pmatrix}$$

解得 $x_{C_1}=1.5674$，$y_{C_1}=2.9102$。

当求出该机构位置 1 时连杆铰链点 $B_1$、$C_1$ 的坐标后，可根据两点间的距离公式求出各杆长度。

6

## 三、按连杆给定位置设计曲柄滑块机构

按给定的连杆位置综合曲柄滑块机构时，与四杆铰链机构的综合方法一样，可取位置1为参考位置写出连杆的位移矩阵。如图6-24所示，先根据杆长不变约束条件求$A$、$B$坐标值，而滑块铰链$T$的位置按定斜率约束方程求解。

现讨论滑块铰链$T$的约束直线方程。设已知连杆的三个位置，则滑块铰链$T$的约束方程为

$$\frac{y_{T_3}-y_{T_1}}{x_{T_3}-x_{T_1}}=\frac{y_{T_2}-y_{T_1}}{x_{T_2}-x_{T_1}}$$

或写成行列式形式

$$\begin{vmatrix} x_{T_1} & y_{T_1} & 1 \\ x_{T_2} & y_{T_2} & 1 \\ x_{T_3} & y_{T_3} & 1 \end{vmatrix}=0 \tag{6-20}$$

将行列式（6-20）展开

$$x_{T_1}(y_{T_2}-y_{T_3})-y_{T_1}(x_{T_2}-x_{T_3})+x_{T_2}y_{T_3}-x_{T_3}y_{T_2}=0 \tag{6-21}$$

其中，$x_{T_2}$、$x_{T_3}$、$y_{T_2}$、$y_{T_3}$均可用位移矩阵以$x_{T_1}$、$y_{T_1}$代替

$$\begin{cases} \begin{pmatrix} x_{T_2} \\ y_{T_2} \\ 1 \end{pmatrix}=\begin{pmatrix} d_{112} & d_{122} & d_{132} \\ d_{212} & d_{222} & d_{232} \\ 0 & 0 & 1 \end{pmatrix}\begin{pmatrix} x_{T_1} \\ y_{T_1} \\ 1 \end{pmatrix} \\ \begin{pmatrix} x_{T_3} \\ y_{T_3} \\ 1 \end{pmatrix}=\begin{pmatrix} d_{113} & d_{123} & d_{133} \\ d_{213} & d_{223} & d_{233} \\ 0 & 0 & 1 \end{pmatrix}\begin{pmatrix} x_{T_1} \\ y_{T_1} \\ 1 \end{pmatrix} \end{cases} \tag{6-22}$$

式中，$d_{ikj}$（$i=1$，2，3；$k=1$，2；$j=2$，3）均为已知，求出$x_{T_j}$、$y_{T_j}$与$x_{T_1}$、$y_{T_1}$的关系后代入式（6-21），可解出$x_{T_1}$、$y_{T_1}$。

滑块的导路倾斜角$\alpha_4$

$$\tan\alpha_4=(y_{T_2}-y_{T_1})/(x_{T_2}-x_{T_1}) \tag{6-23}$$

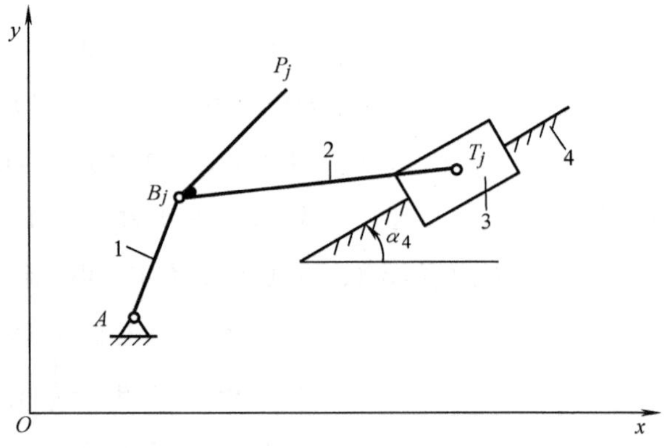

图6-24　曲柄滑块机构综合模型

由于三个位置才能列出一个定斜率方程，故当已知$n$位置时可列（$n-2$）个方程。可见方程数与待求量（$x_{T_1}$，$y_{T_1}$）相等时，即$n=4$时有定解。上述$n=3$的情况只能求一个未知量。因此$x_{T_1}$、$y_{T_1}$之一先给定有定解。

**例 6-4**　已知连杆三位置，参考点 $P$ 的坐标及两个相对转角为：$\boldsymbol{P}_1=\begin{pmatrix}1\\1\end{pmatrix}$，$\boldsymbol{P}_2=\begin{pmatrix}2\\0.5\end{pmatrix}$，$\boldsymbol{P}_3=\begin{pmatrix}3\\1.5\end{pmatrix}$；$\theta_2=0$，$\theta_3=45°$。设固定支座 $\boldsymbol{A}=\begin{pmatrix}5\\0\end{pmatrix}$，滑块铰链 $x_{T_1}=0$，试设计该曲柄滑块机构。

**解**　求出两个有限位移矩阵

$$\boldsymbol{D}_{12}=\begin{pmatrix}\cos\theta_2 & -\sin\theta_2 & x_{P_2}-x_{P_1}\cos\theta_2+y_{P_1}\sin\theta_2\\ \sin\theta_2 & \cos\theta_2 & y_{P_2}-x_{P_1}\sin\theta_2-y_{P_1}\cos\theta_2\\ 0 & 0 & 1\end{pmatrix}=\begin{pmatrix}1 & 0 & 1\\ 0 & 1 & -0.5\\ 0 & 0 & 1\end{pmatrix}$$

$$\boldsymbol{D}_{13}=\begin{pmatrix}\cos\theta_3 & -\sin\theta_3 & x_{P_3}-x_{P_1}\cos\theta_3+y_{P_1}\sin\theta_3\\ \sin\theta_3 & \cos\theta_3 & y_{P_3}-x_{P_1}\sin\theta_3-y_{P_1}\cos\theta_3\\ 0 & 0 & 1\end{pmatrix}=\begin{pmatrix}0.707 & -0.707 & 3\\ 0.707 & 0.707 & 0.085786\\ 0 & 0 & 1\end{pmatrix}$$

先求铰链 $B$ 的坐标（$x_{B_1}$，$y_{B_1}$）。固定支座 $\boldsymbol{A}=\begin{pmatrix}5\\0\end{pmatrix}$。由式（6-19）得 $A_2=1$，$B_2=-0.5$，$C_2=4.375$；$A_3=3.6467$，$B_3=1.47465$，$C_3=10.4963$。将系数值代入式（6-18），则有

$$\begin{pmatrix}1 & -0.5\\ 3.6467 & 1.47465\end{pmatrix}\begin{pmatrix}x_{B_1}\\ y_{B_1}\end{pmatrix}=\begin{pmatrix}4.375\\ 10.4963\end{pmatrix}$$

解得

$$x_{B_1}=3.5475,\quad y_{B_1}=-1.6549$$

再求滑块铰链 $T$ 的坐标（$x_{T_1}$，$y_{T_1}$）。将位移矩阵代入式（6-22）

$$\begin{cases}\begin{pmatrix}x_{T_2}\\ y_{T_2}\\ 1\end{pmatrix}=\begin{pmatrix}1 & 0 & 1\\ 0 & 1 & -0.5\\ 0 & 0 & 1\end{pmatrix}\begin{pmatrix}x_{T_1}\\ y_{T_1}\\ 1\end{pmatrix}=\begin{pmatrix}1\\ y_{T_1}-0.5\\ 1\end{pmatrix}\\ \begin{pmatrix}x_{T_3}\\ y_{T_3}\\ 1\end{pmatrix}=\begin{pmatrix}0.707 & -0.707 & 3\\ 0.707 & 0.707 & 0.085786\\ 0 & 0 & 1\end{pmatrix}\begin{pmatrix}x_{T_1}\\ y_{T_1}\\ 1\end{pmatrix}=\begin{pmatrix}3-0.707y_{T_1}\\ 0.707y_{T_1}+0.085786\\ 1\end{pmatrix}\end{cases}$$

将以上结果代入滑块约束方程式（6-21）得

$$-y_{T_1}(1-3+0.708y_{T_1})+0.707y_{T_1}+0.085786-(3-0.707y_{T_1})(y_{T_1}-0.5)=0$$

解得

$$y_{T_1}=2.453$$

导路倾角

$$\alpha_4=\arctan\left(\frac{y_{T_2}-y_{T_1}}{x_{T_2}-x_{T_1}}\right)=\arctan\left(\frac{y_{T_1}-0.5-y_{T_1}}{1-x_{T_1}}\right)=\arctan\left(\frac{-0.5}{1}\right)=-26.565°$$

机构各杆长

$$L_{AB}=\sqrt{(x_{B_1}-x_A)^2+(y_{B_1}-y_A)^2}=\sqrt{(3.5475-5)^2+(-1.6549)^2}=2.202$$

$$L_{BT}=\sqrt{(x_{B_1}-x_{T_1})^2+(y_{B_1}-y_{T_1})^2}=\sqrt{(3.5475-0)^2+(-1.6549-2.453)^2}=5.45$$

设计所得机构如图 6-25 所示。

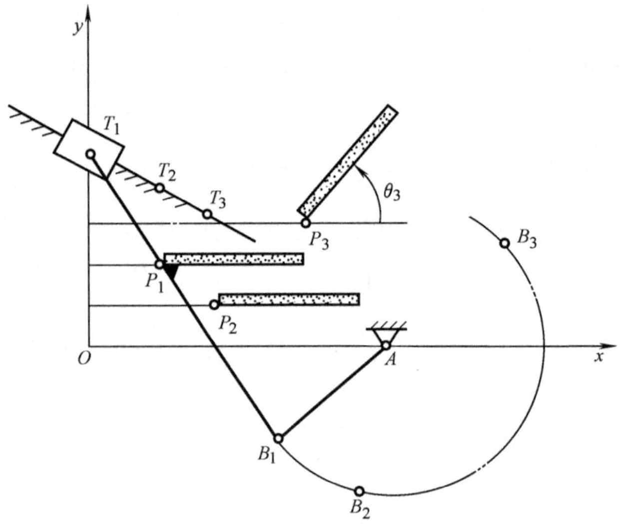


图 6-25 例 6-4 综合结果

## 四、按两连架杆对应位置设计铰链四杆机构

如图 6-26a 所示，若两连架杆的转角满足关系 $\psi=f(\varphi)$，它可以是一个函数发生器，也可以是将测量值转化为刻度指示的仪表装置。图 6-26b 所示为一个变速器的滑移齿轮操纵机构，手柄的两位置与拨叉 $ED$ 的两位置对应。这类问题均归类为按两连架杆对应的若干位置的设计问题。

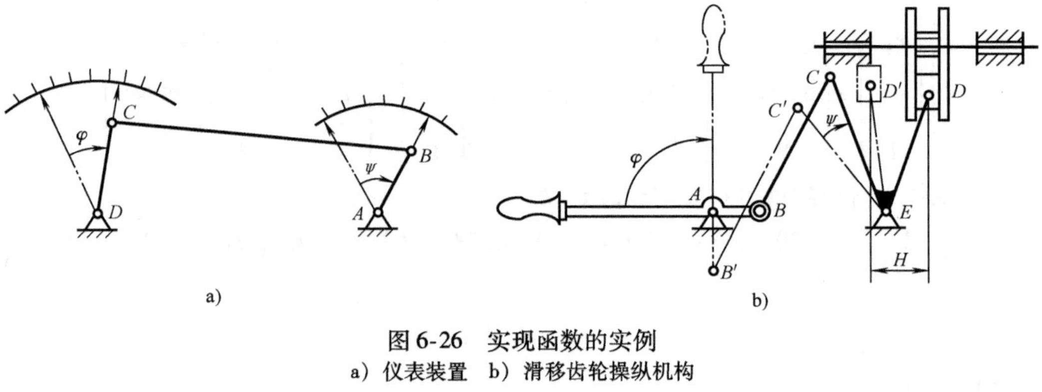


图 6-26 实现函数的实例
a）仪表装置 b）滑移齿轮操纵机构

如图 6-27 所示，若两连架杆初位角为 $\varphi_0$、$\psi_0$，相对初位角的转角分别为 $\varphi_j$、$\psi_j$。两连架杆对应位置以 $\psi=\psi(\varphi)$ 表示。在按 $\psi=\psi(\varphi)$ 设计铰链四杆机构的问题中，由于 $\varphi_j$、

$\psi_j$ 只与机构的相对尺寸有关，所以设机架 $AD$ 沿 $x$ 正向并令 $AD=1$。此时 $A$、$D$ 支座坐标已知：$\boldsymbol{A}=\begin{pmatrix}0\\0\end{pmatrix}$，$\boldsymbol{D}=\begin{pmatrix}1\\0\end{pmatrix}$。因此，该机构综合问题即确定运动副 $B$、$C$ 的坐标值。

由于连杆 $BC$ 的位置未知，故不能写出连杆的位移矩阵。而机构位置的综合问题实际上即机构形状的综合问题。因此可将机构在第 $j$ 位置的形状 $AB_jC_jD$ 刚化，采用变换机架的方法（即以 $DC_1$ 为机架）将刚体 $AB_jC_jD$ 绕 $D$ 反转 $\psi_j$ 角使 $DC_j$ 与 $DC_1$ 重合，机构从 $AB_1C_1D$ 到位置 $AB_jC_jD$ 的综合问题可以转化为假想以 $DC_1$ 为机架，机构从位置 $DAB_1C_1$ 到位置 $DA_j'B_j'C_1$ 的综合问题，此时 $AB$ 为连杆，这样就可以应用连杆位移矩阵。

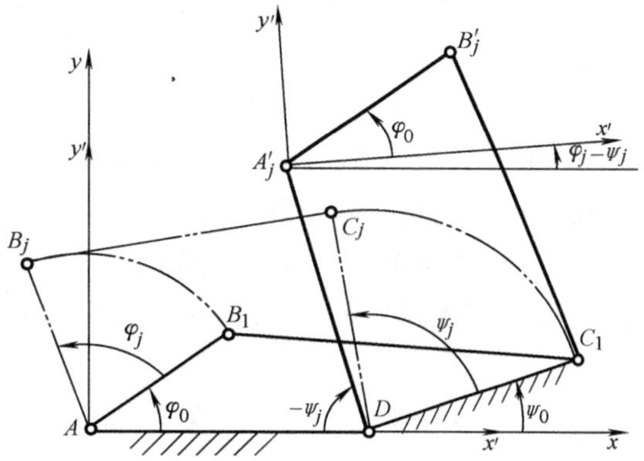


图 6-27　机构反转法（变换机架法）

现分析以 $AB$ 为假想连杆从位置 $AB_1$ 到 $A_j'B_j'$ 如何写出其位移矩阵。构件从 $AB_1$ 到 $A_j'B_j'$ 可以看成 $AB_1$ 首先绕 $A$ 转动 $\varphi_j$ 角达到 $AB_j$，再使 $AB_j$ 绕 $D$ 转动（$-\psi_j$）角到达 $A_j'B_j'$，可见此时与 $AB_1$ 固定的动坐标系 $Ax'y'$ 转动（$\varphi_j-\psi_j$）到达 $A_j'x'y'$。动坐标原点 $A_j'$ 的位移 $d_{13}$、$d_{23}$ 分别为

$$d_{13}=1-\cos\psi_j,\ d_{23}=\sin\psi_j$$

故 $A_j'B_j'$ 在定坐标系中相对于 $DC_1$ 的位移矩阵为

$$\boldsymbol{D}_{\mathrm{r}}=\begin{pmatrix}\cos(\varphi_j-\psi_j) & -\sin(\varphi_j-\psi_j) & 1-\cos\psi_j\\ \sin(\varphi_j-\psi_j) & \cos(\varphi_j-\psi_j) & \sin\psi_j\\ 0 & 0 & 1\end{pmatrix} \tag{6-24}$$

机构综合即确定运动副 $B_1$、$C_1$ 的位置，根据 $BC$ 杆长不变列出约束方程

$$(x_{B_j}-x_{C_1})^2+(y_{B_j}-y_{C_1})^2=(x_{B_1}-x_{C_1})^2+(y_{B_1}-y_{C_1})^2$$

式中，$x_{B_j}$、$y_{B_j}$可用相对位移矩阵 $\boldsymbol{D}_{\mathrm{r}}$ 以 $x_{B_1}$、$y_{B_1}$表示

$$\begin{pmatrix}x_{B_j}\\ y_{B_j}\\ 1\end{pmatrix}=\boldsymbol{D}_{\mathrm{r}}\begin{pmatrix}x_{B_1}\\ y_{B_1}\\ 1\end{pmatrix}$$

将上式代入约束方程，经整理后可得到与式（6-18）、式（6-19）相同的形式。应注意在相对运动中，$B_1$ 为可运动副，$C_1$ 为固定支座。因此得到

$$\begin{cases}A_jx_{B_1}+B_jy_{B_1}=C_j\\ A_j=d_{11_j}d_{13j}+d_{21j}d_{23j}+(1-d_{11j})x_{C_1}-d_{21_j}y_{C_1}\\ B_j=d_{12j}d_{13j}+d_{22j}d_{23j}+(1-d_{22j})y_{C_1}-d_{12j}x_{C_1}\\ C_j=d_{13j}x_{C_1}+d_{23j}y_{C_1}-\dfrac{1}{2}(d_{13j}{}^2+d_{23j}{}^2)\end{cases} \tag{6-25}$$

其中

$$\begin{cases} d_{11j}=\cos(\varphi_j-\psi_j),d_{12j}=-\sin(\varphi_j-\psi_j),d_{13j}=1-\cos\psi_j \\ d_{21j}=\sin(\varphi_j-\psi_j),d_{22j}=\cos(\varphi_j-\psi_j),d_{23j}=\sin\psi_j \end{cases} \quad (j=2,\ 3,\ \cdots,\ n) \tag{6-26}$$

给定 $n$ 个位置写出（$n-1$）个方程，待求量四个 $x_{B_1}$、$y_{B_1}$、$x_{C_1}$、$y_{C_1}$，所以当两连架杆对应位置数 $n=5$ 时有定解。当 $n=3$ 时，必须预先给定两个待求量的值求另两个待求量方有定解。

**例 6-5** 给定两连架杆对应角位移：$\varphi_2=-30°$，$\psi_2=-20°$，$\varphi_3=-60°$，$\psi_3=-40°$，$x_{C_1}=0.866$，$y_{C_1}=0.5$。试设计四杆机构。

**解** 写出相对位移矩阵 $\boldsymbol{D}_{r1j}$（$j=2$，3）

$$\boldsymbol{D}_{r12}=\begin{pmatrix} \cos(-30+20) & -\sin(-30+20) & 1-\cos(-20) \\ \sin(-30+20) & \cos(-30+20) & \sin(-20) \\ 0 & 0 & 1 \end{pmatrix}=\begin{pmatrix} 0.9848 & 0.1736 & 0.0603 \\ -0.1736 & 0.9848 & -0.342 \\ 0 & 0 & 1 \end{pmatrix}$$

$$\boldsymbol{D}_{r13}=\begin{pmatrix} \cos(-60+40) & -\sin(-60+40) & 1-\cos(-40) \\ \sin(-60+40) & \cos(-60+40) & \sin(-40) \\ 0 & 0 & 1 \end{pmatrix}=\begin{pmatrix} 0.9397 & 0.342 & 0.234 \\ -0.342 & 0.9397 & -0.6428 \\ 0 & 0 & 1 \end{pmatrix}$$

由 $x_{C_1}=0.866$，$y_{C_1}=0.5$ 代入式（6-25）中各系数 $A_j$、$B_j$、$C_j$（$j=2$，3）

$$A_2=0.9848\times0.0603+(-0.1736)\times(-0.342)+(1-0.9848)\times0.866+0.1736\times0.5=0.21872$$

$$B_2=0.1736\times0.0603+0.9848\times(-0.342)+(1-0.9848)\times0.5-0.1736\times0.866=-0.4691$$

$$C_2=0.0603\times0.866+(-0.342)\times0.5-\frac{1}{2}(0.0603^2+0.342^2)=-0.1791$$

$$A_3=0.9397\times0.234+(-0.342)\times(-0.6428)+(1-0.9397)\times0.866+0.342\times0.5=0.66295$$

$$B_3=0.342\times0.234-0.9397\times0.6428+(1-0.9397)\times0.5-0.342\times0.866=-0.7900$$

$$C_3=0.234\times0.866+(-0.6428)\times0.5-0.5(0.234^2+0.6428^2)=-0.35273$$

及线性方程组

$$\begin{cases} 0.21872x_{B_1}-0.4691y_{B_1}=-0.1791 \\ 0.66295x_{B_1}-0.7900y_{B_1}=-0.35273 \end{cases}$$

解得

$$x_{B_1}=-0.1733,\quad y_{B_1}=0.301$$

各杆长为

$$AB=\sqrt{x_{B_1}^2+y_{B_1}^2}=\sqrt{0.1733^2+0.301^2}=0.3473$$

$$BC=\sqrt{(x_{C_1}-x_{B_1})^2+(y_{C_1}-y_{B_1})^2}=\sqrt{(0.866+0.1733)^2+(0.5-0.301)^2}=1.0582$$

$$CD=\sqrt{(x_{C_1}-x_D)^2+(y_{C_1}-y_D)^2}=\sqrt{(0.866-1)^2+0.5^2}=0.5176$$

其图形如图 6-28 所示。

## 五、按两连架杆对应位置设计曲柄滑块机构

若需满足连架杆对应关系 $s=s(\varphi)$，即转角与线位移间的对应关系，则得曲柄滑块机构。

曲柄滑块机构的综合可以用反转法（即变换机架法）所得到的相对位移矩阵及定杆

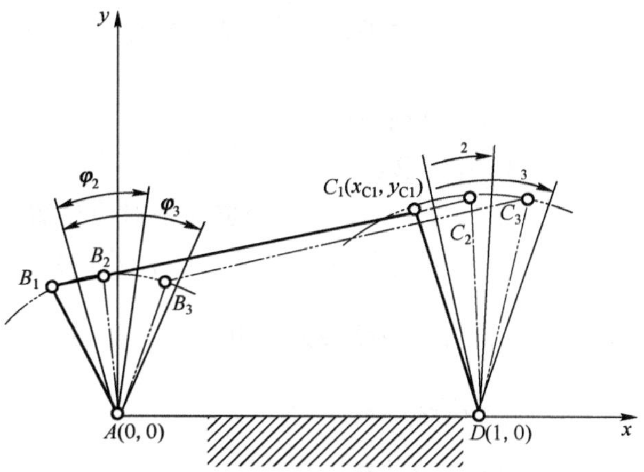


图 6-28　例 6-5 图

长约束条件求解。但若采用转动矩阵则更为简捷。

如图 6-29 所示，已知转角 $\varphi$ 与滑块位移 $s$ 间的对应关系，选 $A$ 为坐标原点，$x$ 轴与滑块导路平行。该机构综合即求 $\boldsymbol{B}_1=\begin{pmatrix}x_{B_1}\\y_{B_1}\end{pmatrix}$，$\boldsymbol{C}_1=\begin{pmatrix}x_{C_1}\\y_{C_1}\end{pmatrix}$。由式（6-14）得曲柄 $AB$ 的转动矩阵式

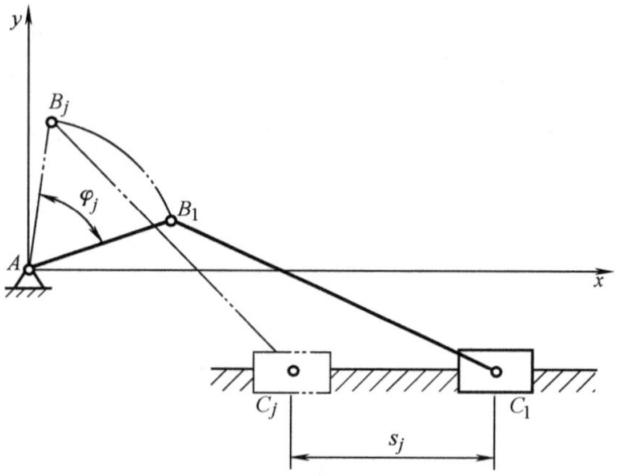


图 6-29　曲柄滑块机构对应位置综合图

$$\boldsymbol{R}_{1j}=\begin{pmatrix}\cos\varphi_j & -\sin\varphi_j & 0\\ \sin\varphi_j & \cos\varphi_j & 0\\ 0 & 0 & 1\end{pmatrix}$$

$$(j=2,\ 3,\ \cdots,\ n) \tag{6-27}$$

点 $B_j$ 的位置方程

$$\begin{pmatrix}x_{B_j}\\ y_{B_j}\\ 1\end{pmatrix}=\boldsymbol{R}_{1j}\begin{pmatrix}x_{B_1}\\ y_{B_1}\\ 1\end{pmatrix} \tag{6-28}$$

点 $C$ 作平移运动

$$\begin{cases}x_{C_j}=x_{C_1}+s_j\\ y_{C_j}=y_{C_1}\end{cases} \tag{6-29}$$

根据定杆长约束条件得

$$(x_{B_j}-x_{C_j})^2+(y_{B_j}-y_{C_j})^2=(x_{B_1}-x_{C_1})^2+(y_{B_1}-y_{C_1})^2$$

将点 $B_j$、$C_j$ 坐标值代入上式，将转动矩阵中的元素用 $d_{ikj}$ 表示（$i=1,\ 2,\ \cdots,\ n-1$；$k=1,\ 2\cdots,\ n$；$j=2,\ 3\cdots,\ n$），经展开得

$$2x_{C_1}(x_{B_1}-x_{B_j}+s_j)+2y_{C_1}(y_{B_1}-y_{B_j})-x_{B_1}^2-y_{B_1}^2+y_{B_j}^2+x_{B_j}^2-2x_{B_j}s_j+s_j^2=0 \tag{6-30}$$

其中

$$\begin{cases} x_{B_j}=d_{11j}x_{B_1}+d_{12j}y_{B_1} \\ y_{B_j}=d_{21j}x_{B_1}+d_{22j}y_{B_1} \end{cases} \quad (j=2,\ 3\cdots,\ n) \tag{6-31}$$

式（6-31）待求量为 $x_{B_1}$、$y_{B_1}$、$x_{C_1}$、$y_{C_1}$，当给定 $n$ 个对应位置时可列出（$n-1$）个方程，故 $n=5$ 时有定解。若给三个对应位置必须预先给定两个未知量的值才有定解。一般给出 $\boldsymbol{B}_1=\begin{pmatrix} x_{B_1} \\ y_{B_1} \end{pmatrix}$ 时，式（6-31）可写成线性方程组

$$\begin{cases} A_jx_{C_1}+B_jy_{C_1}=C_j \\ A_j=x_{B_1}-x_{B_j}+s_j \\ B_j=y_{B_1}-y_{B_j} \\ C_j=\dfrac{1}{2}(x_{B_1}^2+y_{B_1}^2-x_{B_j}^2-y_{B_j}^2-s_j^2)+x_{B_j}s_j \end{cases} \tag{6-32}$$

**例 6-6** 如图 6-30 所示，设曲柄转角 $\varphi_j$ 与滑块位移的三个对应位置为 $\varphi_2=30°$，$s_2=-9.10452$；$\varphi_3=60°$，$s_3=-19.90618$，点 $B_1$ 的坐标 $x_{B_1}=17.32051$，$y_{B_1}=10$。试设计该曲柄滑块机构。

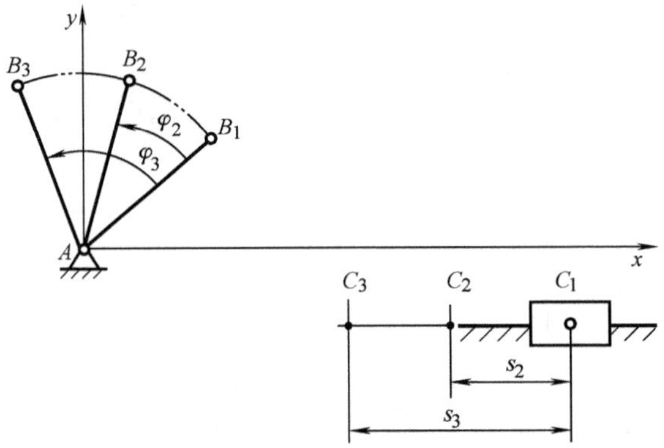


图 6-30 例 6-6 图

**解** 写出曲柄的转动矩阵 $\boldsymbol{R}_{1j}$（$j=2,\ 3$）

$$\boldsymbol{R}_{12}=\begin{pmatrix} \cos\varphi_2 & -\sin\varphi_2 & 0 \\ \sin\varphi_2 & \cos\varphi_2 & 0 \\ 0 & 0 & 1 \end{pmatrix}=\begin{pmatrix} \cos30° & -\sin30° & 0 \\ \sin30° & \cos30° & 0 \\ 0 & 0 & 1 \end{pmatrix}=\begin{pmatrix} 0.866 & -0.5 & 0 \\ 0.5 & 0.866 & 0 \\ 0 & 0 & 1 \end{pmatrix}$$

$$\boldsymbol{R}_{13}=\begin{pmatrix} \cos60° & -\sin60° & 0 \\ \sin60° & \cos60° & 0 \\ 0 & 0 & 1 \end{pmatrix}=\begin{pmatrix} 0.5 & -0.866 & 0 \\ 0.866 & 0.5 & 0 \\ 0 & 0 & 1 \end{pmatrix}$$

由式（6-31）计算 $x_{B_j}$、$y_{B_j}$（$j=2,\ 3$）

$$x_{B_2}=d_{112}x_{B_1}+d_{122}y_{B_1}=0.866\times17.32051-0.5\times10=10$$
$$y_{B_2}=d_{212}x_{B_1}+d_{222}y_{B_1}=0.5\times17.32051+0.866\times10=17.32056$$
$$x_{B_3}=d_{113}x_{B_1}+d_{123}y_{B_1}=0.5\times17.32051-0.866\times10=0$$
$$y_{B_3}=d_{213}x_{B_1}+d_{223}y_{B_1}=0.866\times17.32051+0.5\times10=20$$

由式（6-32）计算 $A_j$、$B_j$、$C_j$、$D_j$（$j=2$，3）

$$A_2=x_{B_1}-x_{B_2}+s_2=17.32051-10-9.10452=-1.784$$
$$B_2=y_{B_1}-y_{B_2}=10-17.32051=-7.32056$$
$$\begin{aligned}C_2&=0.5(x_{B_1}^2+y_{B_1}^2-x_{B_2}^2-y_{B_2}^2-s_2^2)+x_{B_2}s_2\\&=0.5\times(17.32051^2+10^2-10^2-17.32056^2-9.10452^2)+10\times(-9.10452)\\&=-132.4922\end{aligned}$$
$$A_3=x_{B_1}-x_{B_3}+s_3=17.32051-0-19.90618=-2.58567$$
$$B_3=y_{B_1}-y_{B_3}=10-20=-10$$
$$\begin{aligned}C_3&=0.5(x_{B_1}^2+y_{B_1}^2-x_{B_3}^2-y_{B_3}^2-s_3^2)+x_{B_3}s_3\\&=0.5(17.32051^2+10^2-0-20^2-19.90618^2)+0=-198.1280\end{aligned}$$

并代入线性方程得

$$1.784x_{C_1}+7.32056y_{C_1}=132.4922$$
$$2.58567x_{C_1}+10y_{C_1}=198.1280$$

解得

$$x_{C_1}=115.28,\quad y_{C_1}=-10$$

曲柄长及初位角 $\varphi_0$

$$AB=\sqrt{x_{B_1}^2+y_{B_1}^2}=\sqrt{17.32051^2+10^2}=20$$
$$\varphi_0=\arctan(y_{B_1}/x_{B_1})=\arctan(10/17.32051)=30°$$

连杆长

$$\begin{aligned}BC&=\sqrt{(x_{C_1}-x_{B_1})^2+(y_{C_1}-y_{B_1})^2}\\&=\sqrt{(115.28-17.32051)^2+(-10-10)^2}=100\end{aligned}$$

偏距

$$e=y_{C_1}=-10$$

## *六、按给定轨迹设计四杆机构

实现已知轨迹的设计问题是指设计一连杆机构，其连杆上某点能再现（或称复演）所要求的轨迹。连杆上任一点的轨迹称为连杆曲线。表 6-1 给出不同机构的连杆上若干点不同的连杆曲线，可供设计时参考。除解析法设计机构外，还有一种图谱综合法，即按图谱选择与要求相近的曲线来确定机构尺寸。这里简单介绍按位移矩阵法进行机构设计的方法。

设给定轨迹的函数为 $y=f(x)$，设计一四杆机构并使其连杆上点 $P$ 的 $n$ 个位置能拟合

表 6-1 几种四杆机构

| 机构名称 | 机构简图及其尺寸参数 | 连杆曲线形状 | |
|---|---|---|---|
| 曲柄摇杆机构 | 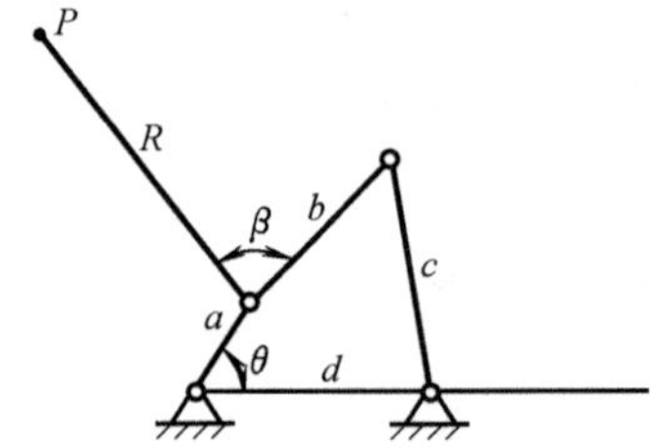 $a$=0.15, $b$=0.30, $c$=0.35, $d$=0.33 |  $R$=0.6, $\beta$=80° | 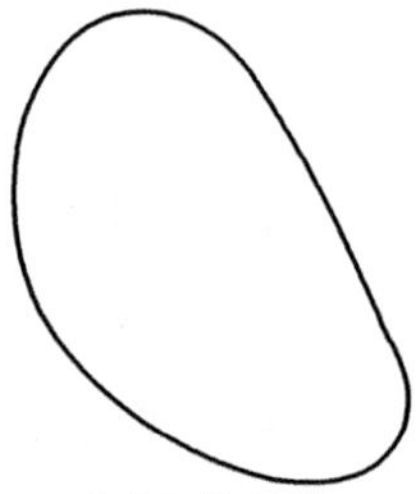 $R$=0.2, $\beta$=140° |
| 双曲柄机构 | 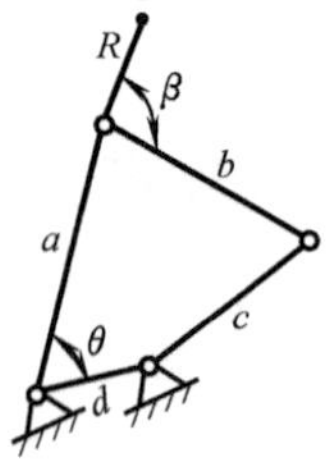 $a$=0.40, $b$=0.33, $c$=0.30, $d$=0.15 | 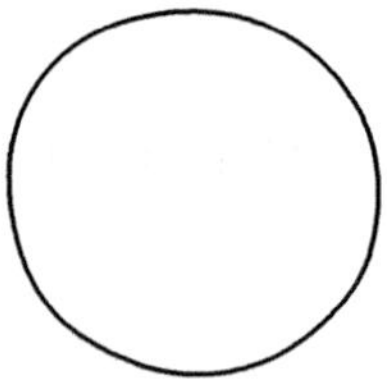 $R$=0.15, $\beta$=100° | 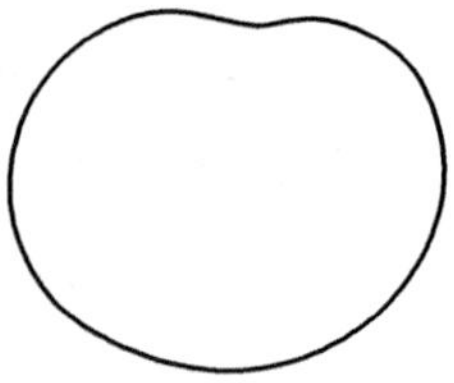 $R$=0.296, $\beta$=270° |
| 曲柄滑块机构 | 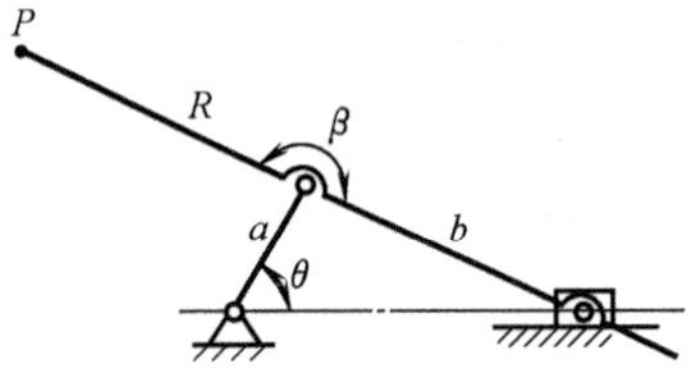 $a$=0.2, $b$=0.4, $e$=0 | 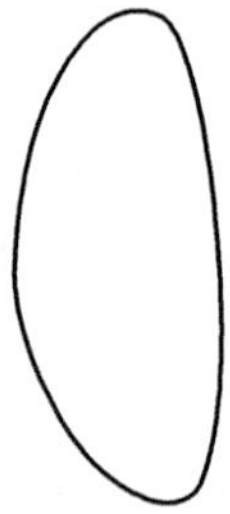 $R$=0.60, $\beta$=180° |  $R$=0.50, $\beta$=290° |
| 曲柄摇块机构 | 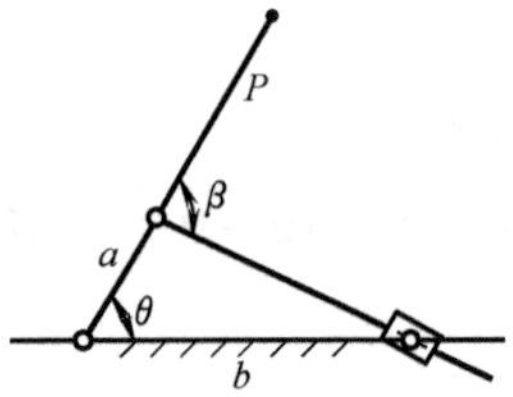 $a$=0.2, $b$=0.45, $e$=0 |  $R$=0.60, $\beta$=90° |  $R$=0.40, $\beta$=160° |
| 摆块机构 | 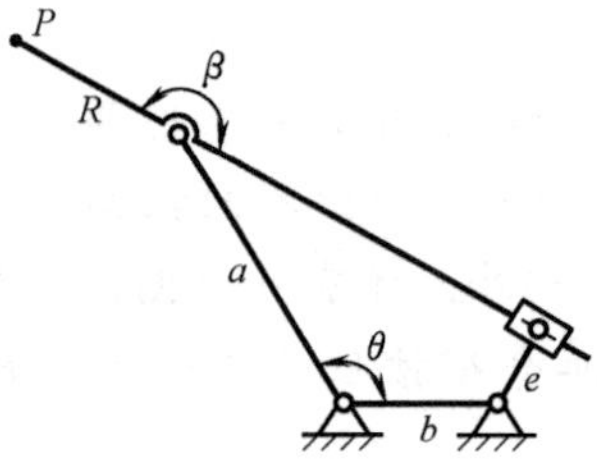 $a$=0.45, $b$=0.20, $e$=0 | 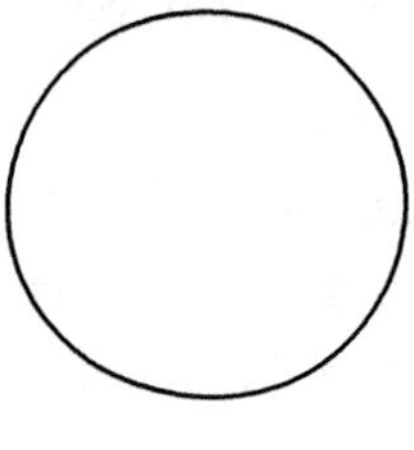 $R$=0.30, $\beta$=180° | 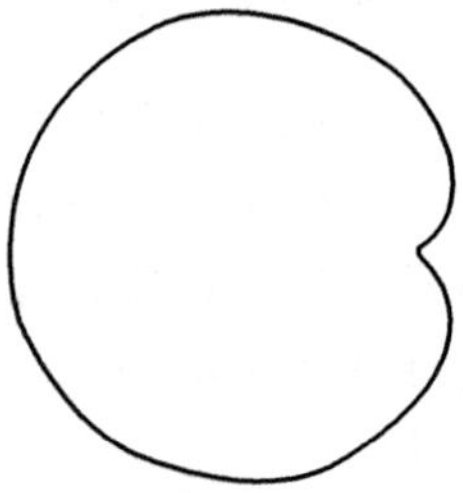 $R$=0.25, $\beta$=0° |

**的连杆轨迹曲线**

| 连杆点的位置 | | | |
|---|---|---|---|
|  $R$=0.6, $\beta$=220° | 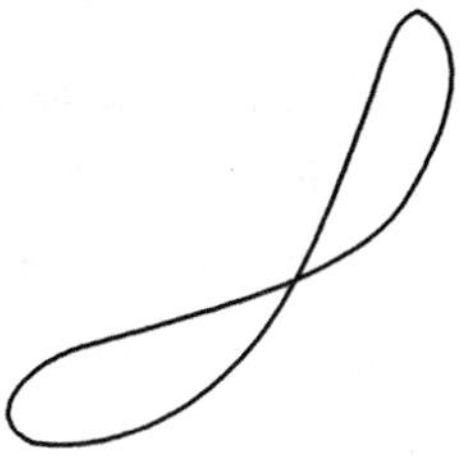 $R$=0.5, $\beta$=270° | 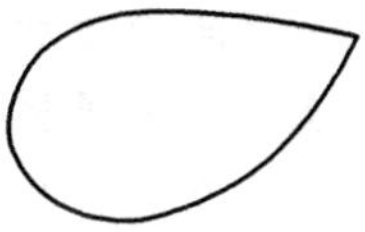 $R$=0.15, $\beta$=270° | 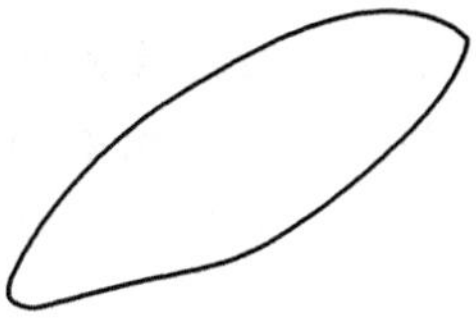 $R$=0.60, $\beta$=0° |
| 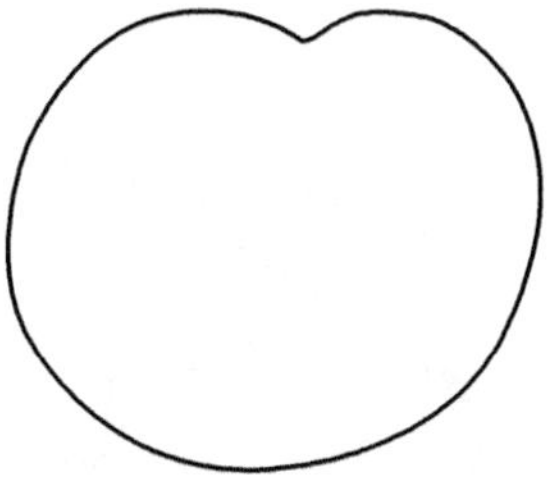 $R$=0.296, $\beta$=282° | 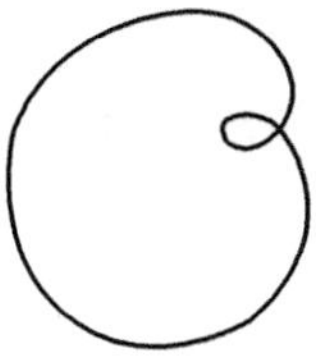 $R$=0.296, $\beta$=310° | | |
|  $R$=0.80, $\beta$=30° | 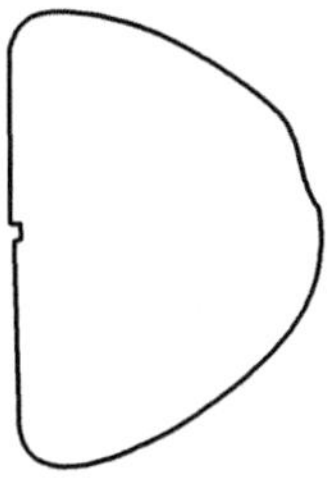 $R$=1.00, $\beta$=0° |  $R$=0.25, $\beta$=0° |  $R$=0.80, $\beta$=60° |
| 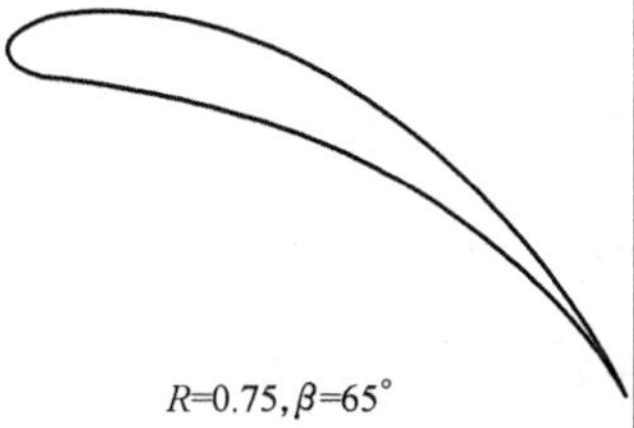 $R$=0.75, $\beta$=65° |  $R$=0.55, $\beta$=323° | 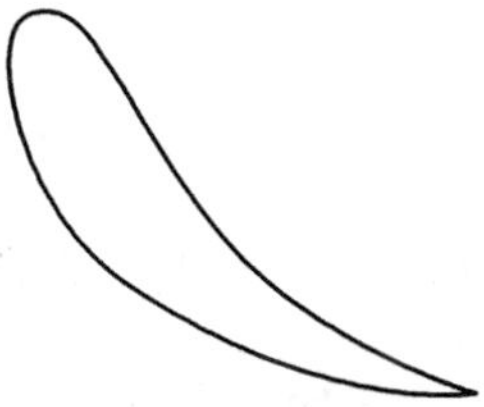 $R$=0.55, $\beta$=300° | |
| 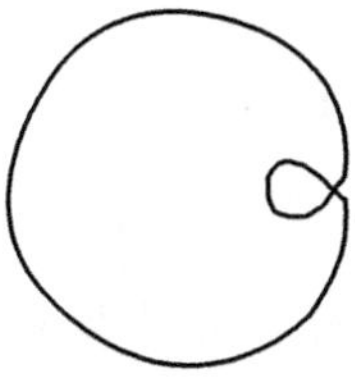 $R$=0.32, $\beta$=0° | 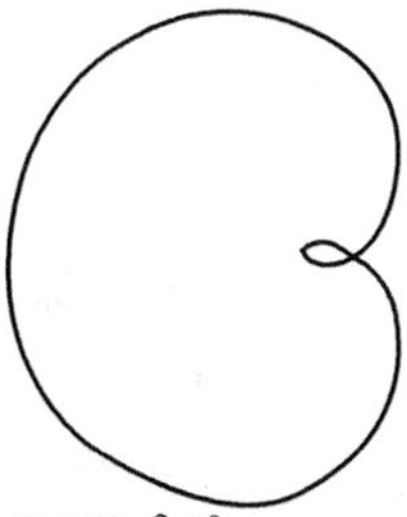 $R$=0.60, $\beta$=0° | | |

给定轨迹，即点 $P$ 的坐标值满足给定的函数关系

$$y_{p_j}=f(x_{p_j})\quad (j=1,2\cdots,n)$$

如图 6-31 所示，点 $P$ 的位置取决于连杆位置，当点 $P$ 各位置已知时可以写出连杆位移矩阵。应该注意到该位移矩阵中连杆的相对转角 $\theta_j$ 是未知的，因此无法单独求出某一连架杆的运动副未知坐标值。如果根据定杆长约束条件写出两连架杆的约束方程并联立，则可求出连架杆运动副坐标值及连杆各未知的相对转角 $\theta_j$。连杆的位移矩阵为

$$\boldsymbol{D}_{1j}=\begin{pmatrix}\cos\theta_j & -\sin\theta_j & x_{p_j}-x_{p_1}\cos\theta_j+y_{p_1}\sin\theta_j\\ \sin\theta_j & \cos\theta_j & y_{p_j}-x_{p_1}\sin\theta_j-y_{p_1}\cos\theta_j\\ 0 & 0 & 1\end{pmatrix}\ (j=2,\ 3\cdots,\ n)\tag{6-33}$$

式中，$\theta_j$ 为未知量。

$B_j$、$C_j$ 与 $B_1$、$C_1$ 坐标间的关系可用位移矩阵表示

$$\begin{cases}\begin{pmatrix}x_{B_j}\\ y_{B_j}\\ 1\end{pmatrix}=\boldsymbol{D}_{1j}\begin{pmatrix}x_{B_1}\\ y_{B_1}\\ 1\end{pmatrix}\\ \begin{pmatrix}x_{C_j}\\ y_{C_j}\\ 1\end{pmatrix}=\boldsymbol{D}_{1j}\begin{pmatrix}x_{C_1}\\ y_{C_1}\\ 1\end{pmatrix}\end{cases}\tag{6-34}$$

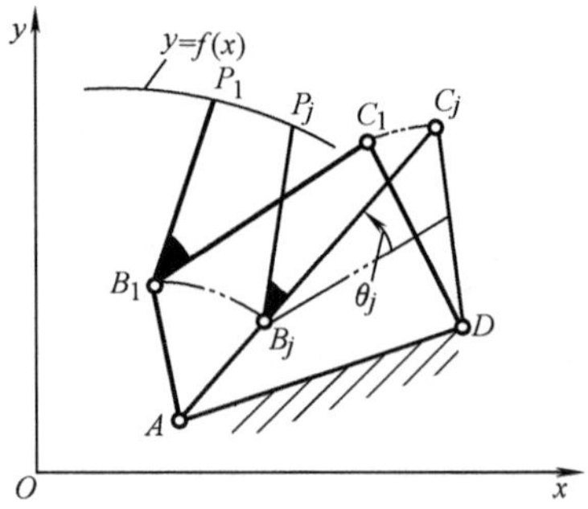


图 6-31 轨迹综合的机构模型

两连架杆长约束方程

$$\begin{cases}(x_{B_j}-x_A)^2+(y_{B_j}-y_A)^2=(x_{B_1}-x_A)^2+(y_{B_1}-y_A)^2\\ (x_{C_j}-x_D)^2+(y_{C_j}-y_D)^2=(x_{C_1}-x_D)^2+(y_{C_1}-y_D)^2\end{cases}\tag{6-35}$$

将式（6-33）、式（6-34）代入式（6-35）得

$$\begin{cases}x_{B_1}x_A+y_{B_1}y_A-x_{p_j}x_A-y_{p_j}y_A-x_{B_1}x_{p_1}-y_{B_1}y_{p_1}+0.5(x_{p_1}^2+x_{p_j}^2+y_{p_1}^2+y_{p_j}^2)\\ \quad+\cos\theta_j(x_{p_1}x_A+y_{p_1}y_A+x_{B_1}x_{p_j}+y_{B_1}y_{p_j}-x_{B_1}x_A-y_{B_1}y_A-x_{p_1}x_{p_j}-y_{p_1}y_{p_j})+\\ \sin\theta_j(y_{B_1}x_A+x_{p_1}x_A+x_{B_1}y_{p_j}+y_{p_1}x_{p_j}-x_{B_1}y_A-y_{p_1}x_A-x_{p_1}y_{p_j}-y_{B_1}x_{p_j})=0\\ x_{C_1}x_D+y_{C_1}y_D-x_{p_j}x_D-y_{p_j}y_D-x_{C_1}x_{p_1}-y_{C_1}y_{p_1}+0.5(x_{p_1}^2+x_{p_j}^2+y_{p_1}^2+y_{p_j}^2)+\\ \cos\theta_j(x_{p_1}x_D+y_{p_1}y_D+x_{C_1}x_{p_j}+y_{C_1}y_{p_j}-x_{C_1}x_D-y_{C_1}y_D-x_{p_1}x_{p_j}-y_{p_1}y_{p_j})+\\ \sin\theta_j(y_{C_1}x_D+x_{p_1}y_D+x_{C_1}y_{p_j}+x_{p_j}y_{p_1}-x_{C_1}y_D-y_{p_1}x_D-x_{p_1}y_{p_j}-y_{C_1}x_{p_j})=0\end{cases}$$

$$(j=2,3\cdots,n)\tag{6-36}$$

式（6-36）表示各运动副位置 1 坐标与点 $P$ 给定坐标值以及连杆相对转角间的关系式，已知量为 $x_{p_j}$、$y_{p_j}$（$j=1,\ 2,\ \cdots,\ n$），未知量为 $x_A$、$y_A$、$x_D$、$y_D$、$x_{B_1}$、$y_{B_1}$、$x_{C_1}$、$x_{C_1}$、以及连杆相对转角 $\theta_j$（$j=2,\ 3\cdots,\ n$）。可见，若给出 $n$ 个已知点位，则方程数为 2（$n-1$），待定参数包括 8 个运动副坐标及（$n-1$）个连杆转角。若已有 $k$ 个待定参数赋

值，则待定参数总计为 $(n+7-k)$。因此有定解的条件为 $2(n-1)=n+7-k$。

式（6-37）表示有定解的给定点数位 $n$ 与预先赋值的待定参数数目 $k$ 间的关系

$$n=9-k \text{ 或 } k=9-n \tag{6-37}$$

当 $k=0$ 时，$n=9$。即四杆机构最多只能精确实现给定函数轨迹上的 9 个点。当给定 5 个轨迹点位时，必须预先给定 4 个待求量赋值方有定解。当精确实现的点数 $n=2\sim9$ 时，其方程数、未知量及预先赋值的待定参数数目见表 6-2。

**表 6-2 方程数、未知量及预先赋值的待定参数数目**

| 精确点位数目 | 设计方程数目 | 未知参数数目 | 预先赋值的待定参数数目 | 应求解的待定参数数目 |
|---|---|---|---|---|
| $n$ | $2(n-1)$ | $n+7$ | $k=9-n$ | $2(n-1)$ |
| 2 | 2 | 9 | 7 | 2 |
| 3 | 4 | 10 | 6 | 4 |
| 4 | 6 | 11 | 5 | 6 |
| 5 | 8 | 12 | 4 | 8 |
| 6 | 10 | 13 | 3 | 10 |
| 7 | 12 | 14 | 2 | 12 |
| 8 | 14 | 15 | 1 | 14 |
| 9 | 16 | 16 | 0 | 16 |

理论上铰链四杆机构能精确实现轨迹上的 9 个点位，但由于上述设计方程为非线性方程组，只能借助于电算进行数值迭代求解其逼近值。另外，当点位超过 6 个时，其是否有解在很大程度上取决于迭代计算所取初值、要求的计算精度及所选点在轨迹上的位置，有时求解十分困难。在设计中如果选值不当，还可能出现轨迹失调，即机构运动顺序与轨迹顺序不协调的现象。

**例 6-7** 已知轨迹上 5 个点位的坐标值 $(P_1)=\begin{pmatrix}1\\1\end{pmatrix}$，$(P_2)=\begin{pmatrix}2\\0.5\end{pmatrix}$，$(P_3)=\begin{pmatrix}3\\1.5\end{pmatrix}$，$(P_4)=\begin{pmatrix}2\\2\end{pmatrix}$，$(P_5)=\begin{pmatrix}1.5\\1.9\end{pmatrix}$。试设计复演 5 个点位的铰链四杆机构。

**解** 当 $n=5$ 时可列出 8 个方程，未知量数目为 12，若有定解必须预先对 4 个待求量赋值。设 $x_A=2.1$，$y_A=0.6$；$x_D=1.5$，$y_D=4.2$。

将 5 个点位的点 $P$ 坐标值代入式（6-36），得 8 个非线性方程。用牛顿－拉普森（Newton-Raphson）法求解，其结果为

$$x_{B_1}=0.607375, \quad y_{B_1}=-1.127103$$

$$x_{C_1}=-0.586400, \quad y_{C_1}=0.996999$$

设计所得机构如图 6-32 所示。

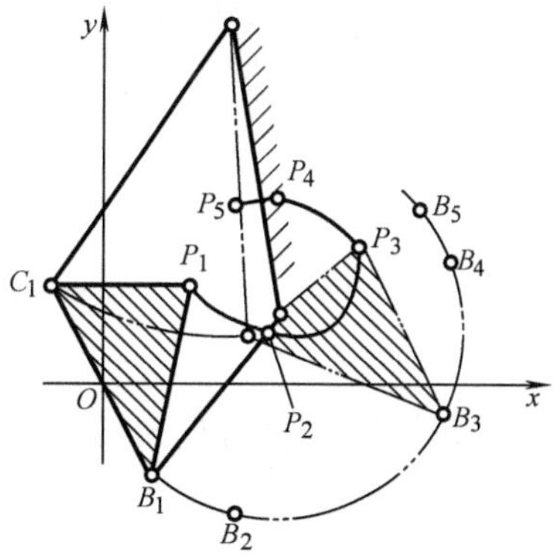

图 6-32 铰链四杆机构轨迹复演

6

## 第四节　机构综合的代数式法

第三节所述位移矩阵法是以构件位置参数为已知值的一种解析方法，这种方法并未考虑到机构的运动和传力性能。因此，位移矩阵法对于受力很小主要实现位置要求的机构综合是一种适宜的方法。本节所述方法其求解式最后以代数式给出，直接可以用人工计算完成。有些机构的设计主要考虑机构的某种运动和传力方面的特殊要求，因此，当要求机构实现的点位数较少或要求实现某些性能时，代数式综合法是一种行之有效的方法。

### 一、按连杆给定位置的机构综合

如图 6-33 所示，已知连杆的三位置 $B_1C_1$、$B_2C_2$、$B_3C_3$，试设计该机构。其问题的实质即分别根据 $B$、$C$ 铰链点的三个点位确定固定支座 $A$、$D$ 的坐标值。

如图 6-33b 所示，若已知某点 $I$ 的三位置坐标 $I_1(x_1,\ y_1)$、$I_2(x_2,\ y_2)$、$I_3(x_3,\ y_3)$。其转动中心 $O'$的坐标值 $(x,\ y)$。根据转动半径不变，即得如下方程

$$\begin{cases}(x_1-x)^2+(y_1-y)^2=(x_2-x)^2+(y_2-y)^2\\(x_1-x)^2+(y_1-y)^2=(x_3-x)^2+(y_3-y)^2\end{cases}$$

由上式解出

$$\begin{cases}x=\dfrac{(y_2-y_1)(y_3^2-y_1^2+x_3^2-x_1^2)-(y_3-y_1)(y_2^2-y_1^2+x_2^2-x_1^2)}{2[(x_3-x_1)(y_2-y_1)-(x_2-x_1)(y_3-y_1)]}\\y=\dfrac{y_2^2-y_1^2+x_2^2-x_1^2}{2(y_2-y_1)}-\dfrac{(x_2-x_1)x}{(y_2-y_1)}\end{cases}\tag{6-38}$$

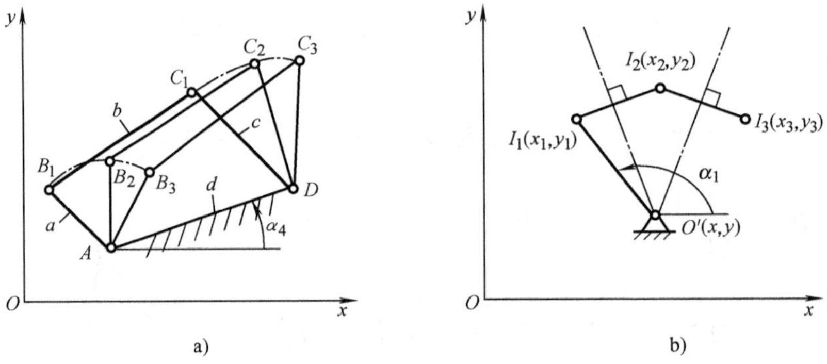


图 6-33　按连杆位置的机构综合

a）连杆的三位置　b）坐标关系

$OI_1$ 的杆长 $l_1$ 及其方向角 $\alpha_1$

$$\begin{cases}l_1=[(x-x_1)^2+(y-y_1)^2]^{\frac{1}{2}}\\\alpha_1=\arctan\left(\dfrac{y-y_1}{x-x_1}\right)\end{cases}\tag{6-39}$$

6

将 $B$、$C$ 的三点位坐标分别代入式（6-38），可得到 $A$、$D$ 的坐标值（$x_A$，$y_A$）及（$x_D$，$y_D$）。将构件两端铰链位置 1 的坐标值代入式（6-39），可得到各杆长 $a$、$b$、$c$、$d$ 及对应位置 1 的各杆的方向角 $\alpha$。

## 二、按两连架杆的对应位置设计四杆机构

### 1. 铰链四杆机构

如图 6-34 所示，已知两连架杆预期所对应转角 $\varphi_i$、$\psi_i$（$i=1$，2，…，$n$），试设计该四杆机构。由于实现连架杆对应位置与杆长绝对值无关，故图中 $a$、$b$、$c$、$d=1$ 均为相对尺寸，$\alpha$、$\beta$ 分别为两连架杆的初位角。机构待定参数 $a$、$b$、$c$、$\alpha$、$\beta$ 共 5 个，为得到其精确唯一解应列出五个方程，即连架杆对应位置 $n=5$，当 $\alpha$、$\beta$ 以已知值给定时，机构待定参数三个，只能实现两连架杆三个对应位置。

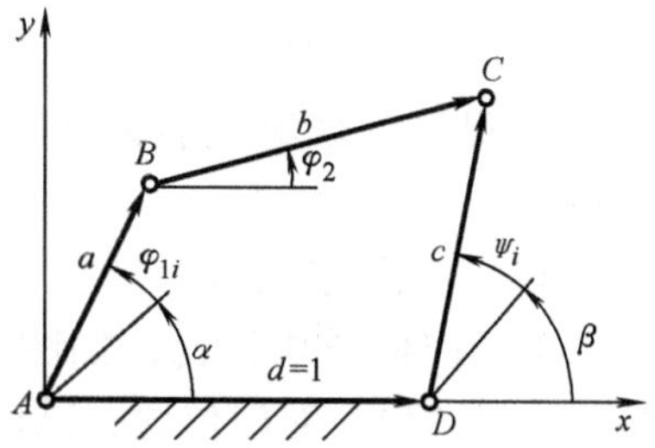

图 6-34　按连架杆对应位置的机构综合模型

由环路 $ABCD$ 得矢量方程 $\boldsymbol{a}+\boldsymbol{b}=\boldsymbol{d}+\boldsymbol{c}$

其投影方程式为 $\begin{cases} a\cos(\varphi_{1i}+\alpha)+b\cos\varphi_2=1+c\cos(\beta+\psi_i) \\ a\sin(\varphi_{1i}+\alpha)+b\sin\varphi_2=c\sin(\beta+\psi_i) \end{cases}$

上式消去 $\varphi_2$ 得

$$2a\left[\frac{c}{a}\cos(\psi_i+\beta)-c\cos(\psi_i-\varphi_{1i}+\beta-\alpha)+\frac{a^2+c^2+1-b^2}{2a}-\cos(\varphi_{1i}+\alpha)\right]=0 \tag{6-40}$$

若 $\alpha$、$\beta$ 为给定值，求 $a$、$b$、$c$，则式（6-40）写成如下形式

$$p_0\cos(\psi_i+\beta)+p_1\cos(\psi_i-\varphi_{1i}+\beta-\alpha)+p_2=\cos(\varphi_{1i}+\alpha) \tag{6-41}$$

式中

$$\begin{cases} p_0=\dfrac{c}{a} \\ p_1=-c \\ p_2=(a^2+c^2+1-b^2)/(2a) \end{cases} \tag{6-42}$$

式（6-41）为含有三个待求量 $p_0$、$p_1$、$p_2$ 的线性方程组，将 $\psi_i$、$\varphi_i(i=1,\ 2,\ 3)$ 分别代入式（6-41）得三个方程，可求出 $p_0$、$p_1$、$p_2$，再由式（6-42）计算出 $a$、$b$、$c$。

应该指出，若 $\alpha$、$\beta$ 也为待求量，则未知参数为 5 个：$a$、$b$、$c$、$\alpha$、$\beta$。此时应将式（6-40）中变换的三角函数项展开，经简化可得式（6-43）

$$p_0\cos\varphi_{1i}+p_1\sin\varphi_{1i}+p_2\cos\psi_i+p_3\sin\psi_i+p_4-(p_0p_2+p_1p_3)$$
$$\cos(\psi_i-\varphi_{1i})-(p_0p_3-p_1p_2)\sin(\psi_i-\varphi_{1i})=0 \tag{6-43}$$

式中

6

$$
\begin{cases}
p_0 = a\cos\alpha \\
p_1 = -a\sin\alpha \\
p_2 = -c\cos\beta \\
p_3 = c\sin\beta \\
p_4 = (b^2 - a^2 - c^2 - 1)/2
\end{cases}
\tag{6-44}
$$

显然，式（6-43）是 $p_j(j=0,1,2,3,4)$ 的非线性方程组，求解比较麻烦，可采用牛顿-拉普森法求解。

**2. 曲柄滑块机构**

对于曲柄滑块机构，如图 6-35 所示。已知 $\varphi_{1i}$、$s_i$ $(i=1,2,3)$ 三对应位置，试设计该机构。

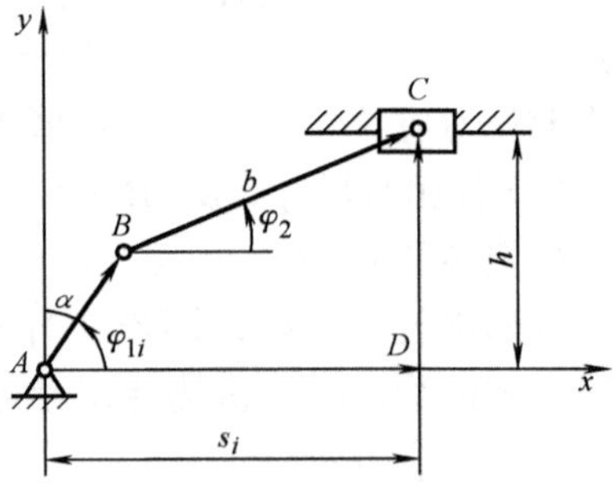

图 6-35 曲柄滑块机构对应位置的机构综合模型

由环路 $ABCD$ 可得矢量方程 $\boldsymbol{a}+\boldsymbol{b}=\boldsymbol{s}+\boldsymbol{e}$，其投影方程为

$$
\begin{cases}
a\cos\varphi_{1i} + b\cos\varphi_2 = s_i \\
a\sin\varphi_{1i} + b\sin\varphi_2 = h
\end{cases}
$$

将上式平方相加消去 $\varphi_2$，经整理后

$$
\begin{cases}
p_0 s_i \cos\varphi_{1i} + p_1 \sin\varphi_{1i} + p_2 = s_i^2 \\
p_0 = 2a \\
p_1 = 2ah \\
p_2 = b^2 - a^2 - h^2
\end{cases}
\tag{6-45}
$$

将 $\varphi_{1i}$、$s_i(i=1,2,3)$ 代入式（6-45）先求出 $p_0$、$p_1$、$p_2$，再计算 $a$、$b$、$h$。

应该指出，当构件 $AB$ 的初位置角 $\varphi_0$、滑块 $C$ 的初位移 $s_0$ 也为待求量时，将得到待求量为 $a$、$b$、$h$、$\varphi_0$、$s_0$ 的五元非线性方程组，可采用牛顿-拉普森法求解。此处不再累述。

## 三、按行程速比系数 K 设计四杆机构

工程中往往要求根据行程速比系数 $K$ 进行综合，根据工艺要求一般给定执行构件（摇杆）的摆角 $\psi$，为提高传力性能预先给出机构远极位传动角 $\gamma_2$，如图 6-36 所示。机构的极位夹角 $\theta$ 和近极位传动角 $\gamma_1$ 为

$$
\begin{cases}
\gamma_1 = \psi + \gamma_2 - \theta \\
\theta = \pi(K-1)/(K+1)
\end{cases}
\tag{6-46}
$$

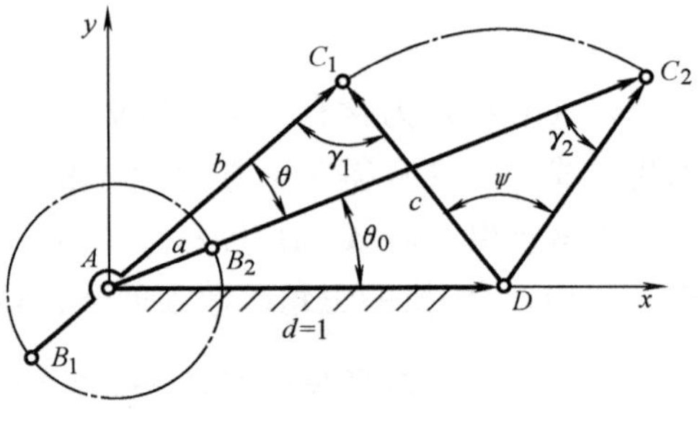

图 6-36 按行程速比系数 K 设计的机构模型

若令 $d=1$，机构中的待求量为 $a$、$b$、$c$ 及远极位曲柄位置角 $\theta_0$，由环路 $AC_1D$ 和 $AC_2D$

中列出如下投影方程式

$$\begin{cases}(b-a)\cos(\theta+\theta_0)=1+c\cos(\gamma_1+\theta+\theta_0)\\(b-a)\sin(\theta+\theta_0)=c\sin(\gamma_1+\theta+\theta_0)\\(b+a)\cos\theta_0=1+c\cos(\gamma_2+\theta_0)\\(b+a)\sin\theta_0=c\sin(\gamma_2+\theta_0)\end{cases}$$

上式是以 $a$、$b$、$c$、$\theta_0$ 为未知量的非线性方程组。经变换后解得

$$\begin{cases}\tan\theta_0=(\sin\gamma_2\sin\theta)/(\sin\gamma_1-\sin\gamma_2\cos\theta)\\a=(A-B)/N\\b=(A+B)/N\\c=\sin\theta_0/\sin\gamma_2\end{cases}\tag{6-47}$$

式中

$$\begin{cases}A=\cos(\theta+\theta_0)\sin(\gamma_2+\theta_0)\\B=\sin\gamma_2+\sin\theta_0\cos(\gamma_1+\theta+\theta_0)\\N=2\sin\gamma_2\cos(\theta+\theta_0)\end{cases}\tag{6-48}$$

各相对杆长计算后应根据曲柄 $AB$ 与机架共线时的最小传动角是否满足给定条件进行验算。最后计算各杆长绝对值。

## 四、按力矩比设计摆块机构

液（气）动传动机构中常见到摆块机构。它们在冶金、矿山、工程机械中得到了广泛应用。如翻斗车、挖掘机、升降台等机械中均采用这种机构。如图 6-37 所示载重汽车中的自卸机构即属于此种机构。

如图 6-38 所示摆块机构中的摆块为液压（气）缸，摇杆为执行构件。一般缸中推力 $F$ 为定值，设计中往往要求在两极限位置的力矩比 $M_1/M_2$ 为给定值。在远极位时 $AB_2$ 不宜靠近机架 $AD$，可用推杆 $AB$ 的初位角 $\angle B_2AD=\varphi_0$ 来限制，而摇杆摆角 $\psi$ 为工艺给定值。

已知摇杆摆角 $\psi$，推杆初位角 $\varphi_0$，摇杆两极位时由推力 $F$ 输出的摇杆力矩比 $\mu_M=M_1/M_2$，试确定机构相对尺寸（$d=1$）$b_1$、$b_2$、$c$。

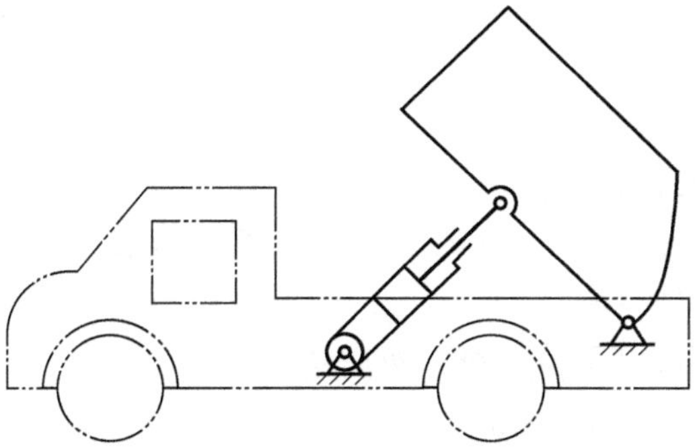

图 6-37 载重汽车中的自卸机构

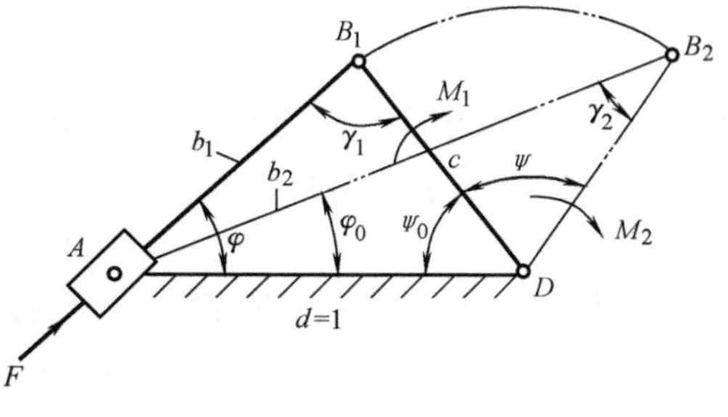


图 6-38 摆块机构按力矩比的综合模型

由于 $M_1=Fc\sin\gamma_1$，$M_2=Fc\sin\gamma_2$，得

$$\mu_M=\sin\gamma_1/\sin\gamma_2 \tag{6-49}$$

在$\triangle AB_1D$和$\triangle AB_2D$中，由正弦定律得

$$\sin\gamma_1=\sin\varphi/c \text{ 和 } \sin\gamma_2=\sin\varphi_0/c$$

两式相除得到

$$\sin\varphi=\mu_M\sin\varphi_0 \tag{6-50}$$

（注意：尽管推杆初位角 $\varphi_0$ 和摇杆力矩比 $\mu_M$ 是根据工艺要求人为确定的。但是，根据式（6-50）知，$\varphi_0$、$\mu_M$ 间的匹配应满足 $\sin\varphi_0\leqslant 1/\mu_M$）

由几何关系得到

$$\gamma_2=\gamma_1+\varphi-\varphi_0-\psi \tag{6-51}$$

将式（6-51）代入式（6-49）得

$$\tan\gamma_1=\frac{\mu_M\sin(\varphi-\varphi_0-\psi)}{1-\mu_M\cos(\varphi-\varphi_0-\psi)} \tag{6-52}$$

及

$$\psi_0=\pi-(\gamma_1+\varphi) \tag{6-53}$$

由正弦定理得

$$\begin{cases}b_1=\sin\psi_0/\sin\gamma_1\\ b_2=\sin(\psi+\psi_0)/\sin\gamma_2\\ c=\sin\varphi/\sin\gamma_1\end{cases} \tag{6-54}$$

由式（6-50）、式（6-52）计算 $\varphi$、$\gamma_1$，再由式（6-51）、式（6-53）计算 $\gamma_2$、$\psi_0$，然后按式（6-54）计算相对尺寸（$d=1$）$b_1$、$b_2$、$c$。

## 五、按瞬时运动量设计四杆机构

此法能够设计出一个四杆机构使得各杆瞬时的角速度 $\omega_i$ 和角加速度 $\varepsilon_i$ 为预先给定的值。为方便起见，由各杆构成的机构封闭回路用复数矢量表示。

如图 6-39 所示，在坐标系中有一矢量 $\boldsymbol{r}$，水平坐标为实轴，$\boldsymbol{r}$ 的方向角 $\varphi$ 由实轴起逆时针方向度量。垂直坐标为虚轴。由图 6-39 知 $\boldsymbol{r}$ 表示为

$$\boldsymbol{r}=r(\cos\varphi+\mathrm{i}\sin\varphi) \tag{6-55}$$

由于 $\mathrm{e}^{\mathrm{i}\varphi}=\cos\varphi+\mathrm{i}\sin\varphi$，所以

$$\boldsymbol{r}=r\mathrm{e}^{\mathrm{i}\varphi} \tag{6-56}$$

可见矢量 $\boldsymbol{r}$ 可以用式（6-55）或式（6-56）的形式表示。

对图 6-40 所示的四杆机构的封闭回路 $ABCD$：$\boldsymbol{a}+\boldsymbol{b}=\boldsymbol{c}+\boldsymbol{d}$，可以用复数形式表示为

$$a\mathrm{e}^{\mathrm{i}\varphi_1}+b\mathrm{e}^{\mathrm{i}\varphi_2}-c\mathrm{e}^{\mathrm{i}\varphi_3}=d\mathrm{e}^{\mathrm{i}\alpha_4}$$

上式对时间 $t$ 求导一次、二次后得如下两式，注意其中 $\dot{\varphi}_j=\omega_j$，$\ddot{\varphi}_j=\varepsilon_j$，得

$$\mathrm{i}\omega_1a\mathrm{e}^{\mathrm{i}\varphi_1}+\mathrm{i}\omega_2b\mathrm{e}^{\mathrm{i}\varphi_2}-\mathrm{i}\omega_3c\mathrm{e}^{\mathrm{i}\varphi_3}=0$$

$$(\mathrm{i}\varepsilon_1-\omega_1^2)a\mathrm{e}^{\mathrm{i}\varphi_1}+(\mathrm{i}\varepsilon_2-\omega_2^2)b\mathrm{e}^{\mathrm{i}\varphi_2}-(\mathrm{i}\varepsilon_3-\omega_3^2)c\mathrm{e}^{\mathrm{i}\varphi_3}=0$$

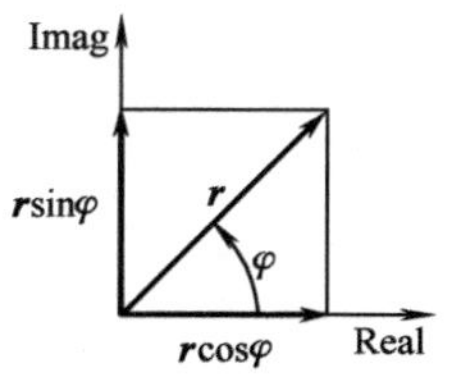


图 6-39　矢量关系

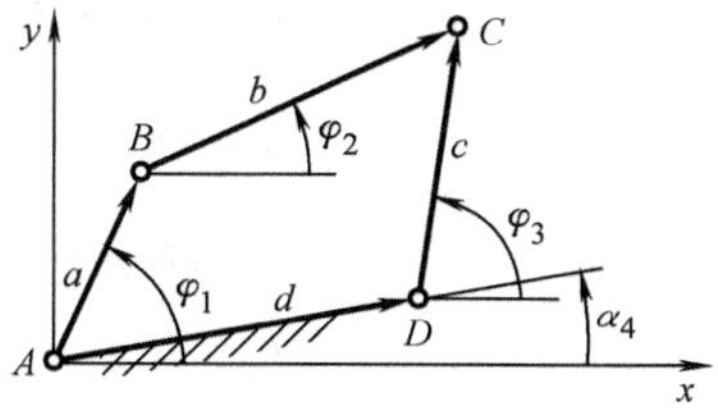


图 6-40　机构封闭回路

或写成如下形式

$$\begin{cases} a+b-c=d \\ \omega_1 a+\omega_2 b-\omega_3 c=0 \\ (\mathrm{i}\varepsilon_1-\omega_1^2)a+(\mathrm{i}\varepsilon_2-\omega_2^2)b-(\mathrm{i}\varepsilon_3-\omega_3^2)c=0 \end{cases} \tag{6-57}$$

用行列式可求 $a$、$b$、$c$

$$a=\frac{\begin{vmatrix} d & 1 & -1 \\ 0 & \omega_2 & -\omega_3 \\ 0 & \mathrm{i}\varepsilon_2-\omega_2^2 & -(\mathrm{i}\varepsilon_3-\omega_3^2) \end{vmatrix}}{D}=\frac{d}{D}[\omega_2\omega_3(\omega_3-\omega_2)+\mathrm{i}(\varepsilon_2\omega_3-\varepsilon_3\omega_2)]$$

$$b=\frac{\begin{vmatrix} 1 & d & -1 \\ \omega_1 & 0 & \omega_3 \\ \mathrm{i}\varepsilon_1-\omega_1^2 & 0 & -(\mathrm{i}\varepsilon_3-\omega_3^2) \end{vmatrix}}{D}=\frac{d}{D}[\omega_1\omega_3(\omega_1-\omega_3)+\mathrm{i}(\varepsilon_3\omega_1-\varepsilon_1\omega_3)]$$

$$c=\frac{\begin{vmatrix} 1 & 1 & d \\ \omega_1 & \omega_2 & 0 \\ \mathrm{i}\varepsilon_1-\omega_1^2 & \mathrm{i}\varepsilon_2-\omega_2^2 & 0 \end{vmatrix}}{D}=\frac{d}{D}[\omega_1\omega_2(\omega_1-\omega_2)+\mathrm{i}(\varepsilon_2\omega_1-\varepsilon_1\omega_2)]$$

式中，$D$ 为式（6-57）右端的系数行列式。由于机构的瞬时角运动量与机构的绝对尺寸无关，故令 $d/D=1$，则

$$\begin{cases} a=\omega_2\omega_3(\omega_3-\omega_2)+\mathrm{i}(\varepsilon_2\omega_3-\varepsilon_3\omega_2)=a_1+\mathrm{i}a_2 \\ b=\omega_1\omega_3(\omega_1-\omega_3)+\mathrm{i}(\varepsilon_3\omega_1-\varepsilon_1\omega_3)=b_1+\mathrm{i}b_2 \\ c=\omega_1\omega_2(\omega_1-\omega_2)+\mathrm{i}(\varepsilon_2\omega_1-\varepsilon_1\omega_2)=c_1+\mathrm{i}c_2 \\ d=a+b-c=a_1+b_1-c_1+\mathrm{i}(a_2+b_2-c_2)=d_1+\mathrm{i}d_2 \end{cases} \tag{6-58}$$

各相对杆长按式（6-59）计算

$$a=(a_1^2+a_2^2)^{1/2},\ b=(b_1^2+b_2^2)^{1/2},\ c=(c_1^2+c_2^2)^{1/2},\ d=(d_1^2+d_2^2)^{1/2} \tag{6-59}$$

**例 6-8**　设 $\omega_1=6$，$\varepsilon_1=0$；$\omega_2=1$，$\varepsilon_2=10$；$\omega_3=3$，$\varepsilon_3=5$。求实现如上要求的各杆瞬时角运动量的机构尺寸。

**解**　代入式（6-58）得

$$a_1=1\times3(3-1)=6$$
$$a_2=10\times3-5\times1=25$$

$$a=(6^2+25^2)^{1/2}=25.71$$

$$\varphi_1=\arctan\left(\frac{a_2}{a_1}\right)=\arctan\left(\frac{25}{6}\right)=76.043°$$

$$b_1=6\times3(6-3)=54$$

$$b_2=5\times6-0\times3=30$$

$$b=(54^2+30^2)^{1/2}=61.77$$

$$\varphi_2=\arctan\left(\frac{b_2}{b_1}\right)=\arctan\left(\frac{30}{54}\right)=29.055°$$

$$c_1=6\times1(6-1)=30$$

$$c_2=10\times6-0\times1=60$$

$$c=(30^2+60^2)^{1/2}=67.08$$

$$\varphi_3=\arctan\left(\frac{c_2}{c_1}\right)=\arctan\left(\frac{60}{30}\right)=63.435°$$

$$d_1=6+54-30=30$$

$$d_2=25+30-60=-5$$

$$d=(30^2+5^2)^{1/2}=30.41$$

$$\alpha_4=\arctan\left(\frac{-5}{30}\right)=-9.462°$$

6

## *第五节　受控五杆机构简介

### 一、低副五杆机构

由于四杆机构的自由度为1，五杆机构的自由度为2，显然五杆机构在运动形式、适应范围、性能等方面都优于四杆机构。由表6-1可见，四杆机构的连杆轨迹曲线大都为单环封闭曲线。图6-41a所示为两自由度铰链五杆机构。当两原动件按 $n_1$、$n_4$ 转动时，构件2上的点 $M$ 可画出各种特异的连杆曲线轨迹；当 $n_1/n_4$ 为无理数时，点 $M$ 将画出连续不断的非封闭曲线。其轨迹较四杆机构更加丰富。

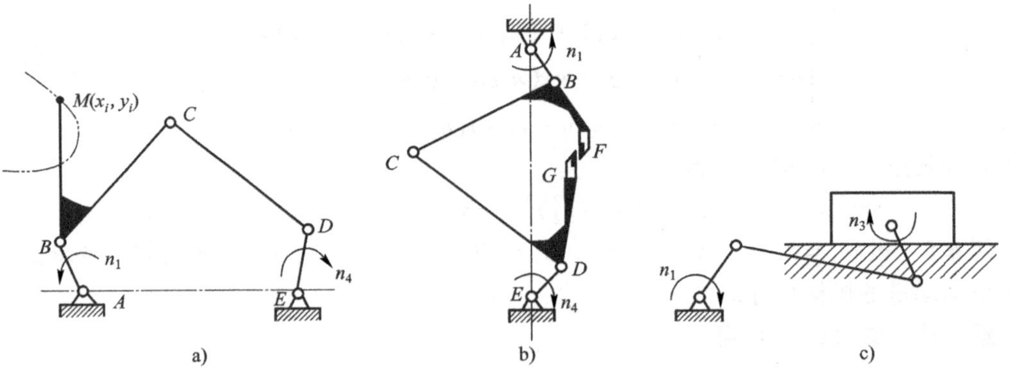


图6-41　五杆机构
a）铰链五杆机构　b）两自由度飞剪机构　c）钢板侧压机构

图 6-41b 所示为两自由度飞剪机构，*AB*、*DE* 为主动件。当上剪刃 *F* 与下剪刃 *G* 重合时剪切运动中的钢材。当 $n_1/n_4=1$ 时，曲柄每转一周剪切一次；当整数比 $n_1/n_4>1$ 时，则可控制钢材的剪切长度。这是单自由度四杆飞剪机构所不具备的特殊功能。图 6-41c 所示为单滑块五杆机构。其优于四杆曲柄滑块机构之处是通过调整两主动件位置角可使滑块作近似等速直线运动。该机构用于挤压运动中钢坯轧件的侧面飞边。

由以上实例可见，五杆机构在工程中得到了广泛应用。

## 二、受控五杆机构

机械高速、高精度的要求以及计算机技术和控制技术的发展，促进了受控机构的发展并将之推向了工程应用。

机构在可能运动的全域内准确实现给定的运动规律和运动轨迹，只有对某些个别特殊机构才可以完成，如正弦机构、椭圆画规机构、契贝雪夫直线导路机构、实现传动比为 1 的平行四边形机构等。对于绝大多数机构只能在部分运动域中近似实现给定的运动。又如，四杆机构理论上只能精确实现轨迹上的 9 个点位，且当要求的点位数超过 6 个时求解十分困难，甚至出现机构运动顺序与轨迹顺序不协调的轨迹失调现象。上述五杆机构虽优于四杆机构，但其两主动件转速的调整是通过机械传动控制完成的，其控制范围受机械传动固有配置的限制，故不能随意调整以满足精确的运动要求。

受控机构是指有一个或几个主动件受计算机控制，使机构精确实现任意给定运动从而具有智能化的机构。具有一个或两个受控主动件的两自由度的五杆机构即为单受控件或双受控件五杆机构。显然，通过对主动件运动参数的调控以精确实现运动要求的机构其自由度应大于 1。但随着机构自由度和杆件数的增加其运动精度、加工成本也随之增加。因此，自由度为 2 的五杆机构成为受控机构的研究热点。

在单受控五杆机构中，一个主动件作匀速运动，控制另一个主动件使其按给定运动的要求作补偿运动。这样在机构运转过程中，就相当于有无数个几何参数不同的四杆机构，因此能够精确实现给定运动（如轨迹、函数、传动比等）。当前，受控五杆机构的研究包括五杆机构的型综合、可动性、按精确实现运动规律和运动轨迹的机构尺度综合等。

## 三、五杆机构的型综合

由图 6-42 知在五杆运动链只有图中 *A* 型为五杆单环运动链。

如图 6-42 中 *A* 型五杆运动链所示，其 $N=5$，$p=5$，$F=2$。根据机构型综合原理，将图 6-42 中 *A* 型五杆运动链进行运动副和机架变换就可得到五杆机构的基本类型。五杆运动链中用移动副替代转动副时应注意如下因素：

1）同一构件上含有两个移动副的导路不能相互平行。其中的一个移动副必为虚约束。

2）若五杆封闭链中含有 3 个移动副且直接串连时，由于含有 3 个移动副的各构件间无相对转动，因此其余 2 个转动副联接的两构件间只能同步转动。

3）五杆封闭链中含有 4 个移动副时，由于含有 4 个移动副的各构件间无相对转动，因此剩下的唯一转动副联接的两构件间无相对转动，该转动副为虚约束。

4）五杆封闭链中全为移动副时，可得到公共约束为 4 的全移动副五杆机构。

6

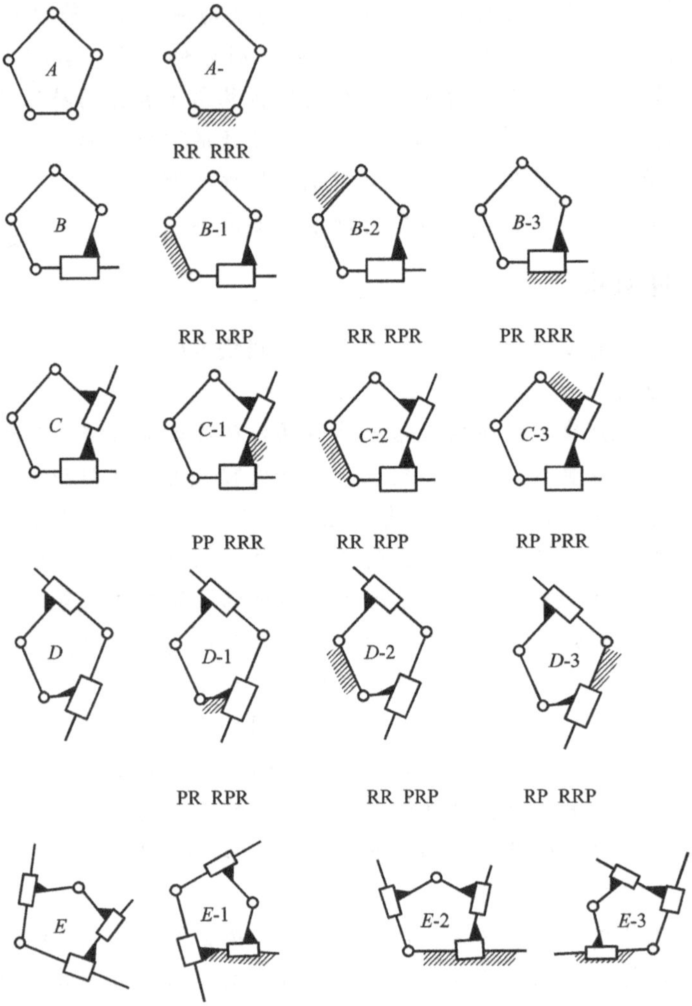


图 6-42 五杆机构型综合图

如图 6-42 所示，将 $A$ 型运动链的任一构件固定为机架得全铰链五杆机构 $A-1$；将 $A$ 型运动链的一个转动副用移动副替换得 $B$ 型运动链。根据对称构件不重复的原则，固定不同构件为机架可得到三种带有一个移动副的基本机构 $B-1$、$B-2$、$B-3$；将 $A$ 型运动链的两个转动副用移动副替换，只有 $C$ 型和 $D$ 型两种运动链。将 $A$ 型运动链的三个转动副用移动副替换，只有 $E$ 型运动链。同理，根据对称构件不重复的原则固定不同构件为机架可得到 $C$ 型、$D$ 型、$E$ 型各三种机构（图 6-42）。以上各基本机构的标号中 R 表示转动副，P 表示移动副，"/" 前的两个标号为机架构件的运动副标号，机构的标号由机架右端运动副开始按顺时针方向排列。如 RR/PRP 表示机架构件的两个转动副各铰接两个滑块，分别与滑块相连的两构件用转动副相连，是一个双摆块五杆机构（如果考虑运动副元素置换，也可是双导杆五杆机构），如图 6-43 所示。由此可见，移动副不超过 3 的五杆机构且不考虑运动副元素置换和主动件变更有以上 13 种基本类型。并不是这 13 种五杆机构都适合于用来精确实现给定运动的，还要选择其中的一种或若干种机构。选择合适五杆机构的准则为：①精确实现运动要求的易难及范围；②主动件位置、形式和成本；③受控原动件调整运动的有效性；④综合方法的难易度。总之，要求受控机构在不改变或很少改变现有机构尺寸的情况下方便地计算和调整受控参数即可实现设定的不同运动要求，以赋予机构可控性、柔性和智能化特性。

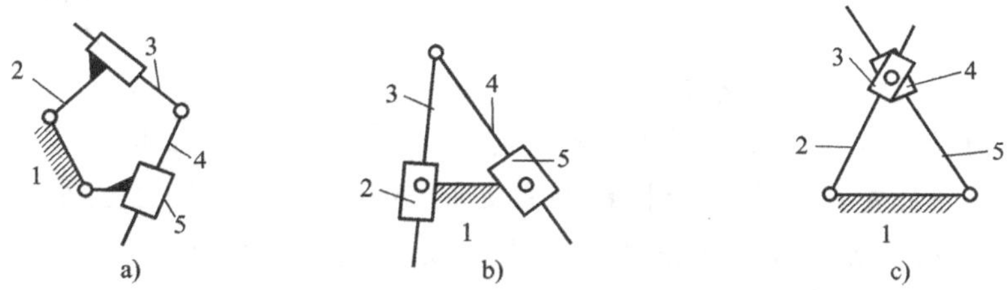


图 6-43　$D-2$ 型五杆机构的两种演变

a）$D-2$ 型五杆机构　b）双摆块五杆机构　c）双导杆五杆机构

## 四、受控五杆机构的综合方法

### 1. 单控件五杆机构的综合方法

单控件五杆机构的综合模型可以采用不同的综合方法。一般采用“先四杆后五杆法”的两步综合法和Ⅱ级杆组综合法。

如图 6-44b 所示，曲柄 $AB$ 和滑块 3 是主动件，其中滑块 3 为受控主动件，要求该机构点 $M$ 精确实现轨迹 $y_i=f(x_i)\,(i=1,2,\cdots,n)$。

“先四杆后五杆法”的两步综合法是：第一步，先用最优综合的方法综合出一个起始四杆机构 $ABCD$（去掉受控件3），该四杆机构能在尽可能多的点位上最优近似地逼近给定运动；第二步，在起始四杆机构的基础上，引进受控主动件（滑块3），并按照给定运动计算受控主动件的补偿位移 $s_3$（$\varphi_{1i}$），从而精确实现任意给定运动。

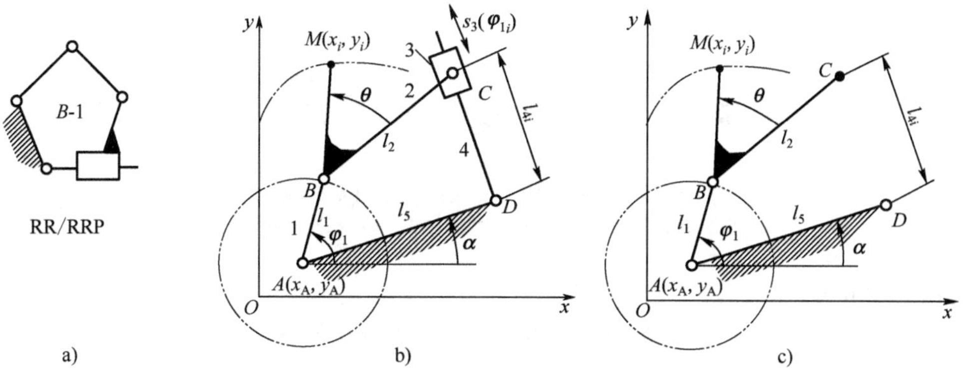


图 6-44　单控件五杆机构综合模型

a）$B-1$ 五杆机构　b）单控件五杆机构　c）Ⅱ级杆组综合模型

Ⅱ级杆组综合法：设将构件 3、4 从机构中拆下，如图 6-44c 所示，将Ⅱ级杆组 $ABC$ 上的转动副装于机架上的点 $A$，使点 $M$ 沿轨迹 $M(x_i,\ y_i)$ 运动的同时曲柄 $AB$ 绕点 $A$ 作圆周运动。此时点 $C$ 到点 $D$ 的 $l_{4i}$ 将随曲柄转动而变化。以 $l_{4i}$ 变化极小为目标进行机构优化求出各尺寸参数及$l_{4i}$的变动值$\Delta l_{4i}$，受控主动件的补偿位移$s_3(\varphi_{1i})=\Delta l_{4i}$。

由于单控件五杆机构只有一个受控驱动系统，因此与双控件五杆机构相比其成本低廉。但它是为特定的轨迹设计的，由于其非受控主动件的运动不能调整，且机构尺寸参数已经固定，故只能完成某一类轨迹的精确复演。

**2. 双控件五杆机构的综合方法**

如图6-45所示，双控件五杆机构的两个导杆（或摆块）均为受控件，由受控直线电动机控制点$C$的运动。显然根据点$A$、$D$的位置及设定的点$C$的坐标$(x_i, y_i)$即可简捷方便地计算出受控参数$s_{2i}$、$s_{3i}$。对于其他受控机构难于实现的如图（6-45）所示的空心“L”形封闭轨迹，该机构可在不改变构件尺寸的条件下实现轨迹复演。可见该机构是一种全柔性、全智能的受控机构。

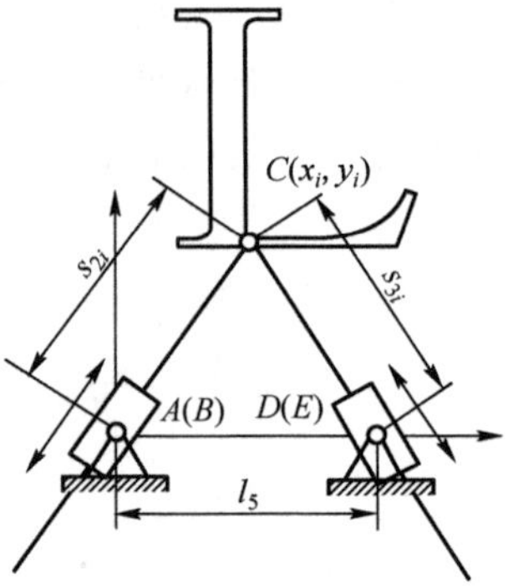


图6-45 双控件五杆机构综合模型

## 五、五杆机构可动性及（双）曲柄存在条件

可动性条件是指两个原动件分别按任意运动规律运动时机构所应满足的尺寸条件。由此可见，满足机构的运动可动性条件是机构尺寸综合的前提。对于全铰链五杆机构由于只存在转动副，故只分析曲柄存在的条件。

如图6-46所示，构件$AB$和$ED$为原动件，各构件长度分别用$a$、$b$、$c$、$d$、$e$表示。由于$a+d<e$和$a+d>e$两种情况的结果一致，现按$a+d>e$分析如下：

若能实现图6-46b、c中$a$、$d$与机架共线的机构最难达到的位置（称极端位置）时，则$a$、$d$不管以何种运动组合运动时均可整周转动。

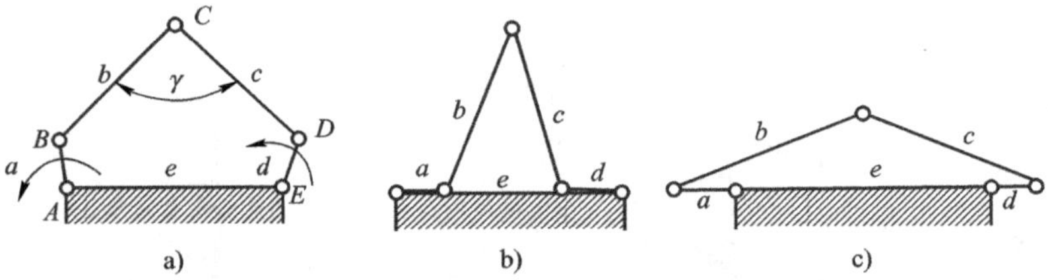


图6-46 五杆机构及其极端位置（$a+d<e$）

a）五杆机构尺寸 b）三杆内共线位置 c）三杆外共线位置

由图6-46b知

$$e-a-d\leqslant b+c,\ b\leqslant c+e-a-d,\ c\leqslant b+e-a-d$$

由图6-46c知

$$a+e+d\leqslant b+c,\ b\leqslant c+a+d+e,\ c\leqslant b+a+d+e$$

联立以上两组方程得

$$\begin{cases}(a+d)+e\leqslant b+c\\(a+d)+b\leqslant e+c\\(a+d)+c\leqslant b+e\end{cases}\tag{6-60}$$

式（6-60）两两相加得

$$\begin{cases}(a+d)\leqslant b\\(a+d)\leqslant c\\(a+d)\leqslant e\end{cases}\tag{6-61}$$

由式（6-61）知 $a$、$d$ 为各杆中的两短杆，两短杆杆长之和小于（或等于）其他任一杆长度；由式（6-60）知两短杆与最长杆之和小于（或等于）其他两杆之和（以上简称杆长之和条件）。此时，两短杆不直接相连，以两短杆的共邻杆为机架。

经证明，当 $a+d>e$ 时仍满足杆长之和条件。此时，两短杆直接相连，以两短杆之一为机架。

由以上分析得两自由度铰链五杆机构的有曲柄条件为：两短杆之和小于（或等于）其他任一杆长度，且两短杆与最长杆之和小于（或等于）其他两杆之和（简称杆长之和条件）；当两短杆不直接相连时以两短杆的共邻杆为机架；当两短杆直接相连时以两短杆之一为机架。

随着受控机构的研究深入，目前正在对受控机构的运动学、力学、动力学分析模型、考虑到所选择伺服电动机运动特性及其控制系统深入地研究。受控五杆机构的实际应用研究也在逐步展开。

## 习　　题

6-1　如图 6-47 所示，设已知四杆机构各机构的长度为 $a=240\text{mm}$，$b=600\text{mm}$，$c=400\text{mm}$，$d=500\text{mm}$。试问：

1）当取杆 4 为机架时，是否有曲柄存在？

2）若各杆长度不变，能否以选不同杆为机架的方法获得双曲柄和双摇杆机构？如何获得？

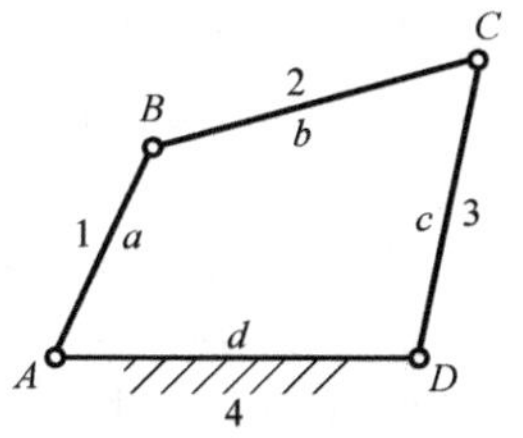


图 6-47　题 6-1 图

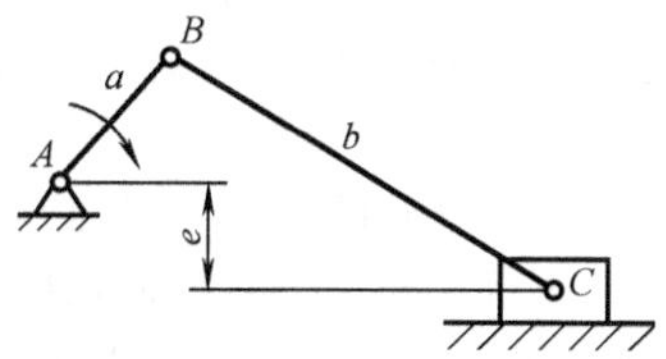


图 6-48　题 6-2 图

6-2　图 6-48 所示为一偏置曲柄滑块机构，试求杆 $AB$ 为曲柄的条件。若偏距 $e=0$，则杆 $AB$ 为曲柄的条件又如何？

6-3　试说明对心曲柄滑块机构当以曲柄为主动件时，其传动角在何处最大？何处最小？

6-4　在图 6-47 所示的铰链四杆机构中，各杆的长度为 $a=28\text{mm}$，$b=52\text{mm}$，$c=50\text{mm}$，$d=72\text{mm}$，试求：

1）当取杆 4 为机架时，该机构的极位夹角 $\theta$、杆 3 的最大摆角 $\psi$ 和最小传动角 $\gamma_{\min}$。

2）当取杆 1 为机架时，将演化成何种类型机构？为什么？并说明这时 $C$、$D$ 两个转动副是周转副还是摆动副？

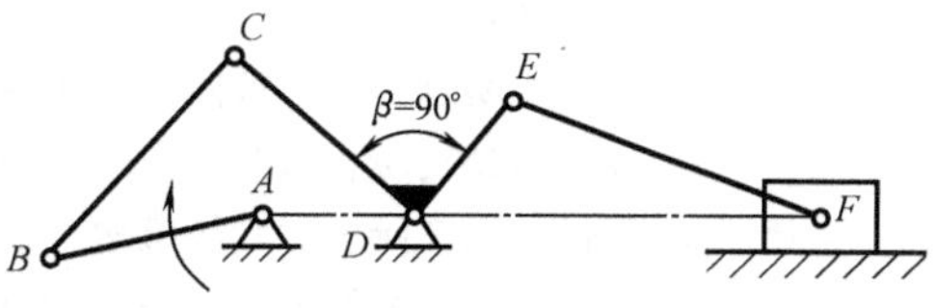


图 6-49　题 6-5 图

6-5　在图 6-49 所示的连杆机构中，已知各构件的尺寸为：$l_{AB}=160$mm，$l_{BC}=260$mm，$l_{CD}=200$mm，$l_{AD}=80$mm；并知构件 $AB$ 为原动件，沿顺时针方向匀速回转，试确定：

1）四杆机构 $ABCD$ 的类型。

2）该四杆机构的最小传动角 $\gamma_{min}$。

3）滑块 $F$ 的行程速比系数 $K$。

6-6　在图 6-48 所示的偏置曲柄滑块机构中，曲柄为原动件。

1）写出机构传动角 $\gamma$ 的表达式。

2）说明出现最小传动角 $\gamma_{min}$ 时机构的位置。

3）机构尺寸 $a$、$b$、$e$ 对 $\gamma_{min}$ 的影响。

6-7　如图 6-50 所示，欲设计一铰链四杆机构，已知摇杆长 $c=75$mm，行程速比系数 $K=1.4$，机架长度 $d=100$mm，摇杆在近极位时与机架的夹角 $\varphi_0=45°$，求曲柄和连杆长度 $a$、$b$，并校验机构的最小传动角 $\gamma_{min}$ 是否满足要求。

6-8　图 6-51 所示为一牛头刨床的主传动机构，已知 $l_{AB}=75$mm，$l_{DE}=100$mm，行程速比系数 $K=2$，刨头 5 的行程 $H=300$mm，要求在整个行程中，推动刨头 5 有较小的压力角，试设计此机构。

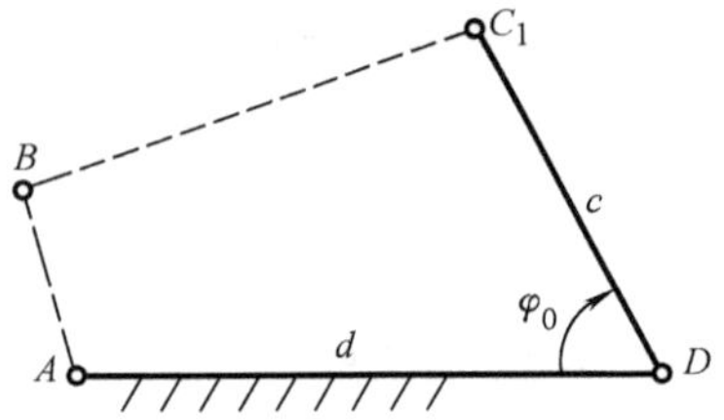


图 6-50　题 6-7 图

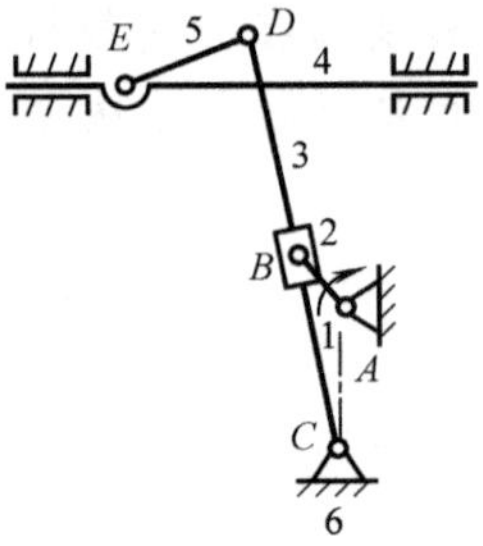


图 6-51　题 6-8 图

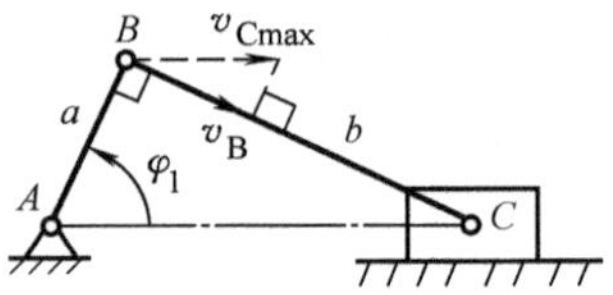


图 6-52　题 6-9 图

6-9　试设计一如图 6-52 所示的对心曲柄滑块机构，要求滑块行程 $H=200$mm，滑块的最大速度 $v_{Cmax}$ 与曲柄销轴处的圆周速度 $v_B$ 之比 $v_{Cmax}/v_B=1.2$，求曲柄和连杆长度 $a$、$b$？（提示：滑块 $C$ 的 $v_{Cmax}$ 出现在曲柄和连杆的夹角为 90°时）

6-10　试设计一曲柄滑块机构，已知行程速比系数 $K=1.5$，滑块冲程 $H=50$mm，偏距 $e=20$mm。

6-11　图 6-53 所示为一双联齿轮变速装置，用拨叉 $DE$ 操纵双联齿轮移动。现拟设计一四杆机构 $ABCD$ 操纵拨叉的摆动，已知条件是：机架 $l_{AD}=100$mm，铰链 $A$、$D$ 的位置如图所示，拨叉滑块行程为 30mm，拨叉尺寸 $l_{ED}=l_{DC}=40$mm，固定轴心 $D$ 在拨叉滑块行程的垂直等分线上。又在此四杆机构 $ABCD$ 中，构件 $AB$ 为手柄。当手柄 $AB_1$ 垂直向上时，拨叉处于 $E_1$ 的位置，当手柄 $AB_1$ 逆时针转过 $\theta=90°$ 处于水平位置 $AB_2$ 时，拨叉处于 $E_2$ 的位置。试设计此四杆机构。

6-12　图 6-54 所示为插齿机的插削机构，已知 $l_{AD}=200$mm，要求插刀的行程 $H=80$mm，行程速比系数 $K=1.5$，试决定各杆尺寸（即构件 $AB$ 的长度 $l_{AB}$ 和扇形齿轮的分度圆半径 $R$）。

6-13　如图 6-55 所示，已知 $AE_i$ 的三个位置（$\varphi_1=77°$，$\varphi_2=115°$，$\varphi_3=145°$）所对应的滑块位置 $s_1=440$mm，$s_2=330$mm，$s_3=220$mm。要求用一连杆 $BC$ 将 $AE$ 与滑块 $C$ 连接起来，试确定连杆 $b$ 的长度及其与 $AE$ 铰接点 $B$ 的位置。

6-14　如图 6-56 所示，设要求四杆机构两连架杆的三组对应位置分别为 $\alpha_1=35°$，$\varphi_1=50°$；$\alpha_2=80°$，$\varphi_2=75°$；$\alpha_3=125°$，$\varphi_3=105°$，试设计此四杆机构。

6-15　试设计图 6-57 所示的六杆机构。该机构当原动件 1 自 $y$ 轴顺时针转过 $\varphi_{12}=60°$ 时，构件 3 顺时针转过 $\psi_{12}=45°$ 恰与 $x$ 轴重合。此时滑块 6 自 $E_1$ 移动到 $E_2$，位移 $s_{12}=20$mm。试确定铰链 $B_1$ 和 $C_1$ 的位置，并在所设计的机构中标明传动角 $\gamma$，同时说明四杆机构 $AB_1C_1D$ 的类型。

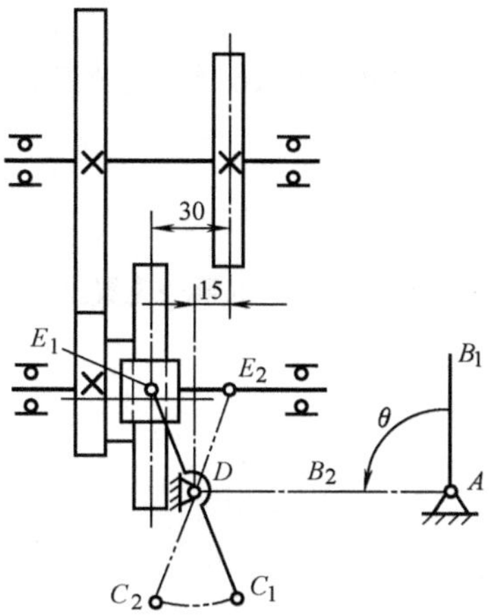


图 6-53　题 6-11 图

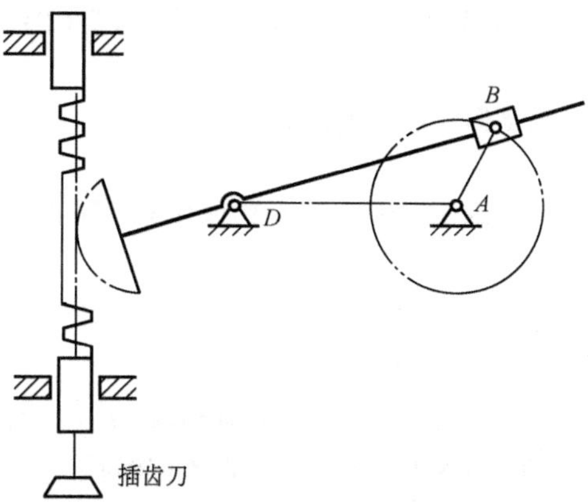


图 6-54　题 6-12 图

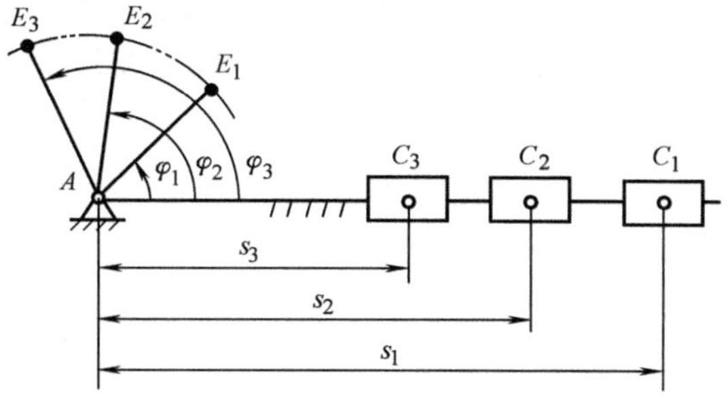


图 6-55　题 6-13 图

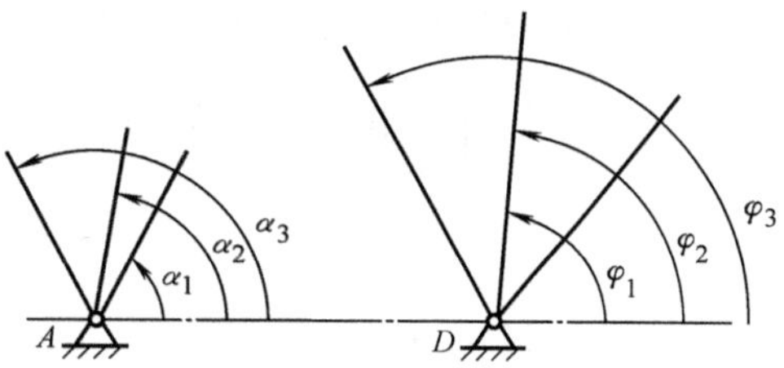


图 6-56　题 6-14 图

6-16　图 6-58 所示为曲柄摇杆机构，已知摇杆长 $c=420\text{mm}$，摆程角 $\psi=60°$，行程速比系数 $K=1.25$，若远极位时机构的传动角 $\gamma_2=35°$，求各杆长 $a$、$b$、$d$，并校验机构最小传动角 $\gamma_{\min}$。

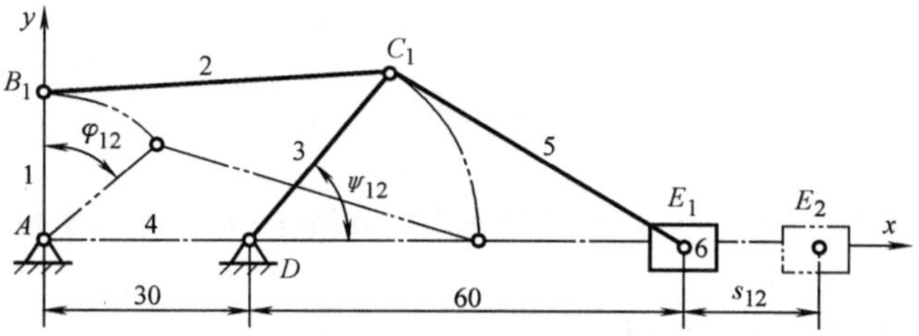


图 6-57　题 6-15 图

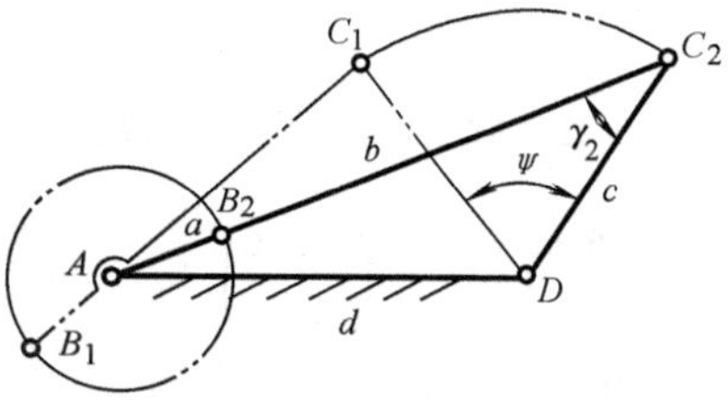


图 6-58　题 6-16 图

6-17　某刚体上点 $P$ 两位置坐标 $P_1=\begin{pmatrix}0\\0\end{pmatrix}$，$P_2=\begin{pmatrix}0\\40\end{pmatrix}$，刚体第二位置相对第一位置的转角 $\theta_2=90°$，用下列位移矩阵式写出两位置间的位移矩阵 $(D)_{21}$。

$$(D)_{j1}=\begin{pmatrix}\cos\theta_j & -\sin\theta_j & x_{p_j}-x_{p_1}\cos\theta_j+y_{p_1}\sin\theta_j\\ \sin\theta_j & \cos\theta_j & y_{p_j}-x_{p_1}\sin\theta_j-y_{p_1}\cos\theta_j\\ 0 & 0 & 1\end{pmatrix}\quad(j=2)$$

6-18 某刚体位置1、2间的位移矩阵为$(D)_{21}=\begin{pmatrix}0 & -1 & 40\\1 & 0 & 0\\0 & 0 & 1\end{pmatrix}$，求该刚体从位置1到位置2的转动中心$p_{12}$的坐标（$x_{p12}$，$y_{p12}$）。

6-19 某刚体位置1、2间的位移矩阵为$(D)_{21}=\begin{pmatrix}0 & -1 & 40\\1 & 0 & 20\\0 & 0 & 1\end{pmatrix}$，刚体上点$P$的第一位置坐标为$P_1=\begin{pmatrix}40\\40\end{pmatrix}$，求$P_2=\begin{pmatrix}x_{P_2}\\y_{P_2}\end{pmatrix}$?

6-20 设刚体$n$个位置的位移矩阵为$(D)_{j1}$（$j=2,3,\cdots,n$）。

1）写出刚体上任意一点$B$的诸位置对第一位置的坐标关系式。

2）若点$B$绕$P=\begin{pmatrix}x_0\\y_0\end{pmatrix}$转动，如何建立求解点$B_1$坐标$B_1=\begin{pmatrix}x_{B_1}\\y_{B_1}\end{pmatrix}$的方程式。

3）若点$P$坐标（$x_0$，$y_0$）已知，上述求解（$x_{B_1}$，$y_{B_1}$）的方程当给定刚体的几个位置时有定解。

6-21 设已知刚体$n$个位置的位移矩阵$(D)_{j1}$（$j=2,3,\cdots,n$），请写出刚体与滑块连接的铰接点$T$的第一位置$T_1=\begin{pmatrix}x_{T_1}\\y_{T_1}\end{pmatrix}$的求解方程。$n$为多少时有定解？

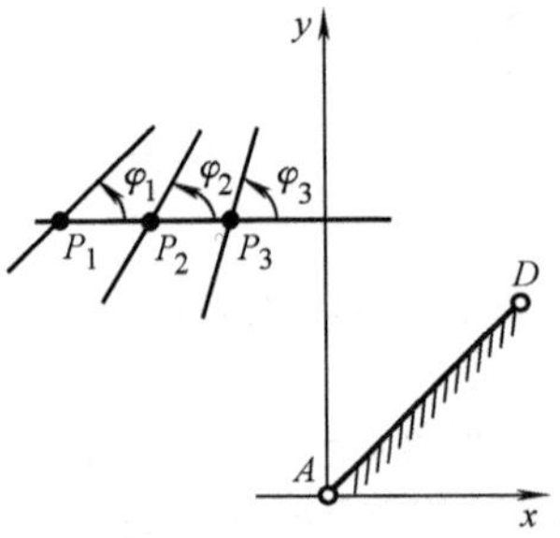

图6-59 题6-22图

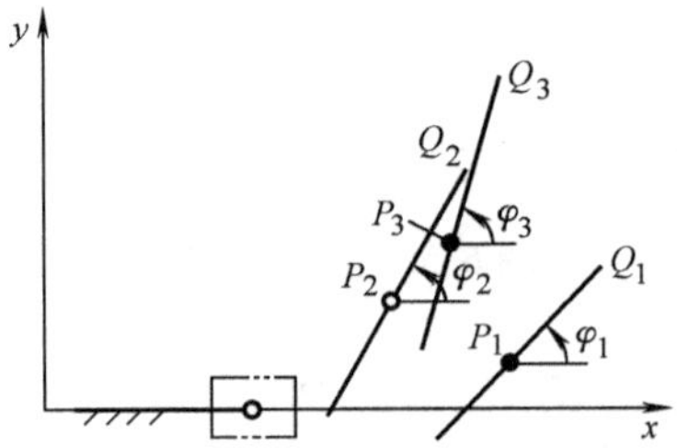

图6-60 题6-23图

6-22 如图6-59所示，已知某刚体上点$P$的三位置及其上某标线的位置角分别为$P_1=\begin{pmatrix}-8.6\\10\end{pmatrix}$，$P_2=\begin{pmatrix}-6.6\\10\end{pmatrix}$，$P_3=\begin{pmatrix}-3.6\\10\end{pmatrix}$；$\varphi_1=30°$，$\varphi_2=47°$，$\varphi_3=70°$，若已知两固定支座$A$、$D$的位置坐标为$A=\begin{pmatrix}0\\0\end{pmatrix}$,$D=\begin{pmatrix}4\\6.2\end{pmatrix}$，求实现点$P$给定位置的四杆机构的各杆长度。

6-23 如图6-60所示，已知$PQ$标线的三位置$P_1=\begin{pmatrix}13.7\\1\end{pmatrix}$，$P_2=\begin{pmatrix}10.5\\2.2\end{pmatrix}$，$P_3=\begin{pmatrix}11.9\\3.4\end{pmatrix}$，其方向角$\varphi_1=35°$，$\varphi_2=50°$，$\varphi_3=64°$，若滑块铰链$T$的第一位置$y$坐标为$y_{T_1}=0$，曲柄转动支座$A=\begin{pmatrix}0\\0\end{pmatrix}$，求实现标线给定位置的曲柄滑块机构。

6-24 如图6-61所示，设点$B$绕坐标中心$A$转动，点$B$上某标线相对第一位置的转角$\theta_2=45°$，$\theta_3=90°$。请解答下列问题：

1）写出点$B$的转动矩阵$(R)_{j1}$（$j=2,3$）。

2）若给定 $B_1$ 的坐标 $B_1=\begin{pmatrix}x_{B_1}\\y_{B_1}\end{pmatrix}=\begin{pmatrix}86.6\\50\end{pmatrix}$，求 $B_2$、$B_3$ 的坐标值。

3）若以 $AB$ 为曲柄，要求 $B_2$、$B_3$ 时滑块的对应位移为 $s_2=-69.0625$，$s_3=-142.881$。求满足以上要求的曲柄滑块机构的各杆长曲柄长 $a$、连杆长 $b$、偏距 $e$。

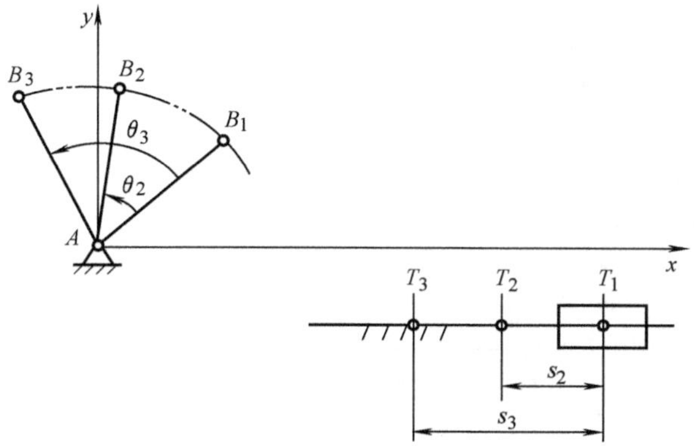


图 6-61　题 6-24 图

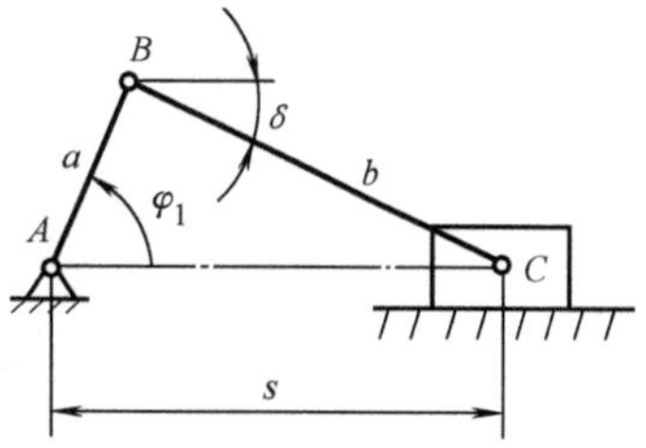


图 6-62　题 6-26 图

6-25　设点 $P$ 的三位置为 $P_1=\begin{pmatrix}63.3\\45\end{pmatrix}$，$P_2=\begin{pmatrix}20\\70\end{pmatrix}$，$P_3=\begin{pmatrix}-15.355\\55.355\end{pmatrix}$，试用代数解析法求点 $P$ 通过以上三个指定位置时，其转动中心的坐标（$x_0$，$y_0$）。

6-26　若有图 6-62 所示的曲柄滑块机构，转角 $\varphi_1$ 与滑块位置尺寸 $s$ 之间有如下对应关系：60°，74.462mm；130°，63.15mm。请用代数多项式方法求解准确实现以上要求的曲柄长度 $a$ 及连杆长度 $b$。

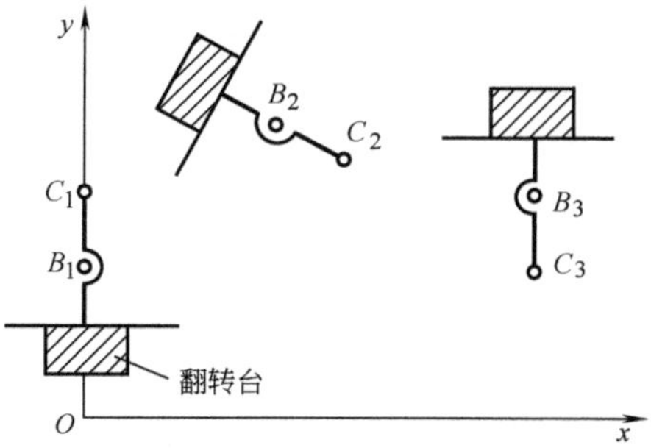


图 6-63　题 6-27 图

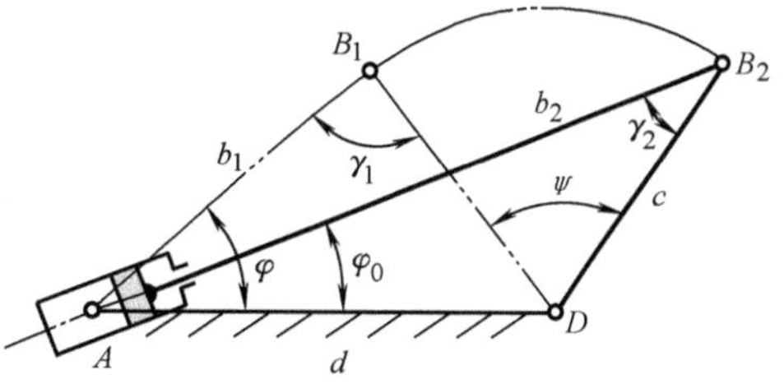


图 6-64　题 6-28 图

6-27　如图 6-63 所示，砂箱翻转台与连杆 $BC$ 固结，为使翻转台作平面运动并翻转 180°，$B$、$C$ 两点的坐标值为：$B_1=\begin{pmatrix}0\\55\end{pmatrix}$，$C_1=\begin{pmatrix}0\\70\end{pmatrix}$，$B_2=\begin{pmatrix}30\\76\end{pmatrix}$，$C_2=\begin{pmatrix}45\\72\end{pmatrix}$，$B_3=\begin{pmatrix}73\\75\end{pmatrix}$，$C_3=\begin{pmatrix}73\\60\end{pmatrix}$，试用代数解析法设计一四杆机构实现以上要求。

6-28　图 6-64 所示为液压缸翻斗机构，已知翻斗摆角 $\psi=60°$，位置 $1AB_1D$ 对位置 $2AB_2D$ 作用于 $BD$ 上的力矩比为 $K_M=1.5$，若摇臂 $BD$ 的长度 $l_{BD}=300$mm，求 $\varphi_0=35.7°$时的机构尺寸及液压缸行程 $H$。

6-29　有一铰链四杆机构，要求机构的行程速比系数 $K=1.25$，摇杆摆角 $\psi=60°$，机构在近极位时的传动角 $\gamma_1=90°$。请解答下列问题：

1）求四杆机构的各相对尺寸 $a$、$b$、$c$（$d=1$）。

2）当曲柄半径 $l_{AB}=200$mm 时求各杆的绝对尺寸 $l_{BC}$、$l_{CD}$、$l_{AD}$。

3）当连杆长 $l_{BC}=500mm$ 时求各杆的绝对尺寸 $l_{AB}$、$l_{CD}$、$l_{AD}$。

6-30　图 6-65 所示为剪切运动中钢材的飞剪机构，当拟定机构尺寸参数后发现，上、下剪刃 $E$、$F$ 沿钢材运动方向（即 $y$ 方向）上的速度误差太大。请问调整机构哪一个参数可以使该误差减小？为什么？（提示：上剪刃点 $E$ 的速度等于点 $C$ 的速度与 $E$ 对点 $C$ 的相对速度的矢量和；下剪刃点 $F$ 的速度等于点 $C$ 的速度与 $F$ 对点 $C$ 的相对速度的矢量和）

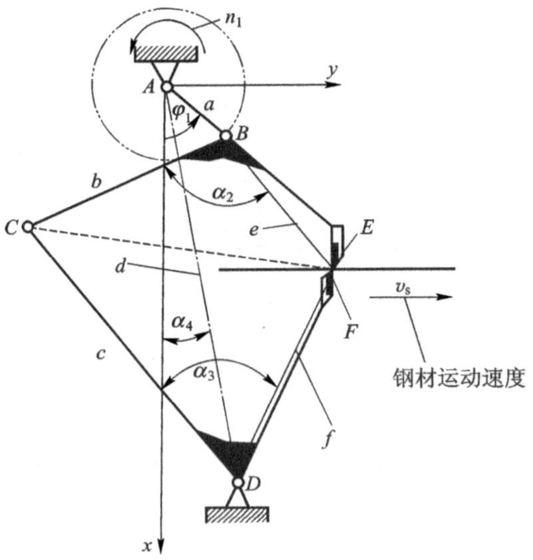


图 6-65　题 6-30 图

# 第七章　优化方法及机构优化设计

机构设计的方法，主要有图解法、代数法、解析法和优化设计方法等。图解法、代数法和解析法只适用于含有单一要求或少量几个要求的设计问题，而且所解得的设计方案一般只是可行的方案，但非最优方案。对于设计要求的项数较多（多至十几乃至几十项）和设计要求的内容涉及面较宽（例如，既要满足运动学和动力学性能又要满足诸如结构空间、工艺性、经济性等方面的要求）的设计问题，并要获得最优方案，图解法、代数法和解析法就无能为力了。这就必须采用最优化设计方法。

利用计算机进行机构最优综合是现代机构设计的一个重要趋势。它是在解析法的基础上，应用数学最优化理论并以计算机为工具的一种实用的设计方法。设计中按照某种或某些设计准则建立目标函数，在考虑其他附加约束条件下从相当多的可行方案中寻求机构的最优方案。优化设计方法已广泛应用于机械设计领域，并取得了显著的效果。本章仅对机构的优化设计基本概念、常用优化方法以及几种机构优化设计数学模型的建立作简要介绍，达到能在设计中加以应用的目的。

## 第一节　概　　述

### 一、机构最优综合的基本概念

机构最优综合又称机构参数优化设计，即根据机构设计理论，采用数学最优化方法，在各种限制条件下，使其主要性能指标达到最优值的一种设计方法。最优化设计方法的实质，是首先将设计任务的具体要求构造成数学模型，也就是将设计问题化为数学问题。在这个数学模型中，既包括有设计要求，又包括根据设计要求提出的必须满足的附加条件，从而构成一个完整的数学规划命题。逐步求解这个数学规划命题，使其最佳地满足设计要求，从而获得诸可行方案中的最优设计方案。这个过程就是最优化过程，利用这种方法进行机构设计，称为机构最优化设计。

目前，机构最优设计多数是指使机构的运动学或动力学性能达到最优值的一种设计，在少数情况下，也有以体积最小、质量最轻、寿命最长、工作最可靠、费用最经济等作为机构最优设计的目标。最优值通常是指在多因素下令人满意的最好或最恰当的值，在很多情况下，可以用最大值或最小值来代表最优值。

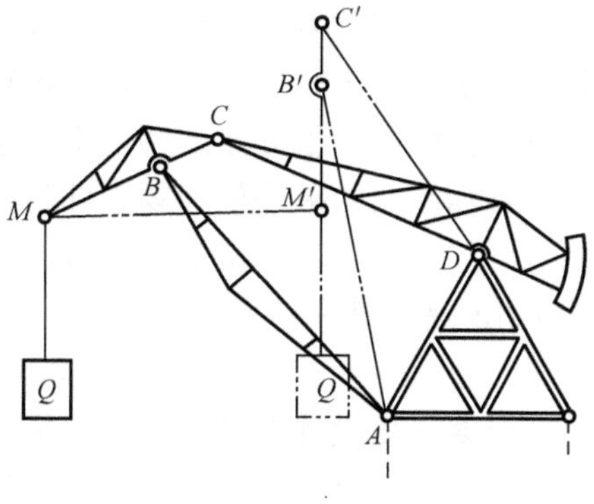

图 7-1　鹤式起重机

如图 7-1 所示的鹤式起重机是一个双摇杆机构。当主动摇杆 *AB* 摆动时，从动摇杆 *CD* 随之摆动，使得悬挂在连杆 *BCM* 上起落吊钩 *M* 处的重物作水平移动。根据该装置的使用目的，其主要设计性能指标有：点 $M$ 水平直线轨迹上下波动量以及点 $M$ 水平移动速度变化量尽量小等。主要限制条件有：构件长度和机构运动空间应在各自的允许范围内，机构传动角应在允许范围内等。

在机构优化设计过程中，优化设计数学模型的建立及选用适当的优化方法无疑是最关键的一步，是取得正确结果的前提，因此必须使它能全面准确地反映设计意图，同时还要有利于方法的实施和求解的方便。所谓优化方法就是按照某种逻辑结构对设计方案进行反复迭代计算，并使其逐步逼近最优方案的过程。

## 二、机构最优综合的数学模型

由于机构最优化设计方法是建立在数学解析法基础上的，因此在设计过程中首先要把机构设计问题转化为数学问题，建立数学模型。机构优化设计的数学模型包括三个组成部分：一是需要求解的一组参数，设计者把这些参数作为变量处理，称为**设计变量**；二是需要达到的用设计变量表达的一个或若干个设计的目标，这个（些）目标称为**目标函数**；三是若干个必需的限制条件，而设计变量的选择和某些预先提出的要求必须满足这些限制条件，称为**设计约束或约束条件**。按照具体设计问题而拟订的设计变量、目标函数和约束条件的总体就组成了优化设计的数学模型。若目标函数和约束函数均为线性的，该优化问题属于线性规划问题。如果目标函数和约束函数方程中至少有一个是非线性函数方程时，该优化问题称为非线性规划问题。一般机构优化设计问题的目标函数多属于非线性函数，因此是非线性规划问题。

7

### 1. 目标函数

用来评价多个设计方案优劣并以设计参数为自变量的一个函数表达式，称为**目标函数或称评价函数**。最优化设计问题的目标函数，是根据设计要求并借助于设计对象本身的数学表达式而建立的某种设计准则。根据不同设计问题的不同要求，设计准则可以是结构性能的（如体积最小、质量最轻），也可以是某种运动学或动力学特性的（如速度波动最小、轨迹再现精度最高等）。

最优化设计问题是要在许多可行设计方案中取得最优方案，即使以目标函数形式表示的设计准则取得最优值。最优的概念虽然含义清楚，但比较抽象，含义太广，不利于用通常的数学方法进行表示。可将设计问题的具体要求变换为求极小这样比较具体的、便于用数学方法表示的概念。实际上，所谓设计或评价一切事物的优劣，总可以通过求某种指标的极小值来等效表示。例如，设计一个四杆机构使其能最优再现给定轨迹，可以将该设计目标表示成给定轨迹与设计对象再现的轨迹差值最小这样一个求极小值的问题，而这样一个设计目标可以很方便地用数学方法来表示。因此按照规范化的形式，都把优化问题归结为求目标函数的极小值问题，即目标函数值越小设计方案越优。对于某些目标函数值极大问题可以转化为求其负值极小或倒数极小的问题。因此，都把优化问题描述为目标函数的极小化问题。其一般形式为

$$\min F(X)\text{，}\boldsymbol{X}=(x_1\ x_2\cdots\ x_n)^{\mathrm{T}} \tag{7-1}$$

根据一项设计准则建立的目标函数称为单目标函数。但是有些设计问题所追求的目标不止一个，可能要求几个目标同时达到最优。这时，首先应将几个目标分别建立起**分目标函数** $f_i(X)$，然后按式（7-2）将几个分目标函数合成为一个统一的目标函数 $F(X)$，称为

多目标函数

$$F(X)=W_1f_1(X)+W_2f_2(X)+\cdots+W_l f_l(X) \tag{7-2}$$

式中，$W_1$ 为加权（因子）；$l$ 为分目标函数的个数。加权因子的作用：一是调整各单项目标在数量级上的差异，以获得较好的优化效果；二是调整各项准则目标的重要程度以突出主要目标。加权值可由设计者根据经验或通过计算摸索取值。此外，不同目标函数的量纲也可能不同，因此在建立总目标函数时，要首先将各分目标函数无量纲化，然后再组合。

**2. 设计变量**

机构设计方案的优化问题可以用一组参数来表示。对优化设计问题目标函数有影响的参数可能有很多，但有时却不可能把所有对目标函数有影响的参数都作为待设计的参数对待。经过分析，把那些次要的、对设计目标影响不明显或根据工艺要求或比较成熟的经验可预先给定的参数，作为常数处理，这些预先给定的设计参数称**设计常量**；而把那些最基本的、对设计目标影响较大的参数选作待设计的可变参数。在这些可变参数中，有些参数与另外的参数间有一定的依赖关系，它们虽为变量但并非独立的，称为**非独立变量**。而优化设计中的**设计变量**即设计者以变量处理的独立参数。目标函数是设计变量的函数。具体设计中取哪些变量作为非独立变量和设计变量由设计者根据计算需要和本身的设计经验人为加以选择。

$n$ 个实数的设计变量 $x_1$，$x_2$，…，$x_n$ 可用下列的列阵表示，可简化记为具有 $n$ 个分量的矢量或点 $\boldsymbol{X}$，即

$$\boldsymbol{X}=\begin{pmatrix}x_1\\x_2\\\vdots\\x_n\end{pmatrix}=(x_1\ x_2\cdots\ x_n)^{\mathrm{T}} \tag{7-3}$$

当 $\boldsymbol{X}$ 的分量 $x_1$，$x_2$，…，$x_n$ 被定为一组特定值时，即代表一个设计方案。矢量 $\boldsymbol{X}$ 内含的设计变量数目称该优化问题的维数。两个设计变量的二维设计问题，其矢量 $\boldsymbol{X}$ 表示平面上的一个点，即二维平面矢量；三维矢量 $\boldsymbol{X}$ 表示空间的一个点，即三维空间矢量；当 $n>3$ 时，$\boldsymbol{X}$ 为超越空间矢量。式（7-3）列阵中的每一元素取值后看成 $n$ 维空间的某点，该列阵各元素的一组对应值即表示以坐标原点为起点的一个矢量。矢量端点即该 $n$ 维设计变量的坐标值，矢量端点称为设计点。$k$ 个设计方案对应着 $k$ 个设计矢量或设计点。

设计点的集合称设计空间，由于工程设计中的设计变量都属实数，所以称这种设计空间为实欧氏空间。设计空间是所有设计方案的集合，若用符号 $\boldsymbol{R}^n$ 表示 $n$ 维实欧氏空间，则用集合概念可写出

$$\boldsymbol{X}\in\boldsymbol{R}^n \tag{7-4}$$

对于二维优化问题，空间 $\boldsymbol{R}^2$ 是一个平面；对于三维优化问题，空间 $\boldsymbol{R}^3$ 就是立体空间；若维数 $n>3$，则 $\boldsymbol{R}^n$ 就是一个抽象的超越空间。

一个设计问题的设计变量数就是设计问题的维数，它象征着设计的自由度。设计变量越多，则设计的自由度越大，就越有利于寻找最理想的设计方案，也容易达到要求的精度，但设计变量越多，问题也就越复杂，计算过程也越复杂。因此在机构设计中原则上应该尽可能减少设计变量的数目，但同时应考虑到必要的设计精度。

优化过程开始时所选定的设计变量以 $X^{(0)}$ 表示，称为初始点。使目标函数 $F(X)$ 达

7

到最小时设计变量以 $X^*$ 表示，称为最优点，即该设计优化方案的设计变量值。最优点处的目标函数值 $F^*$ 称为最优值 $F^*=F(X^*)$。通常把最优点 $X^*$ 和最优值 $F^*$ 称为最优解。应该指出，最优解通常是指在多种限制因素下令人满意的最适宜的最恰当的值，它包含了人为的意图与目的。不同的限制因素的最优解也是不同的。

**3. 约束条件**（设计约束）

如上所述，设计空间内所有点的坐标都是设计方案，但并不都是最好的方案，而且也并不都是可行的方案。其中有些方案明显不合理，有些方案从设计目标的角度看虽好，但它所对应的设计变量可能明显不合理，或违背设计提出的条件，例如，连杆机构中的杆长小于零、等于零或不适当地过长。有些方案可能违背机械的某种工作性能，如按一组设计变量组成的机构其压力角过大，使力的传递效果变坏，等等。为了使设计成为能满足各方面要求的最优方案，在优化过程中需要提出一些必要的条件，以便对设计变量加以限制。这些对设计变量的选择及某些辅助设计条件的限制条件称为**设计约束或约束条件**。同目标函数一样，约束条件也是设计变量的函数。

根据约束条件的性质，可以将约束条件分为几何约束（包括边界约束）和性能约束两种。

几何约束是指根据某种设计要求，设计变量必须满足的某些几何条件以及对设计变量的取值范围加以限制的那些约束。在对目标函数求优过程中，为了不致使设计变量的值出现明显不合理的情况，必须对设计变量的取值范围加以限制。例如设计连杆机构时，每个杆长均不能小于或等于零，或者大于一定值。杆长的约束就是边界约束，有些设计问题，除上述边界约束外，还可能对设计变量某种特殊的几何条件提出约束要求。例如，利用铰链多杆机构设计仿生手指机构时，要求其中的四杆机构始终呈交叉封闭状态，这时就要根据交叉的几何条件建立约束函数。

在对目标函数的求优过程中，除有上述几何约束外，还常需对机构的某些性能提出必要的限制，即对所设计的方案在满足设计目标的情况下，还要求必须满足某些特定的工作性能。例如，根据再现运动规律设计连杆机构时，为了使所设计的机构方案成为曲柄摇杆机构，在优化过程中需要对所设计的机构尺寸提出满足曲柄存在的条件，若不施加这一限制条件，所设计的机构方案虽能再现给定运动规律，但不一定能形成曲柄摇杆机构，而可能是双摇杆机构。此外，除了机构的这种运动性能约束外，还有机构的动力学性能方面的约束，如机构最小传动角限制，等等。

根据约束条件的表现形式的不同，约束条件又分为不等式约束和等式约束两种。若约束条件以不等式形式出现

$$G_u(X)\geqslant 0 \quad (u=1,2,\cdots,z) \tag{7-5}$$

则称为不等式约束；若以等式形式出现

$$H_v(X)=0 \quad (v=1,2,\cdots,p) \tag{7-6}$$

则称为等式约束。式中 $z$、$p$ 分别为不等式约束条件数和等式约束条件数。而等式约束条件 $H_v(X)=0$，通常处理的方法：①直接法——按等式约束条件直接计算；②间接法——用 $\varepsilon\geqslant H_v(X)\geqslant -\varepsilon$（$\varepsilon$ 是给定的较小正数）代替 $H_v(X)=0$，按不等式约束的条件进行优化。而机构优化设计一般多采用不等式约束。

带有设计约束的优化问题称为约束优化问题，反之则称为无约束优化问题。在机构设

计中一般均为约束优化问题。

**4．优化设计数学模型表示式**

当建立起设计问题的目标函数并确定了设计变量和约束函数之后，即可建立完整的优化设计数学模型。数学模型一般应包括上述三部分内容，其一般形式为

$$\begin{aligned}&\min F(X), \boldsymbol{X}=(x_1\ x_2 \cdots\ x_n)^{\mathrm{T}}\\&\text{s.t. } G_u(X) \geqslant 0\ (u=1,2,\cdots,z)\\&\qquad H_v(X)=0\ (v=1,2,\cdots,p)\end{aligned} \tag{7-7}$$

s. t. 是英文“subject to”的字头，意为“受约束于”。式（7-7）的总体称为优化设计的数学模型，它表示所设计问题有 $n$ 个设计变量 $\boldsymbol{X}=(x_1x_2\cdots x_n)^{\mathrm{T}}$，这 $n$ 个设计变量属于 $n$ 维矢量空间 $\boldsymbol{R}^n$（称为 $n$ 维实欧氏空间），要求在满足 $z$ 个不等式约束条件和 $p$ 个等式约束条件下，求目标函数 $F(X)$ 以极小形式表示的最优解。

数学模型式（7-7）所表达的最优化设计问题称为约束优化问题。如果模型中不含约束条件，即

$$\min F(X),\ \boldsymbol{X}=(x_1\ x_2 \cdots\ x_n)^{\mathrm{T}} \tag{7-8}$$

则称这类设计问题为无约束优化问题。

## *第二节　优化问题的几何描述

上一节用数学公式表示了优化设计的数学模型。为了有助于建立优化设计的某些概念，增强感性认识，现将有关设计变量、目标函数和约束条件之间的关系以及欲寻求的最优方案等作一几何解释。

求解 $n$ 维约束优化设计问题的解，可以想象为在 $n$ 维设计空间的可行域内，找出一个与 $n+1$ 维目标函数超曲面的最小值相对应的设计点 $X^*$。由于 $n$ 维问题难以用平面图形表示，因此用一个二维优化问题来作解释。

设有一个二维优化数学模型为

$$\begin{aligned}&\min F(X)=(x_1-2)^2+x_2^2\\&\text{s.t. } G_1(X)=x_1 \geqslant 0\\&\qquad G_2(X)=x_2 \geqslant 0\\&\qquad G_3(X)=x_1-x_2+2 \geqslant 0\\&\qquad G_4(X)=x_2-x_1^2-1 \geqslant 0\end{aligned}$$

对于这样一个优化问题可用图 7-2 所示的几何图形来说明某些概念。

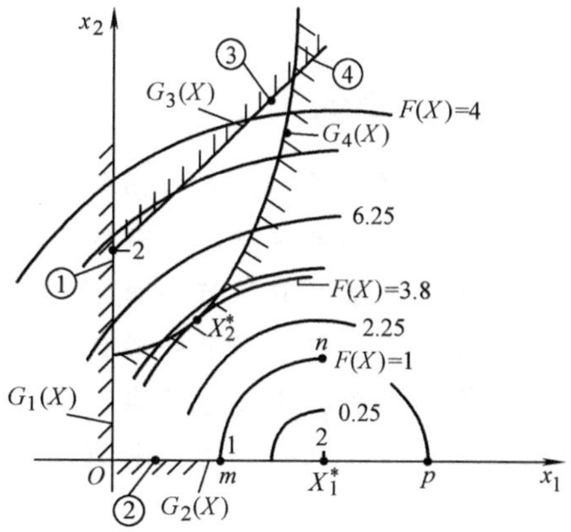


图 7-2　优化问题的几何描述

该目标函数可描述为 $x_1$、$x_2$ 和 $F(X)$ 为坐标轴的三维空间的一个二次曲面。该曲面上每一点都有与之对应的目标函数值，凡目标函数值相等的点所连成的曲线投影在设计空间 $Ox_1x_2$ 内而得到的一条曲线，称为目标函数等值线，如图 7-2 所示。对于上述优化数学模型，目标函数等于 $c_i$ 时的等值线可以表示为

$$F(X)=(x_1-2)^2+x_2^2=c_i$$

该曲线是以$\sqrt{c_i}$为半径，以（2，0）为圆心的圆。即在该圆上任意点（$x_1$，$x_2$）处其目标函数$F(X)$值均为$c_i$。若令$c_i$为一系列值，对应于一系列不同的目标函数值，就可以得到该目标函数的一系列等值线，称为目标函数的等值线族。对于上述优化数学模型，等值线族是以（2，0）为圆心，以$\sqrt{c_i}$为半径的一族同心圆。极值理论证明，一般情况下等值线为一族近似的椭圆，本例的圆族是椭圆族的一种特例。本例中若无约束时，其函数极小值即无约束最优值$F_1^*=0$，其最优点$\boldsymbol{X}_1^*=(2\quad 0)^{\mathrm{T}}$。

若令四个约束方程为零，在$Ox_1x_2$坐标系中可画出四条曲线，在约束曲线的一侧有$G_u(X)\geqslant 0$，另一侧有$G_u(X)<0$。由$G_u(X)\geqslant 0$围成的区域称为可行区（如图7-2中阴影①~④所包围部分），记作

$$\boldsymbol{D}=\{X|G_{\mathrm{u}}(X)\geqslant 0,u=1,2,\cdots,z\}$$

其他部分称为非可行区。设计点必须在可行区内选取，这些设计点称为可行设计点。由图7-2中知满足$G_4(X)$的条件必满足$G_2(X)$。故第二个约束条件是一种消极约束。但必须指出，当问题复杂时往往不能预先观察出哪些约束为消极约束，因此在数学模型中仍需列出全部约束条件。本例可行区中的约束最优点为$\boldsymbol{X}^*=(0.58\quad 1.34)^{\mathrm{T}}$，其最优值为$F^*=3.8$。该最优点$\boldsymbol{X}^*$是$F(X)=3.8$的等值线与约束曲线$G_4(X)=0$的切点。

因此，对于一个$n$维的约束优化设计问题，就可以这样来进行几何描述：在由$n$个设计变量所构成的实欧设计空间$\boldsymbol{R}^n$中，有$z$个不等式约束的超曲面将其划分成一个可行区$\boldsymbol{D}$和一个非可行区，当目标函数取一系列数值时，就在可行区内构成一系列表示目标函数变化的等值超曲面。最优化问题就是要在$\boldsymbol{D}$中找到一个设计点$X^*$，使其目标函数值为最小值$F^*=F(X^*)$。实际上对于多数约束优化问题来说，这一点多半就是目标函数等值超曲面与约束超曲面的一个切点，而对于无约束最优化问题，这一点就是目标函数的极值点。

## *第三节　约束最优化的一般概念

### 一、数值迭代法

优化问题实质上是求极值的数学问题。这一问题的求优过程有两种求解方法。一种是解析法，即应用数学中的微分学求极值的方法。如果目标函数值在定义域内连续且存在一阶、二阶偏导数，且目标函数$F(X)$对各变量的偏导数在该点等于零时，其目标函数在该点有最小函数值，该点即最优点。但是工程中的优化设计，其目标函数和约束函数往往是高次多元函数，求导也存在一定困难，用解析法求解会显得非常复杂。在这种情况下，就只能采用优化问题的另一种解法，即数值迭代法，根据目标函数值的变化规律，沿着能使目标函数值下降的方向，逐步向目标函数值最小点进行搜索。这种方法是一种近似求解函数最小值的计算方法。

**1. 数值迭代计算的基本概念**

数值迭代法的基本思想是：从某已知初始点开始，按照一定的原则和逻辑结构进行目标函数的反复计算，一步步寻求目标函数值不断下降的设计点，直到获得满足给定精度的近似优化解为止。具有这种特点的计算方法称为数值迭代法。显然，数值迭代的工作量是

很大的，必须借助于电子计算机的编程运算。

现结合二维问题的图形（图 7-3）来说明优化算法的迭代过程。设优化点为 $X^*$，先从某一个选定的初始点 $X^{(0)}$（图 7-3 画出了从两个不同的初始点 $X_1^{(0)}$ 和 $X_2^{(0)}$ 开始所经过的迭代过程）开始，沿某优化方法所规定的方向 $S^{(0)}$，确定适当的初始步长 $\alpha^{(0)}$。从初始点开始，按下式产生一个新的设计点 $X^{(1)}$

$$X^{(1)}=X^{(0)}+\alpha^{(0)}S^{(0)}$$

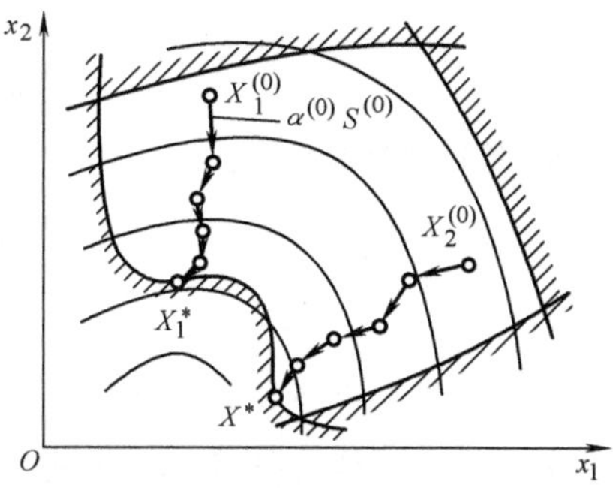


图 7-3　优化算法的迭代过程

使满足

$$F(X^{(1)})<F(X^{(0)})\text{，且 }X^{(1)}\in \boldsymbol{D}$$

则 $X^{(1)}$ 就是一个优于 $X_1^{(0)}$ 的设计点。

然后以 $X^{(1)}$ 为新起点，按类似方法产生下一个新设计点 $X^{(2)}$。

如此反复迭代计算，则第 $(k+1)$ 次迭代为

$$X^{(k+1)}=X^{(k)}+\alpha^{(k)}S^{(k)} \tag{7-9}$$

使满足

$$F(X^{(k+1)})<F(X^{(k)})\text{，且 }X^{(k+1)}\in \boldsymbol{D} \tag{7-10}$$

由于每次迭代其目标函数值均有所下降，故最后必逼近最优点 $X^*$。式（7-9）即为基本迭代公式。式中 $X^{(k+1)}$，$X^{(k)}$ 分别为 $(k+1)$、$k$ 次的迭代点，$S^{(k)}$ 为第 $k$ 次迭代计算的优化方向，$\alpha^{(k)}$ 为第 $k$ 次迭代计算的步长。

按式（7-9）进行一系列迭代计算的基本思想是所谓的“下山法”，即每迭代一步都应该使目标函数值有所下降，同时还要为下一步移动的方向提供有用的信息。由以上迭代方程可以看出，优化方法的主要问题是解决如何确定迭代方向 $S^{(k)}$ 和迭代步长 $\alpha^{(k)}$ 的问题，以使得每次迭代其目标函数值稳定地下降。

**2. 迭代计算的终止准则**

从理论上说，任何一种迭代计算法都可以无穷的序列 $\{X^{(k)},\ k=0,\ 1\cdots\}$ 无限制地进行下去，而且当 $k\to\infty$ 时，应该有 $X^{(k)}\to X^*$。但实际上，优化计算不可能也不必要按上述迭代过程无限制地进行下去，因此有必要有一迭代终止的准则，只要达到预先给定的精度便可以终止迭代计算，并认为已求得近似的最优解。从理论上讲，希望迭代最终优化点与理论极小点之间的距离足够小时终止迭代。但实际上上述要求无法办到，因为优化设计前理论极小点是未知的，而只能从这一迭代序列中提供的信息来建立终止迭代准则。一般常用的迭代终止准则有：

1）点距准则。前后两次迭代点 $X^{(k+1)}$，$X^{(k)}$ 之间矢量差的模已充分小，达到预定的精度值 $\varepsilon$ 时

$$|X^{(k+1)}-X^{(k)}|\leqslant\varepsilon \tag{7-11}$$

即

$$\sqrt{\sum_{i=1}^{n}(x_i^{(k+1)}-x_i^{(k)})^2}\leqslant\varepsilon \tag{7-12}$$

则认为 $X^{(k+1)}\approx X^*$，终止迭代。

2）函数下降量准则。前后两次迭代点的函数值下降量已充分小，达到预定的精度 $\varepsilon$ 时

$$\left|F(X^{(k+1)})-F(X^{(k)})\right|\leqslant\varepsilon \tag{7-13}$$

或当 $F(X^{(k+1)})\neq 0$ 时

$$\left|\frac{F(X^{(k+1)})-F(X^{(k)})}{F(X^{(k+1)})}\right|\leqslant\varepsilon \tag{7-14}$$

则认为 $X^{(k+1)}\approx X^*$，终止迭代。

以上各式中的 $\varepsilon$ 代表收敛精度值，其值可以根据不同的迭代计算方法和工程实际问题的性质而定。这两种终止准则都在一定程度上反映了达到最优点的程度，但是都各有一定的局限性。单独用某一种终止准则遇到一些特殊性态的目标函数时，可能会造成迭代过早结束，因此最好同时用这两种终止准则，以保证能收敛于最优点。式（7-14）比式（7-13）更能反映目标函数的变化程度，但当 $F(X^{(k+1)})\to 0$ 时，终止准则不能采用式（7-14），否则会致使计算终止。在优化问题的实际计算中，还常常附加最大迭代次数作为终止准则，以免计算时间过长或死循环。

## 二、局部最优解与全局最优解



优化设计一般需要找出可行域全域内的函数最小值 $F(X^*)$，这个最优解称为全局最优解。但约束优化设计往往得到一些约束极值点 $F(X_i^*)$，且 $F(X_i^*)>F(X^*)$ 这些约束极值点 $F(X_i^*)$ 称为局部最优解。是否会收敛于局部最优解，与目标函数和约束函数的凸性有密切关系。对于形如 $\min\limits_{X\in R}F(X)$，$R=\{X|G_u(X)\geqslant 0, u=1,2,\cdots,z\}$ 的最优化问题，若 $F(X)$ 为非凸函数（图 7-4）或/和 $-G_u(X)$ 为非凸函数（图 7-3），则求得的最优解一般都是局部最优解。

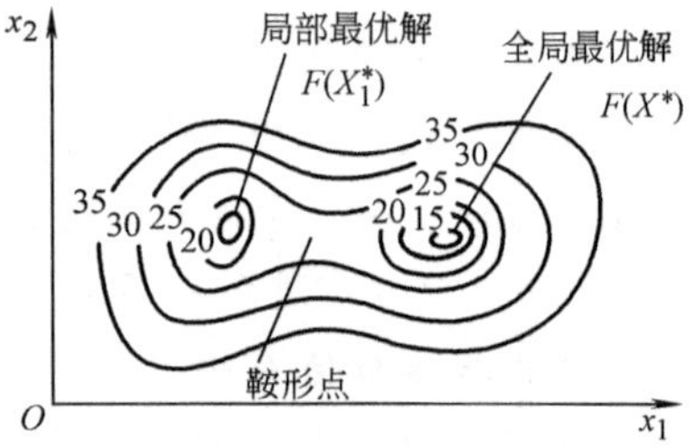


图 7-4　局部最优解和全局最优解

采用一般的优化方法，对应于一个给定的初始点，只能求出此初始点附近的一个约束极值点，而事先一般并不知道全局最优解是多少，因此，不能简单地就把这个约束极值点作为全局最优解。要得到全局最优解，则往往要取若干个初始点，求出若干个约束极值点；然后，比较各个约束极值点的目标函数值，取其最小值作为全局最优解。由此可知，初始点选取恰当与否，对于优化过程是否能求得全局最优解有着重大关系。

# *第四节　随机搜索法

约束优化设计方法按照求解方式的不同可以分为直接解法和间接解法两类。直接解法是在约束的可行域 $\boldsymbol{D}$ 内直接求出约束最优解的方法。属于这类方法的有随机搜索法、复合形法、可行方向法、梯度投影法、广义简约梯度法、约束变尺度法（序列二次规划法）等，其中后两者被认为是当今最好的两种方法。本节和下一节所要介绍的随机搜索法和复合形法是只利用函数的数值，不利用函数的导数的方法。间接解法是将约束优化问题转化为一系列无约束优化问题来解的一类方法。其中最有代表性的是惩罚函数法和增广 Lagrange 乘子法。

优化方法的实质是按照某种逻辑结构来确定优化计算的迭代方向 $S$ 和迭代步长 $a$，从而选定新的迭代点，并使每次迭代中其目标函数值稳定下降。

## 一、基本原理

对于求解由式（7-7）所定义的约束优化设计问题，采用随机搜索法的迭代格式为

$$X^{(k+1)} = X^{(k)} + \alpha^{(k)} S^{(k)} \tag{7-15}$$

随机搜索法是沿着计算机函数产生的随机数所构成的随机方向进行搜索来持续迭代过程的一种优化方法。在这种算法中，搜索方向和步长都要根据目标函数的下降性和约束条件的可行性进行随机的调整，换句话说，即每一次迭代所计算出的新点，其目标函数值必须是减小的，而且必须是可行的。这样才能随着迭代过程的进行，保证迭代点向约束的最小点逼近，最终收敛于约束最优解上。

## 二、基本方法

### 1. 搜索过程

如图 7-5 所示，在约束可行域内选取一个初始点 $X^{(0)}$。为了确定本次迭代的搜索方向，以计算机产生的随机方向按式（7-15）构成试验点 $X$，若该试验点可行且 $F(X) < F(X^{(0)})$，则以该随机方向为搜索方向，继续向前搜索，直至取得一个最好的可行点，结束第一次迭代。如此周而复始，直到满足收敛精度结束迭代过程，取得约束最优解。

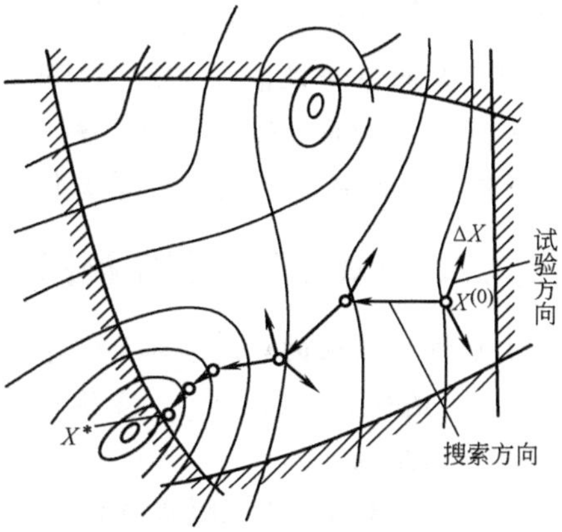


图 7-5　随机搜索法的搜索过程

显然，随机搜索法的关键是如何确定随机方向和初始点。

### 2. 随机方向的产生

产生随机方向需要用到大量的［0，1］区间内均匀分布的随机数，产生随机数的方法很多，一般计算机及常用算法语言都有随机数产生函数或子程序。设在［0，1］区间内产生了 $n$ 个随机数 $\xi_i$（$i=1，2，\cdots，n$），为了构成随机方向矢量 $S$，首先将［0，1］区间内的 $n$ 个随机数 $\xi_i$ 按下式转换成另一个在［－1，1］区间内的随机数 $y_i$

$$y_i = 2\xi_i - 1 \tag{7-16}$$

然后由随机数 $y_i$ 构成式（7-17）所示的 $n$ 维的一个随机方向

$$S = \begin{pmatrix} s_1 \\ s_2 \\ \vdots \\ s_n \end{pmatrix} = \frac{1}{\sqrt{\sum_{i=1}^{n} y_i^2}} \begin{pmatrix} y_1 \\ y_2 \\ \vdots \\ y_n \end{pmatrix} \tag{7-17}$$

### 3. 初始点的选择

随机搜索法的初始点 $X^{(0)}$ 必须是一个可行点，即必须满足全部约束条件。通常可以有两种方法来选择初始点：

1）人为预定的方法。即在可行域内人为地确定一个可行的初始点。当约束条件比较简单时，这种方法是可用的。但当约束条件比较复杂时，人为选择一个可行点就比较困难，此时可以采用下面的随机选择方法。

2）随机选择方法。即利用计算机产生的随机数来选择一个可行的初始点 $X^{(0)}$。此时需要输入对设计变量估计的上限值和下限值，即

$$a_i \leqslant x_i \leqslant b_i \quad (i=1,\ 2,\ \cdots,\ n) \tag{7-18}$$

这样，所产生的随机点的各分量为

$$x_i^{(0)} = a_i + \xi_i\ (b_i - a_i) \quad (i=1,\ 2,\ \cdots,\ n) \tag{7-19}$$

式中，$\xi_i$ 为 [0，1] 内的随机数。

这样产生的随机点不一定满足所有的约束条件，因此还必须经过可行性条件的检验。若是可行点，即可作为初始点。若为非可行点，则另取随机数再产生一个随机点。直到产生出一个可行的随机点为止。

**4. 搜索步长的确定**

按式（7-15）迭代格式进行迭代时，必须确定搜索步长 $\alpha^{(k)}$。通常，步长 $\alpha^{(k)}$ 的确定有两种方法：一种是定步长法，即步长按规定长度等差递增，只要所得新点的目标函数值是下降的且可行，就在原基础上增加一个规定的步长向前移动，直至违背了约束条件或目标函数的下降性条件时为止，于是迭代点由起点移到新点。另一种是变步长法，即步长按一定的倍增系数等比递增。例如以 1.3 倍递增，那么每次向前的移动步长为前一次的 1.3 倍。这样做可以减少计算工作量，提高计算效率。



## 三、计算步骤和程序框图

随机搜索法的计算步骤如下：

1）选择初始点 $X^{(0)}$，检验其是否满足可行性条件。若满足则进行下一步；否则，重新选择初始点。

2）用随机数产生随机方向 $S$，按给定的初始步长 $\alpha=\alpha_0$，沿 $S$ 方向取得试验点

$$X = X^{(0)} + \alpha S$$

若 $X$ 不可行或 $F(X) > F(X^{(0)})$，则重新产生新的随机方向并按上式取得新的试验点，直到 $X$ 可行且 $F(X) < F(X^{(0)})$，则继续沿该方向搜索，直至目标函数值不再下降或违背约束条件时为止，即完成了一次迭代，将本次搜索的最好可行点作为下次搜索的起点。

若每次迭代开始时，在所有随机方向上都找不到一个可行的目标函数值下降点，说明步长较大可能超出可行区，或在可行区内的试探点其函数值不下降，此时可将步长缩半后，继续试探，直到步长很小 $\alpha \leqslant \varepsilon$（$\varepsilon$ 为预定精度）且沿所有 $m$ 个随机方向试探均告失败时，则最后一个最好可行点即为达到预定精度时的约束最优点，迭代告结束。否则转向第 2 步。随机方向数 $m$ 不宜太小，一般取 $m \geqslant 50$。

以上过程用图 7-6 所示的程序框图表示。随机搜索法程序编制比较简单，对于那些性态不好的目标函数或可行区有狭长弯道的问题，当搜索方向总数 $m$ 值较大时，可以提高求解的成功率，一般不会出现“病态”伪最优点输出，随机搜索法是一种适用于设计变量较少、成功率较高的优化方法。

随机搜索法的源程序参见附录 B。

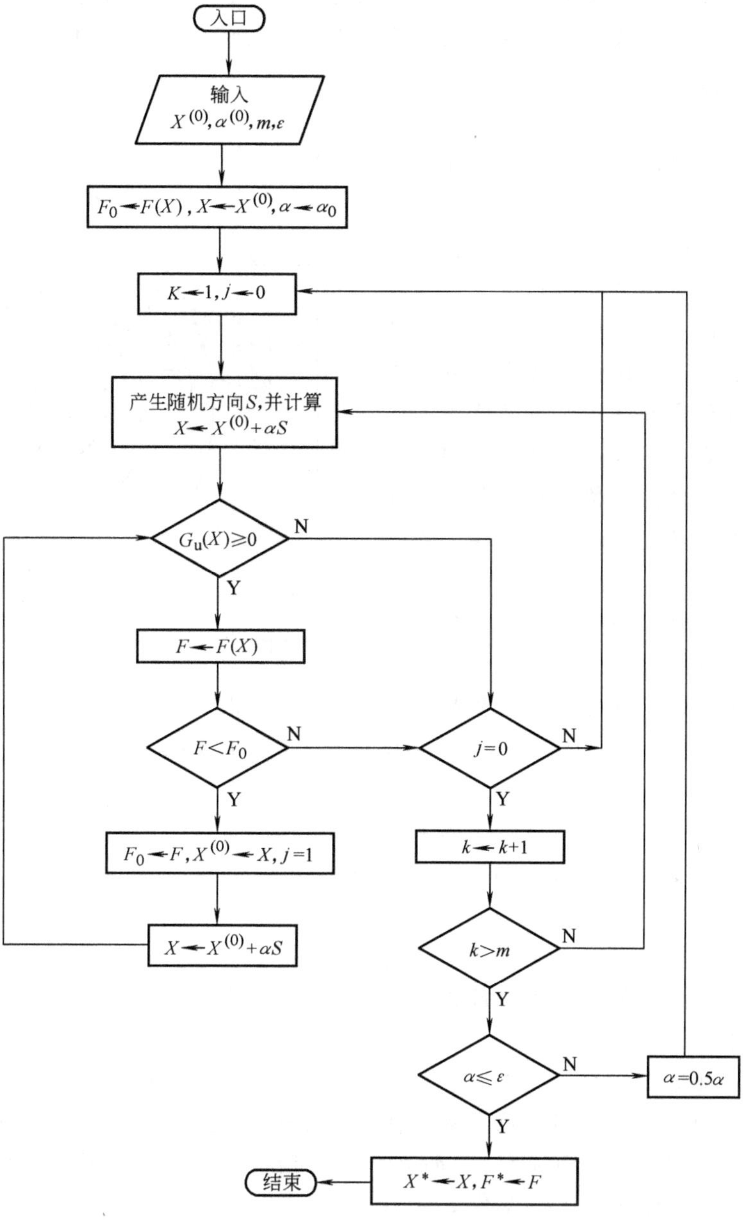


图 7-6　随机搜索法的程序框图

## *第五节　复合形法

复合形法是求解约束非线性规划优化设计问题的一种应用比较广泛的直接解法，它是根据 $k$ 个设计点所构成的复合形来寻求函数值下降的可行方向进行搜索以维持迭代过程的优化方法。所谓复合形是指在 $n$ 维设计空间内，由 $k \geqslant n+1$ 个顶点所构成的多面体。复合形法就是在 $n$ 维设计空间的约束可行域内，对复合形各顶点的目标函数值逐一进行比较，不断地去掉最坏点，代之以既能使目标函数值有所下降，又满足所有约束条件的新点，逐步调向最优点。复合形法能够有效地处理不等式约束的优化设计问题。

## 一、基本原理

求解由式（7-7）所定义的约束优化问题，采用复合形法也与随机搜索法一样，关键是确定每步迭代的搜索方向和步长。只要能找出目标函数的下降方向，并使迭代点沿此方向移动一个适当的步长，最终总会使迭代点趋向极小点。通常迭代点逐步向最优点逼近的过程在设计空间将形成一条轨迹。而复合形法虽然也是一个逐步逼近的过程，但它是利用由若干个顶点所构成的复合形，通过顶点的不断更迭而发生形变和位移，最终趋向最优点。

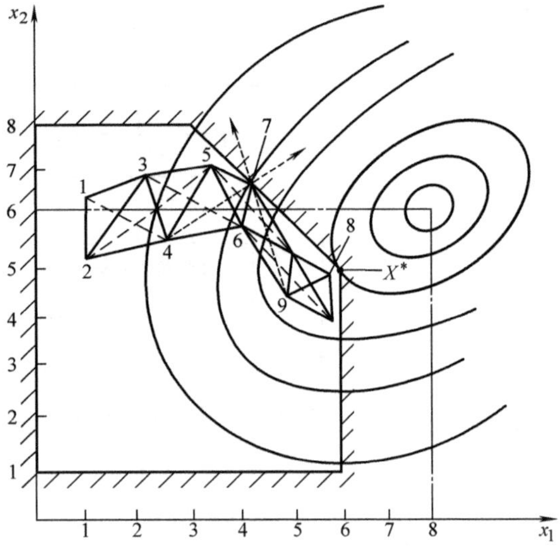

图 7-7　复合形法的迭代过程

下面通过一个具体例子来说明复合形法的基本思想和求解方法。

设有一约束优化问题的数学模型是

$$\min F(X)=60-10x_1-4x_2+x_1^2+x_2^2-x_1x_2$$

$$\text{s. t. } G_1(X)=x_1\geqslant 0$$

$$G_2(X)=x_2-1\geqslant 0$$

$$G_3(X)=6-x_1\geqslant 0$$

$$G_4(X)=8-x_2\geqslant 0$$

$$G_5(X)=11-x_1-x_2\geqslant 0$$

该问题的目标函数等值线和可行域的几何图形如图 7-7 所示。用复合形法求其约束最优解的过程如下：

在可行区内任选三个初始点 $X^{(1)}$、$X^{(2)}$、$X^{(3)}$（即图 7-7 中标有 1、2、3 的三个点）。连接这三个点成为一个三角形，把它称为初始复合形。这三个点称为复合形的顶点。计算三个点的函数值 $F(X^{(1)})$、$F(X^{(2)})$、$F(X^{(3)})$。可知 $F(X^{(1)})$ 最大，从极小化目标函数的角度来看，$X^{(1)}$ 是坏点，记作 $X^{(H)}$。

$F(X^{(3)})$ 最小为好点，记作 $X^{(L)}$。可以推测在 $X^{(3)}$、$X^{(2)}$ 连线与坏点 $X^{(1)}$ 的反向一侧的各点应具有较小的目标函数值。为此，在 $X^{(3)}$、$X^{(2)}$ 两点连线上取中点 $X_0$，将坏点 $X^{(H)}$ 与中点 $X_0$ 相连延伸至 $X^{(4)}$ 点，得

$$X^{(4)}=X_0+\alpha\ (X_0-X^{(H)})$$

式中的 $X^{(4)}$ 称为坏点的映射点，记作 $X^{(R)}$；$\alpha$ 为映射系数，通常取 $\alpha=1.3$。在一般情况下，映射点的函数值比坏点函数值小，即 $F(X^{(R)})<F(X^{(H)})$。

若 $X^{(R)}$ 可行且满足上式，则用 $X^{(R)}$ 代替 $X^{(H)}$ 后所构成的新复合形肯定优于原复合形。到此，复合形法就完成了一次迭代。

下面的迭代将是一种反复循环的工作。但是在随后的某次迭代中，按映射系数

$\alpha=1.3$取得的映射点，不一定能满足目标函数值下降及可行性条件。当发生这种情况时（例如点7）可按映射系数折半，即 $\alpha \leftarrow 0.5\alpha$，重新取得映射点，使它满足目标函数值下降及可行性条件。必要时，还可以反复缩半映射系数来达到此目的。

图 7-7 标出了上述迭代过程顺序产生的点号，并画出复合形在迭代过程中的变化。由图可见，随着迭代的进行，复合形变得越来越小，各顶点都越来越靠近约束最优点 $X^*$。当复合形缩到足够小的程度时，它已十分靠近约束最优点。最后可将顶点中的好点 $X^{(L)}$ 作为近似最优点输出。

由此例可看出，复合形法的基本思想是通过对复合形各顶点的函数值计算与比较，反复进行点的映射与复合形的收缩，使之逐步逼近约束最优解。

## 二、初始复合形的构成

构成初始复合形，实际就是要确定 $k$ 个可行点作为复合形的顶点。顶点的数目一般取在 $n+1<k\leqslant 2n$ 范围内。对于维数较低的优化问题，因顶点数目较少，可以由设计者自行试凑出少量的可行点作为复合形的顶点。但对于维数较高的优化问题，这种做法是有困难的。为此提出下面构成初始复合形的一种随机方法，这种方法是先产生 $k$ 个随机点，然后再把那些非可行随机点逐一调入可行域内，最终使 $k$ 个随机点都成为可行点而构成初始复合形。现分述如下：

1）产生 $k$ 个随机点。利用算法语言的随机数产生函数或计算机中随机数产生子程序，可以产生在（0，1）开区间内均匀分布的随机数 $\xi_i$。利用这个随机数又可按下式产生设计变量分量 $x_i$ 在给定界限 $a_i<x_i<b_i$ 内的随机数

$$x_i=a_i+\xi_i(b_i-a_i)\quad (i=1,\ 2,\ \cdots,\ n)$$

利用这 $n$ 个 $x_i$ 作为坐标的点 $X$ 就是一个随机点。这第一个点记作 $X^{(1)}$。

同理，再产生 $n$ 个在（0，1）开区间内的随机数 $\xi_i$ 又可获得另一个在开区间（$a_i$，$b_i$）内的随机点 $X^{(2)}$。如此即可连续获得 $k$ 个随机点 $X^{(1)}$，$X^{(2)}$，$X^{(3)}$，…，$X^{(k)}$。

因每产生一个随机点，需要 $n$ 个随机数 $\xi_i$，因此，产生 $k$ 个随机点总共需要连续发生 $kn$ 个随机数。

2）将非可行点调入可行域。用上述方法产生的 $k$ 个随机点，并不一定都是可行点。但是，只要它们中间至少有一个点在可行域内，就可以用一定的方法将非可行点逐一调入可行域。如果在个别情况下，$k$ 个随机点中没有一个是可行点，则应重新产生这些随机点，直到其中至少有一个是可行点为止。

在一般情况下，设已知 $q$ 个随机 $X^{(1)}$，$X^{(2)}$，$X^{(3)}$，…，$X^{(q)}$ 均为可行点，而 $X^{(q+1)}$ 为非可行点。将 $X^{(q+1)}$ 调入可行域的步骤是：

① 计算 $q$ 个可行点的点集中心 $X^{(s)}$

$$X^{(s)}=\frac{1}{q}\sum_{j=1}^{q}X^{(j)}$$

② 将第（$q+1$）个点向着 $X^{(s)}$ 点的方向移动，按下式产生新的 $X^{(q+1)}$

$$X^{(q+1)}=X^{(s)}+0.5\left(X^{(q+1)}-X^{(s)}\right)$$

这个新的 $X^{(q+1)}$ 点实际上就是 $X^{(s)}$ 与原 $X^{(q+1)}$ 两点连线的中点。若新的 $X^{(q+1)}$ 点仍为非可行点，则按上式再产生一个新的 $X^{(q+1)}$ 点（图 7-8），即通过两次迭代而产生的新

7

$X^{(q+1)}$点，使它更向$X^{(s)}$靠拢，最终使$X^{(q+1)}$成为可行点。

按照这种方法，可以继续解决$X^{(q+2)}$，…，$X^{(k)}$的顶点可行性问题。直到全部$k$个顶点都成为可行点，就构成了在可行域内的初始复合形。

## 三、复合形法的迭代步骤

1）构成初始复合形。

2）计算各顶点的函数值。

其中好点$X^{(L)}$，坏点$X^{(H)}$

$$X^{(L)}:F(X^{(L)})=\min\{F(X^{(j)}),\ j=1,\ 2,\ \cdots,\ k\}$$

$$X^{(H)}:F(X^{(H)})=\max\{F(X^{(j)}),\ j=1,\ 2,\ \cdots,\ k\}$$

3）计算除坏点外其余各顶点的中心点$X_0$

$$X_0=\frac{1}{k-1}\sum_{j=1}^{k}X^{(j)},j\neq H$$

4）计算映射点$X^{(R)}$

$$X^{(R)}=X_0+\alpha(X_0-X^{(H)})$$

通常取$\alpha=1.3$。检查$X^{(R)}$是否在可行域内。若$X^{(R)}$为非可行点，将映射系数缩半后再按上式改变映射点，直到$X^{(R)}$进入可行域为止。

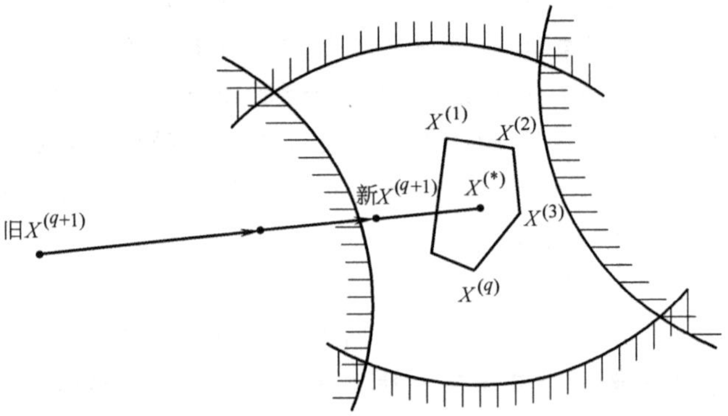

图 7-8　构成初始复合形的几何描述

5）构成新复合形。计算映射点的目标函数值$F(X^{(R)})$，可能有两种情况：

① 映射点优于坏点，即

$$F(X^{(R)})<F(X^{(H)})$$

在这种情况下，则用$X^{(R)}$代替$X^{(H)}$，而可构成新的复合形。

② 映射点劣于坏点，即

$$F(X^{(R)})>F(X^{(H)})$$

这种情况往往是由于映射点过远引起的，可用缩半映射系数的办法把映射点拉近些，若有$F(X^{(R)})<F(X^{(H)})$，则又转化为情况①。

但也有可能经过多次$\alpha$减半，直到其已小于预先给定的很小正数$\delta$（例如$\delta=10^{-5}$）时仍不能使映射点优于坏点，则说明映射方向不对。此时，应改变映射方向取对次坏点$X^{(SH)}$的映射

$$X^{(SH)}:F(X^{(SH)})=\max\{F(X^{(j)}),j=1,\ 2,\ \cdots,\ k\quad j\neq H\}$$

确定不包括次坏点$X^{(SH)}$在内的复合形顶点中心$X_0$，并以此为映射轴心，计算$X^{(SH)}$的映射点$X^{(R)}$

$$X^{(R)}=X_0+\alpha(X_0-X^{(SH)})$$

再转回本步骤的开始处，直至构成新的复合形。

6）判别终止条件。当每一个新复合形构成之时，就用终止迭代的条件来判别是否结

束迭代。由于在复合形逼近最优解的过程中，映射系数不断地减半，复合形不断地缩小，即各复合形各顶点之间的距离在逐渐地缩短。当复合形缩得很小时，各顶点的目标函数值必然十分近于相等。因此可用如下形式之一作为终止判据：

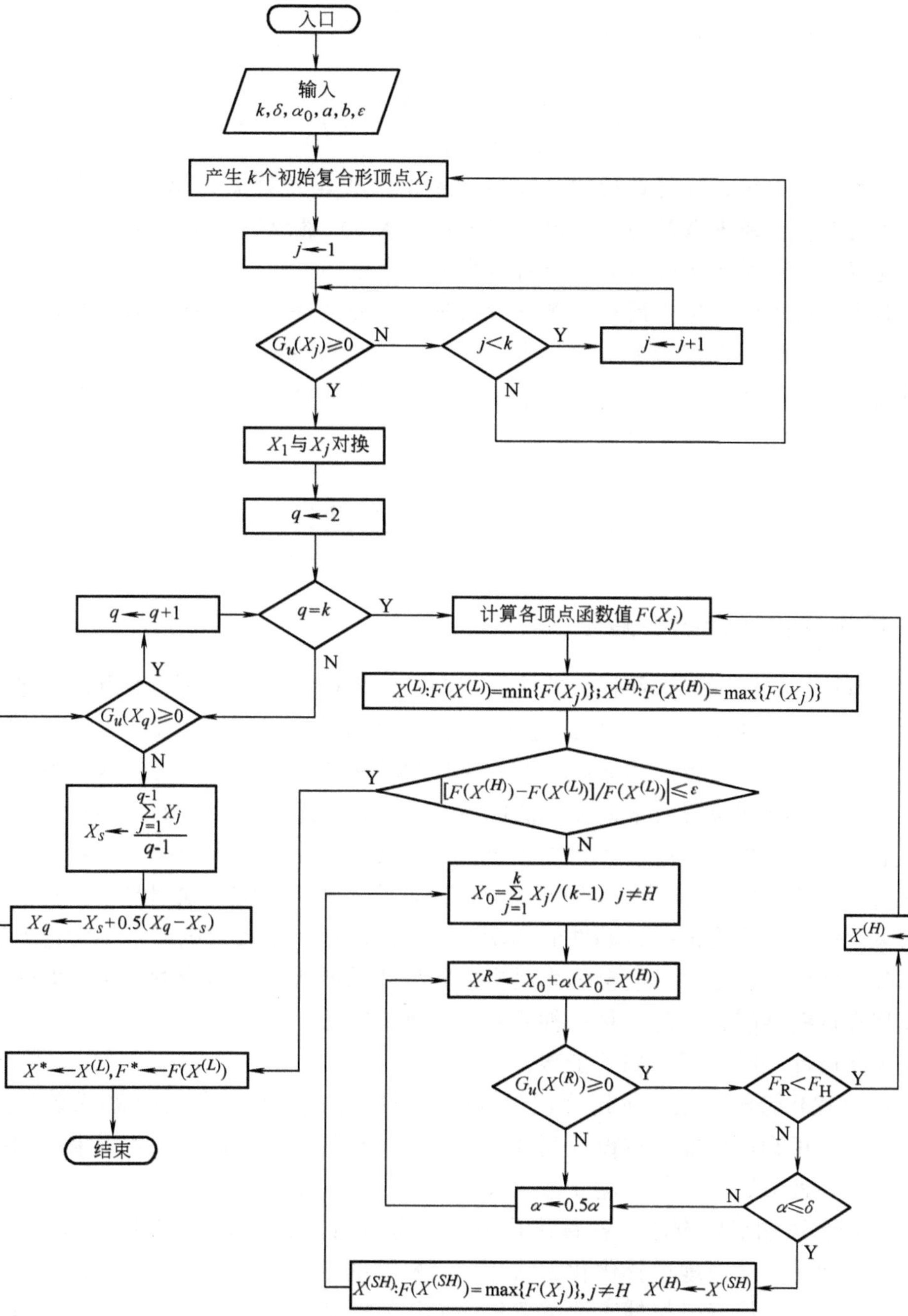


图 7-9　复合形法程序框图

① 各顶点与好点的函数值之差的方均根值小于误差值

$$\left\{\sum_{j=1}^{k}\left[F(X^{(j)})-F(X^{(L)})\right]^2/k\right\}^{1/2}\leqslant\varepsilon$$

② 好点与坏点的函数值之差的绝对值小于误差值；或者好、坏点函数值相对误差的绝对值小于误差值

$$\left|F(X^{(H)})-F(X^{(L)})\right|\leqslant\varepsilon$$

或

$$\left|\frac{F(X^{(H)})-F(X^{(L)})}{F(X^{(L)})}\right|\leqslant\varepsilon$$

如果满足终止条件，可将最后的复合形好点 $X^{(L)}$ 及其函数值 $F(X^{(L)})$ 作为最优解输出，并结束运算。如果不满足终止条件，则返回步骤3）继续下一次迭代。

迭代过程可用如图7-9所示复合形法程序框图表示。

复合形法在解决约束优化问题中是一种效果较好的方法。它对目标函数和约束函数都没有特殊的要求，适用范围较广，程序编写也比较简单。但是，这种方法的收敛速度较慢，特别是当目标函数的维数较高和约束条件的数目增多时，这一缺点显得尤为突出。

改进复合形法源程序参见附录B。

7

## 第六节 机构优化设计

### 一、机构优化设计的一般步骤

第六章所述的位移矩阵法和代数式法可以归结为机构综合方法中的准点法。这种求解方法一般可以精确实现3~5个点位。这是因为机构的待定尺寸参数的个数有限，或者因为求解机构尺寸参数的方程式为非线性方程组使得精确求解有困难。另外这种解法大都只能实现点或构件的某些位置要求，而无法同时考虑机构在运动过程中的运动特性和动力特性。因此上述准点解析法主要适用于满足机构位置要求，而传力较小的那些场合，如控制机构、仪表、函数发生器等。如果要求机构在其运动领域内再实现预期要求，各参数应满足某些约束条件，对机构某些运动性能和动力特性提出进一步要求则应采用优化方法。可见机构综合的优化方法是一种能全面满足机构各种要求的方便且通用的方法。但因优化方法只能逐步逼近精确解，因此它是一种非精确的近似方法。

机构优化设计一般应遵循如下步骤：

（1）**建立优化数学模型** 机构优化设计的数学模型是把机构设计问题用数学关系式表达出来。要能正确可靠地表达设计问题所要达到的目的，全面地反映各因素间的内在联系以及受到的各种限制。因此，建立数学模型往往是很复杂的。

（2）**选择合适的优化方法** 各种优化方法都有各自的特点和一定的适用场合。根据具体优化设计问题，适当地选择优化方法才会有较好的效果。对于求导困难，而维数较高的可采用复合形法。尽管随机搜索法需要较长的运算时间，而复合形法需要较长的准备时间，但其共同优点是易求解全局最优解，在设计变量较少时一般可避免局部最优解。

（3）**编程与上机** 编写源程序是一种技巧较高而且很细致的工作。即使是一个较为

简单的最优化问题，也需考虑多方面的因素。因此在编程前必须根据设计思路制定一个较详细的流程图来反映计算步骤及各项计算间的逻辑关系以作为编程的依据。

应尽量采用已有的优化方法源程序以提高编程效率及计算可靠性。即使是一个很简单的新编制的程序也很难在计算机上一次通过，必须经过试算才能确认其正确性。所谓试算即对一个较简单的已经作出标准答案的题目用编好的程序运算，以观察其是否正确。

（4）**分析优化结果**　分析优化结果的目的在于验证优化结果的正确性与实用性，尽管优化本身是可以信赖的，但由于设计问题的复杂性、建模中的失误和疏忽，都会导致计算结果与实际情况不符，甚至是荒谬的。

首先要检查计算公式是否有错、约束条件是否齐全及编程是否有错。如果发现有些约束条件不能满足，应该在可能的条件下改变其限制值。为了得到全局最优解，可以多选几个分布在不同位置的初始点进行计算，如果各结果都归于同一解，可以认为所得的解是全局最优解，否则从这些解中择其目标函数最小作为全局最优解。

## 二、按两连架杆对应角位移的连杆机构优化设计

这种问题可归结为一函数发生器的设计。除满足给定函数要求外，还可考虑机构的传力特性（如对机构的传动角提出要求）。

如图 7-10 所示，要求四杆机构再现给定函数 $\bar{\varphi}_{3i}=\bar{f}(\varphi_{1i})$。由于四杆机构两连架杆对应转角与机架 $AD$ 的位置和各杆长绝对值无关，因此图 7-10 取 $X$ 轴与机架 $AD$ 重合，并令 $AD=d=1$，$a$、$b$、$c$ 均为相对尺寸。图 7-10 中 $\varphi_1$、$\varphi_3$ 分别为输入构件 $AB$ 和输出构件 $CD$ 的初位角，当取 $\varphi_{1i}$ 为变量时，$\varphi_{3i}$ 为各杆长和 $\varphi_{1i}$ 的函数，这样，该机构的设计变量最多为 4 个，即 $a$、$b$、$c$ 和 $\varphi_1$ 或者铰链 $B$、$C$ 的四个坐标。

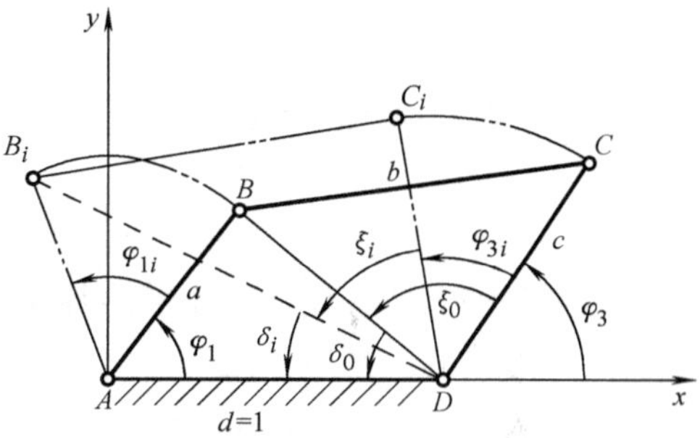


图 7-10　铰链四杆机构连架杆对应转角

该机构优化设计的目标函数可按照由铰链四杆机的几何关系导出的输出构件转角 $\varphi_{3i}$ 与输入构件转角 $\varphi_{1i}$ 的函数式

$$\varphi_{3i}=f(a,\ b,\ c,\ \varphi_1,\ \varphi_{1i}) \tag{7-20}$$

与给定函数 $\bar{\varphi}_{3i}=\bar{f}(\varphi_{1i})$ 两者在 $i=1,\ 2,\ \cdots,\ s$ 所有位置的偏差极小来建立目标函数

$$\min F(X)=\min\sum_{i=1}^{s}[f(a,b,c,\varphi_1,\varphi_{1i})-\bar{f}(\varphi_{1i})]^2=\sum_{i=1}^{s}[\varphi_{3i}-\bar{\varphi}_{3i}]^2 \tag{7-21}$$

当输入构件 $AB_i$ 相对于其初位置 $AB$ 的转角为 $\varphi_{1i}$ 时，输出构件 $DC_i$ 相对于其初位置 $CD$ 的转角 $\varphi_{3i}$ 按式（7-22）求出

$$\varphi_{3i}=\xi_0+\delta_0-\xi_i-\delta_i \tag{7-22}$$

式中

$$\begin{cases}\delta_i=\arctan[a\sin(\varphi_1+\varphi_{1i})]/[1-a\cos(\varphi_1+\varphi_{1i})]\\ \xi_i=\arccos\left(\dfrac{a^2-b^2+c^2+1-2a\cos(\varphi_1+\varphi_{1i})}{2c\sqrt{a^2+1-2a\cos(\varphi_1+\varphi_{1i})}}\right)\end{cases} \tag{7-23}$$

当 $\varphi_{1i}=0$ 时，得机构在初位置时的构件位置角 $\delta_0$、$\xi_0$

$$\begin{cases}\delta_0=\arctan[a\sin\varphi_1/(1-a\cos\varphi_1)]\\ \xi_0=\arccos\left(\dfrac{a^2-b^2+c^2+1-2a\cos\varphi_1}{2c\sqrt{a^2+1-2a\cos\varphi_1}}\right)\end{cases} \tag{7-24}$$

将式（7-22）、式（7-23）、式（7-24）代入式（7-21）得

$$F(X)=\sum_{i=1}^{s}\left\{\arctan\left(\frac{a\sin\varphi_1}{1-a\cos\varphi_1}\right)+\arccos\left(\frac{a^2-b^2+c^2+1-2a\cos\varphi_1}{2c\sqrt{a^2+1-2a\cos\varphi_1}}\right)\right.$$
$$\left.-\arctan\left(\frac{a\sin(\varphi_1+\varphi_{1i})}{1-a\cos(\varphi_1+\varphi_{1i})}\right)-\arccos\left(\frac{a^2-b^2+c^2+1-2a\cos(\varphi_1+\varphi_{1i})}{2c\sqrt{a^2+1-2a\cos(\varphi_1+\varphi_{1i})}}\right)-\bar{f}(\varphi_{1i})\right\}^2 \tag{7-25}$$

令设计变量为

$$\boldsymbol{X}=\begin{pmatrix}x_1 & x_2 & x_3 & x_4\end{pmatrix}^{\mathrm{T}}=\begin{pmatrix}a & b & c & \varphi_1\end{pmatrix}^{\mathrm{T}} \tag{7-26}$$

得目标函数为

$$F(X)=\sum_{i=1}^{s}\left\{\arctan\left(\frac{x_1\sin x_4}{1-x_1\cos x_4}\right)+\arccos\left(\frac{x_1^2-x_2^2+x_3^3+1-2x_1\cos x_4}{2x_3\sqrt{x_1^2+1-2x_1\cos x_4}}\right)\right.$$
$$\left.-\arctan\left(\frac{x_1\sin(x_4+\varphi_{1i})}{1-x_1\cos(x_4+\varphi_{1i})}\right)-\arccos\left(\frac{x_1^2-x_2^2+x_3^3+1-2x_1\cos(x_4+\varphi_{1i})}{2x_3\sqrt{x_1^2+1-2x_1\cos(x_4+\varphi_{1i})}}\right)-\bar{f}(\varphi_{1i})\right\}^2 \tag{7-27}$$

约束条件包括各设计变量的边界条件及有曲柄条件。为使铰链四杆机构为曲柄摇杆机构，且 $a$ 为曲柄，则应满足

$$\begin{cases}a+b\leqslant 1+c & G_1(X)=1-x_1-x_2+x_3\geqslant 0\\ a+c\leqslant 1+b \text{ 或} & G_2(X)=1-x_1+x_2-x_3\geqslant 0\\ a+1\leqslant b+c & G_3(X)=x_2-x_1+x_3-1\geqslant 0\end{cases} \tag{7-28}$$

由于杆长必须为正值，且应对各杆长加以限制，所以可写成如下约束条件

$$\Delta a\geqslant a\geqslant \Delta l \qquad \Delta b\geqslant b\geqslant \Delta l \qquad \Delta c\geqslant c\geqslant \Delta l$$

式中，$\Delta l$ 是构件长度的下限；$\Delta a$、$\Delta b$、$\Delta c$ 分别为构件长度的上限，且 $\Delta a$、$\Delta b$、$\Delta c$、$\Delta l$ 均为正值。或写成

$$\begin{cases}G_4(X)=x_1-\Delta l\geqslant 0\\ G_5(X)=x_2-\Delta l\geqslant 0\\ G_6(X)=x_3-\Delta l\geqslant 0\\ G_7(X)=\Delta a-x_1\geqslant 0\\ G_8(X)=\Delta b-x_2\geqslant 0\\ G_9(X)=\Delta c-x_3\geqslant 0\\ G_{10}(X)=x_4\geqslant 0\\ G_{11}(X)=2\pi-x_4\geqslant 0\end{cases} \tag{7-29}$$

7

若要求机构有较好的传力性能，则曲柄与机架共线的两位置之一的最小传动角 $\gamma_1$ 或 $\gamma_2$ 大于许用传动角［$\gamma$］

$$\begin{cases} \gamma_1 = \arccos\left(\dfrac{(a+d)^2 - b^2 - c^2}{2bc}\right) \geqslant [\gamma_1] \\ \gamma_2 = \arccos\left(\dfrac{b^2 + c^2 - (d-a)^2}{2bc}\right) \geqslant [\gamma_2] \end{cases} \tag{7-30}$$

或写成

$$\begin{cases} G_{12}(X) = \cos[\gamma_1] - \dfrac{(x_1+1)^2 - x_2^2 - x_3^2}{2x_2x_3} \geqslant 0 \\ G_{13}(X) = \cos[\gamma_2] - \dfrac{x_2^2 + x_3^2 - (1-x_1)^2}{2x_2x_3} \geqslant 0 \end{cases} \tag{7-31}$$

**例 7-1**　图 7-11 所示四杆机构，要求两连架杆实现给定函数 $\overline{\varphi}_{3i} = 30°\sin\varphi_{1i}$（$0 \leqslant \varphi_{1i} \leqslant 180°$），试设计该四杆机构。

**解**　将输入构件转角 180°均分为 20 等分，即取 $S=20$，则

$$\varphi_{1i} = \frac{180°}{S} i$$

设计变量

$$\boldsymbol{X} = (x_1\ x_2\ x_3\ x_4)^{\mathrm{T}} = (a\ b\ c\ \varphi_1)^{\mathrm{T}}$$

由式（7-27）得目标函数

$$F(X) = \sum_{i=1}^{20}\left(\arctan\left(\frac{x_1\sin x_4}{1 - x_1\cos x_4}\right) + \arccos\left(\frac{x_1^2 - x_2^2 + x_3^2 + 1 - 2x_1\cos x_4}{2x_3\sqrt{x_1^2 + 1 - 2x_1\cos x_4}}\right)\right.$$
$$\left. - \arctan\left(\frac{x_1\sin(x_4+\varphi_{1i})}{1 - x_1\cos(x_4+\varphi_{1i})}\right) - \arccos\left(\frac{x_1^2 - x_2^2 + x_3^2 + 1 - 2x_1\cos(x_4+\varphi_{1i})}{2x_3\sqrt{x_1^2 + 1 - 2x_1\cos(x_4+\varphi_{1i})}}\right) - \frac{\pi\sin\varphi_{1i}}{6}\right)^2$$

令 $\Delta l = 0.1$，$\Delta a = 0.5$，$\Delta b = 1.4$，$\Delta c = 0.9$，$[\gamma_1] = 45°$，$[\gamma] = 30°$，$[\gamma_2] = 30°$。由式（7-28）~式(7-31) 得如下的约束条件

$$G_1(X) = 1 - x_1 - x_2 + x_3 \geqslant 0$$
$$G_2(X) = 1 - x_1 + x_2 - x_3 \geqslant 0$$
$$G_3(X) = x_2 - x_1 + x_3 - 1 \geqslant 0$$
$$G_4(X) = x_1 - 0.1 \geqslant 0$$
$$G_5(X) = x_2 - 0.1 \geqslant 0$$
$$G_6(X) = x_3 - 0.1 \geqslant 0$$
$$G_7(X) = 0.5 - x_1 \geqslant 0$$
$$G_8(X) = 1.4 - x_2 \geqslant 0$$
$$G_9(X) = 0.9 - x_3 \geqslant 0$$
$$G_{10}(X) = x_4 \geqslant 0$$
$$G_{11}(X) = 2\pi - x_4 \geqslant 0$$
$$G_{12}(X) = 0.7071 - \frac{(x_1+1)^2 - x_2^2 - x_3^2}{2x_2x_3} \geqslant 0$$
$$G_{13}(X) = 0.866 - \frac{x_2^2 + x_3^2 - (1-x_1)^2}{2x_2x_3} \geqslant 0$$

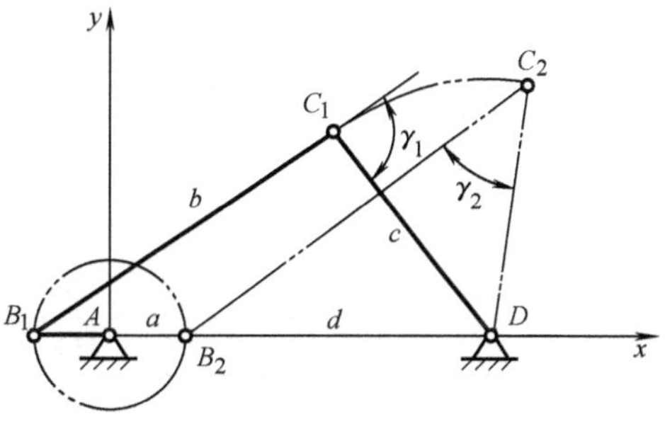


图 7-11　例 7-1 图

用复合形法，取收敛精度 $\varepsilon=10^{-5}$，初始值 $X^0=(x_1^0\quad x_2^0\quad x_3^0\quad x_4^0)^T=(a\quad b\quad c\quad \varphi_1)^T=(0.125\quad 0.95\quad 0.25\quad 103.132°)^T$，得优化解

$$X^*=[0.105464088\quad 1.0210432\quad 0.193538607\quad 101.161518°]^T$$

$$F(X^*)=1.04538\times10^{-4}$$

其机构如图 7-12 所示。机构实现的角位移 $\varphi_{3i}$ 及预期角位移 $\overline{\varphi}_{3i}$ 列于表 7-1。

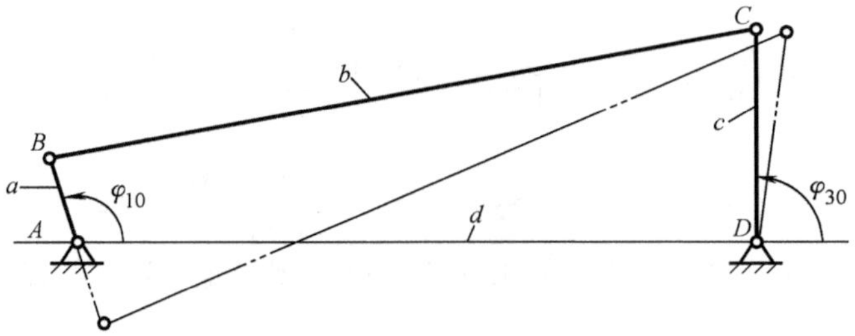


图 7-12　优化后的铰链四杆机构

表　7-1

| 序号 $i$ | 曲柄转角 $\varphi_1^0$ | 输出构件预定转角 $\overline{\varphi}_{3i}^0$ | 输出构件实现转角 $\varphi_{3i}^0$ |
|---|---|---|---|
| 1 | 9 | 4.6830 | 4.7933 |
| 2 | 18 | 9.2705 | 9.4151 |
| 3 | 27 | 13.6197 | 13.7807 |
| 4 | 36 | 17.6336 | 17.8018 |
| 5 | 45 | 21.2132 | 21.3879 |
| 6 | 54 | 24.2705 | 24.4494 |
| 7 | 63 | 26.7302 | 26.9024 |
| 8 | 72 | 28.5317 | 28.6771 |
| 9 | 81 | 29.6307 | 29.7247 |
| 10 | 90 | 30.0000 | 30.0233 |
| 11 | 99 | 29.6307 | 29.5786 |
| 12 | 108 | 28.5317 | 28.4204 |
| 13 | 117 | 26.7302 | 26.5957 |
| 14 | 126 | 24.2705 | 24.1606 |
| 15 | 135 | 21.2132 | 21.1745 |
| 16 | 144 | 17.6336 | 17.6956 |
| 17 | 153 | 13.6197 | 13.7803 |
| 18 | 162 | 9.2705 | 9.4841 |
| 19 | 171 | 4.6930 | 4.8645 |
| 20 | 180 | 0 | −0.0151 |

## 三、再现轨迹的连杆机构优化设计

如图 7-13 所示，要求连杆 $BC$ 上的点 $M$ 实现预定函数 $\overline{y}_i=f(\overline{x}_i)$。而连杆机构上的点

$M$ 实际坐标（$x_i$，$y_i$）取决于机构的 9 个尺寸数：$x_A$、$y_A$、$a$、$b$、$c$、$d$、$\beta$、$k$、$\gamma$，输入构件初始位置角 $\varphi_{10}$ 以及输入构件 $AB$ 的诸位置角 $\varphi_{1i}$（$i=1$，2，…，$s$）。因此设计变量最多为（$s+10$）。

为使连杆机构上的点 $M$ 复演预定函数 $\overline{y}_i=f(\overline{x}_i)$，可用机构实现的轨迹坐标（$x_i$，$y_i$）与预定轨迹坐标（$\overline{x}_i$，$\overline{y}_i$）间的偏差平方和极小来建立目标函数

$$F(X)=\sum_{i=1}^{s}[(x_i-\overline{x}_i)^2+(y_i-\overline{y}_i)^2] \tag{7-32}$$

其中，机构上的点 $M$ 的坐标值（$x_i$，$y_i$）按式（7-33）计算

$$\begin{cases}x_i=x_A+a\cos(\beta+\varphi_{10}+\varphi_{1i})+k\cos(\varphi_{2i}+\gamma)\\ y_i=y_A+a\sin(\beta+\varphi_{10}+\varphi_{1i})+k\sin(\varphi_{2i}+\gamma)\end{cases} \tag{7-33}$$

式中，$\varphi_{2i}$ 由机构尺寸计算确定（见第三章中的公式），写出如式（7-28）、式（7-31）类似的约束条件，经优化计算可得到（$s+10$）个设计变量的优化解。

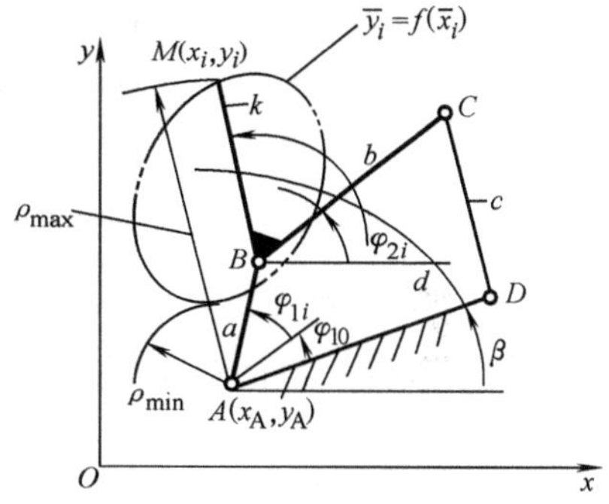


图 7-13　连杆机构轨迹再现

如果要求点 $M$ 的再现轨迹为输入构件转角 $\varphi_{1i}$（$i=1$，2，…，$s$）的函数，即 $\overline{y}_i=f(\overline{x}_i,\overline{\varphi}_{1i})$，则 $\overline{\varphi}_{1i}$ 也为已知量，设计变量为 9 个机构尺寸参数及输入构件初始位置角 $\overline{\varphi}_{10}$，共 10 个。由于优化设计力求减少设计变量，并注意到当 $x_A$、$y_A$ 及预定轨迹坐值 $x_i$、$y_i$ 给定后，则 $a$、$k$ 为非独立变量，故设计变量为 8 个：$x_A$、$y_A$、$b$、$c$、$d$、$\beta$、$\gamma$、$\varphi_{10}$，而 $a$、$k$ 按式（7-34）定

$$\begin{cases}a=(\rho_{max}-\rho_{min})/2\\ k=(\rho_{max}+\rho_{min})/2\end{cases} \tag{7-34}$$

$$\begin{cases}\rho_{max}=\left((\overline{y}_i-y_A)^2+(\overline{x}_i-x_A)^2\right)_{max}^{1/2}\\ \rho_{min}=\left((\overline{y}_i-y_A)^2+(\overline{x}_i-x_A)^2\right)_{min}^{1/2}\end{cases} \tag{7-35}$$

如果要求连杆上点 $M$ 的轨迹经过 $s$ 个给定点，在两个坐标轴上的分量误差不同时，式（7-32）的目标函数可改写为

$$F(X)=W_1\sum_{i=1}^{s}(x_i-\overline{x}_i)^2+W_2\sum_{i=1}^{s}(y_i-\overline{y}_i)^2 \tag{7-36}$$

式中，$W_1$、$W_2$ 为加权因子，根据两坐标轴上允许的偏差要求取不同的正数。

**例 7-2**　试设计一曲柄摇杆机构，已知支座 $A$ 的坐标 $x_A=67$mm，$y_A=10$mm，再现给定轨迹上的 12 个点的坐标值（$\overline{x}_i$，$\overline{y}_i$）为输入构件转角的函数如下表。机架倾角 $\beta=32.6303°$。

| $i$ | 0 | 1 | 2 | 3 | 4 | 5 | 6 | 7 | 8 | 9 | 10 | 11 |
|---|---|---|---|---|---|---|---|---|---|---|---|---|
| $\overline{\varphi}_{1i}$ | 0 | 30 | 60 | 90 | 120 | 150 | 180 | 210 | 240 | 270 | 300 | 330 |
| $\overline{x}_i$ | 50 | 48.5 | 42 | 34 | 29 | 30 | 34 | 42 | 48 | 55 | 56 | 51 |
| $\overline{y}_i$ | 91 | 111 | 107 | 90 | 67 | 45 | 28 | 17 | 12 | 14 | 24 | 52 |

**解** 设计变量

$$X=(x_1\cdots x_5)^{\mathrm{T}}=(\varphi_{10}\ b\ c\ d\ \gamma)^{\mathrm{T}}$$

目标函数

$$F(X)=\sum_{i=0}^{11}\left(x_{\mathrm{A}}+a\cos(\beta+x_1+\varphi_{1i})+k\cos(\varphi_{2i}+x_5)-\bar{x}_i\right)^2$$
$$+\sum_{i=0}^{11}\left(y_{\mathrm{A}}+a\sin(\beta+x_1+\varphi_{1i})+k\sin(\varphi_{2i}+x_5)-\bar{y}_i\right)^2$$

式中，$\varphi_{2i}$按以下诸式计算（参看第三章）

$$\begin{cases}R=\left(a^2+x_4^2-2ax_4\cos(x_1+\varphi_{1i})\right)^{1/2}\\ \varphi=\arctan\left(\dfrac{x_4\sin\beta-a\sin(\beta+x_1+\varphi_{1i})}{x_4\cos\beta-a\cos(\beta+x_1+\varphi_{1i})}\right)\\ \varphi_{2i}=\varphi+\arccos\left(\dfrac{x_2^2+R^2-x_3^2}{2x_2R}\right)\end{cases}$$

式中，$a$、$k$ 按式（7-34）计算，得到 $a=45.01571\mathrm{mm}$，$k=57.66472\mathrm{mm}$。

约束条件：包括有曲柄条件及各变量的边界约束共 13 个，即

$$\begin{cases}a+x_4\leqslant x_2+x_3\\ a+x_2\leqslant x_3+x_4\\ a+x_3\leqslant x_2+x_4\end{cases}$$

$$\begin{cases}20\leqslant x_2,\ x_3,\ x_4\leqslant 150\\ 0\leqslant x_1,\ x_5\leqslant 2\pi\end{cases}$$

| $i$ | 0 | 1 | 2 | 3 | 4 | 5 | 6 | 7 | 8 | 9 | 10 | 11 |
|---|---|---|---|---|---|---|---|---|---|---|---|---|
| $\bar{\varphi}_{1i}$ | 0 | 30 | 60 | 90 | 120 | 150 | 180 | 210 | 240 | 270 | 300 | 330 |
| $\bar{x}_i$ | 50 | 48.5 | 42 | 34 | 29 | 30 | 34 | 42 | 48 | 55 | 56 | 51 |
| $x_i$ | 49.9835 | 49.4601 | 41.8986 | 33.089 | 28.682 | 29.958 | 35.006 | 41.773 | 48.888 | 54.593 | 56.118 | 51.464 |
| $\Delta x$ | 0.017 | 0.960 | 0.101 | 0.911 | 0.318 | 0.042 | 1.006 | 0.227 | 0.888 | 0.407 | 0.118 | 0.464 |
| $\bar{y}_i$ | 91 | 111 | 107 | 90 | 67 | 45 | 28 | 17 | 12 | 14 | 24 | 52 |
| $y_i$ | 91.0947 | 109.977 | 106.548 | 89.86 | 67.182 | 45.064 | 27.835 | 16.793 | 11.912 | 13.636 | 24.258 | 51.501 |
| $\Delta y$ | 0.095 | 1.023 | 0.452 | 0.135 | 0.182 | 0.046 | 0.165 | 0.207 | 0.088 | 0.364 | 0.258 | 0.499 |

取收敛精度 $\varepsilon=10^{-5}$，初始值为

$$X^0=(x_1\ x_2\ x_3\ x_4\ x_5)^{\mathrm{T}}=(\varphi_{10}\ b\ c\ d\ \gamma)^{\mathrm{T}}$$
$$=(28.64789°\quad 70\ 120\ 100\ 11.45916°)^{\mathrm{T}}$$

用复合形法求得初始函数值为

$$F^0(X)=29905.19$$

经优化后得优化解为 $X^*$、$F(X^*)$

$$\begin{aligned} X^* &= (\varphi_{10}\ b\ c\ d\ \gamma)^T \\ &= (27.48739° \quad 71.20502\ 113.1795\ 108.9989\ 12.96697°) \\ F(X^*) &= 5.958388 \end{aligned}$$

各点位的计算差如上表所示。

## 四、再现连杆角位移及其上某点轨迹的连杆机构优化设计

在实际工程中往往遇到要求连杆上点 $M$ 沿给定轨迹运动，同时又要求连杆按给定的角位移运动。即要求点 $M$ 按给定轨迹 $\bar{y}_i = f(\bar{\varphi}_{1i},\ \bar{x}_{1i})$，连杆按给定角位移 $\bar{\varphi}_{2i} = f(\bar{\varphi}_{1i})$ 运动的机构最优设计问题。该设计问题的目标函数可用再现轨迹和再现连杆角位移两个目标线性加权方法来建立。即

$$F(X) = W_1 F_1(X) + W_2 F_2(X) \tag{7-37}$$

式中，$F_1(X)$、$F_2(X)$ 分别为再现轨迹和连杆角位移的目标函数；$W_1$、$W_2$ 为权因子，其值决定于两项目标的数量级和其重要程度。

$$\begin{cases} F_1(X) = \sum\limits_{i=1}^{s} [(x_i - \bar{x}_i)^2 + (y_i - \bar{y}_i)^2] \\ F_2(X) = \sum\limits_{i=1}^{s} [(\varphi_{2i} - \bar{\varphi}_{2i})^2] \end{cases} \tag{7-38}$$

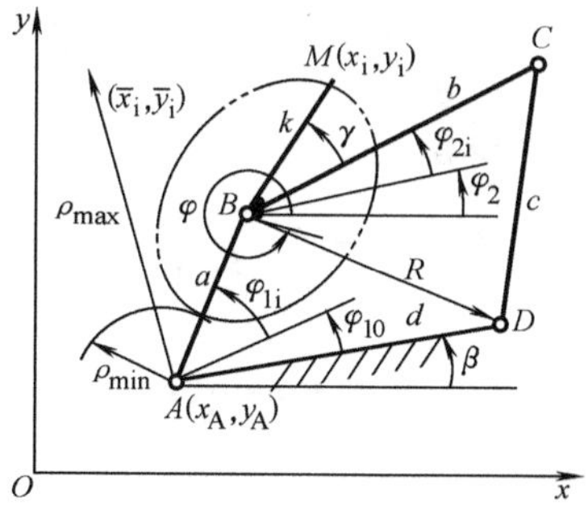


图 7-14　连杆机构实现刚体导引

如图 7-14 所示，设计变量有机架位置参数 $x_A$、$y_A$、$\beta$，机构尺寸参数 $a$、$b$、$c$、$d$，点 $M$ 的位置参数 $k$、$\gamma$ 及输入构件 $AB$ 的初位置角 $\varphi_1$，共 10 个。如果输入构件各转角 $\varphi_{1i}$ 也为变量，则设计变量（$i=1, 2, \cdots, s$）共有（$s+10$）个。如前所述，当点 $A$ 坐标（$x_A$，$y_A$）确定后，则尺寸 $a$、$k$ 是 $x_A$、$y_A$ 及点 $M$ 给定位置坐标（$x_i$，$y_i$）的函数

$$\begin{cases} a = (\rho_{max} - \rho_{min})/2 \\ k = (\rho_{max} + \rho)/2 \\ \rho_{max} = [(\bar{x}_i - x_A)^2 + (\bar{y}_i - y_A)^2]_{max} \\ \rho_{min} = [(\bar{x}_i - x_A)^2 + (\bar{y}_i - y_A)^2]_{min} \end{cases} \tag{7-39}$$

设计变量将减少两个。

式（7-38）中 $\varphi_{2i}$ 及点 $M$ 再现的坐标值（$x_i$，$y_i$）分别按式（7-40）计算

$$\begin{cases} R = (a^2 + d^2 - 2ad\cos(\varphi_1 + \varphi_{1i}))^{½} \\ \varphi = \arctan\left(\dfrac{d\sin\beta - a\sin(\varphi_1 + \varphi_{1i} + \beta)}{d\cos\beta - a\cos(\varphi_1 + \varphi_{1i} + \beta)}\right) \\ \varphi_{2i} + \varphi_2 = \varphi + \cos\left(\dfrac{b^2 + R^2 - c^2}{2bR}\right) \end{cases} \tag{7-40}$$

当 $\varphi_{1i}=0$ 时 $\varphi_{2i}=0$，式（7-40）可计算出 $\varphi_{20}$。

$$\begin{cases} x_i = x_A + a\cos(\beta + \varphi_1 + \varphi_{1i}) + k\cos(\gamma + \varphi_2 + \varphi_{2i}) \\ y_i = y_A + a\sin(\beta + \varphi_1 + \varphi_{1i}) + k\sin(\gamma + \varphi_2 + \varphi_{2i}) \end{cases} \tag{7-41}$$

约束条件与式（7-28）~式（7-31）类似。

**例 7-3** 试设计一铰链四杆机构，要求连杆上点 $M$ 的轨迹再现给定的 9 个点的平面曲线，并要求连杆再现给定的 5 个角位移。9 个点和 5 个角位移的值为：

| $i$ | 1 | 2 | 3 | 4 | 5 | 6 | 7 | 8 | 9 |
|---|---|---|---|---|---|---|---|---|---|
| $\varphi_{1i}$ | 0° | 40° | 80° | 120° | 160° | 200° | 240° | 280° | 320° |
| $\bar{x}_i$ | 25 | 15 | -2.5 | -10 | -12.5 | -7.5 | 2.5 | 15 | 25 |
| $\bar{y}_i$ | 65 | 70 | 62.5 | 50 | 37.5 | 27.5 | 25 | 37.5 | 52.5 |
| $\bar{\varphi}_{2i}$ | 0° | -4° | -6° | -1° | 7° | — | — | — | — |

**解** 按题意其设计变量共 10 个：$a$、$b$、$c$、$d$、$x_A$、$y_A$、$\beta$、$k$、$\gamma$ 及 $\varphi_1$。若令 $x_A=y_A=0$，$\beta=0$，$d=100\text{mm}$，并按式（7-39）计算出 $a$、$k$（计算结果 $a=23.23221$，$k=48.3569$），则设计变量还有 4 个：$b$、$c$、$\gamma$、$\varphi_1$，即

$$X=\begin{pmatrix}x_1 & x_2 & x_3 & x_4\end{pmatrix}^{\mathrm{T}}=\begin{pmatrix}b & c & \gamma & \varphi_1\end{pmatrix}^{\mathrm{T}}$$

目标函数

$$F(X)=W_1\sum_{i=1}^{s}\left\{\left(a\cos(x_4+\varphi_{1i})+k\cos(\varphi_2+\varphi_{2i}+x_3)-\bar{x}_i\right)^2+\left(a\sin(x_4+\varphi_{1i})+k\sin(\varphi_2+\varphi_{2i}+x_3)-\bar{y}_i\right)^2\right\}+W_2\sum_{i=1}^{s}\left(\varphi_{2i}-\bar{\varphi}_{2i}\right)^2$$

式中

$$\varphi_2=\varphi_0+\arccos\left(\frac{x_1^2+R_0^2-x_2^2}{2x_1R_0}\right)$$

$$R_0=[a^2+d^2-2ad\cos x_4]^{½}$$

$$\varphi_0=\arctan\left(\frac{-a\sin x_4}{d-a\cos x_4}\right)$$

$$\varphi_{2i}=\varphi+\arccos\left(\frac{x_1^2+R^2-x_2^2}{2x_1R}\right)-\varphi_2$$

$$R=[a^2+d^2-2ad\cos(x_4+\varphi_{1i})]^{½}$$

$$\varphi=\arctan\left(\frac{-a\sin(x_4+\varphi_{1i})}{d-a\cos(x_4+\varphi_{1i})}\right)$$

约束条件包括有曲柄条件边界，其范围为

$$10\leqslant x_1,\ x_2\leqslant 200$$
$$0\leqslant x_3,\ x_4\leqslant 180^\circ$$

取收敛精度 $\varepsilon=10^{-3}$，初始值为：$X_0=(x_1\ x_2\ x_3\ x_4)^{\mathrm{T}}=(100\ 50\ 50^\circ\ 50^\circ)^{\mathrm{T}}$，取加权因子 $W_1=1$，$W_2=10$，得目标函数初始值 $F_0(x)=307.6362$。采用复合形法得最优解为

$$X^*=(x_1\ x_2\ x_3\ x_4)^{\mathrm{T}}=(101.8574\quad 99.57805\quad 24.88291^\circ\quad 53.43857^\circ)^{\mathrm{T}}$$

$$F(X^*)=29.86911$$

各点位给定值与再现值比较如下：

| $i$ | 1 | 2 | 3 | 4 | 5 | 6 | 7 | 8 | 9 |
|---|---|---|---|---|---|---|---|---|---|
| $\varphi_{1i}$ | 0° | 40° | 80° | 120° | 160° | 200° | 240° | 280° | 320° |
| $\overline{x}_i$ | 25 | 15 | -2.5 | -10 | -12.5 | -7.5 | 2.5 | 15 | 25 |
| $x_i$ | 26.042 | 15.270 | 0.463 | -10.678 | -13.951 | -9.106 | 1.43 | 14.474 | 25.386 |
| $\overline{y}_i$ | 65 | 70 | 62.6 | 50 | 37.5 | 27.5 | 25 | 37.5 | 52.5 |
| $y_i$ | 65.453 | 68.585 | 62.347 | 49.394 | 37.248 | 26.025 | 26.407 | 37.556 | 53.676 |
| $\overline{\varphi}_{2i}$ | 0° | -4° | -6° | -1° | 7° | — | — | — | — |
| $\varphi_{2i}$ | 0° | -5.541° | -5.255° | -0.245° | 8.162° | — | — | — | — |

## 五、按速度要求的连杆机构优化设计

除高速机械中的机构设计必须考虑动力学条件外，对于一般机械，特别是重载中低速机械的机构设计往往是根据运动学条件进行的。以上叙述了按位置要求和轨迹要求进行的机构设计，除此之外，工程中往往要求根据给定的速度要求进行机构设计。例如，牛头刨床要求其刀具刨削工件的工作行程速度较慢，且运动接近等速，而回行程时刨刀快速退回，以缩短非工作时间，提高生产率。下面举一个按速度要求的连杆机构设计的例子。

**例 7-4**　图 7-15 所示为安装在钢材轧制线上的摆式飞剪机，它由四杆机构 $ABCD$ 构成。上切削刃 $E$ 装在连杆 $BC$ 上，下切削刃 $F$ 装在摇杆 $CD$ 上。当曲柄 $AB$ 等速转动时，要求把厚度为 $\Delta b$，运动速度为 $v_t$ 的运动中的钢材剪成定尺长度为 $L$ 的成品。

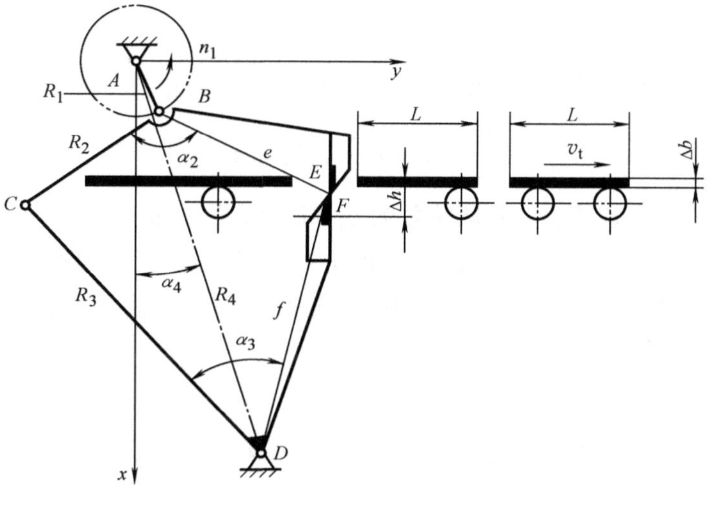


图 7-15　摆式飞剪机机构

**解**　(1) 工艺分析　由于剪切一次的时间（即曲柄转一周的时间）必须根据钢材速度 $v_t$ 及定尺长度 $L$ 决定，故曲柄的角速度是确定的

$$\omega_1 = \frac{2\pi v_t}{L}$$

剪切时，切削刃沿钢材方向的速度分量（$v_{F_y}$，$v_{E_y}$）应与钢材速度同步，且上、下切削刃的重合量等于或大于钢材的厚度 $\Delta b$。

（2）设计变量确定　如图 7-16 所示，机构的设计参数有四杆机构的杆长和机架位置参数 $R_1$、$R_2$、$R_3$、$R_4$ 和 $\alpha_4$；确定上、下切削刃位置的尺寸参数 $e$、$\alpha_2$ 和 $f$、$\alpha_3$ 以及剪切时（点 $E$、$F$ 重合）曲柄转角 $\varphi_1$。这几个设计参数可以作为设计变量来处理。由于设计变量增多将大大增加运算量，且根据本设计的具体工艺要求，这些设计参数都作为设计变量是不合适的。

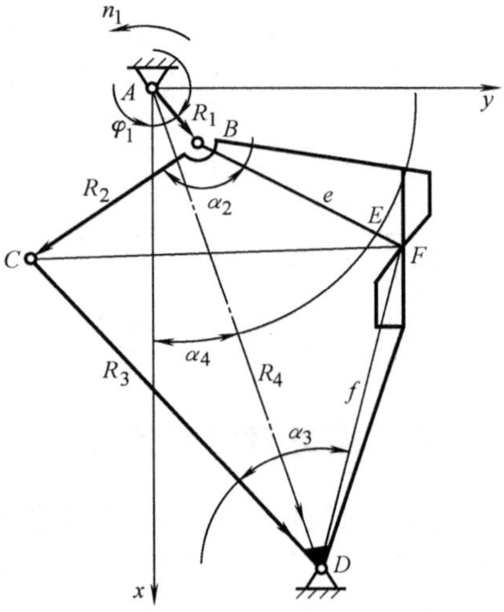

图 7-16　摆式飞剪机构的设计参数图

为使机构具有较好的运动和传力性能，在进行四杆机构 $ABCD$ 设计时，要求实现给定的行程速比系数 $K$，摇杆摆角 $\varphi$ 和机构远极位传动角 $\gamma_2$。这样可按第六章第四节计算出四杆机构的相对尺寸 $a$、$b$、$c$、$d=1$。

若曲柄转角为 $\varphi_1$ 时，上、下切削刃重合，此时方能剪断钢材，则 $E$、$F$ 为重合点。此时上、下切削刃的位置尺寸 $e$、$\alpha_2$ 和 $f$、$\alpha_3$ 之一是非独立参数。若先给定 $e$、$\alpha_2$，则 $f$、$\alpha_3$ 可根据共点条件求出。上、下切削刃沿钢材方向的速度分量的大小可以通过改变曲柄半径 $R_1$ 和机架倾角 $\alpha_4$ 的调整达到。

综上所述，可取曲柄半径 $R_1$，剪切角 $\varphi_1$，上切削刃点 $E$ 位置参数 $e$、$\alpha_2$ 和机架倾角 $\alpha_4$ 为设计变量

$$\boldsymbol{X}=(x_1\ x_2\ x_3\ x_4\ x_5)^{\mathrm{T}}=(R_1\ \varphi_1\ \alpha_4\ \alpha_2\ e)^{\mathrm{T}}$$

（3）优化设计的数学模型　首先根据 $R_1$ 和四杆机构的相对尺寸 $a$、$b$、$c$、$d=1$ 求出各杆绝对尺寸：$R_1=a\dfrac{R_1}{a}$，$R_2=b\dfrac{R_1}{a}$，$R_3=c\dfrac{R_1}{a}$，$R_4=d\dfrac{R_1}{a}$。给定上切削刃 $E$ 位置参数值 $e$、$\alpha_2$，根据 $E$、$F$ 共点条件求出曲柄转角为 $\varphi_1$ 机架倾角为 $\alpha_4$ 时的下切削刃 $F$ 位置参数值 $f$、$\alpha_3$。作机构的运动分析，求出 $\varphi_1$ 角时的上下切削刃 $E$、$F$ 的速度分量 $v_{E_y}$、$v_{F_y}$、$v_{E_x}$、$v_{F_x}$ 以及曲柄转动一周时的 $x_{\mathrm{Emax}}$、$x_{\mathrm{Fmin}}$（切削刃重合量 $\Delta h=x_{\mathrm{Emax}}-x_{\mathrm{Fmin}}$），然后可按下列数学模型进行机构优化。

设计变量

$$\boldsymbol{X}=(x_1\ x_2\ x_3\ x_4\ x_5)^{\mathrm{T}}=(R_1\ \varphi_1\ \alpha_4\ \alpha_2\ e)^{\mathrm{T}}$$

目标函数

$$F(X)=W_1\left|v_{E_y}-v_{F_y}\right|+W_2\left|\left(\frac{v_{E_y}+v_{F_y}}{2}-v_t\right)^2\right|+W_3\left|k_3-\Delta h\right|$$

式中，$W_1$、$W_2$、$W_3$ 为权因子，$k_3$ 为切削刃重合量希望达到的值。

约束条件

$$0<x_i\leqslant[p]_i\ (i=1,2,3,\cdots,5)$$

式中，$[p]_i$ 为各设计变量的上限。

## 习　题

7-1　设有设计变量 $X=\begin{pmatrix}x_1\\x_2\end{pmatrix}$，目标函数 $F(X)=x_1^2-8x_1+5x_2^2-10x_2+100$，其约束条件为 $0\leqslant x_1\leqslant 10$，$1\leqslant x_2\leqslant 20$，若由计算机随机函数产生如下四组随机数，$\zeta^{(1)}=\begin{pmatrix}0.53\\0.8\end{pmatrix}$，$\zeta^{(2)}=\begin{pmatrix}0.13\\0.6\end{pmatrix}$，$\zeta^{(3)}=\begin{pmatrix}0.83\\0.21\end{pmatrix}$，$\zeta^{(4)}=\begin{pmatrix}0.73\\0.54\end{pmatrix}$。当采用复合形法时，试计算在变量边界内由随机数所产生的复合形四个顶点值 $X^{(i)}$ $(i=1,2,3,4)$。

7-2　设有函数 $F(X)=x_1^2-8x_1+5x_2^2-10x_2+100$；$X=\begin{pmatrix}x_1\\x_2\end{pmatrix}$；约束条件 $0\leqslant x_1\leqslant 10$，$1\leqslant x_2\leqslant 20$，$x_1+x_2-6\geqslant 0$。若给出复合形的四个顶点值为 $X^{(1)}=\begin{pmatrix}5.3\\16.2\end{pmatrix}$，$X^{(2)}=\begin{pmatrix}1.3\\12.4\end{pmatrix}$，$X^{(3)}=\begin{pmatrix}8.3\\4.99\end{pmatrix}$，$X^{(4)}=\begin{pmatrix}7.3\\11.26\end{pmatrix}$，试求出同时满足可行性与适用性的映射点的值 $X^{(R)}$。

7-3　设有函数 $y=(x_1-8)^2+(x_2-4)^2+100$，$1\leqslant x_1\leqslant 5$，$0\leqslant x_2\leqslant 8$，$x_1x_2-10\geqslant 0$，给出四个初始设计点：$X^{(1)}=\begin{pmatrix}2\\2\end{pmatrix}$，$X^{(2)}=\begin{pmatrix}3\\6\end{pmatrix}$，$X^{(3)}=\begin{pmatrix}4\\8\end{pmatrix}$，$X^{(4)}=\begin{pmatrix}3\\4\end{pmatrix}$。问哪些点在可行区之外？当采用复合形优化方法时，求出将其调入可行区的设计点的值。

7-4　在复合形优化方法中，其优化迭代方法按下式进行：$X^{(R)}=X_0+\alpha(X_0-X^{(H)})$。

1）说明式中 $X_0$，$X^{(H)}$，$\alpha$，$X^{(R)}$ 的意义。

2）迭代公式中表示复合形迭代搜索的搜索方向与步长是什么？

3）如何衡量该次迭代是否成功？

4）当此次迭代不成功时将如何处理？

7-5　设有函数 $F(X)=(x_1-8)^2+x_2^2$，$2\leqslant x_1\leqslant 7$，$-1\leqslant x_2\leqslant 8$，请画出可行区与非可行区，及 $F(X)$ 分别为3、5、20 的三条等值线。能否在图中找到有约束与无约束的最优点 $X_1^*$、$X^*$ 及其函数值 $F(X_1^*)$、$F(X^*)$。

7-6　若有函数 $F(X)=9x_1^2+10x_2^2-x_1x_2$，$4\leqslant x_1\leqslant 10$，$8\leqslant x_2\leqslant 20$，$X=\begin{pmatrix}x_1\\x_2\end{pmatrix}$，由计算机随机函数顺序产生如下随机值 $\zeta_1=\begin{pmatrix}0.35\\0.78\end{pmatrix}$，$\zeta_2=\begin{pmatrix}0.12\\0.23\end{pmatrix}$，$\zeta_3=\begin{pmatrix}0.89\\0.45\end{pmatrix}$…用约束随机搜索法进行迭代计算时，其试探点公式为：$X=X^{(0)}+\alpha S$，令初始可行点 $X^{(0)}=\begin{pmatrix}5\\10\end{pmatrix}$，$\alpha_0=0.4$。

按随机数产生的顺序，求与各组随机值对应的各随机方向 $S$；求满足可行性与适应性的试探点 $X^{(1)}$ 及其函数值 $F(X^{(1)})$。

7-7　如图7-17所示，已知港口起重机变幅机构的支座 $A$、$D$ 的坐标 $A=\begin{pmatrix}4\\0\end{pmatrix}$，$D=\begin{pmatrix}0\\6.2\end{pmatrix}$，吊钩钢绳悬挂点 $P$ 的6个点位的坐标分别为 $P_1=\begin{pmatrix}12\\10\end{pmatrix}$，$P_2=\begin{pmatrix}11\\10\end{pmatrix}$，$P_3=\begin{pmatrix}10\\10\end{pmatrix}$，$P_4=\begin{pmatrix}9\\10\end{pmatrix}$，$P_5=\begin{pmatrix}8\\10\end{pmatrix}$，$P_6=$

7

$\begin{pmatrix}7\\10\end{pmatrix}$，此时 $AB$ 摇杆对应之转角 $\varphi_{1j}=\alpha+\Delta\varphi\ (j-1)$，其中初位角 $\alpha=60°$，$\Delta\varphi=4°$，$j=1,\ 2,\ \cdots,\ 6$。试采用复合形优化方法，建立数学模型及编写机构优化综合的源程序。

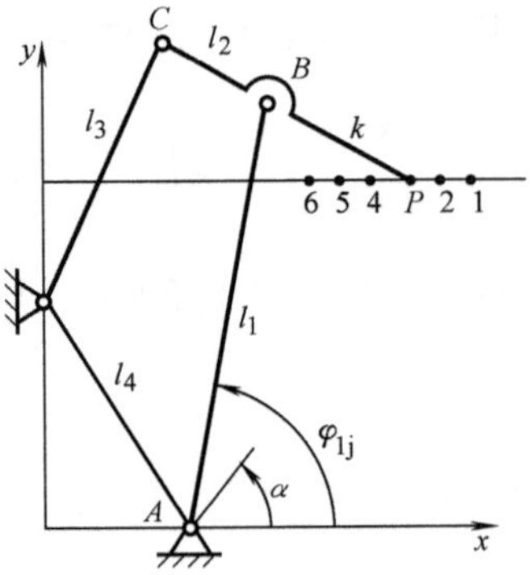

图 7-17　题 7-7 图

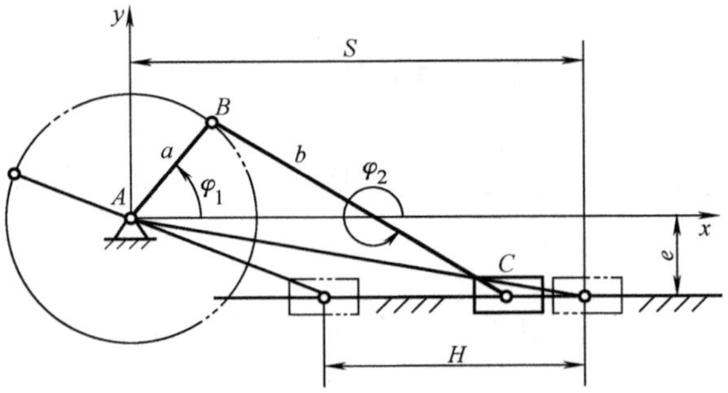

图 7-18　题 7-8 图

7-8　如图 7-18 所示，设有一搬运机构，滑块推动物料，$\omega_1=10\text{rad/s}$，其行程 $H=500\text{mm}$，最大移动速度 $v_c=2\text{m/s}$，机构最小传动角 $\gamma_{\min}\geqslant 50°$，试建立其机构的优化设计数学模型，并按复合形法编写优化设计的源程序。

7-9　如图 7-19 所示，有一料门启闭机构，料门（$CD$）的摆角 $\psi=55°$，在其工作行程内希望其摆角速度 $\omega_3$ 尽可能匀速。试建立其机构的优化设计数学模型，并按复合形法编写优化设计源程序。

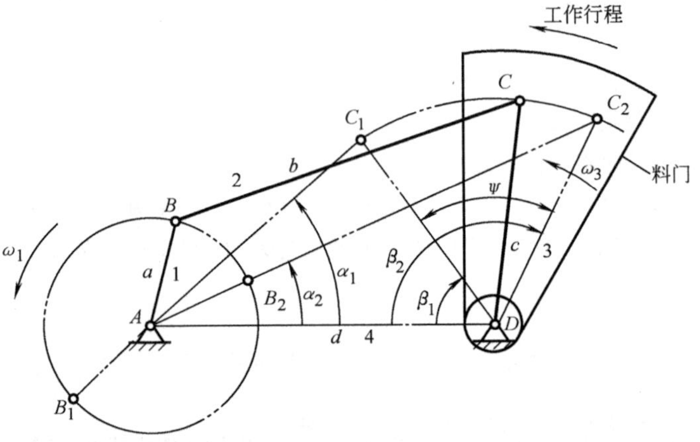

图 7-19　题 7-9 图

7-10　在图 7-20 所示的四杆机构中，当原动件 $AB$ 顺时针方向转过角度 0°、10°、25°、45°、70°时，要求从动件 $CD$ 相应地沿着逆时针方向转过 0°、20°、40°、60°、80°，试设计此四杆机构，并验算机构运动的精确度。

7-11　图 7-21 即本章例 7-4（图 7-15）所示的飞剪机构。若例 7-4 中“要求实现给定的行程速比系数 $K$，摇杆摆角 $\varphi$ 和机构远极位传动角 $\gamma_2$。”不作要求，而代以较好传力性能，如何建立飞剪机构尺寸优化的数学模型？

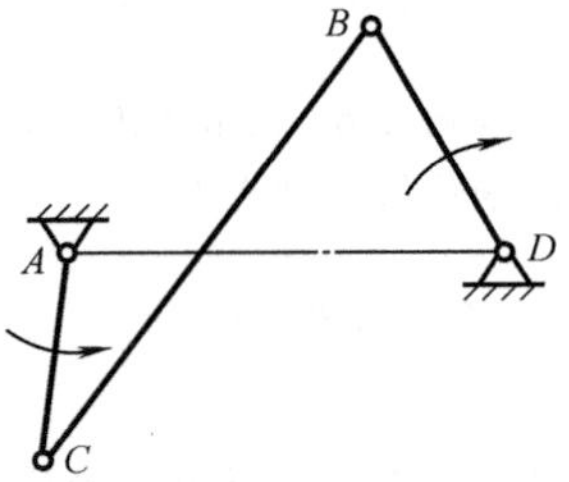

图 7-20　题 7-10 图

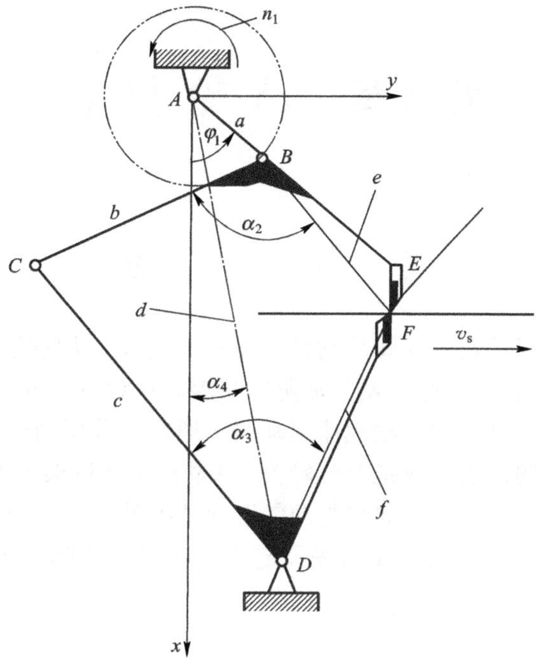


图 7-21　题 7-11 图

7

# 第八章　凸 轮 机 构

## 第一节　概　　述

在设计机械时，常要求其中某些从动件的位移、速度、加速度按照预定的规律变化。这虽然可用连杆机构实现，但难以精确地满足要求，且设计方法也较复杂。在这种情况下，特别是当从动件需按复杂的运动规律运动时，通常多采用凸轮机构。

凸轮机构属高副机构，它一般是由凸轮1、从动件2和机架3（图8-1及图8-2）组成的三杆高副机构。凸轮是一个具有曲线外凸轮廓或凹槽的构件，通常作连续等速转动，也有的作摆动或往复直线移动。从动件则按预定的运动规律作间歇的（也有作连续的）直线往复移动或摆动。

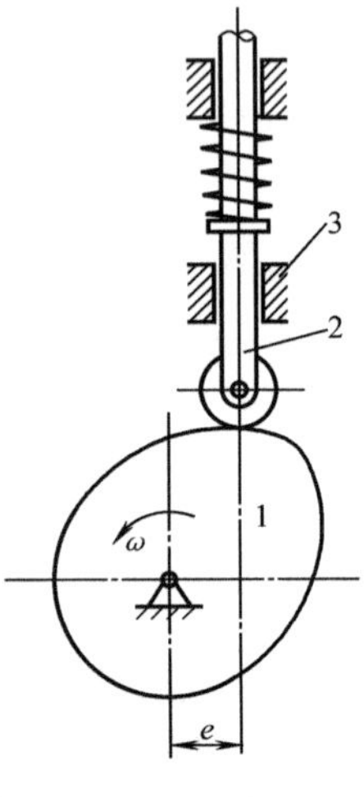


图8-1　直动滚子从动件凸轮机构
1—凸轮　2—从动件　3—机架

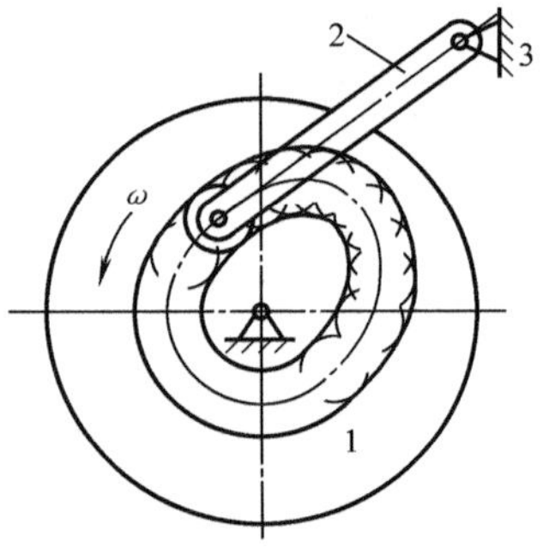


图8-2　摆动滚子从动件凸轮机构
1—凸轮　2—从动件　3—机架

凸轮机构的最大优点是：只要适当地设计凸轮的轮廓曲线，便可使从动件获得任意预定的运动规律，且机构简单紧凑。因此，它广泛应用于机械、仪器的操纵控制装置中。例如，在内燃机中，用来控制进气与排气阀门；在各种切削机床中，用来完成自动送料和进退刀；在缝纫机、纺织机、包装机、印刷机等工作机中，用来按预定的工作要求带动执行构件等。但由于凸轮与从动件是高副接触，比压较大，易于磨损，故这种机构一般仅用于传递动力不大的场合。

凸轮机构通常按下述四种方法来分类：

**1. 按从动件的运动形式分**

（1）直动从动件凸轮机构　如图8-1所示，从动件作直线往复运动，导路中心线与凸轮转动中心的距离 $e$ 称为偏距。这种凸轮机构称为偏置直动从动件凸轮机构。当 $e=0$ 时导路中心线通过凸轮转动中心，这种凸轮机构称为对心直动从动件凸轮机构。

（2）摆动从动件凸轮机构 如图 8-2 所示，从动件作往复摆动。

**2. 按从动件的结构形式分**

（1）尖顶从动件凸轮机构（图 8-3a） 这种从动件的结构简单，但由于接触点会产生很大的磨损，故实际上很少用。然而，由于尖顶从动件凸轮机构的分析与设计是研究其他形式从动件凸轮机构的基础，所以仍需加以讨论。

（2）滚子型从动件凸轮机构（图 8-3b） 这种从动件的一端装有可自由转动的滚子。由于滚子和凸轮廓线之间为滚动摩擦，磨损较小，可用来传递较大的动力，故应用最广。

（3）平底型从动件凸轮机构（图 8-3c） 这种从动件在平底与凸轮接触处易形成油膜，能减少磨损，且当不计摩擦时，凸轮对从动件的作用力始终垂直于平底，传动效率较高，故常用于高速凸轮机构中。它的缺点是仅能与凸轮轮廓全部外凸的凸轮构成传动副。

从动件既可作直线移动，也可绕本身的轴摆动。从动件作直线往复移动的凸轮机构（图 8-1），称为直动从动件凸轮机构；从动件绕轴线摆动的凸轮机构（图 8-2），称为摆动从动件凸轮机构。在直动从动件凸轮机构中，如果从动件的轴线通过凸轮的轴心，则称为对心直动从动件凸轮机构（图 8-3）；否则称为偏置直动从动件凸轮机构（图 8-1）。

**3. 按凸轮的形状分类**

（1）盘形凸轮机构（图 8-1 ~ 图 8-3） 这种机构中的凸轮是绕固定轴转动且具有变化向径的盘形构件，从动件在垂直于凸轮轴的平面内运动。

（2）移动凸轮机构（图 8-4） 这种机构中的凸轮作直线往复移动，可看成是转轴在无穷远处的盘形凸轮。

8

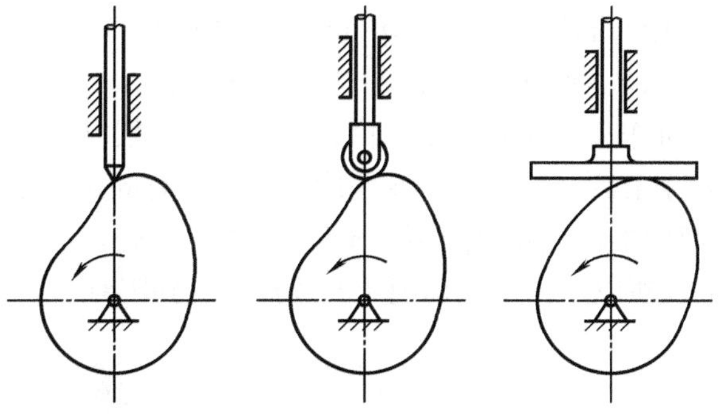


图 8-3 盘形凸轮机构从动件类型
a）尖顶型 b）滚子型 c）平底型

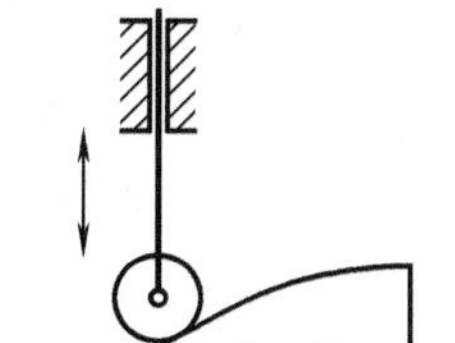

图 8-4 移动凸轮机构

（3）圆柱凸轮机构（图 8-5） 这种机构中的凸轮是圆柱体，从动件的运动平面与凸轮轴线平行。可将圆柱凸轮看成是由移动凸轮卷成圆柱体而得的。

（4）圆锥凸轮机构（图 8-6） 这种机构的凸轮是圆锥体，从动件沿圆锥素线的方向运动。可将圆锥凸轮看成是由盘形凸轮的一扇形部分卷成圆锥体而得的。

盘形凸轮和移动凸轮与其从动件之间的相对运动是平面运动，而圆柱凸轮和圆锥凸轮与其从动件之间的相对运动是空间运动，故前两种属于平面凸轮机构，后两种属于空间凸轮机构。

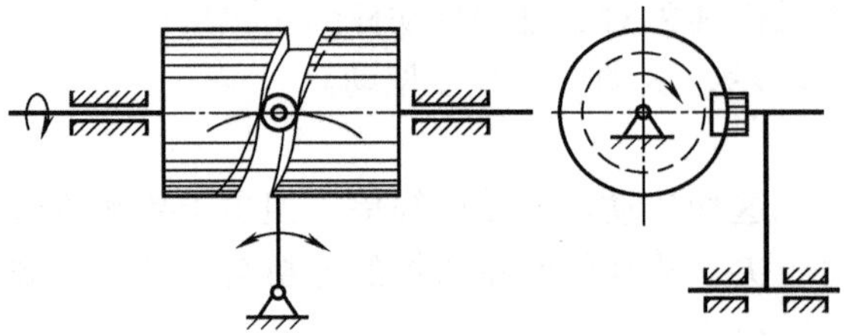

图 8-5　圆柱凸轮机构

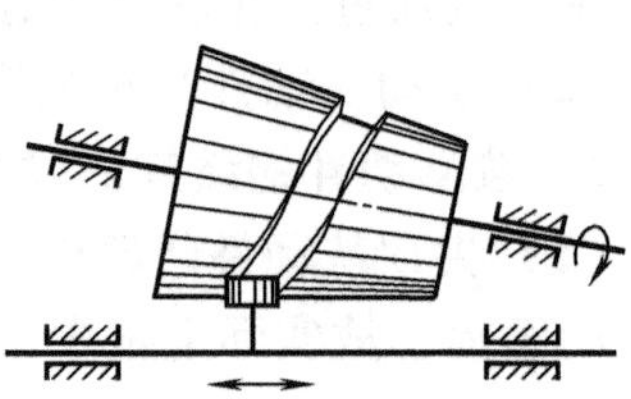

图 8-6　圆锥凸轮机构

由于圆柱凸轮和圆锥凸轮可分别展开为移动凸轮和盘形凸轮，而移动凸轮又是盘形凸轮的特例，因此，盘形凸轮是凸轮最基本的形式，也是本章主要的讨论对象。

**4. 按凸轮与从动件维持高副接触的方法分**

（1）力封闭的凸轮机构　它利用从动件的重力、弹簧力（图 8-1）或其他外力，使从动件与凸轮始终保待接触。

（2）形封闭的凸轮机构　它依靠高副元素本身的几何形状使从动件与凸轮始终接触。常见的有以下四种形式：

1）槽凸轮机构。图 8-2 及图 8-5 所示便属于这类机构，其特点是在凸轮上制成一凹槽，将从动件上的滚子置于槽中，依靠凹槽两侧的轮廓曲线使从动件与凸轮始终保持接触。这种封闭方式最简便，且从动件的运动规律不受限制。缺点是增大了凸轮的尺寸和质量，并且不能采用平底从动件。

2）等宽凸轮机构（图 8-7）。其从动件做成长方形框架形状，而切于凸轮廓线的任意两平行线之间的距离始终等于框架内侧长边两平底之间的距离（即等宽），因此凸轮与平底可始终保持接触。然而，当 180°范围内的凸轮廓线按从动件的运动规律确定后，另外 180°内的廓线应根据等宽的条件确定，所以从动件运动规律的选择受到限制。

3）等径凸轮机构（图 8-8）。过轴心所作任一径向线在凸轮廓线的等距曲线（图中点画线所示）间的长度，恒等于两滚子的固定中心距，故可使凸轮轮廓曲线与具有固定中心距的两滚子始终保持接触。然而，当 180°范围内的凸轮廓线按从动件的运动规律确定后，另外 180°范围内的廓线应根据等径的条件确定，所以从动件运动规律的选择也受到限制。

图 8-7 动画

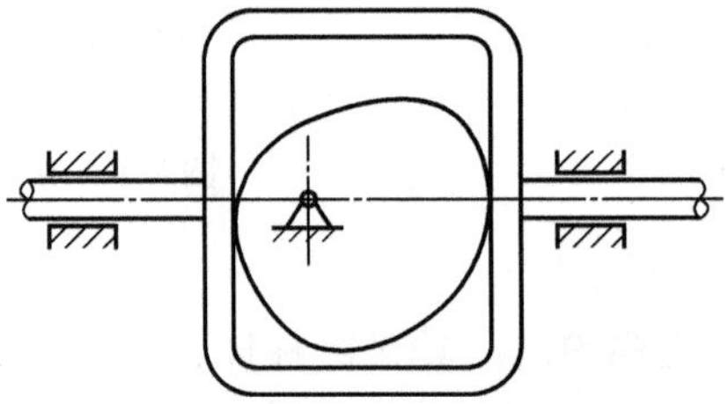

图 8-7　等宽凸轮机构

图 8-8 动画

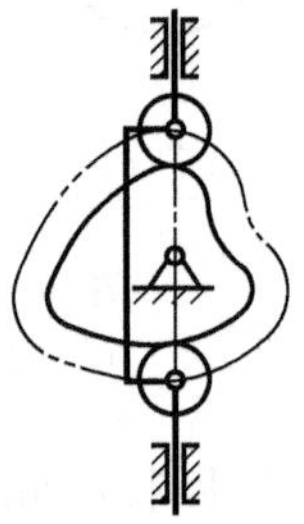

图 8-8　等径凸轮机构

4）主回凸轮机构（图 8-9）。它用两个固结在一起的凸轮控制一个有两只滚子的从动件，其中一个凸轮（主凸轮）通过一个相接触的滚子驱使从动件朝某一方向运动，而另一个凸轮（回凸轮或副凸轮）通过另一个相接触的滚子驱使从动件朝反方向运动。这样，从动件的运动规律便可在360°范围内任意选取，克服了等宽凸轮机构和等径凸轮机构的缺点，但它的结构比较复杂。

凸轮机构的研究课题有两类：①给定从动件的运动，设计凸轮廓线以满足这一要求；②已知凸轮的廓线，确定从动件什么样的位移、速度、加速度。本章主要研究第一类问题，而第二类问题在工程中也会经常用到，例如对实际的凸轮机构进行运动分析以检验其工作性能，或者对某些操纵机构中所使用的廓线简单而且便于加工的凸轮，应该分析从动件的运动规律。

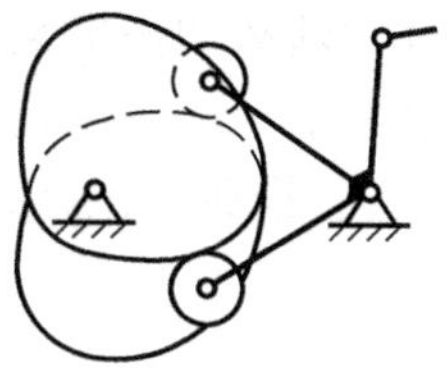

图8-9　主回凸轮机构　图8-9动画



# 第二节　从动件常用运动规律及其选择

## 一、凸轮机构的运动及其从动件位移曲线

图8-10a所示为尖顶直动从动件盘形凸轮机构，凸轮转动中心到凸轮轮廓线上某点的距离称为凸轮轮廓线上该点的向径，其中以凸轮轮廓的最小向径 $r_b$ 为半径所作的圆称为基圆，$r_b$ 称为基圆半径。若 $BD$ 是基圆上的一段，$EF$ 是以最大向径 $OE$ 为半径的圆弧，则当凸轮顺时针方向以等角速度 $\omega$ 回转时，从动件的位移 $s$ 将按图8-10b所示的 $s-\varphi$（$\varphi$ 为凸轮的转角）曲线变化，即凸轮转角为0°～60°时，从动件停止不动；转角为60°～180°时，从动件按图示 $s-\varphi$ 变化规律从离轴心 $O$ 最近位置被推向最远位置，这一运动过程称为推程；转角为180°～240°时，从动件停在离轴心 $O$ 最远的位置不动；转角为240°～360°时，从动件按图示 $s-\varphi$ 变化规律由最远位置回到起始位置，这一运动过程称为回程。一个行程（推程或回程）中从动件所移过的距离 $h$ 称为升距。当凸轮连续回转时，从动件将重复上述运动循环。

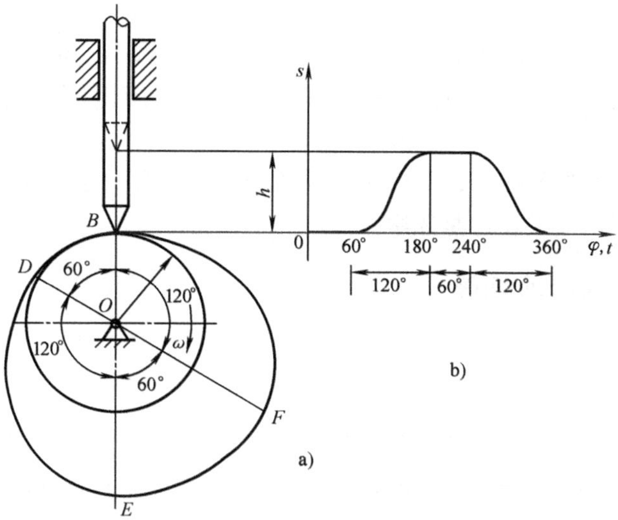


图8-10　从动件位移曲线图

以凸轮的转角（因凸轮等速转动，故也可用对应的时间）为横坐标，以从动件的位

移为纵坐标所作的曲线，称为从动件的位移曲线。若位移曲线在一个行程的两端都有停止区间（图8-10b），则从动件的运动形式称为停—升—停—降型；若只在一端有停止区间（图8-11），则称为停—升—降或升—降—停型；若两端均无停止区间（图8-12），则称为升—降型。最常见、最典型的从动件运动形式是停—升—停—降型。

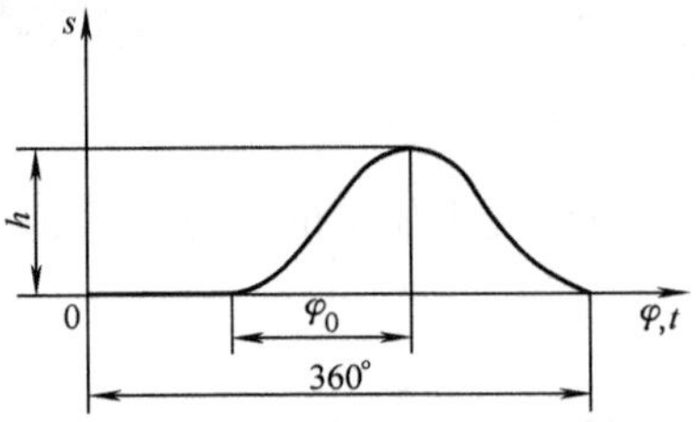


图8-11　从动件运动停—升—降型

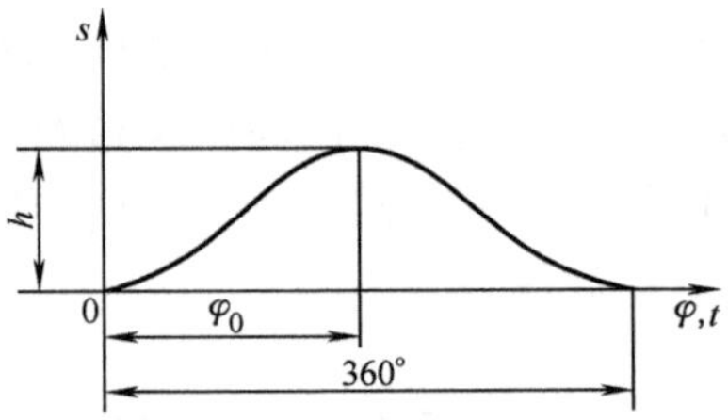


图8-12　从动件运动升—降型

位移曲线通常由几段曲线或直线组成。若某段位移曲线以方程 $s=f(\varphi)$ 表示，凸轮以等角速度 $\omega$ 回转，则从动件相应的速度 $v$、加速度 $a$ 和加速度变化率 $j$ 将分别为

$$v=\frac{\mathrm{d}s}{\mathrm{d}t}=\frac{\mathrm{d}s}{\mathrm{d}\varphi}\frac{\mathrm{d}\varphi}{\mathrm{d}t}=\frac{\mathrm{d}s}{\mathrm{d}\varphi}\omega=\omega f'(\varphi)$$

$$a=\frac{\mathrm{d}^2s}{\mathrm{d}t^2}=\frac{\mathrm{d}v}{\mathrm{d}t}=\frac{\mathrm{d}^2s}{\mathrm{d}\varphi^2}\omega^2=\omega^2f''(\varphi)$$

$$j=\frac{\mathrm{d}^3s}{\mathrm{d}t^3}=\frac{\mathrm{d}a}{\mathrm{d}t}=\frac{\mathrm{d}^3s}{\mathrm{d}\varphi^3}\omega^3=\omega^3f'''(\varphi)$$

其中，加速度变化率 $j$ 与惯性力的变化率相关联，因此对从动件的振动有很大影响。从动件的 $s$、$v$、$a$ 和 $j$ 的变化规律，称为从动件的运动规律，它们全面反映了从动件的运动特性及其变化的规律性。

由上述可知，凸轮的轮廓形状决定了从动件的运动规律。反之，从动件的不同运动规律要求凸轮具有不同形状的轮廓曲线。因此，在设计没有预先给定从动件位移曲线的凸轮机构时，重要的问题之一，就是按照它在机械中所执行的工作任务，选择合适的从动件运动规律，并据此设计出相应的凸轮轮廓线。

从动件运动规律的类型很多，下面仅就最典型的停—升—停—降运动形式，介绍和分析几种常用的运动规律，供设计时选用。

## 二、多项式基本运动规律

多项式的一般表达式为

$$s=C_0+C_1\varphi+C_2\varphi^2+\cdots+C_n\varphi^n \tag{8-1a}$$

式中，$s$ 为从动件的位移；$\varphi$ 为凸轮的转角；$C_0$，$C_1$，…，$C_n$ 为 $(n+1)$ 个待定系数。注意到 $\dot{s}=\mathrm{d}s/\mathrm{d}t=v$，$\mathrm{d}\varphi/\mathrm{d}t=\omega$，$\ddot{s}=\mathrm{d}^2s/\mathrm{d}t^2=a$。将式（8-1a）逐一对时间求导两次得从动件的速度、加速度方程

$$\begin{cases}v=\dot{s}=c_1\omega+2c_2\omega\varphi+\cdots+nc_n\omega\varphi^{n-1}\\a=\ddot{s}=2c_2\omega^2+\cdots+n(n-1)\omega^2\varphi^{n-2}\end{cases} \tag{8-1b}$$

若给定相应的边界条件（诸如 $\varphi=0$ 时，$s=0$；$\varphi=\varphi_0$ 时，$s=h$ 等），求出待定系数参数后再代入式（8-1b）即可得到凸轮机构从动件的位移 $s$、速度 $v$、加速度 $a$ 方程。

**1. 等速运动规律**

当式（8-1a）中的 $n=1$ 时，有

$$s=C_0+C_1\varphi$$

由此可得到从动件的运动规律

$$\begin{cases}s=h\varphi/\varphi_0\\v=h\omega/\varphi_0\\a=0\end{cases}\tag{8-2}$$

其运动线图如图 8-13 所示。从速度线图可以看出，运动的始末两点有速度突变；在运动开始的瞬间，速度从零上升到某一值，而在运动停止的瞬间，速度又从某一值突变为零，所以在始点 $a=+\infty$，在末点 $a=-\infty$，即始末点的理论加速度值为无穷大，它所引起的惯性力亦应为无穷大。实际上，由于材料具有弹性，加速度和惯性力不至于达到无穷大，但仍将有强烈的冲击，这种冲击称为刚性冲击或称为硬冲。因此这种运动规律只适用于凸轮转速很低的场合。

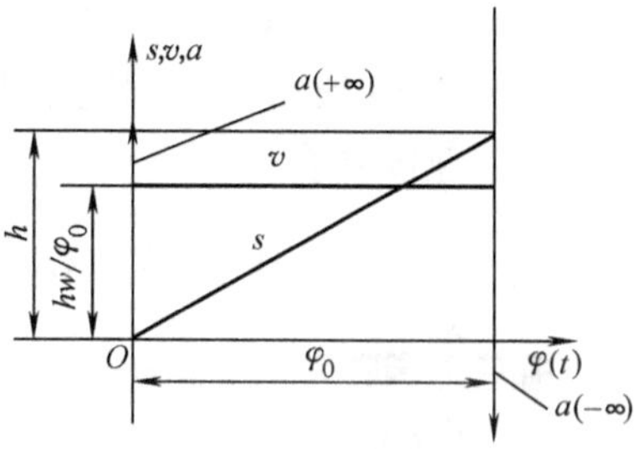


图 8-13　从动件等速运动规律

**2. 等加速、等减速运动规律**

式（8-1a）中的 $n=2$ 时

$$s=C_0+C_1\varphi+C_2\varphi^2$$

在推程的起点和终点，从动件速度均为零，故希望推程的前段加速而后段减速。一般取前半段 $\varphi=0\sim\varphi_0/2$，$s=0\sim h/2$ 和后半段 $\varphi=\varphi_0/2\sim\varphi_0$，$s=h/2\sim h$ 对称（也可以不对称）。

由此得前半段从动件的运动方程为

$$\begin{cases}s=2h\varphi^2/\varphi_0^2\\v=4h\omega\varphi/\varphi_0^2\\a=4h\omega^2/\varphi_0^2\end{cases}\tag{8-3}$$

后半段从动件的运动方程为

$$\begin{cases}s=h-2h(\varphi_0-\varphi)^2/\varphi_0^2\\v=4h\omega(\varphi_0-\varphi)/\varphi_0^2\\a=-4h\omega^2/\varphi_0^2\end{cases}\tag{8-4}$$

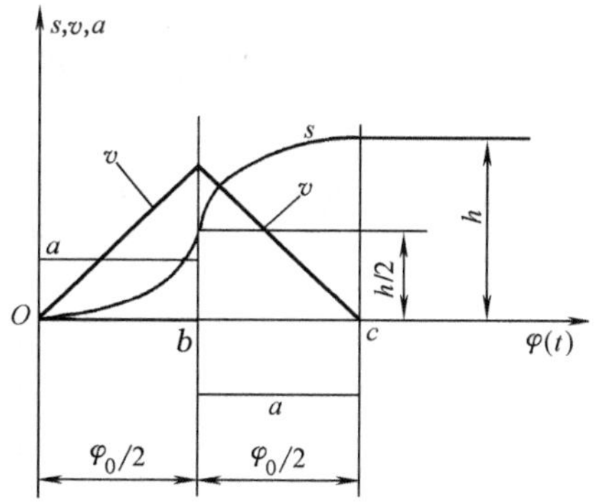


图 8-14　从动件等加速、等减速运动规律

如图 8-14 所示，这种运动规律的加速度为两段水平线。前半段为加速，后半段为减速，故称为等加速、等减速运动规律。这种运动规律在推程的始末点及前后半段交接处加速度也有突变。其加速度变化为有限值，但其变化率（即跃变）为无穷大，即表示惯性力在极短的时间内发生有

8

限变化。这种有限惯性力的突变也会产生有限冲击，称为柔性冲击。而且在高速下仍将导致相当严重的振动、噪声和磨损。因此，这种运动规律只适用于中、低速的场合。

**3. 五次多项式运动规律**

多项式方程的阶数 $n$ 取值越高，其从动件动力性能也越好。但求解待定系数所给的边界条件也越多，计算也越复杂，而且由于高阶曲线对加工误差的反应很敏感，对加工精度的要求也大大提高了。因此通常采用不超过五次的多项式运动规律。

当 $n=5$ 时得到从动件运动规律为

$$\begin{cases} s = h[10(\varphi/\varphi_0)^3 - 15(\varphi/\varphi_0)^4 + 6(\varphi/\varphi_0)^5] \\ v = h\omega[30(\varphi/\varphi_0)^2 - 60(\varphi/\varphi_0)^3 + 30(\varphi/\varphi_0)^4]/\varphi_0 \\ a = h\omega^2[60(\varphi/\varphi_0) - 180(\varphi/\varphi_0)^2 + 120(\varphi/\varphi_0)^3]/\varphi_0^2 \end{cases} \tag{8-5}$$

如图 8-15 所示，其加速度曲线为连续曲线，即惯性力无突变，因此不会形成冲击，可用于高速度场合。

## 三、三角函数式基本运动规律

由三角函数表示的运动规律，应用较多的有余弦加速度运动规律和正弦加速度运动规律。

**1. 余弦加速度运动规律**

余弦加速度运动规律又称简谐运动规律。当一点在圆周上等速运动时，其在直径上投影的运动即为简谐运动（图 8-16）。以推杆行程 $h$ 为直径作一圆，显然推杆的位移为

$$s = \frac{h}{2}(1 - \cos\theta)$$

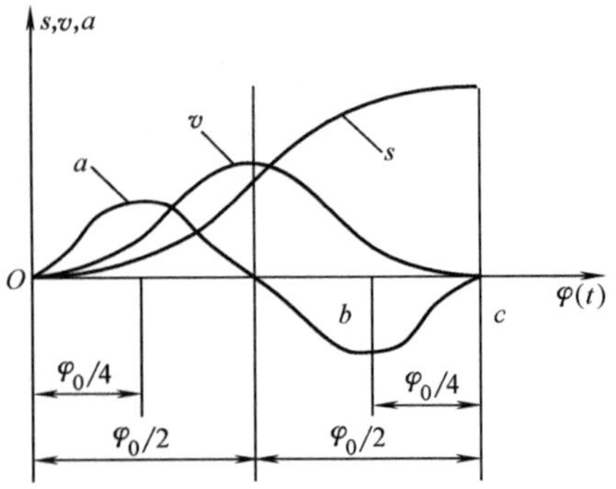

图 8-15 从动件五次多项式运动规律

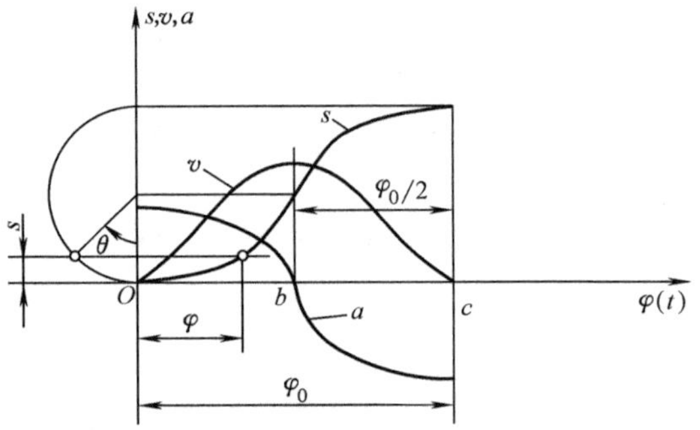

图 8-16 从动件余弦加速度运动规律

又因 $\varphi=\varphi_0$ 时 $\theta=\pi$，故 $\theta=\frac{\pi}{\varphi_0}\varphi$，代入上式并对 $t$ 求导有

$$\begin{cases} s = \frac{h}{2}\left(1 - \cos\frac{\pi}{\varphi_0}\varphi\right) \\ v = \frac{\pi h\omega}{2\varphi_0}\sin\frac{\pi}{\varphi_0}\varphi \\ a = \frac{\pi^2 h\omega^2}{2\varphi_0^2}\cos\frac{\pi}{\varphi_0}\varphi \end{cases} \tag{8-6}$$

推杆的加速度按余弦规律变化，故称为余弦加速度运动规律。如图 8-16 所示，在推程的始末点加速度产生有限数值的突变，即有柔性冲击，故适用于中低速场合。

**2. 正弦加速度运动规律**

为使加速度曲线连续变化，应避免推程始末位置的加速度数值发生突变。采用正弦加速度运动，且推程角 $\varphi_0$ 对应于正弦曲线的 $2\pi$ 周期，得

$$\begin{cases} a = C_1 \sin \dfrac{2\pi}{\varphi_0}\varphi \\ v = \displaystyle\int a\mathrm{d}t = -C_1 \dfrac{\varphi_0}{2\pi\omega}\cos\dfrac{2\pi}{\varphi_0}\varphi + C_2 \\ s = \displaystyle\int v\mathrm{d}t = -C_1 \dfrac{\varphi_0^2}{4\pi^2\omega^2}\sin\dfrac{2\pi}{\varphi_0}\varphi + C_2\dfrac{\varphi}{\omega} + C_3 \end{cases}$$

由推程的边界条件：$\varphi=0$ 时，$s=0$，$v=0$；$\varphi=\varphi_0$ 时，$s=h$，可得系数 $C_1=2\pi h\omega^2/\varphi_0^2$，$C_2=h\omega/\varphi_0$，$C_3=0$，代入上式得从动件运动规律

$$\begin{cases} s = h[\varphi/\varphi_0 - \sin(2\pi\varphi/\varphi_0)/2\pi] \\ v = h\omega[1-\cos(2\pi\varphi/\varphi_0)]/\varphi_0 \\ a = 2\pi h\omega^2\sin(2\pi\varphi/\varphi_0)/\varphi_0^2 \end{cases} \tag{8-7}$$

正弦加速度运动规律如图 8-17 所示。这种运动规律的加速度无突变，故无冲击，其振动、噪声和磨损都小，可用在中高速场合。

现将从动件各种运动规律的运动方程式列于表 8-1，供计算时参考。表 8-1 中回程栏内的 $\varphi_0$ 指回程角，且 $\varphi$ 由推程终了开始度量。

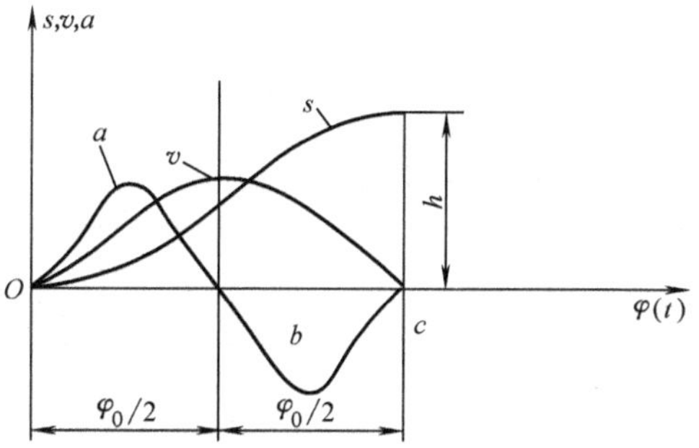

图 8-17　从动件正弦加速度运动规律

## 四、从动件运动规律的选择

选择推杆的运动规律时，首先应满足工艺对机器的要求，同时还应考虑使凸轮机构具有良好的动力特性以及设计的凸轮便于加工等因素。

**1. 根据运动规律的特性值选择推杆的运动规律**

所谓特性值是指对凸轮机构工作性能有较大影响的参数，如推杆的最大速度 $v_{max}$、最大加速度 $a_{max}$ 及最大跃度 $j_{max}$。当 $v_{max}$ 值越大时，其推杆系统的最大动量 $mv_{max}$ 也越大，停、动不灵活且有较大冲力。因此，推杆系统质量较大（或重载）时，应选择 $v_{max}$ 值较小的运动规律。当 $a_{max}$ 越大时，惯性力也越大，将使高副处的压力增大或可能发生推杆跳动，因此，高速凸轮应选择 $a_{max}$ 值较小的运动规律。$j_{max}$ 表示惯性力的最大变化率，影响凸轮机构的运动平稳性。各种基本运动规律的相对特性值比较及使用场合列于表 8-2，供参考。

**表 8-1 从动件的运动方程式**

| 运动类型 \ 行程 | 推程 | 回程 |
| --- | --- | --- |
| 等速运动 | $s=h\varphi/\varphi_0$<br>$v=h\omega/\varphi_0$<br>$a=0$ | $s=h(\varphi_0-\varphi)/\varphi_0$<br>$v=-h\omega/\varphi_0$<br>$a=0$ |
| 等加速等减速运动 前半程 | $s=2h\varphi^2/\varphi_0^2$<br>$v=4h\omega\varphi/\varphi_0^2$<br>$a=4h\omega^2/\varphi_0^2$ | $s=h-2h\varphi^2/\varphi_0^2$<br>$v=-4h\omega\varphi/\varphi_0^2$<br>$a=4h\omega^2/\varphi_0^2$ |
| 等加速等减速运动 后半程 | $s=h-2h(\varphi_0-\varphi)^2/\varphi_0^2$<br>$v=4h\omega(\varphi_0-\varphi)/\varphi_0^2$<br>$a=-4h\omega^2/\varphi_0^2$ | $s=2h(\varphi_0-\varphi)^2/\varphi_0^2$<br>$v=-4h\omega(\varphi_0-\varphi)/\varphi_0^2$<br>$a=4h\omega^2/\varphi_0^2$ |
| 五次多项式运动 | $s=h[10(\varphi/\varphi_0)^3-15(\varphi/\varphi_0)^4+6(\varphi/\varphi_0)^5]$<br>$v=h\omega[30(\varphi/\varphi_0)^2-60(\varphi/\varphi_0)^3+30(\varphi/\varphi_0)^4]/\varphi_0$<br>$a=h\omega^2[60(\varphi/\varphi_0)-180(\varphi/\varphi_0)^2+120(\varphi/\varphi_0)^3]/\varphi_0^2$ | $s=h[-10(\varphi/\varphi_0)^3+15(\varphi/\varphi_0)^4-6(\varphi/\varphi_0)^5]$<br>$v=h\omega[-30(\varphi/\varphi_0)^2+60(\varphi/\varphi_0)^3-30(\varphi/\varphi_0)^4]/\varphi_0$<br>$a=h\omega^2[-60(\varphi/\varphi_0)+180(\varphi/\varphi_0)^2-120(\varphi/\varphi_0)^3]/\varphi_0^2$ |
| 余弦加速度运动 | $s=\dfrac{h}{2}\left(1-\cos\dfrac{\pi}{\varphi_0}\varphi\right)$<br>$v=\dfrac{\pi h\omega}{2\varphi_0}\sin\dfrac{\pi}{\varphi_0}\varphi$<br>$a=\dfrac{\pi^2h\omega^2}{2\varphi_0^2}\cos\dfrac{\pi}{\varphi_0}\varphi$ | $s=\dfrac{h}{2}\left(1+\cos\dfrac{\pi}{\varphi_0}\varphi\right)$<br>$v=\dfrac{\pi h\omega}{2\varphi_0}\sin\dfrac{\pi}{\varphi_0}\varphi$<br>$a=-\dfrac{\pi^2h\omega^2}{2\varphi_0^2}\cos\dfrac{\pi}{\varphi_0}\varphi$ |
| 正弦加速度运动 | $s=h[\varphi/\varphi_0-\sin(2\pi\varphi/\varphi_0)/2\pi]$<br>$v=h\omega[1-\cos(2\pi\varphi/\varphi_0)]/\varphi_0$<br>$a=2\pi h\omega^2\sin(2\pi\varphi/\varphi_0)/\varphi_0^2$ | $s=h[1-\varphi/\varphi_0+\sin(2\pi\varphi/\varphi_0)/2\pi]$<br>$v=-h\omega[1-\cos(2\pi\varphi/\varphi_0)]/\varphi_0$<br>$a=-2\pi h\omega^2\sin(2\pi\varphi/\varphi_0)/\varphi_0^2$ |

**表 8-2 从动件运动规律的特性值比较表**

| 运动规律名称 | $v_{max}/(h\omega\varphi_0^{-1})$ | $a_{max}/(h\omega^2\varphi_0^{-2})$ | $j_{max}/(h\omega^3\varphi_0^{-3})$ | 应用 |
| --- | --- | --- | --- | --- |
| 等速 | 1.00 | ∞ | — | 低速轻载 |
| 等加速等减速 | 2.00 | 4.00 | ∞ | 中速轻载 |
| 五次多项式 | 1.88 | 5.77 | 60.0 | 高速中载 |
| 余弦加速 | 1.57 | 4.93 | ∞ | 中低速重载 |
| 正弦加速 | 2.00 | 6.28 | 39.5 | 中高速轻载 |
| 改进梯形加速 | 2.00 | 4.89 | 61.4 | 高速轻载 |

### 2. 根据工艺要求选择从动件运动规律

图 8-18 所示为带动刀架的凸轮机构，推杆带动刀架匀速进给，此时就应该选择等速运动规律。

### 3. 高速下的推杆运动规律选择

高速下推杆将产生很大的惯性力与冲击，从而使凸轮机构磨损加剧和寿命降低。因此应选择最大加速度值较小且无突然变化的运动规律。如果高速凸轮对从动件的运动规律也提出要求，则必须采用组合运动规律。所谓组合运动规律即将工艺选定的、但特性较差的运动规律与特性较好的运动规律组合起来以改善其运动特性。例如等加速、等减速运动规律，其加速度有突变，因此在加速度突变处，以正弦加速度曲线过渡而构成改进梯形加速度运动规律。这样，既具有等加速、等减速运动理论最大加速度最小的优点，又消除了柔性冲击，从而具有较好的性能，其加速度线图如图 8-19 所示。

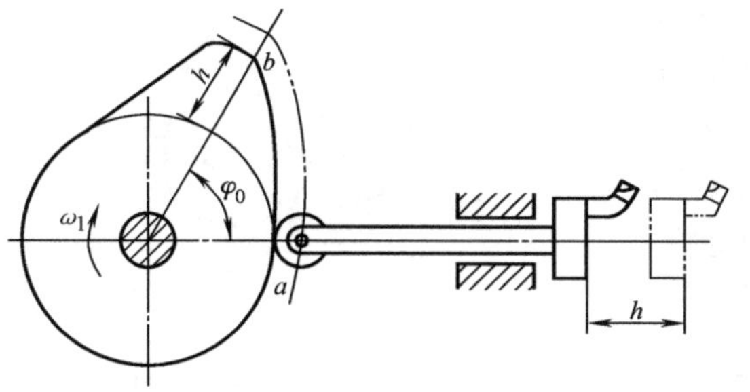

图 8-18　等速移动刀架的凸轮机构

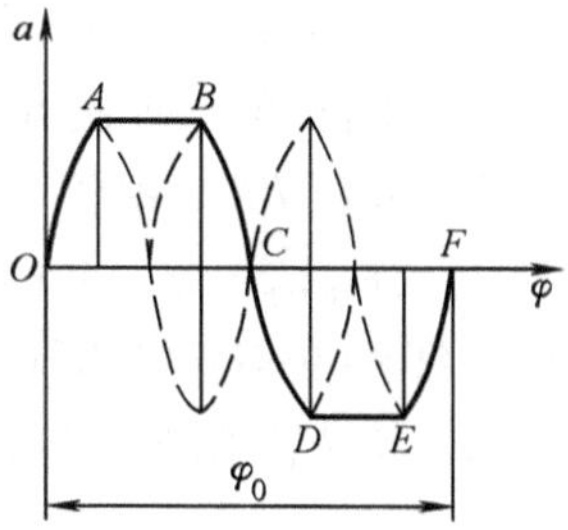

图 8-19　从动件组合运动规律

对于只要求推杆完成某一行程 $h$ 的凸轮机构，对运动规律无特殊要求时，可只从加工方便考虑，采用圆弧、直线或其他易于加工的曲线作为凸轮廓线。图 8-20 所示为机床中用于夹紧工件的机构。当凸轮转过 $\varphi_0$ 廓线通过 $a$、$b$ 两点要使摆杆转过 $\psi$ 夹紧工件，对于 $a$、$b$ 之间的曲线形状无特殊要求。

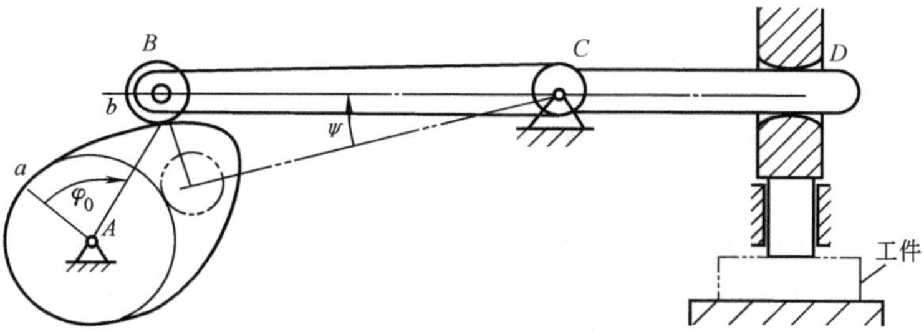


图 8-20　夹紧工件的凸轮机构

# 第三节　凸轮的轮廓曲线设计

从动件运动规律确定后，则其位移方程即已知。对于直动从动件，其位移方程为 $s=f(\varphi)$。对于摆动从动件，其角位移方程为 $\psi=f(\varphi)$。从动件位移方程即凸轮轮廓曲线设计的依据。

## 一、偏置直动尖顶推杆盘形凸轮机构

如图 8-21 所示，凸轮逆时针方向转动，导路偏置于凸轮转动中心 $A$，导路距转轴 $A$

的垂直距离为偏距 $e$。以偏距 $e$ 为半径作的圆为偏距圆。当凸轮转动时，凸轮上的偏距圆也随之转动，但其始终与导路轴线相切。凸轮转动时不便求解其上的廓线方程，故采用反转法。反转法是建立在推杆与凸轮的相对运动与参考系无关这一原理上的。所谓反转法，即给整个机构一个与凸轮转向相反的角速度 $-\omega_1$，则凸轮静止不动，而从动件随机架反转且沿凸轮廓线相对运动，导路的反转角 $\varphi$ 即凸轮的转角。如图 8-21 所示，此时导路由 $B_0K_0$ 转到 $BK$。由于 $AK_0 \perp B_0K_0$，$AK \perp BK$，所以 $\angle K_0AK = \varphi$，此时导路 $BK$ 与基圆和凸轮廓线的交点 $B''B$ 间的长度，即从动件的位移 $s = BB''$。由几何关系知 $\triangle B_0K_0A = \triangle B''KA$，所以 $s_0 = B''K = (r_b^2 - e^2)^{1/2}$。选取坐标系 $Axy$，点 $B_0$ 为凸轮廓线起始点。当凸轮转过 $\varphi$ 角，由反转法知此时从动件位于 $BK$。则点 $B$ 的坐标为

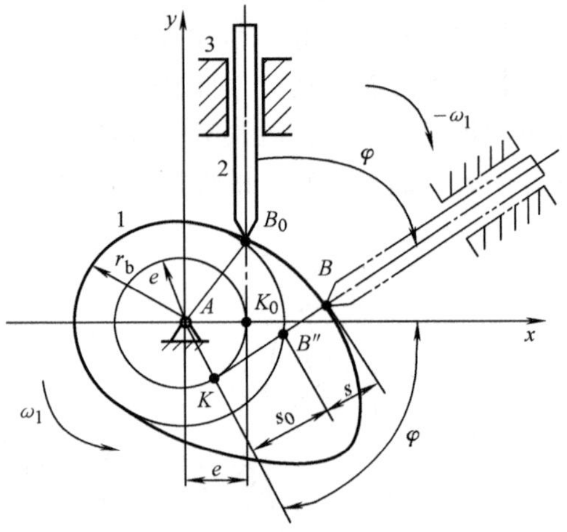


图 8-21 凸轮机构的反转法原理

$$
\begin{cases}
x = (s_0 + s)\sin\varphi + e\cos\varphi \\
y = (s_0 + s)\cos\varphi - e\sin\varphi
\end{cases}
\tag{8-8}
$$

式（8-8）即为尖顶推杆凸轮廓线的方程式，也称为理论廓线方程。

8

## 二、偏置直动滚子推杆盘形凸轮机构

当凸轮廓线为内凹形时，尖顶从动件也能完成预期的运动。但由于尖顶处压强大且为滑动摩擦，所以只能用在低速轻载的场合。大多数推杆在尖顶 $B$ 处装有滚子，以提高推杆的使用寿命。显然，只要使滚子中心 $B$ 沿理论廓线曲线上运动，即可保证推杆预期的运动规律。如图 8-22 所示，此时凸轮的轮廓曲线不是理论廓线，而是处处与滚子相切的另一条曲线，这条曲线称为凸轮的实际廓线。因为实际廓线与理论廓线在法线方向的距离处处相等，且等于滚子半径 $r_r$，故当已知廓线上任一点 $B$（$x$，$y$）时，只要沿理论廓线在该点法线方向取距离为 $r_r$，即得实际廓线上的相应点 $B'$（$x'$，$y'$）。由此可见，理论廓线上作一系列滚子圆的包络线即实际廓线。因此实际廓线是理论廓线的等距曲线。该等距曲线有两条，即内等距曲线和外等距曲线。

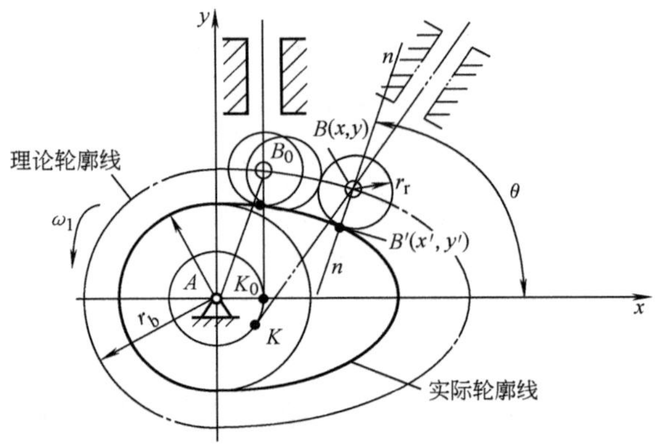


图 8-22 推导凸轮实际廓线模型图

盘状槽形凸轮的廓线即该两条等距曲线。由高等数学知识可求得理论廓线点 $B$ 处法

线 $n$-$n$ 的斜率（与切线斜率互为负倒数）应为

$$\tan\theta = -\frac{\mathrm{d}x}{\mathrm{d}y} = \frac{(\mathrm{d}x/\mathrm{d}\varphi)}{(-\mathrm{d}y/\mathrm{d}\varphi)} \tag{8-9}$$

式（8-9）中的 $\mathrm{d}x/\mathrm{d}\varphi$ 与 $\mathrm{d}y/\mathrm{d}\varphi$ 可根据式（8-8）求出，代入式（8-9）后有

$$\tan\theta = \frac{(\mathrm{d}s/\mathrm{d}\varphi - e)\sin\varphi + (s_0 + s)\cos\varphi}{(s_0 + s)\sin\varphi - (\mathrm{d}s/\mathrm{d}\varphi - e)\cos\varphi} \tag{8-10}$$

式（8-10）中的 $\theta$ 角可在 0°～360°变化，其值要根据分子、分母的正负号所决定的 $\tan\theta$ 所在象限来计算。求出 $\theta$ 角后，可计算 $B'$（$x'$，$y'$）的坐标值

$$\begin{cases} x' = x \pm r_\mathrm{r}\cos\theta \\ y' = y \pm r_\mathrm{r}\sin\theta \end{cases} \tag{8-11}$$

式中“－”号为内等距曲线，“＋”号为外等距曲线。式（8-11）即为凸轮的实际廓线方程式。此时实际廓线的基圆半径 $r_0$ 等于理论廓线的基圆半径 $r_\mathrm{b}$ 与滚子半径 $r_\mathrm{r}$ 之差

$$r_0 = r_\mathrm{b} - r_\mathrm{r} \tag{8-12}$$

在数控铣床上铣削凸轮或在凸轮磨床上磨削凸轮时，需要求出刀具中心运动轨迹的方程式。如果所使用刀具（铣刀或砂轮）的半径 $r_\mathrm{c}$ 和推杆滚子的半径 $r_\mathrm{r}$ 相同，则凸轮的理论廓线方程式即为刀具中心运动轨迹的方程式。但如果刀具的半径 $r_\mathrm{c}$ 不等于推杆滚子的半径 $r_\mathrm{r}$，那么由于刀具的外圆总是与凸轮的实际廓线相切的，即刀具中心的运动轨迹是凸轮实际廓线的等距曲线。至于此等距曲线的方程式，同样可用上述求等距曲线的方法求得。而当刀具中心运动轨迹的方程式求得后，加工凸轮时，使刀具的中心沿此轨迹运动，便可自然地加工出凸轮的实际轮廓曲线，所以在此情况下，并不一定需要求出凸轮的实际廓线方程式。但如凸轮采用划线后加工时，或者为了在光学投影仪上进行检验，而需要绘制凸轮轮廓曲线的样板时，则必须求出凸轮的实际廓线方程式。

## 三、对心平底推杆盘形凸轮机构

图 8-23 所示为推导平底从动件凸轮廓线方程的模型。其平底与推杆轴线垂直。建立坐标系 $Axy$，使推杆初始位置 $AB_0$ 与 $y$ 轴重合。$B_0$ 为凸轮廓线的起始点，实际廓线的基圆半径为 $r_0$。根据反转法原理，凸轮逆时针方向转动 $\varphi$ 角即机架顺时针方向转动 $\varphi$ 角。推杆从 $AB_0$ 转到 $AC$，$AC$ 与基圆交于 $B''$，则 $B''C$ 的长度即为从动件位移 $s$。此时平底在点 $B$ 与廓线相切。过点 $B$ 作廓线的法线 $n$-$n$，再过凸轮轴心 $A$ 作导路 $AC$ 的垂线 $AP$，两线的交点 $P$ 即凸轮与推杆的速度瞬心。有如下公式

$$\begin{cases} v = \dot{s} = \omega_1 AP \\ AP = \dfrac{\dot{s}}{\omega_1} = \dfrac{\mathrm{d}s/\mathrm{d}t}{\mathrm{d}\varphi/\mathrm{d}t} = \dfrac{\mathrm{d}s}{\mathrm{d}\varphi} \end{cases} \tag{8-13}$$

点 $B$ 的坐标（$x$，$y$）为

$$\begin{cases} x = (r_0 + s)\sin\varphi + \dfrac{\mathrm{d}s}{\mathrm{d}\varphi}\cos\varphi \\ y = (r_0 + s)\cos\varphi - \dfrac{\mathrm{d}s}{\mathrm{d}\varphi}\sin\varphi \end{cases} \tag{8-14}$$

8

此即为凸轮实际廓线的方程式。

## 四、摆动滚子推杆盘形凸轮机构

如图 8-24 所示，当摆动从动件位于起始位置 $D_0B_0$ 时，取摆动推杆的轴心 $D_0$ 与凸轮轴心 $A$ 之连线为坐标系的 $y$ 轴。摆动推杆与机架 $AD_0$ 间的夹角为推杆的初位角 $\psi_0$。当采用反转法时，机架 $AD_0$ 反转 $\varphi$ 角后，摆动推杆处于图示 $DB$ 位置，其角位移为 $\psi$。若机架长为 $a$、摆动推杆长为 $l$，则点 $B$ 的坐标为

$$\begin{cases} x = a\sin\varphi - l\sin(\varphi + \psi_0 + \psi) \\ y = a\cos\varphi - l\cos(\varphi + \psi_0 + \psi) \end{cases} \tag{8-15}$$

式中，$\psi_0 = \arccos\left(\dfrac{l^2 + a^2 - r_b^2}{2la}\right)$。

此即为凸轮的理论廓线方程式。凸轮的实际廓线为其理论廓线的等距曲线，其方程式与式（8-10）和式（8-11）有相同的形式。

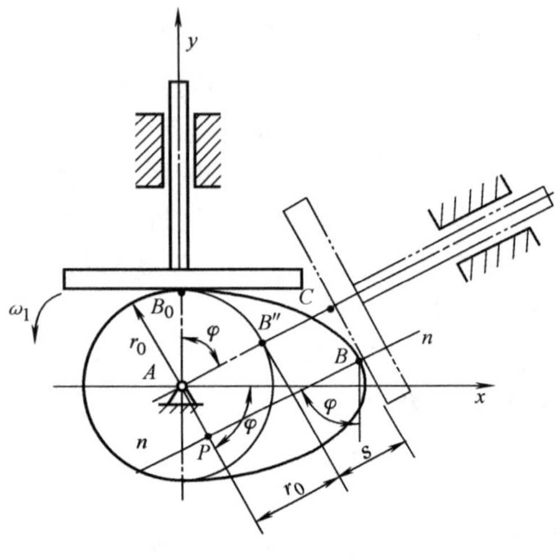


图 8-23　推导平底从动件凸轮廓线方程的模型

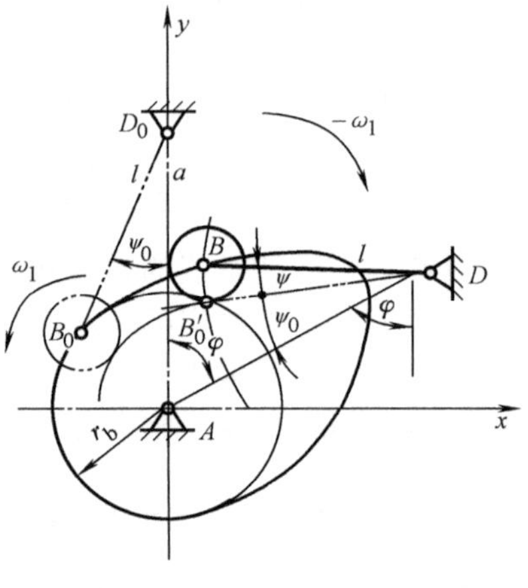


图 8-24　推导摆动从动件凸轮实际廓线模型图

# 第四节　凸轮机构的结构参数

在以上分析中，凸轮机构的偏距 $e$、基圆半径 $r_b$、滚子半径 $r_r$ 等参数均认为是已知的。其实它们对凸轮机构的运动性能和受力等均有重要影响，且这些参数间互相影响与制约，所以恰当地选择这些参数是凸轮机构设计的重要内容。

## 一、凸轮机构的压力角

通常情况下，凸轮机构中的凸轮为主动件，而直动推杆和摆杆为从动件。所谓凸轮机构的压力角，即在不考虑运动副中摩擦的情况下，主动件对从动件作用力的方向线与从动

件受力点绝对速度方向线间所夹的锐角 $\alpha$。如图 8-25 所示，凸轮对从动件的驱动力 $F_N$ 沿凸轮廓线接触点处的法线 $n$-$n$ 方向。从动件受力点 $B$ 的绝对速度沿导路方向，两方向间的夹角 $\alpha$ 即机构在该位置的压力角。由图可见，当压力角 $\alpha$ 增大时，驱动力 $F_N$ 沿导路方向的力分量（此分量与推杆阻力 $F_Q$ 平衡）减小，使得驱动推杆的有效力减小。因此从机构的传力效果看，机构的压力角越小越好。太大的压力角使得机构运动困难，甚至发生自锁，所以凸轮机构设计时对机构的压力角 $\alpha$ 应加以控制。一般规定

$$\alpha_{max} \leqslant [\alpha]$$

式中，$[\alpha]$ 为机构的许用压力角，其推程值：

移动从动件升程许用压力角 $[\alpha]=30° \sim 38°$；

摆动从动件升程许用压力角 $[\alpha]=40° \sim 45°$；

回程许用压力角 $[\alpha]=70° \sim 80°$。

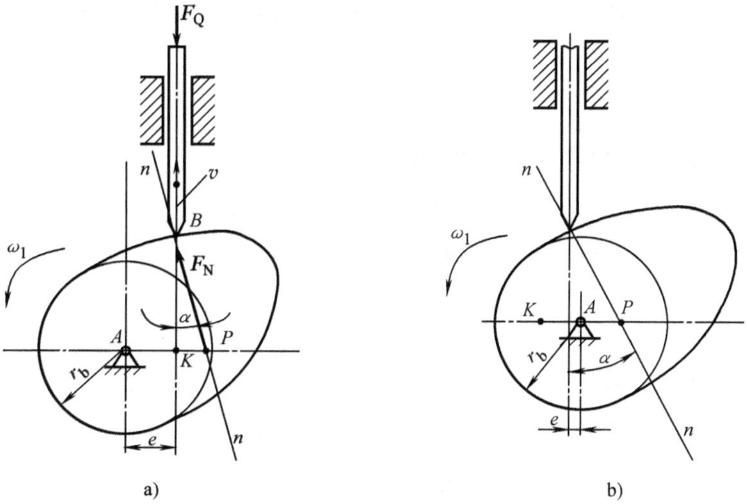


图 8-25 凸轮机构的压力角

a）点 $K$、$P$ 在点 $A$ 的同侧 b）点 $K$、$P$ 在点 $A$ 的异侧

在机构回程时，使推杆运动的不是凸轮对推杆的驱动力 $F_N$ 的分力（沿推杆导路方向的），而是推杆所受的载荷 $F_Q$，因此许用压力角的值可以较大。

**1. 直动从动件凸轮机构的压力角**

图 8-25 所示为偏距为 $e$ 的凸轮机构在推程中的位置。点 $B$ 在廓线的法线 $n$-$n$ 与点 $A$ 作导路的垂线 $AP$ 之交点 $P$，即凸轮与从动件的相对瞬心。若此时从动件的速度为 $v$，凸轮角速度为 $\omega_1$，则 $v=\overline{AP}\omega_1$，所以

$$\overline{AP}=v/\omega_1=\frac{ds/dt}{d\varphi/dt}=\frac{ds}{d\varphi}$$

由 $\triangle BKP$ 知

$$\tan\alpha=\frac{\overline{AP}\mp\overline{AK}}{\overline{BK}}=\frac{\overline{AP}\mp\overline{AK}}{s_0+s}$$

$$\tan\alpha = \frac{\mathrm{d}s/\mathrm{d}\varphi \mp e}{\sqrt{r_b^2 - e^2} + s} \tag{8-16}$$

式中，正负号与偏距的方位有关。当点 $K$、$P$ 在点 $A$ 同侧（图 8-25a）时取负号；当点 $K$、$P$ 在点 $A$ 异侧（图 8-25b）时取正号。

**2. 摆动从动件凸轮机构的压力角**

图 8-26 所示为一摆动从动件盘形凸轮机构，凸轮以等角速度 $\omega_1$ 逆时针方向转动，此时从动件的转向与凸轮转向相反。根据定义可标出凸轮机构在此位置时的压力角 $\alpha$。凸轮廓线在点 $B$ 法线与机架线 $AD$ 之交点 $P$，即为凸轮与从动件的速度瞬心。

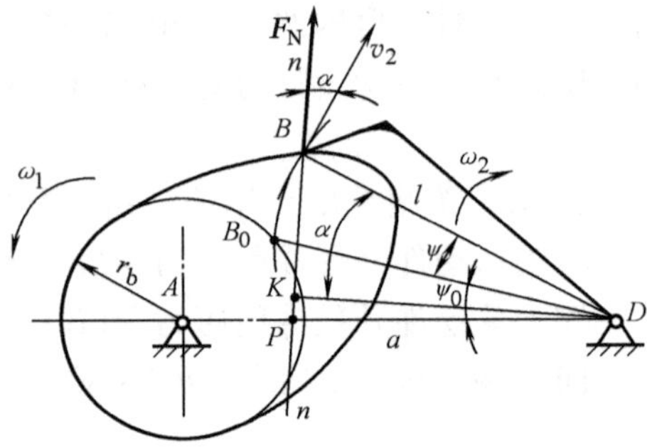

图 8-26　摆动从动件凸轮机构的压力角

由此得

$$\omega_1 \overline{AP} = \omega_2 \overline{DP}$$

因为 $\overline{AP} = a - \overline{DP}$，所以

$$\overline{DP} = a/(1 + \omega_2/\omega_1) \tag{8-17}$$

过点 $D$ 作 $n$-$n$ 的垂线得垂足 $K$，由几何关系知

$$\overline{DP}\cos(\psi + \psi_0 - \alpha) = l\cos\alpha \tag{8-18}$$

将式（8-18）代入式（8-17）后整理得

$$\tan\alpha = \frac{l(\omega_2/\omega_1 + 1)}{a\sin(\psi_0 + \psi)} - \cot(\psi_0 + \psi) \tag{8-19}$$

此时 $\omega_1$、$\omega_2$ 反向，$n$-$n$ 法线与连心线 $AD$ 的交点 $P$ 在 $AD$ 之内。当点 $P$ 在 $AD$ 的延长线上（即 $AD$ 之外）时，用类似方法可导出机构的压力角公式

$$\tan\alpha = \frac{l\left(\dfrac{\omega_2}{\omega_1} - 1\right)}{a\sin(\psi_0 + \psi)} + \cot(\psi_0 + \psi) \tag{8-20}$$

在式（8-19）、式（8-20）中 $\psi_0$ 为摆动从动件的初始角，$\psi_0 = \arccos\left(\dfrac{l^2 + a^2 - r_b^2}{2la}\right)$；$\psi$ 为摆动从动件的角位移，可根据运动规律确定 $\psi = \psi(\varphi)$；$a$ 为凸轮轴心与摆杆转动中心间的距离；$l$ 为摆杆长。

$$\omega_2/\omega_1 = (\mathrm{d}\psi/\mathrm{d}t)/(\mathrm{d}\varphi/\mathrm{d}t) = \mathrm{d}\psi/\mathrm{d}\varphi$$

由以上分析可知，凸轮机构的压力角 $\alpha$ 除与给定的从动件运动规律有关外，还与机构的尺寸 $r_b$、$e$、$a$、$l$ 有关。

## 二、直动从动件凸轮机构的基本尺寸

**1. 偏距 $e$ 的大小和方位选择**

若式（8-16）中的 $e = 0$，即为对心凸轮机构时

$$\tan\alpha = \frac{\mathrm{d}s/\mathrm{d}\varphi}{r_b + s} \tag{8-21}$$

比较式（8-16）和式（8-21）可知，运动规律相同时，偏置与对心凸轮机构的压力角是不同的。偏置方位的选择原则是：利于减小凸轮机构工作行程中的最大压力角，以改善机构的传力性能。为此，应使从动件推程时偏距的方位与点 $P$（凸轮与从动件的瞬心）位于凸轮轴心 $A$ 的同侧。

若推程中从动件的最大、最小速度为 $v_{max}$ 和 $v_{min}$，则偏距 $e$ 值建议按下式近似选取

$$0.5(v_{max}+v_{min})/\omega_1 \approx e \text{ 且 } e<r_b$$

**2. 基圆半径的确定**

由式（8-16）知，增大基圆半径 $r_b$ 可以降低机构压力角以改善传力效果，但也同时增大了机构的结构。因此，基圆半径的选择应综合考虑以下因素。

（1）按机构压力角的最大值不超过许用值来选择以得到较小的结构　为此令式（8-16）中的 $\alpha=[\alpha]$，得到基圆半径 $r_b$

$$r_b=\left[\left(\frac{ds/d\varphi \pm e}{\tan[\alpha]}-s\right)^2+e^2\right]^{1/2} \tag{8-22}$$

由式（8-22）知，对应不同的凸轮转角 $\varphi$，$\alpha=[\alpha]$ 的基圆半径是不同的。因此，根据不同的 $\varphi$ 值计算对应的 $s$、$ds/d\varphi$ 代入式（8-22）求出一系列 $r_b$ 值，选择其最大值作为基圆半径。这样所求得的基圆半径可保证在工作行程中满足 $\alpha_{max}\leqslant[\alpha]$。

（2）基圆半径根据其支承轴的结构和强度选择　凸轮或与轴做成一体或单独加工后装在轴上，显然凸轮的基圆半径 $r_b$ 必大于轴的半径 $r_s$。当凸轮单独制作时还应考虑作出凸轮轮毂。通常可取凸轮的基圆半径 $r_b$ 大于或等于轴的半径的（1.6～2）倍，即

$$r_b \geqslant (1.6\sim2)r_s \tag{8-23}$$

显然，基圆半径的限制既应考虑传力效果，也应考虑凸轮的安装与结构。因此，应同时满足以上两个条件来确定基圆半径。

8

## 三、摆动从动件凸轮机构的基本尺寸

由式（8-19）、式（8-21）知，摆动从动件盘形凸轮机构的压力角与从动件的运动规律、摆杆长度、基圆半径及中心距有关。这个关系式中各参数有相互影响，当用计算机辅助设计时，先按具体结构所允许的条件选定中心距 $a$ 和摆杆长度 $l$，并使 $l>(a-r_b)$；另外从动件的运动规律已定，因此可以通过改变基圆半径 $r_b$ 来调整压力角的大小，经多次反复计算直到 $\alpha_{max}=[\alpha]$。如果调整均不满意，则应考虑调整中心距 $a$ 或摆杆长度 $l$，直到满足要求为止。

当然，在决定基圆半径时，也应考虑凸轮结构与安装条件，即满足式（8-23）的要求。

## 四、平底从动件盘形凸轮机构的基本尺寸

**1. 凸轮实际廓线基圆半径 $r_0$ 的确定**

由图 8-23 可知，平底从动件凸轮机构的最大优点是其机构压力角 $\alpha$ 恒等于零。因此，平底从动件凸轮机构具有最好的传力效果。显然，平底从动件凸轮机构对凸轮基圆半径的限制不能以机构压力角为根据。这种凸轮机构的最大限制是凸轮廓线必须是外凸的。如果出现内凹的凸轮廓线，由于平底不可能与内凹部分的廓线接触，此时从动件运动规律将会

失真。因此，平底从动件凸轮机构对凸轮基圆半径的选择原则是：保证凸轮廓线上的各点曲率半径 $\rho>0$，即保证廓线为外凸曲线。由图 8-27a 知，当廓线出现尖点时（$\rho=0$），从动件运动时其平底与廓线的接触点 $M$ 位置不变。即 $\mathrm{d}y/\mathrm{d}\varphi=0$，$\mathrm{d}x/\mathrm{d}\varphi=0$。由式（8-14）对 $\varphi$ 求导得

$$\begin{cases}\mathrm{d}x/\mathrm{d}\varphi=[(s+r_0)+\mathrm{d}^2s/\mathrm{d}\varphi^2]\cos\varphi=0\\ \mathrm{d}y/\mathrm{d}\varphi=-[(s+r_0)+\mathrm{d}^2s/\mathrm{d}\varphi^2]\sin\varphi=0\end{cases} \tag{8-24}$$

故 $\rho>0$ 的条件为

$$r_0>-\left(s+\frac{\mathrm{d}^2s}{\mathrm{d}\varphi^2}\right) \tag{8-25}$$

因为 $s>0$，故只有当 $\mathrm{d}^2s/\mathrm{d}\varphi^2<0$ 时，才有可能 $\rho>0$。因此只需在 $\mathrm{d}^2s/\mathrm{d}\varphi^2<0$ 的范围内计算，且使 $\left|s+\mathrm{d}^2s/\mathrm{d}\varphi^2\right|_{\max}$，再由式（8-25）确定 $r_0$ 的值。

**2. 平底从动件尺寸的确定**

如图 8-27b 所示，当凸轮转动时，其与平底接触点 $B$ 的位置不断变化，由运动分析知，点 $P$ 为凸轮与从动件的速度瞬心，所以 $l_{\mathrm{DB}}=l_{\mathrm{AP}}=\mathrm{d}s/\mathrm{d}\varphi$。因此，平底尺寸应根据推程和回程中 $|\mathrm{d}s/\mathrm{d}\varphi|_{\max}$ 来决定，即

$$l=2|\mathrm{d}s/\mathrm{d}\varphi|_{\max}+(5\sim7)\mathrm{mm} \tag{8-26}$$

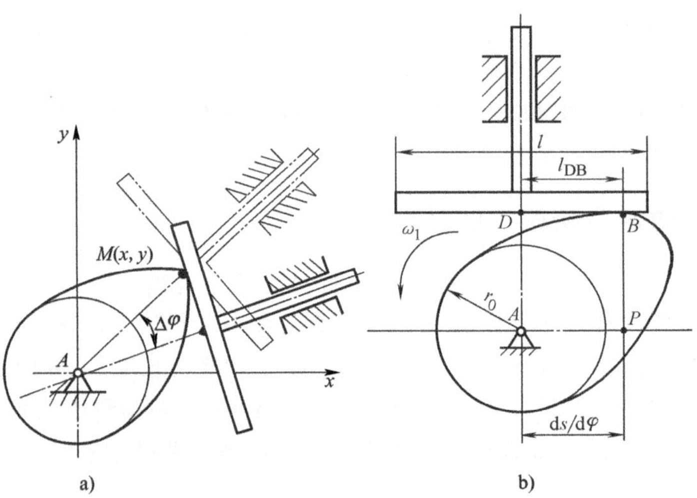


图 8-27 平底从动件凸轮机构

a）凸轮廓线 $\rho=0$ 时从动件的运动 b）平底从动件尺寸确定

## 五、滚子半径的确定

采用滚子推杆时，选择滚子半径时要考虑滚子的结构、强度及凸轮轮廓曲线的形状等多方面的因素。下面主要分析凸轮轮廓曲线的形状与选择滚子半径的关系。

图 8-28a 所示为内凹的凸轮轮廓曲线，$a$ 实际廓线，$b$ 为理论廓线。实际廓线的曲率半径 $\rho_{\mathrm{a}}$ 等于理论廓线的曲率半径 $\rho$ 与滚子半径 $r_{\mathrm{r}}$ 之和，即 $\rho_{\mathrm{a}}=\rho+r_{\mathrm{r}}$。这样，不论滚子半径大小如何，实际廓线总是可以根据理论廓线作出。但如图 8-28b 所示，对于外凸的凸轮

轮廓曲线，其实际廓线的曲率半径等于理论廓线的曲率中径与滚子半径之差，即 $\rho_a=\rho-r_r$，若 $\rho_a=\rho-r_r=0$，即 $\rho=r_r$，则实际廓线的曲率半径为零，于是实际廓线将出现尖点（图 8-28c），凸轮轮廓在尖点处很容易磨损。又如图 8-28d 所示，当滚子半径大于理论廓线的曲率半径，即 $\rho<r_r$ 时，实际廓线的曲率半径 $\rho_a$ 为负值。这时，实际廓线出现交叉，图中涂黑部分在实际制造中将被切去，致使推杆不能按预期的运动规律运动，这种现象称为失真。

通过上述分析，对于外凸的凸轮轮廓曲线，应使滚子半径 $r_r$ 小于理论廓线的最小曲率半径 $\rho_{min}$，通常取 $r_r\leqslant 0.8\rho_{min}$。

曲率半径 $\rho$ 的计算公式为

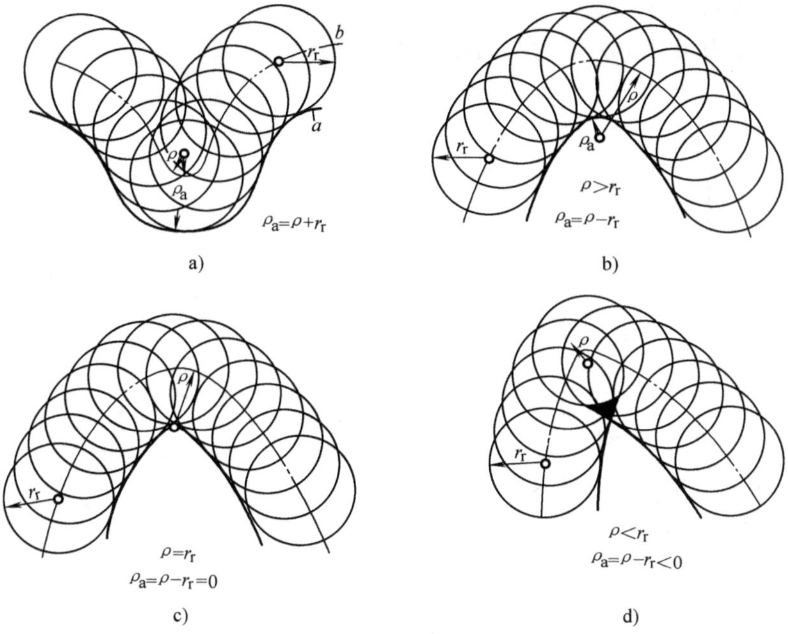


图 8-28　滚子包路线

a）内凹廓线　b）$\rho>r_r$ 的凸轮廓线

c）$\rho=r_r$ 的凸轮廓线　d）$\rho<r_r$ 的凸轮廓线

$$\rho=\frac{\left[1+\left(\frac{dy}{dx}\right)^2\right]^{3/2}}{d^2y/dx^2}$$

式中，$(x, y)$ 为凸轮轮廓曲线上任一点的坐标。对于已知的凸轮轮廓曲线，其坐标参数方程式是已知的，故可求得 $\rho$ 值。在用计算机进行设计时，可以逐点用数值解法计算 $\rho$ 值，最后找出其最小值 $\rho_{min}$。对于简单的运动规律形式，亦可代入上式得出 $\rho$ 的函数表达式后，再求极值以确定 $\rho_{min}$ 值。

凸轮实际廓线的最小曲率半径 $\rho_{min}$ 一般不应小于 1～5mm。如果不能满足此要求，就应适当减小滚子半径或增大基圆半径；有时则必须修改推杆的运动规律，以便将凸轮实际廓线上出现尖点的地方代以合适的曲线。另一方面，如上所述滚子的尺寸还受其强度、结构等的限制，因而也不能做得太小，通常取滚子半径 $r_r=(0.1\sim0.5)\ r_b$，其中 $r_b$ 为凸轮的理论基圆半径。

## 六、从动件支承结构及尺寸

直动推杆有两种支承结构：①悬臂支承形式（图 8-29）；②对称支承形式（图 8-30）。两种形式的传力特性是不同的。

### 1. 悬臂支承形式

图 8-29 所示为直动推杆的受力图，其中 $\varphi_1$、$\varphi_2$ 为摩擦角，$\alpha$ 为机构压力角。推杆所受外载为 $F_Q$，凸轮对推杆的驱动力为 $F_N$。当考虑摩擦时，驱动力 $F_N$ 将偏转一摩擦角 $\varphi_1$，导路支承座上的总反力 $R_1$，$R_2$ 也偏转一摩擦角 $\varphi_2$，两支承座的距离为 $l$。从动件外悬臂长度 $b$ 随机构的位置而变化。

根据从动件受力可列出如下力和力矩平衡方程式

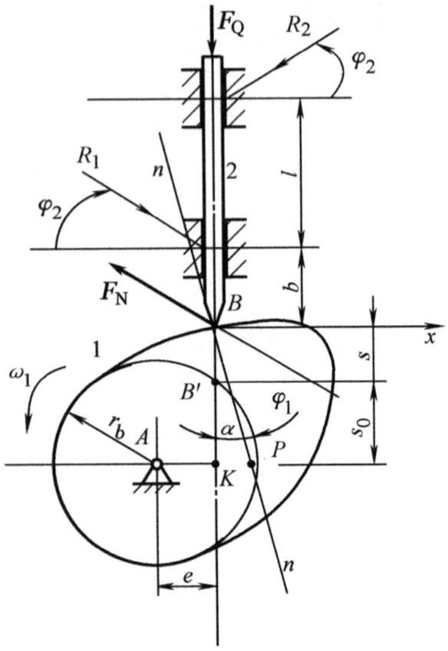


图 8-29 悬臂支承形式的力分析图

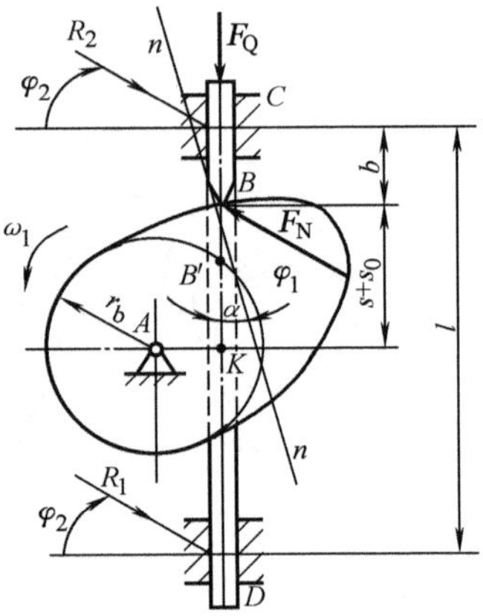


图 8-30 对称支承形式的力分析图

$$
\begin{cases}
\sum x=0, & (R_1-R_2)\cos\varphi_2-F_N\sin(\alpha+\varphi_1)=0\\
\sum y=0, & F_N\cos(\alpha+\varphi_1)-(R_1+R_2)\sin\varphi_2-F_Q=0\\
\sum M_B=0, & (l+b)R_2\cos\varphi_2-bR_1\cos\varphi_2=0
\end{cases}
$$

解得

$$
F_N=F_Q/[\cos(\alpha+\varphi_1)-\tan\varphi_2\sin(\alpha+\varphi_1)(1+2b/l)] \tag{8-27}
$$

由式（8-27）可知，当外载 $F_Q$ 不变时，机构的压力角 $\alpha$ 及比值 $b/l$ 增大时，要求的驱动力 $F_N$ 也随之增大，传力效果变坏。当驱动力 $F_N$ 无穷大时，机构将发生自锁。因此，保证机构不发生自锁的条件是，式（8-27）中的分母大于零，故有

$$
\cos(\alpha+\varphi_1)-\tan\varphi_2\sin(\alpha+\varphi_1)(1+2b/l)>0
$$

即

$$b/l<1/[2\tan\varphi_2\tan(\alpha+\varphi_1)]-0.5 \tag{8-28}$$

若取$f_1=f_2=0.3$，则$\varphi_1=\varphi_2=\arctan 0.3=16.7°$，$\alpha=[\alpha]=30°$，代入式（8-28）则有$b/l<1.07\approx1$。可见悬臂尺寸$b$越大倍力效果越差。因此，在支承结构设计时，应保证支承座结构尺寸$l>b_{max}$，否则机构将可能发生自锁。

**2. 对称支承形式**

同上列出力的平衡方程式

$$\begin{cases}-F_N\sin(\alpha+\varphi_1)+(R_1+R_2)\cos\varphi_2=0\\ F_N\cos(\alpha+\varphi_1)-(R_1+R_2)\sin\varphi_2-F_Q=0\\ R_1(l-b)\cos\varphi_2-R_2b\cos\varphi_2=0\end{cases}$$

解得

$$F_N=F_Q/[\cos(\alpha+\varphi_1)-\tan\varphi_2\sin(\alpha+\varphi_1)] \tag{8-29}$$

机构不自锁的条件为

$$\cos(\alpha+\varphi_1)-\tan\varphi_2\sin(\alpha+\varphi_1)>0 \tag{8-30}$$

$$\tan(\alpha+\varphi_1)<\frac{1}{\tan\varphi_2}\text{或}$$

$$\alpha<\arctan(1/f_2)-\varphi_1 \tag{8-31}$$

式中，$f_2$为支承座处的摩擦因数，$f_2=\tan\varphi_2$。由于$\arctan(1/f_2)\gg\alpha$（例如当$f_2=f_1=0.3$时，$\varphi_1=16.7°$，$\arctan(1/f_2)=73.3°$），因此只要使凸轮廓线设计时保证$\alpha_{max}\leqslant[\alpha]$，则条件式（8-31）一定可以满足。由此可知，对称支承形式的凸轮机构一般不会发生自锁。

8

## *第五节　圆柱凸轮机构简介

圆柱凸轮机构属于空间凸轮机构，其凸轮有三种构造形式：①在圆柱上制成凹槽(8-31b)；②在圆柱端面上制成轮廓表面（可看成将图8-31b中的凸轮槽以上部分取去而得）；③将具有不同曲线形状的金属板用螺钉固定于圆柱体上构成凸轮凹槽。后者的优点是便于调整和更换。圆柱凸轮的从动件有作往复移动和摆动的两种。从动件的滚子一般用圆柱形的，也有用圆锥形的。

对于圆柱凸轮，当机构的形式和从动件的运动规律选定后，设计的主要问题是确定平均圆柱半径$r_p$和求展开平面上的廓线。

### 一、直动从动件圆柱凸轮机构

将图8-31b所示的圆柱凸轮，沿平均半径$r_p$展开成平面，它便成为图8-31c所示长度为$2\pi r_p$的平面移动凸轮。图中横坐标$x=r_p\varphi$，$\varphi$为凸轮转角；纵坐标$y=s$，$s$为从动件的位移；而沟槽中心线$\beta_0$即为凸轮的理论廓线。由图8-31c可见，从动件在任意位置时的压力角$\alpha$等于理论廓线的切线$t$-$t$对横坐标轴的倾角，即

$$\tan\alpha=\frac{dy}{dx}=\frac{ds}{r_p d\varphi}=\frac{ds/dt}{r_p(d\varphi/dt)}=\frac{v_B}{r_p\omega} \tag{8-32}$$

式中，$r_p$和$\omega$均为常数，故可方便地看出圆柱凸轮与盘形凸轮的不同，这种圆柱凸轮的

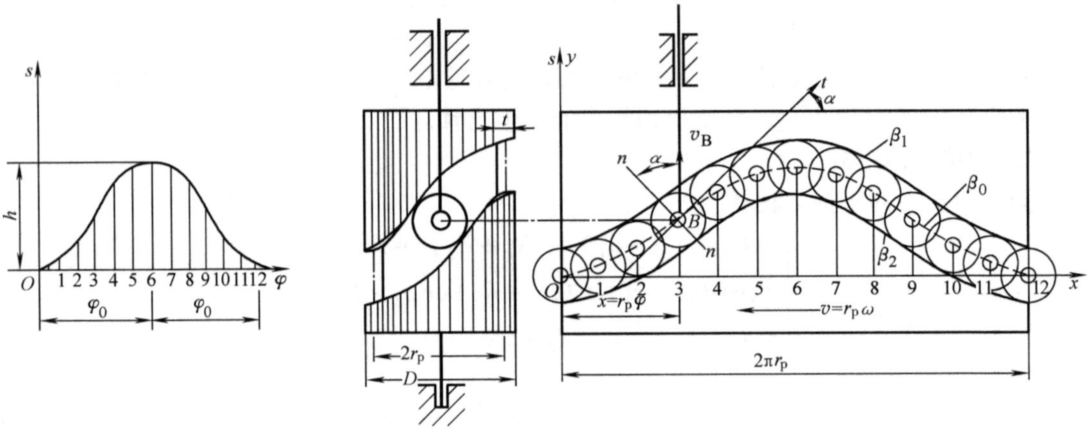


a) b) c)

图 8-31 直动从动件圆柱凸轮机构

最大压力角将出现在从动件速度 $v_B=v_{max}$ 的位置，即

$$\tan\alpha_{max}=\frac{1}{r_p}\left(\frac{v_{max}}{\omega}\right) \tag{8-33}$$

由表 8-2 可知，各类从动件运动规律的最大速度 $v_{max}=kh\omega/\varphi_0$，其中系数 $k$ 即表 8-2 中各类运动规律的最大速度相对系数。现将 $k$ 列入表 8-3。

8

**表 8-3 $v_{max}$ 相对系数 $k$**

| 从动件运动类型 | 等速 | 等加速度减速 | 五次多项式 | 余弦加速 | 正弦加速 |
|---|---|---|---|---|---|
| $k$ | 1.00 | 2.00 | 1.88 | 1.57 | 2.00 |

将 $v_{max}$ 代入式（8-33）得

$$\tan\alpha=\frac{kh}{r_p\varphi_0} \tag{8-34}$$

设计时若给定了许用压力角［α］，则由式（8-34）得满足条件 $\alpha_{max}\leqslant[\alpha]$ 的平均圆柱半径为

$$r_p\geqslant\frac{kh}{\tan[\alpha]\varphi_0} \tag{8-35}$$

式中，$h$ 为推杆的升程；$\varphi_0$ 为推程角。通常 $h$、$\varphi_0$ 为已知。当从动件的运动规律及［α］选定后，便可由式（8-35）计算平均圆柱半径 $r_p$，当 $h$ 很大时，计算所得 $r_p$ 可能过大。为减小 $r_p$ 可增大推程角 $\varphi_0$，使 $\varphi_0>2\pi$，即凸轮槽在圆柱体上绕一圈以上。

如图 8-31c 所示，在凸轮展开图上取坐标 $Oxy$，则凸轮理论廓线的参数方程为

$$\begin{cases}x=r_p\varphi\\y=s\end{cases} \tag{8-36}$$

式中，$\varphi$ 为圆柱凸轮的转角；$s$ 为从动件位移，$s=s(\varphi)$。实际廓线的方程式仍为式（8-11）。

## 二、摆动从动件圆柱凸轮机构

图8-32所示为一摆动从动件圆柱凸轮机构。在这种机构中，从动件滚子中心 $B$ 是沿以 $A$ 为圆心，摆杆长 $l$ 为半径的圆弧作往复摆动的。

在设计摆动从动件圆柱凸轮时，同样首先需要确定从动摆杆的运动规律，即摆杆角位移 $\psi$ 的运动规律 $\psi=f(\varphi)$；然后根据 $(\mathrm{d}\psi/\mathrm{d}\varphi)_{\max}$，参照式（8-35）确定平均圆柱半径

$$r_{\mathrm{p}} \geqslant \frac{k\psi_0}{\tan[\alpha]\ \varphi_0} \tag{8-37}$$

式中，$\psi_0$ 为摆杆的摆程角；$\varphi_0$ 为凸轮的推程角；$k$ 为最大速度相对系数，各类运动规律的 $k$ 值见表8-3。将圆柱凸轮展成平面，用反转法设计凸轮的理论廓线和实际廓线。

将圆柱凸轮沿平均半径 $r_{\mathrm{p}}$ 展开后，便得到滚子摆动从动件移动凸轮机构。这样移动凸轮以 $v_1=\omega_1 r_{\mathrm{p}}$ 的速度移动；从动件以 $A$ 为中心，$l$ 为半径的圆弧摆动。

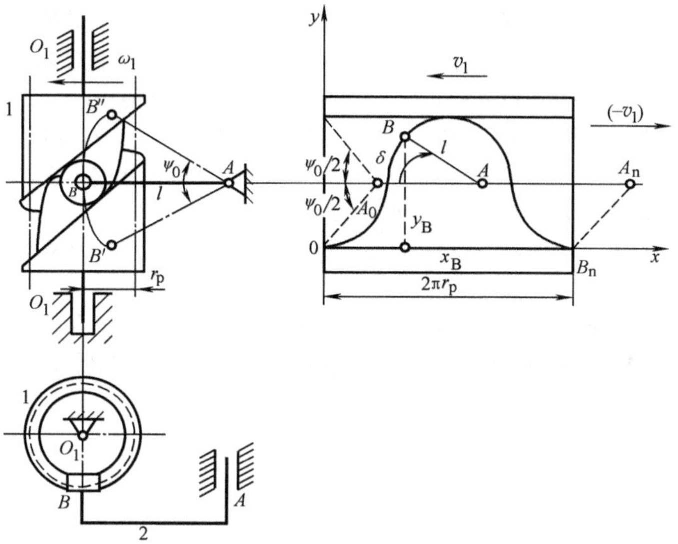


图8-32 摆动从动件圆柱凸轮机构

设计此移动凸轮时，要使移动凸轮不动，则从动件一方面随机架以 $-v_1$ 的速度移动，另一方面绕自己的轴心 $A$ 转动。如展开图中从动件 $AB$ 以 $-v_1$ 从 $A_0 \rightarrow A_{\mathrm{n}}$ 运动中点 $B$ 还绕 $A$ 往复摆动 $\psi_0$。

由于从动件滚子的平面圆弧运动与外圆柱的柱面不重合，故当从动件摆程角 $\psi_0$ 越大，圆柱半径 $r_{\mathrm{p}}$ 越小时，则相对偏差越大，甚至可能出现滚子与外圆柱面脱离接触。为减少摆角产生的误差，通常按摆杆垂直凸轮轴的位置对称分配摆程角 $\psi_0$，如图中 $\angle B'AB=\angle B''AB=\psi_0/2$。使原点通过点 $B$ 的极限位置 $B'$、$x$ 垂直圆柱轴线 $O_1O_1$ 取坐标系 $Oxy$。当从动件以 $-v_1$ 速度移动到位置 $AB$ 时，理论廓线上点 $B$ 的参数方程为

$$\begin{cases} x_{\mathrm{B}} = r_{\mathrm{p}}\varphi \\ y_{\mathrm{B}} = l\sin(\psi_0/2) + l\sin(\psi - \psi_0/2) \end{cases} \tag{8-38}$$

8

式中，$\varphi$ 为凸轮转角；$l$ 为摆杆长度；$\psi_0$ 为摆杆的摆程角；$\psi$ 为摆杆的摆角，$\psi=f(\varphi)$。实际廓线方程式仍为式（8-11）。

## 习　题

8-1　设一直动推杆的行程 $h=32\text{mm}$，要求推程角 $\varphi_0=120°$，按余弦加速度运动，远停角 $\varphi_s=30°$，回程角 $\varphi_0'=150°$，按等速运动，近休止角 $\varphi'=60°$，计算后绘出推杆的位移曲线。

8-2　已知对心尖顶从动件的行程 $h=50\text{mm}$，推程角 $\varphi_0=\pi/2$，凸轮转速 $n=600\text{r/min}$。若从动件分别按等加速等减速、正弦加速度规律运动，试绘出其从动件位移曲线，并在该线图上标明最大速度的数值及其发生的位置。

8-3　在尖顶对心直动从动件盘形凸轮机构中，图 8-33 所示从动件的运动规律尚不完整。试在图上补全各段的 $s-\varphi$、$v-\varphi$、$a-\varphi$ 曲线，并指出哪些位置有刚性冲击，哪些位置有柔性冲击。

8-4　在对心直动从动件凸轮机构中，已知从动件重力为 7.5N，行程 $h=50\text{mm}$，推程角 $\varphi_0=\pi$，从动件的推程时间为$\frac{1}{12}$s，若①尖顶从动件以余弦加速度运动；②尖顶从动件以等加速、等减速规律运动，试比较以上两种运动规律所能达到的最大速度和保证从动件与凸轮接触所需最大的力。

8-5　设凸轮以角速度 $\omega$ 转动，其推程运动角 $\varphi_0$ 和从动件行程 $h$ 均为已知。当从动件按二次多项式运动规律运动时，其最大和最小加速度出现在什么位置？$a_{\max}$的数值为多大？

8-6　在直动从动件盘形凸轮机构中，凸轮按顺时针方向转动，已知行程 $h=20\text{mm}$，推程角 $\varphi_0=45°$，基圆半径 $r_b=50\text{mm}$，偏距 $e=20\text{mm}$，且偏置于使推程压力角减小的一侧。

1）试计算等速运动规律时的最大压力角 $\alpha_{\max}$。

2）假定最大压力角近似出现在从动件速度达到最大值时的位置，试计算等加速等减速、余弦加速度和正弦加速度运动规律时的最大压力角 $\alpha_{\max}$。

8-7　在图 8-34 所示的对心平底直动从动件圆盘凸轮机构中，已知圆盘的半径 $R=50\text{mm}$，圆心与转轴中心的距离 $a=l_{OO'}=30\text{mm}$，$\beta=90°$，试求从动件的运动方程。当凸轮转速 $n=240\text{r/min}$，试求其最大位移、速度和加速度。

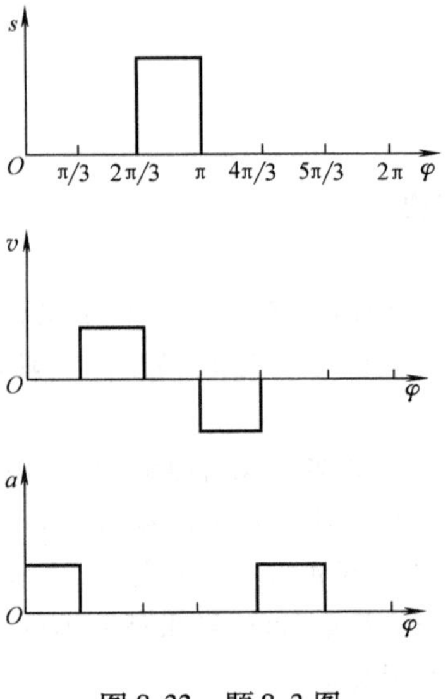


图 8-33　题 8-3 图

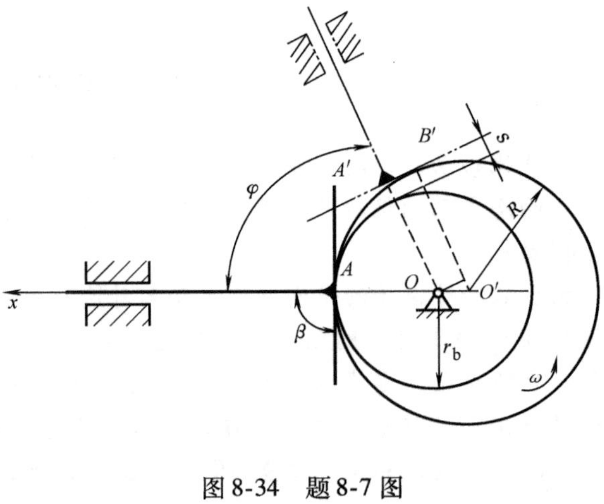


图 8-34　题 8-7 图

8-8　将题 8-7 中的从动件改为尖顶从动件，其他尺寸不变。试求从动件的运动方程，求出机构的最

大压力角 $\alpha_{max}$。

8-9 在图 8-35 所示的对心直动滚子从动件盘形凸轮机构中，已知 $h=80mm$，实际基圆半径 $r_b=40mm$，滚子半径 $r_r=10mm$，推程角 $\varphi_0=120°$，推杆按正弦加速度规律运动。当凸轮转动 $\varphi=90°$时，试计算凸轮廓线与滚子接触点处的坐标值。

8-10 已知凸轮机构中各已知条件与题 8-9 相同，设偏心距 $e=20mm$，且偏置在使推程段压力角减小的一方。当 $\varphi=90°$时，试计算凸轮廓线与滚子接触点处的坐标值。

8-11 与题 8-9 条件相同。试计算对心平底从动件的盘形凸轮当 $\varphi=90°$时，平底与凸轮廓线接触点处的坐标值。若推程与回程运动相同，试确定平底应有的最小长度 $L$。

8-12 如图 8-36 所示，已知理论廓线的基圆半径 $r_b=50mm$，摆动从动件起始位置时 $AB\perp OB$，摆杆长 $l=100mm$，凸轮逆时针方向转动 180°时，摆杆按余弦加速度规律向上摆动 $\psi=30°$。试计算 $\varphi=60°$时凸轮廓线上点的坐标值。

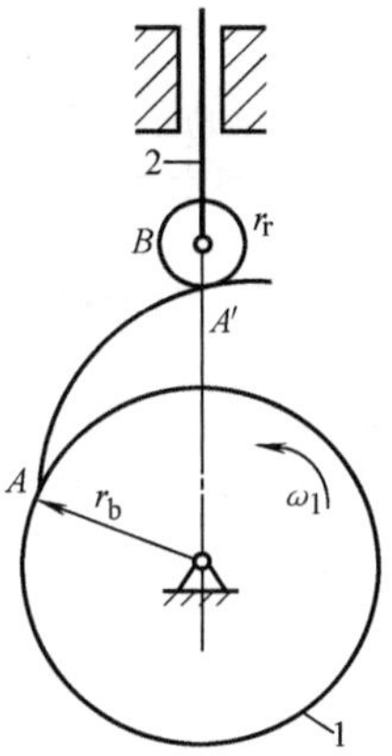


图 8-35 题 8-9 图

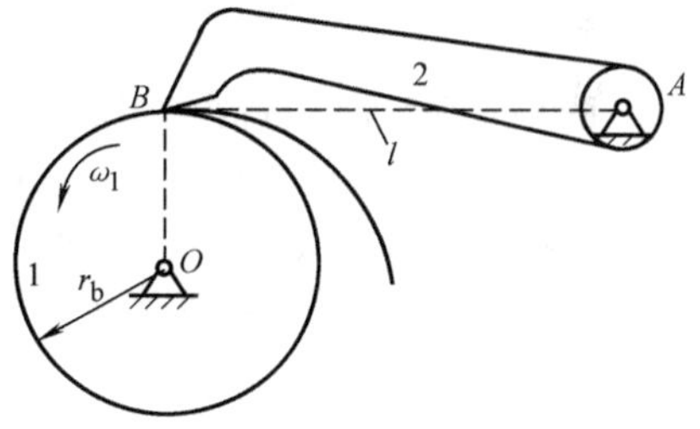


图 8-36 题 8-12 图

8-13 条件与题 8-12 相同。将尖顶从动件改为滚子从动件，其滚子半径 $r_r=10mm$，试计算 $\varphi=60°$时凸轮廓线上点的坐标值。

8-14 已知凸轮以等角速度逆时针转动一周时，对心尖顶推杆在 1s 内等速上升 10mm，0.5s 内静止不动，0.5s 内等速上升 6mm，在回程 2s 内等速下降 16mm，凸轮机构的最大压力角限制在 25°以下。

1）绘制其位移线图（标出 $\varphi_0$、$\varphi_s$、$\varphi_0'$）。

2）求凸轮的基圆半径。

3）求 $\varphi=100°$、$\varphi=200°$时凸轮廓线的坐标值。

8-15 试设计偏置直动推杆盘形凸轮机构的凸轮的理论廓线曲线。已知凸轮以等角速度沿顺时针方向回转，在凸轮转角 $\varphi_0=120°$过程中，推杆按余弦规律上升 $h=50mm$；凸轮继续转过 $\varphi_s=30°$时，推杆保持不动；其后凸轮在回转角 $\varphi_0'=60°$期间，推杆又按余弦规律下降至起始位置。凸轮轴置于推杆轴线右侧，偏距 $e=20mm$，基圆半径 $r_b=50mm$。

8-16 试问在题 8-15 中，凸轮机构在推程和回程的最大压力角为多大？如果凸轮的轴心线偏于推杆轴线的左侧，其最大压力角有无变化？试对计算结果加以比较。

8-17 现需设计一对心直动滚子推杆盘形凸轮机构，设已知凸轮以等角速度沿顺时针方向回转，推杆的行程 $h=50mm$，推程运动角 $\varphi_0=90°$，推杆位移运动规律为 $s=\frac{h}{2}\left(1-\cos\frac{\pi\varphi}{\varphi_0}\right)$，试确定推程所要求的最佳基圆半径 $r_b$。又如该机构为右偏置直动滚子推杆盘形凸轮机构，偏距 $e=10mm$，试求其最小基圆半径 $r_b$。

8-18 在图 8-37 所示的绕线机中，导线杆的轴向等速往复移动由凸轮机构控制。设 $B$、$C$ 两杆轴线之间的距离为300mm，当支杆 $D$ 到 $B$、$C$ 两杆的距离相等时，要求导线杆移动的行程为100mm，试设计该凸轮机构的凸轮的轮廓曲线，滚子半径 $r_r = 5\text{mm}$。

8-19　图8-38所示机构为加工直动推杆盘形凸轮廓线的装置，其中歪盘和凸轮同速回转，歪盘回转时迫使推杆作往复运动，从而改变了铣刀和凸轮轴线间的距离。试分析这样加工出的凸轮，其推杆将按何种运动规律运动？

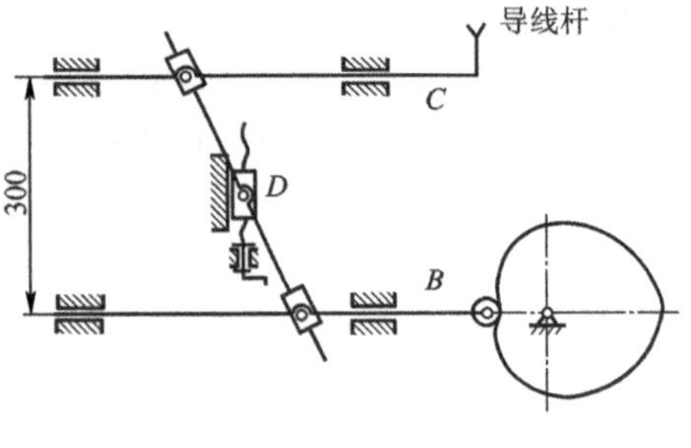


图8-37　题8-18图

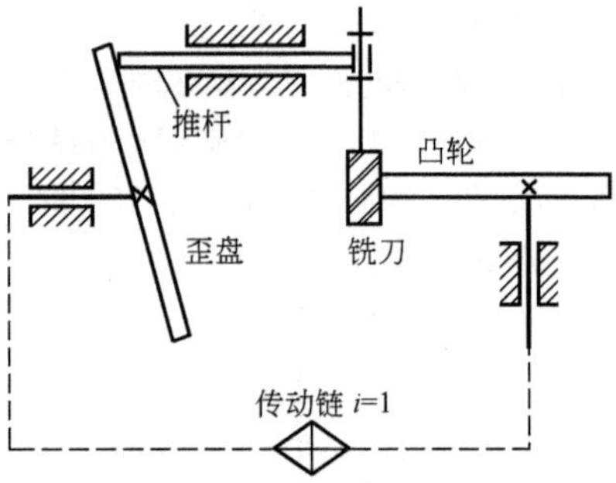


图8-38　题8-19图

8-20　图8-39所示机构各构件的尺寸为：$l_{AB} = 50\text{mm}$，$l_{BC} = 120\text{mm}$，$l_{CD} = 76\text{mm}$，$l_{AD} = 100\text{mm}$，曲柄顺时针转动。盘形凸轮与摇杆 $CD$ 固联，其基圆半径 $r_0 = 80\text{mm}$；尖端直动推杆的中心线通过点 $D$，并与 $AD$ 成30°角。设在摇杆摆动范围内，推杆按简谐运动规律（即加速度按余弦规律变化）运动，行程 $h = 40\text{mm}$，试写出从动件位移 $s$ 以曲柄 $AB$ 转角 $\varphi_1$ 为变量的表达式。

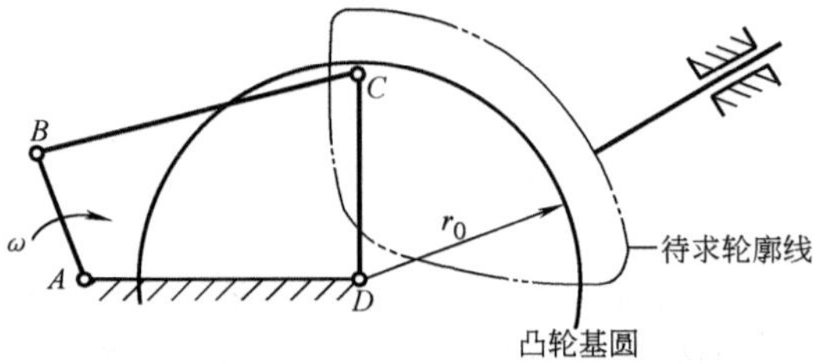


图8-39　题8-20图

# 第九章　直齿圆柱齿轮机构

## 第一节　概　　述

齿轮机构用于传递空间任意两轴之间的运动和动力，其传动准确可靠、效率高，是现代机器中应用最广泛的机构之一，也是历史上应用得最早的传动机构之一。早在2000多年前的汉代，我国就有关于使用齿轮的记载。当时使用的齿轮是在圆柱体的表面上刻出沟槽，齿形无一定规则，材料也为木制或竹制的，因此传动时既不平稳，寿命也短。

经过近代工业革命的发展和现代工业的不断完善，齿轮机构的发展已日趋成熟。现代齿轮的齿廓曲线已采用渐开线、摆线、圆弧等性能优越的曲线，采用各种优质金属制造并加以适当的热处理，使齿轮机构的承载能力大大提高，寿命增长，传动平稳。现代齿轮业已发展成为一个专门的行业。

齿轮机构的类型很多，按一对齿轮的相对运动来划分，齿轮机构可分为下列两大类：①平面齿轮机构，平面齿轮机构中两齿轮的轴线互相平行，两齿轮之间的相对运动为平面运动；②空间齿轮机构，空间齿轮机构传动中两齿轮的轴线不平行（两轴在空间相交或交错），它们的相对运动为空间运动。齿轮机构的类型见表9-1。

**表9-1　齿轮机构传动类型**

| ①平面齿轮机构 | | | | |
|---|---|---|---|---|
| 外啮合直齿圆柱齿轮机构 | 内啮合直齿圆柱齿轮机构 | 齿轮齿条机构 | 斜齿圆柱齿轮机构 | 人字齿轮机构 |
| 传递平行两轴转动 | 传递平行两轴转动 | 转动变移动 | 传递两平行轴转动 | 传递平行两轴转动 |
| 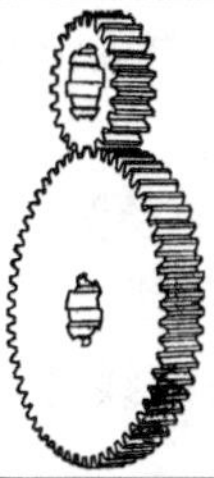 | 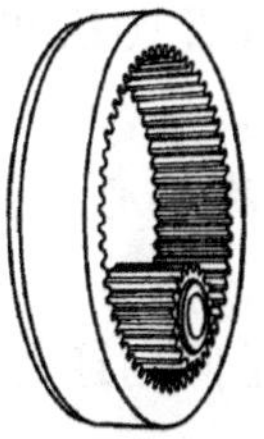 |  | 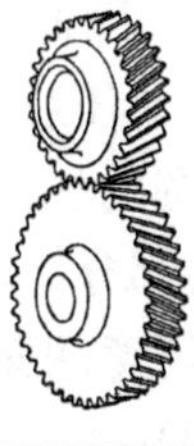 |  |

| ②空间齿轮机构 | | | |
|---|---|---|---|
| 直齿锥齿轮机构 | 曲线齿锥齿轮机构 | 螺旋齿轮机构 | 蜗杆蜗轮机构 |
| 传递相交两轴转动 | 传递相交两轴转动 | 传递交错两轴转动 | 传递垂直交错两轴转动 |
|  | 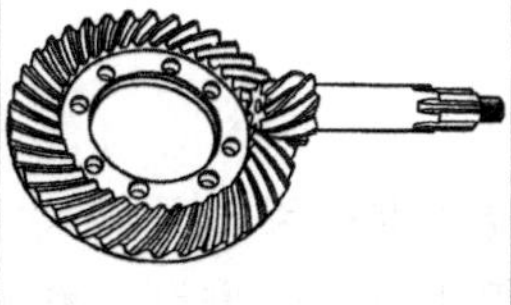 | 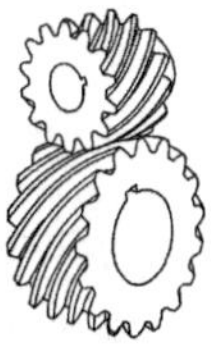 | 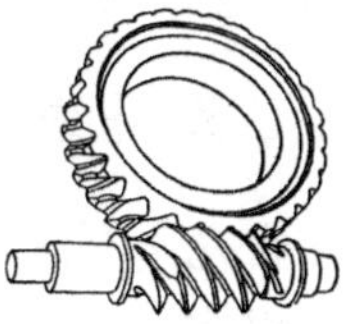 |

齿轮机构广泛地应用于机床、汽车、拖拉机、仪表等各种设备中。与摩擦轮传动、带传动和链传动相比较，齿轮机构所传递的功率大、效率高、寿命长、传动比准确、结构紧凑；但对制造和安装的精度要求高，价格较其他传动形式昂贵。

根据所采用的齿廓曲线的不同，齿轮机构还可以分为渐开线齿轮机构、摆线齿轮机构和圆弧齿轮机构。一般机器设备中多采用渐开线齿轮，各种仪表常采用摆线齿轮，重载高速机械则常采用圆弧齿轮。目前渐开线齿轮机构在工程中应用最广。本章研究渐开线直齿圆柱齿轮机构。

## 第二节　渐开线及其特性

为了研究渐开线齿轮传动的特点，先必须对渐开线的特性加以研究。

### 一、渐开线的形成

如图 9-1 所示，当一直线 $BK$ 沿一圆周作纯滚动时，直线上任意点 $K$ 的轨迹 $AK$，就是该圆的渐开线。这个圆称为渐开线的基圆，它的半径用 $r_b$ 表示；直线 $BK$ 称为渐开线的发生线；渐开线上点 $K$ 的向径 $OK$ 与渐开线起始点 $A$ 的向径 $OA$ 间的夹角 $\theta_i$ 称为渐开线 $AK$ 段的展角。

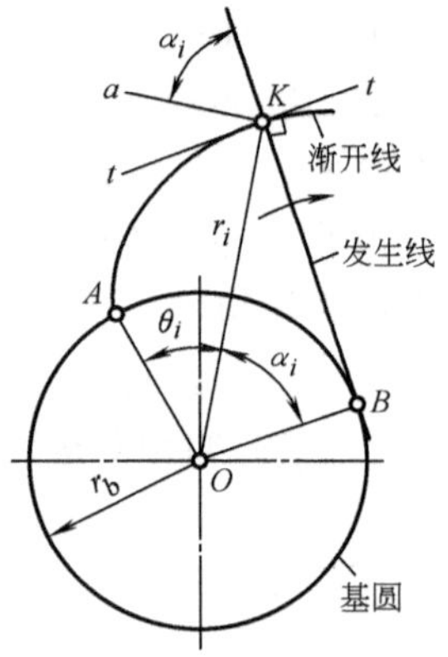

图 9-1　渐开线的形成

### 二、渐开线的特性

由渐开线的形成过程，可以得到渐开线的下列特性：

1）发生线沿基圆滚过的长度，等于基圆上被滚过的圆弧的长度，即$\overline{BK}=\overset{\frown}{AB}$。

2）因为发生线 $BK$ 沿基圆作纯滚动，所以它和基圆的切点 $B$ 就是它的速度瞬心，因此发生线 $BK$ 即为渐开线在点 $K$ 的法线。又因为发生线恒切于基圆，所以可知渐开线上任意点的法线恒为基圆的切线。

3）发生线与基圆的切点 $B$ 为渐开线在点 $K$ 的曲率中心，该点的曲率半径为 $BK$。渐开线越接近其基圆的部分，其曲率半径越小。

4）同一基圆上任意两条渐开线的对应点（不论是同向还是反向）沿公法线方向之间的距离处处相等（图 9-2）。如$\overline{A_1B_1}=\overline{A_2B_2}=\overset{\frown}{AB}$。

5）渐开线的形状取决于基圆的大小。如图 9-3 所示，在展角相同的条件下，基圆半径小，其渐开线的曲率半径就小；反之，其渐开线的曲率半径就大；当基圆半径为无穷大时，其渐开线变成一条直线。齿条的齿廓曲线就是这种特例的直线渐开线。

6）基圆内无渐开线。

### 三、渐开线方程式

在研究渐开线齿轮的传动、描述齿廓曲线和进行齿轮几何尺寸计算时，常常要用到渐开线方程式，也可以用极坐标方程式来描述渐开线，根据渐开线的形成来推导其方程式。

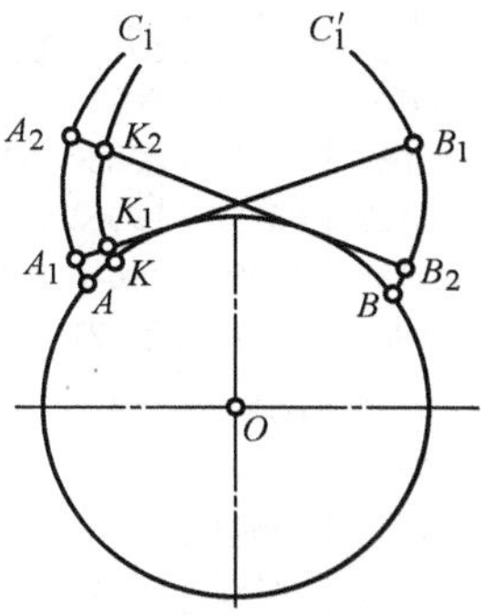


图 9-2　两渐开线间的法向距离

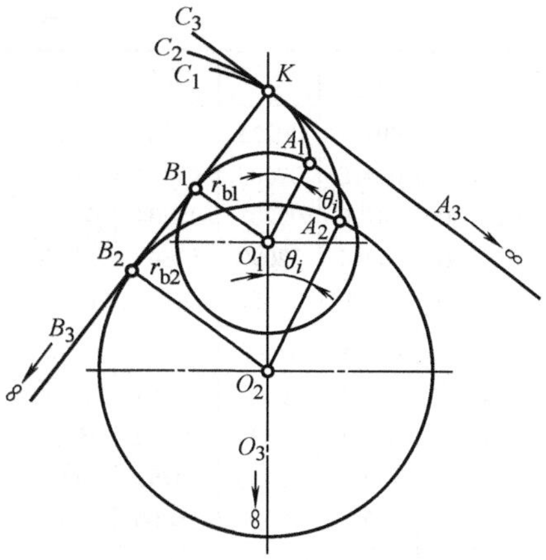


图 9-3　不同基圆上的渐开线

如图 9-1 所示，$A$ 为渐开线在基圆上的起点，$K$ 为渐开线上的任意点，它的向径用 $r_i$ 表示，渐开线 $AK$ 段的展角用 $\theta_i$ 表示。当以该渐开线作为齿轮的齿廓时，齿廓在点 $K$ 所受正压力的方向（即点 $K$ 的法线方向）与点 $K$ 速度方向（垂直于 $OK$ 方向）之间所夹锐角，称为渐开线在点 $K$ 的压力角，以 $\alpha_i$ 表示。

由△$OBK$ 可得

$$r_i = \frac{r_b}{\cos\alpha_i}$$

$$\tan\alpha_i = \frac{\overline{BK}}{r_b} = \frac{\overset{\frown}{AB}}{r_b} = \frac{r_b(\alpha_i + \theta_i)}{r_b} = \alpha_i + \theta_i$$

所以

$$\theta_i = \tan\alpha_i - \alpha_i$$

由上式可知，渐开线上向径不同的点，其压力角也不同，而展角亦随压力角的变化而变化，因此称展角 $\theta_i$ 为压力角 $\alpha_i$ 的渐开线函数。工程上常用 $\mathrm{inv}\alpha_i$ 来表示 $\theta_i$，即

$$\theta_i = \mathrm{inv}\alpha_i = \tan\alpha_i - \alpha_i$$

由此可得渐开线的极坐标参数方程式为

$$\begin{cases} r_i = \dfrac{r_b}{\cos\alpha_i} \\ \mathrm{inv}\alpha_i = \tan\alpha_i - \alpha_i \end{cases} \tag{9-1}$$

注意，在式（9-1）中，最后一个参数 $\alpha_i$ 的单位为 rad（弧度）。由式（9-1）可知，当 $r_i = r_b$ 时，$\alpha_i = \alpha_b = 0$，即基圆上的压力角为零。应该指出：由式（9-1）得到一重要结论：**渐开线上任意点的向径（半径 $r_i$）与该点压力角（$\alpha_i$）余弦的积恒等于基圆半径（$r_b$）**。

为使用方便，已将不同压力角的渐开线函数值列入表 9-2 中，以便查用。

9

**表 9-2　渐开线函数表**

| α/(°) | 次 | 0′ | 5′ | 10′ | 15′ | 20′ | 25′ | 30′ | 35′ | 40′ | 45′ | 50′ | 55′ |
|---|---|---|---|---|---|---|---|---|---|---|---|---|---|
| 1 | 0.000 | 00177 | 00225 | 00281 | 00346 | 00420 | 00504 | 00598 | 00704 | 00821 | 00950 | 01092 | 01248 |
| 2 | 0.000 | 01418 | 01603 | 01804 | 02020 | 02253 | 02503 | 02771 | 03058 | 03364 | 03689 | 04035 | 04402 |
| 3 | 0.000 | 14790 | 05201 | 05634 | 06091 | 06573 | 07078 | 07610 | 08167 | 08751 | 09362 | 10000 | 10668 |
| 4 | 0.000 | 11364 | 12090 | 12847 | 13634 | 14453 | 15305 | 16189 | 17107 | 18059 | 19045 | 20067 | 21125 |
| 5 | 0.000 | 22220 | 23352 | 24522 | 25731 | 26978 | 28266 | 29594 | 30963 | 32374 | 33827 | 35324 | 36864 |
| 6 | 0.00 | 03845 | 04008 | 04175 | 04347 | 04524 | 04706 | 04892 | 05083 | 05280 | 05481 | 05687 | 05898 |
| 7 | 0.00 | 06115 | 06337 | 06564 | 06797 | 07035 | 07279 | 07528 | 07783 | 08044 | 08310 | 08582 | 08861 |
| 8 | 0.00 | 09145 | 09435 | 09732 | 10034 | 10343 | 10659 | 10980 | 11308 | 11643 | 11984 | 12332 | 12687 |
| 9 | 0.00 | 13048 | 13416 | 13792 | 14174 | 14563 | 14960 | 15363 | 15774 | 16193 | 16618 | 17051 | 17492 |
| 10 | 0.00 | 17941 | 18397 | 18860 | 19332 | 19812 | 20299 | 20795 | 21299 | 21810 | 22330 | 22859 | 23396 |
| 11 | 0.00 | 23941 | 24495 | 25057 | 25628 | 26208 | 26797 | 27394 | 28001 | 28618 | 29241 | 29875 | 30518 |
| 12 | 0.00 | 31171 | 31832 | 32504 | 33185 | 33875 | 34575 | 35285 | 36005 | 36735 | 37474 | 38224 | 38984 |
| 13 | 0.00 | 39754 | 40534 | 41325 | 42126 | 42938 | 43760 | 44593 | 45437 | 46291 | 47157 | 48033 | 48921 |
| 14 | 0.00 | 49819 | 50729 | 51650 | 52582 | 53526 | 54482 | 55448 | 56427 | 57417 | 58420 | 59434 | 60460 |
| 15 | 0.00 | 61498 | 62548 | 63611 | 64686 | 65773 | 66873 | 67985 | 69110 | 70248 | 71389 | 72561 | 73738 |
| 16 | 0.0 | 07493 | 07613 | 07735 | 07857 | 07982 | 08107 | 08234 | 08362 | 08492 | 08623 | 08756 | 08889 |
| 17 | 0.0 | 09025 | 09161 | 09299 | 09439 | 09580 | 09722 | 09866 | 10012 | 10158 | 10307 | 10456 | 10608 |
| 18 | 0.0 | 10760 | 10915 | 11071 | 11228 | 11387 | 11547 | 11709 | 11873 | 12038 | 12205 | 12373 | 12543 |
| 19 | 0.0 | 12715 | 12888 | 13063 | 13240 | 13418 | 13598 | 13779 | 13963 | 14148 | 14334 | 14523 | 14713 |
| 20 | 0.0 | 14904 | 15098 | 15293 | 15490 | 15689 | 15890 | 16092 | 16296 | 16502 | 16710 | 16920 | 17132 |
| 21 | 0.0 | 17345 | 17560 | 17777 | 17996 | 18217 | 18440 | 18665 | 18891 | 19120 | 19350 | 19583 | 19817 |
| 22 | 0.0 | 20054 | 20292 | 20533 | 20775 | 21019 | 21266 | 21514 | 21765 | 22018 | 22272 | 22529 | 22788 |
| 23 | 0.0 | 23049 | 23312 | 23577 | 23845 | 24114 | 24386 | 14660 | 24936 | 25214 | 25495 | 25778 | 26062 |
| 24 | 0.0 | 26350 | 26639 | 26931 | 27225 | 27521 | 27820 | 28121 | 28424 | 28792 | 29037 | 29348 | 29660 |
| 25 | 0.0 | 29975 | 30293 | 30613 | 30935 | 31260 | 31587 | 31917 | 32249 | 32583 | 32920 | 33260 | 33602 |
| 26 | 0.0 | 33947 | 34294 | 34644 | 34997 | 35352 | 35709 | 36069 | 36432 | 36798 | 37166 | 37537 | 37910 |
| 27 | 0.0 | 38287 | 38666 | 39047 | 39432 | 39819 | 40209 | 40602 | 40997 | 41395 | 41797 | 42201 | 42607 |
| 28 | 0.0 | 43017 | 43430 | 43845 | 44264 | 44685 | 45110 | 45537 | 45976 | 46400 | 46837 | 47276 | 47718 |
| 29 | 0.0 | 48164 | 48612 | 49064 | 49518 | 49976 | 50437 | 50901 | 51368 | 51838 | 52312 | 52788 | 53268 |
| 30 | 0.0 | 53751 | 54238 | 54728 | 55221 | 55717 | 56217 | 56720 | 57226 | 57736 | 58249 | 58765 | 59285 |
| 31 | 0.0 | 59809 | 60335 | 60866 | 61400 | 61937 | 62478 | 63022 | 63570 | 64122 | 64677 | 65236 | 65798 |
| 32 | 0.0 | 66364 | 66934 | 67507 | 68084 | 68665 | 69250 | 69838 | 70430 | 71026 | 71626 | 72230 | 72838 |
| 33 | 0.0 | 73449 | 74064 | 74684 | 75307 | 75934 | 76565 | 77200 | 77839 | 78483 | 79130 | 79781 | 80437 |
| 34 | 0.0 | 81097 | 81760 | 82428 | 83101 | 83777 | 84457 | 85142 | 85832 | 86525 | 87223 | 89725 | 88637 |
| 35 | 0.0 | 89342 | 90058 | 90777 | 91502 | 92230 | 92963 | 93701 | 94443 | 95190 | 95942 | 96698 | 97459 |
| 36 | 0 | 09822 | 09899 | 09977 | 10055 | 10133 | 10212 | 10292 | 10371 | 10452 | 10533 | 10614 | 10696 |
| 37 | 0 | 10778 | 10861 | 10944 | 11028 | 11113 | 11197 | 11283 | 11369 | 11455 | 11542 | 11630 | 11718 |
| 38 | 0 | 11806 | 11895 | 11985 | 12075 | 12165 | 12257 | 12348 | 12441 | 12534 | 12627 | 12721 | 12815 |
| 39 | 0 | 12911 | 13006 | 13102 | 13199 | 13297 | 13395 | 13493 | 13592 | 13692 | 13792 | 13893 | 13995 |
| 40 | 0 | 14097 | 14200 | 14303 | 14407 | 14511 | 14616 | 14722 | 14829 | 14936 | 15043 | 15152 | 15261 |
| 41 | 0 | 15370 | 15480 | 15591 | 15703 | 15815 | 15928 | 16041 | 16156 | 16270 | 16386 | 16502 | 16619 |
| 42 | 0 | 16737 | 16855 | 16974 | 17093 | 17214 | 17335 | 17457 | 17579 | 17702 | 17826 | 17951 | 18076 |
| 43 | 0 | 18202 | 18329 | 18457 | 18585 | 18714 | 18844 | 18975 | 19106 | 19234 | 19371 | 19505 | 19639 |
| 44 | 0 | 19774 | 19910 | 20047 | 20185 | 20323 | 20463 | 20603 | 20743 | 20885 | 21028 | 21171 | 21315 |
| 45 | 0 | 21460 | 21606 | 21753 | 21900 | 22049 | 22198 | 22348 | 22499 | 22651 | 22804 | 22958 | 23112 |

（续）

| α/(°) | 次 | 0′ | 5′ | 10′ | 15′ | 20′ | 25′ | 30′ | 35′ | 40′ | 45′ | 50′ | 55′ |
|---|---|---|---|---|---|---|---|---|---|---|---|---|---|
| 46 | 0 | 23268 | 23424 | 23582 | 23740 | 23899 | 24059 | 24220 | 24382 | 24545 | 24709 | 24874 | 25040 |
| 47 | 0 | 25206 | 25374 | 25543 | 25713 | 25833 | 26055 | 26228 | 26401 | 26576 | 26752 | 26929 | 27107 |
| 48 | 0 | 27285 | 27465 | 27646 | 27828 | 28012 | 28196 | 28381 | 28567 | 28755 | 28943 | 29133 | 29324 |
| 49 | 0 | 29516 | 29709 | 29903 | 30098 | 30295 | 30492 | 30691 | 30891 | 31092 | 31295 | 31498 | 31703 |
| 50 | 0 | 31909 | 32116 | 32324 | 32534 | 32745 | 32957 | 33171 | 33385 | 33601 | 33818 | 34037 | 34257 |
| 51 | 0 | 34478 | 34700 | 34924 | 35149 | 35376 | 35604 | 35833 | 36063 | 36295 | 36524 | 36763 | 36999 |
| 52 | 0 | 37237 | 37476 | 37716 | 37958 | 38202 | 38446 | 38693 | 38941 | 39190 | 39441 | 39693 | 39947 |
| 53 | 0 | 40202 | 40459 | 40717 | 40977 | 41239 | 41502 | 41767 | 42034 | 42302 | 42571 | 42843 | 43116 |
| 54 | 0 | 43390 | 43667 | 43945 | 44225 | 44506 | 44789 | 45074 | 45361 | 45650 | 45904 | 46232 | 46526 |
| 55 | 0 | 46822 | 47119 | 47419 | 47720 | 48023 | 48328 | 48635 | 48944 | 49255 | 49568 | 49882 | 50199 |
| 56 | 0 | 50518 | 50838 | 51161 | 51486 | 51813 | 52141 | 52472 | 52805 | 53141 | 53478 | 53817 | 54159 |
| 57 | 0 | 54503 | 54849 | 55197 | 55547 | 55900 | 56255 | 56612 | 56972 | 57333 | 57698 | 58064 | 58433 |
| 58 | 0 | 58804 | 59178 | 59554 | 59933 | 60314 | 60697 | 61083 | 61472 | 61863 | 62257 | 62653 | 63052 |
| 59 | 0 | 63454 | 63858 | 64265 | 64674 | 65086 | 65501 | 65919 | 66340 | 66763 | 67189 | 67618 | 68050 |

# 第三节　齿轮的基本参数

在进一步研究齿轮的啮合特性和传动过程之前，先了解有关的齿轮各部分的名称和基本参数。

## 一、齿轮各部分名称与符号

图 9-4a 所示为渐开线直齿圆柱外齿轮的一部分，它的每个轮齿的两侧齿廓都是由形状相同而方向相反的渐开线曲面组成。其各部分名称和符号如下：

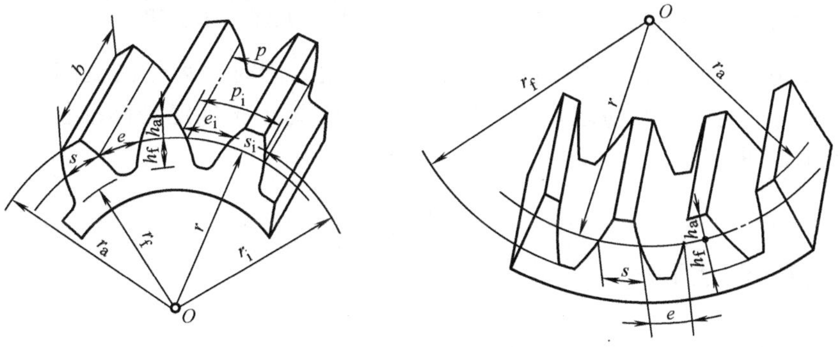


a)　　　　b)

图 9-4　直齿圆柱齿轮

a）外齿轮　b）内齿轮

**齿数**：齿轮上凸出的部分称为齿，其总数称为齿数，用 $z$ 表示。

**齿槽**：齿轮上相邻两齿之间的空间称为齿槽。

**齿顶圆**：过齿轮所有齿顶端的圆称为齿顶圆，其半径用 $r_a$ 表示，直径用 $d_a$ 表示。

**齿根圆**：过各齿槽根部所作的圆称为齿根圆，其半径用 $r_f$ 表示，直径用 $d_f$ 表示。

**齿厚、齿槽宽和齿距**：沿任意圆周上所量得的单个轮齿及齿槽的弧线长度称为该圆上的齿厚和齿槽宽，分别用 $s_i$、$e_i$ 表示；相邻两齿同侧齿廓间的弧长，称为齿轮在这个圆上的齿距，用 $p_i$ 表示。由图9-4a可知，在同一圆周上，齿距等于齿厚和齿槽宽之和，即

$$p_i = s_i + e_i$$

**齿宽**：轮齿沿齿轮轴线方向的宽度称为齿宽，用 $b$ 表示。

## 二、基本参数

**模数**：模数是齿轮的基本参数之一，为了解模数的含义首先介绍齿轮的分度圆。为了得到计算齿轮各部分尺寸的基准，在齿顶圆和齿根圆之间规定一直径为 $d$（半径为 $r$）的圆，这个圆是计算齿轮各部分尺寸的基准圆，在此圆上具有标准模数和标准压力角（后面将会介绍），把这个圆称为齿轮的**分度圆**。分度圆上的齿厚、齿槽宽和齿距分别以 $s$、$e$ 和 $p$ 表示，且

$$p = s + e \tag{9-2}$$

分度圆的大小可以由齿数 $z$ 和齿距 $p$ 决定，即分度圆的周长为 $\pi d = pz$，所以得

$$d = z\frac{p}{\pi} \tag{9-3}$$

由式（9-3）可知，一个齿数为 $z$ 的齿轮，只要其齿距一定，其分度圆直径就一定。

**表9-3　标准模数系列**（摘自GB/T 1357—2008）　　　（单位：mm）

| | | | | | | |
|---|---|---|---|---|---|---|
| 第一系列 | 1.25<br>16 | 1.5<br>20 | 2<br>25 | 2.5<br>32 | 3<br>40 | 4<br>50 |
| 第二系列 | 1.125<br>(6.5) | 1.375<br>7 | 9 | 1.75<br>11 | 2.25<br>14 | 2.75<br>18 |
| 第一系列 | 5 | 6 | 8 | 10 | 12 | |
| 第二系列 | 22 | 3.5<br>28 | | 4.5<br>35 | 5.5<br>45 | |

注：选用模数时，应优先采用第一系列，其次是第二系列，括号内的模数尽可能不用。

式（9-3）中 $\pi$ 为一无理数，这使计算颇为不便，同时对齿轮的制造和检验等也不利。为了解决这个问题，人为地将式（9-3）中的比值 $p/\pi$ 规定为标准值，此值称为**模数**，用 $m$ 表示，即

$$m = \frac{p}{\pi} \tag{9-4}$$

于是分度圆的直径可表示为

$$d = mz \tag{9-5}$$

注意，模数具有长度的量纲，单位为mm。

模数 $m$ 是决定齿轮尺寸的重要参数之一。相同齿数的齿轮，模数越大，其尺寸也越大。图9-5清楚地显示了相同齿数、不同模数的齿轮之间的尺寸关系。

在工程实际中，齿轮的模数已经标准化了。表9-3是摘自GB/T 1357—2008《通用机械和重型机械用圆柱齿轮　模数》中规定的标准模数系列。

**分度圆压力角**：由渐开线函数可知，对于同一渐开线齿廓，当其向径不同时，压力角 $\alpha_i$ 也不同，即

$$\alpha_i = \arccos \frac{r_b}{r_i}$$

作为基准圆（分度圆）的圆周上的压力角应当是已知的标准值，这样在工程中才便于齿轮的设计、制造和互换使用。所以在我国将分度圆上的压力角规定为标准值，取分度圆压力角 $\alpha = 20°$。其他国家常用的分度圆压力角除 $\alpha = 20°$ 之外还有 $\alpha = 15°$ 等。

这样，分度圆压力角 $\alpha$ 就可以表示为

$$\alpha = \arccos \frac{r_b}{r} \tag{9-6}$$

综上所述可知，分度圆就是齿轮上具有标准模数和标准压力角的圆。其标准模数和标准压力角简称为模数和压力角；分度圆齿厚、分度圆齿距、分度圆齿槽宽简称齿厚、齿距、齿槽宽，分别用不带下标的 $s$、$p$、$e$ 表示。

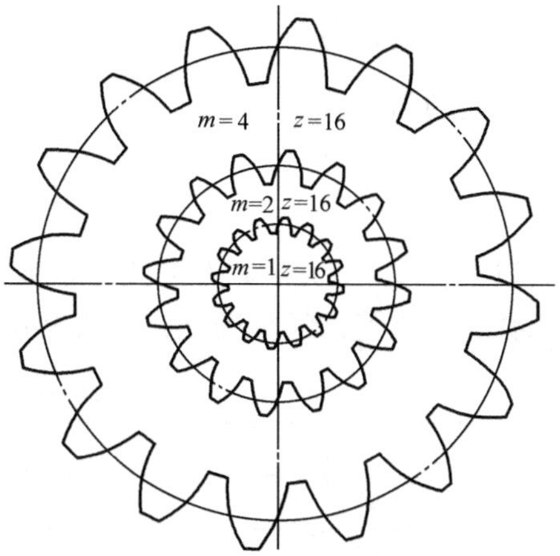

图 9-5　模数不同的同齿数的齿轮

**齿顶高和齿根高**：如图 9-4a 所示，轮齿被分度圆分为两部分：介于分度圆与齿顶圆之间的部分称为**齿顶**，其径向高度称为**齿顶高**，用 $h_a$ 表示；介于分度圆与齿根圆之间的部分称为**齿根**，其径向高度称为**齿根高**，用 $h_f$ 表示。这样就可以得到齿顶圆和齿根圆直径的计算公式

$$\begin{cases} d_a = d + 2h_a \\ d_f = d - 2h_f \end{cases}$$

## 三、齿条

图 9-6 所示为一齿条，它可以看作齿轮的一种特殊形式。因为当齿轮的齿数增大到无穷多时，其圆心将位于无穷远处，这时齿轮的各圆周均变为直线，渐开线的齿廓也变成直线齿廓。这种齿数为无穷多的齿轮的一部分就是**齿条**。齿条与齿轮相比有下列两个主要的特点。

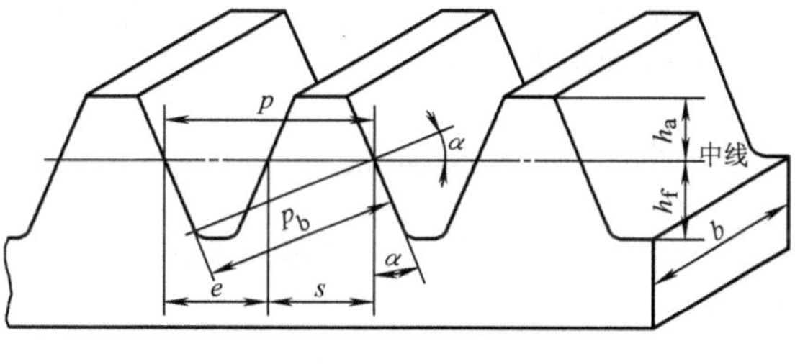

图 9-6　标准齿条

1）由于齿条的齿廓是直线，所以齿廓上各点的法线是平行的，而且传动时齿条是作平动的，齿廓上各点速度的大小和方向都一致，所以齿条齿廓上各点的压力角都相同，其大小等于齿廓的倾斜角（取标准值 20°或 15°），通称为**齿形角**。

2）由于齿条上各齿同侧的齿廓是平行的，所以不论在分度线上或齿顶线上或与其平行的其他直线上，其齿距都相等，即 $p = \pi m$。

与齿顶线平行的任一直线称为齿条节线，其中与齿顶线平行且齿厚 $s$ 等于齿宽 $e$ 的直线称为分度线，也称为中线，它是计算齿条尺寸的基准线。

齿条基本尺寸的计算公式如下：

齿条的齿顶高 $h_a = h_a^* m$

齿条的齿根高 $h_f = h_f^* m = (h_a^* + c^*) m$

齿条的齿厚 $s = \frac{1}{2}\pi m$

齿条的齿槽宽 $e = \frac{1}{2}\pi m$

以上各式中，$h_a^*$ 称为齿顶高系数，$c^*$ 称为径向间隙系数或顶隙系数，$h_f^*$ 称为齿根高系数。其数值已经标准化，见表 9-4。

**表 9-4 标准系数 $h_a^*$、$h_f^*$、$c^*$**

| 系 数 | 正 常 齿 | 短 齿 |
|---|---|---|
| $h_a^*$ | 1.0 | 0.8 |
| $h_f^*$ | 1.25 | 1.1 |
| $c^*$ | 0.25 | 0.3 |

### 四、内齿轮

图 9-4b 所示为一渐开线内齿圆柱齿轮。由于内齿轮的轮齿是分布在空心圆柱体的内表面上，所以它与外齿轮比较有下列不同点。

1）内齿轮的齿厚相当于外齿轮的齿槽宽，内齿轮的齿槽宽相当于外齿轮的齿厚。内齿轮的齿廓也是渐开线，但其轮齿的形状与外齿轮不同，外齿轮的齿廓是外凸的，而内齿轮的齿廓则是内凹的。

2）内齿轮的分度圆大于齿顶圆，而齿根圆又大于分度圆，因此齿根圆大于齿顶圆。

3）为了使内齿轮齿顶的齿廓全部为渐开线，则其齿顶圆必须大于基圆。

基于上述各点，内齿轮有些基本尺寸的计算，就不同于外齿轮。例如：

内齿轮的齿顶圆直径 $d_a = d - 2h_a$

内齿轮的齿根圆直径 $d_f = d + 2h_f$

### 五、齿轮的基本参数

齿轮的基本参数包括：模数 $m$、齿数 $z$、分度圆压力角 $\alpha$、齿顶高系数 $h_a^*$、径向间隙系数 $c^*$。

## 第四节 齿廓啮合基本定律

齿轮机构的运动是依靠主动齿轮的齿廓依次推动从动齿轮的齿廓来实现的。两齿轮之间的角速度之比称为**传动比**（如 $i_{12} = \omega_1/\omega_2$）。齿廓形状不同，则两齿轮传动比的变化规律也不同。如果两齿轮的转动能够实现预定的传动比，则两齿轮相互接触的一对齿廓称为**共轭齿廓**。

图 9-7 所示为齿轮在点 $K$ 互相啮合的一对齿廓，两齿廓以角速度 $\omega_1$、$\omega_2$ 分别绕轴

$O_1$、$O_2$ 转动，点 $K$ 为两齿廓的接触点。点 $K$ 公法线 $n-n$（$t-t$ 为公切线）与 $O_1O_2$ 的交点为点 $P$。由三心定理知，$P$ 即两齿轮的瞬心，称为啮合节点（简称节点）。由于两齿轮在点 $P$ 有相等的速度，故

$$i_{12}=\omega_1/\omega_2=O_2P/O_1P \tag{9-7}$$

式（9-7）称为**齿廓啮合基本定律。即互相啮合传动的一对齿轮，在任一位置时的传动比，都与其连心线 $O_1O_2$ 被其啮合齿廓在接触点处公法线分成的两段成反比。**

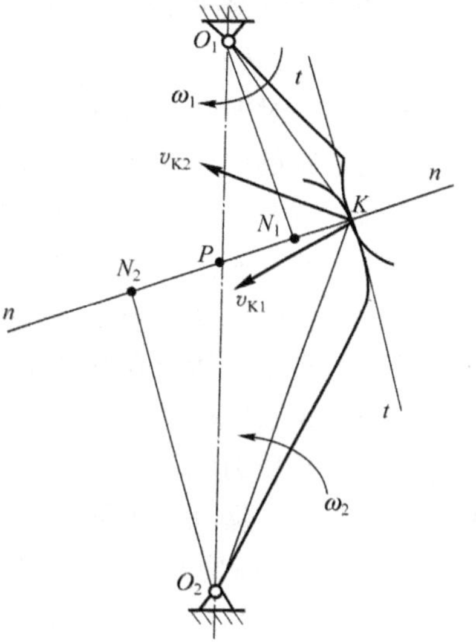

图 9-7　齿廓传动

由图 9-7 知，尽管两齿轮在点 $K$ 的速度 $v_{K1}\neq v_{K2}$，但其沿接触点公法线方向的运动速度应相等，否则两齿廓不是彼此分离就是互相嵌入，不能完成正常的传动。而在 $t-t$ 切向存在相对滑动速度。只有齿廓在节点 $P$ 啮合时，才有 $v_{K1}=v_{K2}$，也不会产生相对滑动速度。这也是轮齿在节点附近很少磨损的原因。可见，啮合点离点 $P$ 越近齿面滑动速度越小。

当要求两齿轮作定传动比（$i_{12}\equiv$常数）时，节点 $P$ 在连心线上应为一个固定点，因此点 $P$（点 $P_1$、$P_2$）在两齿轮的运动平面（与两齿轮相固联的平面）上的轨迹为圆。过节点 $P$ 所作的圆称为节圆，即半径为 $O_1P=r_1'$、$O_2P=r_2'$的圆。由于 $P$ 为两齿轮的瞬心，故两齿轮在点 $P$ 处的线速度是相等的，所以两齿轮的啮合传动可以看成是两齿轮的节圆作无滑动的纯滚动。此时，齿廓啮合基本定律可表述为：**如欲使一对齿轮的传动比为常数，则不论两齿廓在何点接触，过接触点的齿廓公法线都应与两轮连心线交于定点 $P$。**

当两齿轮为变传动比传动（$i_{12}=f(\varphi)$或 $i_{12}=f(t)$）时，节点 $P$ 就不是一个定点，而是按相应的运动规律在连心线 $O_1O_2$ 上移动。由于此时 $P$ 点不是一个定点，所以 $P$ 点在两轮动平面上的轨迹就不再是圆，而是非圆封闭曲线，所以这种齿轮称为**非圆齿轮**。

如前所述，凡满足齿廓啮合基本定律的一对齿轮的齿廓称为共轭齿廓。理论上可以作为共轭齿廓的曲线有无穷多，但齿廓曲线的选择除了满足传动比的要求以外，还应满足易于设计计算和加工、强度好、磨损少、效率高、寿命长、制造安装方便、易于互换等要求。因此，机械制造中常常只用几种曲线作为齿轮的齿廓曲线，渐开线便是几种曲线之一。由于渐开线能较好地满足上述要求，所以工程中广泛地应用渐开线齿轮。

## 第五节　渐开线齿廓及齿轮传动的特性

### 一、渐开线齿廓传动

#### 1. 渐开线齿廓满足定传动比传动要求

如图 9-8 所示的一对渐开线齿廓啮合的两个位置，过啮合点（不论是点 $K$ 或 $K'$）作渐开线齿廓的公法线 $N_1N_2$。根据渐开线的特性知，该公法线必同时与两齿轮的基圆相切，即 $N_1N_2$ 为两基圆的一条固定的内公切线。因此不论何时，啮合点的公法线 $N_1N_2$ 与连心

线均交于定点 $P$。故以渐开线作为齿廓曲线的齿轮，其传动比一定为一常数。

**2. 渐开线齿廓传动的特点**

1）渐开线传动的啮合线为直线。齿轮传动时，其齿廓接触点的轨迹称为啮合线。在图 9-8 中，一对渐开线齿廓不论在何处啮合，其接触点的公法线都是同一条直线 $N_1N_2$，即两齿轮基圆的内公切线。这说明一对渐开线齿廓上的**所有啮合点**都在 $N_1N_2$ 线上。即渐开线齿廓的啮合线为一直线——两齿轮基圆的内公切线 $N_1N_2$。

如图 9-8 所示，啮合点的齿廓公法线与 $t-t$ 线的夹角称为**啮合角**，用 $\alpha'$ 表示。当两齿廓在节点啮合时，啮合角也就是节圆上的压力角。啮合角即两基圆内公切线 $N_1N_2$ 与两节圆切线间的夹角，所以在整个啮合过程中，啮合角 $\alpha'$ 是一个常数，其数值等于节圆压力角。这表明齿廓间压力作用线方向不变；在齿轮传递转矩一定时，其压力大小也不变，从而使齿轮的轴承受力稳定，不易产生振动和损坏。

2）渐开线齿廓传动具有可分性。由图 9-8 可知，$\triangle O_1N_1P \backsim \triangle O_2N_2P$，所以两齿轮的传动比可以写成

$$i_{12}=\frac{\omega_1}{\omega_2}=\frac{O_2P}{O_1P}=\frac{r_2'}{r_1'}=\frac{O_2N_2}{O_1N_1}=\frac{r_{b2}}{r_{b1}}$$

也可写为

$$i_{12}=r_2'/r_1'=r_2/r_1=r_{b2}/r_{b1}=z_2/z_1 \tag{9-8}$$

即渐开线齿轮的传动比还取决于两齿轮基圆半径的比值。在渐开线齿廓加工切制完成以后，它的基圆大小也就已确定。因此，即使一对齿轮安装后的实际中心距与设计中心距略有偏差，也不会影响该对齿轮的传动比。渐开线齿轮传动的这一特性称为其**中心距的可分性**。

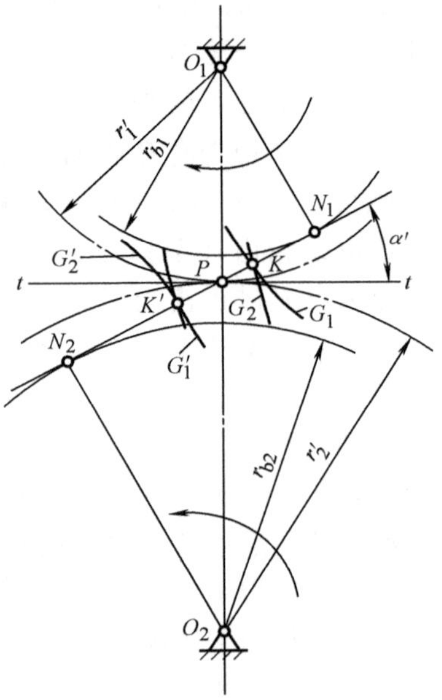

图 9-8 渐开线齿廓传动

9

## 二、渐开线齿轮机构的啮合传动

### 1. 渐开线直齿圆柱齿轮机构的啮合过程

图 9-9 所示为一对齿轮的啮合过程。主动齿轮 1 顺时针方向转动，推动从动齿轮 2 逆时针方向转动。当两轮的一对轮齿开始啮合时（如图中 $B_2$ 点），必为主动齿轮的齿根推动从动齿轮的齿顶，图中右侧虚线位置即为一对齿廓开始啮合的位置。随着传动的进行，两齿廓啮合点将沿着啮合线向左下方移动，当啮合进行到 $B_1$ 点时，两轮齿将脱离啮合。由此可见：

起始啮合点 $B_2$：从动齿轮的齿顶圆与啮合线 $N_1N_2$ 的交点。

终止啮合点 $B_1$：主动齿轮的齿顶圆与啮合线 $N_1N_2$ 的交点。

线段 $B_1B_2$ 为啮合点的实际轨迹（从点 $B_2$ 到点 $B_1$），所以 $B_1B_2$ 线称为**实际啮合线**。若将两齿轮的齿顶圆加大，则点 $B_1$、$B_2$ 将分别趋近于点 $N_2$、$N_1$，实际啮合线将加长。但因为基圆内无渐开线（渐开线的特性 6），所以实际啮合线不能超过点 $N_1$、$N_2$。点 $N_1$、$N_2$ 就称为**极限啮合点**。$N_1N_2$ 称为**极限啮合线**。

由此可知，在两齿轮的啮合过程中，轮齿的齿廓不是全部都参加啮合的，而是只限于从齿顶到齿根的一段齿廓参加接触。实际上参加接触的这一段齿廓称为齿廓的实际工作段，如图9-9中所示的阴影部分。

**2. 渐开线直齿圆柱齿轮的正确啮合条件**

为了保证两齿轮正确啮合（即不互相干涉、卡死），前后两对轮齿应同时在啮合线 $N_1N_2$ 上接触，如图9-10中的点 $K'$、$K$。

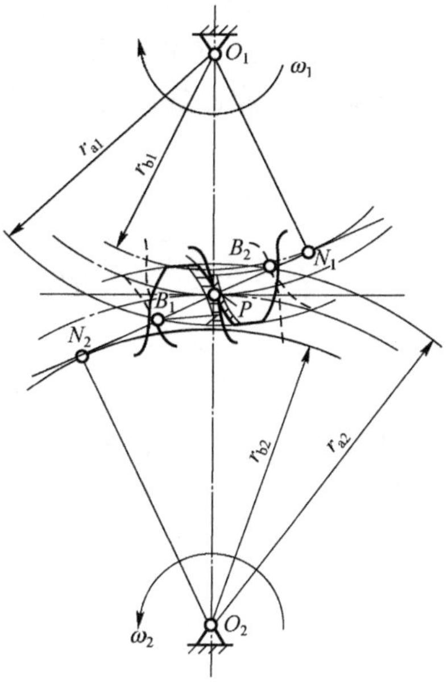


图9-9　啮合过程图

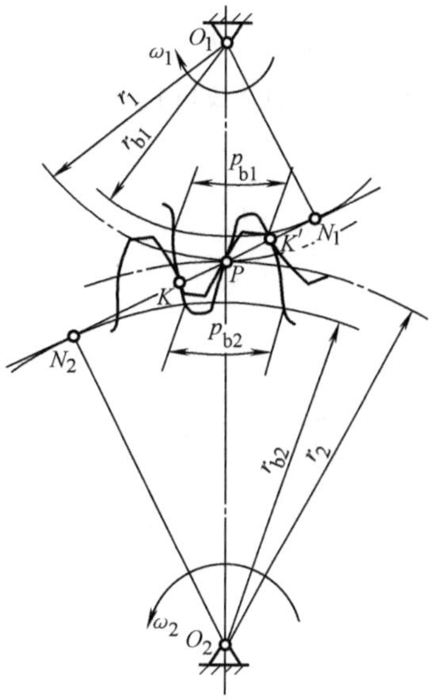


图9-10　法向齿距与基圆齿距

相邻两齿同侧齿廓间的法向距离 $K'K$ 称为法向齿距，以 $p_n$ 表示。可见，要保证两齿轮正确啮合，则两轮的相邻两齿法向距离应相等：$K_1K_1' = K_2K_2'$；而 $p_{b1}$、$p_{b2}$ 分别为两齿轮基圆上的齿距（简称**基圆齿距**），由渐开线的性质知，法向齿距 $p_n$ 在数值上等于基圆齿距 $p_b$

$$p_{b1} = KK' = p_{b2} \tag{9-9}$$

因为

$$p_b = \pi d_b/z = \pi d\cos\alpha/z = p\cos\alpha$$

所以

$$\begin{cases} p_{b1} = p_1\cos\alpha_1 = \pi m_1\cos\alpha_1 \\ p_{b2} = p_2\cos\alpha_2 = \pi m_2\cos\alpha_2 \end{cases}$$

将 $p_{b1}$、$p_{b2}$ 代入式（9-9），得

$$m_1\cos\alpha_1 = m_2\cos\alpha_2 \tag{9-10}$$

式中，$m_1$、$m_2$、$\alpha_1$、$\alpha_2$ 分别为两齿轮的模数和压力角。由于模数和压力角均已标准化，所以有

$$\begin{cases} m_1 = m_2 = m \\ \alpha_1 = \alpha_2 = \alpha \end{cases} \tag{9-11}$$

式（9-11）表明：渐开线齿轮正确啮合的条件是两齿轮模数和压力角应分别相等。

**3. 渐开线直齿圆柱齿轮机构的连续传动条件**

1）重合度 $\varepsilon_\alpha$ 的定义。要使齿轮连续传动，必须在前一对轮齿尚未脱离啮合时，后一对轮齿就应及时地进入啮合。要实现这一点，就必须使实际啮合线段 $B_1B_2$ 大于或至少等于这一对齿轮的法向齿距 $p_n$。由图 9-11a 知，当 $B_1B_2=p_b$ 时，表示前一对轮齿刚要脱离啮合时，后一对轮齿正好进入啮合。由图 9-11b 知，当 $B_1B_2>p_b$ 时，表示前一对轮齿脱离啮合时，后一对轮齿早已进入啮合。由图 9-11c 知，若 $B_1B_2<p_b$，则表示当前一对轮齿在终止啮合点 $B_1$ 时，后一对轮齿尚未进入啮合，前对轮齿中主动齿轮的齿顶部只能在从动齿轮齿面上划过。此时已不是两齿廓的正常啮合传动，不能保证原有的定传动比传动。

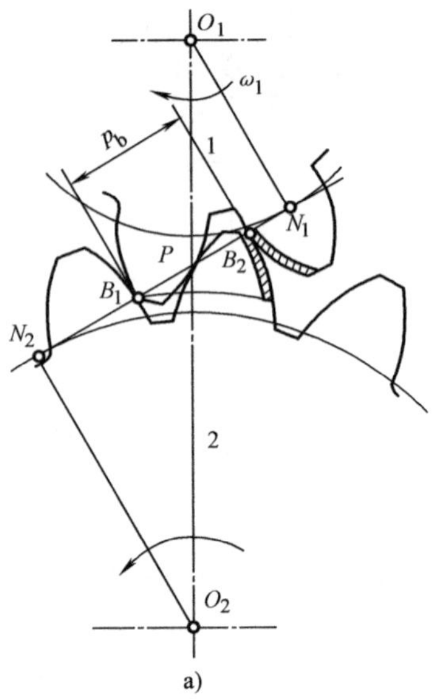


图 9-11 满足连续传动示意图

a）$B_1B_2=p_b$ b）$B_1B_2>p_b$ c）$B_1B_2<p_b$

由此可知，齿轮连续定传动比传动的条件是，两齿轮的实际啮合线应大于或等于齿轮的法向齿距 $p_n$（即基圆齿距 $p_b$）。用 $B_1B_2$ 和 $p_b$ 的比值 $\varepsilon_\alpha$ 来表示上述条件，则有

$$\varepsilon_\alpha=\frac{B_1B_2}{p_b}\geqslant 1 \tag{9-12}$$

式中，$\varepsilon_\alpha$ 称为齿轮传动的重合度。

理论上只要重合度 $\varepsilon_\alpha=1$ 就能保证齿轮的定传动比连续传动。但在工程中齿轮的制造和安装总会有误差，为了确保齿轮传动的连续性，则应该使计算所得的重合度 $\varepsilon_\alpha$ 大于 1。工程中常取计算的 $\varepsilon_\alpha$ 值大于或等于一定的许用值 $[\varepsilon_\alpha]$，即使

$$\varepsilon_\alpha\geqslant[\varepsilon_\alpha] \tag{9-13}$$

$[\varepsilon_\alpha]$ 值根据齿轮的使用场合和制造精度而定，常用的推荐值见表 9-5。

2）重合度的计算。重合度用式（9-14）计算

$$\varepsilon_\alpha=B_1B_2/p_b=[z_1(\tan\alpha_{a1}-\tan\alpha')+z_2(\tan\alpha_{a2}-\tan\alpha')]/(2\pi) \tag{9-14}$$

表 9-5　[$\varepsilon_\alpha$] 推荐值

| 使用场合 | 一般机械制造业 | 汽车拖拉机 | 金属切削机床 |
|---|---|---|---|
| [$\varepsilon_\alpha$] | 1.4 | 1.1～1.2 | 1.3 |

式中，$\alpha'$为啮合角；$\alpha_{a1}$、$\alpha_{a2}$分别为齿轮 1、2 的齿顶圆压力角，可由下式求出

$$\alpha' = \arccos\frac{r_b}{r'};\ \alpha_{a1} = \arccos\frac{r_{b1}}{r_{a1}};\ \alpha_{a2} = \arccos\frac{r_{b2}}{r_{a2}}$$

一对齿轮传动时，重合度的大小表明了同时参与啮合的轮齿对数的平均值。齿轮传动的重合度大，表明同时参与啮合的轮齿对数多，因此在载荷相同的情况下，每对轮齿的受载就小，从而提高了齿轮的承载能力。因此在一般情况下，齿轮传动的重合度越大越好。

## 第六节　齿 轮 加 工

现代工业生产中齿轮加工的方法有很多种，如铸造法、热轧法、冲压法、模锻法和切削法等。目前最常用的仍为切削法。用切削法加工齿轮齿廓的方法也有许多种，其加工原理概括起来分为两类。

### 一、仿形法

用这种方法加工齿轮，是采用圆盘铣刀（图 9-12）或指状齿轮铣刀（图 9-13）将齿轮毛坯上齿槽部分的材料逐一铣掉。加工在普通卧式或立式铣床上进行。铣刀的轴向剖面的形状和被加工齿轮齿槽的形状完全相同。加工时，铣刀绕自身的轴线转动，同时被加工齿轮沿着自己的轴线方向运动，加工出整个齿的宽度。一个齿槽加工完后，轮坯退回原处，用分度头将它转过 360°/$z$，再加工第二个齿槽。这样依次进行下去，直到所有的齿槽加工完毕，就可以加工出一个齿轮。

9

图 9-12　圆盘铣刀加工齿轮

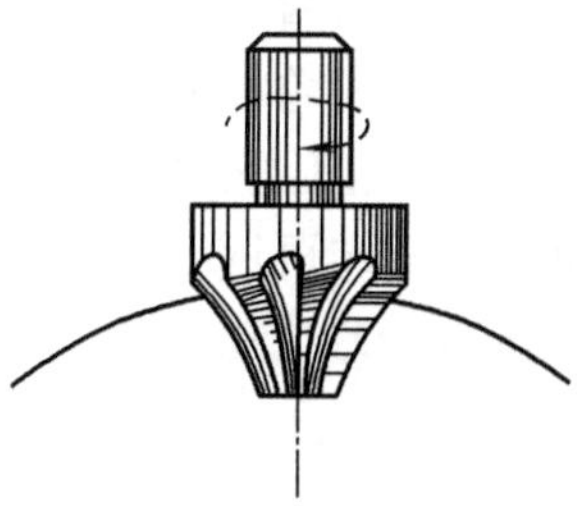

图 9-13　指状齿轮铣刀切齿

一般用圆盘铣刀（卧铣）加工模数较小的齿轮，而用指状齿轮铣刀（立铣）加工模数较大的齿轮。指状齿轮铣刀还可以用于加工人字齿轮。

用仿形法加工齿轮的优点是：用普通铣床就可以加工齿轮，而不用专用设备。但也有一些缺点：

1）加工精度低。因为齿轮齿廓的形状决定于基圆的大小（渐开线特性 5），而基圆半径 $r_b = (mz/2)\cos\alpha$，所以对于一定模数和压力角的一套齿轮，要加工出精确的渐开线齿廓，则对应于每一种齿数就必须有一把铣刀；若再考虑模数的变化，这样所需刀具的数量

就太多，在实际生产中是不能这样做的。因此，为了减少刀具数量，在工程上加工同样模数、压力角的齿轮时，一般只备有1～8号齿轮铣刀，每一种铣刀加工一定齿数范围内的齿轮。各号铣刀加工齿轮齿数的范围见表9-6。

**表9-6 各号铣刀切制齿轮齿数的范围**

| 铣刀号数 | 1 | 2 | 3 | 4 | 5 | 6 | 7 | 8 |
|---|---|---|---|---|---|---|---|---|
| 所切齿轮齿数 | 12～13 | 14～16 | 17～20 | 21～25 | 26～34 | 35～54 | 55～134 | >134 |

为了保证加工出来的齿轮在啮合时不卡住，每一号铣刀都是按所加工的那组齿轮中齿数最少的齿轮的齿形来制造的，因此用这把铣刀加工该组中其他齿数的齿轮，则齿形必有一定的误差，所以这种加工方法精度低。

2）轮齿分度的误差也会影响齿形的精度。

3）由于加工不连续，所以生产率低。

由于仿形法的这些特点，它常常被用于修配或小批量生产中。

## 二、展成法

**展成法**也叫**包络法**或范成法，是目前齿轮加工中最为常用的一种方法。展成法是利用一对齿轮啮合传动时，其齿廓曲线互为包络线的原理来加工齿轮的。加工时，除了切削和让刀运动之外，刀具和齿坯之间的运动与一对互相啮合的齿轮完全相同。常用刀具有齿轮形刀具（齿轮插刀）、齿条形刀具（齿条插刀）和齿轮滚刀等三种形式。

**1. 齿轮插刀**

如图9-14a所示，齿轮插刀像一个具有切削刃的齿轮，加工时齿轮插刀Ⅰ沿轮坯Ⅱ的轴线方向运动（Ⅲ方向所示）以进行切削；同时插刀和轮坯还以恒定的传动比 $i=n_d/n_p=z_p/z_d$（其中 $n_d$、$z_d$、$n_p$、$z_p$ 分别代表插刀和轮坯的转速和齿数）作啮合运动，因此用这种方法加工出来的齿廓是插刀切削刃在各个位置的包络线（图9-14b）；此外，齿轮插刀还在加工过程中沿轮坯的径向进给，以加工出全齿高度；最后，为了防止插刀向上退刀（回程）时擦伤已加工好的轮齿表面，在退刀时，轮坯还需让开一小段距离，待插刀向下作切削运动时，轮坯再回到原来的位置。以上所述四种运动分别叫做**切削运动**、**展成运动**、**进给运动**和**让刀运动**。

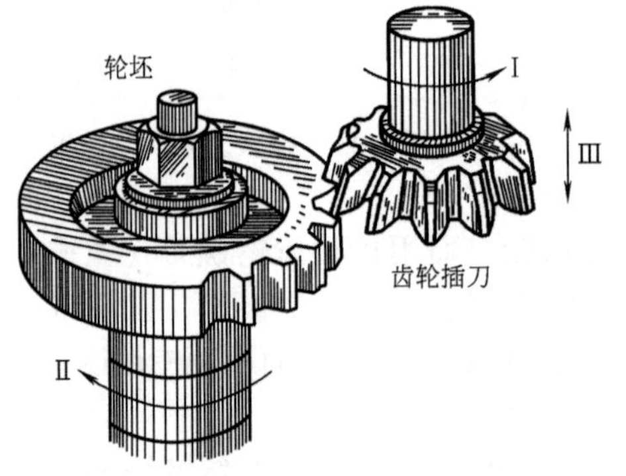


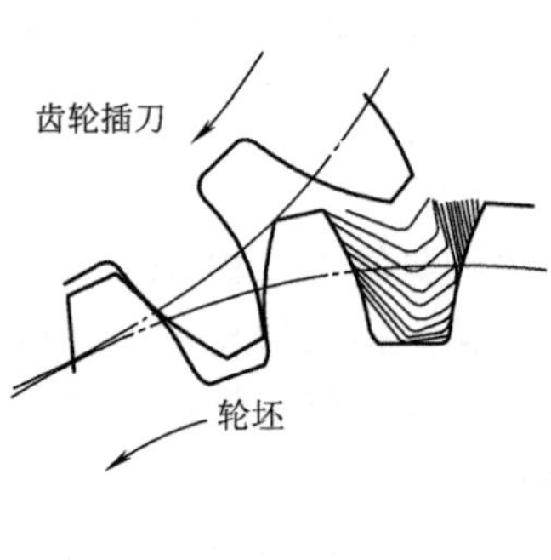


图9-14 展成法加工齿轮（一）
a）小齿轮插刀加工齿轮 b）齿轮插刀插齿展成原理

只要根据被加工齿轮的齿数 $z_p$ 使变速箱的速比等于插刀和轮坯的传动比 $z_p/z_d$，便可以用同一把插刀加工出与刀具模数和压力角相同而齿数不同的齿轮。因此，同一把插刀加工的不同齿数的齿轮能正确地互相啮合传动。

**2. 齿条插刀**

图 9-15 所示为用齿条插刀加工齿轮的情况。

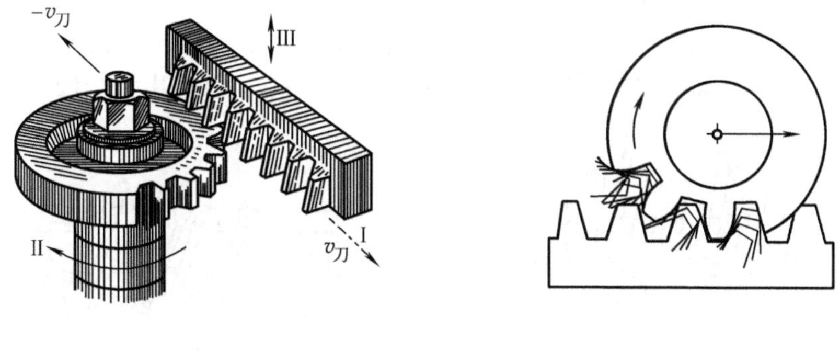


a)　　　　b)

图 9-15　展成法加工齿轮（二）
a）齿条插刀加工齿轮　b）齿条插刀插齿展成原理

如图 9-16 所示，齿条插刀齿廓的基本形状和普通的标准齿条相似，称为标准齿条形插刀。直线齿廓的倾斜角 $\alpha$ 称为刀具的刀具角。阴影线部分是刀具上比普通齿条增加的部分，其作用是为了切制被加工齿轮齿根处的过渡圆弧，使齿轮在啮合传动时齿顶和齿根间有一定的径向间隙。由于刀具上阴影圆角部分切削刃切出的齿廓是过渡曲线而不是渐开线，所以在后面的研究中仍认为齿条刀具的形状与标准齿条相同。如前所述，在齿条刀具上平行其齿顶、齿根的线段称为刀具节线。在这些节线当中，有一条与齿厚和齿槽宽相等的节线，称为刀具的分度线，又称齿条刀具的中线。分度线以上部分为齿顶高，分度线以下部分为齿根高。标准齿条刀具的齿顶高规定为 $h_a^* m$，加上其增加部分，齿顶高总共为$(h_a^*+c^*)m$。齿根高规定为$(h_a^*+c^*)m$。所以，齿条插刀的齿顶高和齿根高是相等的。

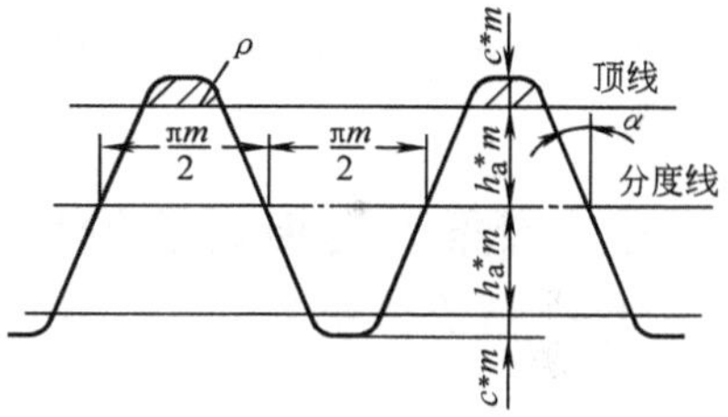


图 9-16　齿条插刀

加工时，刀具与齿轮轮坯之间的展成运动相当于齿条与齿轮之间的啮合运动。为切出整数个轮齿，刀具的移动速度一定要等于轮坯分度圆的圆周速度，即齿条刀具的移动速度 $v_{刀}=(mz/2)\omega=(d/2)\omega$。其中 $m$、$z$、$\omega$ 分别为被切齿轮的模数、齿数和角速度。刀具的移动速度为 $v_{刀}$，刀具上某一给定的线段（这一线段可以是刀具的分度线或是刀具的节线）同齿轮轮坯的分度圆相切，两者作纯滚动。所以刀具在该线段上的齿槽宽和齿厚与被加工齿轮的齿厚和齿槽宽分别相等。由于齿条刀具上除了分度线以外，在各条节线上的齿厚和齿槽宽都不相等，所以一般情况下被加工齿轮的分度圆齿厚和齿槽宽都是不相等的。切削刃在各个位置的包络线即为被加工齿轮的齿廓，如图 9-15b 所示。

**3. 齿轮滚刀**

用齿轮插刀和齿条插刀加工齿轮是依靠刀具的往复插齿完成的，其切削都是不连续的，因而生产率较低。因此，在生产中广泛地采用齿轮滚刀来加工齿轮，如图 9-17 所示。齿轮滚刀的外形如图 9-18 所示。滚刀的形状像一个螺旋，与螺旋不同之点在于沿刀具轴线开了若干条沟槽作为切削刃，以利于切削。当滚刀转动时，在轮坯回转面内便相当于有一个无限长的齿条在连续不断地向左移动（图 9-17a），所以用滚刀加工齿轮就相当于用齿条插刀加工齿轮。加工时，滚刀和轮坯各绕自己的轴线等速回转，其传动比 $n_d/n_p = z_p/z_d$，同时滚刀沿轮坯的轴线方向作缓慢的移动（图 9-17b），以切出整个齿宽上的齿轮。

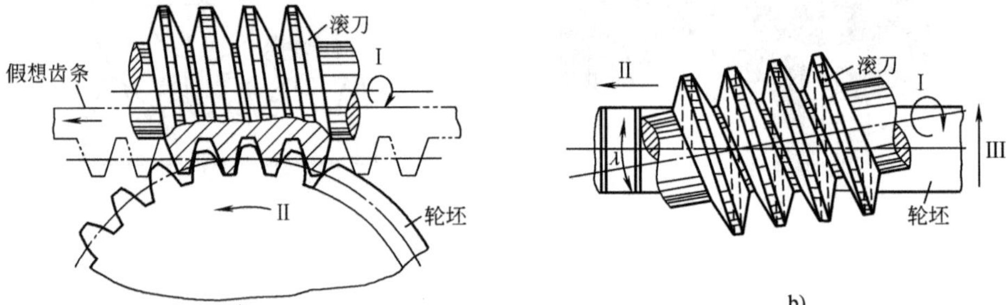


a)　　b)

图 9-17　展成法加工齿轮（三）

a）齿轮滚刀加工齿轮　b）齿轮滚刀的加工位置

生产上最常用的滚刀是阿基米德螺线滚刀，这种滚刀在轴平面（即通过滚刀轴线的平面）内为完全精确的直线齿廓的齿条。

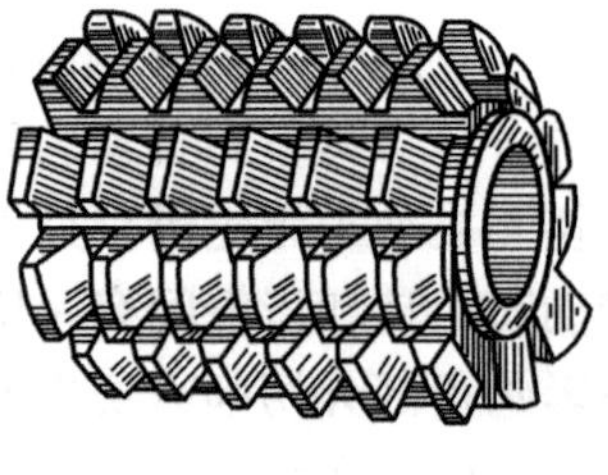

图 9-18　齿轮滚刀的外形

## 三、齿条刀具相对于轮坯在不同位置时加工出的标准齿轮和变位齿轮

采用齿条刀具用展成法加工齿轮时，刀具与轮坯之间的运动是展成运动，即齿条齿轮之间的啮合运动。根据刀具相对于轮坯的不同位置，可以加工出变位齿轮和标准齿轮。

**1. 用标准齿条形刀具加工标准齿轮**

在切削齿轮时，先根据轮坯的外圆对刀，然后取总的径向进刀量等于标准全齿高 $(2h_a^* + c^*)m$，这时刀具与轮坯顶圆之间的顶隙为 $c^* m$，而刀具的分度线刚好与轮坯分度圆相切，如图 9-19 所示。这样切出的齿轮，其齿顶高为 $h_a = h_a^* m$，齿根高为 $h_f = (h_a^* + c^*)m$。由于切齿的展成运动，保证刀具分度线的移动速度与轮坯分度圆的圆周速度相等。这样，刀具分度线上的齿槽宽将与轮坯分度圆上的齿厚相等；刀具分度线上的齿厚将与轮坯分度圆上的齿槽宽相等。由于刀具分度线上的齿厚和齿槽宽相等，故切出的齿轮在分度圆上的齿厚与齿槽宽也相等，即 $s = e = p/2 = 0.5\pi m$。这样切出

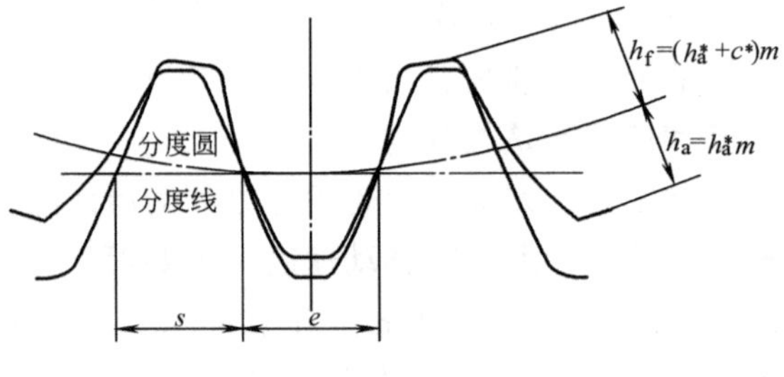


图 9-19　刀具中线与分度圆相切——加工标准齿轮

的齿轮为标准齿轮。

所谓标准齿轮即分度圆上的齿厚与齿槽宽相等，且齿顶高 $h_a$、齿根高 $h_f$ 为标准值的齿轮，即 $h_a = h_a^* m$，$h_f = h_f^* m = (h_a^* + c^*)m$。

如果用同一把齿条刀具加工出的两个不同齿数的齿轮相互进行啮合传动，因为两齿轮分度圆上的齿厚与齿槽宽相等，则当两齿轮的齿槽与轮齿相互嵌合时，它们的两分度圆一定相切，即两齿轮各自的分度圆与节圆重合。此时，齿轮传动的顶隙为 $c = c^* m$。

**2. 用标准齿条形刀具加工非标准齿轮**

图 9-20 所示用双点画线画出的图形为加工标准齿轮的情况，此时刀具分度线（中线）与轮坯分度圆相切，加工出的齿轮分度圆上的齿厚与齿槽宽相等。如图中实线图形所示，刀具由切制标准齿轮的位置沿径向从轮坯中心向外移开的距离用 $xm$ 表示，该距离称为变位量，$m$ 为模数，$x$ 为变位系数。当刀具沿轮坯中心向外移动时，$xm$ 称为正变位（取 $x>0$）；反之，$xm$ 称为负变位（取 $x<0$）。用这种方法切制出的齿轮称为变位齿轮。现观察被加工齿轮参数的变化情况。

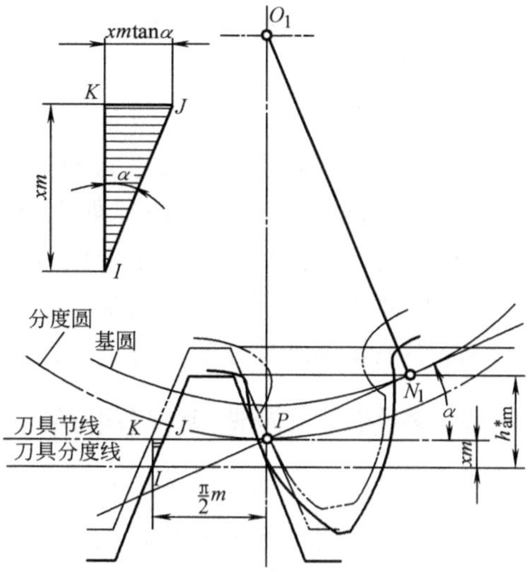

图 9-20　刀具中线与分度圆不相切——加工非标准齿轮

（1）分度圆齿厚与齿槽宽　由于与分度圆相切并作纯滚动的已不是刀具分度线（中线），所以轮坯分度圆上的齿厚与齿槽宽不再相等。其齿厚增加的部分正好与分度圆相切的刀具节线上的刀具齿厚减少的部分相等。由图 9-20 可知，其值为 $2KJ$。

$$\begin{cases} s = \dfrac{\pi m}{2} + 2xm\tan\alpha \\ e = p - s = \dfrac{\pi m}{2} - 2xm\tan\alpha \end{cases} \tag{9-15}$$

（2）齿根圆与齿根高　当刀具正变位时，刀具沿轮坯中心外移，因此刀具齿顶线也相应地外移一变位量 $xm$，使得轮坯根圆与分度圆靠近 $xm$。这样，使得齿根高变短 $xm$，齿根圆相应加大。

$$\begin{cases} h_f = (h_f^* - x)m = (h_a^* + c^* - x)m \\ d_f = d - 2h_f = mz - 2(h_a^* + c^* - x)m \end{cases} \tag{9-16}$$

（3）齿顶高与齿顶圆　同理，当刀具外移 $xm$ 后，被加工齿轮的齿顶高将增大 $xm$，齿顶圆也会相应加大。但是，如果将同一把刀具加工出的两个变位齿轮相互接触进行啮合传动，则两轮分度圆再不会相切，此时的顶隙也不会是标准值 $c^* m$。由于齿轮传动时留有顶隙以贮存润滑油来改善啮合性能，因此为保证达到标准顶隙，必须对齿顶高加以调整，即在变位齿轮的齿顶高上减去一段高度 $\sigma m$。其中 $m$ 为模数，$\sigma$ 为齿顶高降低系数（$\sigma$ 的取值在以后加以分析），故

$$\begin{cases} h_a = (h_a^* + x - \sigma)m \\ d_a = d + h_a = mz + 2(h_a^* + x - \sigma)m \end{cases} \tag{9-17}$$

在应用式（9-15）~式（9-17）进行计算时，若为标准齿轮，以 $x=0$ 代入（由以后的分析中知，此时也有 $\sigma=0$）；若为负变位齿轮，以 $x<0$ 的值代入即可。如将模数、压力角及齿数均相同的标准齿轮和变位齿轮相比较，可以发现各齿轮的齿顶高、齿根高、齿厚及齿槽宽是不同的。其变化情况如图 9-21 所示。显然，与标准齿轮比较，正变位齿轮的齿厚加大了，而齿根高减小了，在相应地加大毛坯顶圆尺寸的条件下，齿顶高加大了；而负变位齿轮的齿厚减薄了，齿根高加大了，在相应地减小毛坯顶圆尺寸的条件下，齿顶高减小了。

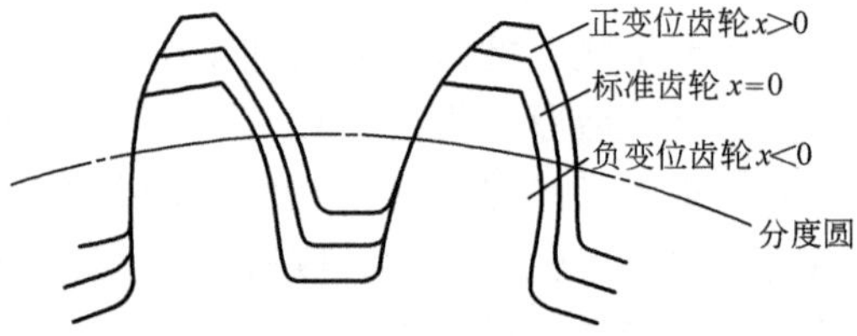

图 9-21　变位齿轮与标准齿轮齿廓的比较

## 四、根切现象及避免根切的条件

在用展成法加工渐开线齿轮时，在一定的条件下，齿条刀具的顶部会切入被加工齿轮轮齿的根部，将齿根部分的渐开线切去一部分，如图 9-20 双点画线所示齿廓的内凹部分，这种现象称为渐开线齿廓的**根切**现象。根切使得轮齿的弯曲强度和重合度都降低了，对齿轮的传动质量有较大的影响，所以应当力求避免严重根切现象的产生。

渐开线齿廓发生根切是因为被加工齿轮的齿数太少（即基圆太小），或者变位系数取值不当，使得用展成法加工齿轮时刀具的顶部插入基圆而造成的。避免根切的变位系数应按式（9-18）计算

$$x \geqslant x_{min} = h_a^* \frac{z_{min} - z}{z_{min}} \tag{9-18}$$

对于标准齿轮，由于 $x=0$，由式（9-18）得

$$z \geqslant z_{min} \tag{9-19}$$

其中

$$z_{min} = \frac{2h_a^*}{\sin^2\alpha} \tag{9-20}$$

式中，$z_{min}$ 为**最少齿数**，即用展成法加工标准齿轮时刚好不发生根切的齿数。对于各种标准齿条型刀具，最少齿数的数值见表 9-7。$x_{min}$ 为最小变位系数。对于变位齿轮而言，避免根切的条件为 $x \geqslant x_{min}$。

**表 9-7　最少齿数 $z_{min}$ 值**

| $\alpha$ | 20° | 20° | 15° | 15° |
|---|---|---|---|---|
| $h_a^*$ | 1 | 0.8 | 1 | 0.8 |
| $z_{min}$ | 17 | 14 | 30 | 24 |

由式（9-18）可知，当被切齿轮的齿数 $z<z_{min}$ 时，变位系数 $x_{min}$ 为正值。这表明为了避免被切齿轮发生根切，刀具应由标准位置从轮坯中心向外移开一段距离 $x_{min}m$ 才不产生根切，这叫做**正变位**。当被切齿轮的齿数 $z>z_{min}$ 时，由式（9-18）可知，最小的变位系数 $x_{min}$ 为负值，这表明刀具可以向轮坯中心移近，只要移近的距离等于或小于 $|x_{min}m|$，

切出的齿轮仍不发生根切。此时刀具由标准位置向轮坯中心移近的变位，称为**负变位**。

对于正常齿而言，$h_a^* = 1$，$\alpha = 20°$，则由式（9-20）计算得 $z_{min} = 17$；则式（9-18）有 $x_{min} = (17 - z)/17$，即用展成法加工齿轮时不产生根切的条件是：

对于标准齿轮是 $z \geqslant 17$；

对于变位齿轮是 $x \geqslant x_{min} = (17 - z)/17$。

实际上不论是标准齿轮或非标准齿轮，衡量该齿轮是否根切均可由公式（9-18）加以判断。

## 第七节　齿轮机构的几何尺寸计算

### 一、齿轮机构的中心距

确定齿轮传动的中心距必须满足两个条件：①保证无侧隙啮合；②保证顶隙 $c$ 为标准值 $c^* m$。现分述如下。

**1. 保证无侧隙啮合**

在齿轮啮合传动中若存在侧隙，则既不能保证定传动比传动而且当主动齿轮反转时还将会发生冲击。因此要保证无侧隙传动来确定齿轮传动的中心距 $a'$。

对于标准齿轮传动，由于两齿轮分度圆上的齿厚与齿槽宽相等，故两齿轮的分度圆相切，其中心距 $a$ 即两齿轮分度圆半径之和。该中心距称为**标准中心距 $a$**。

$$a = r_1 + r_2 = m(z_1 + z_2)/2 \tag{9-21}$$

此时齿轮传动的啮合角等于分度圆压力角：$\alpha' = \alpha$。

当采用非标准齿轮传动时，由于 $x_1 \neq 0$ 或（和）$x_2 \neq 0$。两齿轮分度圆上的齿厚与齿槽宽不一定相等，两齿轮分度圆可能分离或相交，其传动的中心距 $a' \neq a$，此时中心距 $a'$ 为两齿轮节圆半径之和

$$a' = r_1' + r_2' = (r_{b1} + r_{b2})/\cos\alpha' = (r_1 + r_2)\cos\alpha/\cos\alpha' = a\cos\alpha/\cos\alpha'$$

即

$$a' = a\cos\alpha/\cos\alpha' \tag{9-22}$$

$a'$称为**实际中心距**。式中啮合角 $\alpha'$要根据无齿侧间隙（即一齿轮节圆齿厚与另一齿轮节圆齿槽宽相等）的要求由式（9-23）计算

$$\mathrm{inv}\alpha' = \frac{2\tan\alpha\,(x_1 + x_2)}{z_1 + z_2} + \mathrm{inv}\alpha \tag{9-23}$$

式（9-23）称为齿轮的无侧隙啮合方程式。该式表明：若两齿轮变位系数之和 $\sum x = x_1 + x_2$ 不等于零，则两齿轮无侧隙啮合时，其啮合角 $\alpha'$就不等于分度圆压力角 $\alpha$ 了。这说明此时两轮的节圆和分度圆不重合，即两齿轮的分度圆或者分离，或者相交。两齿轮的中心距 $a'$ 应按式（9-23）求出啮合角 $\alpha'$后再由式（9-22）计算实际中心距 $a'$。

**2. 保证顶隙为标准值 $c = c^* m$**

无论是标准或非标准齿轮传动，国家标准均规定两齿轮齿顶与齿根的径向间隙（即顶隙）为标准值 $c = c^* m$，以便贮存润滑油。为此，齿轮传动的中心距除满足上述无侧隙啮合传动之外，还必须满足规定的顶隙。如图 9-22 所示，实际中心距 $a'$应等于一齿轮顶圆半径、另一齿轮根圆半径及标准顶隙 $c^* m$ 之和

9

$$a' = r_{a1} + r_{f2} + c^* m$$
$$= r_1 + (h_a^* + x_1 - \sigma)m + r_2 - (h_a^* + c^* - x_2)m + c^* m$$

即
$$a' = r_1 + r_2 + m(x_1 + x_2) - \sigma m$$

令 $ym = a' - a$，则有

$$\begin{cases} \sigma = x_1 + x_2 - y \\ y = \dfrac{a' - a}{m} \end{cases} \tag{9-24}$$

式中，$ym$ 为实际中心距 $a'$ 相对于标准中心距 $a$ 的分离量；$y$ 为分离系数；$\sigma$ 为齿顶高降低系数。可以证明，当 $\sum x \neq 0$ 时，无论 $x_1$、$x_2$ 如何取值，保证无侧隙且顶隙为标准值的 $\sigma$ 值始终有 $\sigma > 0$。

当采用标准齿轮传动时，由于 $x_1 = x_2 = 0$，$a' = a$，$\alpha' = \alpha$，故有 $\sigma = y = 0$。

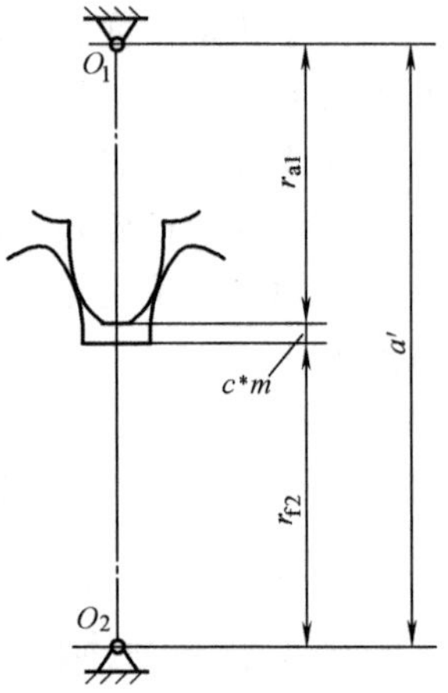


图 9-22 保证顶隙为标准值

## 二、齿轮传动的几何尺寸计算

由以上各节分析可知，标准齿轮传动只是变位齿轮传动的一个特例。以上推导的各公式中，当 $x_1 = x_2 = 0$ 时，可得到标准齿轮传动的计算公式。齿轮机构几何尺寸计算可参照表 9-8 进行。下面仅就尺寸计算时应注意的情况加以提示。

**表 9-8 外啮合直齿圆柱齿轮机构几何尺寸计算公式**

| 基本参数：$z$、$m$、$\alpha$、$x$、$h_a^*$、$c^*$ | | | | | |
|---|---|---|---|---|---|
| 基本公式 | | 模数：$m = p/\pi$；传动比：$i_{12} = r_2/r_1 = r_2'/r_1' = r_{b2}/r_{b1} = z_2/z_1$<br>渐开线方程：$r_b = r_i \cos\alpha_i$；$\theta_i = \mathrm{inv}\alpha_i = \tan\alpha_i - \alpha_i$<br>基圆齿距：$p_b = \pi d_b/z = \pi d\cos\alpha/z = p\cos\alpha$ | | | |
| 名称 | 符号 | 标准齿轮传动 | 等变位齿轮传动 | 正传动 | 负传动 |
| 变位系数 | $x$ | $x = 0$ | $x_1 = -x_2$ | $x_1 + x_2 > 0$ | $x_1 + x_2 < 0$ |
| 分度圆直径 | $d$ | $d = mz$ | | | |
| 啮合角 | $\alpha$ | $\alpha' = \alpha$ | | $\mathrm{inv}\alpha' = \dfrac{2\tan\alpha\ (x_1 + x_2)}{z_1 + z_2} + \mathrm{inv}\alpha$ | |
| 中心距 | $a(a')$ | $a = r_1 + r_2 = m(z_1 + z_2)/2$ | | $a' = a\cos\alpha/\cos\alpha'$ | |
| 节圆直径 | $d'$ | $d' = d$ | | $d' = d\cos\alpha/\cos\alpha'$ | |
| 分离系数 | $y$ | $y = 0$ | | $y = (a' - a)/m = \dfrac{z_1 + z_2}{2}\left(\dfrac{\cos\alpha}{\cos\alpha'} - 1\right)$ | |
| 齿顶高降低系数 | $\sigma$ | $\sigma = 0$ | | $\sigma = x_1 + x_2 - y$ | |
| 齿顶高 | $h_a$ | $h_a = h_a^* m$ | $h_a = (h_a^* + x)m$ | $h_a = (h_a^* + x - \sigma)m$ | |
| 齿根高 | $h_f$ | $h_f = (h_a^* + c^*)m$ | $h_f = (h_a^* + c^* - x)m$ | | |
| 全齿高 | $h$ | $h = (2h_a^* + c^*)m$ | | $h = (2h_a^* + c^* - \sigma)m$ | |
| 齿顶圆直径 | $d_a$ | $d_a = d + 2h_a$ | | | |
| 齿根圆直径 | $d_f$ | $d_f = d - 2h_f$ | | | |
| 重合度 | $\varepsilon_\alpha$ | $\varepsilon_\alpha = B_1B_2/p_b = [z_1(\tan\alpha_{a1} - \tan\alpha') + z_2(\tan\alpha_{a2} - \tan\alpha')]/(2\pi)$ | | | |
| 分度圆齿厚 | $s$ | $s = \pi m/2$ | $s = \pi m/2 + 2xm\tan\alpha$ | | |
| 齿顶厚 | $s_a$ | $s_a = s\dfrac{r_a}{r} - 2r_a\ (\mathrm{inv}\alpha_a - \mathrm{inv}\alpha)$ | | | |
| 齿顶圆压力角 | $\alpha_a$ | $\alpha_a = \arccos\left[\dfrac{z\cos\alpha}{z + 2\ (h_a^* + x - \sigma)}\right]$ | | | |

通常已知（或计算出）以下基本参数：齿数 $z_1$、$z_2$，模数 $m$，压力角 $\alpha$，变位系数 $x_1$、$x_2$，齿顶高系数 $h_a^*$，径向间隙系数 $c^*$。

若是非标准齿轮传动应首先按无侧隙啮合方程计算出啮合角 $\alpha'$，然后再按啮合角计算实际中心距 $a'$

$$\begin{cases} \text{inv}\alpha' = \dfrac{2(x_1 + x_2)}{z_1 + z_2}\tan\alpha + \text{inv}\alpha \\ a' = a\dfrac{\cos\alpha}{\cos\alpha'} \end{cases}$$

由于齿轮的径向尺寸与分离系数 $y$ 和齿顶高降低系数 $\sigma$ 有关，故应首先算出。然后就可进行其他尺寸的计算。

最后要对设计出的几何尺寸是否可行进行校验。计算重合度使 $\varepsilon_\alpha \geqslant [\varepsilon_\alpha]$，以保证齿轮传动的连续性。计算小齿轮齿顶厚，对于软齿面，要求 $s_a/m \geqslant 0.25$；对于硬齿面，要求 $s_a/m \geqslant 0.4$。避免齿顶磨尖。

# 第八节　齿轮机构的传动设计

## 一、齿轮机构的传动类型

对于单个齿轮，按其变位系数分**正变位齿轮**（$x>0$）、**负变位齿轮**（$x<0$）及**零变位齿轮**（$x=0$）。根据标准齿轮的定义，标准齿轮是分度圆上 $s=e$ 且齿顶高、齿根高均为标准值（$h_a^* m$、$h_f^* m$）的齿轮，所以 $x=0$ 的零变位齿轮是否是标准齿轮还取决于其相配齿轮的变位系数是否为零。若不为零，则两齿轮的齿顶高 $h_a$ 均不为标准值（$\sigma \neq 0$），故不是标准齿轮。所以零变位齿轮（$x=0$）中，若齿顶高为标准值（即 $x_1=x_2=0$），**则为标准齿轮**；若齿顶高不是标准值的则称为**零变位非标准齿轮**。

对于一对相啮合的齿轮，按两齿轮的变位系数之和 $\sum x = x_1 + x_2$ 的值进行分类。现按如式（9-25）分析各类齿轮传动的参数特性

$$\begin{cases} \text{inv}\alpha' = \dfrac{2(x_1 + x_2)}{z_1 + z_2}\tan\alpha + \text{inv}\alpha \\ a' = a\cos\alpha/\cos\alpha' \\ y = (a' - a)/m \\ \sigma = x_1 + x_2 - y \end{cases} \tag{9-25}$$

（1）**标准齿轮传动**　即 $x_1=x_2=0$ 的齿轮传动。由式（9-25）可知，$x_1+x_2=0$，$\alpha'=\alpha$，$a'=a$，$y=0$，$\sigma=0$。

（2）**等变位齿轮传动**（又称高变位齿轮传动）　即 $x_1=-x_2$ 的齿轮传动，其 $x_1+x_2=0$。同标准齿轮传动相同，其 $x_1+x_2=0$，$\alpha'=\alpha$，$a'=a$，$y=\sigma=0$。与标准齿轮传动比较，这种齿轮传动的啮合角未发生变化，仍等于分度圆压力角，但齿顶高与齿根高发生变化，故又称高变位齿轮传动。

9

上述两种传动的两齿轮分度圆是相切的。

(3) **正传动**（正角变位齿轮传动） 即 $x_1+x_2>0$ 的齿轮传动，其 $\alpha'>\alpha$，$a'>a$，$y>0$，$\sigma>0$。这种变位齿轮传动的啮合角 $\alpha'$ 大于标准齿轮传动的啮合角（此时即分度圆压力角 $\alpha$），故称正角变位齿轮传动。由于 $a'>a$，故该类传动的两齿轮分度圆不是相切而是分离的。

(4) **负传动**（负角变位齿轮传动） 即 $x_1+x_2<0$ 的齿轮传动，其 $\alpha'<\alpha$，$a'<a$，$y<0$，$\sigma>0$。这种传动的啮合角小于标准齿轮传动的啮合角，故称负角变位齿轮传动。由于 $a'<a$，故该类传动的两分度圆不相切而是相割的。

## 二、选择齿轮传动类型的齿数条件

为了使一对相互啮合的齿轮在用展成法加工时具有避免根切的条件，必须对该两齿轮的齿数提出要求。

(1) 标准齿轮传动 使大、小两齿轮均不根切的齿数条件是

$$z_1 \geqslant z_{\min}$$

$$z_2 \geqslant z_{\min}$$

由于习惯上称 1 为小齿轮，故需保证 $z_1 \geqslant z_{\min}$，则 $z_2$ 根据需要的传动比计算。

对于其他传动类型，为使大、小齿轮均不发生根切，需满足

$$x_1 \geqslant \frac{h_a^*(z_{\min}-z_1)}{z_{\min}} \text{和} \ x_2 \geqslant \frac{h_a^*(z_{\min}-z_2)}{z_{\min}}$$

两式相加有

$$x_1+x_2 \geqslant \frac{h_a^*[2z_{\min}-(z_1+z_2)]}{z_{\min}} \tag{9-26}$$

(2) 等变位齿轮传动 由于 $x_1=-x_2$，$\sum x=x_1+x_2=0$，由式（9-26）得

$$z_1+z_2 \geqslant 2z_{\min} \tag{9-27}$$

(3) 负传动（负角变位齿轮传动） 由于 $x_1+x_2<0$，故知式（9-26）的右端一定为负值，即

$$z_1+z_2>2z_{\min} \tag{9-28}$$

(4) 正传动（正角变位齿轮传动） 由于 $x_1+x_2>0$，故知式（9-26）的右端不论是否大于、小于或等于零均成立。因此，任何齿数和均能采用正传动。

## 三、各类齿轮传动的优缺点

分析各类传动的优缺点，将提示如何根据不同的使用条件选择最合适的齿轮传动类型。

(1) **标准齿轮传动** 其最大优点是具有互换性。即 $m$、$z$、$h_a^*$、$\alpha$ 相同的齿轮，它们的几何尺寸与传动参数是相同的，故在现场使用中可以相互交换。但也有不足之处：

1) 由于 $z \geqslant z_{\min}$，因此结构尺寸不能进一步减小。

2) 只能用于 $a'=a=m(z_1+z_2)/2$ 的场合。当 $a'>a$ 时将产生侧隙；同时重合度也随

之降低，影响传动的平稳性。当 $a' < a$ 时则无法安装。

3）一对啮合的齿轮中，由于小齿轮的齿廓渐开线曲率半径较小，所以齿根厚度和齿顶厚度均较大齿轮小，所以与大齿轮相比，其抗弯强度较低，且齿顶容易磨“尖”。因此，一般情况下小齿轮容易损坏。

（2）**正传动**

1）当 $z_1 + z_2 < 2z_{\min}$ 时必须采用正传动，齿数和较少有较小的结构尺寸。

2）可以减轻轮齿的磨损。由于啮合角的增大和齿顶的降低，使得实际啮合线 $B_1B_2$ 缩短，因而点 $B_1$、$B_2$ 离节点 $P$ 更近，所以两轮齿根部分的最大滑动速度降低，从而减轻了轮齿的磨损。

3）提高强度。由于两轮均采用正变位，或在一齿轮采用正变位，而另一齿轮采用负变位时，其正变位系数必大于负变位系数的绝对值，因此，正传动的弯曲强度和接触强度都相对地有所提高或接近等强度。

4）适当地选择变位系数 $x_1$ 和 $x_2$，可以凑配给定的中心距。

正传动也有以下缺点：

1）需成对地设计、制造和使用，故互换性较差。

2）由于实际啮合线 $B_1B_2$ 缩短，故使重合度 $\varepsilon_\alpha$ 有所减小。

（3）**等变位齿轮传动**

1）可以减小齿轮机构的尺寸。因为采用正变位可以制造 $z < z_{\min}$ 而且无根切的小齿轮，所以当传动比一定时，如采用等移距变位齿轮传动，则两轮的齿数都可以相应地减少，因此也就减小了整个齿轮机构的尺寸。

2）可以改善齿轮的磨损情况。因为采用等移距变位，小齿轮的齿顶圆半径增大了 $x_1m$，而大齿轮的齿顶圆半径减小了 $x_2m$。这样，使实际啮合线 $B_1B_2$ 向大齿轮一方移动了一段距离，从而使大、小齿轮齿根的最大滑动速度接近相等，因而改善了大、小齿轮的磨损情况。

3）可以相对地提高两齿轮的承载能力。由于小齿轮采用了正变位，故其齿根的厚度增大，而大齿轮采用负变位，虽其齿根厚度有所减小，但这样可使大、小齿轮的强度趋于接近，所以两轮的承载能力可以相对地提高。

等移距变位齿轮传动也有以下一些缺点：

必须成对地设计、制造和使用，由此可知其互换性较差。

（4）**负传动**

1）适当地选择变位系数 $x_1$ 及 $x_2$，可满足设计要求的中心距。

2）重合度略有增加。

负传动有以下一些缺点：

1）需成对地设计、制造和使用，故互换性较差。

2）两齿轮齿根的最大滑动速度增大，使轮齿的磨损加剧。轮齿的弯曲强度和接触强度都有所降低。

比较上述各类传动，可以看出正传动的优点较多，传动质量较高，所以在一般情况下，应多采用正传动。负传动的缺点较多，所以一般只是在凑配中心距或在其他不得已的情况下才采用。各类齿轮传动的特点、性能及选择条件见表 9-9。

**表 9-9 各类齿轮传动的性能及选择条件**

| 传动类型 | | 零传动 | | 角变位传动 | |
|---|---|---|---|---|---|
| | | 标准齿轮传动 | 等变位传动（高变位传动） | 正传动（正角变位传动） | 负传动（负角变位传动） |
| 传动特点 | $x_1$，$x_2$ | $x_1=x_2=0$ | $x_1=-x_2$ | $x_1>\|x_2\|$ | $x_1<\|x_2\|$ |
| | $\sum x=x_1+x_2$ | $\sum x=0$ | $\sum x=0$ | $\sum x>0$ | $\sum x<0$ |
| | $\alpha'$ | $\alpha'=\alpha$ | $\alpha'=\alpha$ | $\alpha'>\alpha$ | $\alpha'<\alpha$ |
| | $a'$ | $a'=a$ | $a'=a$ | $a'>a$ | $a'<a$ |
| | $y$ | $y=0$ | $y=0$ | $y>0$ | $y<0$ |
| | $\sigma$ | $\sigma=0$ | $\sigma=0$ | $\sigma>0$ | $\sigma>0$ |
| 传动性能 | 重合度 $\varepsilon_\alpha$ | $\varepsilon$ | $\varepsilon_\alpha<\varepsilon$ | $\varepsilon_\alpha<\varepsilon$ | $\varepsilon_\alpha>\varepsilon$ |
| | 强度与磨损 | 小齿轮较差 | 大小齿轮趋于接近 | 可使大小齿轮趋于相等 | 有所降低 |
| | 使用要求 | 具有互换性 | 成对设计加工 | 成对设计加工 | 成对设计加工 |
| 选择条件 | 齿数条件 | $z_1>z_{min}$ | $z_1+z_2\geqslant 2z_{min}$ | 无要求（当 $z_1+z_2<2z_{min}$ 时只可使用正传动） | $z_1+z_2>2z_{min}$ |
| | 使用场合 | 要求互换性 $a'=a$ 的场合 | $a'=a$ 且要求较小结构尺寸，或修复标准齿轮传动中的大、小齿轮时 | $a'>a$ 且要求较小结构尺寸、较好性能的场合 | 仅在必须满足 $a'<a$ 时使用 |

## 四、基本参数的取值条件

一对啮合齿轮的基本参数有 $z_1$、$z_2$、$m$、$\alpha$、$h_a^*$、$c^*$、$x_1$、$x_2$，它们的取值决定了齿轮的几何尺寸，并直接影响齿轮传动的结构与性能。这些参数中，$m$、$\alpha$、$h_a^*$、$c^*$ 已标准化，且模数是由强度条件决定的，故不作讨论。由于基本参数选择涉及的知识较多，故只能对某些参数的取值对齿轮传动工作性能的影响加以简单介绍。

**1. 要求足够大的齿顶厚**

为了保证齿轮的齿顶强度及使用寿命，齿顶厚 $s_a$ 不能太薄。对于软齿面，要求 $s_a/m\geqslant 0.25$；对于硬齿面，要求 $s_a/m\geqslant 0.4$。由式（9-29）计算齿顶厚

$$s_a=s\frac{r_a}{r}-2r_a(\mathrm{inv}\alpha_a-\mathrm{inv}\alpha) \tag{9-29}$$

由于小齿轮的节圆较小，渐开线弯曲程度大于大齿轮，故当 $x$ 取值较大时，小齿轮的齿顶易变尖，所以齿顶变尖是变位系数和参数选择的限制条件。

**2. 保证齿廓为渐开线**

当 $x_{min}<0$ 且其绝对值很大时，用展成法加工负变位齿轮时可能出现 $d_a<d_b$ 的情况。此时的齿廓为非渐开线曲线。为使齿廓的齿高部分均为渐开线，应使

$$r_a-r_b\geqslant h$$

其中

$$r_a=mz/2+m(h_a^*+x-\sigma)$$

$$r_b=mz\cos\alpha/2$$

$$h = m(2h_a^* + c^* - \sigma)$$

代入上式有

$$x \geqslant h_a^* + c^* + z(\cos\alpha - 1)/2 \tag{9-30}$$

例如 $z=70$，$h_a^*=1$，$m=1$。计算 $x \geqslant x_{\min} = h_a^*\left(\frac{z_{\min}-z}{z_{\min}}\right) = -3.12$。若采用 $x = x_{\min} = -3.12$，其 $d_a = 65.76\text{mm}$，$d_b = 65.78\text{mm}$。由于 $d_a < d_b$，即齿顶圆在基圆以内，所以齿廓无渐开线。为保证齿高部分均为渐开线，代入式（9-30）后得变位系数为 $x \geqslant -0.86$。

**3. 基本参数选择**

（1）齿数　对于标准齿轮，为避免根切，小齿轮的齿数应不少于最少齿数，即 $z_1 \geqslant z_{\min}$。此外，当模数与变位系数一定时，齿数越少，轮齿的齿根与齿顶厚度越小，故小齿轮齿数不能太少；而齿数越多，在一定的传动比情况下机构尺寸越大。因此，在齿轮设计中，一般取小齿轮的齿数 $z_1 = 17 \sim 24$。小齿轮齿数确定后，根据齿轮机构的传动比要求可确定大齿轮的齿数。

（2）变位系数　变位系数的确定受很多因素的限制，这里只能提出其选择原则。在齿轮传动中，一般会给出实际中心距 $a'$、$m$ 和传动比。因此，首先应根据 $a'$、$a$ 计算出啮合角 $\alpha'$，根据 $\alpha'$ 由无侧隙方程计算变位系数和 $\sum x = x_1 + x_2$，选择其中一个变位系数后，可根据要求的 $\sum x$ 计算另一个变位系数的值。

选择变位系数应注意以下原则：

1）提高小齿轮的性能，使大、小齿轮的性能趋于接近，故一般希望 $x_1 \geqslant |x_2|$。

2）对齿数多的负变位齿轮，为保证齿高部分的齿廓为渐开线，其变位系数的绝对值不能取得太大，可按式（9-30）确定 $x$ 的范围。

3）为防止用展成法加工齿轮时出现根切，所有的变位系数应满足 $x \geqslant x_{\min} = h_a^*(z_{\min} - z)/z_{\min}$。

4）确定变位系数后必须验算性能，当不能达到要求时应重新确定变位系数。

① 齿轮传动的重合度 $\varepsilon_\alpha \geqslant [\varepsilon]$。

② 由式（9-29）验算小齿轮的齿顶厚。

## 五、齿轮传动设计步骤

根据给定的不同的原始数据，齿轮传动的设计步骤也略有不同，但一般程序如下：

1）选定传动类型。

2）选定两齿轮的变位系数。

3）计算两齿轮的几何尺寸。

4）验算重合度和小齿轮的齿顶厚度。

现按如下两种情况讨论如何确定传动类型和两齿轮的变位系数。

**1. 已知 $z_1$、$z_2$、$m$、$\alpha$、$a'$ 及 $h_a^*$**

1）因为已知 $a'$、$z_1$、$z_2$ 及 $m$，故齿轮传动的啮合角已经确定

$$\cos\alpha' = a\cos\alpha/a'$$

$$\cos\alpha' = m(z_1+z_2)\cos\alpha/(2a')$$

9

2）由啮合角 $\alpha'$ 按无侧隙啮合条件计算变位系数之和

$$x_1+x_2=\frac{(z_1+z_2)(\mathrm{inv}\alpha'-\mathrm{inv}\alpha)}{2\tan\alpha}$$

式中，$x$ 必须满足 $x \geqslant h_a^*(z_{min}-z_1)/z_{min}$ 规定的条件。对于齿数较多的负变位齿轮，为使齿廓为渐开线，还需满足式（9-30）的条件。

**2. 已知 $m$、$\alpha$、$h_a^*$、$a'$ 及两齿轮的传动比 $i_{12}$**

计算两齿轮的齿数

由
$$a'=\frac{m}{2}(z_1+z_2)\cos\alpha/\cos\alpha'=\frac{mz_1}{2}(1+i_{12})\cos\alpha/\cos\alpha'$$

得

$$z_1=\frac{2a'}{m(1+i_{12})}\cos\alpha'/\cos\alpha$$

令
$$z_1^0=\frac{2a'}{m(1+i_{12})}$$

若 $z_1^0$ 为整数，说明 $\alpha'=\alpha$，$a'=a$，可选用标准齿轮传动及等变位齿轮传动。若 $z_1^0$ 不为整数，说明 $\alpha'\neq\alpha$，$a'\neq a$。由于正传动的性能较好，所以取 $z_1<z_1^0$ 的整数，使 $a'>a$ 以得到正传动。注意，此时齿轮的传动比与已知值有一定误差。

当 $z_1$ 确定后，按 $z_2=i_{12}z_1$ 计算齿轮 2 的齿数，该 $z_2$ 不一定为整数。为使得到正传动又不致使变位系数过大而降低重合度，圆整齿数 $z_2$ 时应使 $a<a'$ 且使 $a$ 最接近 $a'$ 的那个圆整值作为齿轮 2 的齿数。

其余步骤同上。

9

**例 9-1** 已知 $m=3.5\text{mm}$，$\alpha=20°$，$h_a^*=1$，$a'=250\text{mm}$，$i_{12}=4.5$，试设计该对齿轮。

**解**

（1）计算齿轮的齿数 $z_1$、$z_2$

$$z_1^0=\frac{2a'}{m(1+i_{12})}=\frac{2\times 250}{3.5(1+4.5)}=25.974$$

取
$$z_1=25$$

$$z_2=z_1 i_{12}=25\times 4.5=112.5$$

若取 $z_2=112$，$a=\frac{m}{2}(z_1+z_2)=\frac{3.5}{2}\times(25+112)\text{mm}=239.75\text{mm}$

若取 $z_2=113$，$a=\frac{m}{2}(z_1+z_2)=\frac{3.5}{2}\times(25+113)\text{mm}=241.50\text{mm}$

可见应取 $z_2=113$，此时 $a<a'$，其标准中心距与 $a'$ 较接近。其传动比 $i_{12}=z_2/z_1=113/25=4.52$，与给定值相对误差为 0.3%。

（2）计算啮合角 $\alpha'$

$$\alpha'=\arccos\left(\frac{a\cos\alpha}{a'}\right)=\arccos\left(\frac{241.5\cos20°}{250}\right)=24.8047°$$

（3）计算变位系数之和 $\sum x=x_1+x_2$，确定 $x_1$、$x_2$

$$x_1+x_2=\frac{(z_1+z_2)(\mathrm{inv}\alpha'-\mathrm{inv}\alpha)}{2\tan\alpha}=\frac{(25+113)\times(\mathrm{inv}24.8047°-\mathrm{inv}20°)}{2\tan20°}=2.7179$$

由 $x_1 \geqslant |x_2|$，取 $x_1 = 1.4$，$x_2 = 2.7179 - 1.4 = 1.3179$

（4）计算系数 $y$、$\sigma$

$$y = (a' - a)/m = (250 - 241.5)/3.5 = 2.4286$$

$$\sigma = x_1 + x_2 - y = 2.7179 - 2.4286 = 0.2893$$

（5）计算几何尺寸

$$d_1 = mz_1 = 3.5 \times 25\text{mm} = 87.5\text{mm}$$

$$d_2 = mz_2 = 3.5 \times 113\text{mm} = 395.5\text{mm}$$

$$d_{b1} = d_1 \cos\alpha = 82.2231\text{mm}$$

$$d_{b2} = d_2 \cos\alpha = 371.6484\text{mm}$$

$$s_1 = \pi m/2 + 2x_1 m\tan\alpha = \pi \times 3.5/2 + 2 \times 1.4 \times 3.5\tan20° = 9.0647\text{mm}$$

$$s_2 = \pi m/2 + 2x_2 m\tan\alpha = 8.8555\text{mm}$$

$$h_{a1} = m(h_a^* + x_1 - \sigma) = 3.5 \times (1 + 1.4 - 0.2893)\text{mm} = 7.3875\text{mm}$$

$$h_{a2} = m(h_a^* + x_2 - \sigma) = 3.5 \times (1 + 1.3179 - 0.2893)\text{mm} = 7.1001\text{mm}$$

$$h_{f1} = m(h_a^* + c^* - x_1) = 3.5 \times (1 + 0.25 - 1.4)\text{mm} = -0.5250\text{mm}$$

$$h_{f2} = m(h_a^* + c^* - x_2) = 3.5 \times (1 + 0.25 - 1.3179)\text{mm} = -0.2377\text{mm}$$

$$d_{a1} = d_1 + 2h_{a1} = 102.2750\text{mm}$$

$$d_{a2} = d_2 + 2h_{a2} = 409.7002\text{mm}$$

$$d_{f1} = d_1 - 2h_{f1} = 88.55\text{mm}$$

$$d_{f2} = d_2 - 2h_{f2} = 395.9754\text{mm}$$

(6)检验各参数值

1)齿顶隙

$$c' = a' - d_{a1}/2 - d_{f2}/2 = (250 - 102.275/2 - 395.9754/2)\text{mm} = 0.875\text{mm}$$

$$c = c^* m = 0.25 \times 3.5\text{mm} = 0.875\text{mm}$$

故 $c' = c$，为标准值。

2）小齿轮的齿顶厚

$$\alpha_{a1} = \arccos\left[\frac{z_1\cos\alpha}{z_1 + 2(h_a^* + x_1 - \sigma)}\right] = \arccos\left[\frac{25\cos20°}{25 + 2 \times (1 + 1.4 - 0.2893)}\right] = 36.4918°$$

$$\alpha_{a2} = \arccos\left[\frac{113\cos20°}{113 + 2 \times (1 + 1.3179 - 0.2893)}\right] = 24.8893°$$

或

$$\begin{aligned} s_{a1} &= s_1 d_{a1}/d_1 - d_{a1}(\text{inv}\alpha_{a1} - \text{inv}\alpha) \\ &= 9.0647 \times 102.275/87.5 - 102.275(\text{inv}36.4918° - \text{inv}20°) = 1.6019\text{mm} \end{aligned}$$

$$s_{a1}/m = 0.4577 > 0.4$$

3）重合度 $\varepsilon_\alpha$

$$\begin{aligned} \varepsilon_\alpha &= \frac{1}{2\pi}[z_1(\tan\alpha_{a1} - \tan\alpha') + z_2(\tan\alpha_{a2} - \tan\alpha')] \\ &= \frac{1}{2\pi}[25(\tan36.4918° - \tan24.8047°) + 113(\tan24.8893° - \tan24.8047°)] = 1.137 > 1 \end{aligned}$$

## 习　题

9-1　1）图9-23a所示为同一基圆所形成的任意两条反向渐开线，试证它们之间的公法线长度处处相等。

2）图9-23b所示为同一基圆所形成的任意两条同向渐开线，试证它们之间的公法线也处处相等。

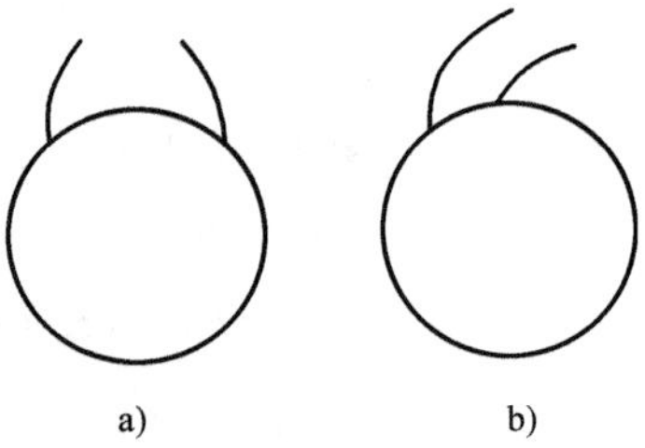


图9-23　题9-1图

9-2　已知两个渐开线直齿圆柱齿轮的齿数 $z_1=20$、$z_2=40$，它们都是标准齿轮，而且 $m$、$\alpha$、$h_a^*$、$c^*$ 均相同，试用渐开线齿廓的一个性质，说明这两个齿轮的齿顶厚度哪一个大？基圆上的齿厚哪个大？

9-3　图9-24中画出了渐开线直齿圆柱齿轮传动的基圆和主动齿轮的回转方向（标有箭头者），试在图上画出啮合线。

9-4　在图9-25中，已知基圆半径 $r_b=50$mm，现需求：

1）当 $r_i=65$mm 时，渐开线的展角 $\theta_i$、渐开线上的压力角 $\alpha_i$ 和曲率半径 $\rho_i$。

2）当 $\theta_i=20°$时，渐开线上的压力角 $\alpha_i$ 及向径 $r_i$ 的值。

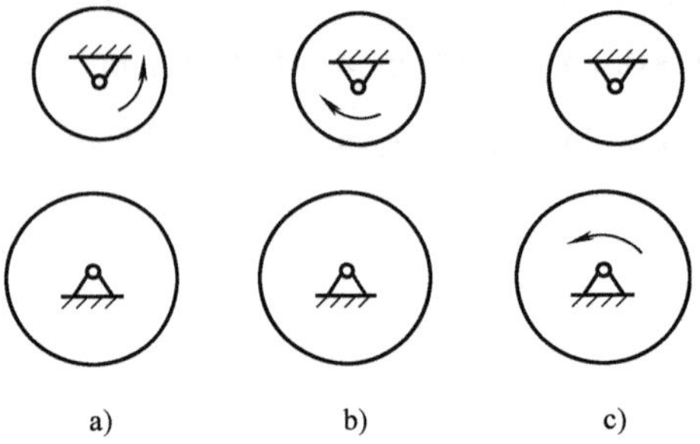


图9-24　题9-3图

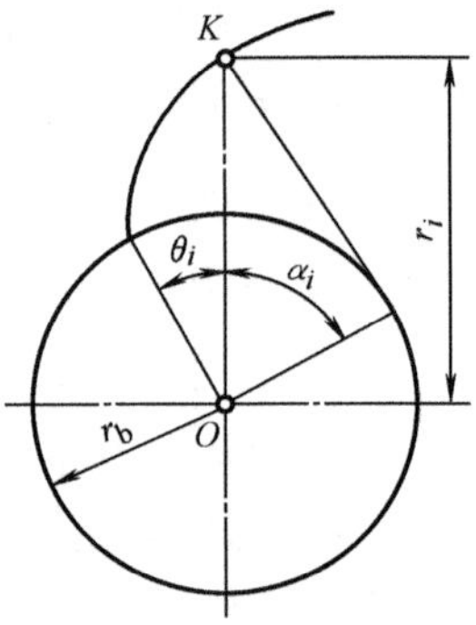


图9-25　题9-4图

9-5　一根渐开线在基圆上发生，试求渐开线上哪一点的曲率半径为零？哪一点的压力角为零？

9-6　渐开线主动齿轮1逆时针方向转动，已知两轮的齿顶圆、齿根圆、基圆以及中心距如图9-26所示，试在图上画出：

1）理论啮合线 $N_1N_2$。

2）啮合开始点 $B_2$ 及啮合终止点 $B_1$，标出实际啮合线。

3）啮合角 $\alpha'$，一对节圆，标注出其半径 $r_1'$、$r_2'$。

9-7　一个无侧隙啮合的齿轮齿条传动。已知齿轮主动，逆时针方向转动，试在图9-27上作出：

1）啮合线；2）齿条节线；3）齿轮节圆；4）齿轮分度圆；5）啮合角。

9-8　试证渐开线圆柱齿轮的齿数越多，则齿顶压力角 $\alpha_a$ 越小，同时齿根压力角 $\alpha_f$ 越大，且 $\alpha_a$ 和 $\alpha_f$ 都趋近于分度圆压力角 $\alpha$。

9-9　若渐开线直齿圆柱标准齿轮的 $\alpha=20°$，$h_a^*=1$，$c^*=0.25$，试求基圆与齿根圆重合时的齿数。又当齿数大于以上求出的数值时，试证明此时基圆与齿根圆哪个大？

9-10　已知一对渐开线外啮合直齿圆柱齿轮传动的齿数为 $z_1$ 和 $z_2$，模数为 $m$，中心距为 $a'$，试用这些已知量表示节圆半径和分度圆半径，并说明节圆半径何时等于分度圆半径？何时大于分度圆半径？何时小于分度圆半径？

9-11　一对已切制好的渐开线外啮合直齿圆柱标准齿轮，$z_1=20$，$z_2=40$，$m=2$mm，$\alpha=20°$，$h_a^*=1$，$c^*=0.25$，试说明中心距 $a=60$mm 和 $a'=61$mm 两种情况中哪些尺寸不同？

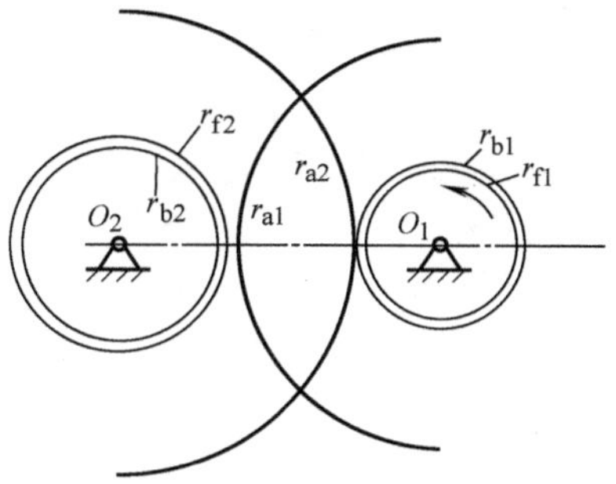


图 9-26　题 9-6 图

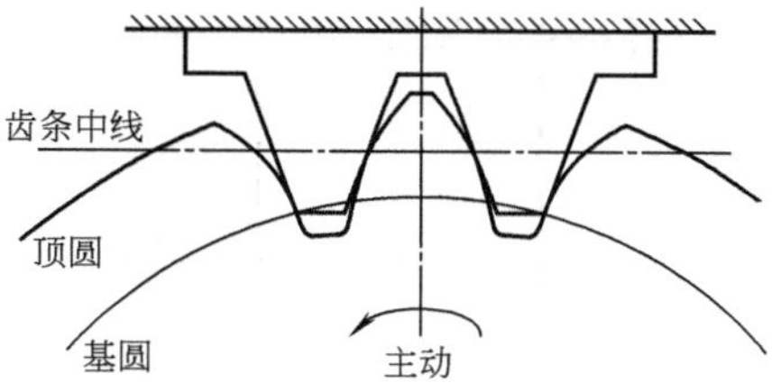


图 9-27　题 9-7 图

9-12　用一把 $m=2\text{mm}$，$\alpha=20°$，$h_a^*=1$，$c^*=0.25$ 的标准齿条刀，在 $v_0=mz\omega/2$ 的相对运动条件下（$v_0$ 为齿条刀移动速度，$\omega$ 为齿轮角速度），切削一个 $z=30$ 的渐开线直齿圆柱齿轮。若要使被切齿轮的齿根圆直径等于基圆直径，试确定此时的变位系数。

9-13　一渐开线直齿圆柱标准齿轮与齿条作无侧隙啮合传动。已知 $m=10\text{mm}$，$\alpha=20°$，$h_a^*=1$，$z_1=25$，齿轮为主动，其角速度 $\omega_1=10\text{rad/s}$，试求出齿轮与齿条的齿廓间在开始啮合点及终止啮合点处的相对滑动速度。

9-14　在 T616 镗床主轴箱中有一直齿圆柱渐开线标准齿轮，其压力角 $\alpha=20°$，齿数 $z=40$，齿顶圆直径 $d_a=84\text{mm}$。现发现该齿轮已经损坏，需要重做一个齿轮，试确定这个齿轮的模数及齿顶高系数（提示：齿顶高系数只有两种情况，$h_a^*=0.8$ 和 $h_a^*=1.0$）。

9-15　设一渐开线标准齿轮，$z=26$，$m=3\text{mm}$，$h_a^*=1$，$\alpha=15°$，求其齿廓曲线在分度圆及齿顶圆上的曲率半径及齿顶圆压力角。

9-16　有一对标准的渐开线直齿圆柱齿轮。已知 $z_1=19$，$z_2=42$，$m=5\text{mm}$，$\alpha=20°$，$h_a^*=1$，$c^*=0.25$。若将中心距增大，直到刚好为连续传动，试求这时的啮合角 $\alpha'$，节圆直径 $d_1'$、$d_2'$，中心距 $a'$，分度圆分离距离 $\Delta a$，轮齿的径向间隙 $c$。

9-17　设有一对外啮合齿轮的齿数 $z_1=30$，$z_2=40$，$m=20\text{mm}$，压力角 $\alpha=20°$，齿顶高系数 $h_a^*=1$。试求当中心距 $a'=725\text{mm}$ 时，两轮的啮合角 $\alpha'$。又当 $\alpha'=22°30'$时，试求其中心距 $a'$。

9-18　设有一对外啮合渐开线标准齿轮的 $z_1=20$，$z_2=60$，$m=5\text{mm}$，$\alpha=20°$，$h_a^*=1$，要求刚好保持连续传动，试求允许的最大中心距误差 $\Delta a$ 是多少？

9-19　设有一对按标准中心距安装的外啮合渐开线齿轮，已知 $z_1=z_2=17$，$\alpha=20°$，欲使其重合度 $\varepsilon_\alpha=1.4$，试求这对齿轮的齿顶高系数。

9-20　已知两齿轮的中心距 $a=155\text{mm}$，传动比 $i_{12}=8/7$，模数 $m=10\text{mm}$，压力角 $\alpha=20°$，$h_a^*=1$，试设计这对渐开线齿轮传动。

9-21　已知一对正常齿外啮合齿轮传动，$z_1=z_2=12$，$m=10\text{mm}$，$\alpha=20°$，$a'=130\text{mm}$，试设计这对齿轮。

9-22　在某牛头刨床中，有一对外啮合渐开线直齿圆柱齿轮传动，已知 $z_1=17$，$z_2=118$，$m=5\text{mm}$，$\alpha=20°$，$h_a^*=1$，$a'=337.5\text{mm}$。现已发现小齿轮严重磨损，拟将其报废。大齿轮磨损较轻（沿齿厚方向的磨损量为 0.75mm），拟修复使用，并要求新设计小齿轮的齿顶厚尽可能大些，为应如何设计这对齿轮？

9-23　在图 9-28 所示的回归轮系中，已知 $z_1=27$，$z_2=60$，$z_2'=63$，$z_3=25$，压力角皆为 $\alpha=20°$，模数均为 $m=5\text{mm}$。若采用变位的方法来设计该轮系，试问能有几种设计方案？哪一种方案较合理？

9-24　图 9-29 所示为一渐开线变位齿轮，其模数 $m=5\text{mm}$，压力角 $\alpha=20°$，齿数 $z=24$，变位系数 $x=0.05$。当用跨棒距来进行测量时，要求测量棒 2 正好在分度圆处与齿廓相切。试求所需的测量棒半径 $r_p$ 和两测量棒外侧之间的跨棒距 $L$（提示：$r_p=NC-NB$，$L=2(OC+r_p)$）。

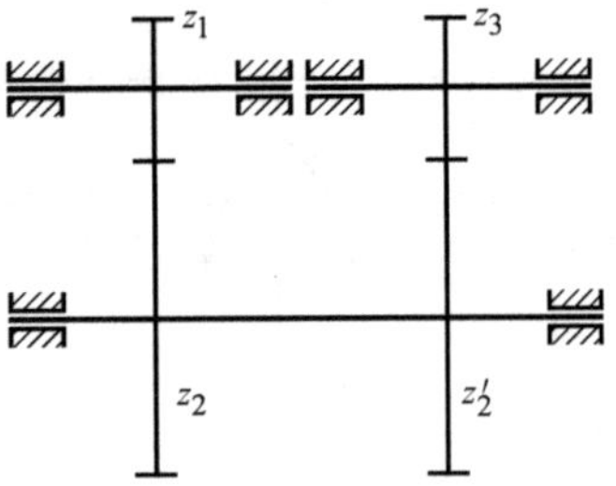


图 9-28 题 9-23 图

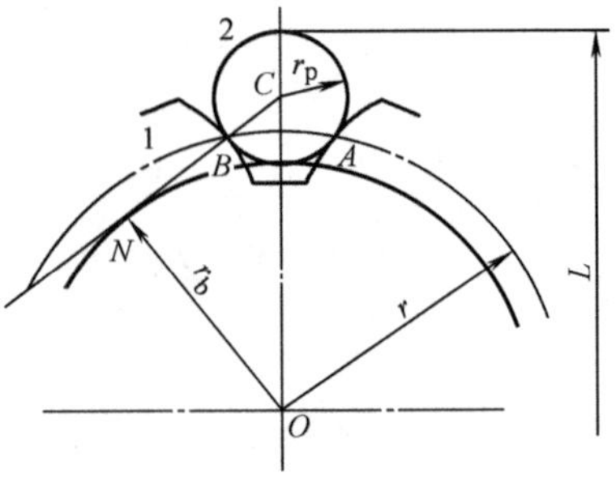


图 9-29 题 9-24 图

9-25 如图 9-30 所示，某传动箱中有两对渐开线标准齿轮传动，已知模数 $m=3\text{mm}$，齿数 $z_1=26$、$z_2=54$，在进行结构设计时，发现齿轮 2 的齿顶与轴Ⅲ干涉约 1mm。若要求轮 2 外径与轴Ⅲ至少相距 1mm，试问在保证各轴的位置和传动比 $i_{12}$ 不变的条件下，这对齿轮传动应如何设计？

9-26 在图 9-31 所示的齿轮变速箱中，两轴中心距为 90mm，各轮齿数为 $z_1=41$、$z_2=51$、$z_3=30$、$z_4=60$、$z_5=20$、$z_6=68$，模数均为 $m=2\text{mm}$，试确定各对齿轮传动的类型。

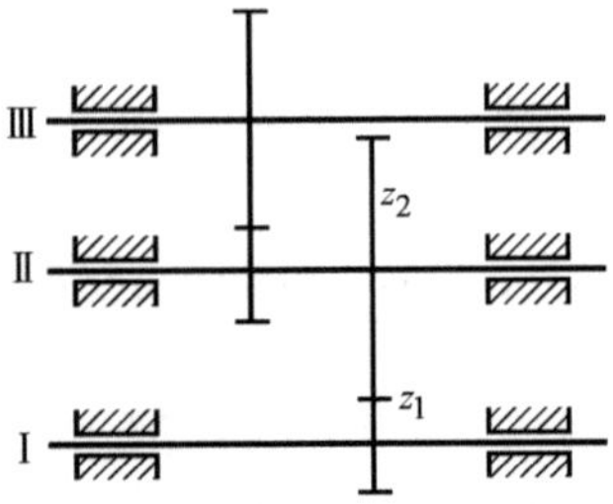


图 9-30 题 9-25 图

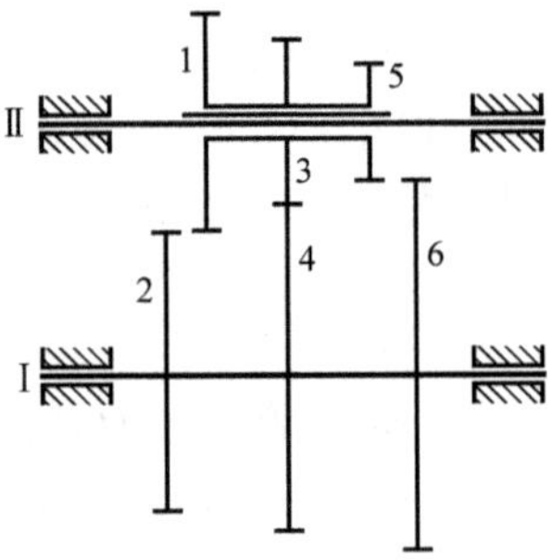


图 9-31 题 9-26 图

9

# 第十章　其他齿轮机构

## 第一节　斜齿圆柱齿轮机构

### 一、斜齿圆柱齿轮齿廓曲面的形成及其传动特点

前面在研究直齿圆柱齿轮传动时，是仅就两齿轮的端面（垂直于齿轮轴线的平面）来讨论的。当一对直齿轮相啮合时，从端面看两齿廓曲线接触于一点。但在齿轮的宽度上两轮的齿廓曲面实际上是沿一条平行于齿轮轴的直线相接触的，如图 10-1a 所示。啮后时两直齿轮沿整个齿宽应同时进入接触或同时分离，否则容易引起冲击、振动和噪声。直齿轮传动的重合度小，即同时啮合的轮齿对数较少，因而每对轮齿的负荷大，且在交替啮合时，轮齿负荷的变动也大，故传动不够平稳，所以直齿轮不适用于高速重载的传动。为了克服直齿轮传动的上述缺点，人们提出了斜齿圆柱齿轮传动。

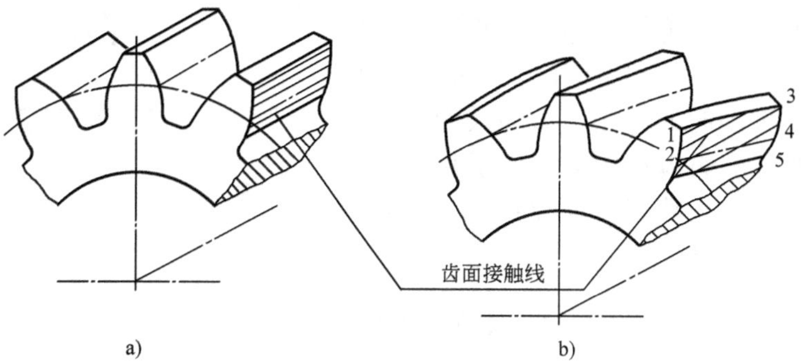


图 10-1　齿面接触线

a）直齿齿面接触线　b）斜齿齿面接触线

直齿圆柱齿轮的齿廓曲面是发生面沿基圆柱作纯滚动时，发生面上一条与齿轮线相平行的直线 $KK$ 所展成的渐开面，如图 10-2a 所示。斜齿轮齿廓曲面的形成原理同直齿轮相似，只是发生面上的直线 $KK$ 不再与齿轮的轴线平行，而与它成一交角 $\beta_b$，如图 10-2b 所示。当发生面沿基圆柱作纯滚动时，与轴成交角 $\beta_b$ 的直线 $KK$ 上各点都展成一根根渐开线，这些渐开线的集合就是斜齿轮的齿廓曲面。因此，从斜齿轮齿廓曲面形成过程可知，斜齿轮的端面齿廓为精确的渐开线。设想将发生面缠绕在基圆柱上，直线 $KK$ 包围在基圆柱上形成螺旋线 $AA$，如图 10-2b 所示，故直线 $KK$ 所形成的曲面称为一渐开螺旋面。螺旋线 $AA$ 的螺旋角也就是直线 $KK$ 对轴线方向的偏斜角 $\beta_b$，即轮齿在基圆柱上的螺旋角。

图 10-3 所示为一对斜齿轮啮合的情况，与直齿轮啮合情况相似，两轮基圆柱的内公切面既是两轮齿面的发生面又是传动的啮合面。两啮合齿面的接触线 $KK$ 与轴线方向成一角度 $\beta_b$，故当轮齿的一端进入啮合时，轮齿的另一端要滞后一个角度才能进入啮合。轮

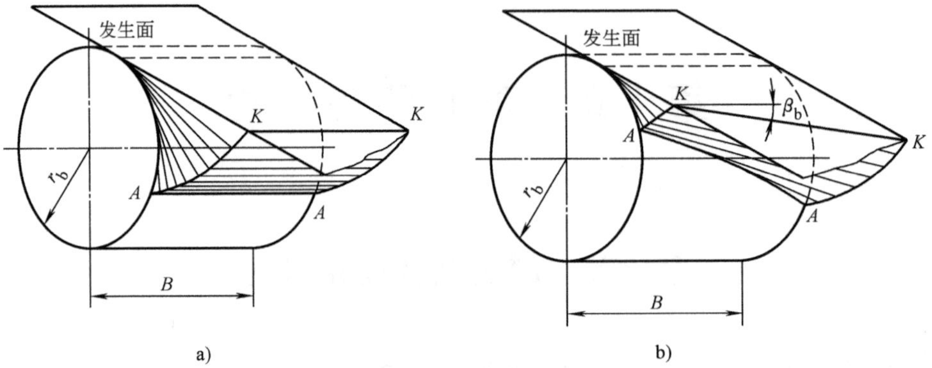


图 10-2 齿面形成

a）直齿齿面形成 b）斜齿齿面形成

齿从开始啮合到脱离啮合，其齿面上接触线的痕迹如图 10-1b 所示，为线 1、2、3…两斜齿轮啮合传动时，从啮合开始，其齿面上的接触线先由短变长，然后又由长变短，直至脱离啮合。这样的啮合方式不但延长了每对轮齿的啮合时间，增加了重合度，而且两轮轮齿是逐渐进入啮合、逐渐脱离啮合的，不像直齿轮传动那样，两轮齿是突然沿整个齿宽接触，又突然沿整个齿宽脱离接触，从而减少了齿轮传动时的冲击、振动及噪声，提高了传动的平稳性。斜齿轮传动克服了直齿轮传动的缺点，在高速、大功率传动装置中，斜齿轮传动获得了广泛的应用。

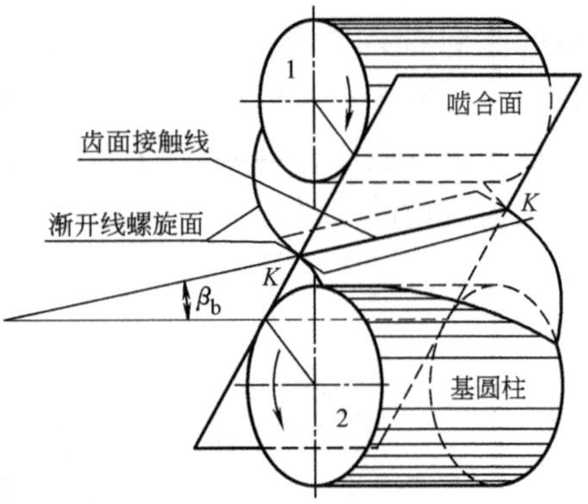


图 10-3 斜齿轮齿廓啮合示意图

10

## 二、斜齿圆柱齿轮机构几何尺寸的计算

由于斜齿轮的齿面为渐开线螺旋面，所以其端面的齿形和垂直于螺旋线方向的法向齿廓是不相同的，因而斜齿轮的端面参数与法面参数也不相同。又由于在加工斜齿轮时，常用齿条形刀具或盘状齿轮铣刀来加工齿轮，在切齿时刀具是沿着轮齿的螺旋线方向进刀的，所以就必须按齿轮的法面参数选择刀具。因此斜齿轮法面上的参数（模数、分度圆压力角、齿顶高系数等）与刀具参数相同为标准值。斜齿轮的几何参数却可用直齿轮计算公式计算（与直齿轮一样其端面为精确的渐开线），所以必须建立法面参数与端面参数之间的换算关系。

### 1. 斜齿圆柱齿轮的螺旋角及模数

如图 10-4a 所示，假想将斜齿轮沿其分度圆圆柱面展开，则其圆柱面成为一个矩形，矩形的高为斜齿轮的宽 $B$，长为分度圆的周长 $\pi d$。这时分度圆柱上轮齿形成的螺旋线便展成为一条斜直线，它与齿轮轴线的夹角为 $\beta$，称为斜齿圆柱齿轮的**分度圆螺旋角**（即斜齿轮的螺旋角）。它表示斜齿圆柱齿轮轮齿的倾斜程度。由图 10-4b 所示的几何关系，可得

$$\tan\beta = \frac{\pi d}{Ph} \tag{10-1}$$

式中，$Ph$ 为螺旋线的导程，即螺旋线绕分度圆一周沿轴线上升的高度。

由图 10-4b 可知，对于同一个斜齿轮，任何一个圆柱面上的螺旋线导程 $Ph$ 都一样，因此，基圆柱面上的螺旋角 $\beta_b$ 应该为

$$\tan\beta_b = \frac{\pi d_b}{Ph} \tag{10-2}$$

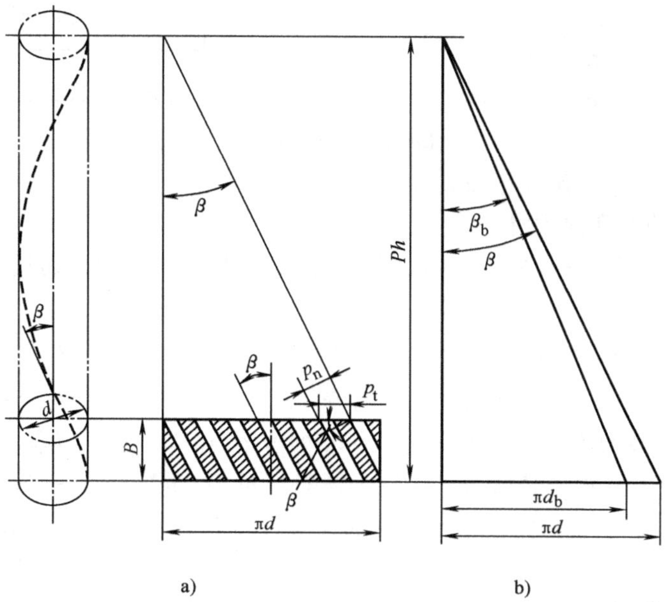


图 10-4　斜齿轮螺旋角的原理图

a）斜齿轮柱面展开图　b）斜齿轮的螺旋角

由式（10-1）、式（10-2）可得

$$\frac{\tan\beta_b}{\tan\beta} = \frac{d_b}{d} = \cos\alpha_t$$

即

$$\tan\beta_b = \tan\beta\cos\alpha_t \tag{10-3}$$

式中，$\alpha_t$ 为斜齿轮的端面压力角。

由图 10-4a 所示的几何关系，还可以得到

$$p_n = p_t\cos\beta \tag{10-4}$$

式中，$p_n$、$p_t$ 分别为斜齿轮分度圆柱面上轮齿的**法面齿距**和**端面齿距**。

将式（10-4）两边除以 π，即可求得法向模数 $m_n$ 和端面模数 $m_t$ 的关系为

$$m_n = m_t\cos\beta \tag{10-5}$$

**2. 法向压力角 $\alpha_n$ 与端面压力角 $\alpha_t$**

为了便于分析斜齿轮的法向压力角 $\alpha_n$ 与端面压力角 $\alpha_t$ 的关系，现用斜齿条来加以说明。因为斜齿条与斜齿轮正确啮合时，斜齿条上的法面压力角及端面压力角必定和斜齿轮的相同，故知斜齿轮的两个压力角之间的关系，必与斜齿条的两个压力角之间的关系

相同。

在直齿条上，法面和端面同是一个平面，所以 $\alpha_n=\alpha_t=\alpha$。对斜齿条来说，因为轮齿倾斜了一个角度 $\beta$，于是就有端面与法面之分。图 10-5 所示的斜齿条，$abc$ 为端面，$a'b'c$ 为法面。$\angle abc$ 为**端面压力角** $\alpha_t$，$\angle a'b'c$ 为**法面压力角** $\alpha_n$。由于 $\triangle abc$ 及 $\triangle a'b'c$ 的高相等，即 $ab=a'b'$，于是由几何关系可得

$$\frac{ac}{\tan\alpha_t}=\frac{a'c}{\tan\alpha_n}$$

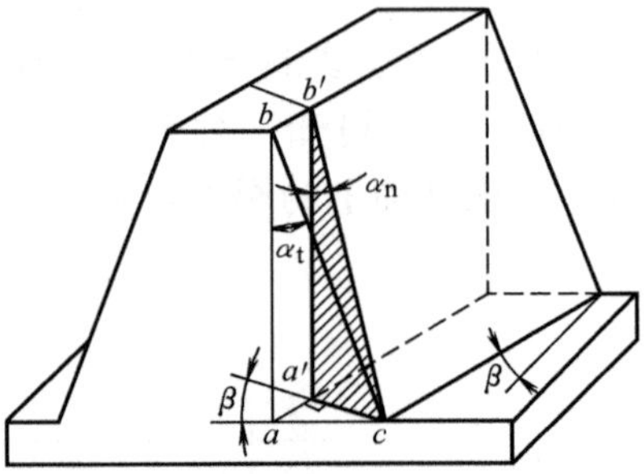


图 10-5　法面压力角和端面压力角

又在 $\triangle aa'c$ 中，$a'c=ac\cos\beta$，故得

$$\tan\alpha_n=\tan\alpha_t\cos\beta \tag{10-6}$$

因为 $\cos\beta<1$，所以 $\alpha_n$ 一定小于 $\alpha_t$。

**3. 斜齿轮传动的几何尺寸**

斜齿轮的齿顶高和齿根高不论从法面或端面来看都是相同的，而且同直齿轮的计算方法一样，即

$$h_a=(h_{an}^*+x_n-\sigma_n)m_n \text{ 或 } h_a=(h_{at}^*+x_t-\sigma_t)m_t$$

$$h_f=(h_{an}^*+c_n^*-x_n)m_n \text{ 或 } h_f=(h_{at}^*+c_t^*-x_t)m_t$$

由于 $m_n=m_t\cos\beta$，故有 $h_{at}^*=h_{an}^*\cos\beta$，$c_t^*=c_n^*\cos\beta$ 及 $x_t=x_n\cos\beta$。$h_{an}^*$、$c_n^*$ 分别为法面齿顶高系数和法面顶隙系数，其值与直齿轮一样是标准值；$h_{at}^*$、$c_t^*$ 分别为端面齿顶高系数和端面顶隙系数，是非标准值；$x_n$、$x_t$ 分别为法面变位系数和端面变位系数；$\sigma_n$、$\sigma_t$ 分别为法面和端面齿顶高降低系数。

斜齿轮的分度圆直径 $d$ 为

$$d=m_tz=\frac{m_nz}{\cos\beta}$$



斜齿圆柱齿轮传动的标准中心距 $a$ 为

$$a=\frac{d_1+d_2}{2}=\frac{m_t(z_1+z_2)}{2}=\frac{m_n(z_1+z_2)}{2\cos\beta} \tag{10-7}$$

由式（10-7）可知，在设计斜齿轮传动时，可用改变螺旋角 $\beta$ 的办法来调整中心距的大小，以满足对中心距的要求，而不一定非用变位的办法不可。

斜齿轮的最少齿数 $z_{min}$，亦仿照直齿轮最少齿数的求法。当用齿条形刀具切齿时，仍可得到类似的关系，即

$$z_{min}=\frac{2h_{at}^*}{\sin^2\alpha_t}=\frac{2h_{an}^*\cos\beta}{\sin^2\alpha_t} \tag{10-8}$$

斜齿轮也和直齿轮一样，可借变位修正的办法来满足不同的要求。加工变位斜齿轮时，也和加工变位直齿轮一样，仅需将刀具沿被切齿轮的半径方向移动一个距离 $\Delta_r$。刀具的这个变位量不论从齿轮的端面或法面来看，都是一样的，即 $\Delta_n=\Delta_t=\Delta_r$。但是，若用模数与变位系数来表示这个变位量时，因斜齿轮的端面模数与法向模数不同，所以斜齿轮的变位系数也就分为端面变位系数 $x_t$ 与法面变位系数 $x_n$。它们之间的关系为

$$\Delta_r=x_tm_t=x_nm_n=x_nm_t\cos\beta$$

即
$$x_t = x_n \cos\beta$$

由于斜齿轮端面上各部分的尺寸关系和直齿轮各部分的尺寸关系完全一样，所以变位斜齿轮传动端面上的几何参数及尺寸可以参照直齿轮传动的公式进行计算，但应注意必须采用斜齿轮的端面参数 $m_t$、$\alpha_t$、$h_{at}^*$、$c_t^*$、$x_t$。

斜齿圆柱齿轮传动几何尺寸的计算公式见表 10-1。

**表 10-1　斜齿圆柱齿轮的几何参数及尺寸计算公式**

| 名　称 | 代　号 | 计算公式 |
|---|---|---|
| 螺旋角 | $\beta$ | （一般取 8°～20°） |
| 法向模数 | $m_n$ | （标准值） |
| 端面模数 | $m_t$ | $m_t = m_n/\cos\beta$ |
| 法面压力角 | $\alpha_n$ | （标准值） |
| 端面压力角 | $\alpha_t$ | $\tan\alpha_t = \tan\alpha_n/\cos\beta$ |
| 法面齿距 | $p_n$ | $p_n = \pi m_n$ |
| 端面齿距 | $p_t$ | $p_t = \pi m_t = p_n/\cos\beta$ |
| 法面基圆齿距 | $p_{bn}$ | $p_{bn} = p_n\cos\alpha_n$ |
| 端面基圆齿距 | $p_{bt}$ | $p_{bt} = p_t\cos\alpha_t$ |
| 法面齿顶高系数 | $h_{an}^*$ | $h_{an}^* = 1$ |
| 端面齿顶高系数 | $h_{at}^*$ | $h_{at}^* = h_{an}^*\cos\beta$ |
| 法面顶隙系数 | $c_n^*$ | $c_n^* = 0.25$ |
| 端面顶隙系数 | $c_t^*$ | $c_t^* = c_n^*\cos\beta$ |
| 分度圆直径 | $d$ | $d = m_t z = m_n z/\cos\beta$ |
| 基圆直径 | $d_b$ | $d_b = d\cos\alpha_t$ |
| 最少齿数 | $z_{min}$ | $z_{min} = 2h_{at}^*/\sin^2\alpha_t$ |
| 端面变位系数 | $x_t$ | $x_t = x_n\cos\beta$ |
| 齿顶圆直径 | $d_a$ | $d_a = d + 2h_a$ |
| 齿根圆直径 | $d_f$ | $d_f = d - 2h_f$ |
| 法面齿厚 | $s_n$ | $s_n = \left(\frac{\pi}{2} + 2x_n\tan\alpha_n\right)m_n$ |
| 端面齿厚 | $s_t$ | $s_t = \left(\frac{\pi}{2} + 2x_t\tan\alpha_t\right)m_t$ |
| 当量齿数 | $z_v$ | $z_v = z/\cos^3\beta$ |

## 三、斜齿圆柱齿轮正确啮合条件及重合度

### 1. 一对斜齿圆柱齿轮正确啮合的条件

一对斜齿圆柱齿轮正确啮合时，除了满足直齿轮的正确啮合条件外，它们的螺旋角还

必须相匹配，即斜齿圆柱齿轮正确啮合的条件为：

1）螺旋角大小相等，外啮合时旋向相反，即

$$\beta_1 = -\beta_2 \tag{10-9}$$

内啮合时旋向相同，即

$$\beta_1 = \beta_2 \tag{10-10}$$

2）端面模数 $m_t$ 及端面压力角 $\alpha_t$ 应分别相等，即

$$m_{t1} = m_{t2}，\alpha_{t1} = \alpha_{t2} \tag{10-11}$$

或法向模数 $m_n$ 及法面压力角 $\alpha_n$ 分别相等，即

$$m_{n1} = m_{n2}，\alpha_{n1} = \alpha_{n2} \tag{10-12}$$

**2．斜齿轮机构的重合度**

为便于分析斜齿轮传动的连续传动条件，现以端面尺寸相当的一对直齿轮传动与一对斜齿轮传动进行对比。

如图 10-6 所示，上图为直齿轮传动的啮合面，下图为斜齿轮传动的啮合面，直线 $B_2B_2$ 表示在啮合平面内，一对轮齿进入啮合的位置，$B_1B_1$ 则表示脱离啮合的位置。

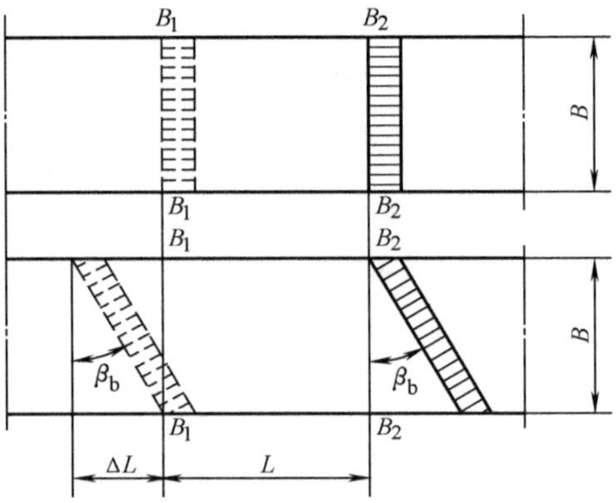

图 10-6　实际啮合线示意图

可见，斜齿轮传动的实际啮合区比直齿轮增大了 $\Delta L = B\tan\beta_b$，因此斜齿轮传动的重合度也比直齿轮传动大，其增加的一部分重合度以 $\varepsilon_\beta$ 表示，则

$$\varepsilon_\beta = \frac{\Delta L}{p_{bt}} = \frac{B\tan\beta_b}{p_{bt}}$$

上式可化为

$$\varepsilon_\beta = \frac{B\tan\beta\cos\alpha_t}{p_t\cos\alpha_t} = \frac{B\sin\beta/\cos\beta}{p_n/\cos\beta} = \frac{B\sin\beta}{\pi m_n} \tag{10-13}$$



所以斜齿轮传动的重合度 $\varepsilon_\gamma$ 为 $\varepsilon_\alpha$、$\varepsilon_\beta$ 两部分之和，即

$$\varepsilon_\gamma = \varepsilon_\alpha + \varepsilon_\beta$$

$\varepsilon_\alpha$ 是根据斜齿轮传动的端面参数像直齿轮传动那样所求得的重合度，称为**端面重合度**。其大小可用直齿轮传动时重合度的计算式（9-14）来求。不过这时要用端面啮合角 $\alpha_t'$来代替直齿轮传动的啮合角 $\alpha'$，用端面齿顶压力角 $\alpha_{at}$来代替直齿轮的齿顶压力角 $\alpha_a$，即

$$\varepsilon_\alpha = \frac{1}{2\pi}[z_1(\tan\alpha_{at1} - \tan\alpha_t') + z_2(\tan\alpha_{at2} - \tan\alpha_t')] \tag{10-14}$$

$\varepsilon_\beta$ 是由于斜齿轮轮齿的倾斜和齿轮具有一定的轴向宽度，而使斜齿轮传动增加了一部分重合度，故称为**轴向重合度**（纵向重合度）。

## 四、斜齿圆柱齿轮的当量齿轮和当量齿数

如图 10-7 所示，当用圆盘齿轮铣刀来切制斜齿轮时，切削刃位于轮齿的法面内，并

沿轮齿的螺旋线方向进刀。显然，这样切出的斜齿轮，不仅齿轮法面的模数和压力角与刀具的相同，而且法面的齿形也与切削刃的形状相对应。因此在选择齿轮铣刀时，刀具的模数和压力角显然是取决于齿轮的法向模数及法面压力角的，那么齿轮铣刀的刀号又如何决定呢？如第九章第六节所述，齿轮铣刀是根据它所能切制的直齿轮的齿数来编号的。既然斜齿轮的法向齿廓与齿轮铣刀刀刃的轴面形状相对应，那就应该找出一个与斜齿轮法向齿廓相当的直齿轮来，然后按照这个直齿轮的齿数来决定刀具的刀号。这个虚拟的直齿轮就称为斜齿轮的**当量齿轮**，其齿数就称为**当量齿数** $z_v$，齿轮铣刀的刀号则应根据此当量齿数来选取。

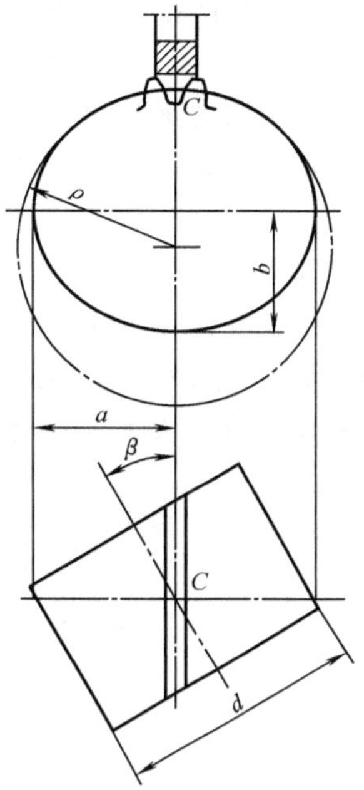

图 10-7　斜齿轮的当量齿轮

为了确定斜齿轮的当量齿数，过斜齿轮分度圆螺旋线上的一点 $C$，作此轮齿的法面，如图 10-7 所示。在此剖面上，点 $C$ 附近的齿形可以近似地视为斜齿轮法面上的齿形。现以椭圆上点 $C$ 的曲率半径 $\rho$ 为分度圆半径，并以参数 $m_n$、$\alpha_n$ 作一个假想的直齿轮。显然，此虚拟直齿轮的齿形就与上述斜齿轮的法向齿廓十分相近，故此虚拟的直齿轮即为上述斜齿轮的当量齿轮，而其齿数即为当量齿数，并以 $z_v$ 表示。

由图 10-7 可知，椭圆的长半轴 $a=d/(2\cos\beta)$，短半轴 $b=d/2$。由高等数学可知，点 $C$ 的曲率半径应为

$$\rho=\frac{a^2}{b}=\frac{d}{2\cos^2\beta}$$

所以

$$z_v=\frac{2\rho}{m_n}=\frac{d}{m_n\cos^2\beta}=\frac{m_t z}{m_n\cos^2\beta}=\frac{z}{\cos^3\beta} \tag{10-15}$$

当量齿数除在用仿形法切制齿廓时需用来选取齿轮铣刀的刀号外，在计算轮齿的强度时，由于两啮合轮齿之间的作用力是沿轮齿的法向作用的，所以也要用到当量齿数或引用当量齿轮的概念。

## 五、斜齿圆柱齿轮机构的特点

与直齿圆柱齿轮传动比较，斜齿圆柱齿轮传动有以下特点：

（1）啮合性能好　如上所述，在斜齿轮传动中，其齿轮齿面的接触线为与轴线不平行的斜线。在传动时，由轮齿的一端先进入啮合，然后逐渐过渡到另一端，这种啮合的方式不仅使轮齿在开始和脱离啮合时，不致产生冲击，因而传动平稳、噪声小，而且这种啮合方式也减少了制造误差对传动质量的影响。

（2）重合度大　斜齿圆柱齿轮的重合度比直齿圆柱齿轮的大，降低了每对齿轮的载荷，相对地提高了齿轮的承载能力，并且使传动平稳。

（3）最少齿数少　由式（10-8）可知，斜齿轮的最少齿数比直齿轮的最少齿数少。因此，采用斜齿圆柱齿轮传动可以得到更加紧凑的机构。

10

上述三点为斜齿轮的主要优点。但斜齿轮传动也有一个较明显的缺点，即斜齿轮运转时会产生轴向推力。如图 10-8 所示，其轴向推力为

$$F_S = F_Q \tan\beta$$

当圆周力 $F_Q$ 一定时，轴向推力 $F_S$ 随着螺旋角的增大而增大，对支承齿轮的轴承产生不利的影响。为了不使斜齿轮传动产生过大的轴向力，设计时一般取螺旋角 $\beta = 8° \sim 20°$。

如果想完全消除轴向推力，可以将斜齿轮做成左右对称的形状，即做成人字齿轮，如图 10-9 所示。由于这种齿轮的轮齿左右对称，所以在理论上产生的轴向推力可以完全自身抵消。但这种齿轮的加工较复杂，而且由于加工和安装的误差，其实际轴向推力可能不会完全抵消，从而造成轮齿的偏载，这是人字齿轮的缺点。

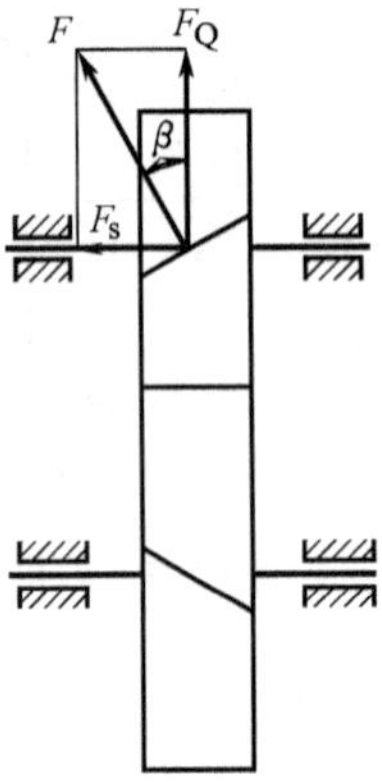


图 10-8　斜齿轮受力图

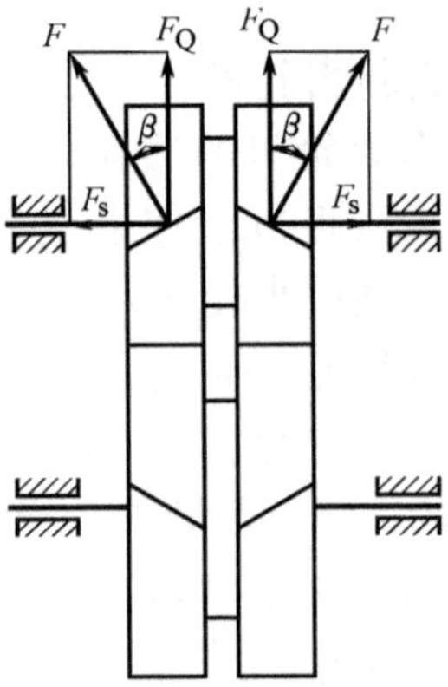


图 10-9　人字齿轮受力图

10

# 第二节　蜗杆蜗轮

## 一、蜗杆蜗轮的形成及其传动特点

### 1. 蜗杆蜗轮的形成

蜗杆蜗轮机构用于传递空间交错两轴之间的运动和动力。通常两轴夹角为 90°。

如图 10-10 所示，蜗杆蜗轮传动中轮 1 的分度圆直径远比轮 2 的分度圆直径小，轮 1 的螺旋角比轮 2 的螺旋角大许多；同时轮 1 的轴向长度又较大，这样轮 1 的螺旋曲面与其分度圆圆柱面的交线就成了完整的螺旋线，使其外形看上去像一个螺杆，称其为**蜗杆**。与蜗杆相啮合的大齿轮，即图中的轮 2，称为**蜗轮**。这样形成的蜗杆蜗轮传动，相啮合的轮齿为点接触。为了改善其啮合状况，将蜗轮的直素线改为与蜗杆轴同心的圆弧形，使它部分地包住蜗杆；另外，采用"对偶法"

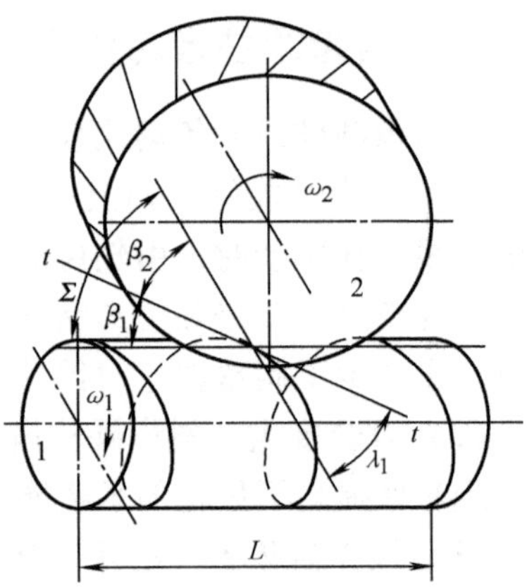


图 10-10　蜗杆蜗轮传动示意图

加工蜗轮轮齿，即用与蜗杆形状相似的滚刀（不同之处是滚刀的外径略大，以便加工出顶隙）来加工蜗轮，其展成加工运动与蜗杆蜗轮传动相同，这样就使得两者齿面之间的接触为线接触，从而降低其接触应力，提高承载能力并减少磨损。

蜗杆有左旋右旋之分，通常多用右旋蜗杆，如图 10-10 所示。蜗杆导程角为 $\lambda_1 = 90° - \beta_1$。因为蜗杆蜗轮两轴的交错角为90°，所以 $\beta_2 = \lambda_1$，即蜗轮的螺旋角等于蜗杆导程角。

根据其上螺旋线的多少，蜗杆又分为单头蜗杆和多头蜗杆。蜗杆上只有一条螺旋线，即在其端面上只有一个轮齿时，称为单头蜗杆；有两条螺旋线者则称为双头蜗杆，依此类推。蜗杆的头数即为蜗杆的齿数 $z_1$，通常 $z_1 = 1 \sim 4$；蜗轮的齿数为 $z_2$。一般多采用单头蜗杆传动。

**2. 蜗杆蜗轮的传动特点**

蜗杆蜗轮传动的最大特点是传动比大。这是因为蜗杆的齿数 $z_1$ 很少，而蜗轮的齿数 $z_2$ 可以较多，因此其传动比 $i_{12} = \omega_1/\omega_2 = z_2/z_1$ 可以很大。一般 $i_{12} = 10 \sim 100$，在分度机构中 $i_{12}$甚至可以达到 500 以上。

蜗杆蜗轮传动的另一特点是反行程（即蜗轮为主动时）具有自锁性。当蜗杆的导程角 $\lambda_1$ 小于蜗轮蜗杆啮合齿间的当量摩擦角 $\varphi_v$ 时，传动就具有了自锁性。此时只能由蜗杆带动蜗轮，而不能由蜗轮带动蜗杆。这种蜗杆蜗轮传动装置常常用于起重机械或其他需要自锁的场合，以增加机械的安全性。

蜗杆蜗轮传动还有结构紧凑、传动平稳和噪声小的特点。

蜗轮蜗杆传动的主要缺点是机械效率较低，而具有自锁性的蜗轮蜗杆其传动效率更低。一般传动效率为 $\eta = 0.7 \sim 0.8$，具有自锁性的蜗杆其传动效率为 $\eta < 0.5$。另外，由于啮合轮齿之间的相对滑动速度大，所以磨损也大，因此蜗轮常用贵重的耐磨材料（如锡青铜）制造，成本较高。

## 二、阿基米德蜗杆及其正确啮合条件

蜗杆蜗轮机构的类型很多，普通圆柱蜗杆机构为最基本的类型。普通圆柱蜗杆按其齿廓曲线的形状不同可以分为阿基米德蜗杆、延伸渐开线蜗杆和渐开线蜗杆等。其中又以阿基米德蜗杆的应用最为广泛，故只讨论这种传动机构。

**1. 阿基米德蜗杆的加工**

车削阿基米德蜗杆与车削梯形螺纹相似，是用梯形车刀在车床上加工的。两切削刃的夹角 $2\alpha = 40°$，加工时，将车刀的切削刃与蜗杆轴线放于同一水平面内，如图 10-11 所示。这样加工出来的蜗杆，在轴剖面 I—I 内的齿形为直线；在法向剖面 $n$—$n$ 内的齿形为曲线；在垂直轴线的端面上，其齿形为阿基米德螺线，故称为**阿基米德蜗杆**。这种

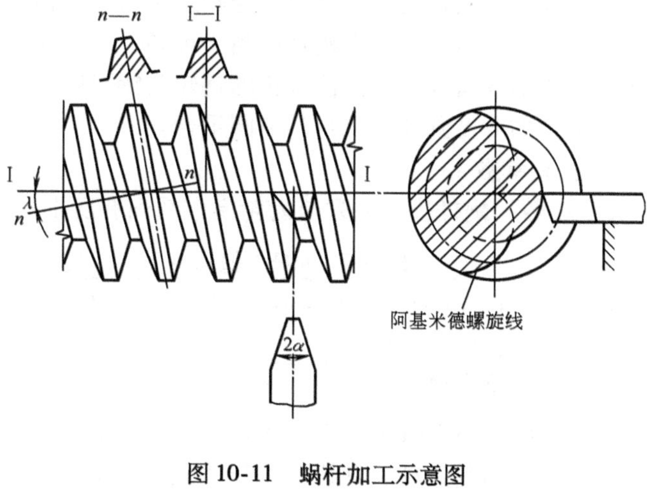

图 10-11　蜗杆加工示意图

蜗杆工艺性能好，是目前应用最广泛的一种蜗杆。

**2. 蜗杆蜗轮正确啮合的条件**

图 10-12 所示为阿基米德蜗杆与蜗轮啮合的情况。若过蜗杆的轴线作一垂直于蜗轮的轴线的平面，该平面对蜗杆是轴面，对蜗轮是端面，这个平面称为此蜗杆蜗轮传动的**中间平面**。在此中间平面内（蜗杆的齿形为直线，蜗轮的齿形为渐开线），蜗轮与蜗杆的啮合就相当于齿轮与齿条的啮合。因此**蜗杆蜗轮正确啮合的条件**为：中间平面内蜗杆与蜗轮的模数和压力角彼此相等。蜗杆的轴面模数 $m_{a1}$ 和压力角 $\alpha_{a1}$ 分别等于蜗轮的端面模数 $m_{t2}$ 和压力角 $\alpha_{t2}$ 且均取为标准值 $m$ 和 $\alpha$。由于蜗轮蜗杆两轴交错，其两轴夹角 $\Sigma=90°$，还需保证 $\lambda_1=\beta_2$，而且蜗轮与蜗杆螺旋线方向必须相同。即

$$\begin{cases} m_{t2}=m_{a1}=m \\ \alpha_{t2}=\alpha_{a1}=\alpha \\ \lambda_1=\beta_2 \end{cases} \tag{10-16}$$

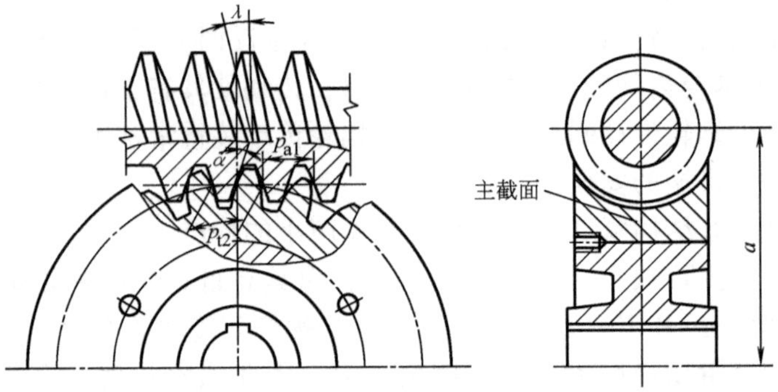


图 10-12　蜗杆蜗轮传动结构图

## 三、蜗杆蜗轮的变位修正和主要参数及几何尺寸计算

**1. 蜗杆蜗轮的变位修正**

为了配凑中心距或提高传动的承载能力，蜗杆蜗轮机构也可采用变位修正。如上所述，在中间平面内蜗轮与蜗杆的啮合相当于齿轮与齿条的啮合，因此，可以参照齿轮变位修正的方法进行修正。由于蜗杆相当于齿条，所以是不变位的，根据传动的需要，只对蜗轮采取适当的变位即可。变位修正的蜗轮与蜗杆啮合传动时，蜗轮的分度圆恒与其节圆重合，而蜗杆的分度圆却不再与其节圆重合。

**2. 主要参数**

1）模数。蜗杆模数系列与齿轮模数系列有所不同，蜗杆模数系列见表 10-2。

**表 10-2　蜗杆的模数 $m$ 值**（摘自 GB/T 10088—1988）　（单位：mm）

| | |
|---|---|
| 第一系列 | 1, 1.25, 1.6, 2.0, 2.5, 3.15, 4.0, 5.0, 6.3, 8.0, 10.0, 12.5, 16.0, 20.0, 25.0, 31.5, 40.0 |
| 第二系列 | 1.5, 1.75, 3.0, 3.5, 4.5, 5.5, 6.0, 7.0, 12.0, 14.0 |

注：优先采用第一系列。

2）压力角。GB/T 10087—1988《圆柱蜗杆基本齿廓》规定，阿基米德蜗杆的压力角 $\alpha=20°$。在动力传动中，允许增大压力角，推荐用 $\alpha=25°$；在分度传动中，允许减小压

力角，推荐用 $\alpha=25°$ 或 $12°$。

3）齿顶高系数和顶隙系数。一般采用 $h_a^*=1$，$c^*=0.2$。

4）齿数。蜗杆的齿数或头数为 $z_1$，一般取 $z_1=1\sim10$，推荐 $z_1=$ 1、2、4、6。当要求传动比大或反行程具有自锁性时，常取 $z_1=1$，即单头蜗杆；当要求具有较高传动效率时，则 $z_1$ 取较大值。蜗轮齿数 $z_2$ 可根据传动比及选定的 $z_1$ 确定，对于动力传动，常用的范围为 $z_2=29\sim70$。

5）传动比。蜗杆传动的传动比 $i_{12}$ 为

$$i_{12}=\frac{\omega_1}{\omega_2}=\frac{z_2}{z_1} \tag{10-17}$$

6）导程角。设蜗杆的分度圆直径为 $d_1$，螺旋导程为 $Ph$，轴向齿距为 $p_{a1}$，导程角为 $\lambda_1$，则有

$$\tan\lambda_1=\frac{Ph}{\pi d_1}=\frac{z_1 p_{a1}}{\pi d_1}=\frac{z_1 m}{d_1} \tag{10-18}$$

当 $\lambda_1$ 取较大值时，可提高蜗杆传动效率。对于要求高效率的传动，通常 $\lambda_1=15°\sim30°$，此时应采用多头蜗杆，即取 $z_1>1$。当 $\lambda_1$ 小于蜗杆蜗轮啮合齿间的当量摩擦角 $\varphi_v$ 时，机构将具有自锁性，此时应取 $z_1=1$。

7）蜗杆直径。由于在加工蜗轮时是用相当于蜗杆的滚刀来切制的，所以为了限制加工蜗轮的滚刀数量，对于同一模数的蜗杆，其直径应加以限制。为此，将蜗杆分度圆（中圆）直径规定为标准值，见表 10-3 及表 10-4。

**表 10-3　蜗杆分度圆（中圆）直径 $d_1$ 值**　（单位：mm）

| | | | | | | | | | | |
|---|---|---|---|---|---|---|---|---|---|---|
| 10 | 11.2 | 12.5 | 14 | 16 | 18 | 20 | 22.4 | 25 | 28 | 31.5 |
| 35.5 | 40 | 45 | 50 | 56 | 63 | 71 | 80 | 90 | 100 | 112 |
| 125 | 140 | 160 | 180 | 200 | 224 | 250 | 280 | 315 | 355 | 400 |

**表 10-4　蜗杆分度圆直径 $d_1$ 与其模数 $m$ 的匹配标准系列**（摘自 GB/T 10085—1988）

（单位：mm）

| $m$ | $d_1$ | $m$ | $d_1$ | $m$ | $d_1$ | $m$ | $d_1$ |
|---|---|---|---|---|---|---|---|
| 1 | 18 | 2.5 | (22.4)<br>28<br>(35.5)<br>45 | 4 | 40<br>(50)<br>71 | 6.3 | (80)<br>112 |
| 1.25 | 20<br>22.4 | 3.15 | (28)<br>35.5<br>(45)<br>56 | 5 | (40)<br>50<br>(63)<br>90 | 8 | (63)<br>80<br>(100)<br>140 |
| 1.6 | 20<br>28 | 4 | (31.5) | 6.3 | (50)<br>63 | 10 | (71)<br>90 |
| 2 | (18)<br>22.4<br>(28)<br>35.5 | | | | | | |

由式（10-18）可知，

$$\tan\lambda_1=\frac{z_1 m_{a1}}{d_1}=\frac{z_1}{q}$$

式中，$q=d_1/m_{a1}$，称为**蜗杆直径系数**。

于是得到

$$d_1 = qm_{a1} = qm_{t2} \tag{10-19}$$

由式（10-19）可知当齿数 $z_1$ 和模数 $m$ 一定时，$q$ 值的选取与机构的结构和机械效率有关，取较大直径系数 $q$ 值时，使 $\lambda_1$ 减小，机械效率降低，且使蜗杆尺寸 $d_1$ 增大，从而增大了蜗杆的刚度。因此，在刚度条件允许的情况下，一般希望取较小的 $q$ 值，以提高机构传动的机械效率并可减小机械的结构尺寸。当设计自锁性蜗杆蜗轮机构时，则应取较大的 $q$ 值。为满足不同情况的需要，在 $m$ 一定时，允许 $q$ 值在一定范围内变动，见表 10-5。不论如何变动 $q$ 值，按式（10-19）决定的蜗杆直径一定要符合表 10-3 及表 10-4 中所列蜗杆分度圆直径的标准值。

**表 10-5　蜗杆直径系数 $q$ 与模数 $m$ 的关系**

| 模数 $m$/mm | 1 ~ 1.75 | 2 ~ 8 | 10 ~ 20 | > 20 |
|---|---|---|---|---|
| 直径系数 $q$ | 28 ~ 10 | 25 ~ 7 | 20 ~ 6 | 15 ~ 6 |

**3. 蜗杆蜗轮机构的几何尺寸计算**

1）蜗轮分度圆直径 $d_2$ 为

$$d_2 = mz_2 \tag{10-20}$$

2）蜗杆蜗轮的齿顶圆直径为

$$d_{a1} = d_1 + 2h_{a1} = d_1 + 2h_a^* m \tag{10-21}$$

$$d_{a2} = d_2 + 2h_{a2} = mz_2 + 2(h_a^* + x)m \tag{10-22}$$

式中，$x$ 为蜗轮的变位系数。

3）标准蜗杆传动的中心距 $a$ 为

$$a = r_1 + r_2 = \frac{1}{2}m_{t2}(q + z_2) \tag{10-23}$$

4）变位蜗杆蜗轮传动的中心距 $a'$ 为

$$a' = a + \Delta a = a + xm \tag{10-24}$$

其他部分的几何尺寸计算可以参照齿轮齿条的几何尺寸计算公式和有关资料。



## 第三节　锥齿轮机构

### 一、锥齿轮机构的特点和应用

锥齿轮机构是用来传递相交两轴之间运动和动力的一种齿轮机构，其齿轮分布在一个圆锥体的锥面上，如图 10-13 所示，其齿形从大端到小端逐渐减小。由于这个特点，相应于圆柱齿轮中的各有关“圆柱”，在这里都变成了“圆锥”。若一对锥齿轮的运动与一对摩擦圆锥相同，则该摩擦圆锥就相当于锥齿轮的节圆锥。与圆柱齿轮相似，除了节圆锥外，锥齿轮还有齿顶圆锥、分度圆锥、齿根圆锥和基圆锥。显然，锥齿轮大端和小端的参数是不同的。为了计量的方便，常取大端的参数为标准值，即大端处压力角 $\alpha = 20°$，模数 $m$ 按表 10-6 查取。

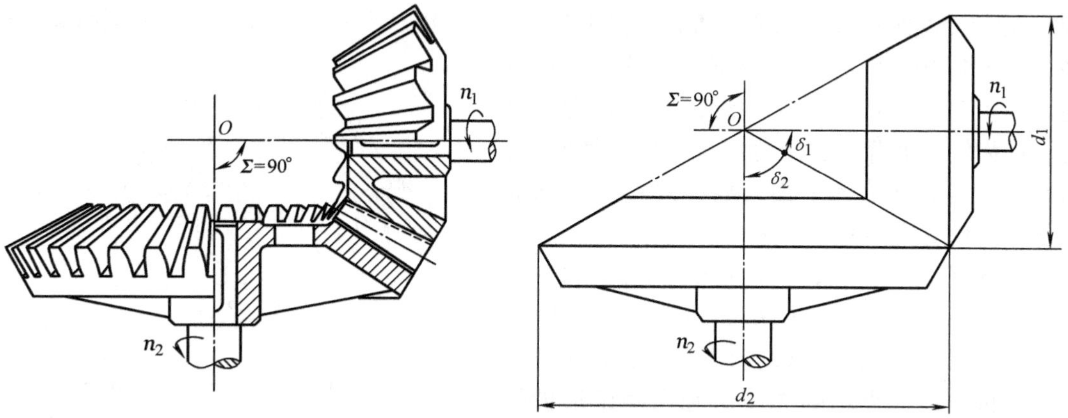


图 10-13　锥齿轮机构传动示意图

锥齿轮两轴的夹角 $\Sigma$ 可根据传动需要选择，在一般机械中多采用 $\Sigma=90°$ 的传动。有时也采用 $\Sigma\neq 90°$ 的传动。

锥齿轮的轮齿，有直齿、斜齿及曲线齿（圆弧齿、螺旋齿）等多种形式。曲线齿锥齿轮由于传动平稳，承载能力高，能够适应高速重载的要求，因此广泛用于汽车、拖拉机等中的差速齿轮机构中，但其啮合原理和参数选择与加工方法密切相关，比较复杂，其详细理论已超出本课程范围，故从略；而斜齿锥齿轮则很少应用。由于直齿锥齿轮设计、制造和安装较简便，其应用最为广泛，本节仅讨论直齿锥齿轮。

## 二、直齿锥齿轮齿廓的形成

如图 10-14 所示，一圆平面 $S$ 与基圆锥切于 $OP$，圆平面的半径 $R'$ 与基圆锥的锥距 $R$ 相等，同时圆平面的圆心与锥顶 $O$ 重合，当圆平面沿基圆锥作纯滚动时，圆平面上任意点 $B$ 的轨迹为球面渐开线，而其上任一条过锥顶的直线 $OB$ 在空间形成的轨迹，是由无数条半径不同的球面渐开线组成的球面渐开曲面，此即为锥齿轮的齿廓曲面。因此，直齿锥齿轮大端的齿廓曲线，理论上应在以锥顶 $O$ 为中心，锥距 $R$ 为半径的球面上。

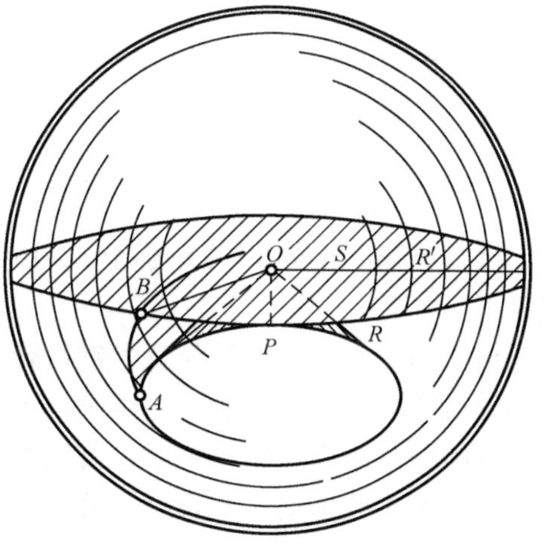


图 10-14　锥齿轮齿面的形成

## 三、背锥和当量齿轮

如上所述，锥齿轮的齿廓曲线在理论上是球面曲线，因球面不能展开成平面，这给锥齿轮的设计和制造带来很多困难，因此人们常将球面渐开线近似地展开在平面上，以便于齿廓的设计计算。方法是这样的：如图 10-15a 所示，$\triangle OCB$ 和 $\triangle OCA$ 分别为两轮的分度圆锥，线段 $OC$ 称为锥距。过大端上点 $C$ 作 $OC$ 的垂线与两轮的轴线分别交与点 $O_1$ 与 $O_2$。分别以 $OO_1$ 和 $OO_2$ 为轴线，以 $O_1C$ 和 $O_2C$ 为母线作两个圆锥 $O_1CA$ 和 $O_2CB$，该两圆锥称为**背锥**。背锥与球面切于大端分度圆 $CA$ 和

$CB$，并与分度圆锥直角相截。若在背锥上过点 $C$、$A$ 和 $B$ 沿背锥母线方向取齿顶高和齿根高，则由图 10-15a 可见，背锥面上的齿高部分与球面上的齿高部分非常接近，可以认为一对直齿锥齿轮的啮合近似于背锥面上的齿廓啮合。因圆锥面可展开成为平面，故最终可以把球面渐开线简化成平面曲线来进行研究。

如图 10-15b 所示，将背锥 $O_1CA$ 和 $O_2CB$ 展开为两个平面扇形，以 $O_1C$ 和 $O_2C$ 为分度圆半径，以锥齿轮的大端模数为模数，并取标准压力角，按照圆柱齿轮的作图法画出两扇形齿轮的齿廓，该齿廓即为锥齿轮大端的近似齿廓，两扇形齿轮的齿数即为两锥齿轮的真实齿数。将两扇形齿轮补足而形成的完整的圆形齿轮，称为**当量齿轮**；其齿数称为**当量齿数**，用 $z_v$ 表示。

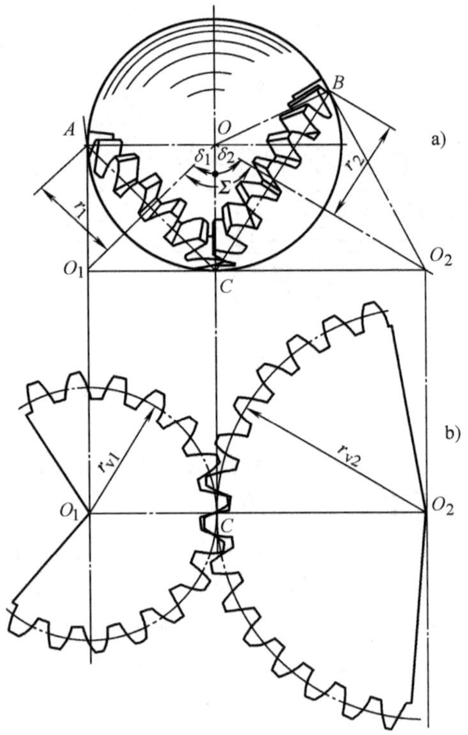


图 10-15　锥齿轮的当量齿轮
a）背锥　b）当量齿轮

对于齿数为 $z$，大端模数为 $m$，分度圆锥角为 $\delta$ 的锥齿轮，当量齿数 $z_v$ 和实际齿数 $z$ 的关系可由图 10-15b 求出，即

$$r_{v_1}=\frac{r_1}{\cos\delta_1}=\frac{mz_1}{2\cos\delta_1}$$

而

$$r_{v_1}=\frac{mz_{v_1}}{2}$$

故得

$$z_{v_1}=\frac{z_1}{\cos\delta_1}$$

同理得

$$z_{v_2}=\frac{z_2}{\cos\delta_2} \tag{10-25}$$

因为 $\cos\delta_1$ 和 $\cos\delta_2$ 总是小于 1，由上述可知，当量齿数总是大于真实齿数，当量齿数通常不是整数。

由于当量齿轮是齿形与直齿锥齿轮大端齿形极为接近的一个虚拟的直齿圆柱齿轮，所以前面对圆柱齿轮传动的一些结论，可以直接应用于锥齿轮传动。例如，根据一对圆柱齿轮正确啮合的条件可知，一对锥齿轮的正确啮合条件应为两轮大端的模数和压力角分别相等；一对锥齿轮传动的重合度，可以按其当量齿轮传动的重合度计算；为了避免轮齿的根切，锥齿轮的当量齿数 $z_v$ 应大于（至少等于）最少齿数 $z_{min}$；用当量齿数 $z_v$ 选择仿形法加工锥齿轮的铣刀的刀号等等。

## 四、直齿锥齿轮的基本参数及啮合特点

### 1. 基本参数的标准值

为了便于度量，锥齿轮的尺寸和齿形均以大端为准，因此，大端模数和压力角取标准

值，大端的模数按表10-6选取，压力角一般为20°，其齿顶高系数 $h_a^*$ 和顶隙系数 $c^*$ 为一对常值：

当 $m \leqslant 1\text{mm}$ 时，$h_a^*=1$，$c^*=0.25$；

当 $m>1\text{mm}$ 时，$h_a^*=1$，$c^*=0.2$。

对于短齿：$h_a^*=0.8$，$c^*=0.3$。

**表10-6 锥齿轮模数系列**（摘自GB/T 12368—1990） (mm)

| | | | | | | | | | | | | | | | |
|---|---|---|---|---|---|---|---|---|---|---|---|---|---|---|---|
| … | 1 | 1.125 | 1.25 | 1.375 | 1.5 | 1.75 | 2 | 2.25 | 2.5 | 2.75 | 3 | 3.25 | 3.5 | 3.75 | 4 |
| 4.5 | 5 | 5.5 | 6 | 6.5 | 7 | 8 | 9 | 10 | 11 | 12 | 14 | 16 | 18 | 20 | … |

**2. 直齿锥齿轮的啮合**

锥齿轮的当量齿轮不仅可用来描述其轮齿的齿形，还能近似的用来研究锥齿轮的啮合传动。

1）正确啮合条件。一对直齿锥齿轮的正确啮合条件可以从当量直齿圆柱齿轮得到，即为两个当量齿轮的模数和压力角均分别相等。因此，两个锥齿轮的大端模数 $m$ 和压力角 $\alpha$ 分别相等，且均为标准值。此外，为保证齿面成线接触，应满足两节圆锥的锥顶重合，即 $\delta_1+\delta_2=\Sigma$。因此，一对直齿锥齿轮正确啮合的条件是

$$\begin{cases} m_1=m_2=m \\ \alpha_1=\alpha_2=\alpha \\ \delta_1+\delta_2=\Sigma \end{cases} \tag{10-26}$$

2）一对直齿锥齿轮传动的重合度，可以按其当量齿轮传动的重合度计算。

3）直齿锥齿轮不根切的最少齿数 $z_{min}$ 与其当量齿轮的最少齿数 $z_{vmin}$ 的关系为

$$z_{min}=z_{vmin}\cos\delta \tag{10-27}$$

式中，$z_{vmin}$ 为圆柱齿轮不根切的最少齿数（当 $h_a^*=1$，$\alpha=20°$ 时，$z_{vmin}=17$），故锥齿轮不根切的最少齿数应小于 $z_{vmin}$。

10

## 五、几何尺寸的计算

如图10-16a所示，一对直齿锥齿轮啮合时，因 $r_1=OP\sin\delta_1$ 和 $r_2=OP\sin\delta_2$，则传动比为

$$i_{12}=\frac{\omega_1}{\omega_2}=\frac{z_2}{z_1}=\frac{r_2}{r_1}=\frac{OP\sin\delta_2}{OP\sin\delta_1}=\frac{\sin\delta_2}{\sin\delta_1} \tag{10-28}$$

当 $\Sigma=90°$ 时，有

$$i_{12}=\frac{z_2}{z_1}=\frac{\sin(90°-\delta_1)}{\sin\delta_1}=\cot\delta_1=\tan\delta_2 \tag{10-29}$$

直齿锥齿轮的齿高通常是由大端到小端逐渐收缩的，按顶隙的不同，可分为正常收缩齿（图10-16a）和等顶隙收缩齿（图10-16b）两种。

如图10-16a所示，正常收缩齿锥齿轮的齿顶圆锥、齿根圆锥和分度圆锥具有一个锥顶点 $O$。显然，沿齿宽方向的顶隙是不相等的，即齿顶间隙由大端逐渐缩小，这种齿轮传动称为**正常收缩顶隙**锥齿轮传动。由于轮齿由大端至小端逐渐缩小，因此齿根圆角半径及

齿顶厚也随之缩小，这对小端轮齿的强度不利。

如图 10-16b 所示，等顶隙锥齿轮传动即两轮的顶隙由大端到小端都是相等的。在这种情况下，一个锥齿轮的齿顶母线与另一个锥齿轮的齿根母线相平行，因而其锥顶 $O'$ 和 $O''$ 不再重合于一点，它们分别落于各自的分度圆锥顶点 $O$ 之内，其齿根圆锥顶点仍与分度圆锥顶点重合于点 $O$。这种锥齿轮相当于降低了轮齿小端的高度，这就不仅减小了齿顶被削尖的可能性，而且可使轮廓的实际工作段相对减短，从而可以把齿根的圆角半径加大一点，以避免应力集中，而相对地提高其承载能力。另外，等顶隙齿顶也有利于储油润滑。正因如此，这种传动的应用日益广泛。

直齿锥齿轮传动的几何尺寸计算公式见表 10-7。

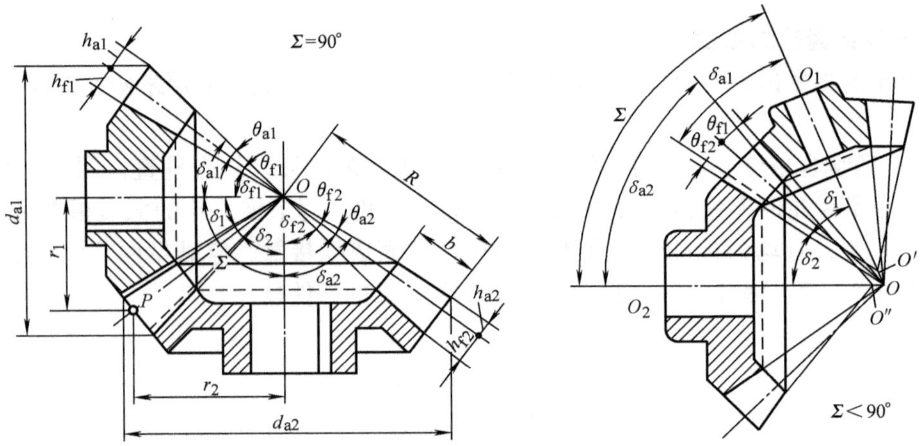


a)　　b)

图 10-16　锥齿轮的几何尺寸

a）正常收缩顶隙锥齿轮传动　b）等顶隙锥齿轮传动



**表 10-7　直齿锥齿轮传动的几何尺寸计算公式**

| 序号 | 名称 | 符号 | 公式 | |
|---|---|---|---|---|
| 1 | 轴交角 | $\Sigma$ | $\Sigma=90°$ | $\Sigma\neq 90°$ |
| 2 | 分度圆锥角 | $\delta$ | $\delta_1=\arctan\ (1/i_{12})$<br>$\delta_2=\Sigma-\delta_1$ | $\delta_1=\arctan\left(\dfrac{\sin\Sigma}{i_{12}+\cos\Sigma}\right)$<br>$\delta_2=\Sigma-\delta_1$ |
| 3 | 分度圆直径 | $d$ | $d_1=mz_1$，$d_2=mz_2$ | |
| 4 | 锥距 | $R$ | $R=\dfrac{1}{2}\sqrt{d_1^2+d_2^2}$ | $R=\dfrac{d_1}{2\sin\delta_1}=\dfrac{d_2}{2\sin\delta_2}$ |
| 5 | 齿宽 | $b$ | $b\leqslant\dfrac{1}{3}R$ | |
| 6 | 齿顶高 | $h_a$ | $h_{a1}=m(h_a^*+x_1)$，$h_{a2}=m(h_a^*+x_2)$ | |
| 7 | 齿根高 | $h_f$ | $h_{f1}=m(h_a^*+c^*-x_1)$，$h_{f2}=m(h_a^*+c^*-x_2)$ | |
| 8 | 齿顶角 | $\theta_a$ | $\theta_{a1}=\arctan(h_{a1}/R)$，$\theta_{a2}=\arctan(h_{a2}/R)$ | |
| 9 | 齿根角 | $\theta_f$ | $\theta_{f1}=\arctan(h_{f1}/R)$，$\theta_{f2}=\arctan(h_{f2}/\mathrm{R})$ | |
| 10 | 顶锥角 | $\delta_a$ | 正常收缩齿：$\delta_{a1}=\delta_1+\theta_{a1}$，$\delta_{a2}=\delta_2+\theta_{a2}$<br>等顶隙收缩齿：$\delta_{a1}=\delta_1+\theta_{f2}$，$\delta_{a2}=\delta_2+\theta_{f1}$ | |

（续）

| 序　　号 | 名　　称 | 符　　号 | 公　　式 |
|---|---|---|---|
| 11 | 根锥角 | $\delta_f$ | $\delta_{f1}=\delta_1-\theta_{f1}$，$\delta_{f2}=\delta_2-\theta_{f2}$ |
| 12 | 齿顶圆直径 | $d_a$ | $d_{a1}=d_1+2h_{a1}\cos\delta_1$，$d_{a2}=d_2+2h_{a2}\cos\delta_2$ |
| 13 | 齿根圆直径 | $d_f$ | $d_{f1}=d_1-2h_{f1}\cos\delta_1$，$d_{f2}=d_2-2h_{f2}\cos\delta_2$ |
| 14 | 当量齿数 | $z_v$ | $z_{v1}=z_1/\cos\delta_1$，$z_{v2}=z_2/\cos\delta_2$ |
| 15 | 当量齿轮分度圆半径 | $r_v$ | $r_{v_1}=d_1/(2\cos\delta_1)$，$r_{v_2}=d_2/(2\cos\delta_2)$ |
| 16 | 当量齿轮齿顶圆半径 | $r_{va}$ | $r_{va1}=r_{v1}+h_{a1}$，$r_{va2}=r_{v2}+h_{a2}$ |
| 17 | 当量齿轮齿顶压力角 | $\alpha_{va}$ | $\alpha_{va1}=\arccos\left(\dfrac{r_{v1}\cos\alpha}{r_{va1}}\right)$，$\alpha_{va1}=\arccos\left(\dfrac{r_{v1}\cos\alpha}{r_{va1}}\right)$ |
| 18 | 重合度 | $\varepsilon$ | $\varepsilon=\dfrac{1}{2\pi}[z_{v1}(\tan\alpha_{va1}-\tan\alpha)+z_{v2}(\tan\alpha_{va2}-\tan\alpha)]$ |
| 19 | 大端分度圆齿厚 | $s$ | $s_1=m\left(\dfrac{\pi}{2}+2x_1\tan\alpha+x_{t1}\right)$<br>$s_2=m\left(\dfrac{\pi}{2}+2x_2\tan\alpha+x_{t2}\right)$ |
| 20 | 大端齿顶圆齿厚 | $s_a$ | $s_{a1}=s_1\dfrac{r_{va1}}{r_{v1}}-2r_{va1}(\mathrm{inv}\alpha_{va1}-\mathrm{inv}\alpha)$<br>$s_{a2}=s_2\dfrac{r_{va2}}{r_{v2}}-2r_{va2}(\mathrm{inv}\alpha_{va2}-\mathrm{inv}\alpha)$ |



## 六、锥齿轮的变位修正

锥齿轮也可以用变位修正以改善传动性能。锥齿轮的变位方式有两种，径向变位和切向变位。

为了避免根切，增强小齿轮齿的抗弯强度，需作径向变位。径向变位多采用高度变位，即 $x_1$ 取正值，且 $x_2=-x_1$。这样两轴之间夹角 $\Sigma$ 可以不变，且分度圆锥与节圆锥重合，但顶锥角和根锥角改变了。计算是按其当量圆柱齿轮的高度变位方法进行的，采用高度变位的齿数条件应为

$$z_{v1}+z_{z2}\geqslant 2z_{min} \tag{10-30}$$

式中，$z_{min}$为标准直齿圆柱齿轮不发生根切的最少齿数。

锥齿轮无根切的最小变位系数为

$$x_{min}\geqslant h_a^*\frac{z_{vmin}-z_v}{z_{vmin}} \tag{10-31}$$

式中，$z_v$为锥齿轮的当量齿数。

采用切向变位的目的是改变大、小齿轮的相对强度，使互相啮合的轮齿强度接近相等。完成切向变位的具体方法是，加工时将两个刀片各沿分度圆的切线方向靠拢或分离一

个距离 $x_t m/2$（$x_t$ 称为切向变位系数）。这样改变了两轮分度圆齿厚，亦即取 $x_{t1}=-x_{t2}$，使小齿轮的齿厚增加 $\Delta s_1=x_{t1}m$，同时使大齿轮的齿厚相应减少 $\Delta s_2=x_{t2}m=-x_{t1}m$。

同时进行高度变位和切向变位的锥齿轮，其分度圆齿厚为

$$s=m\left(\frac{\pi}{2}+2x\tan\alpha+x_t\right) \tag{10-32}$$

当 $x_t$ 为正值时，表示两刨刀分离，齿厚增加；而 $x_t$ 为负值时，则表示两刨刀靠拢，齿厚减薄，如图 10-17 所示。

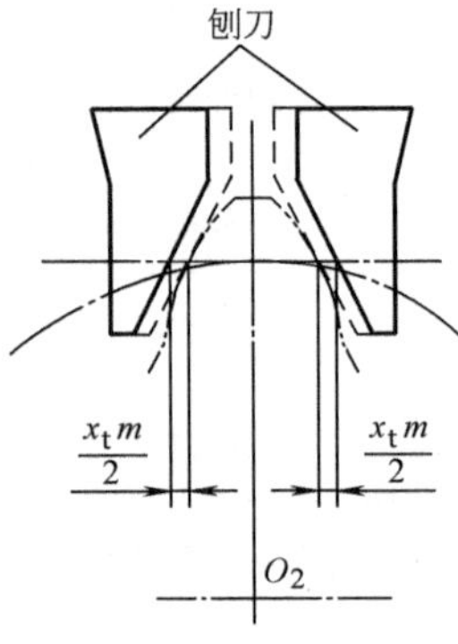

图 10-17　锥齿轮的切向变位

变位直齿锥齿轮的几何尺寸计算公式见表 10-6。

## ＊第四节　非渐开线齿廓的齿轮机构

以上所研究的是以渐开线作为齿廓的齿轮机构。采用渐开线作为齿廓曲线虽然有许多优越的地方，但也由于其本身的几何特性而带有一些固有的缺陷，主要有如下几点：

1）渐开线齿轮的承载能力难以大幅度地提高。当两齿轮啮合传动时，两轮轮齿在接触处所产生的最大接触应力设以 $\sigma_{max}$ 表示，则根据弹性力学中的赫兹（Hertz）公式知，$\sigma_{max}=0.418\sqrt{pE_\Sigma/\rho_\Sigma}$。式中，$p$ 为两齿面接触线单位长度上的载荷；$E_\Sigma$ 为轮齿材料的综合弹性模量；$\rho_\Sigma$ 为两轮齿廓在接触点处的综合曲率半径。设两轮齿廓在接触点处的曲率半径分别为 $\rho_1$、$\rho_2$，则 $1/\rho=1/\rho_1\pm1/\rho_2$，式中负号用于内啮合，正号用于外啮合。由赫兹公式可见，在其他条件相同的情况下，$\sigma_{max}$ 与 $\rho_\Sigma$ 成反比。所以，要想提高轮齿的接触强度，就必须增大轮齿的综合曲率半径。而对于渐开线齿轮来说，要想增大轮齿的综合曲率半径，就必须增大齿轮的尺寸，即增大两轮的中心距。而在工程中，齿轮传动的中心距常常受到强度条件、结构尺寸及经济性等条件的制约，所以要大幅度提高渐开线齿轮的承载能力就很困难。

2）不论是直齿轮传动还是斜齿轮传动，相互啮合的轮齿都是线接触。因此，由于齿轮制造、安装的误差，以及传动时轮轴的变形，都容易产生轮齿一端接触的现象（即轮齿仅一端相接触，而另一端则接触不上），从而引起了载荷集中，降低了齿轮的承载能力。

3）渐开线齿轮传动时，由于两啮合齿廓在不同位置接触时，齿面间相对滑动的速度不同，因而使齿廓各部分的磨损也不同，这也会影响齿轮的承载能力和使用寿命，同时由于啮合齿廓间的摩擦损耗，还将降低齿轮的传动效率。

由于渐开线齿廓的上述缺陷，影响了渐开线齿轮传动质量的提高，这就促使人们去寻找更合适的齿廓，以适应日益提高的传动要求，从而就提出了以圆弧和摆线作为齿廓的齿轮机构（称为圆弧齿轮机构和摆线齿轮机构）。下面先介绍圆弧齿轮机构。

### 一、圆弧齿轮机构

**1. 圆弧齿廓的形成**

如图 10-18 所示，设两齿轮的啮合齿廓仅在一点 $K$ 接触，而在两齿轮的传动过程中，

令此接触点 $K$ 在静止空间中沿着与两轮轴线相平行的直线 $KK'$ 作等速移动，直线 $KK'$ 即为两轮的啮合线。接触点 $K$ 在两轮运动空间中的轨迹将分别为螺旋线 $KA$ 与 $KB$。当齿轮传动时，从端面看两轮齿廓在点 $K$ 啮合，而后随即分离，然后两螺旋线 $KA$ 与 $KB$ 上的后继各点依次在啮合线 $KK'$ 上接触，使接触点沿着 $KK'$ 线逐渐地由齿的一端移向齿的另一端。

但是，两条螺旋线 $KA$、$KB$ 显然是不能互相传动的，因而只有采用包含 $KA$、$KB$ 的螺旋面作为两轮的齿廓曲面，才能达到相互啮合传动的目的。如图 10-18 所示，设以点 $P$ 为中心，$PK$ 为半径作一段圆弧，并另作一段半径稍大一点的圆弧与之相切于点 $K$，令这两段圆弧分别沿螺旋线 $KA$ 与 $KB$ 移动，则其轨迹即为小齿轮 1 上一段外凸的圆弧螺旋面和大齿轮 2 上一段内凹的圆弧螺旋面，然后就以这两段圆弧螺旋面分别作为两轮的齿廓曲面。

这样的一对齿廓曲面在理论上为点接触，但由于两圆弧的半径相差很小，所以磨合以后两齿面实际上将沿一段弧线相啮合。

由于这种端面为圆弧的齿廓不便于加工，故目前在生产中广泛地采用法面为圆弧的齿廓。图 10-19 所示即为这种齿轮的外形。

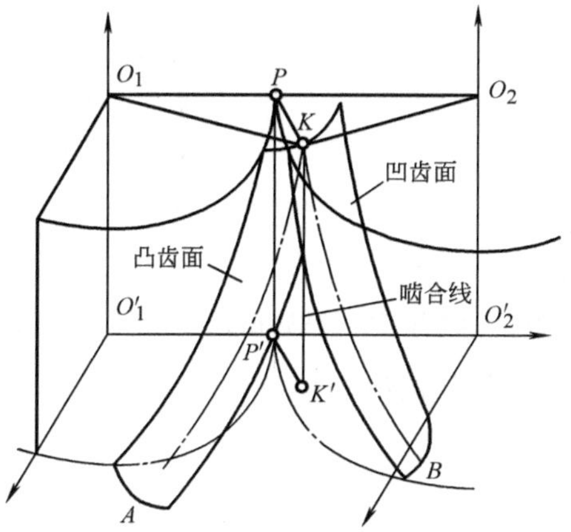


图 10-18　圆弧齿廓的形成

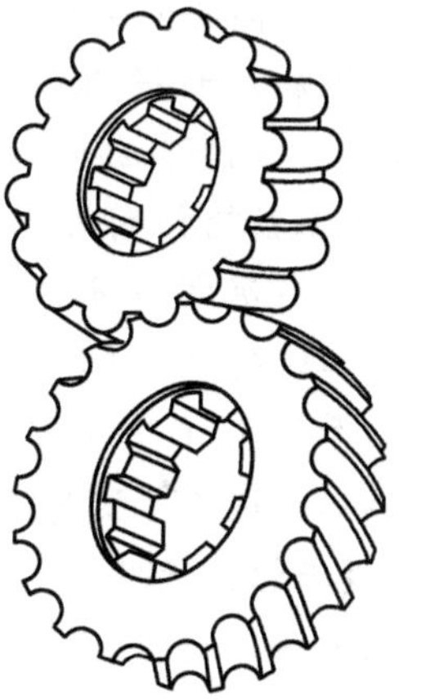

图 10-19　法面为圆弧的齿廓

10

**2. 圆弧齿轮的传动比**

当一对圆弧齿轮的齿廓在啮合线 $KK'$ 上任一点接触时，过接触点所作两齿廓的公法线一定都通过瞬心线 $PP'$，故两轮的传动比 $i_{12}$ 为

$$i_{12}=\frac{\omega_1}{\omega_2}=\frac{O_2P}{O_1P}=\frac{d_2}{d_1} \tag{10-33}$$

式中，$d_1$、$d_2$ 分别为两齿轮的分度圆直径，均为定值。

因此，$i_{12}$ 为一常数，此即说明圆弧齿轮传动能保证定传动比传动。

**3. 圆弧齿轮的重合度**

由上所述可知，圆弧齿轮的轮齿必须作成螺旋形，故圆弧齿轮传动的重合度可用斜齿轮传动的重合度的公式来计算，即其重合度为

$$\varepsilon_\gamma=\varepsilon_\alpha+\varepsilon_\beta=\varepsilon_\alpha+\frac{B\sin\beta}{\pi m_n}$$

但由于圆弧齿轮传动时，两啮合齿廓在任一端面上只作瞬时的啮合，故 $\varepsilon_{\alpha}=0$。因此，要使圆弧齿轮机构能够连续传动，则必须使其轴向重合度

$$\varepsilon_{\beta}=\frac{B\sin\beta}{\pi m_{n}}>1 \tag{10-34}$$

增大重合度可以提高传动的平稳性并减小噪声，在圆弧齿轮传动中，通常取 $\varepsilon_{\beta}\geqslant 1.25$。要使 $\varepsilon_{\beta}$ 达到许用值，设计时要恰当地选择螺旋角 $\beta$ 与齿宽 $B$。但增大 $\beta$ 将引起轴向推力的增大，故 $\beta$ 亦不宜过大，一般在 10°～20°的范围内选取。因此，要获得较大的重合度，只有靠增大齿宽 $B$ 来解决。

**4. 圆弧齿轮的传动优缺点**

圆弧齿轮传动与渐开线齿轮传动相比有下列的优点：

1）当两轮轮齿螺旋线 $KA$ 与 $KB$ 上的对应点在啮合线 $KK'$ 上接触时，由于两螺旋线在接触点处的曲率半径 $\rho_1$、$\rho_2$ 很大（图 10-20），它们的综合曲率半径比 $\rho_{\Sigma}$ 也很大，故轮齿具有较大的接触强度，因而使齿轮的承载能力得以提高。在齿轮尺寸和材料等都相同的情况下，圆弧齿轮的承载能力比渐开线齿轮可以提高 1.5～2 倍。

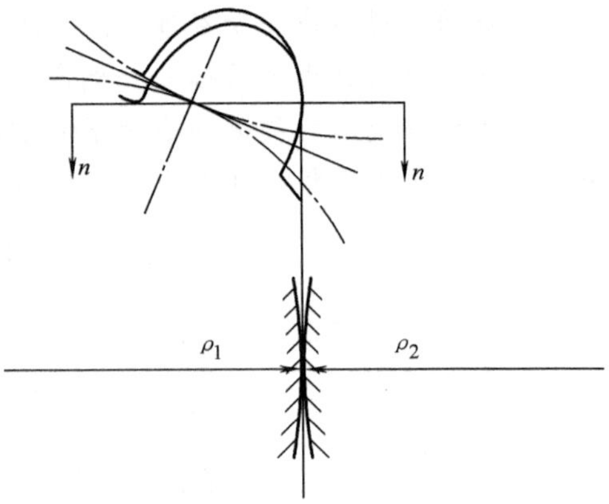

图 10-20　两螺旋线在接触点处的曲率半径

2）圆弧齿轮初期为点接触，故制造误差和变形对接触情况影响不大，经磨合后逐渐变为线接触，但这种线接触是在受载后经磨合而形成的，因而它能适应于受载的情况，而不像渐开线齿廓那样理论上就是线接触，对制造误差和变形都很敏感。

3）没有根切问题，所以机构的尺寸可以更小。

圆弧齿轮传动也有下列缺点：

1）对中心距敏感。中心距的误差，将使其承载能力显著降低。

2）弯曲强度一般较弱。

3）凸齿面的齿轮与凹齿面的齿轮要用两把刀具切制。

为了克服上述缺点，近年来采用了一种“双圆弧齿轮”。在这种齿轮传动中，相互啮合的一对齿轮的齿顶均为凸圆弧，而齿根均为凹圆弧，如图 10-21 所示。两轮啮合时，每对齿均有两个啮合点，但这两个啮合点不在同一端截面上，其轴向距离为 $h$，这两个啮合

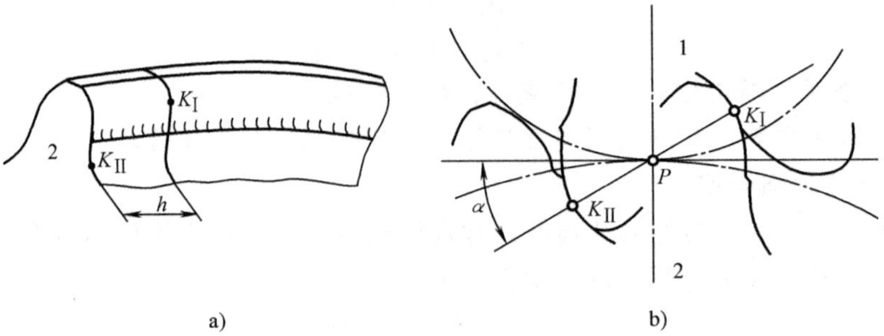

图 10-21　双圆弧齿轮

a）两个啮合点的距离　b）两啮合点传动

点将沿着各自的啮合线移动，经磨合后点接触逐渐变为线接触。

一般双圆弧齿轮的齿宽都大于一个轴向齿距，这时两轮将是多齿和多点接触，它与单圆弧齿轮相比的优点为：

1）强度高。因是多点接触，故使载荷分散，因而相应地降低了接触应力和弯曲应力。此外，由于其齿根部较强，故其弯曲强度也有明显的提高。

2）因为是多点接触，所以提高了传动的平稳性，故振动、噪声均较小。

3）互相啮合的一对齿轮可用同一把刀具来加工。

## 二、摆线齿轮机构

早在16世纪，人们已经知道用摆线作为齿廓曲线了。到了17世纪中叶，才开始采用渐开线作为齿廓曲线。摆线齿轮与渐开线齿轮相比，当然有许多逊色的地方，所以就目前来说摆线齿轮的应用远不及渐开线齿轮广泛。但摆线齿轮也还有一些独特的优点，所以它没有被完全淘汰。现代的钟表、仪表中还广泛地采用摆线齿轮传动。摆线针轮传动作为摆线齿轮传动的变化形式，更获得了越来越广泛的应用。因此，有必要对摆线齿轮传动作一简单介绍。

### 1. 摆线齿廓的形成

如图10-22所示，当圆 $S_2$ 由位置 $O_0$ 沿固定圆 $C_1$ 的外表面作纯滚动时，圆 $S_2$ 上任一点 $K_0$ 的轨迹为一外摆线 $K_0KK_n$，圆 $S_2$ 称为滚圆，而圆 $C_1$ 称为导圆。根据外摆线的形成过程可知：

1）$\overset{\frown}{PK_0}=\overset{\frown}{PK}$。

2）$PK$ 为外摆线在点 $K$ 的法线（因为 $P$ 为滚圆在位置 $O$ 时的瞬心）。

同样，如图10-22所示，当滚圆 $S_1$ 由位置 $O_0'$ 沿固定导圆 $C_1$ 的内表面作纯滚动时，滚圆上任一点 $K_0$ 的轨迹为一内摆线 $K_0K'K_n'$。根据内摆线形成的过程可知：

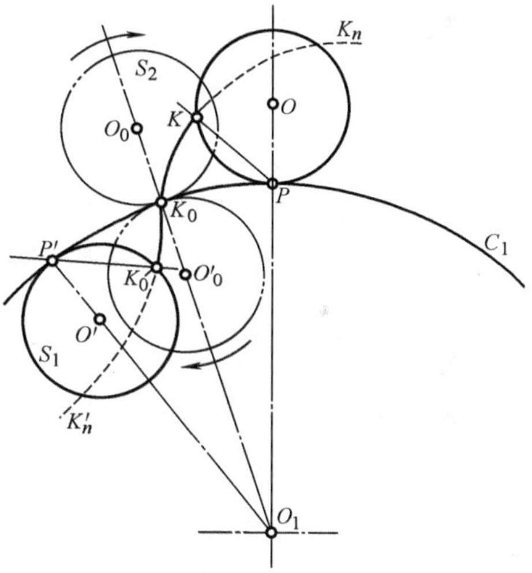

图10-22　摆线齿廓的形成

1）$\overset{\frown}{P'K_0}=\overset{\frown}{P'K'}$。

2）$P'K'$ 为内摆线在点 $K'$ 的法线。

如图10-23所示，摆线齿轮的齿廓即由一段外摆线和一段内摆线所构成。

### 2. 摆线齿轮的传动比

如图10-24所示，当滚圆 $S_1$ 分别在导圆 $C_1$、$C_2$ 的内、外表面上滚动时，$S_1$ 上的任意点 $K_0$ 将画出作为轮1齿根齿廓的内摆线 $K_0b_0$ 与作为轮2齿顶齿廓的外摆线 $K_0a_0$。现设该两齿廓在点 $K_0$ 啮合，由于 $K_0b_0$ 和 $K_0a_0$ 都是由滚圆 $S_1$ 上同一点所形成的轨迹，所以这两条曲线是沿滚圆 $S_1$ 圆周上的点 $K_0$、$K_1$、$K_2$…依次啮合的，滚圆 $S_1$ 上的 $K_0P$ 即为一段啮合线。根据摆线的性质可知，$PK_1$、$PK_0$ 等将分别为通过啮合点 $K_1$、$K_0$ 所作的齿廓公法线，它们均通过点 $P$，故知摆线齿廓能保证定传动比传动，其传动比为

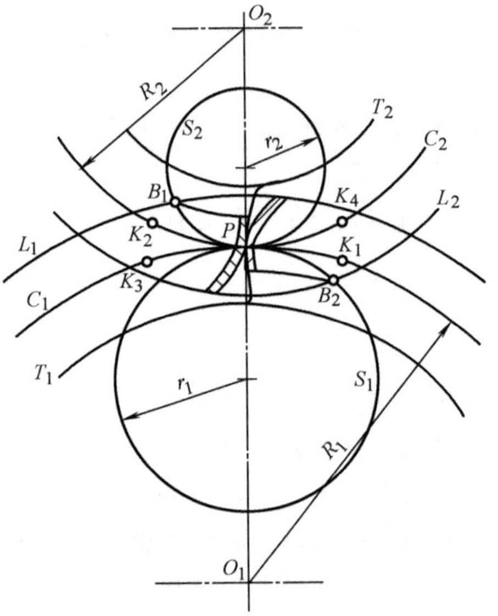


图 10-23　摆线齿廓的构成

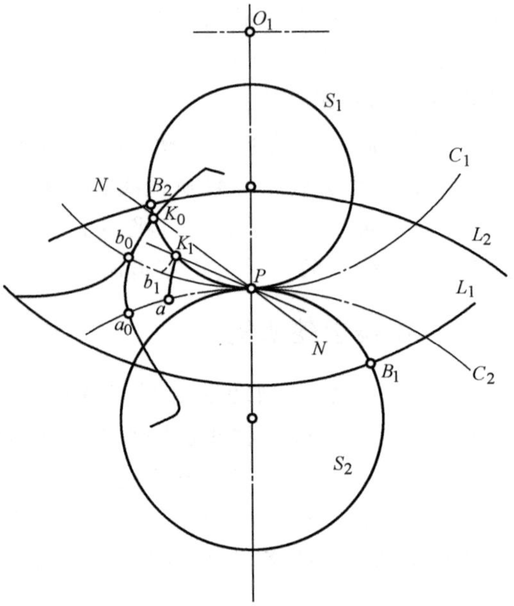


图 10-24　摆线齿轮传动

$$i_{12}=\frac{\omega_1}{\omega_2}=\frac{O_2P}{O_1P}$$

因 $O_2P$、$O_1P$ 为定值，所以 $i_{12}$ 为定值。

同理，可以证明轮 1 齿顶的齿廓曲线和轮 2 齿根的齿廓曲线啮合时，也能保证定传动比传动。

### 3. 摆线齿轮传动的重合度

10

由上所述可知，摆线齿轮的啮合线是滚圆的圆周，即图 10-24 中所示的 $\overset{\frown}{B_2PB_1}$，故摆线齿轮传动的啮合角（即过两齿廓在啮合点处的公法线与节圆 $C_1$、$C_2$ 的公切线之间所夹的锐角）为一变数，随着啮合点位置的改变而改变。显然，在节点 $P$ 处啮合时，其啮合角为零。

由图 10-24 可知，摆线齿轮的实际啮合线为 $B_2PB_1$，所以其重合度为

$$\varepsilon=\frac{\overset{\frown}{B_1P}+\overset{\frown}{B_2P}}{p} \tag{10-35}$$

式中，$p$ 为齿距。

### 4. 滚圆直径的选择

由图 10-24 可知，滚圆的直径越大，则实际的啮合线就越长。为了提高传动的平稳性，必须增大重合度 $\varepsilon$，因而滚圆的直径应选得大一些。但当滚圆直径 $d$ 等于导圆半径 $R$ 时，内摆线就是导圆的直径（图 10-25b），因而使齿根减弱。

而当 $d>R$ 时，则齿根更弱（图 10-25c）故滚圆亦不宜过大，一般取

$$d=(0.3\sim0.4)R \tag{10-36}$$

### 5. 摆线齿轮的主要传动优缺点

摆线齿轮传动与渐开线齿轮传动相比，有以下主要的优缺点。

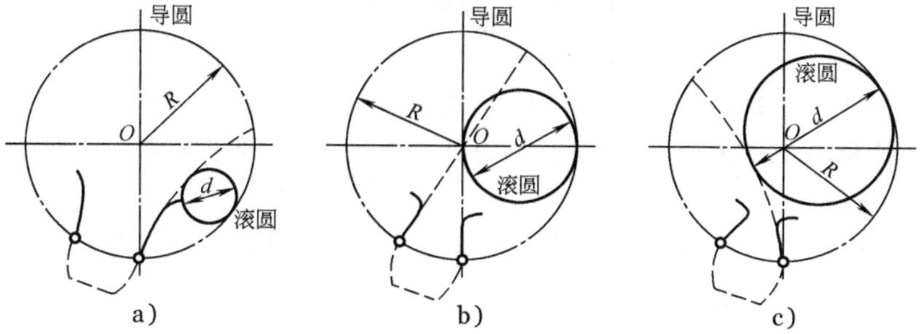


图 10-25　滚圆直径的选择
a) $R>d$　b) $R=d$　c) $R<d$

优点：

1）相互啮合的两齿面为一凹一凸，故接触应力小。

2）重合度较大。

3）无根切现象，故机构可以更为紧凑。

缺点：

1）两轮的中心距必须十分准确，否则不能保证定传动比传动。

2）由于啮合角是变化的，故齿廓间的作用力也是变化的。

3）精度要求较高，但制造却不易精确。

由于上述缺点，故摆线齿轮目前多用于钟表和某些特殊的仪表中。

## *第五节　非圆齿轮机构

以上所述的齿轮机构，其节点交两轮连心线都为一定点，所以它们的瞬时传动比均为常数。在工程实践中，如果由于特殊的需要，希望两轮的传动比按一定的规律变化（变传动比传动），则点 $P$ 就不是定点，而应按相应的规律在连心线上移动。在变传动比传动的齿轮中，由于节点不是定点，故其节线不是圆，所以这种齿轮通常称为非圆齿轮。

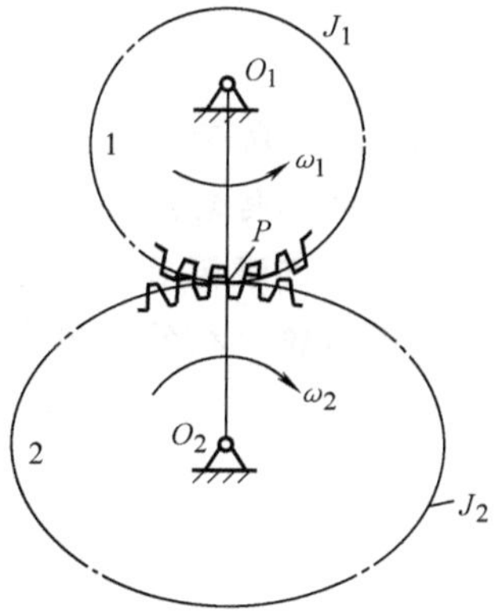


图 10-26　非圆齿轮机构

非圆齿轮机构是一种瞬时传动比按一定规律变化的齿轮机构。其两轮的节线为两条非圆形的封闭曲线，如图 10-26 中的 $J_1$、$J_2$ 所示。在传动中，两节线切于节点 $P$ 并作相对纯滚动。因节线是节点的轨迹，而节点又是两轮的瞬心，故两节线又称作两轮的**瞬心线**。

由齿廓啮合基本定律可知，两轮瞬时传动比为

$$i_{12}=\frac{\omega_1}{\omega_2}=\frac{d\varphi_1}{d\varphi_2}=\frac{O_2P}{O_1P}=\frac{r_2}{r_1} \tag{10-40}$$

式中，$r_1$ 和 $r_2$ 为两轮节线的瞬时向径；$\varphi_1$ 和 $\varphi_2$ 为两轮的转角。

设两轮固定中心距为 $A$，为了实现非圆齿轮机构，即保证两瞬心线为纯滚动，必须满足下列两个条件

$$\begin{cases} r_1 + r_2 = A \text{（接触条件）} \\ r_1 \mathrm{d}\varphi_1 = r_2 \mathrm{d}\varphi_2 \text{（纯滚动条件）} \end{cases}$$

在以上两条件下，每当两轮节线滚过节线 $J_1$ 之周长时，$J_2$ 的向径应变化一个周期。如果传动为连续传动，则 $J_2$ 的一个周长应由数段长度为 $J_1$ 周长的曲线段组成。$J_2$ 周长应为 $J_1$ 周长的整数倍。

根据节线的形状，非圆齿轮可分成多种类型。例如图 10-26 所示的非圆齿轮机构，其两节线为一对大小不同的椭圆，称为椭圆齿轮机构。此外，节线还有其他多种形状，如对数螺线、卵形线等。椭圆齿轮机构最为常用。

非圆齿轮机构主要用于具有特殊要求的机械中，利用其传动比的变化规律，达到改善机械运动和动力性能的目的。

图 10-27 所示为椭圆齿轮机构在压力机中应用的示意图。压力机的曲柄滑块机构用椭圆齿轮机构带动，可使滑块具有急回性能，同时可使工作行程时间增长，工作速度比较均匀，从而改善压力机的受力状况。

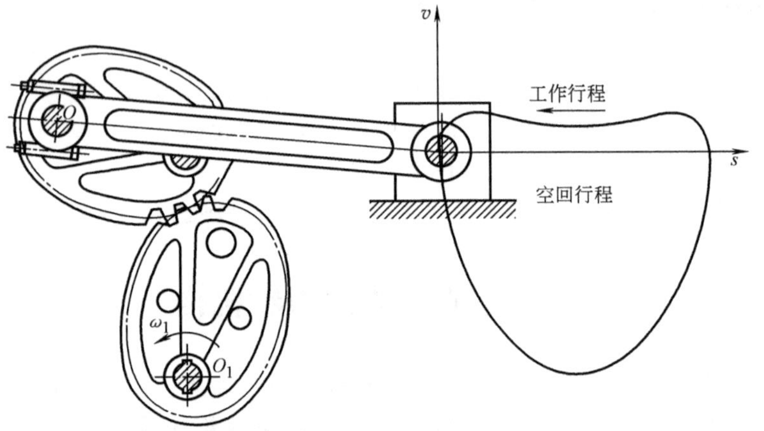


图 10-27　非圆齿轮机构的应用——压力机



图 10-28 所示为滚筒式平板印刷机中自动送纸机构采用椭圆齿轮机构的示意图。利用非圆齿轮机构传动比变化的特点，使纸张送到印刷滚筒前时速度最小，以便校准纸的位置。纸张送进滚筒后，纸速提高，近似地等于滚筒的圆周速度。

非圆齿轮机构的应用实例很多，这里不再一一列举。

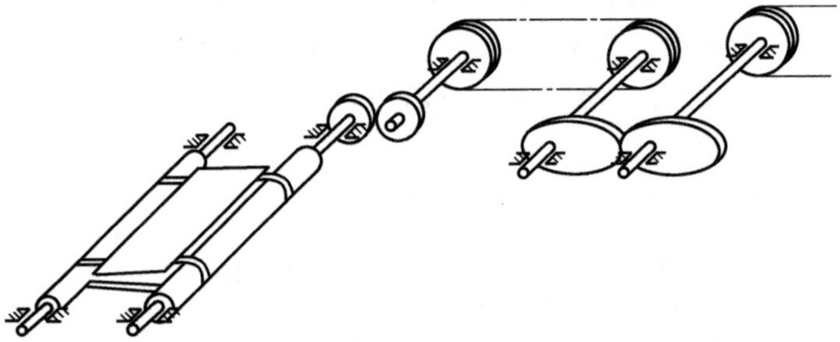

图 10-28　非圆齿轮机构的应用——印刷机

# 习　　题

10-1　设已知一对斜齿轮传动，$z_1=20$，$z_2=40$，$m_n=8\text{mm}$，$\alpha_n=20°$，$\beta=30°$，$B=30\text{mm}$，$h_{an}^*=1$，试求 $a$、$\varepsilon_\alpha$ 及 $z_{v1}$、$z_{v2}$。

10-2　在某设备中有一对渐开线直齿圆柱齿轮，已知 $z_1=26$，$i_{12}=5$，$m=3\text{mm}$，$\alpha=20°$，$h_a^*=1$，$c^*=0.25$。在技术改造中，提高了原动机的转速。为了改善齿轮传动的平稳性，要求在不降低强度、不改变中心距和传动比的条件下，将直齿轮改为斜齿轮，并希望将分度圆螺旋角限制在20°以内，重合度 $\varepsilon_\gamma \geqslant 3$，试确定 $z_1$、$z_2$、$m_n$ 和齿宽 $B$。

10-3　设有一对外啮合齿轮传动，已知 $z_1=21$，$z_2=32$，$m_n=2\text{mm}$，$a'=55\text{mm}$，不用变位而用斜齿圆柱齿轮传动来凑中心距，试问螺旋角应多大？

10-4　一蜗轮的齿数 $z_2=40$，$d_2=280\text{mm}$，与一单头蜗杆啮合，试求：

1）蜗轮端面模数 $m_{t2}$ 及蜗杆轴面模数 $m_{a1}$。

2）蜗杆的轴面齿距 $p_{a1}$ 及导程 $Ph$。

3）蜗杆的分度圆直径 $d_1$。

4）两轮的中心距 $a'$。

10-5　设已知一蜗杆蜗轮传动的模数 $m$、齿顶高系数 $h_a^*$、蜗轮变位系数为 $x$、齿数 $z_1$、$z_2$，试设计这对蜗杆蜗轮。

10-6　拟设计一蜗杆蜗轮传动，已知其中心距 $a=104\text{mm}$，传动比 $i_{12}=20.5$，且要求螺旋升角 $\lambda_1 \geqslant 15°$。试确定该机构的基本参数和几何尺寸。

10-7　已有一蜗轮，其齿数 $z_2=40$，齿顶圆直径 $d_{a2}=264.6\text{mm}$，齿圈材料为青铜。若设计一蜗杆与其相配，它们的传动比为40，蜗杆材料为45钢。试确定它们的几何尺寸，并估计该机构的传动效率为多少？

10-8　已知一对直齿锥齿轮，$z_1=15$，$z_2=30$，$m=10\text{mm}$，$h_a^*=1$，$\Sigma=90°$，试设计这对锥齿轮。

10-9　已知一对锥齿轮的轴交角 $\Sigma=90°$，$m=4\text{mm}$，$i_{12}=2.7$，允许传动比误差不大于 ±1%，要求结构紧凑，试设计这对锥齿轮。

10-10　设已知一锥齿轮大端的齿槽宽为9.42mm，齿宽 $B$ 为锥距的1/3，试求小端的齿槽宽。

# 第十一章　齿　轮　系

在实际机械中，为了满足不同的工作要求，常采用一系列彼此啮合的齿轮所组成的齿轮传动机构。这种由一系列齿轮组成的传动系统称为**齿轮系**，简称**轮系**。根据齿轮轮系运转时各轮几何轴线位置是否固定，可以把轮系分为两种类型：**定轴轮系和周转轮系**。

本章将介绍轮系的分类，着重介绍计算各种轮系传动比的方法，以及轮系的功用，然后将对轮系的效率和几何设计问题进行讨论。

## 第一节　定轴轮系及其传动比计算

### 一、定轴轮系及其分类

**定轴轮系**即轮系中各个齿轮的轴线相对机架的位置都固定不动的轮系。如图 11-1 所示，齿轮 1、2-2′、3、4 分别固定在Ⅰ、Ⅱ、Ⅲ、Ⅳ各轴上，各轴的轴线相对于机架的位置是不变的。

根据轮系中各轮的运动是平面运动还是空间运动，可把定轴轮系分为**平面定轴轮系**和**空间定轴轮系**。平面定轴轮系即各轮的运动为平面运动的定轴轮系。这种轮系中的各齿轮均为平行轴圆柱齿轮。如图 11-1 所示。空间定轴轮系即各轮的运动为空间运动的定轴轮系。这种轮系中一定包含非平行轴传动的齿轮（如锥齿轮、蜗杆蜗轮），如图 11-2所示。

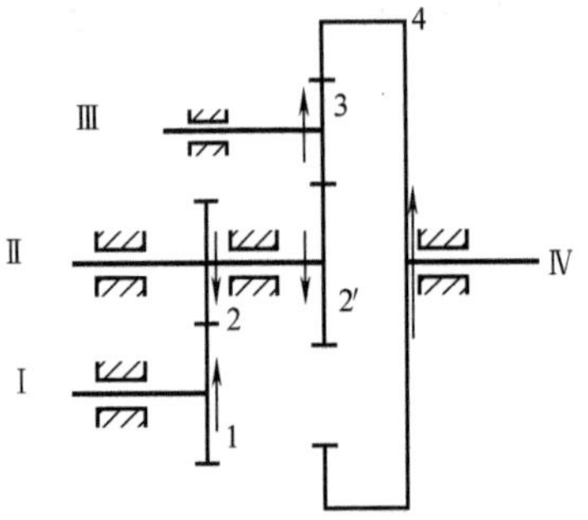


图 11-1　平面定轴轮系

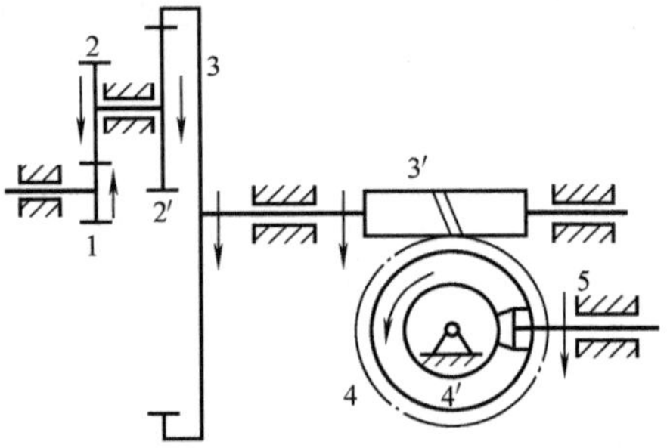


图 11-2　空间定轴轮系

### 二、平面定轴轮系的传动比计算

定轴轮系的传动比（或速比）是指首轮的角速度（或转速）与末轮的角速度（或转速）之比。在速比计算中，既要求出传动比数值的大小，也要表示出首末两轮的转向关系。现以图 11-1 所示的定轴轮系为例，介绍其传动比的计算方法。

设齿轮 1 为主动轮（即首轮），齿轮 4 为从动轮（即末轮）。已知各轮的齿数分别为

$z_1$、$z_2$、$z_{2'}$、$z_3$ 及 $z_4$，各轮的角速度分别为 $\omega_1$、$\omega_2$、$\omega_{2'}$、$\omega_3$ 及 $\omega_4$。由于轮 2、2′固定在同一轴上，所以 $\omega_2=\omega_{2'}$。根据一对齿轮传动比的计算公式，可分别列出各对齿轮的传动比。其中外啮合齿轮传动的两齿轮转向相反，其传动比用“－”号表示，内啮合齿轮传动的两齿轮转向相同，其传动比用“＋”号表示。

$$i_{12}=\frac{\omega_1}{\omega_2}=-\frac{z_2}{z_1}$$

$$i_{2'3}=\frac{\omega_{2'}}{\omega_3}=-\frac{z_3}{z_{2'}}$$

$$i_{34}=\frac{\omega_3}{\omega_4}=\frac{z_4}{z_3}$$

将以上各式等号两边连乘起来得

$$i_{12}i_{2'3}i_{34}=\frac{\omega_1}{\omega_2}\frac{\omega_{2'}}{\omega_3}\frac{\omega_3}{\omega_4}=\frac{\omega_1}{\omega_4}=(-1)^2\frac{z_2}{z_1}\frac{z_3}{z_{2'}}\frac{z_4}{z_3}$$

即

$$i_{14}=\frac{\omega_1}{\omega_4}=+\frac{z_2z_4}{z_1z_{2'}}$$

上式表示首末两轮传动比 $i_{14}$ 的值为 $z_2z_4/(z_1z_{2'})$，“＋”号表示首末两轮的转向相同。由上式可推广到一般情况，设标号 1 与 $n$ 分别代表轮系中的首轮与末轮，则平面定轴轮系的传动比

$$i_{1n}=\frac{\omega_1}{\omega_n}=(-1)^m\frac{\text{所有从动轮齿数的连乘积}}{\text{所有主动轮齿数的连乘积}} \tag{11-1}$$

式（11-1）中的 $m$ 为外啮合齿轮的对数。图 11-1 所示的轮系中，齿轮 3 同时与齿轮 2′和齿轮 4 相啮合。它对轮 2′而言是从动轮，对于轮 4 而言是主动轮，因而在传动比计算时，$z_3$ 同时在分子与分母中出现而被消去，所以轮 3 的齿数并不影响传动比的大小，但可增加外啮合次数，从而改变从动轴的转向。这种与两个齿轮同时啮合的齿轮称为**惰轮**或**过桥轮**。

## 三、空间定轴轮系的传动比计算

根据以上推导方法同样可以导出空间定轴轮系的传动比计算公式 $i_{1n}$

$$i_{1n}=\frac{\omega_1}{\omega_n}=\frac{\text{所有从动轮齿数的连乘积}}{\text{所有主动轮齿数的连乘积}} \tag{11-2}$$

式（11-2）与式（11-1）的不同之处是首末两轮的转向不能用 $(-1)^m$ 表示，因为空间定轴轮系中，若两轮的轴线不平行，则无法判定两轮转向是否相同或反向。对于空间定轴轮系，各轮转向只能用直线箭头表示（其指向表示齿轮可见侧的圆周速度方向）。如图 11-2 所示，设轮 1 的转向向上，沿传动路线，逐对确定各轮的转向并在各齿轮上画出箭头。其中蜗杆的箭头向下，为确定蜗轮的转向，应首先判断蜗杆的螺旋方向。由于为右旋蜗杆，因此需用右手法则确定蜗杆蜗轮的相对运动关系，即将右手四指顺着蜗杆的转向空握起来，则伸直的大拇指沿蜗杆轴线的指向即表示蜗轮固定时，蜗杆沿轴线的移动方向。因蜗杆不能沿轴线运动，故蜗杆推动蜗轮向相反的方向运动（图中蜗轮的啮合点向左侧

运动，因此蜗轮绕其轴线逆时针方向运动）。注意，若为左旋蜗杆，则用左手法则确定蜗轮的转向。对于锥齿轮啮合传动的转动关系也不难确定，因为相互啮合的两个锥齿轮在节点处的圆周速度是相同的，所以标志两者转向的箭头不是同时指向节点就是同时背离节点（这一点和圆柱齿轮传动是相同的）。在图 11-2 所示的轮系中，首轮 1 与末轮（锥齿轮）5 的轴线平行且箭头方向相反，故 $i_{15}$可用负号表示。由式（11-2）得

$$i_{15}=-\frac{z_2z_3z_4z_5}{z_1z_{2'}z_{3'}z_{4'}}$$

如果空间定轴轮系中首末两轮的轴线不平行，其传动比 $i_{1n}$不带正负号，其转向只用箭头表示。画箭头确定定轴轮系首末两轮的转向的方法，也可以用于平面定轴轮系（图 11-1）。

## 第二节　周转轮系及其传动比计算

### 一、周转轮系及其分类

如果在轮系运转时，各个齿轮中有一个或几个齿轮轴线的位置并不固定，而是绕着其他齿轮的固定轴线回转，则这种轮系称为**周转轮系**，如图 11-3 所示。在此轮系中，外齿轮 1、内齿轮 3 都是绕着固定的轴线 $OO$ 回转的，这种齿轮称为**太阳轮**。齿轮 2 的轴承装在构件 H 上，而构件 H 是绕固定轴线 $OO$ 回转的，所以当轮系运转时，齿轮 2 一方面绕着自己的轴线 $O_1O_1$ 回转，另一方面又随着构件 H 一起绕着固定轴线 $OO$ 回转，就像行星的运动一样，兼有自转和公转，故称齿轮 2 为**行星轮**；而装有行星轮 2 的构件 H 则称为**系杆**（或**转臂**、**行星架**）。在周转轮系中，由于一般都以太阳轮和系杆作为运动的输入和输出构件，故又常称它们为**周转轮系的基本构件**。基本构件都是围绕着同一固定轴线回转的。

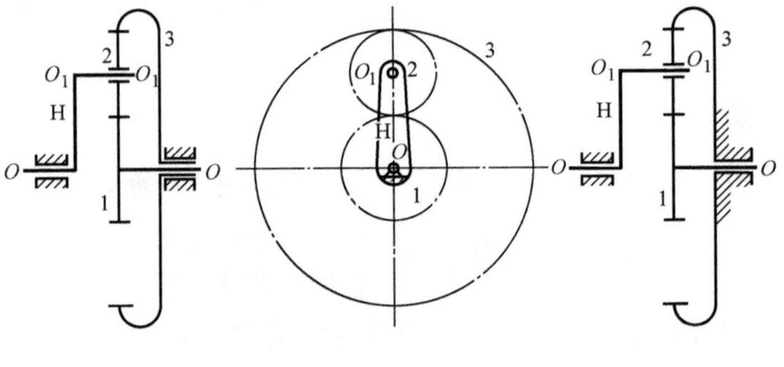


a)　　　　　　b)

图 11-3　周转轮系

a）差动轮系　b）行星轮系

1—太阳轮　2—行星轮　3—太阳轮　H—转臂或行星架

由上述可见，一个周转轮系必定具有一个系杆，具有一个或几个行星齿轮，以及与行星齿轮相啮合的太阳轮。

周转轮系还可根据其所具有的自由度的数目，作进一步的划分。若周转轮系的自由度为2（图11-3a所示的轮系），则称其为**差动轮系**。为了确定这种轮系的运动，一般需要给定两个构件以独立的运动规律。若周转轮系的自由度为1（图11-3b所示，设将图11-3a所示轮系的太阳轮3加以固定，就只剩下一个自由度了），则称其为**行星轮系**。为了确定行星轮系的运动，只需给定轮系中一个构件以独立的运动规律就可以了。

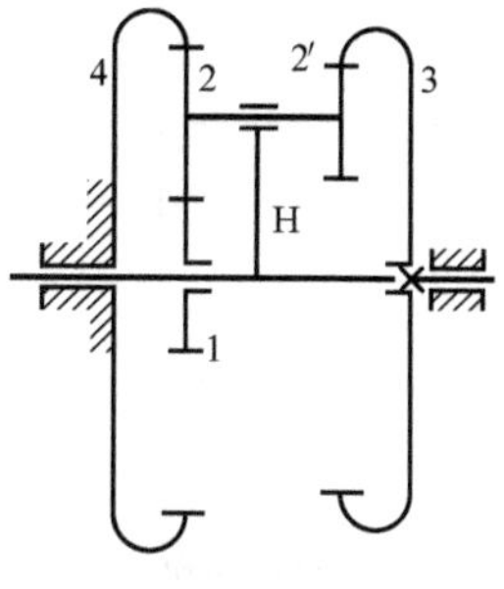


图11-4 3K型周转轮系

此外，周转轮系还常根据其基本构件的不同加以分类。设轮系中的太阳轮以K表示，系杆以H表示，则图11-3所示的周转轮系可以称为2K-H型周转轮系。图11-4所示的周转轮系则可称为3K型周转轮系，因为在此轮系中，其基本构件是三个太阳齿轮1、3及4，而系杆H则只起支持行星齿轮2和2′的作用。在实际机械中，采用最多的是2K-H型行星轮系。

## 二、周转轮系的传动比计算

通过对周转轮系和定轴轮系的观察和比较就会发现，它们之间的根本差别就在于周转轮系中有转动着的系杆，从而使得行星轮既有自转又有公转。由于这个差别，所以周转轮系的传动比就不能直接用定轴轮系传动比的方法来计算了。但是，根据相对运动的原理，假若给整个周转轮系加上一个公共角速度“$-\omega_H$”，即反向的系杆角速度。此时系杆的轴线固定，而各构件之间的相对运动仍将保持不变，但这时各杆的角速度为（$\omega_i-\omega_H$），即相对系杆的角速度，并记为$\omega_i^H=\omega_i-\omega_H$，系杆的角速度将成为$\omega_H-\omega_H=0$，即系杆成为“静止不动”的了。于是，周转轮系便转化成了定轴轮系。这种经过转化所得的假想的定轴轮系，称为原周转轮系的**转化机构**或称**转化轮系**。

既然周转轮系的转化机构为一定轴轮系，那么转化机构的传动比就可以按定轴轮系传动比的计算方法来计算了。下面将会看到，通过转化机构传动比的计算，就可得出周转轮系中各构件之间角速度的关系，进而求得所需的该周转轮系的传动比。现以图11-5所示周转轮系为例，具体说明如下。

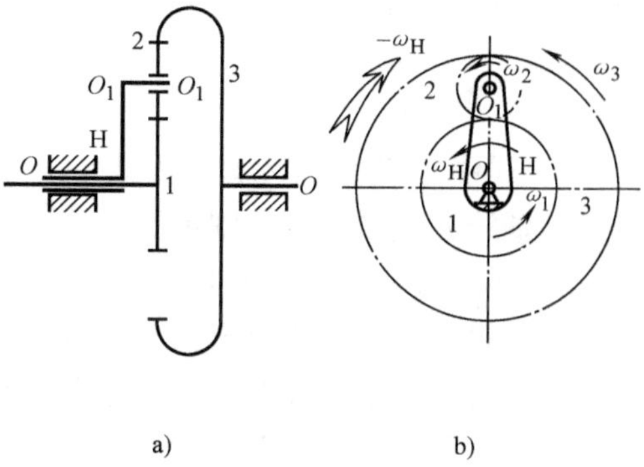


图11-5 周转轮系各轮角速度

设$\omega_1$、$\omega_2$、$\omega_3$、$\omega_H$分别为齿轮1、2、3及系杆H原有的角速度，并且假设转向均相同。当假想给整个周转轮系加上一个公共的角速度“$-\omega_H$”后，各构件在转化机构中的角速度分别为$\omega_1^H$、$\omega_2^H$、$\omega_3^H$及$\omega_H^H$，它们与原有角速度的关系见表11-1。

而由表11-1可见，由于$\omega_H^H=0$，所以该周转轮系已转化为图11-6所示的定轴轮系，此即该周转轮系的转化机构。在此转化机构中，三个齿轮的角速度（亦即它们相对于系杆H的角速度）分别为$\omega_1^H$、$\omega_2^H$、$\omega_3^H$，于是，此转化机构的传动比$i_{13}^H$可按求定轴轮系传动比的方法求得为

表 11-1 反转前后的角速度关系

| 构件代号 | 原周转轮系构件的角速度 | 转化机构中构件的角速度（即相对于系杆的角速度） |
|---|---|---|
| 1 | $\omega_1$ | $\omega_1^H=\omega_1-\omega_H$ |
| 2 | $\omega_2$ | $\omega_2^H=\omega_2-\omega_H$ |
| 3 | $\omega_3$ | $\omega_3^H=\omega_3-\omega_H$ |
| H | $\omega_H$ | $\omega_H^H=\omega_H-\omega_H=0$ |

$$i_{13}^H=\frac{\omega_1^H}{\omega_3^H}=\frac{\omega_1-\omega_H}{\omega_3-\omega_H}=-\frac{z_2z_3}{z_1z_2}=-\frac{z_3}{z_1}$$

式中，齿数比前的“-”号表示在转化机构中轮 1 与轮 3 的转向相反。

根据上述原理，不难求出计算周转轮系转化机构传动比的一般公式。设周转轮系中的两个太阳轮分别为 1 和 $n$，系杆为 H，则其转化机构中的传动比 $i_{1n}^H$ 可表示为

$$i_{1n}^H=\frac{\omega_1^H}{\omega_n^H}=\frac{\omega_1-\omega_H}{\omega_n-\omega_H}=\pm\frac{\text{转化机构中所有从动轮齿数的连乘积}}{\text{转化机构中所有主动轮齿数的连乘积}} \tag{11-3}$$

应用以上公式时应注意以下几点：

1）式（11-3）的齿数乘积的比及其正负号的确定与定轴轮系的确定方法完全一样，因为传动比 $i_{1n}^H$ 即假想系杆固定后定轴轮系的传动比。

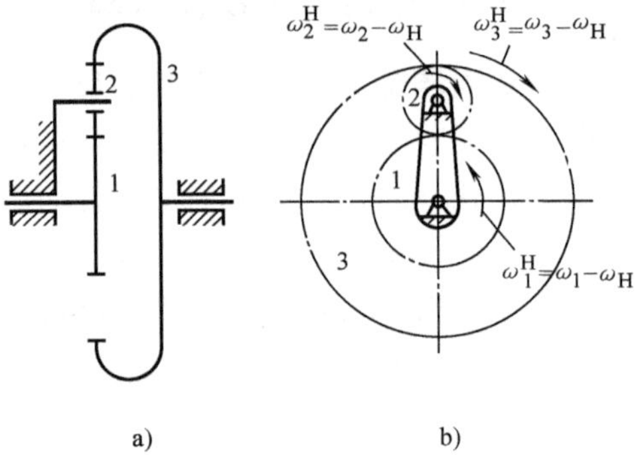


图 11-6 转化机构各轮相对角速度

2）$i_{1n}^H$ 表示转化机构中轮 1 对轮 $n$ 的传动比，即该周转轮系轮 1 相对于系杆的相对角速度（$\omega_1-\omega_H$）与轮 $n$ 相对系杆的相对角速度（$\omega_n-\omega_H$）之比，而 $i_{1n}$ 表示原周轮轮系中轮 1 对轮 $n$ 的绝对角速度之比 $\omega_1/\omega_n$，所以 $i_{1n}^H=\frac{\omega_1-\omega_H}{\omega_n-\omega_H}\neq i_{1n}=\frac{\omega_1}{\omega_n}$。

3）式中 $i_{1n}^H$ 为代数运算，因此 $\omega_1$、$\omega_n$、$\omega_H$ 必须为平行矢量，即轮 1、轮 $n$ 与系杆 H 的转动轴线必须平行，否则不能应用该公式。

4）式（11-3）是按照自由度为 2 的差动轮系推导的，因此 $\omega_1$、$\omega_n$、$\omega_H$ 中必须预先给定两个量才能由该式求出第三个量，从而求出周转轮系的三个构件（轮 1、轮 $n$ 及系杆 H）中任意两构件间的传动比。周转轮系中各轮绝对角速度之比，即各轮传动比，其正负号根据式（11-3）的计算结果而定。

5）如将差动轮系中的太阳轮 $n$ 固定，则得自由度为 1 的行星轮系，即 $\omega_n=0$。由式（11-3）得

$$i_{1n}^H=\frac{\omega_1-\omega_H}{-\omega_H}=\pm\frac{\text{转化机构中所有从动轮齿数的连乘积}}{\text{转化机构中所有主动轮齿数的连乘积}}$$

即

$$i_{1H}=1-i_{1n}^H=1-\left(\pm\frac{\text{转化机构中所有从动轮齿数的连乘积}}{\text{转化机构中所有主动轮齿数的连乘积}}\right) \tag{11-4}$$

由式（11-4）可知，在行星轮系中，若轮 1、轮 $n$ 及系杆 H 的转动轴线相互平行，轮 $n$ 为固定轮，轮 1 为活动轮，则式（11-4）可叙述如下：活动轮对系杆的传动比等于 1 减去转化机构中原活动轮对原固定轮的传动比。

现举两例如下：

**例 11-1**　图 11-7 所示为一个大传动比减速器。

1）已知各轮的齿数为 $z_1=100$，$z_2=101$，$z_{2'}=100$，$z_3=99$，求原动件 H 对从动件 1 的传动 $i_{1H}$。

2）若 $z_1=99$，而其他轮齿数不变时，求传动比 $i_{H1}$。

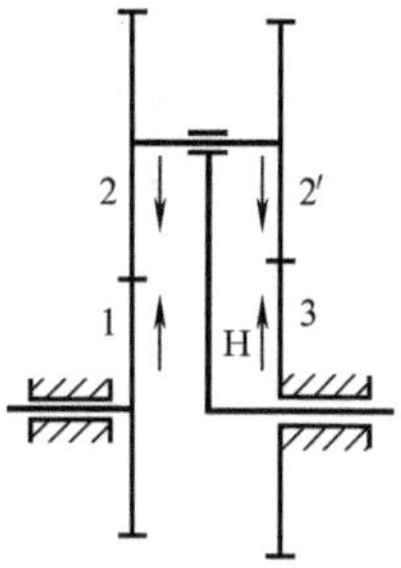


图 11-7　2K-H 型轮系
1—活动太阳轮
2、2′—双联行星轮
3—固定太阳轮　H—系杆

**解**　1）图 11-7 为 2K-H 型轮系，2、2′为双联行星轮，H 为系杆，1 为活动太阳轮，3 为固定太阳轮，它们组成一个行星轮系，由式（11-3）及 $\omega_3=0$ 得

$$i_{13}^{H}=\frac{\omega_1-\omega_H}{0-\omega_H}=1-\frac{\omega_1}{\omega_H}=(-1)^2\frac{z_2}{z_1}\frac{z_3}{z_{2'}}$$

$$i_{1H}=1-\frac{z_2z_3}{z_1z_2}=1-\frac{101\times 99}{100\times 100}=\frac{1}{10000}$$

或者直接应用行星轮系的速比公式（11-4），由 $\omega_3=\omega_n=0$，得

$$i_{1H}=1-i_{13}^{H}=1-\frac{101\times 99}{100\times 100}=1-\frac{9999}{10000}=\frac{1}{10000}$$

$$i_{H1}=\frac{1}{i_{1H}}=+10000$$

即当系杆转 10000r 时，轮 1 才转 1r，其转向与系杆的转向相同，可见其传动比极大。

2）若 $z_1=99$，而其他轮齿数不变时，则

$$i_{1H}=1-i_{13}^{H}=1-\frac{z_2z_3}{z_1z_{2'}}=1-\frac{101\times 99}{99\times 100}=-\frac{1}{100}$$

所以

$$i_{H1}=\frac{1}{i_{1H}}=-100$$

即当系杆转 100r 时，轮 1 反向转 1r。可见，同一种结构形式的行星轮系，若将其一轮的齿数变动一个齿，不仅影响传动比的大小，而且转动方向也将发生变化。这就进一步说明了不能凭直观来判别构件的转动方向，必须由计算结果来确定。

**例 11-2**　图 11-8 所示为由锥齿轮组成的周转轮系。已知 $z_1=60$，$z_2=40$，$z_{2'}=z_3=20$，$n_1=n_3=120\text{r/min}$。设太阳轮 1、3 的转向相反，试求 $n_H$ 的大小与方向。

**解**　图 11-8a 所示为差动轮系。且两太阳轮 1 及 3 与系杆 H 轴线平行，故可使用式（11-3）。

由式（11-3），图 11-8b 所示转化轮系的传动比为

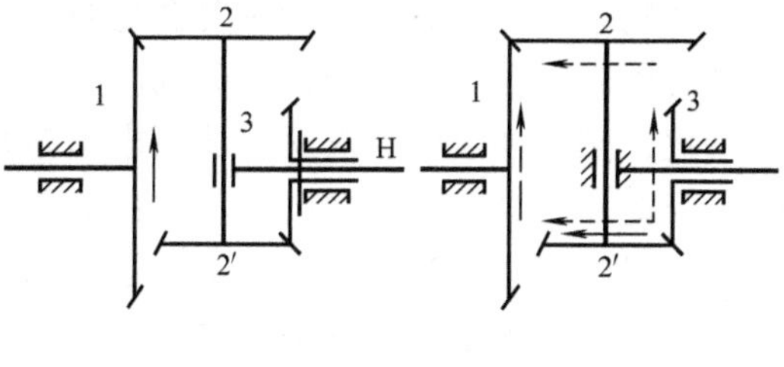


图 11-8　周转轮系
a）周转轮系　b）周转轮系的转化轮系
1—活动太阳轮　2、2′—行星轮　3—太阳轮

$$i_{13}^{H}=\frac{n_1-n_H}{n_3-n_H}=+\frac{z_2z_3}{z_1z_{2'}}$$

值得注意的是等式右边的“+”号，是在转化轮系中应用画箭头的方法判断的。它表示在转化轮系中，太阳轮3与轮1的转向相同；而在图11-8a所示的周转轮系中，齿轮1、3的箭头是输入的真实转向，这两个概念不能混淆。

根据已知条件，轮1、3转向相反，故若设$n_1$为正，则$n_3$为负；取$n_1=+120\text{r/min}$，则$n_3=-120\text{r/min}$，分别代入上式得

$$\frac{120-n_H}{(-120)-n_H}=+\frac{40\times20}{60\times20}$$

$$n_H=+600\text{r/min}$$

上式表示系杆H的转向与太阳轮1相同。

## 第三节　复合轮系及其传动比计算

### 一、复合轮系

在各种实际机械中所用的轮系，往往不只是单纯的定轴轮系，或单纯的周转轮系，而是既包括定轴轮系部分，也包含周转轮系部分，或者是由几部分周转轮系组成的，这种复杂的轮系常被称为**复合轮系**。

图11-9是由1、2-2′、3齿轮组成的定轴轮系与由系杆H和齿轮4、5、6组成的行星轮系连接后构成的复合轮系；图11-10是由$H_1$、1、2、3及$H_2$、4、5、6两个行星轮系构成的复合轮系。

### 二、复合轮系的传动比计算

在复合轮系中，可能既包含定轴轮系部分，又包含周转轮系部分，或者包含几部分周转轮系。显然，对这样的复合轮系既不能只将其视为定轴轮系来计算传动比，也不能视为单一的周转轮系来计算传动比。即使对于图11-10所示的由两个行星轮系组成的复合轮系，也不能直接应用式（11-3）或式（11-4）计算整个轮系的传动比$i_{1H_2}$。例如，若给整个机构一个$H_1$系杆的反向角速度$(-\omega_{H_1})$，则左端行星轮系变为定轴轮系（转化机构），而右端行星轮系中的系杆以角速度$(\omega_{H_2}-\omega_{H_1})$转动，原固定齿轮6则以$(-\omega_{H_1})$转动，变为差动轮系。整个机构仍为一复合轮系。唯一正确的方法是将所包含的各部分定轴轮系和各部分周转轮系一一分开，并分别应用定轴轮系和周转轮系传动比的计算公式求出它们的传动比，然后加以联立求解，从而求出该复合轮系的传动比。

因此，计算复合轮系的传动比按如下步骤进行：

1）区分基本轮系。首要的问题是必须正确地将轮系中的定轴轮系部分和周转轮系部分加以划分。为了正确地进行这种划分，关键是先要把其中的周转轮系划分出来。在画分周转轮系时，首先找到行星轮及支承行星轮的系杆，而每一个系杆必须对应于一个周转轮系。

2）分别列出各基本轮系的传动比公式。根据区分的各基本轮系，按不同的计算公式

分别列出定轴轮系、行星轮系、差动轮系等基本轮系的传动比计算公式。

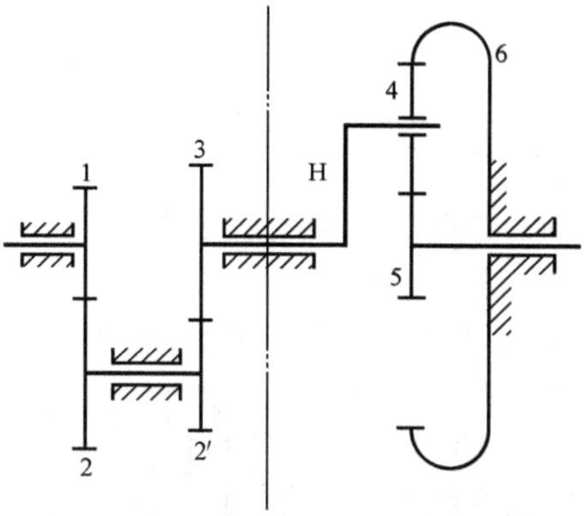


图 11-9　复合轮系（定轴轮系 + 行星轮系）

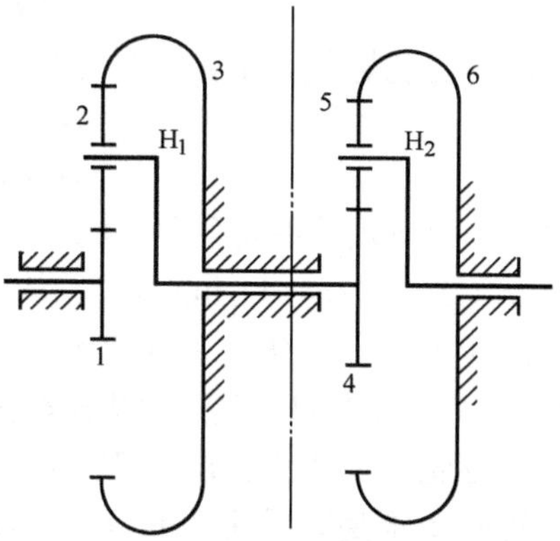


图 11-10　复合轮系（行星轮系 + 行星轮系）

3）找出各基本轮系间的联系，将各传动比公式联立求解。

## 三、计算实例

**例 11-3**　图 11-11a 所示为一电动卷扬机减速器运动简图，设已知各轮齿数，试求其传动比 $i_{15}$。

**解**　首先将该轮系分解为由 1、2、2′、3、H（即齿轮 5）组成的差动轮系（图 11-11b），和由齿轮 3′、4、5 组成的定轴轮系（图 11-11c）。下面先分别列出它们的传动比。

由式（11-3）可得差动轮系转化机构的传动比为

$$i_{13}^{\mathrm{H}}=\frac{\omega_1-\omega_{\mathrm{H}}}{\omega_3-\omega_{\mathrm{H}}}=\frac{\omega_1-\omega_5}{\omega_3-\omega_5}=-\frac{z_2}{z_1}\frac{z_3}{z_{2'}}$$

或
$$\omega_1=\frac{z_2}{z_1}\frac{z_3}{z_{2'}}(\omega_5-\omega_3)+\omega_5$$

由式（11-1）可得定轴轮系的传动比为

$$i_{3'5}=\frac{\omega_{3'}}{\omega_5}=-\frac{z_5}{z_{3'}}$$

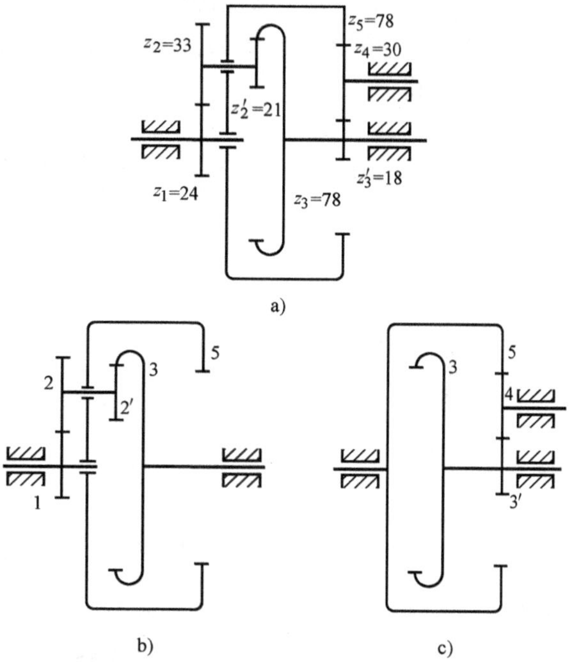


图 11-11　例 11-3 图
a）复合轮系
b）差动轮系　c）定轴轮系

即
$$\omega_{3'}=-\frac{z_5}{z_{3'}}\omega_5$$

由两基本轮系间的关系可知，$\omega_{3'}=\omega_3$，并将上式代入差动轮系转化机构的传动比公式得

$$i_{15}=\frac{\omega_1}{\omega_5}=\frac{z_2z_3}{z_1z_{2'}}\left(1+\frac{z_5}{z_{3'}}\right)+1$$

最后，将各轮齿数代入上式后得

$$i_{15}=\frac{33\times78}{24\times21}\times\left(1+\frac{78}{18}\right)+1=28.24$$

在图11-11a所示的轮系中，其差动部分（图11-11b）的两个基本构件3及H($z_5$)，被定轴轮系部分（图11-11c）封闭起来了，从而使差动轮系部分的两个基本构件3及H之间保持一定的关系，而整个轮系变成了自由度为1的特殊的行星轮系，常称之为**封闭式行星轮系**。

**例11-4** 在图11-12所示摩托车里程表的机构中，$C$为车轮轴。已知各轮的齿数为：$z_1=17$，$z_3=23$，$z_4=19$，$z_{4'}=20$，$z_5=24$。设轮胎受压变形后使28in（1in = 2.54cm）车轮的有效直径约为0.698m。当车行1km时，表上的指针刚好回转一周，求齿轮2的齿数。

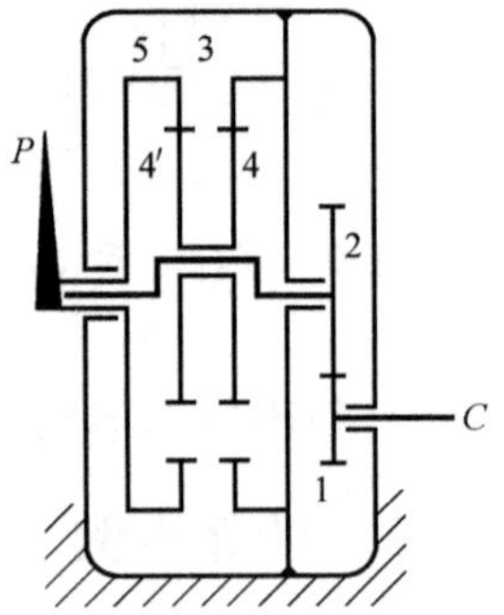

图11-12 例11-4图

**解** 首先将该轮系划分为由3、4、4′、5、H（2）组成的周转轮系和由1、2组成的定轴轮系，并分别列出它们的传动比，其中周转轮系中的太阳轮3为固定轮，故可按行星轮系传动比公式（11-4）得

$$i_{52}=1-i_{53}^{2}=1-\frac{z_3z_{4'}}{z_4z_5}$$

定轴轮系的传动比

$$i_{12}=-z_2/z_1$$

以上两式联立有

$$i_{15}=n_1/n_5=i_{12}\frac{1}{i_{52}}$$

得

$$i_{15}=n_1/n_5=\frac{z_2z_4z_5}{z_1(z_3z_{4'}-z_4z_5)}$$

其中

$$n_1=1000/0.698\pi,\ n_5=1$$

代入上式得

$$z_2=\frac{1000z_1(z_3z_{4'}-z_4z_5)}{0.698\pi z_4z_5}=\frac{1000\times17\times(23\times20-19\times24)}{0.698\pi\times19\times24}=68$$

**例11-5** 在图11-13所示的轮系中，由齿轮4、5以及转臂H和机架组成一周转轮系，而转臂H上又支承了另一周转轮系。因此，该轮系经一次反转将转臂H相对固定后，齿轮1、2、3仍是一周转轮系，故称为双重周转轮系。这种轮系的特点是：其中最少要有一个行星轮同时绕三个平行轴线转动。如行星轮2绕$O_2$、$O_4$、$O_H$三轴线转动。设已知各齿轮齿数和电动机转速，需求杆H的转速。

**解** 首先将整个轮系以 $-n_{\mathrm{H}}$ 绕轴线 $O_{\mathrm{H}}$ 转动，便成为杆 H 固定的混合轮系，其中齿轮 4、5 转化成为定轴轮系，传动比为

$$\frac{n_4^{\mathrm{H}}}{n_5^{\mathrm{H}}}=\frac{n_4-n_{\mathrm{H}}}{-n_{\mathrm{H}}}=\frac{z_5}{z_4}$$

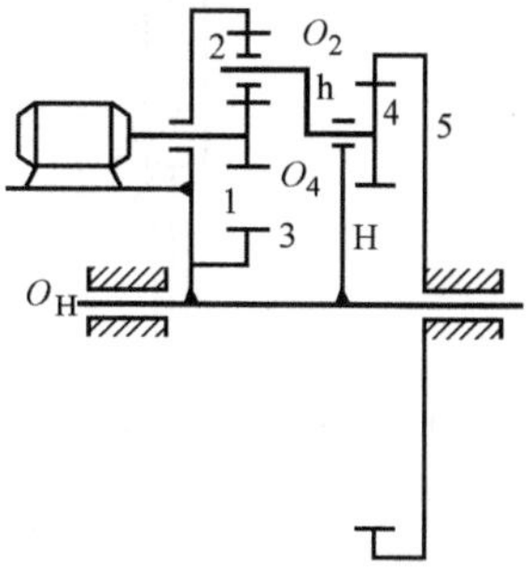


图 11-13　例 11-5 图

再对杆 H 固定后的混合轮系中的周转轮系部分，以 $-n_{\mathrm{h}}^{\mathrm{H}}$ 转动，使转臂 h 相对固定，得

$$\frac{n_1^{\mathrm{H}}-n_{\mathrm{h}}^{\mathrm{H}}}{n_3^{\mathrm{H}}-n_{\mathrm{h}}^{\mathrm{H}}}=-\frac{z_3}{z_1}$$

式中，$n_{\mathrm{h}}^{\mathrm{H}}=n_{\mathrm{h}}-n_{\mathrm{H}}=n_4-n_{\mathrm{H}}$，$n_3^{\mathrm{H}}=n_3-n_{\mathrm{H}}=0$。

因电动机装在杆 H 上，故 $n_1^{\mathrm{H}}$ 就是电动机的转速，所以

$$\frac{n_1^{\mathrm{H}}-n_4+n_{\mathrm{H}}}{-n_4+n_{\mathrm{H}}}=-\frac{z_3}{z_1}$$

联立求解以上各式，消去 $n_4$ 后求得杆 H 的转速为

$$n_{\mathrm{H}}=-\frac{z_1z_4}{z_5(z_1+z_3)}n_1^{\mathrm{H}}$$

## 第四节　轮系的功用

轮系在各种机械中的应用极为广泛。按用途不同来分，其功用大致可归纳为以下几个方面。

**1. 实现分路传动**

利用轮系，可以将主动轴上的运动传递给若干个从动轴，实现分路传动。图 11-14 所示为一滚齿机工作台传动机构，它通过电动机带动主动轴上的两个齿轮 1、1′，分两路来带动刀具 6 与毛坯 5′，使其完成刀具与毛坯之间的展成运动。

**2. 获得较大的传动比**

一对齿轮的传动，为了避免由于齿数过于悬殊使机构轮廓尺寸庞大，且使小齿轮易于损坏，一般采用传动比不大于 8。

当要求获得更大传动比时，就需要采用轮系来满足（图 11-15）。特别是采用周转轮系，可以在使用几个齿轮，并且机构也很紧凑的条件下，得到很大的传动比。

**3. 实现变速传动**

根据机器的工作需要，在主动轴转速不变的情况下，利用轮系可使从动轴获得若干种转速。在图 11-16 所示的车床变速箱中，操纵三联齿轮 $a$ 和双联齿轮 $b$ 在轴上滑动，分别与不同的齿轮啮合，可使带轮得到 6 种不同的转速。

**4. 实现换向传动**

图 11-17 所示为车床进给丝杠的三星轮换向机构。齿轮 2、3 浮套在三角形构件 $a$ 的轴上，构件 $a$ 可绕轮 4 的轴线转动。在图 11-17a 所示位置上，主动轮 1 的转动经中间轮 2 及 3 传给从动轮 4，此时轮 4 与轮 1 转向相反；若通过手柄转动构件 $a$，使之处于图 11-17b所示位置上，则轮 2 不参与啮合，这时主动轮 1 与从动轮 4 之间少了一对外啮合传动，将使轮 4 与轮 1 的转向相同。

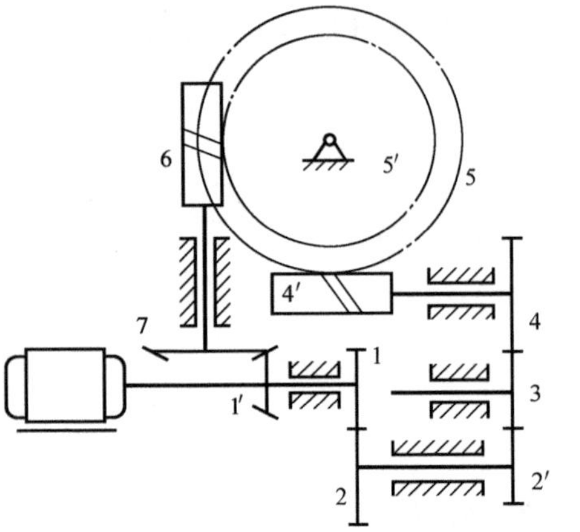


图 11-14 滚齿机传动机构

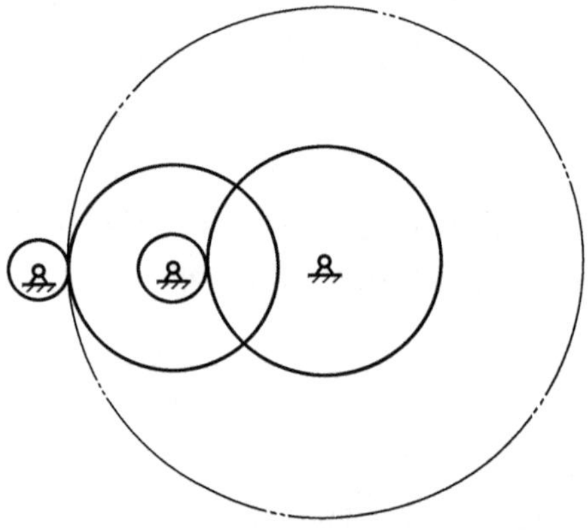

图 11-15 齿轮机构与轮系比较

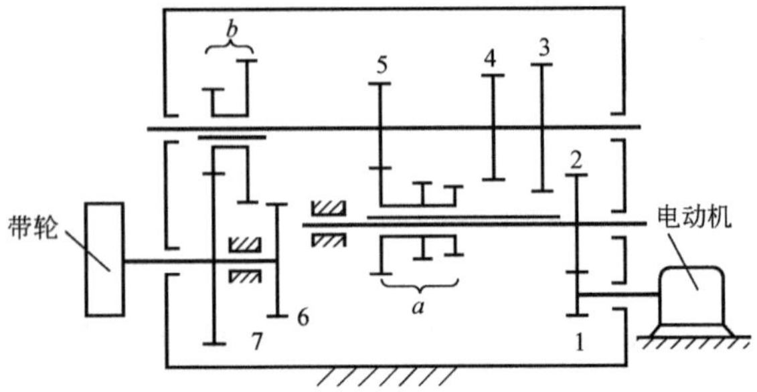


图 11-16 车床变速箱

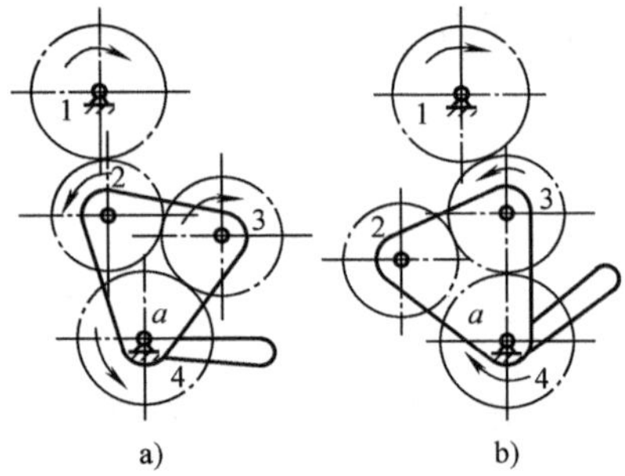


图 11-17 三星轮换向机构

**5. 实现运动的合成与分解**

图 11-18 所示为制绳机的机构运动简图，为具有两个主动件的差动轮系三股细线由三个行星轮 2 带动，工作时可按要求输入轮 1 和轮 3 的转速，使行星轮自转又公转（即每股细线自拧，三股线再同向合股），这样可将三股细线绳合为一股粗线绳。

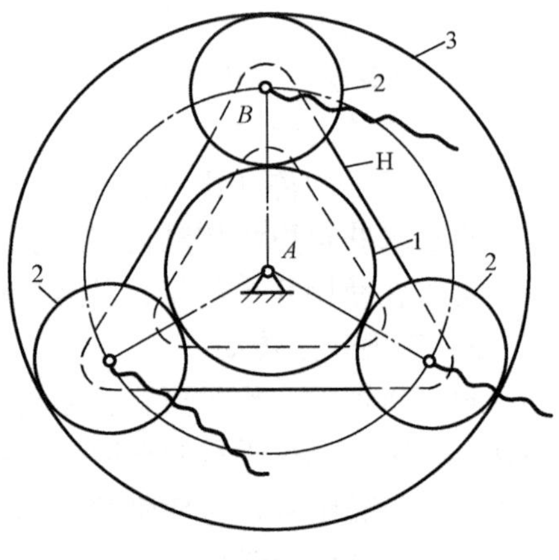


图 11-18 制绳机机构

同样，差动轮系也可实现将一个输入运动按所需要求分解成两个不同的运动。如图 11-19 所示，汽车发动机通过变速器带动小锥齿轮 5，再传给大锥齿轮 4，它们同装在桥的壳体里面组成一个定轴轮系。与车轮轴固连的锥齿轮 1、3 和行星齿轮 2 及系杆 H（与大齿轮 4 固结）组成一个差动轮系。

当汽车直线行驶时，两轮行驶距离相同，故要求两车轮转速相等，即 $n_1=n_3$。此时差动轮系 1、2、3、H（4）成为一个整体，随锥齿轮 4 一起转动，差动轮系不起分解作用。当汽车转弯时，由于内侧后轮转弯半径小，而外侧后轮转弯半径大，两轮行驶的距离不相等，故要求轮 1、3 应有不同的转速，即 $n_1 \neq n_3$。此时，差速器将发挥作用，自动地把发动机输入的转速 $n_5$ 按要求分解为两后轮的不

同转速 $n_1$、$n_3$。

如图 11-20 所示，汽车左转弯时，两前轮在转向机构 *ABCD* 的作用下，其轴线与汽车两后轮的轴线相交于点 *P*，这时整个汽车可看作是绕着点 *P* 转动；又设轮子在地面上不打滑，则两后轮的转速与弯道半径成正比，则由图可得

$$\frac{n_1}{n_3}=\frac{r-L}{r+L} \tag{11-5}$$

图11-19动画

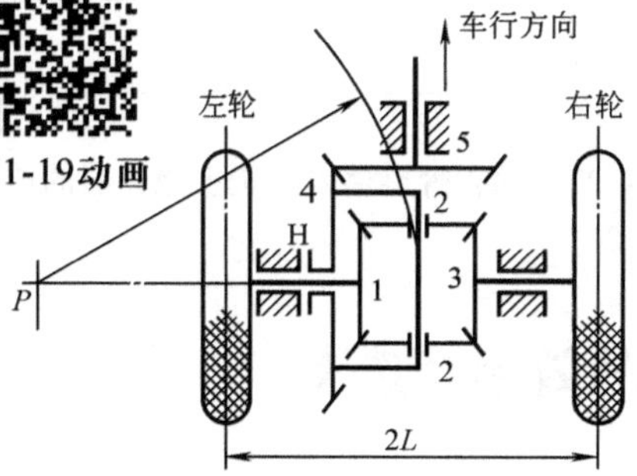


图 11-19 汽车后轴的差速器

图11-20动画

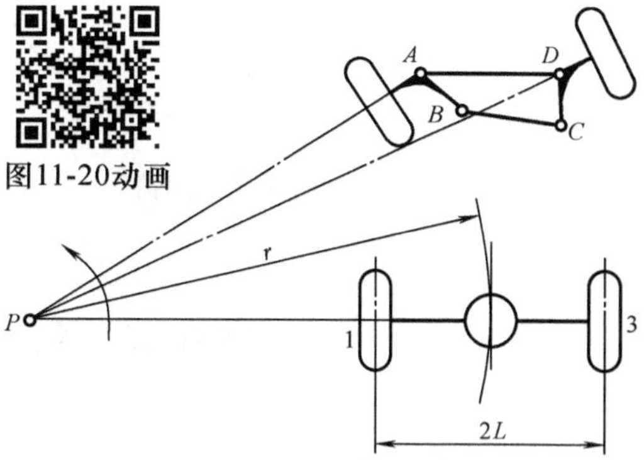


图 11-20 转弯示意图

式中，*r* 为弯道平均半径；*L* 为后轮距之半。

在差动轮系中，$z_1=z_3$，$n_H=n_4$，由式（11-3）得

$$i_{13}^{4}=\frac{n_1-n_4}{n_3-n_4}=-1 \tag{11-6}$$

联立式（11-5）、式（11-6），可求得此时汽车两后轮转速分别为

$$\begin{cases} n_1=\dfrac{r-L}{r}n_4 \\ n_3=\dfrac{r+L}{r}n_4 \end{cases}$$

上式说明，两后轮的转速是随弯道半径的不同而变化的，以保持车轮与地面的纯滚动，从而提高车轮的使用寿命。

**6. 在质量较小的条件下实现大功率传动**

在用于动力传动的行星减速器中，往往都采用多个行星轮同时啮合（图 11-21），使功率通过多对轮齿啮合来传递，以减小齿轮尺寸，实现大功率传动。同时，由于行星轮是均匀分布在太阳轮四周的，使各啮合处的径向力和行星轮公转所产生的离心惯性力得以平衡，从而增加了运转的平稳性。此外，行星轮减速器中，常采用内啮合，利用了内齿轮中部的空间，加之其输入轴和输出轴在同一轴线上，所以行星减速器的径向尺寸非常紧凑。因此，在大功率的传动中，为了减小传动机构的尺寸和质量，行星减速器得到了日益广泛的使用。图 11-22 所示为某涡轮螺旋桨发动机主减速器的传动简图。*P* 为螺旋桨，1′、2′、3′组成定轴轮系，1、2、3、H 组成差动轮系。它有四个行星轮 2，六个中间惰轮 2′（图中均只画出一个）。动力从太阳轮 1 输入后，分两路传递给螺旋桨 *P*（图 11-22 中箭头所示）。由于采用了多个行星轮以及功率分流传递，所以在较小的外廓尺寸下（外廓尺寸约

为430mm)，其传递的功率可达2850kW。

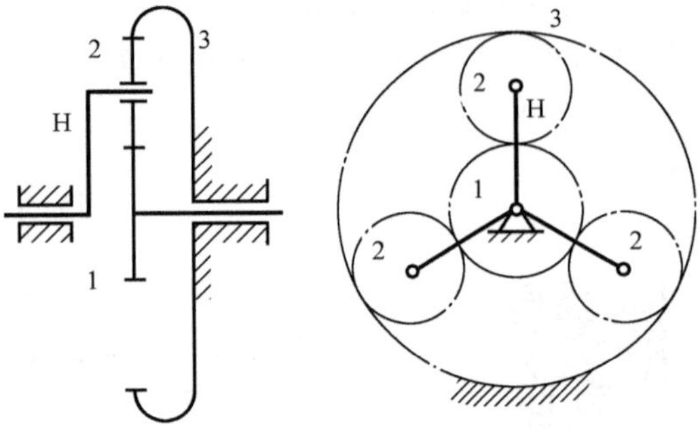


图 11-21　多行星轮减速器

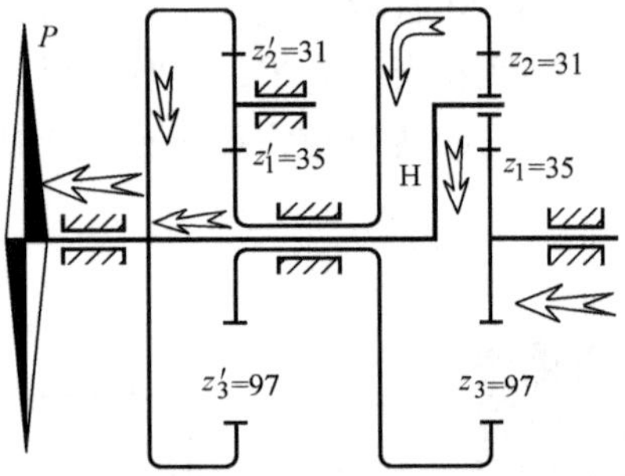


图 11-22　涡轮螺旋桨发动机主减速器的传动简图

## *第五节　行星轮系的效率及选型

### 一、行星轮系的效率

在各种机械中既然广泛地采用着各种轮系，那么轮系的效率就对这些机械的总效率具有决定意义。正因如此，对于主要用于传递动力的轮系，特别是传递较大动力的轮系，就必须对其效率加以分析。当然，对于那些仅仅是用于传递运动，而所传递的动力不大的轮系，其效率的高低则并非至关重要。

在各种轮系中，定轴轮系效率的计算是比较简单的，定轴轮系的效率就等于组成该轮系的各对齿轮的效率的连乘积。对于周转轮系来说，差动轮系一般主要用来传递运动，而用作动力传动的则主要是行星轮系。所以本节将只讨论行星轮系效率的计算问题。用来计算行星轮系效率的方法也有多种，下面仅介绍应用比较方便的“转化机构法”，或者叫做“啮合功率法”。



根据机械效率的定义，对于任何机械来说，如果其输入功率、输出功率和摩擦损耗功率分别以 $P_d$、$P_r$ 和 $P_f$ 表示，则其效率均可按下式来计算，即

$$\eta=\frac{P_r}{P_r+P_f}=\frac{1}{1+P_f/P_r}$$

或

$$\eta=\frac{P_d-P_f}{P_d}=1-P_f/P_d$$

而对于一个需要计算效率的机械来说，其输入功率 $P_d$ 和输出功率 $P_r$ 通常总是有一个作为已知条件的，所以只要能定出其损耗功率 $P_f$ 的大小，就不难按上式计算出效率 $\eta$。

机械中的摩擦损耗功率主要取决于各运动副中的作用力、运动副元素间的摩擦因数和相对运动速度的大小。如前所述，行星轮系的转化机构与原行星轮系的差别，仅在于给整个行星轮系附加了一个角速度 $-\omega_H$。经过这样的转化之后，各构件之间的相对运动并没有发生改变，而且轮系各运动副中的作用力（当不考虑各构件回转的离心惯性力时）以及摩擦因数也不会改变，因而行星轮系与其转化机构中的摩擦损耗功率 $P_f$（主要指齿轮啮合齿廓间摩擦损耗的功率）应是相等的，这就是以转化机构法计算行星轮系效率的理

论基础。下面以图 11-23 所示的 2K-H 型行星轮系为例，具体说明这种方法的运用。

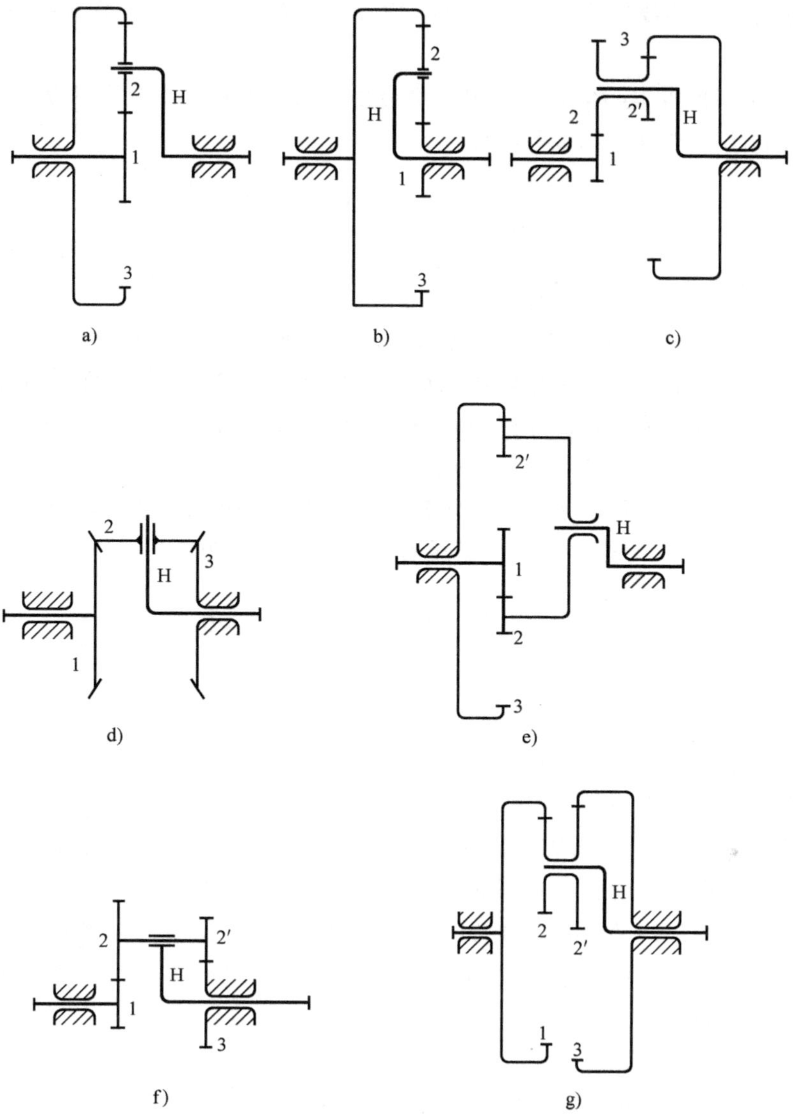


图 11-23 2K-H 型行星轮系

在图 11-23 所示的轮系中，设齿轮 1 为主动轮，作用于其轴上的转矩为 $T_1$，于是齿轮 1 所传递的功率为

$$P_1 = T_1\omega_1 \tag{11-7}$$

而在转化机构中，齿轮 1 所传递的功率则为

$$P_1^{\mathrm{H}} = T_1(\omega_1 - \omega_{\mathrm{H}}) = P_1(1 - i_{\mathrm{H}1}) \tag{11-8}$$

如果 $P_1^{\mathrm{H}} > 0$，即 $P_1^{\mathrm{H}}$ 与 $P_1$ 同号，则说明齿轮 1 在转化机构中仍为主动件，故 $P_1^{\mathrm{H}}$ 为输入功率，这时转化机构的损耗功率应为

$$P_{\mathrm{f}}^{\mathrm{H}} = P_1^{\mathrm{H}}(1 - \eta_{1n}^{\mathrm{H}}) = T_1(\omega_1 - \omega_{\mathrm{H}})(1 - \eta_{1n}^{\mathrm{H}}) \tag{11-9}$$

式中，$\eta_{1n}^{\mathrm{H}}$ 为该轮系转化机构的效率，亦即把该轮系视作定轴轮系时由太阳齿轮 1 到太阳

齿轮 $n$ 的传动总效率。如前所述，它等于由齿轮 1 到齿轮 $n$ 之间各对啮合齿轮传动效率的连乘积，而各对齿轮的传动效率可从表 5-4 中查取，所以对一具体轮系来说，$\eta_{1n}^{H}$ 可视为已知值。

如果 $P_1^H<0$，即 $P_1^H$ 与 $P_1$ 异号，则说明齿轮 1 在转化机构中变成从动件，而 $P_1^H$ 为输出功率，这时转化机构的损耗功率应为

$$P_f^H=|P_1^H|\left(\frac{1}{\eta_{1n}^H}-1\right)=|T_1(\omega_1-\omega_H)|\left(\frac{1}{\eta_{1n}^H}-1\right) \tag{11-10}$$

又因 $\eta_{1n}^H$ 一般都在 0.9 以上，故 $\left(\frac{1}{\eta_{1n}^H}-1\right)$ 与 $(1-\eta_{1n}^H)$ 相差不大，所以为了简便起见，不论 $P_1^H$ 是否大于零，转化机构中的摩擦损耗功率均可以按式（11-10）计算。如前述，此损耗功率也可视为原行星轮系中的摩擦损耗功率。最后，如将式（11-8）代入式（11-10），并只考虑损耗功率的绝对值时，可得损耗功率的计算公式为

$$P_f=P_f^H=|P_1(1-i_{H1})|(1-\eta_{1n}^H) \tag{11-11}$$

损耗功率求得后，行星轮系效率的计算问题便迎刃而解了。例如，在原行星轮系中，若轮 1 为主动件，则 $P_1$ 为输入功率，于是行星轮系的效率为

$$\eta_{1H}=\frac{P_1-P_f}{P_1}=1-|1-i_{H1}|(1-\eta_{1n}^H) \tag{11-12}$$

若轮 1 为从动件，则 $P_1$ 为输出功率，而行星轮系的效率则为

$$\eta_{H1}=\frac{|P_1|}{|P_1|+P_f}=\frac{1}{1+|1-i_{H1}|(1-\eta_{1n}^H)} \tag{11-13}$$

由以上两式可见，当 $\eta_{1n}^H$ 一定时，行星轮系的效率是其传动比的函数，其变化曲线如图 11-24 所示，图中设 $\eta_{1n}^H=0.95$。图中实线为 $\eta_{1H}$-$i_{1H}$ 线图，这时齿轮 1 为主动件，系杆 H 为从动件。由图中可以看出，当增速比 $|1/i_{1H}|=|i_{H1}|$ 足够大时，效率 $\eta_{1H}\leqslant 0$，轮系这时将发生自锁。图中虚线为 $\eta_{H1}$-$i_{H1}$ 线图，这时，系杆 H 为主动件，齿轮 1 为从动件。图中所注的正号机构系指其转化机构的传动比 $i_{1n}^H$ 为正号的周转轮系，而负号机构则是指其转化机构的传动比为负的周转轮系。

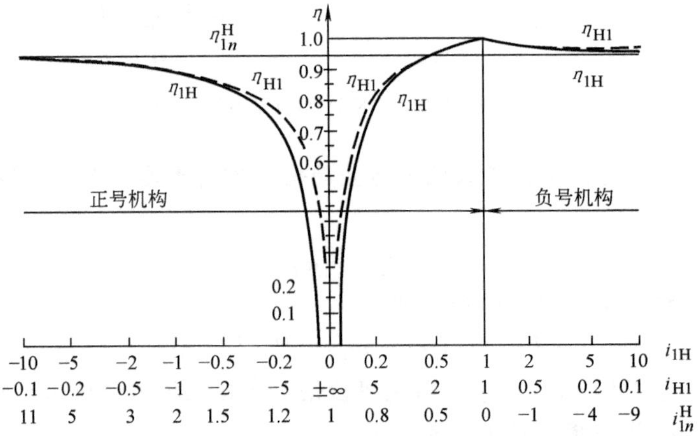


图 11-24 2K-H 型行星轮系的效率曲线

由图 11-24 可以看出，2K-H 型行星轮系不论是用作减速传动还是增速传动，在实用

范围内，负号机构的啮合效率总是比较高的，而且总高于其转化机构的效率 $\eta_{1n}^{H}$，这就是为什么在动力传动中多采用负号机构的原因。

实际使用的2K-H行星轮系负号机构的效率概略值如下：

对图 11-23a、b、c 所示的轮系，$\eta \approx 0.97 \sim 0.99$；对图 11-23d 所示的轮系，$\eta \approx 0.95 \sim 0.96$。

上面对轮系效率的计算问题进行了讨论，但由于实际加工、安装和使用情况等的不同，以及还有一些影响效率的因素（如搅油损耗等）没有考虑，致使理论计算的结果并不能完全正确地反映传动装置的实际效率。因此，如有必要，应在行星轮系制成之后，用试验的方法进行效率的测定。

### 二、行星轮系的类型选择简介

行星轮系的类型很多，在相同的速比和载荷的条件下，采用不同的类型，可以使轮系的外廓尺寸、质量和效率等相差很多，因此，在设计行星轮系时，应重视轮系类型的选择。

选择轮系的类型时，主要应从传动比的范围、效率的高低、结构的复杂程度、外廓尺寸的大小等几方面综合考虑而定。首先是考虑能否满足传动比的要求。对于图 11-23 所示的2K-H型行星轮系来说，图 11-23a～d 为四种形式的负号机构，其特点是传动从左到右（即从主动太阳轮到从动系杆 H）都是减速的，而且输入与输出的转向相同。但是它们的减速范围不同，例如图 11-23a 所示类型的传动比 $i_{1H}>2$，实用范围 $i_{1H}=2.8\sim13$；如果要求的减速比小于2，则可采用图 11-23b 所示类型，其传动比 $i_{3H}<2$，实用范围 $i_{3H}=1.14\sim1.56$；对于图 11-23c 所示类型，由于采用双排行星轮，其减速比 $i_{1H}$ 较大，可为 8～16；图 11-23d 所示类型的传动比 $i_{1H}$ 为 2。

图 11-23e、f、g 是三种正号机构，当其转化机构的传动比 $i_{1n}^{H}>2$ 时，由图 11-24 的横坐标关系中不难看出，这时 $i_{1H}$ 为负，而 $|i_{1H}|>1$；当 $0<i_{1n}^{H}<2$ 时，$|i_{1H}|<1$，为增速传动；当 $i_{1n}^{H}\to1$ 时，$i_{1H}\to0$，增速比 $i_{H1}$ 理论上趋向无穷大。

从机械传动效率的角度来看，如前所述，不管用于增速还是减速，负号机构的效率一般总比正号机构高。因此，如果所设计的轮系是用作动力传动，这时要求传动有较高的效率，则应该采用负号机构，即图 11-23a～d 所示的型式；如果设计的轮系还要求具有较大的传动比，而单级负号机构又不能满足要求时，则可将几个负号机构串联起来，或采用负号机构与定轴轮系联合的混合轮系，以获得较大的传动比。

正号机构一般用在传动比大而效率要求不高的辅助机构中，例如磨床的进给机构、轧钢机的指示器等，它们传递的功率一般较小。用于增速时，增速比 $i_{H1}$ 理论上可达到无穷大，但实际上受到效率的限制。$i_{H1}$ 越大，效率越低，达到一定值后，机构将发生自锁。

## *第六节　行星轮系各轮齿数和行星轮数的选择

在设计行星轮系时，为了平衡惯性力以及减轻轮齿上的载荷，一般采用几个相同的行星轮均布在太阳轮的周围。确定各轮的齿数和行星轮个数则必须满足下述条件，方能保证轮系的正常运转。现以图 11-21 所示的行星轮系为例来加以讨论。

## 一、传动比条件

设计行星轮系时，应满足所需的传动比，所以各轮齿数应根据传动比来确定。

由式（11-4）得

$$i_{1H}=1+\frac{z_3}{z_1}$$

所以

$$\frac{z_3}{z_1}=i_{1H}-1 \tag{11-14}$$

## 二、同心条件

要行星轮系正常运转，其三个基本构件的回转轴线必须在同一轴线上，图 11-21 所示，必须满足

$$r_3'=r_1'+2r_2'$$

当采用标准齿轮传动或等移距变位齿轮传动时，上式变为

$$r_3=r_1+2r_2$$

或

$$z_3=z_1+2z_2 \tag{11-15}$$

此式还表明，两个太阳轮的齿数 $z_1$ 和 $z_3$ 应同时为偶数或奇数。

## 三、装配条件

行星轮的数目和各轮的齿数必须满足一定的条件，各个行星轮才能均匀地装入两太阳轮之间。因为当第一个行星轮装好后，则太阳轮 1 和轮 3 的相对位置便确定了。在一般情况下，要求均匀分布的其余行星轮的齿便有可能不能同时插入内外两太阳轮的齿槽中。下面来分析行星轮数和各轮齿数之间的关系。

如图 11-25 所示，$k$ 个行星轮均匀分布，则相邻两行星轮所夹的中心角 $\varphi=360°/k$。现将第一个行星轮装于 $O_2$，然后固定太阳轮 3，再沿顺时针方向使系杆转过转过 $\varphi$ 角，使第一个行星轮由 $O_2$ 转到 $O_2'$ 处，这时太阳轮 1 转过的角度为 $\theta$，因为

$$\frac{\theta}{\varphi}=\frac{\theta}{360°/k}=\frac{\omega_1}{\omega_H}=i_{1H}=1+\frac{z_3}{z_1}$$

所以

$$\theta=\left(1+\frac{z_3}{z_1}\right)\frac{360°}{k} \tag{11-16}$$

如果这时太阳轮 1 恰好转过整数个齿 $N$，即

$$\theta=N\frac{360°}{z_1} \tag{11-17}$$

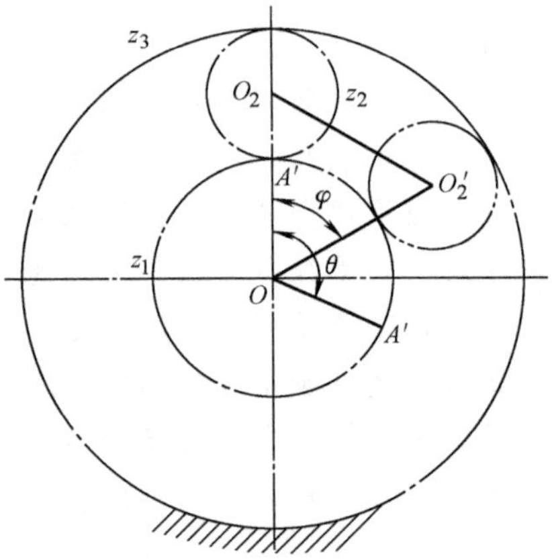

图 11-25　$k$ 个行星轮的装配

这时，轮 1 与轮 3 的齿的相对位置和开始装第一个行星轮时相同，所以，在 $O_2$ 处就可以装入第二个行星轮。依次类推，直到装入第 $k$ 个行星轮。

将式（11-17）代入式（11-16）得

$$\frac{z_1+z_3}{k}=N \tag{11-18}$$

式中，$N$ 为正整数。

式（11-18）表明，此行星轮系两个太阳轮的齿数之和为行星轮数 $k$ 的整数倍。

## 四、邻接条件

为保证行星轮系能够运动，其相邻两行星轮的齿顶圆不得相交。在图 11-25 中

$$O_2O_2'>d_{a_2}$$

式中，$d_{a_2}$为行星轮齿顶圆直径。

若采用标准齿轮传动，则

$$2(r_1+r_2)\sin\frac{\varphi}{2}>2(r_2+h_a^*m)$$

$$(z_1+z_2)\sin(180°/k)>z_2+2h_a^* \tag{11-19}$$

为了便于设计时选择各轮的齿数，通常把式（11-14）、式（11-15）和式（11-18）以连比的形式合并成一总的配齿公式，即

$$z_1:z_2:z_3:N=z_1:(i_{1H}-2)z_1/2:(i_{1H}-1)z_1:i_{1H}z_1/k \tag{11-20}$$

应用式（11-20）时，首先根据所给的传动比 $i_{1H}$ 来选择 $z_1$ 和 $k$，使得右边最后一项 $N=i_{1H}z_1/k$ 为整数，然后使其他各项均为整数，最后用式（11-19）检验邻接条件。

对于图 11-23c 所示的双排行星轮系，经过类似步骤，不难确定其应满足的相应的关系式为（对标准齿轮传动）

1）传动比条件 $$\frac{z_2z_3}{z_1z_{2'}}=i_{1H}-1 \tag{11-21}$$

2）同心条件 $$z_3=z_1+z_2+z_{2'}\text{（假定轮 2 与 2′的模数相同）} \tag{11-22}$$

3）安装条件 $$\frac{z_1z_{2'}+z_2z_3}{z_{2'}k}=N\text{（此处 }N\text{ 为正整数）} \tag{11-23}$$

4）邻接条件 $$(z_1+z_2)\sin(180°/k)>z_2+2h_a^*\text{（假定 }z_2>z_{2'}\text{）。} \tag{11-24}$$

**例 11-6** 已知图 11-21 所示的单排 2K-H 型行星轮系的传动比 $i_{1H}=24/5$，$h_a^*=1$，$\alpha=20°$，求各轮齿数及行星轮数 $k$。

**解** 由式（11-20）知

$$z_1:z_2:z_3:N=z_1:\frac{12-5}{5}z_1:\frac{19}{5}z_1:\frac{24}{5k}z_1$$

为使上式最后一项为整数，取 $k=2$，3，4。只要 $z_1$ 为 5 的倍数，则该项 $N$ 为整数。设为标准齿轮，$z_{min}\geqslant17$，取 $z_1=20$，$k=3$ 得

$$z_1=20$$

$$z_2=(12-5)z_1/5=7\times20/5=28$$

$$z_3=19z_1/5=19\times20/5=76$$

$$N=24z_1/(5k)=24\times20/(5\times3)=32$$

最后验算邻接条件，由式（11-19）得

$$(z_1+z_2)\sin(180°/k)=(20+28)\sin60°=41.57>28+2\times1=30$$

因此满足邻接条件的不等式。

## *第七节　渐开线少齿差行星传动、摆线针轮传动及谐波齿轮传动

本节简单介绍渐开线少齿差行星减速器、摆线针轮行星减速器及谐波齿轮传动的构造、基本原理和主要特性。这些减速器的共同特点是结构紧凑、传动比大、质量轻及效率高，因而应用较广，效果很好，现分述如下。

### 一、渐开线少齿差行星减速器

#### 1. 渐开线少齿差行星减速器的构造和传动比

这种少齿差行星减速器采用渐开线齿廓的齿轮。如图11-26所示，它是由固定内齿轮1、行星轮2、行星架H、等角速比机构3以及轴V所组成的。由于它的基本构件是太阳轮K（即内齿轮1）、行星架H及输出轴V，所以是K-H-V型周转轮系。因齿轮1和2的齿数相差很少（一般为1～4），故称为少齿差。这种减速器与前述各种行星轮系不同的地方是：它输出的运动是行星轮的绝对转动，而前述各种行星轮系的输出运动是太阳轮或行星架的转动。

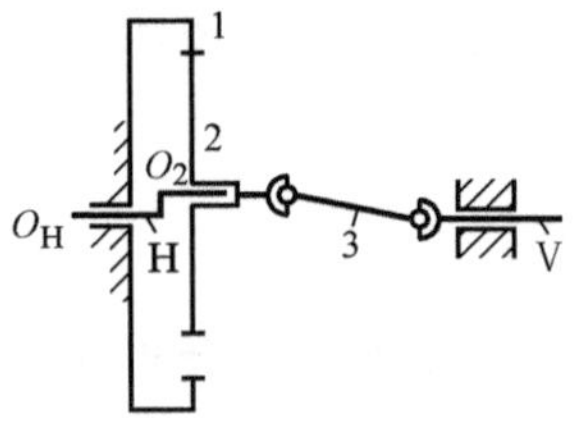


图11-26　少齿差行星减速器
1—固定内齿轮　2—行星轮
3—等角速比机构
H—行星架　V—轴

这种行星减速器的传动比可用式（11-25）求出

$$i_{HV}=i_{H2}=\frac{1}{i_{2H}}=\frac{1}{1-i_{21}^{H}}=\frac{1}{1-\dfrac{z_1}{z_2}}=-\frac{z_2}{z_1-z_2} \tag{11-25}$$

式（11-25）表明，齿数差（$z_1-z_2$）很小时，传动比$i_{HV}$很大。当$z_1-z_2=1$时，得一齿差行星减速器，其传动比$i_{HV}=-z_2$。

#### 2. 等角速比机构

将行星轮的绝对转动不变地传到输出轴V的等角速比机构，可以是双万向联轴器、十字槽联轴器及孔销输出机构等，由于双万向联轴器的轴向尺寸大，而十字槽联轴器的效率低，所以通常多采用孔销输出机构。这种机构的构造和原理如图11-27所示。在行星轮辐板上沿圆心在$O_2$、半径为$\rho$的圆周上制有$j$个均布的中径为$r_W$的圆孔，而在输出轴的圆盘上沿圆心在$O_3$、半径亦为$\rho$的圆周上也均布有$j$个圆柱销，在该圆柱销上再套上外半径为$r_p$的销套。这些带套的圆柱销分别插在行星轮的圆孔中，从而将行星轮与输出轴联接起来。设计时取中心距$r_W-r_p$=中心距$O_WO_p$=中心距$O_2O_3$；又因$O_2O_W=\rho=O_3O_p$，故四边形$O_2O_3O_pO_W$为一平行四边形（当将高副低代后，它就是以$O_2O_3$为机架的平行四边形铰链四杆机构$O_2O_WO_pO_3$）。因此，不论行星轮1转到任何位置，$O_3O_p$总平行于$O_2O_W$，这就表明输出轴2的转速始终与行星轮1的转速相同。

#### 3. 渐开线少齿差行星减速器的主要优缺点

渐开线少齿差行星减速器的主要优点是：①传动比大，一级减速的$i_{HV}$可达135，二级减速可达10000以上；②结构简单、体积小、质量轻，与同样传动比和同样功率的普通

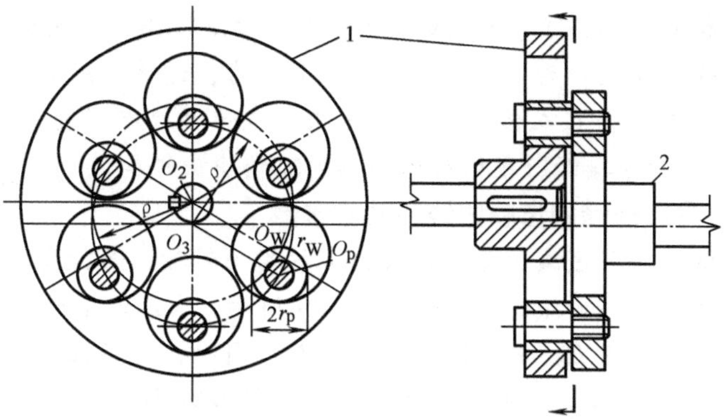


图 11-27　等角速比机构
1—行星轮　2—输出轴

齿轮减速器相比，质量可减轻 1/3 以上；③与摆线针轮行星减速器相比，这种减速器容易加工和维修，只需要一般插齿机就能加工它的齿轮；④效率高，一级减速的效率可达到 0.8～0.94。

由于渐开线少齿差行星减速器具有以上优点，所以多用于食品工业、轻化工业、起重运输及仪表制造等部门，但这种行星减速器传递的功率较摆线针轮行星减速器小些。

渐开线少齿差行星减速器的主要缺点是：①与摆线针轮行星减速器和谐波齿轮传动相比，这种减速器同时啮合的齿数少，其受力情况差些；②这种行星减速器具有渐开线少齿差内啮合齿轮传动所特有的非啮合区齿廓重叠干涉现象，故不能采用标准齿轮而必须采用正变位齿轮，其变位计算比较繁复；③与谐波齿轮传动相比，这种减速器必须采用等角速比机构，故结构较复杂。

## 二、摆线针轮行星减速器

### 1. 摆线针轮行星减速器的构造

这种减速器的构造如图 11-28 所示。4 为输入轴，5 为固连在 4 上的双偏心套，它们一起构成行星传动的行星架。该双偏心套的两个偏心互相错开 180°。1 为固定在机壳上的太

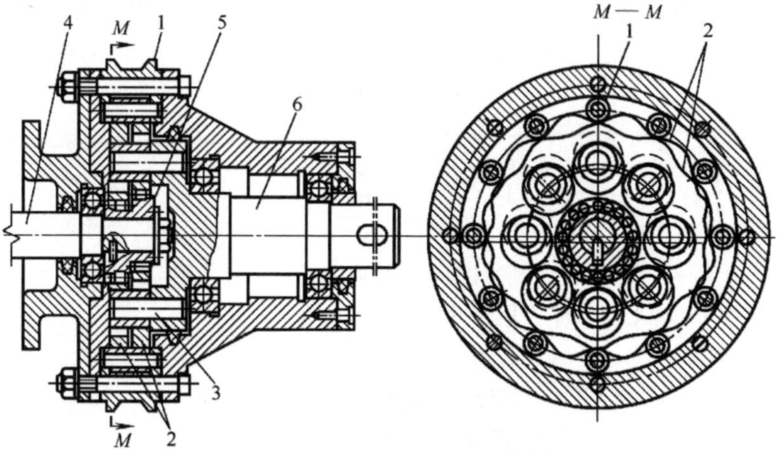


图 11-28　摆线针轮行星减速器结构图
1—太阳轮　2—摆线行星轮　3—孔销输出机构
4—输入轴　5—双偏心套　6—输出轴

阳轮，它是由装在机壳上的许多带套筒的圆柱销所组成的针轮。2 为摆线行星轮，它的齿形是延长外摆线的等距曲线。为了平衡和提高承载能力，通常采用两个完全相同的奇数齿的行星轮分别用滚珠轴承套在双偏心套上，其相位应使两个行星轮的某一个齿互相错开 180°。6 为输出轴，3 为连接两行星轮和输出轴的孔销输出机构。

**2. 摆线针轮行星减速器的齿廓曲线和基本参数**

如上所述，摆线针轮行星减速器的内齿轮 1 的齿为针齿，而行星轮 2 的齿廓曲线为延长外摆线的等距曲线。这种曲线的形状如图 11-29 所示，当滚动节圆 1 在固定节圆 2 上作纯滚动时，圆 1 圆周上的点 $B_0$ 描出外摆线 $B_0B'B_2$；同时，与滚圆 1 固连的点 $D_0$ 描出延长外摆线 $D_0D'D_2$。以 $D_0D'D_2$ 上任一点为圆心及以针齿的半径为半径画许多圆，再作这些圆的内包络线 $E_0E'E_2$，那么 $E_0E'E_2$ 就是行星轮 2 的齿廓曲线。

摆线针轮行星减速器利用整个一条延长外摆线的等距曲线作为摆线轮的一个齿廓曲线，所以如图 11-30 所示，最后一条全幅延长外摆线的终点应与第一条全幅延长外摆线的始点相重合。当描出一个全幅外摆线（同时也是描出一个全幅延长外摆线）时，滚圆 1 滚过的弧长为 $2\pi r_1$，而定圆 2 被滚过的弧长为 $2\pi r_2 + B_0B_2 = 2\pi r_2 + p$，其中 $p = B_0B_2$ 为齿距。因为是纯滚动，故

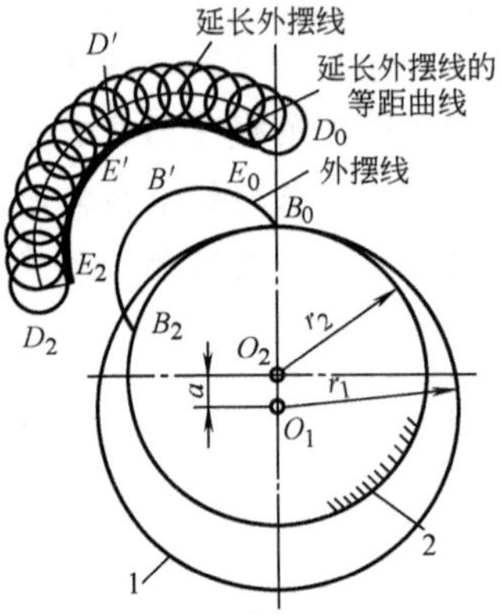


图 11-29 摆线齿廓曲线

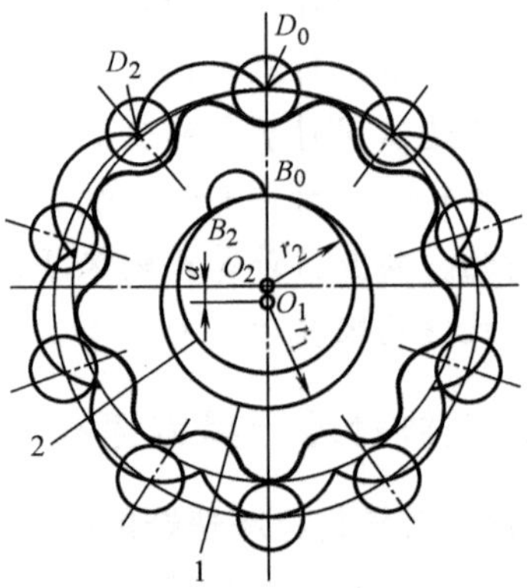


图 11-30 摆线针轮行星减速器的齿廓曲线



$$2\pi r_1 = 2\pi r_2 + p$$

即

$$p = 2\pi(r_1 - r_2) = 2\pi a$$

但

$$p = \frac{2\pi r_2}{z_2}$$

故

$$r_2 = a z_2 \tag{11-26}$$

式中，$a$ 为中心距，$z_2$ 为行星轮 2 的齿数。

又因

$$r_1 = r_2 + a = a(z_2 + 1) \tag{11-27}$$

故

$$z_1 = \frac{2\pi r_1}{p} = \frac{z_2 r_1}{r_2} = \frac{r_1}{a} = z_2 + 1 \tag{11-28}$$

式（11-28）表明，摆线针轮行星减速器两轮的齿数差为 1，所以它也是一种“一齿差行星减速器”。

**3. 摆线针轮行星减速器的传动比和传递的功率**

摆线针轮行星减速器既然是一种“一齿差行星减速器”，所以它的传动比亦为 $i_{HV}=-z_2$。它传递的功率 $P$ 比渐开线少齿差行星减速器大，一般 $P=0.5\sim50\text{kW}$，短时期工作时 $P$ 可达 100kW。最大转矩可达 37000N·m。

**4. 摆线针轮行星减速器的优缺点和应用**

摆线针轮行星减速器的主要优点是：①传动比大，一级减速的 $i_{HV}=9\sim115$；②结构较简单、体积小、质量轻，与同样传动比和同样功率的普通齿轮减速器相比，其体积和质量可减少到 1/2～1/3；③效率高，一般可达 0.9～0.94；④这种减速器的啮合齿之间为高副滚动，而针套与针销之间为面接触的滑动，故摆线轮的磨损极小，使用寿命长；孔销输出机构的圆销和针轮的齿都是圆柱形，易于修配；⑤理论上行星轮的所有轮齿都与针轮的对应轮齿相接触，而实际上有将近半数的齿啮合并承受载荷，且其齿廓的曲率半径大，故传动平稳，承载能力高；⑥无齿廓重叠干涉现象。

由于以上优点，摆线针轮行星减速器可代替二级及三级普通齿轮减速器和蜗轮减速器。这种减速器多应用于军事、矿山、冶金化工、造船等工业的机械设备上。

摆线针轮行星减速器的主要缺点是：①必须采用等角速比机构；②加工工艺复杂，制造精度要求高，必须用专用的机床和刀具来加工其摆线轮。

## 三、谐波齿轮传动

**1. 谐波齿轮传动的构造和工作原理**

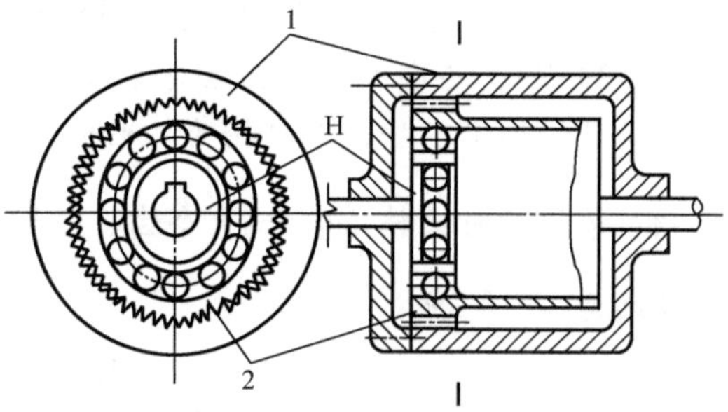


图 11-31 谐波齿轮传动
1—刚轮 2—柔轮 H—波发生器

谐波齿轮传动利用机械波使薄壁齿圈产生弹性变形来达到传动的目的。如图 11-31～图 11-33 所示，它由三个主要构件，即刚轮 1、柔轮 2 和波发生器 H 所组成。柔轮是一个容易变形的薄壁圆筒外齿圈，刚轮是一个刚性内齿轮，它们的齿距相同，但柔轮比刚轮少一个至几个齿。波发生器由一个椭圆盘和一个柔性钢珠轴承所组成（图 11-31），也可以由一个转臂或几个滚子所组成（图 11-32 和图 11-33）。通常波发生器为原动件，而柔轮和刚轮之一为从动件，另一为固定件。

图 11-32 双波谐波齿轮传动

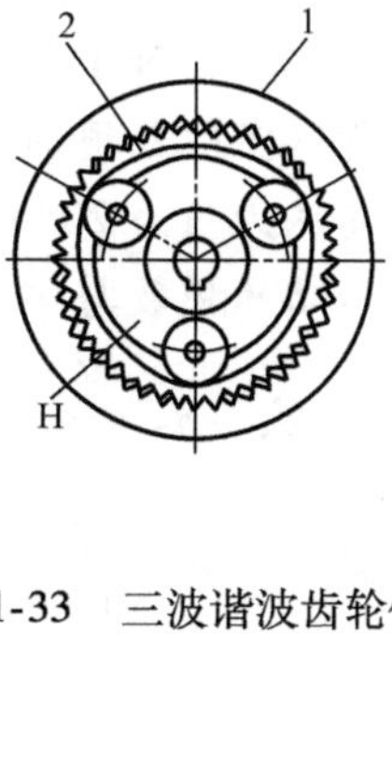


图 11-33 三波谐波齿轮传动

谐波齿轮传动的工作原理可用图 11-32 来说明：图中刚轮 1 为固定件，波发生器 H 为原动件，柔轮 2 为从动件。当将波发生器装入柔轮的内孔时，由于前者的总长度（两滚子外侧之间的距离）略大于后者的内孔直径，故柔轮变为椭圆形，从而迫使其长轴两端的齿插进刚轮的齿槽中，同时短轴两端的齿与刚轮的齿脱开。至于其余各处的齿，则视柔轮回转方向的不同，或者处于“啮入”状态，或者处于“啮出”状态。当波发生器回转时，柔轮长轴和短轴的位置随之不断改变，从而齿的啮合处和脱开处也随之不断改变，故柔轮的变形在柔轮圆周的展开图上是连续的简谐波形。因此，这种传动被称为谐波齿轮传动。

根据机械波的数目多少，谐波齿轮传动可以分为单波、双波（图 11-31 和图 11-32）及三波（图 11-33）。其中最常用的是双波传动。

**2. 谐波齿轮传动的传动比**

当波发生器回转时，它迫使柔轮的齿顺序地与刚轮的齿啮合，所以当波发生器顺时针转一周时，柔轮 2 倒转 $(z_1-z_2)$ 个齿，亦即反转了$\dfrac{z_1-z_2}{z_2}$周。因此，波发生器和柔轮的传动比为

$$i_{\mathrm{H}2}=\frac{n_{\mathrm{H}}}{n_2}=-\frac{1}{(z_1-z_2)/z_2}=-\frac{z_2}{z_1-z_2}=-\frac{d_2}{d_1-d_2} \tag{11-29}$$

式中，$z_2$、$d_2$ 和 $z_1$、$d_1$ 分别为柔轮和刚轮的齿数和分度圆直径。

式（11-29）与渐开线少齿差行星减速器的传动比公式完全相同。

有时柔轮固定不转，而刚轮为从动件。在这种情形下，当波发生器顺时针转一周时，刚轮相对柔轮顺时针转 $(z_1-z_2)$ 个齿，亦即顺时针转了$\dfrac{z_1-z_2}{z_1}$周。因此，波发生器和刚轮的传动比为

$$i_{\mathrm{H}1}=\frac{n_{\mathrm{H}}}{n_1}=\frac{z_1}{z_1-z_2}=\frac{d_1}{d_1-d_2} \tag{11-30}$$

因为在一个波的区间内，刚轮与柔轮应当相差一个或几个齿，所以谐波齿轮传动的齿数差应等于波数或波数的整数倍。因此，波数相同且刚轮齿数也相同的谐波传动，其传动比可以相差若干整数倍。但实际上，大部分谐波齿轮传动的齿数差等于波数。在这种情形下，谐波齿轮传动的传动比等于活动轮的齿数除以波数，如图 11-31 ~ 图 11-33 所示。



**3. 谐波齿轮传动的齿形曲线和模数**

如上所述，谐波齿轮传动的齿轮啮合是柔轮的齿被波发生器压进刚轮的齿槽中去，所以它的齿形可以是直边的梯形，而齿和齿之间为面接触。但是由于直齿廓的加工工艺性差，切削这种齿廓时，对于每一种直径必须采用一种不同的齿轮刀具，所以实际应用的大多数谐波齿轮传动仍采用渐开线齿廓，其压力角为 20°或 30°。

谐波齿轮传动的模数与柔轮齿圈的变形量 $\delta$ 有关。由图 11-34 可知 $\delta=d_1-d_2=\dfrac{(z_1-z_2)p}{\pi}$

所以齿距 $$p=\frac{\pi\delta}{z_1-z_2}=m\pi$$

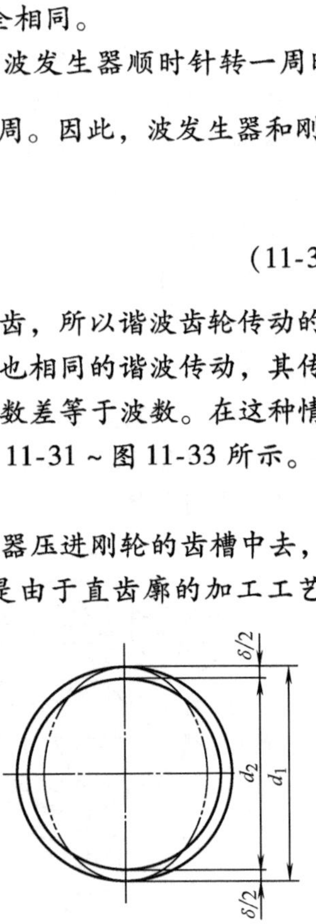

图 11-34　柔轮齿圈的变形量

而模数
$$m=\frac{\delta}{z_1-z_2}$$

**4. 谐波齿轮传动的优缺点和应用**

谐波齿轮传动具有以下主要优点：①传动比大，一级减速时一般 $i_{H2}=60\sim250$，而计算装置中的 $i_{H2}$ 可达 1000；二级减速的 $i_{H2}$ 可达 $2\times10^5$；复波式谐波齿轮传动（图 11-35，其中 H 为波发生器，2 和 2′为互相固连的柔性齿圈，1 为固定刚轮，3 为活动刚轮）的 $i_{H3}$ 可达 $5\times10^6$；②这种传动同时啮合的齿数多（可达总数的 30% 以上），故承载能力高，运动误差小，无冲击，齿的磨损小；③采用可调的波发生器来增加柔轮的变形，可以减小谐波齿轮传动啮合齿之间的径向间隙和切向间隙，故空程小，适用于反向转动；④效率高，一般可达 0.69～0.96；⑤结构简单、零件少、体积小、质量轻，与相同传动比和相同功率的普通齿轮减速器相比，零件可减少约一半，质量亦可大大减小；⑥不需要等角速比机构，且封闭性好。

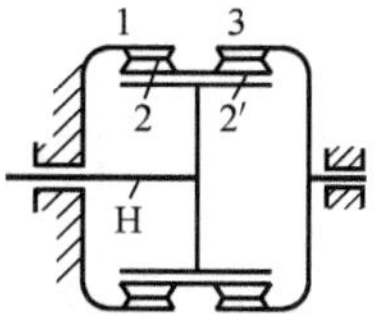

图 11-35 复波式谐波齿轮传动
1—固定刚轮 2、2′—柔性齿圈
3—活动刚轮 H—波发生器

由于以上许多优点，谐波传动多用于船舶、矿山运输、国防工业（宇宙技术、雷达装置、控制系统等）、机床、轧钢设备及各种仪表中。它传递的功率自几十瓦到几十千瓦但后者多用于短期工作的场合。

谐波齿轮传动也有以下一些缺点：①柔轮周期地发生变形，故易于疲劳损坏；②传动比小于 35 时不能采用谐波齿轮传动；③起动力矩大，不适用于小功率的跟踪传动；④采用滚子波发生器（自由变形波）的谐波传动时，其瞬时传动比不是常数。

## 习 题

11-1 图 11-36 所示为一时钟轮系，S、M、H 分别表示秒针、分针、时针。图中数字表示该轮的齿数。假设 *B* 和 *C* 的模数相等，试求齿轮 *A*、*B*、*C* 的齿数。

11-2 在图 11-37 所示的轮系中，设已知 $z_1=z_2=z_3'=z_4=20$，又齿轮 1、3、3′与 5 同轴线，试求传动比 $i_{15}$。

11-3 图 11-38 所示为一手摇提升装置，其中各轮齿数均已知，试求传动比 $i_{15}$，并指出当提升重物时手柄的转向。

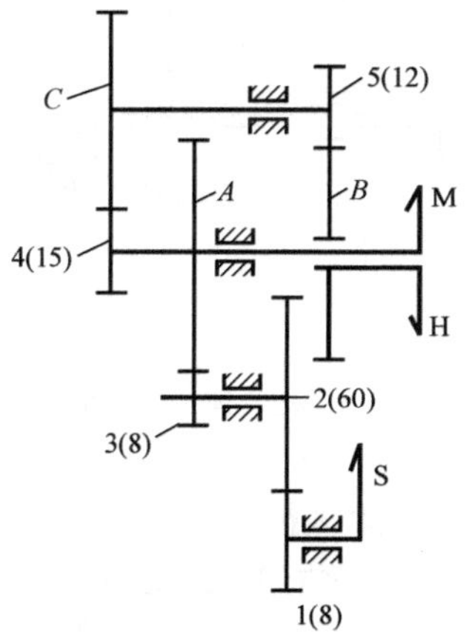

图 11-36 题 11-1 图

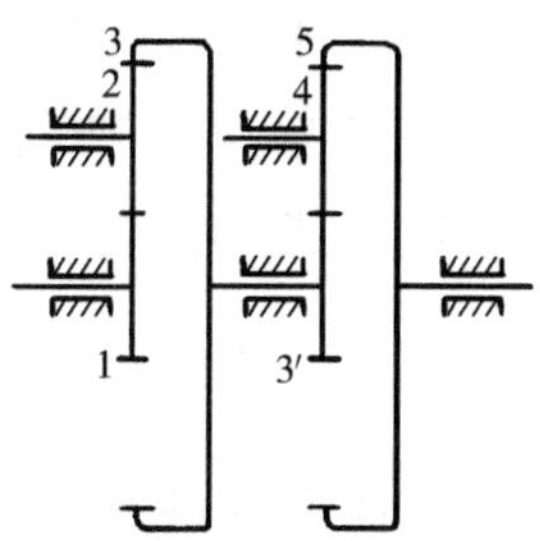

图 11-37 题 11-2 图

11-4 图 11-39 所示为一滚齿机工作台传动机构，工作台与蜗轮 5 固联。若已知 $z_1=z_1'=15$，$z_2=35$，$z_4'=1$（右旋），$z_4=40$，滚刀 $z_6=1$（左旋），$z_7=28$，今要切制一个齿数 $z_5'=64$ 的齿轮，应如何选配挂轮组的齿数 $z_{2'}$、$z_3$。

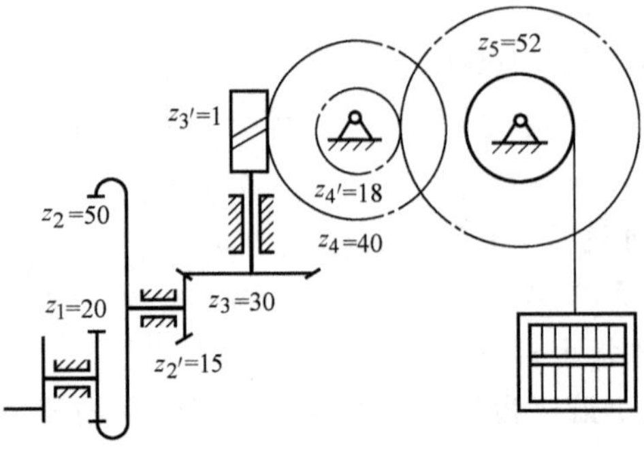

图 11-38 题 11-3 图

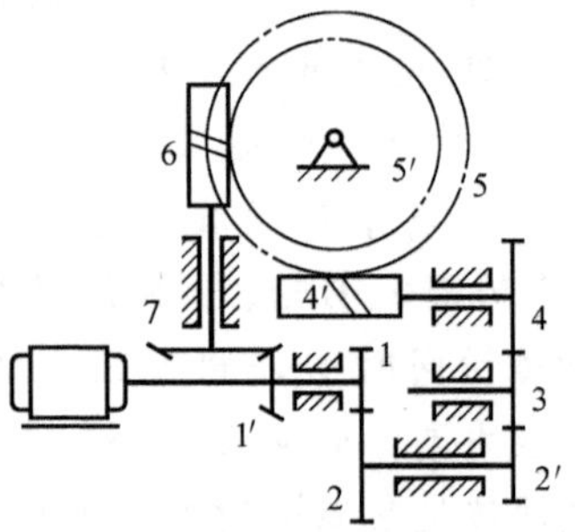

图 11-39 题 11-4 图

11-5 图 11-40 所示为一天车传动系统的运动简图，电动机转速 $n_1=960\text{r/min}$，拟通过二级减速器带动车轮转动，使天车行走速度为 $v=0.8\text{m/s}$。已知车轮直径 $D=400\text{mm}$，试确定各个齿轮的齿数（提示：对于展开式二级齿轮减速器，为了使两个大齿轮具有相近的浸油深度，应使两个大齿轮具有相近的半径，高速级传动的传动比 $i_1\approx(1.2\sim1.3)\sqrt{i_\Sigma}$，其中 $i_\Sigma$ 为该减速器的总传动比）。

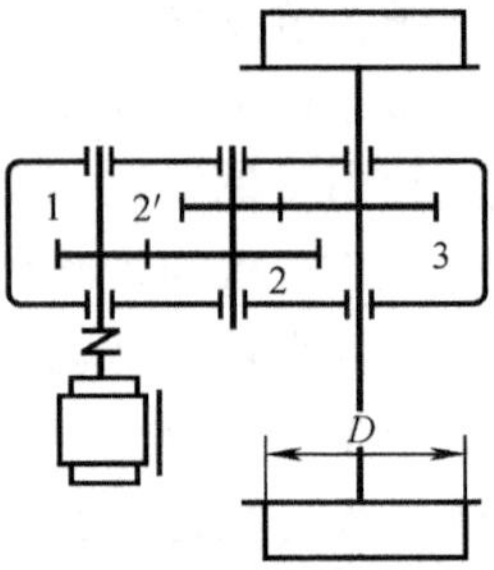

图 11-40 题 11-5 图

11-6 有一回归式齿轮变速箱（主、从动轴位于同一直线），已知主动轴的转速 $n=1000\text{r/min}$，今要求从动轴有 6 种转速：40、100、200、250、400 和 500r/min。若所有齿轮的模数均为相同，试设计此变速箱。

11-7 图 11-41 所示为一装配用气动一字旋具齿轮减速部分的传动简图。已知各轮齿数为 $z_1=z_4=7$，$z_2=z_5=16$。若 $n_1=3000\text{r/min}$，试求一字旋具的转速。

11-8 图 11-42 所示为收音机短波调谐微动机构。已知齿数 $z_1=99$，$z_2=100$，试问当旋钮转动一圈时，齿轮 2 应转过多大角度（齿轮 3 为宽齿，同时与轮 1、轮 2 相啮合）？



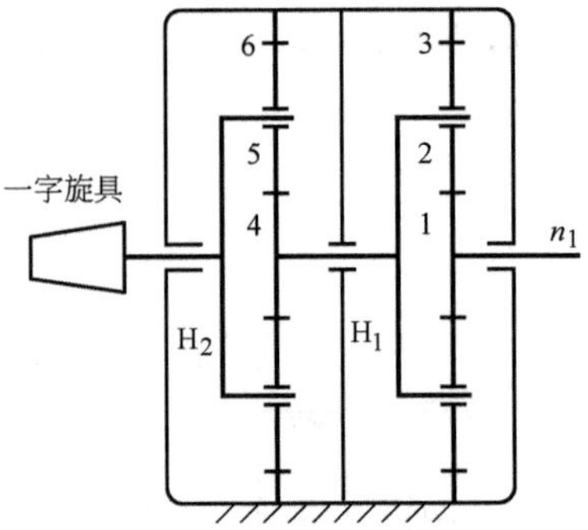

图 11-41 题 11-7 图

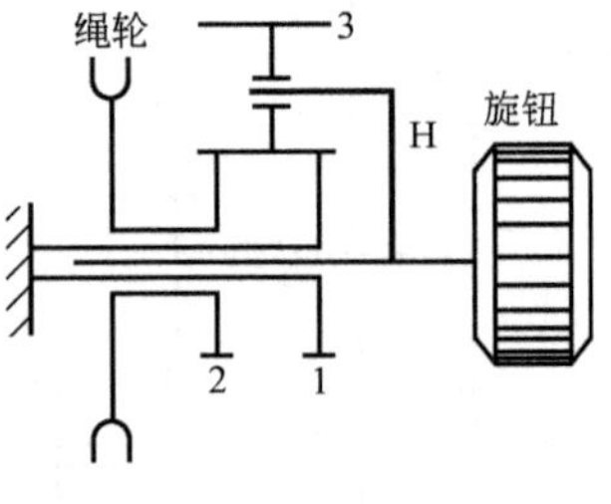

图 11-42 题 11-8 图

11-9 在图 11-43 所示的混合轮系中，设已知 $n_1=3549\text{r/min}$，又各轮齿数为 $z_1=36$，$z_2=60$，$z_3=23$，$z_4=49$，$z_4'=49$，$z_5=31$，$z_6=131$，$z_7=94$，$z_8=36$，$z_9=167$，试求系杆 H 的转速 $n_H$。

11-10 图 11-44 所示的差动轮系是各轮模数相同的标准齿轮传动。设已知各轮的齿数 $z_1=15$，$z_2=25$，$z_2'=20$，$z_3=60$，又 $n_1=200\text{r/min}$，$n_3=50\text{r/min}$，试求系杆 H 转速 $n_H$ 的大小和方向。1）当 $n_1$、$n_3$

转向相同时；2）当 $n_1$、$n_3$ 转向相反时。

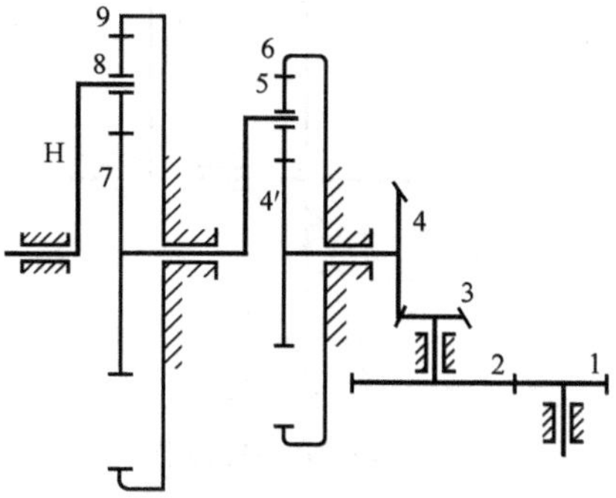


图 11-43 题 11-9 图

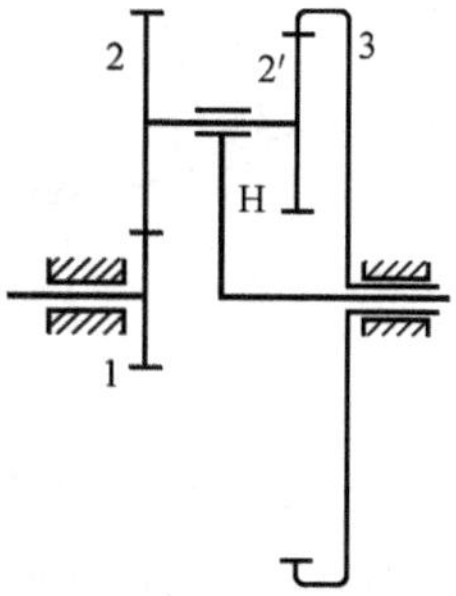


图 11-44 题 11-10 图

11-11 在图 11-45 所示的电动三爪自定心卡盘传动轮系中，设已知各轮的齿数为 $z_1=6$，$z_2=z_2'=25$，$z_3=56$，$z_4=57$，试求传动比 $i_{14}$。

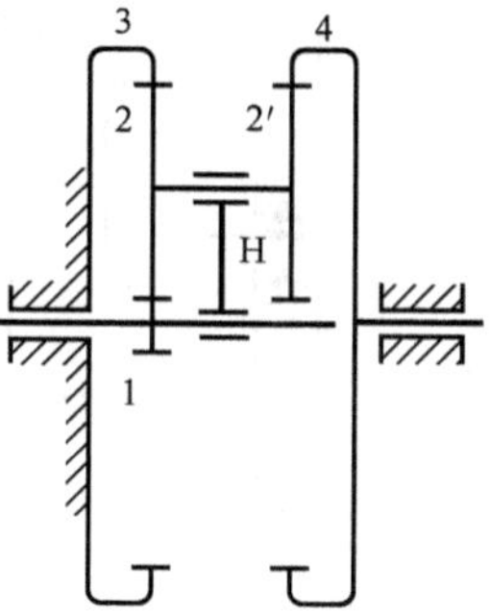


图 11-45 题 11-11 图

11-12 试问图 11-46 所示为何种轮系？设已知 $z_1=34$，$z_2=z_3=20$（齿轮 3 为宽齿，同时与齿轮 2 和齿轮 4 啮合），$z_4=74$，试求传动比 $i_{1H}$。

11-13 图 11-47 所示为手动起重葫芦，已知 $z_1=z_2'=10$，$z_3=40$，传动总效率 $\eta=0.9$。为提升重 $G=10000$N 的重物，求必须施加于链轮 $A$ 上的圆周力 $P$。

11-14 图 11-48 所示为粗纺机中的差动轮系，已知 $z_1=64$，$z_2=60$，$z_3=45$，$z_4=30$，$n_1=400$r/min，$n_H=40\sim140$r/min，求 $n_4$？

11-15 图 11-49 所示为纺织机中的差动轮系，设 $z_1=30$，$z_2=25$，$z_3=z_4=24$，$z_5=18$，$z_6=121$，$n_1=48\sim200$r/min，$n_H=316$r/min，求 $n_6$？

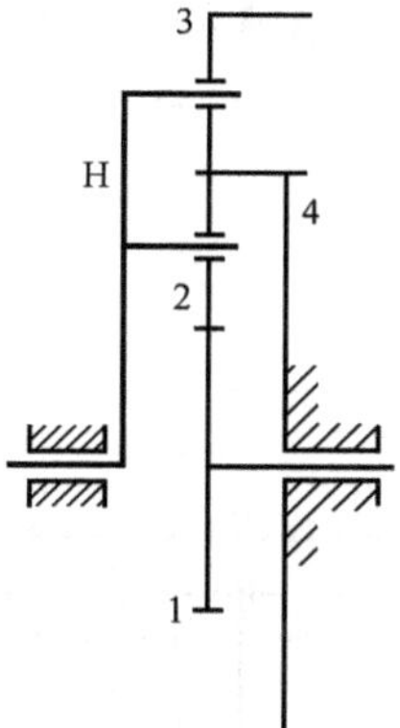


图 11-46 题 11-12 图

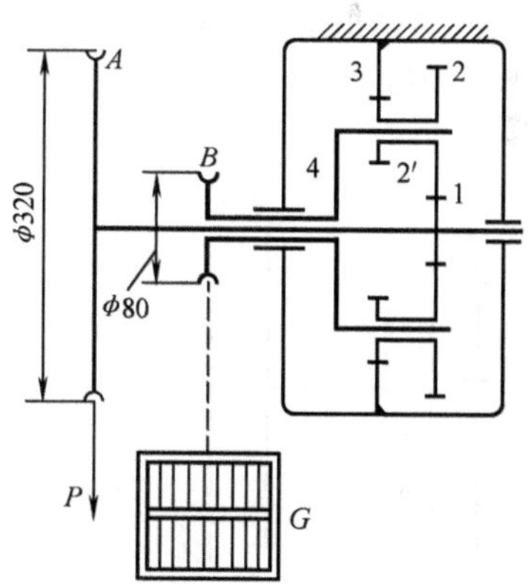


图 11-47 题 11-13 图

11-16 图 11-50 所示为矿山运输机的行星齿轮减速器，已知 $z_1=z_3=17$，$z_2=z_4=39$，$z_5=18$，$z_7=156$，$n_1=1450$r/min。当制动器 B 制动、A 放松时，鼓轮 H 回转（当制动器 B 放松、A 制动时，鼓轮 H 静止，齿轮 7 空转），求 $n_H$？

11-17 在图 11-51 所示行星轮系中，已知 $z_1=62$，$z_2=z_3=z_4=18$，$z_2'=z_3'=40$，求传动比 $i_{1H}$。

11-18 在图 11-52 所示的轮系中，轮 1 与电动机轴相联，$n_1^{(3)}=1440$r/min，$z_1=z_2=20$，$z_3=60$，$z_4=90$，$z_5=210$，求 $n_3$？

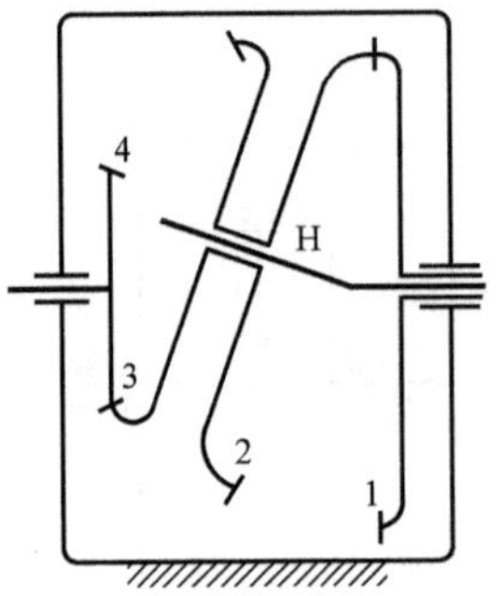


图 11-48 题 11-14 图

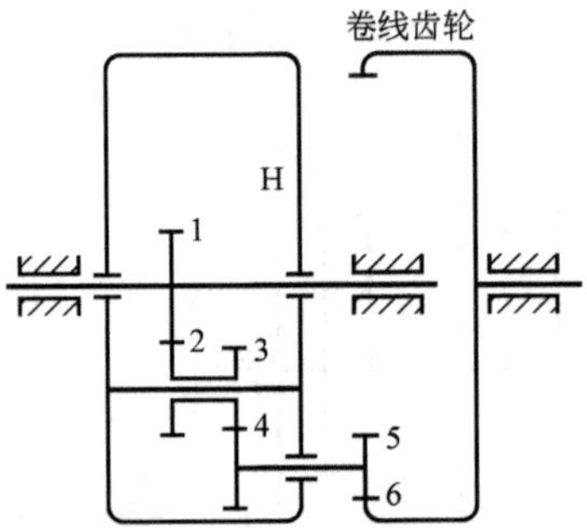


图 11-49 题 11-15 图

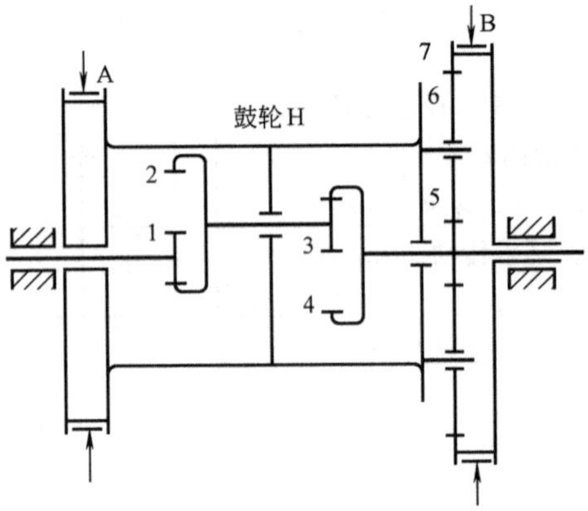


图 11-50 题 11-16 图

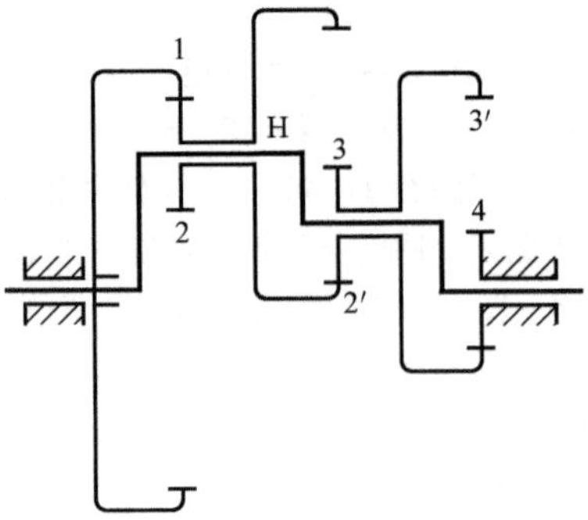


图 11-51 题 11-17 图

11-19 用于自动化照明灯具上的一周转轮系图 11-53 所示。已知输入转速 $n_1=19.5\text{r/min}$，组成轮系的各齿轮均为圆柱直齿轮。各轮齿数为 $z_1=60$，$z_2=z_2'=30$，$z_3=40$，$z_4=40$，$z_5=120$。试求箱体的转速。

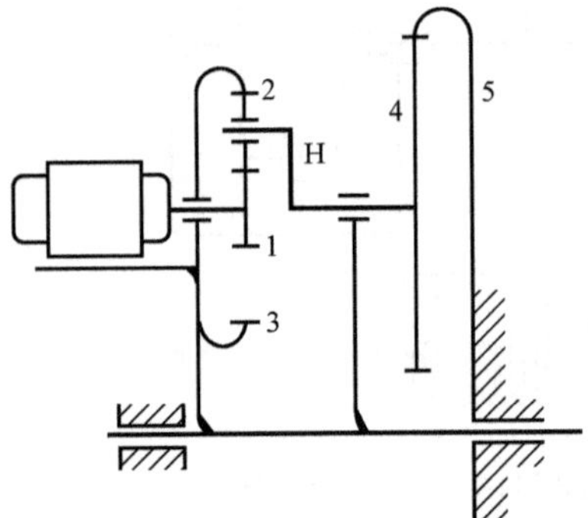


图 11-52 题 11-18 图

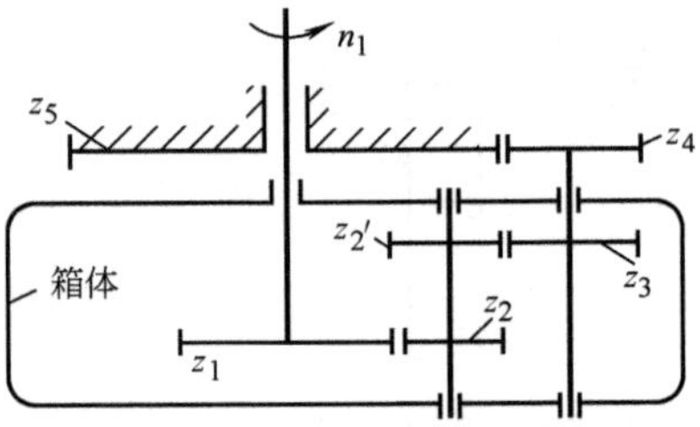


图 11-53 题 11-19 图

11-20 图 11-54 所示为 THK6355 型数控自动换刀镗床的刀库转位装置。齿轮 4 与刀库联接成一体，内齿轮 3 与机架固联，各轮齿数为 $z_1=24$，$z_2=z_2'=28$，$z_3=80$，$z_4=78$（变位齿轮）。试计算液压马达与刀库间的转速关系。

11-21 在图 11-55 所示的马铃薯挖掘机机构中，齿轮 4 固定不动，挖叉 A 固定联接在最外边的齿轮

3 上。挖薯时十字架 1 回转而挖叉 A 始终保持一定的方向。试问轮 3、4 的大小关系应如何？

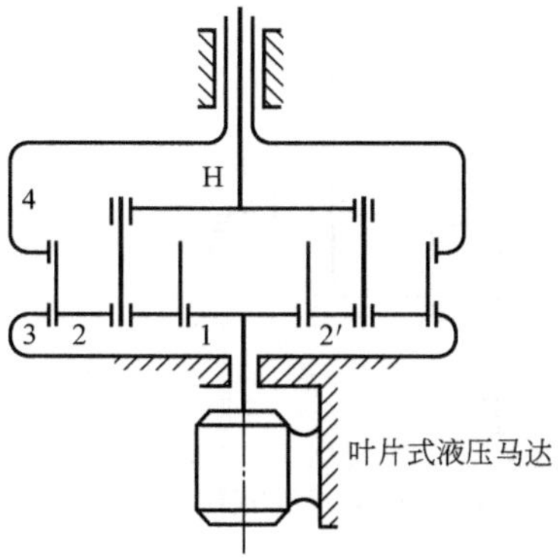


图 11-54　题 11-20 图

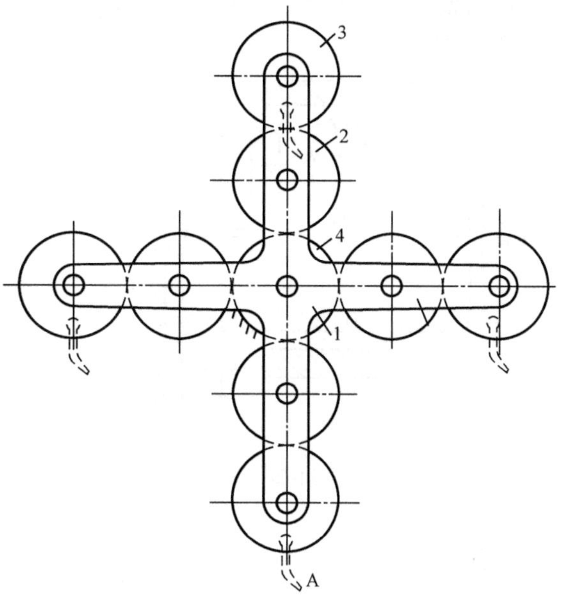


图 11-55　题 11-21 图

11-22　在图 11-56 所示的周转轮系机构中，内齿轮 7 以 60r/min 逆时针等速转动。试决定转臂 3 的转速大小和方向。又问如果转臂 3 以 300r/min 逆时针转动，那么此时内齿轮 7 的转速大小和方向如何？

11-23　在图 11-57 所示的门座式起重机的旋转机构中，已知电动机的转速 $n = 1440$r/min，各传动齿轮齿数为 $z_1 = 1$（右旋），$z_2 = 40$，$z_3 = 15$，$z_4 = 180$，试确定该起重机的转速（即机房平台的转速）。

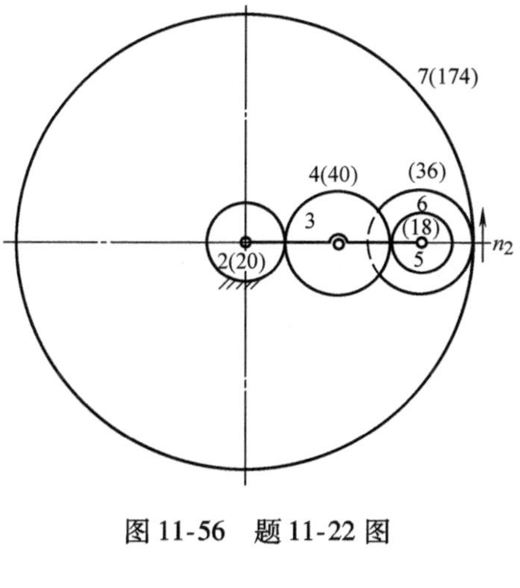


图 11-56　题 11-22 图

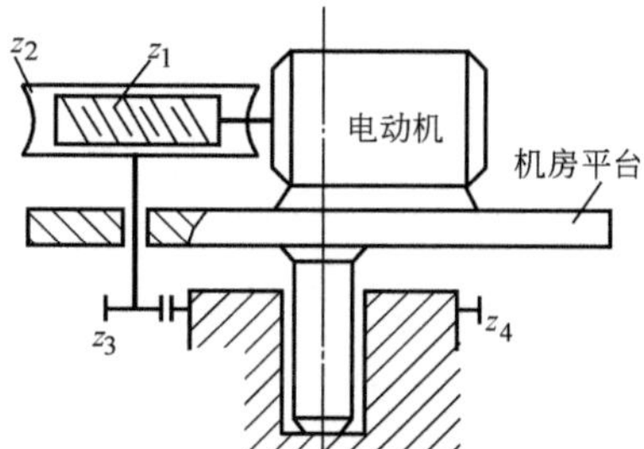


图 11-57　题 11-23 图

11-24　在图 11-58 所示镗床的镗杆进给机构中，已知 $z_1 = 60$，$z_4 = z_3' = z_2 = 30$，螺杆的导程 $Ph =$ 6mm，且为右旋螺纹。设所有齿轮的模数相同，当被切工件的右旋螺纹的导程 $Ph' = 2$mm 时，齿轮 $z_2'$ 和 $z_3$ 的齿数各为多少？

11-25　在图 11-59 所示的 2K-H 型轮系中，齿轮 3 为内齿圈，2、2′为外齿圈。已知各轮齿数 $z_1 =$ 40，$z_2' = 60$，$z_2 = 72$，各轮模数相同。设各对齿轮的啮合效率（包括轴承效率）为 0.98，当由系杆 H 输入功率为 8kW 时，试求输出功率。

11-26　现需设计 2K-H 型行星减速器，要求的减速比为 5.30，行星轮数 $k=4$，并采用标准齿轮，试确定各齿轮的齿数。

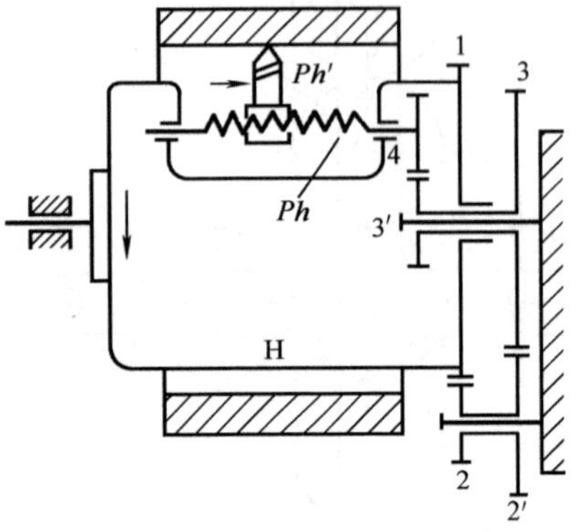


图 11-58　题 11-24 图

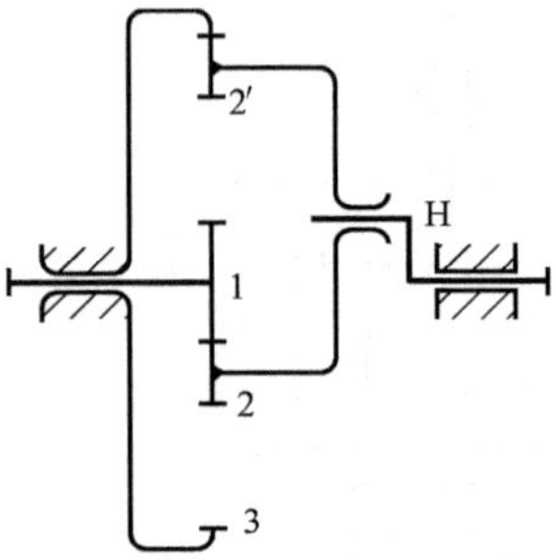


图 11-59　题 11-25 图

# 第十二章　组合机构及机构系统设计

## 第一节　概　　述

### 一、基本机构与组合机构

前面各章介绍了一些常用的基本机构，如连杆机构、凸轮机构、齿轮机构等。这些机构以独立的形式出现，可以单独实现运动或动力的传递，称为**基本机构**。利用这些基本机构，常可满足生产中提出的多种运动形式和要求。但是，由于生产上对机构运动形式、运动规律和力学性能等方面要求的多样性和复杂性，以及基本机构所能实现的运动规律（位置、位移、速度、加速度）和轨迹都具有一定的局限性，以至于仅采用某一种基本机构往往不能满足设计要求，因而常把几种基本机构联合起来使用。这种将两个及两个以上基本机构联合起来，并为完成某种运动形式、运动规律或力学性能而设计的机构组合体，称为**组合机构**，而组成组合机构的单个基本机构称为组合机构的**子机构**。

根据实际要求与具体应用条件，利用基本机构形成组合机构以满足实际需要，可以扩大机构的应用范围，是一种创造性设计过程。分析机构组合的形式与方法，归纳机构组合的类型和特点，有利于启发构思，开拓思路，丰富设计技巧与方法。

### 二、机构系统

基本机构和组合机构是为满足某一种或某一类运动要求而设计的。但在各种机械中，为了满足机械的运动及工作要求，仅采用某一种机构往往是不够的，往往需要由多种机构构成机械的传动系统和执行系统，从而形成机器完整的机构系统。例如图 12-1 所示的牛头刨床，除了由齿轮机构等组成的传动系统以外，为了完成刨削平面的任务，还需要有两个执行机构，即装有刨刀的刨头以及夹持工件的工作台。在刨削零件时，刨头应带着刨刀作纵向的往复直线切削运动，而且为了得到多种切削速度，刨头每分钟往复运动的次数应是可调的；而工作台则应作横向的间歇进给运动，而且每次进给量的大小也应能在一定范围内进行调整；此外工作台的进给运动必须和刨头的切削运动协调配合，刨刀每往返一次，工件应进给一定的距离，且进给运动必须在非切削时间内进行。显而易见，要把一台电动机的运动转变为上述各执行构件所需的相互配合的运动，仅靠一种机构是实现不了的，而是需要将若干种机构或组合机构根据需要组合起来，构成一个机构系统来完成。这种由若干个基本机构或组合机构形成的，可以协调完成特定机械所要求的一个或若干个传动与动作任务的系统，称为**机构系统**。本章将讨论机构系统的方案设计、运动设计和协调设计。

机构系统是机器的重要组成部分。其作用不仅是为了实现减速（或增速）、变速、转换运动形式和使各执行构件协调配合工作等运动要求；同时还把原动机输出的功率和转矩传递到执行构件上去，使其具有克服生产阻力而做功的能力。实现预期运动要求和传递动

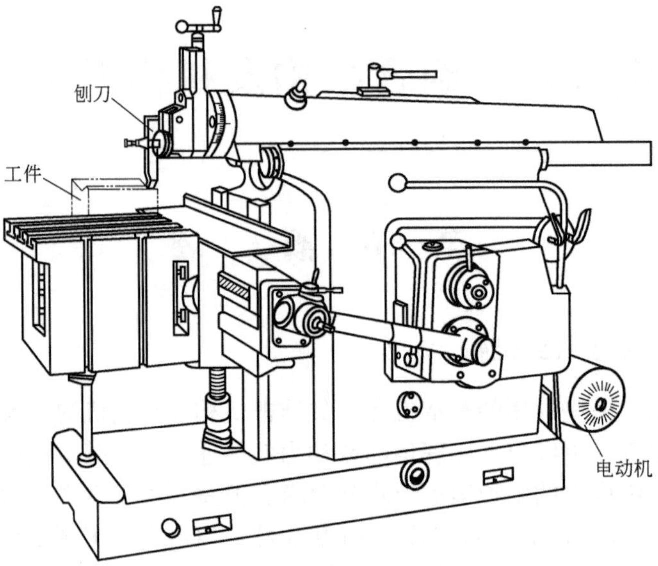


图 12-1 牛头刨床

力是机构系统的两个基本任务，也是在作机构系统设计时，所需解决的两个主要问题。

机构系统的设计是机械设计中极其重要的一环，正确、合理地设计机械的传动系统，对于提高机械的性能和质量，降低机械的制造成本和使用费用等都是至关重要的。

机构系统的设计是一项比较繁难的工作，为了能较好地完成此项任务，不仅需要对各种传动机构的性能、运动、工作特点和适用的场合等具有较深入、较全面的了解，而且需要具备比较丰富的实际知识和设计经验。此外，机构系统的设计并没有一成不变的模式可循，而是需要充分发挥设计者的创造能力。

本章研究机构的组合和组合机构的设计方法，以及用基本机构和组合机构组成机构系统的方法，这是将前面各章所学内容进行的综合应用和创造性发展，有着重大的工程实际意义。



## 第二节 机构组合的方式

单一机构所能满足的运动要求毕竟有限。对于一些复杂的运动或特殊的要求，则常将若干个基本机构通过适当方式组合而成为一个机构组合体来实现。组合机构可以由同一类的基本机构组成（如连杆机构与连杆机构、凸轮机构与凸轮机构、齿轮机构与齿轮机构等），也可以由不同种类的基本机构组成（如连杆机构与齿轮机构、凸轮机构与齿轮机构等）。比较常见的典型组合方式有串联组合、并联组合及混联式组合。

### 一、机构的串联组合

若干个子机构顺序连接，前一个基本机构的输出运动是后一个机构的输入运动，这样的组合方式称之为机构的串联组合，由此得到的机构称为**串联机构**。含有三个子机构Ⅰ、Ⅱ、Ⅲ串联组合的框图如图 12-2 所示。

串联机构的输出运动是各子机构输出运动的复合函数。复合的结果，既有运动的量的变化，也往往有运动的形态（转动、移动以及运动方位等）的变化。应当注意的是，串联组合中运动参量的变换关系不但取决于子机构的运动学参数，而且与子机构串接时的相位关系密切相关。

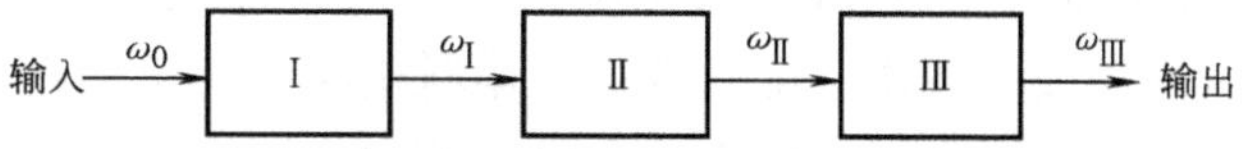


图 12-2　机构的串联组合

不同类型机构的串联组合有各种不同的效果。例如将齿轮机构（匀速运动机构）作为前置机构与另一工作机构（如曲柄滑块机构）串联，可以改变工作机构的运动速度和循环周期；而将一个非匀速运动机构作为前置机构与工作机构串联，则可改变工作机构的速度特性。

串联机构可以改善单一基本机构的运动特性。例如，一个对心曲柄滑块机构没有急回运动的特性，而且工作行程中滑块的速度也不是匀速或近似匀速的。但是如图 12-3 所示，当将一个摇杆滑块机构 3′-4-5-6 的输入构件 3′与曲柄摇杆机构 1-2-3-4 的输出构件 3 固联在一起，则该组合机构的输出构件 5 便具有了急回运动的特性。该机构经合理设计，还可以使滑块在工作行程中的速度近似匀速。该机构用于插齿机主传动机构中。

为了产生有停歇的各种运动，通常将各种机构与有停歇的运动机构串联。图 12-4a 所示是织布机开口机构系统。它是由凸轮机构的倒置机构Ⅱ与曲柄滑块机构Ⅰ串联而成的。凸轮机构的倒置机构如图 12-4b 所示。当摆动杆的滚子沿着固定凸轮的沟槽运动并走到直线沟槽部分时，摆动杆不会转动，而产生停歇。要使摆动杆 5 的滚子沿着凸轮槽的曲线运动，只有在连杆 2 上找到一点 $M$，其运动轨迹与凸轮理论廓线完全重合，并将滑块 4 与连杆在点 $M$ 处铰接在一起，这样构件 5 每转过 $\psi=180°$后停歇。

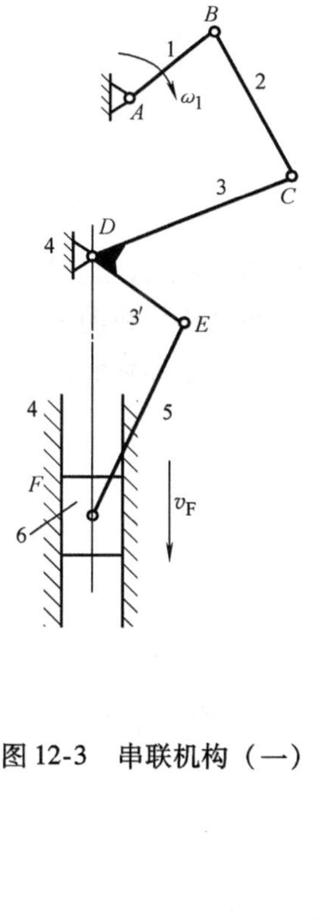


图 12-3　串联机构（一）

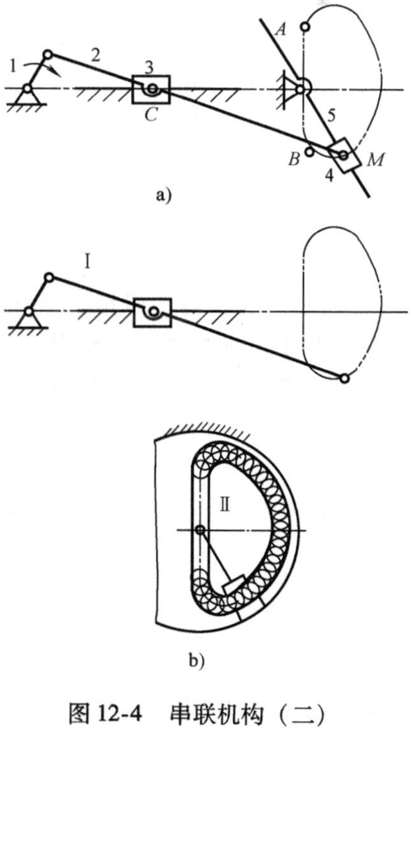


图 12-4　串联机构（二）

分析串联机构的次序是：先分析运动已知的基本机构（如图 12-3 中的曲柄摇杆机构 1-2-3-4），然后分析与之串联的后一个基本机构（如图 12-3 中的摇杆滑块机构 3′-4-5-6），其次序按框图由左至右进行。串联机构设计次序则刚好反过来，按框图由右向左进行，即先设计后一个基本机构，再设计前一个基本机构。

## 二、机构的并联组合

将一个或若干个单自由度机构的输出构件与一个多自由度机构的输入构件相连，这样的机构组合方式称为机构的**并联组合**。由此得到的组合机构称为**并联机构**。在并联机构中，最终输出运动的多自由度机构是必不可少的，称为**基础机构**，其他机构称为**附加机构**。图 12-5 所示为并联组合的几种常见连接方式的框图。最常见的并联组合机构系统有共同的输入，如图 12-5b、c、d 所示；有的并联组合系统也有两个或多个不同输入，如图 12-5a 所示；还有一种并联组合系统的一个输入运动是通过机构系统或基础机构的输出构件回授的，如图 12-5e 所示。

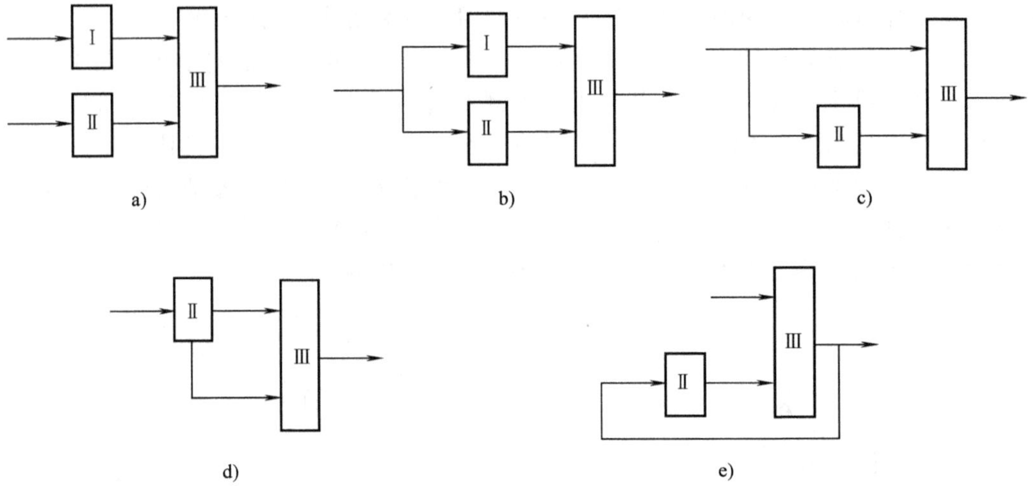


图 12-5 机构并联组合的连接方式



图 12-6 所示为铁板传送机构。其基础机构为差动轮系Ⅲ（有两个自由度），两个附加机构为齿轮机构Ⅰ及曲柄摇杆机构Ⅱ。机构系统的输入构件为齿轮 1（或曲柄 *AB*），输出构件为送料辊（即太阳轮）4。其框图如图 12-5b 所示。对于基础机构Ⅲ，有下列运动关系

$$\frac{n_4 - n_H}{n_2 - n_H} = -\frac{z_2}{z_4}$$

由此可见

$$n_4 = \frac{z_2 + z_4}{z_4} n_H - \frac{z_2}{z_4} n_2$$

故当$\frac{n_H}{n_2} = \frac{z_2}{z_4 + z_2}$时，$n_4 = 0$。只要适当设计两个附加机构，在整个运动循环中必有某一时

刻满足上述条件，这样送料辊4就会作有短暂停歇的送进运动。

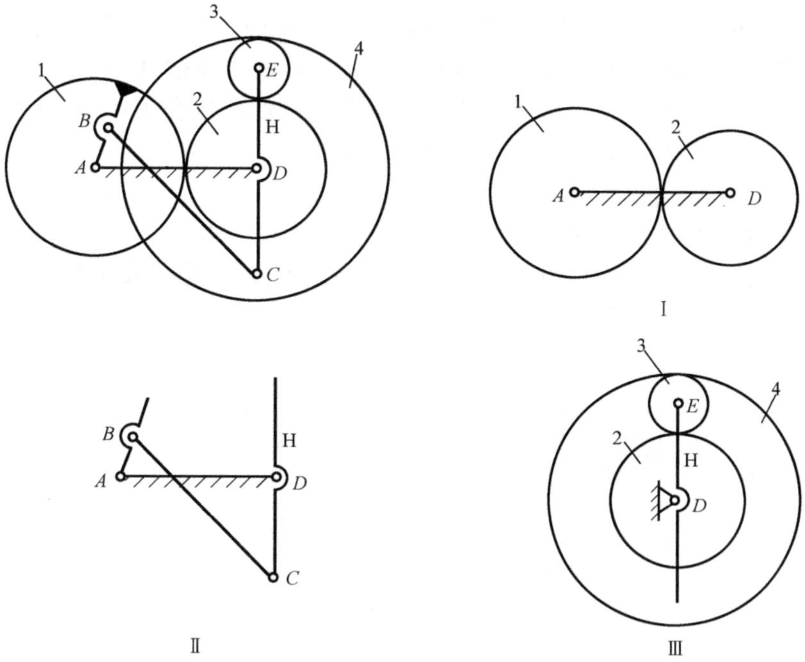


图12-6 铁板传送机构

齿轮加工机床的误差校正机构系统也是并联组合而成的，如图12-7a所示。此机构的基础机构为有两个自由度的蜗轮—蜗杆机构Ⅲ，以凸轮机构Ⅱ作为附加机构，其作用是补偿蜗轮的分度误差，因而凸轮轮廓是按预先测得的蜗轮分度误差曲线设计的。其框图如图12-5e所示。

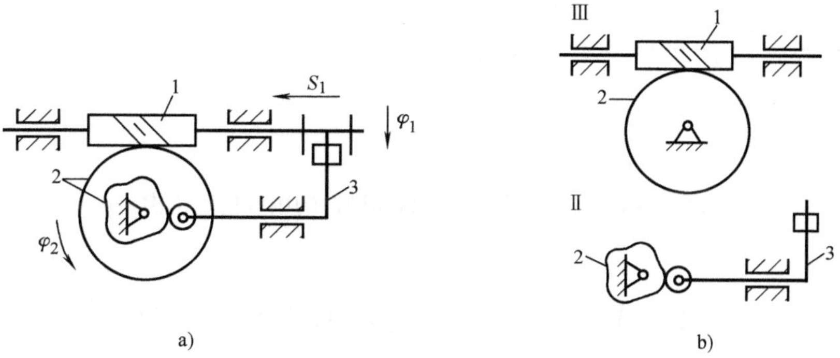


图12-7 齿轮加工机床的误差校正机构

## 三、机构的混联式组合

综合运用串联–并联组合方式可组成更为复杂的机构系统，此种组合方式称之为机构的**混联式组合**。由此得到的组合机构称为**混联机构**。

图 12-8a 所示为一种平台印刷机的版台传动机构，其基础机构Ⅲ是由上、下齿条（均为可移动齿条）和轴线可动的齿轮组成的齿轮-齿条机构；其附加机构包括双曲柄机构Ⅰ、曲柄滑块机构Ⅰ′与凸轮机构Ⅱ。机构系统的输入运动为曲柄 *AB* 的匀速转动，输出运动为与上齿条固结的版台的往复移动。该机构有急回特性，且在工作行程的一个区间内，速度比较均匀。设置凸轮机构是为了修正版台（即上齿条）的运动，使其在压印区满足一定的速度要求。其组合框图如图 12-8b 所示。

根据子机构的不同类型，组合机构有各种各样的类型，常见的有连杆-连杆组合机构、齿轮-连杆组合机构、凸轮-连杆组合机构、齿轮-凸轮组合机构以及带挠性构件的组合机构等。

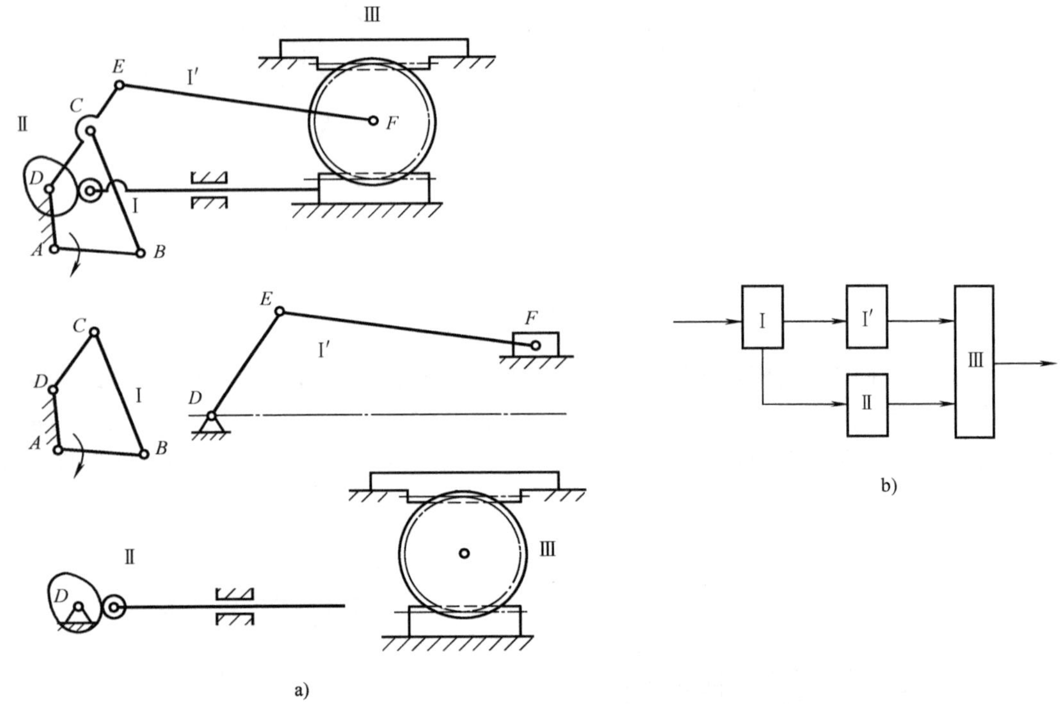


图 12-8　混联机构——平台印刷机的版台传动机构

## 第三节　常见组合机构的运动设计

根据给定的运动要求，确定各子机构的运动简图，这就是组合机构的运动设计（综合）。设计思路有两类：一类是按机构的组合方式导出组合机构的运动方程，然后用它去逼近给定函数，解出机构的未知参数，这可称为**分析综合法**；另一类方法是根据给定的运动要求，先设计运动输出子机构，然后设计其前一个子机构，逐步设计出全部子机构，此方法称**分级设计法**。本节将通过实例介绍各种组合机构运动设计的一般思考路线和方法。

## 一、连杆-连杆组合机构

为了满足生产上对机构运动形式、运动规律和力学性能等方面要求的多样性和复杂性，以及克服基本连杆机构的局限性，常把几个基本连杆机构组合起来使用。

如图 12-4 所示的串联组合机构，要求其从动件作单向间歇转动，每转 180°停歇一次。对于这种运动要求，一般难于用基本机构实现，通常可利用轨迹上的圆弧或直线段来实现从动件的停歇要求。

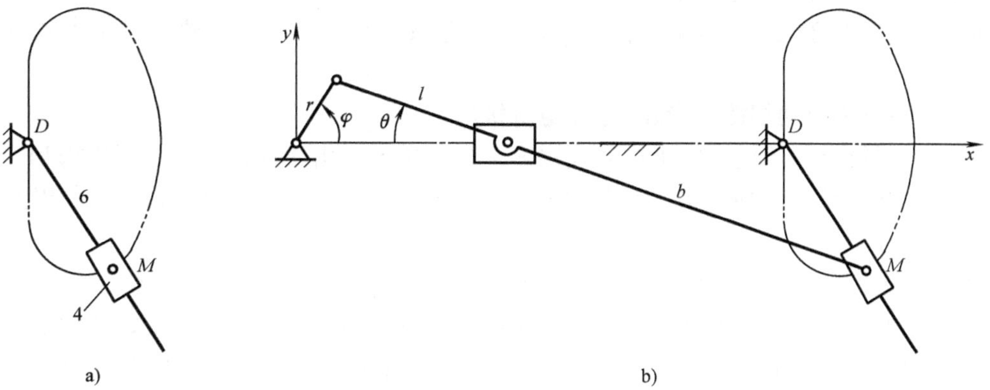


图 12-9　连杆-连杆组合机构

如图 12-9a 所示，构件 6 上有一滑块 4，若 4 上的一点 $M$ 能走双点画线所示轨迹，则构件 6 就能实现转 180°后停歇一次的要求。于是问题就归结为设计这样一个机构，其连杆上点 $M$ 能走图示轨迹。有不少机构，其作平面运动构件上的点具有近似直线段的轨迹。用图 12-9b 所示曲柄滑块机构连杆上的点 $M$，即可实现本例所提要求，且点 $M$ 在直线段上运动的时间约为 1/3.6 周期（相应主动件转过的角度为 100°）。点 $M$ 的轨迹方程式为

$$r\cos\varphi + (l+b)\cos\theta = x_M$$

$$b\sin\theta = y_M$$

或

$$x_M = r\cos\varphi + \frac{l+b}{l}\sqrt{l^2 - r^2\sin^2\varphi}$$

$$y_M = \frac{br}{l}\sin\varphi$$

因图示机构具有对称轨迹，可只在 $\varphi = 130° \sim 180°$间选三点形成近似直线段，今选

$\varphi = 130°$时，$x_M = 59.9\text{mm}$

$\varphi = 150°$时，$x_M = 59.8\text{mm}$

$\varphi = 180°$时，$x_M = 60.0\text{mm}$

代入上式得三个方程，联立求解得

$$r = 9.979\text{mm},\ l = 23.938\text{mm},\ b = 46.041\text{mm}$$

所设计组合机构的运动简图如图 12-9b 所示。

## 二、齿轮-连杆组合机构

齿轮-连杆组合机构的种类很多，应用也较广泛，它是由定传动比的齿轮机构与变传动比的连杆机构组合而成，可以实现很复杂的运动轨迹或实现复杂的运动规律。例如，可以使从动件作单向变速转动或使从动件具有瞬时或片刻停歇的单向变速转动，也可以使从动件在向一个方向转动过程中间歇地反向转动一段时间。齿轮-连杆组合机构结构简单，改变齿轮传动比即可调整从动杆的运动规律或轨迹。常用的为由一对齿轮和连杆机构组合而成的四杆或五杆齿轮-连杆组合机构。

齿轮-连杆组合机构的基础机构可以是差动轮系，也可以是具有两个自由度的五连杆机构。

### 1. 实现复杂运动规律的齿轮-连杆组合机构

能够实现给定运动规律的机构形式很多，最简单的是由四杆机构或五杆机构和一对齿轮（内啮合或外啮合）所组成的齿轮-连杆组合机构，主动件和从动件的轴线可以互相平行或两者重合。

图 12-10 所示为能实现具有较长停歇的往复运动的齿轮-连杆组合机构。在周转轮系中，行星轮上不同的点可以画出各式各样不同的轨迹曲线，统称为旋轮线，它们取决于周转轮系中的齿轮啮合的方式（内啮合或外啮合）及齿轮的齿数比。这些旋轮线中有些段近似于圆弧或直线，巧妙地利用这个特点，就可以设计出各种具有停歇的复杂往复移动的齿轮-连杆机构。

图 12-10 所示为由内啮合行星轮系和曲柄滑块机构组成的齿轮-连杆组合机构，齿数比 $z_0/z_2=3$。机构运动时，行星轮 2 节圆上的点 $M$ 将画出三支内摆线，若适当地选取连杆 3 的长度 $l$，使以 $C$ 为中心、$l$ 为半径的圆弧通过内摆线上点 $M$、$M'$、$M''$，则当主动杆 1 由位置 $AB$ 转过 $2\varphi$ 至位置 $AB'$时，从动滑块 4 将处于近似停歇。当主动杆 1 转动一周时，从动滑块将得到行程 $s=4r_2$，且在行程的一个末端有单侧停歇的往复运动。若把滑块 4 换成为摇杆，则可获得具有单侧停歇的摆动运动。

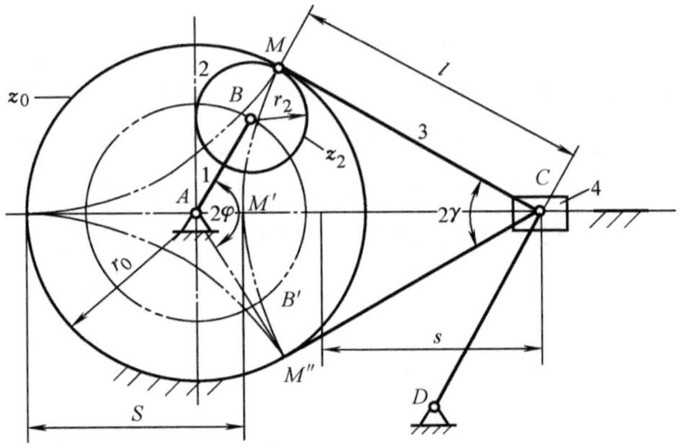


图 12-10 齿轮-连杆组合机构（一）

### 2. 实现给定轨迹的齿轮-连杆组合机构

工程中常要求实现各种各样的轨迹，甚至是很复杂的和特殊形状的轨迹，而基本连杆机构很难比较满意地实现这些轨迹，这往往只能用齿轮-连杆组合机构来实现。

用来实现预定轨迹比较典型的齿轮-连杆组合机构如图 12-11a 所示。如果齿数比 $i=1$（两轮同向转动），曲柄等长且相位相同，则$\triangle AMB$ 保持不变，点 $M$ 画出的轨迹为一普通

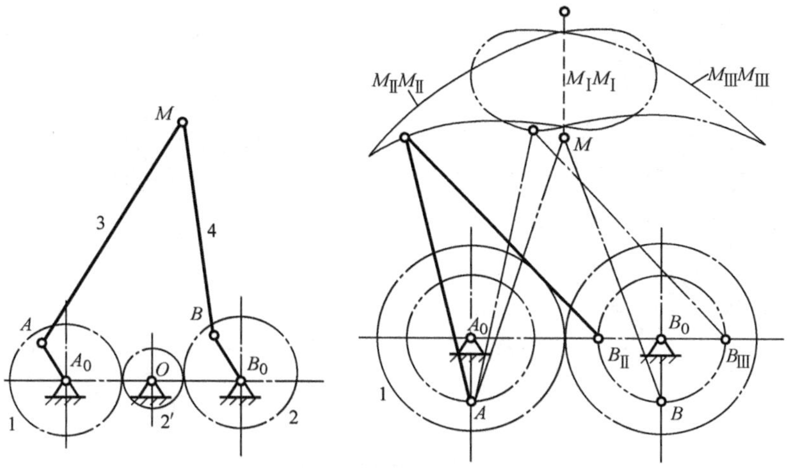


a)　　　　　　　　　　b)

图 12-11　齿轮-连杆组合机构（二）

的四连杆机构的连杆曲线（此时点 $M$ 轨迹为圆）。但如使 $i=-1$ 或其他数值，或改变两曲柄的相对相位角，则可得到更为复杂的轨迹曲线。图 12-11b 画出了 $i=-1$，两曲柄等长，当曲柄 1 的位置处于 $A_0A$ 而曲柄 4 分别处于 $B_0B_{\rm I}$、$B_0B_{\rm II}$ 和 $B_0B_{\rm III}$ 时，点 $M$ 三种不同的轨迹曲线 $M_{\rm I}M_{\rm I}$、$M_{\rm II}M_{\rm II}$ 和 $M_{\rm III}M_{\rm III}$。若齿轮传动比为 $i_{14}=m/n$（$m$ 和 $n$ 为不可通约的整数），这时，当曲柄 1 转过 $m$ 转和曲柄 4 转过 $n$ 转时，才能使点 $M$ 的运动轨迹完成一个循环，此时点 $M$ 的轨迹形状非常复杂，如图 12-12 所示。

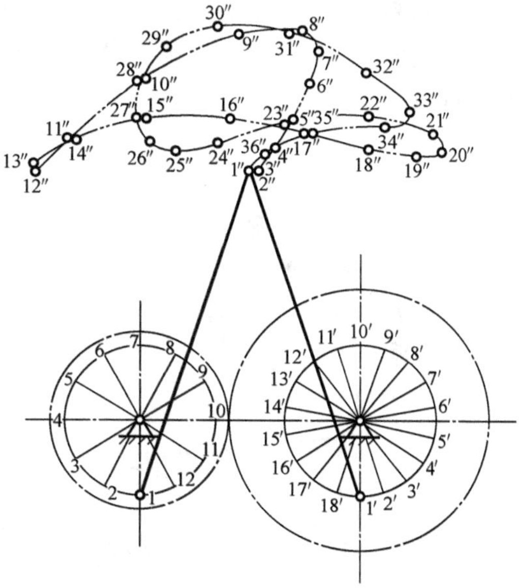

图 12-12　齿轮-连杆组合机构（三）

另一种实现复杂轨迹曲线的齿轮-连杆组合机构是将相啮合的一对齿轮置于连杆机构的活动构件上，如图 12-13 所示。机构运动时，从动轮上的点 $M$ 将画出轨迹 $mm$，其形状取决于连杆机构的尺寸参数、齿轮传动比和点 $M$ 在从动轮 5 上的位置。如连杆机构的尺寸一定，只要改变齿轮的传动比即可相应地改变点 $M$ 的轨迹。显然，点 $M$ 的轨迹既不是单纯的连杆曲线，也不是单纯的摆线，特称为齿轮连杆曲线。它比连杆曲线更为复杂多样，而且容易通过改变机构参数来实现预定的轨迹。

## 三、凸轮-连杆组合机构

凸轮-连杆组合机构的形式很多。采用这类机构较易精确实现从动杆预定的运动规律和运动轨迹，而且设计较简单，因此广泛应用于各种轻工机械中。图 12-14 所示为平板印

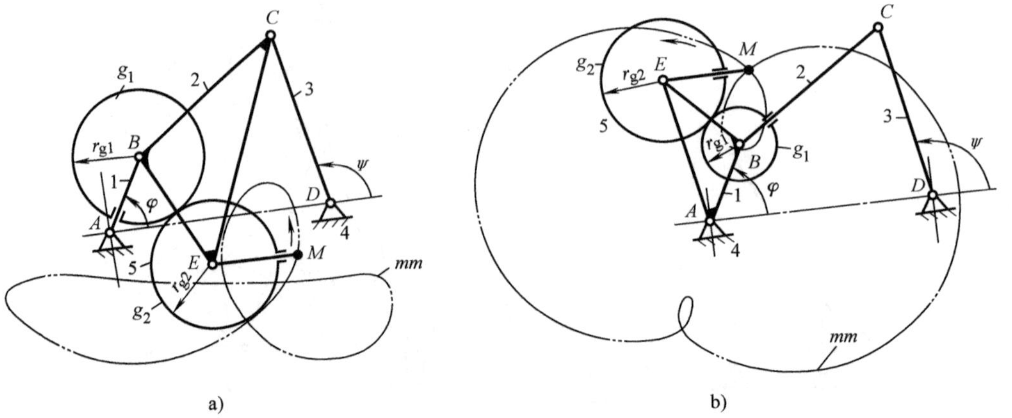


图 12-13 齿轮-连杆组合机构（四）

刷机中用以完成送纸运动的凸轮-连杆组合机构。当固接在一起的双凸轮 1 转动时，通过连杆机构使固接在连杆 2 上的吸嘴 $P$ 沿轨迹 $mm$ 运动，以完成将纸吸起和送进等动作。

图 12-15 所示为精确实现一般矩形轨迹且包容于该轨迹之内的凸轮五杆机构。主动曲柄 1 转动时，连杆 2 上 $B$ 处滚子沿固定凸轮廓线运动，连杆 4 上点 $E$ 走出固定的双点画线矩形轨迹。

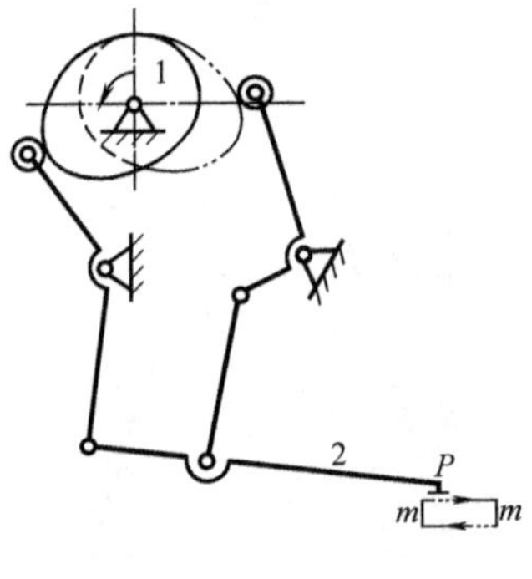


图 12-14 凸轮-连杆组合机构

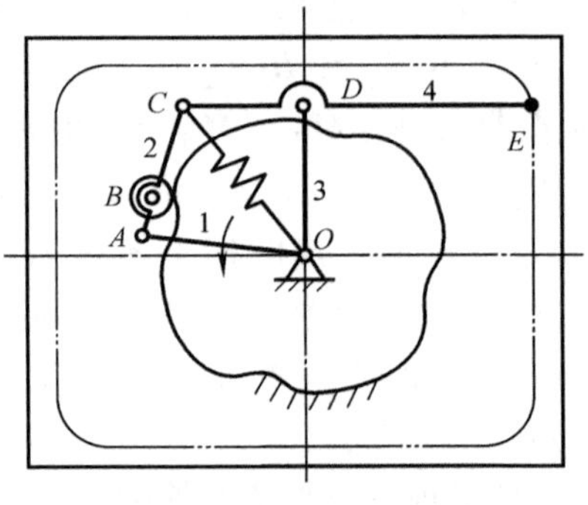


图 12-15 凸轮五杆机构

12

**1. 实现复杂运动规律的凸轮-连杆组合机构**

在图 12-16a 所示的机构中，只要凸轮 5 的轮廓曲线设计得当，就有可能使滑块 3 获得复杂的运动规律。摇块机构 5-6-1-2-3 为二自由度的连杆机构，它是该组合机构的基础机构。凸轮副提供了一个约束，整个机构的自由度为 1。它可被视为一个曲柄长度随时变化的曲柄滑块机构。

当滑块 3 相对于曲柄转角 $\varphi$ 的运动规律 $s(\varphi)$ 为已知时，不难求出凸轮的轮廓曲线。首先，相对于已知的滑块行程（$s=s_{max}-s_{min}$）的位置，选定固定凸轮的中心 $A$ 及连杆 2 的长度 $BC$。如图 12-16b 所示，将任选合适半径的参考圆分为 $n$ 段，则每段 $B_i$ 点处的长度 $l_{AB_i}$ 可根据图 12-16c 计算求出

$$\begin{cases} l_{AB_i} = [\,l_{BC}^2 + x^2 - 2l_{BC}x\cos\delta\,]^{1/2} \\ \delta = 180° - \varphi - \arcsin\left(\dfrac{\sin\varphi}{l_{BC}}x\right) \end{cases}$$

从而可求出点 $B_i$ 各位置。平滑连接这些点的曲线即为实现给定运动规律的凸轮理论廓线的上半部分。相应于曲柄 1，自 180°转到 360°的下半部分凸轮廓线，可按同样方法求出。

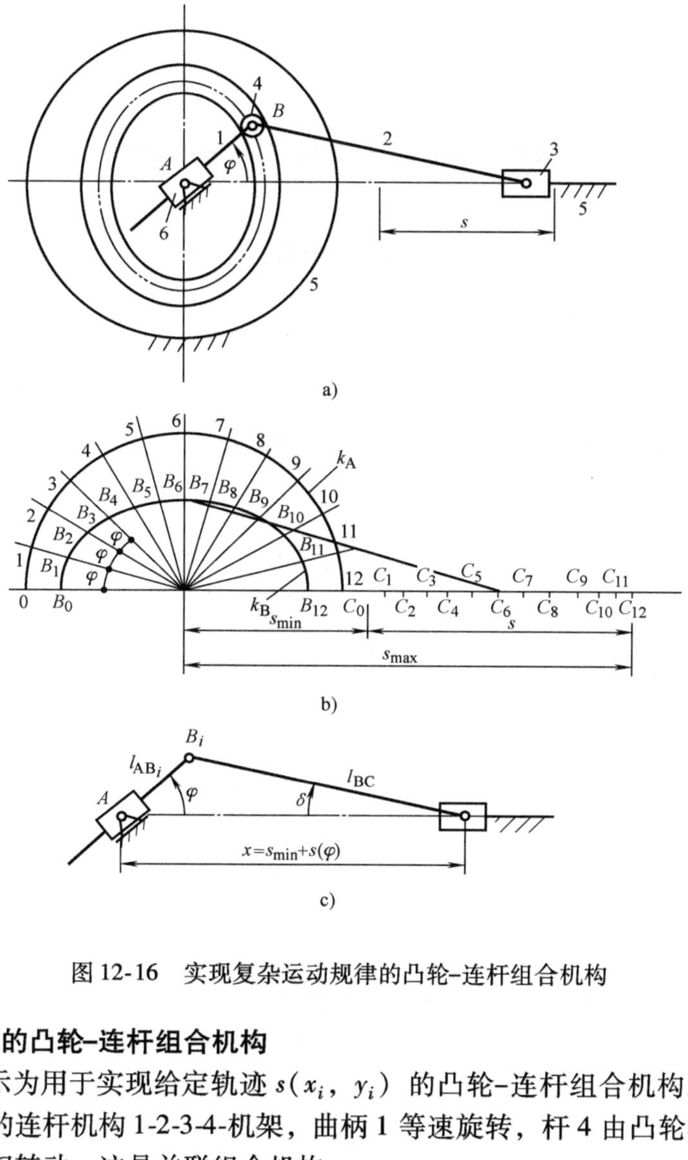


图 12-16　实现复杂运动规律的凸轮–连杆组合机构



**2. 实现轨迹的凸轮–连杆组合机构**

图 12-17 所示为用于实现给定轨迹 $s(x_i,\ y_i)$ 的凸轮–连杆组合机构。其基础机构为具有两个自由度的连杆机构 1-2-3-4-机架，曲柄 1 等速旋转，杆 4 由凸轮机构输入，凸轮与曲柄固联在一起转动。这是并联组合机构。

设计时先选定五杆机构尺寸：可参考机械总体布置情况，首先选定曲柄轴心 $A$ 的位置，然后求出轨迹曲线 $s(x,\ y)$ 与轴心 $A$ 的最近距离 $l'$ 及最远距离 $l''$，则曲柄 1 与连杆 2 的长度分别为

$$l_1 = \frac{1}{2}(l_{AC''} - l_{AC'})$$

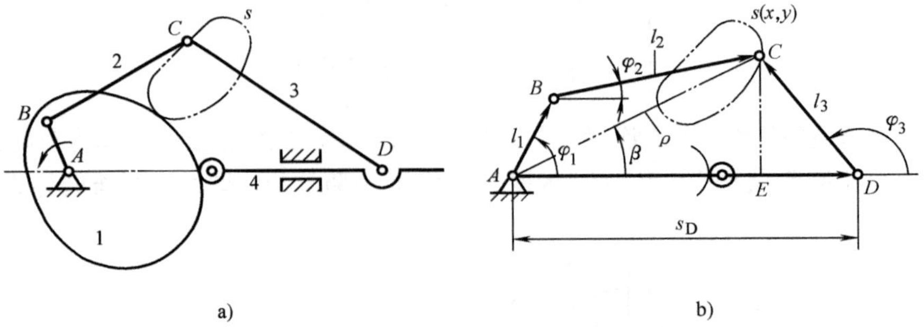


图 12-17　实现给定轨迹的凸轮-连杆组合机构

$$l_2=\frac{1}{2}(l_{AC''}+l_{AC'})$$

构件 3 的长度应大于轨迹 $s$（$x$，$y$）上的 $y_{max}$，即

$$l_3>y_{max}$$

当平面五杆机构的尺寸确定后，即可根据轨迹 $s$（$x$，$y$）求出各点位对应的曲柄（凸轮）转角 $\varphi_1$ 及点 $D$ 的位置尺寸 $s_D$。轨迹点的极坐标为

$$\rho=\ (x^2+y^2)^{1/2}$$

$$\beta=\tan\left(\frac{y}{x}\right)$$

由 $ABC$ 封闭回路

$$l_1\cos\varphi_1+l_2\cos\varphi_2=\rho\cos\beta$$
$$l_1\sin\varphi_1+l_2\sin\varphi_2=\rho\sin\beta$$

得到轨迹点对应的 $\varphi_1$、$\varphi_2$

$$\begin{cases}\cos\ (\varphi_1-\beta)\ =\dfrac{\rho^2+l_1^2-l_2^2}{2\rho l_1}\\ \tan\varphi_2=\dfrac{\rho\sin\beta-l_1\sin\varphi_1}{\rho\cos\beta-l_1\cos\varphi_1}\end{cases}$$

由封闭回路 $EDC$

$$s_D-x=l_3\cos\varphi_3$$
$$y=l_3\sin\varphi_3$$

解得

$$\begin{cases}s_D=x+\sqrt{l_3^2-y^2}\\ \tan\ (\pi-\varphi_3)\ =\dfrac{y}{s-x}\end{cases}$$

求得与轨迹值 $s$（$x$，$y$）对应的凸轮转角 $\varphi_1$ 及从动件位置尺寸 $s_D$ 后，即可选择基圆半径 $r_b$ 计算凸轮的廓线。

由此可见，若组合机构中应用凸轮机构作为附加机构，该组合机构就能精确实现给定的轨迹。不仅可实现的轨迹形式多种多样，而且设计简便。

12

## 第四节　机构系统的方案设计

设计新的机械时，完整的设计过程应包括机构系统设计、机械结构和强度设计。如前所述，机构系统是由若干个基本机构或组合机构形成的，可以协调完成特定机械所要求的一个或若干个传动与动作任务的系统。**机构系统的作用是将原动机的运动转变为执行构件所需要的运动**。机构系统的设计包括方案设计、运动设计和协调设计。

1）根据机械的工作用途，确定机械所要求的动作、运动形式（移动或摆动等）及运动规律（等速或变速等），将其分解为各个基本运动、动作及其限制条件，定出完成这些基本运动或动作功能的相应的基本机构或组合机构，同时确定其关系并组合成一个系统。这方面的任务称为机构的方案设计。

2）确定机构系统各执行构件动作的协调配合关系，绘制机构系统的运动循环图。这方面的任务称为机构系统的协调设计。

3）根据机构系统的方案和系统运动循环图，确定机构系统的运动学尺寸，即进行基本机构和组合机构的尺度综合，绘制机构系统的运动简图。这方面的任务称为机构系统的运动设计。

4）对机构系统方案进行性能分析和比较，作出评价，最后确定一个较好的方案。这方面的任务称为机构系统分析与评价。

在实际设计过程中，方案设计、运动设计、协调设计及性能分析往往不能截然分开，这些工作有时需并行地反复进行，最后才能得到一个较好的方案。

上述第3）、4）部分的内容已在上节和前面各章已叙述了，第2）部分的内容将在下节予以介绍，本节介绍第1）部分的内容，即机构系统的方案设计。

机构系统的方案设计要考虑多方面的要求和条件。其中包括：要求实现的运动规律及轨迹，机构工作速度的大小，载荷类型及特点，对机构动力性能的要求，机构的运动精度要求，允许占有的空间大小及方位，使用寿命、生产批量及有关的工艺条件等。这些要求和条件在不同的设计任务中千差万别，故很难用一些简单的公式或准则加以概括。因此，方案设计过程主要是一个构思过程，需要设计人员熟悉各种基本机构的运动特点、机构变异和组合的各种方式及其他各相关学科的知识。机构系统的方案设计并没有一成不变的模式可循，这就要求设计人员充分运用自己丰富的实践经验和想象力，充分发挥创造能力，灵活使用各种设计技巧，从而提出创新的方案或选择一个比较合理的解决办法。



### 一、机构系统方案设计的步骤

机构系统方案设计的任务是根据给定的运动要求和各种约束条件，确定传动方案、选定原动机、合理选择机构并恰当组合，从而形成机构系统的传动方案图。其步骤如下：

**1. 选定机械的工作原理，确定执行构件所要完成的运动**

进行机构系统的方案设计时，首先要根据预期的生产任务拟订机械的工作原理，再进行工艺动作分析，定出其运动方案，从而确定所需的执行构件的数目和运动。

机构系统是根据机械预期完成的生产任务和所提出的运动要求进行设计的。因此，在进行机构系统的方案设计前，应认真研究所要设计机器的工艺过程和运动要求。机械完成不同任务的工作原理是各种各样的，即使完成同一种任务，也可以采用不同的工作原理。例如加工齿轮，可用仿形法，也可以用展成法；又如加工螺栓的螺纹，可以车螺纹、套螺纹，也可以滚压螺纹。

机构系统的传动方案与选定的机械的工作原理密切相关，根据不同的工作原理，所得到的机构系统方案是不同的，执行构件所需要完成的运动也是不一样的。如按仿形法原理加工齿轮和按展成法原理加工齿轮，所设计的机床机构系统方案就不一样。即使是同一工作原理，也可以拟订出不同的机构系统方案。例如，同样是用展成法原理加工齿轮，可以在滚齿机上用滚刀加工，也可在插齿机上用齿轮插刀加工。由于拟订的刀具的运动不同，两种切齿机床的机构系统方案也就不一样。

应当指出的是，虽然机构系统是根据具体的工作原理（工艺过程原理）提出的运动要求进行设计的，但在设计机构系统时，应该对工作原理作认真的分析。为使工艺过程自动化，原封不动地按传统的工艺动作去设计自动化机械的机构系统，其效果一般是不好的。例如，在设计洗衣机时，如果采用人手揉搓布料那样的洗涤法，工作机构将是类似于人手的机构系统，这当然是相当复杂的；然而如果采用水波与布料的相对运动洗涤法，则只要由电动机带动一个轮廓具有凹凸形的转盘就行了，这显然简单得多。

机械的工作原理是否合理、先进，在很大程度上反映出该机械的先进程度。其传动方案拟订得是否合理、得当，对机械的性能、质量和成本也起着决定性的影响。因此，对这项工作一定要认真对待。

**2. 选定原动机**

在拟订机械的工作原理和传动方案后，下一步的任务是确定各执行构件的运动参数（如牛头刨床中刨头行程的大小、每分钟的行程数以及行程速比系数等）和生产阻力（如刨削时的切削阻力），并选择原动机，确定其类型、运动参数和功率。

原动机的运动形式主要是回转运动和往复直线运动。当采用电动机、液压马达和气动马达等原动机时，原动件作回转运动；当采用往复式液压缸或气缸等原动机时，原动件作往复直线运动。在一般机械中用得最多的是交流异步感应电动机，这是因为它具有结构简单、价格便宜、效率高和使用控制方便等优点的缘故。常用的交流异步感应电动机，其同步转速有 3000、1500、1000、750、600r/min 等五种（其电极数相应地分别为 2、4、6、8、10 极）。在输出同样的功率时，电动机的转速越高，电动机的极数越少，其尺寸和质量就越小，价格也越低，而电动机在整部机器的总造价中又往往占有相当大的比重。从这一角度考虑，一般应选用转速较高的电动机；而且当执行构件的速度较高时，选用高转速电动机还可缩短运动链，因而得以提高机械效率，降低机械成本。但如果执行构件的速度很低，那么如仍选用高转速的电动机，则将因需要具有较大减速比的减速装置而导致成本提高，机械效率降低。在这种情况下，应从电动机和减速装置的总费用、机械传动系统的复杂程度及其机械效率等各方面综合加以考虑，才能恰当地选取合用的电动机。



原动机的选择应有利于简化机构和改善运动质量。在现代的原动机中，除了电动机以外，还可采用气、液原动机。因此，在机构选型时应充分考虑生产条件和动力源情况。当有气、液源时常利用气动、液压机构，这样既可以简化机构结构，省略许多电动机、传动机构或转换运动的机构，同时又有利于减振、操作和调节速度。特别对机架不固定的具有多个执行机构的工程机械、自动生产线和自动机等，更应优先考虑。如要求执行构件作往复等速直线运动，用电动机驱动，则还要传动机构驱动原动件，并要用连杆机构，把转动转换为执行构件的等速往复移动，若采用液压驱动的机构，不但可以用一个动力源驱动多个执行构件，而且体积小，不需要连杆机构，结构紧凑，反向时工作平稳，易于调节移动速度。

原动机选择得是否恰当，对整个机械的性能、对机械传动系统的组成及其繁简程度将有直接影响。而现代原动机的类型又是非常多的，就拿电动机来说，前面仅是示例地介绍了一种交流异步感应电动机，除此之外，还有直流电动机、自带减速装置的电动机、自带变速装置的电动机、多速电动机、交流变频变速电动机、伺服电动机、步进电动机、直线电动机、力矩马达等等。这些电动机各有各的特性和各自的适用场合。选择与机械性能要求相适应的原动机，将使机械的组成及其性能得到改善，所以这是机构系统方案设计中的重要一环，必须给予足够的重视。

**3．合理选择机构类型，拟订传动方案，绘制机构系统的示意图**

机械的执行构件所需要完成的运动往往比较复杂，以至于用单一的基本机构难以完成，这时应当将执行构件所需完成的运动分解为机构易于实现的若干基本运动或动作，然后根据分解得到的基本运动或动作及其限制条件以及原动机的类型和参数，选择基本机构或组合机构，将它们组合而成机构系统。

任何复杂的运动过程总是由一些最基本的运动合成的，因而机构的执行构件所需要完成的运动总可以分解为机构易于实现的基本运动。机械中主要的基本运动形式有：单向转动、单向移动、往复摆动、往复移动及间歇运动等。

某些周期性运动（包括间歇运动与非匀速运动）一般可以分解为一个匀速运动与一个附加的往复运动，并分别用比较简单的机构予以实现，然后进行合成。图 12-18 表示在行星轮系的转臂上设置一附加的曲柄摇杆机构，当转臂 1 匀速转动时，曲柄 3 随齿轮作行星运动，使杆 5 输出非匀速转动。输出运动的性质取决于四杆机构的特性及齿轮的齿数比，其中可能有单向的非匀速转动、局部反向运动或有瞬时停歇等几种不同情况。

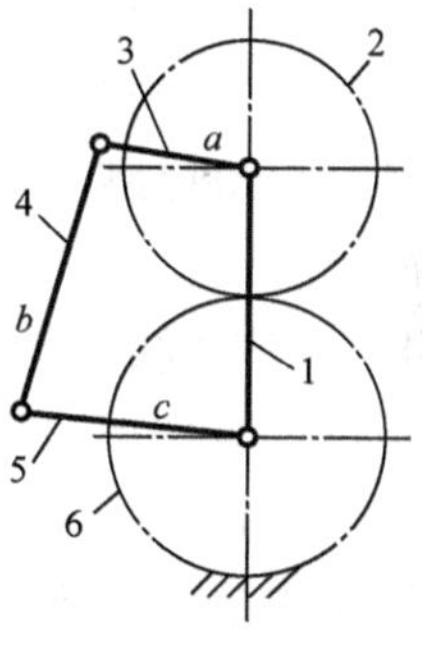


图 12-18　齿轮-连杆组合机构（五）

将执行构件的运动分解后，下一步就是进行机构选型。选型正确与否将直接影响到机械使用的效果、结构的繁简程度等。一般必须具有丰富的生产实践经验，并在熟悉各种不同类型基本机构运动特性的基础上，才能根据已知的生产要求，按执行机构的功用（差动机构、分度机构、解算机构、定位机构、锁紧机构和导向机构等），以及执行构件的运动形式（移动、摆动和单向间歇运动等），先在同类机构中进行类比或根据机构图例选取有效的机构形式，或在基本机构基础上采用机构组合、结构的变异以及增加辅助构件等方法设计新的机构。当然它们的选取还与生产制造工艺、材料和计算技术等各方面的条件有关。机构选型在第五章中已作介绍。

当然，同一运动的分解方案并不是唯一的。根据运动分解的不同方案，可设计出不同的机构系统。要获得好的机构系统方案，既要熟悉运动分解、合成的基本规律，又要熟悉基本机构的运动。

12

机构系统方案设计往往与机构系统的协调设计和运动设计交叉进行，应拟订多个传动方案，进行性能分析和比较，作出评价，最后确定一个较好的方案。

## 二、机构系统方案设计应考虑的因素

在拟订传动方案时，应考虑到机械的工作性能、适应性、可靠性、先进性、工艺性和经济性等多方面的性能。具体来说，应考虑以下因素：

**1. 采用尽可能简单的结构**

任何一部机械，在满足生产要求的同时，应力求简单、制造方便，同时要求可靠、耐用，不要片面追求可有可无的功能而导致结构复杂。

**2. 采用尽可能简短的运动链**

这是因为采用的运动链越简短，使用的机构和零件数就越少，这不仅将降低制造和装配的费用，而且由于传动环节的减少，也就降低了能量的损耗，因而使机械的效率得以提高。同时，由于传动环节的减少，传动中的积累误差也就小了，这也有利于提高机械传动的精度。为了使运动链简短，在机构选型时，有时宁可采用具有设计误差但结构简单的近似机构，而不采用理论上没有误差但结构复杂的机构或组合机构。

**3. 选取合适的运动副型式**

运动副在机械传递运动和动力的过程中起着重要的作用，它直接影响到机械的结构、寿命、效率和灵敏度。一般来说，转动副制造简单，易保证运动副元素的配合精度，效率高；当要求将一轴的转动转换为另一轴的转动或摆动时，大多采用带转动副的机构。移动副元件制造较困难，不易保证配合精度，易发生楔紧或自锁现象，故一般宜用于作直线运动或将回转运动转换为直线运动的场合。采用带高副的机构较易实现执行构件的运动规律和轨迹，且可以减少运动副和构件数，但高副元件形状一般复杂、易磨损，宜用于低速、轻载的场合。

**4. 应使机械有较高的机械效率**

机械的效率取决于组成机械的各个机构的效率。因此，当机械中包含效率较低的机构时，就会使机械的总效率随之降低。但要注意，机械中各运动链所传递的功率往往相差很大。机械中的绝大部分功率都由主传动链所传递，而辅助传动链（如进给传动链、分度传动链等）所传递的功率往往很小。在设计时，应着重考虑使主传动链具有较高的机械效率，而对于传递功率很小的辅助运动链，其机械效率的高低可放在次要地位，而着眼于其他方面的要求（如简化机构、减小外廓尺寸等）。



**5. 合理安排传动机构的顺序**

一般说来，机构应按如下顺序排列：转变运动形式的机构（如凸轮机构、连杆机构、螺旋机构等）通常总是安排在运动链的末端，与执行构件靠近；而带传动等靠摩擦传动的机构一般应安排在运动链的起始端。因为在传递同样转矩的条件下，与其他传动比较，其外廓尺寸要大得多。在转速较高的运动链的起始端，所传递的转矩较小，可以减小其外廓尺寸。这样安排，使原动机的布置也较自由。同理，由于大尺寸的锥齿轮制造比较困难，为了减小其尺寸，通常也将其安排在转速较高的地方。

以上所述只是一些一般原则，具体安排时，还应考虑机械的总体布置及其具体结构，合理安排，以期达到系统更优化的目的。

**6. 合理分配传动比**

运动链的总传动比应合理地分配给各级传动机构，具体分配时应注意以下几点：

1）每一级传动的传动比应在其常用的范围内选取。如一级传动的传动比过大，则对机构的性能和尺寸都是不利的，所以当齿轮传动的传动比大于8~10时，一般应设计成两级传动；当传动比在30以上时，常设计成两级以上的齿轮传动。但是，对于带传动来说，由于外廓尺寸较大，故如无特殊需要时，很少采用多级传动。

2）当运动链为减速传动时（因电动机的速度一般较执行构件的速度高，故通常都是减速传动），按照“前小后大”的原则分配传动比一般较为有利。如设 $i_1$，$i_2$，…，$i_k$ 依次表示各级传动比，则宜取 $i_1<i_2<\cdots<i_k$，且相邻两级传动比的差值不要太大。运动链这样的逐级减速，可使各级中间轴有较高的转速及较小的转矩，使轴及轴上零件有较小的尺寸，从而使机构较为紧凑。

**7. 保证机械的安全运转**

设计机械传动系统时，必须十分注意机械的安全运转问题，防止发生损坏机械或出现人身事故的可能性。例如起重机械的起吊部分，必须防止其在荷重的作用下自动倒转，为此在传动链中应设置具有自锁能力的机构或装设制动器；又如为防止机械因过载而损坏，可采用具有过载打滑功能的摩擦传动机构或装设安全联轴器等。

**8. 要慎用虚约束**

在机械设计中应尽量避免有虚约束的机构，否则会增加加工量和导致装配困难。如果尺寸不当，还会引起杆件的内力甚至卡死现象。而在行星轮系等某些机构中，为了改善受力特性、缩小传动机构体积和减轻机构质量，往往采用多个行星轮等虚约束构件，但必须在结构上合理改进或增添辅助装置（如均衡装置）等。有时，为了克服止点位置或增加轴或机构的刚性和稳定性，也需设计必要的虚约束。

**9. 保证机械具有良好的动力特性**

对高速机构往往要求能平衡惯性力，使动载荷最小，并使构件和机构达到最佳的平衡；采用最大传动角和最大增力系数的机构均可减小原动机轴上的力矩，从而减小原动机的功率、机构尺寸和质量。

## 三、机构系统方案设计举例



机构系统的方案设计是一项创造性的工作，没有成规可循。下面以牛头刨床（图12-1）为例，说明机构系统方案设计的一般思路和方法。

**1. 选定机械的工作原理，确定执行构件所要完成的运动**

牛头刨床的生产任务是加工长度较大的平面或成形表面。其工作原理是用刨刀作往复纵向移动来刨削工件表面，同时工作台则作间歇的横向进给运动，即刨削时工作台静止不动，而不刨削时工作台作横向进给。其工艺要求是：

1）为了提高加工表面的质量，刨削时刨刀应为匀速或近似匀速运动，同时工作台每次横向进给的量也应相同。

2）为了提高生产率，刨头空回行程的时间应比工作行程的时间短，也即空回行程时刨头的移动速度应大于工作行程时的移动速度。

3）当将工件的表面刨掉一层之后，调整刨刀下移一个背吃刀量，同时又能方便地调整进给机构，使工作台作反向的间歇进给，以便继续刨削工件的另一层表面，然后再同前调整刨刀和进给机构，使工作台又作正向的间歇进给。如此重复循环工作，直至工件高度达到要求为止。

这样，牛头刨床的刨刀和工作台就是机械的两个执行构件。

**2. 选定原动机**

按照以上所拟订的工作原理，应选电动机作为原动机。该机床的两个执行构件在时间和运动上有严格协调配合的要求，故两运动链用同一原动机驱动。根据对机床的工作要求，确定原动机的类型为交流异步感应电动机。

**3. 选择机构类型，拟订传动方案**

（1）切削运动链的方案设计　可能被选为实现刨头往复移动的机构有：

1）螺旋机构。其中螺杆为原动件，而固连在刨头上的螺母为从动件。这种机构的优点是面接触，受力好，刨头工作行程为匀速移动等。其缺点是必须另有换向和变速机构，才能使螺杆反转和变速，从而使刨头能作高速回程移动，此外，行程的开始和终了时有冲击，其安装和润滑也较难，故不是最佳的刨头运动机构。

2）直动从动件凸轮机构。这种机构很容易满足急回运动和工作行程为匀速移动的要求，但是当刨头的行程（亦即凸轮机构从动件的行程）较大时，为了保证其压力角不超过许用的压力角，则凸轮的基圆半径也较大，致使凸轮和整个机床的纵向尺寸都很大；又高副受力较差、易磨损，且比较难平衡和制造，所以这种机构不适用于牛头刨床。

3）齿轮齿条机构或蜗杆蜗齿条机构。这种机构的优点是工作行程为匀速移动。其主要缺点是行程的两端有冲击，而且必须有换向变速机构才能得到高速的回程移动。因此，它适用于大行程的龙门刨床而非最佳的牛头刨床的刨头运动机构。

4）曲柄滑块机构。这种低副机构的优点是受力好，磨损少，易制造、安装和维修，工作可靠以及连接处是几何封闭，不必另设反向机构。其缺点是工作行程不是匀速或近似匀速移动；又若是对心的曲柄滑块机构，则没有急回运动特性；此外，若行程较大，则该机构沿滑块移动方向所占的范围也很大。因此，它不宜作为刨头运动机构。

5）转动导杆机构和曲柄滑块机构串联而成的组合机构。如图12-19a所示，这种六杆低副机构具有受力好、运动副几何封闭、无需反向机构、工作可靠以及有急回特性和工作行程中刨头为近似匀速运动等优点。其缺点是因为刨头的行程 $H$ 较大，则转动导杆长度（$H/2$）亦较大，致使牛头刨床沿刨头移动方向的尺寸太大；另外，导杆的转动轴 $A$ 位于曲柄销 $C$ 运动的圆周之内，故轴 $A$ 为悬臂梁，受力条件差，因此也不是最佳的刨头运动机构。

6）摆动导杆机构和摆杆滑块机构串联而成的组合机构。如图12-19b所示，这种机构的优点与图12-19a所示机构相同，可是它却没有后者的缺点。它沿刨头移动方向的尺寸小得多，且导杆的转动轴 $C$ 位于曲柄销 $A$ 运动的圆周之外，故轴 $C$ 不是悬臂梁，受力条件好。图中曲线 $v_p = v_p(s_F)$ 和 $v_d = v_d(s_F)$ 分别为工作行程和空回行程中刨头移动速度随其位移而变化的曲线。该两曲线表明，$v_p < v_d$，且工作行程中间部分的速度变化较小，即接近匀速。综合以上分析可知，比较起来，这种机构最宜选为刨头运动机构。

最后必须指出，第2）、3）、5）三种机构也还是可以作为刨头运动机构的，不过很少见。

（2）进给运动链的方案设计　牛头刨床工作台的进给机构可这样来选择：为了刨削工件时工作台静止不动，而不刨削工件时工作台作等量进给运动，必须首先选择一个能够等量送进的工作台，再固定工作台的机构。若仅仅为了能够等量直线送进，则螺旋机构、蜗杆蜗齿条机构以及一般的齿轮齿条机构都能做到。但是前两种机构可具有自锁特性，故不进给时工作台会自动固定不动；而后一种机构没有自锁特性，非另有定位机构不可，这是其缺点。因螺旋机构比较简单和易于制造，所以应当优先选用。其次，因为①刨削和进给是间歇进行的；②进给量应当可以调整；③刨掉工件的一层表面之后应能方便地改变工作台送进的方向，所以又必须选用一个能够满足上述三点要求的间歇运动机构。槽轮机构、不完全齿轮机构和凸轮式间歇运动机构的从动件转角不易改变，故均不宜采用，采用一个曲柄长度可变的曲柄摇杆机构和一个双向式棘轮机构串联起来，便能很好地满足上述三点要求。

最后，因为在一个工作循环中，刨头运动机构的曲柄轴和工作台送进机构的曲柄轴都回转一周，所以这两根轴之间还应当用一对大小相同的齿轮把它们连接起来，这样就初步完成了牛头刨床的机构系统的方案设计。

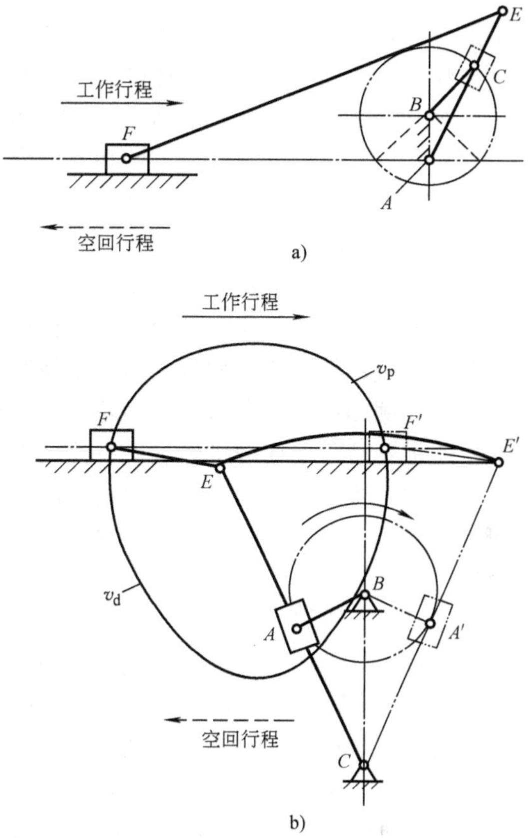


图 12-19　两种导杆—滑块机构组合
a）转动导杆机构-曲柄滑块机构串联组合
b）摆动导杆机构-摆杆滑块机构串联组合



# 第五节　机构系统的协调设计

## 一、机构系统的协调设计

当根据机械的工艺要求选定了各执行机构的形式和驱动方式后，还必须使这些机构以一定的次序协调动作，统一于整个机械，以完成预定的生产过程，这就是机构系统的协调设计。

在一些机械中，其各执行构件的运动之间必须保证严格的协调配合，才能实现机械的职能。根据协调配合性质的不同，又可以分为如下三种情况：

（1）各执行构件间运动速度的协调　有些机械要求其各执行构件运动之间必须保持严格的速比关系。例如，按展成法加工齿轮时，刀具和轮坯的展成运动必须保持某一恒定的传动比；在车床上车制螺纹时，主轴的转速和刀架的进给速度也必须保持严格的恒定速比关系，否则就不能达到预期的加工目的。这时，为了保证各执行构件的速比关系，各有关运动链通常要用一台原动机来驱动。设计这类传动系统时，在确定了执行构件和原动机的运动参数以后，还需根据运动速度协调的要求进行必要的计算。

（2）各执行构件动作的协调配合　有些机械要求各执行构件在运动时间的先后上和运动位置的安排上必须准确而协调的相互配合。例如在牛头刨床中，刨头和工作台的动作就必须协调配合。工作台的进给运动应在非切削时间内进行，其余时间则应静止不动。这时，不但动作的先后次序要协调，而且每一个动作持续时间的长短也必须协调。

（3）各机构空间位置的协调配合　在进行机构系统设计时，还应注意活动构件之间在空间上不要互相干涉，这就要求合理设计执行构件的时序和计算最小空间位置。

也有些机械，其各执行构件的运动是彼此独立的，因此在设计时可不考虑其运动的协调配合问题。例如在外圆磨床中，砂轮和工件都作连续回转运动，同时工件作纵向往复移动，砂轮架带着砂轮作横向进给运动。这几个运动相互独立，既不需要保持严格的速比关系，也不存在各执行构件在动作上严格的协调配合问题。在这种情况下，为了简化运动链，可分别为每一种运动设计一个独立的运动链，由单独的原动机驱动。

## 二、机械的运动循环图

如上所述，某些机械的各执行构件之间在动作上必须协调配合。如果协调配合关系遭到破坏，机械不仅不能完成预期的工作任务，甚至还会损坏机械设备。大多数机构系统中的各机构的运动具有周期性。执行构件经过一定时间的间隔后，其位移、速度等运动参数周期重复，即完成一个运动循环。在每一循环内，一般又可分为工作行程和空行程。为了保证机械在工作时其各执行构件间动作的协调配合关系，在设计机械时应编制出用以表明在机械的一个工作循环中其各执行构件运动配合关系的所谓**运动循环图**。在图中应表示出各执行构件在机构系统一个运动循环的各个阶段的相对位置以及它们的动作在时间方面的协调关系。

运动循环图可以作成直角坐标系的**直线循环图**或极坐标系的**圆循环图**，并选择一个有代表性的构件作为定标件，用它的运动来表示机构系统工作循环的周期，用它的运动位置（转角或时间或位移）作为确定其他执行构件运动先后次序的基准。一般是起主导作用的轴转 1r，机构系统便完成一个工作循环。在直线循环图中，横坐标代表机构系统完成一个工作循环的时间及其各阶段、各特征位置的时间或轴的转角；纵坐标则说明机构系统中各机构执行构件及其动作的状况。在极坐标系的圆循环图中，以起主导作用的轴的转角为极角作出，在同心圆环（或圆弧）中标明各执行构件及其动作状况。例如，牛头刨床的曲柄转 1r 完成一个工作循环，其间各执行构件的动作状况可用图 12-20a 所示的直线循环图表示，也可用图 12-20b 所示的圆循环图表示。在两种运动循环图上，均可看出各执行构件的工作行程、空回行程和停歇所对应的时间以及这些动作开始和终止对应的瞬时，明确地反映出各执行构件动作的协调关系。

现以卧式多工位冷镦机为例，简要说明运动循环图的编制过程。

卧式冷镦机用以冷镦带孔螺母坯，由进料、截料、整形、压角和冲孔等工序组成。其中整形、压角和冲孔三道工序动作总称为冷镦。为完成上述工艺过程，选用以下机构（图 12-21）。

（1）进料机构　工艺上要求在冲头空行程的某一时间间隔内进料，其余时间停歇。

12

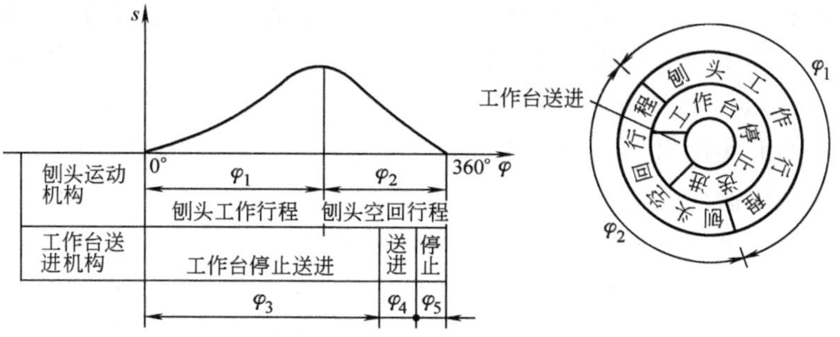


a)　　　　b)

图 12-20　运动循环图

a）直线循环图　b）圆循环图

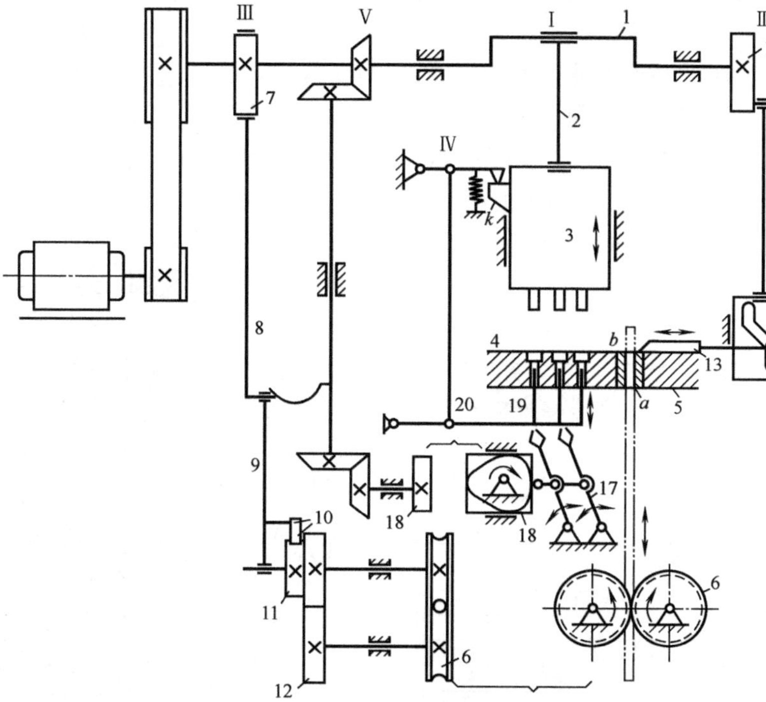


图 12-21　卧式冷镦机

1—曲轴　2—连杆　3—冲头　4—阴模　5—机架　6—辊轮　7—曲柄（偏心轮）　8—连杆　9—摇杆　10—棘爪　11—棘轮　12—齿轮　13—断料刀　14—圆柱凸轮　15—连杆　16—曲柄（圆盘）　17—钳架　18—等宽凸轮　19—摇杆（顶杆）　20—连杆

为此，采用曲柄摇杆机构（由构件 7、8、9 和机架组成）、棘轮机构（由构件 9、10、11 和机架组成）及齿轮机构串联组成的机构系统Ⅲ。将曲轴 1 的连续转动变换成辊轮 6 的单向间歇转动，利用摩擦力将盘料校直并送入切料口 $b$。

（2）断料机构　当盘料送到切料口 $b$ 后，必须用断料刀断料后送到整形工位。现采用曲柄滑块机构与直动从动件移动凸轮机构串联组成的机构系统Ⅱ控制断料刀 13，使其以预定规律左右移动。当冲头 3 向前移动的同时，断料刀 13 左移，并领先于冲头将截好的料送至整形工位，然后停歇，待冲头开始接触工件时，断料刀开始后退并停歇。

（3）冷镦机构 整形、压角和冲孔三道工序的冷镦动作，系采用曲柄滑块机构来完成。如图中所示机构Ⅰ，电动机通过带传动带动曲轴（主轴）1转动，借助连杆2使滑块（即冲头）3往复移动；由于在机架5上固定有整形、压角和冲孔三道工序的阴模4，因而当固结于滑块的冲头冷镦一次时，即可同时完成三道工序。但进行下一运动循环时，必须在工序间有传送冷镦件的运料机构。

（4）顶料机构 当冲头冷镦一次后，为将阴模中的坯料顶出或顶至钳口内，可采用铰链四杆机构，如图中所示的机构Ⅳ。铰链四杆机构的主动构件，可由冲头滑块上的凸块当冲头回程移动时带动。当顶杆完成顶料运动时，钳架恰好停在顶料的出口处。

（5）运料机构 为了将整形后的坯料送至压角工位，将压角后的坯料送至冲孔工位，采用了两对锥齿轮和等宽凸轮18来推动钳架17间歇带动坯料进入下一工位（如图12-21中所示机构Ⅴ）。在工艺上要求钳架先于冲头带着工件摆至预定工位，然后停歇，以待冲头冷镦；当冲头后退时，钳架摆回到上一工位停歇，待运料机构将坯料送入钳架的钳口后，又继续重复上述动作。

根据上述各工序的动作要求及各动作之间的配合关系，并选择冲头往复一次（即曲柄转动一周）为一个循环，绘制出卧式多工位冷镦机的直线运动循环图或圆运动循环图（图12-22a、b）。值得指出的是，实际的循环图中还应标出各特征位置所对应的主导构件（如曲柄）所转过的角速度或所经历的时间。

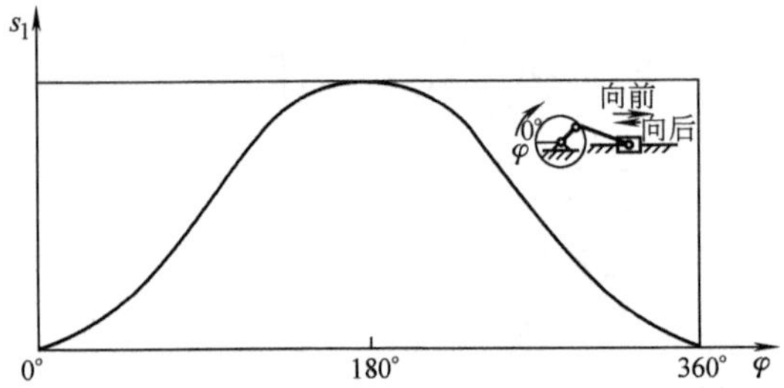


| 机构 | 执行件 | 工艺动作 | | | | |
|---|---|---|---|---|---|---|
| Ⅰ | 冲头 | 向前 | | 向后 | | |
| Ⅱ | 断料刀 | 切刀向 | 切刀前 | 切刀后 | 切刀后 | 切刀向 |
| Ⅲ | 辊轮 | 停 | | | 送料 | 停 |
| Ⅳ | 顶杆 | 后停 | | | | 前顶 |
| Ⅴ | 钳架 | 停 | 摆动 | 停 | 摆动 | 停 |

a)

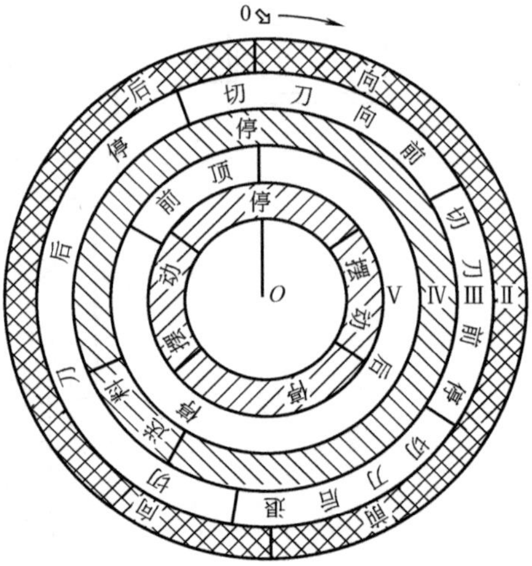


b)

图12-22 运动循环图
a）直线循环图 b）圆循环图

拓展学习视频

歼击机

# 习　　题

12-1　图 12-14 所示为平板印刷机中用以完成送纸运动的机构。当固结在一起的双凸轮 1 转动时，通过连杆机构使固接在连杆 2 上的吸嘴 $P$ 沿轨迹 $mm$ 运动，完成将纸吸起和送进等动作，试确定此机构系统的组合方式，并画出方框图。

12-2　图 12-23 所示两种机构系统均能实现棘轮的间歇运动，试分析此两种机构系统的组合方式，并画出方框图。若要求棘轮的输出运动有较长的停歇时间，试问采用哪一种机构系统方案比较好？

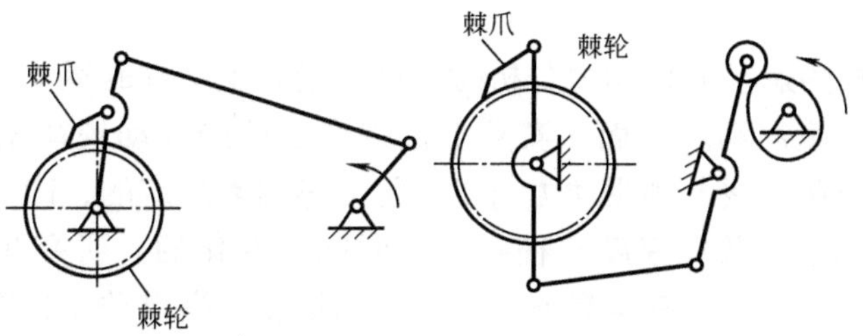


图 12-23　题 12-2 图

12-3　如图 12-24a 所示，主动件 $H$ 与从动件 1 共轴线的齿轮凸轮组合机构，从动轮 1 的运动线图如图 12-25b 所示。设 $l_{OA}=210\text{mm}$，$l_{AB}=140\text{mm}$；当 $\varphi=0$ 时，$AB$ 与 $OA$ 的起始角 $\beta_0=90°$；齿轮的齿数比 $z_2/z_1=2$。试设计一轴心在 $O$ 的固定凸轮（$B$ 为凸轮从动件的尖顶）。

12-4　主动件 $n=100\text{r/mm}$ 且等速转动；从动件作往复移动，其行程 $H=100\text{mm}$。要求其工作行程近似等速，行程速比系数 $k=1.4$。试列出可能实现这一移动的两个方案。

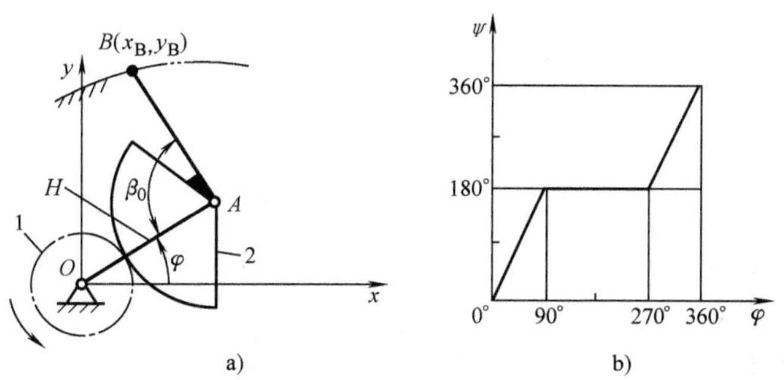


图 12-24　题 12-3 图

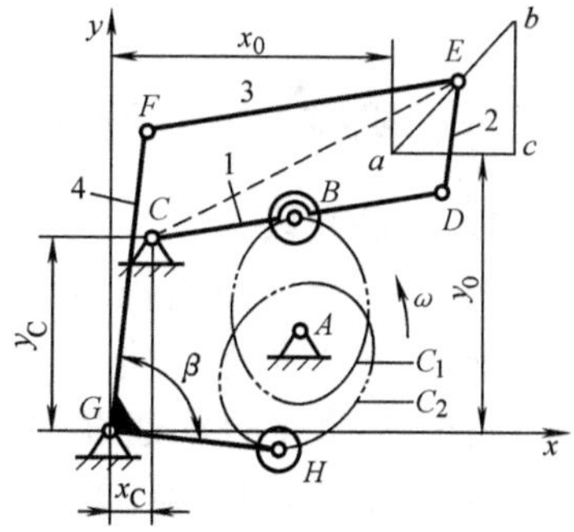


图 12-25　题 12-5 图

12-5　如图 12-25 所示，试设计一凸轮连杆机构，使其上点 $E$ 沿轨迹 $abca$ 运动，$bc\perp ac$，且 $ac$ 为水平，点 $E$ 沿 $ab$ 作等速运动，$ab$、$bc$、$ca$ 各对应于双联凸轮 $C_1$、$C_2$ 的 1/3 周。$ac=bc=30\text{mm}$，$x_0=80\text{mm}$，$y_0=75\text{mm}$，$x_c=5\text{mm}$，$y_c=60\text{mm}$，$l_1=90\text{mm}$，$l_{BC}=45\text{mm}$，$l_2=30\text{mm}$，$l_3=95\text{mm}$，$l_4=90\text{mm}$，$l_{GH}=50\text{mm}$，$\beta=90°$，试确定凸轮 $C_1$、$C_2$ 的理论廓线坐标值。

# 第十三章　机械运转及调速

## 第一节　概　　述

前面在研究机构的运动分析和力分析时，都假定其主动件的运动规律是已知的，而且一般假设主动件作等速运动。然而，实际上机构主动件的运动规律是由机构各构件的质量、转动惯量和作用在机械上的驱动力与工作阻力等因素决定的，因而在一般情况下，主动件的运动参数（如速度及加速度）往往是随时间而变化的。研究在外力作用下机械的运动规律，对于设计机械，尤其是高速、重载、高精度、高自动化程度的机械，是十分重要的。

此外，机械在运转过程中出现的速度波动，会导致在运动副中产生附加的动压力，并引起机械的振动，从而降低机械的寿命、效率和工作质量。所以也需要对机械运转速度的波动及其调节方法进行研究。

上面提出的两方面问题，概括了本章研究的主要内容及目的。

为了研究机械在运转过程中出现的上述问题，下面将首先介绍机械在其运转过程中的各阶段（即起动、稳定运转和停车三个阶段）的运动状态，以及作用在机械上的驱动力和生产阻力的特性。

### 一、机械运转过程的三个阶段

**1. 起动阶段**

图 13-1 所示为机械主动件的角速度 $\omega$ 随时间 $t$ 变化的曲线。在起动阶段，机械主动件的角速度由零逐渐上升，直至达到正常运转的平均角速度 $\omega_m$ 为止。在这一阶段，由于机械所受的驱动力所作的驱动功 $W_d$ 大于为克服阻抗力所消耗的阻抗功 $W_r$，所以机械内积蓄了动能 $E_k$。根据动能定理，在起动阶段的功能关系可以表示为

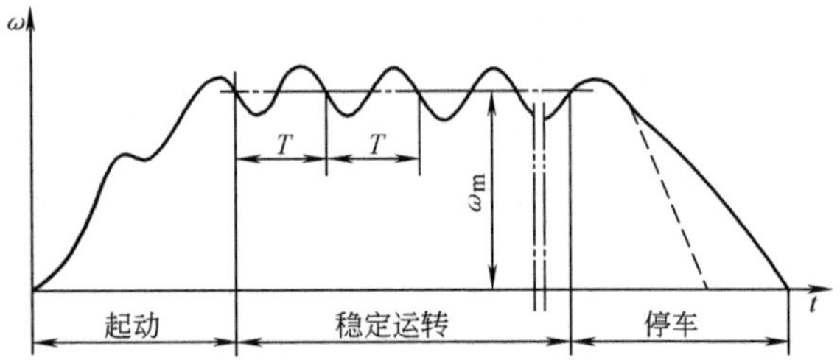

图 13-1　机械运转过程中的角速度变化曲线

$$W_d = W_r + E_k \tag{13-1}$$

**2. 稳定运转阶段**

继起动阶段以后，机械进入稳定运转阶段。在这一阶段中，机械主动件的平均角速度 $\omega_m$ 保持稳定，即为一常数。但是在通常情况下，在稳定运转阶段，机械主动件的角速度会出现不大的周期性波动，即在一个周期 $T$ 内的各个瞬时，机械主动件的角速度 $\omega$ 与平均角速度 $\omega_m$ 比较，略有升降，但在一个周期 $T$ 的始末，其角速度 $\omega$ 是相等的，因而机械

具有的动能也是相等的。所以就一个周期（机械主动件角速度变化的一个周期又称为机械的一个运动循环）而言，机械的总驱动功与总阻抗功是相等的，即

$$W_d = W_r \tag{13-2}$$

上述这种稳定运转称为周期变速稳定运转，如活塞式发动机与压缩机等机械的运转情况即属此类；另外一些机械，如鼓风机、提升机等，其主动件的角速度 $\omega$ 在稳定运转过程中恒定不变，则称为等速稳定运转。

**3. 停车阶段**

在机械停止运转的过程中，一般均已撤去驱动力，即驱动功 $W_d=0$。当阻抗功逐渐将机械具有的动能消耗完了时，机械便停止运转。这一阶段的功能关系可用下式表示

$$E_k = W_r \tag{13-3}$$

由于在一般情况下，在停车阶段机械上的工作阻力已不再存在，而为了缩短停车所需的时间以加速停车，在某些机械上可以安装制动装置。所以此时阻抗功 $W_r$ 主要是制动力所做的功，再就是机械中的摩擦力所消耗的功。图 13-1 所示的虚线表示机械在安装制动器后，停车阶段主动件的角速度随时间 $t$ 的变化关系。

起动阶段与停车阶段统称为过渡阶段。多数机械是在稳定运转阶段进行工作的，但需频繁起动与制动的起重机等类型的机械，其工作过程却有相当一部分是在过渡阶段进行的。

## 二、作用在机械上的驱动力和生产阻力

在研究上述问题时，必须知道作用在机械上的力及其变化规律。当机械构件的重力以及运动副中的摩擦力等可以忽略不计时，则作用在机械上的力将只有机械的原动机发出的驱动力和执行构件所承受的生产阻力。

根据原动机特性的不同，它们发出的驱动力可以是不同运动参数的函数。如蒸汽机、内燃机等原动机发出的驱动力，是活塞位置的函数；机器中应用最广泛的电动机发出的驱动力矩，是转子角速度 $\omega$ 的函数等。原动机发出的驱动力与某些运动参数之间的函数关系，称为原动机的力学特性。图 13-2、图 13-3、图 13-4 分别为并励直流电动机、串励直流电动机和交流异步电动机的力学特性曲线。

当用解析法研究机械在外力作用下的运动时，原动机发出的驱动力必须以解析式表

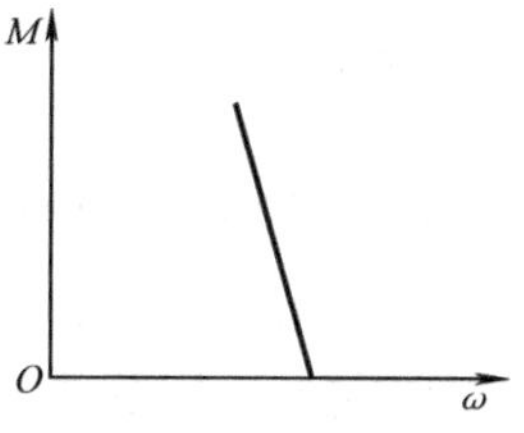


图 13-2 并励直流电动机的力学曲线

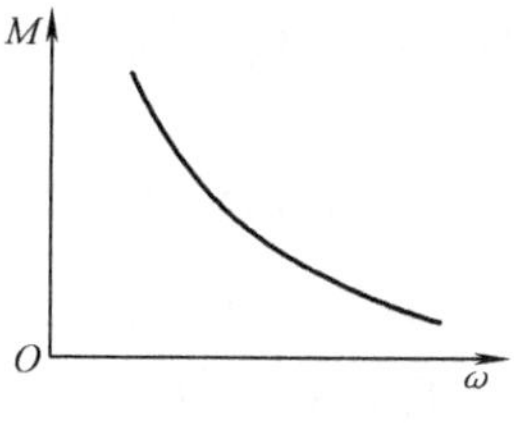


图 13-3 串励直流电动机的力学曲线

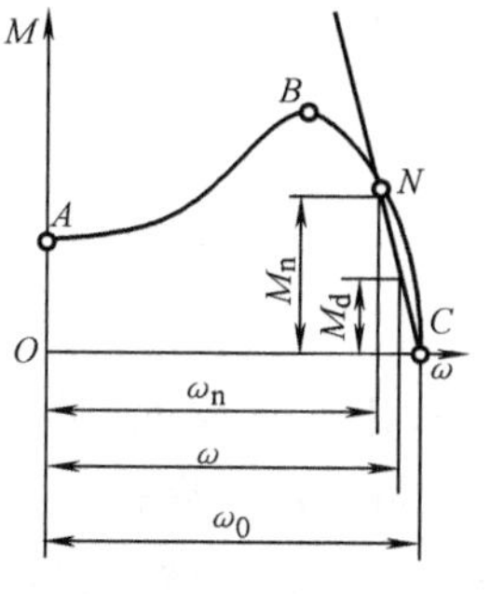


图 13-4 交流异步电动机的力学曲线

13

示。为此，可以将原动机力学特性曲线的有关部分，近似地以简单的代数多项式表示出来，例如可以用直线或抛物线方程来表示。如图 13-4 所示，交流异步电动机力学特性曲线的 $BC$ 部分就可以近似地以通过点 $N$ 和点 $C$ 的直线代替。点 $N$ 的转矩 $M_n$ 为电动机的额定转矩，它所对应的角速度 $\omega_n$ 为电动机的额定角速度。点 $C$ 对应的角速度 $W_0$ 为同步角速度，这时电动机的转矩为零。当力学特性曲线的 $BC$ 部分用过点 $C$、$N$ 的直线近似代替时，则直线上任意一点所确定的驱动力矩 $M_d$ 可由式（13-4）表出，即

$$M_d = \frac{M_n}{\omega_0 - \omega_n}(\omega_0 - \omega) \tag{13-4}$$

式中，$M_n$、$\omega_n$、$\omega_0$ 可以由电动机产品目录中查出。

式（13-4）适用于电动机在额定角速度附近及高于额定角速度下运转的机器。如果电动机经常在小于额定角速度的 $NB$ 段工作时，用式（13-4）计算电动机的驱动力矩 $M_d$ 将产生较大误差，此时可用过 $C$、$N$、$B$ 三点的二次多项式来表示该力学特性曲线

$$M_d = a + b\omega + c\omega^2 \tag{13-5}$$

式中

$$\begin{cases} c = [M_L(\omega_L - \omega_n) - (M_L - M_n)(\omega_L - \omega_0)]/[(\omega_L^2 - \omega_0^2)(\omega_L - \omega_n) - (\omega_L^2 - \omega_n^2)(\omega_L - \omega_0)] \\ b = [M_L - c(\omega_L^2 - \omega_0^2)]/(\omega_L - \omega_0) \\ a = -c\omega_0^2 - b\omega_0 \end{cases} \tag{13-6}$$

式中，$M_L$、$\omega_L$ 为点 $B$ 处的力矩与角速度值，$M_L$ 称为极限力矩；$\omega_L$ 称为极限角速度。其值按式（13-7）计算

$$\begin{cases} M_L = \lambda M_n \\ \omega_L = \omega_0 - (\omega_0 - \omega_n)(\lambda + \sqrt{\lambda^2 - 1}) \end{cases} \tag{13-7}$$

式中，$\lambda$ 为电动机的过载系数，其值在电动机产品目录中可以查到。

至于机械执行构件所承受的生产阻力的变化规律，则取决于机械工艺过程的特点。有些机械在生产过程中，生产阻力可以认为是常数（如车床）；而另一些机械的生产阻力是执行构件位置的函数（如曲柄压力机）；还有一些机械的生产阻力是执行构件速度的函数（如鼓风机、搅拌机等）；也有极少数机械，其生产阻力是时间的函数（如球磨机）。

驱动力和生产阻力的确定涉及许多专门知识，已不属于本课程的范围。本章讨论机械在外力作用下的运动问题时，认为外力是已知的。

13

## 第二节　机器运动的等效量及其动力学模型

机械中的各构件（其质量为 $m_i$，对质心的转动惯量为 $J_{si}$）在其上外力 $F_i$ 和外力矩 $M_i$ 作用下而运动。在研究外力作用下各构件的运动时，要列出包括 $m_i$、$J_{si}$、$F_i$、$M_i$ 在内的机械运动方程式，并求解各构件的运动参数是很繁琐的。为方便研究，使用等效构件、等效力（或等效力矩）、等效质量（或等效转动惯量）这些概念，使得在等效力 $F$（或力矩 $M$）、等效质量 $m$（或等效转动惯量 $J$）作用下的等效构件的运动，与在真实力和力矩作用下的机械的运动等效。研究等效构件的运动将比研究整个机械的运动大为简化，此即

提出等效量概念的目的。等效构件的等效质量（转动惯量）、等效力（力矩）统称为等效量。为简便起见，通常只选取该机械中作直线移动或定轴转动的构件作为等效构件。作用在直线移动构件上的力为等效力，作用在等效构件上的质量为等效质量。作用在定轴转动的构件上的等效量为等效力矩和等效转动惯量。

## 一、等效力和等效力矩

如图 13-5a 所示，取定轴转动的构件 $AB$ 为等效构件，其上等效量为等效力矩 $M$ 和绕点 $A$ 的等效转动惯量 $J$。等效构件的角速度为 $\omega$，角位移为 $\varphi$。设该机械中各构件的角速度为 $\omega_i$，外力矩为 $M_i$，外力为 $F_i$ 及该力作用点处的速度为 $v_i$，力 $F_i$ 与速度 $v_i$ 间的夹角为 $\alpha_i$，各构件质量为 $m_i$，质心为 $S_i$，对质心 $S_i$ 的转动惯量为 $J_{si}$。根据等效力矩 $M$ 在某瞬时的功率与作用在该机械 $n$ 个构件上的外力 $F_i$，外力矩 $M_i$ 在同一瞬时的功率总和相等来计算等效力矩，即

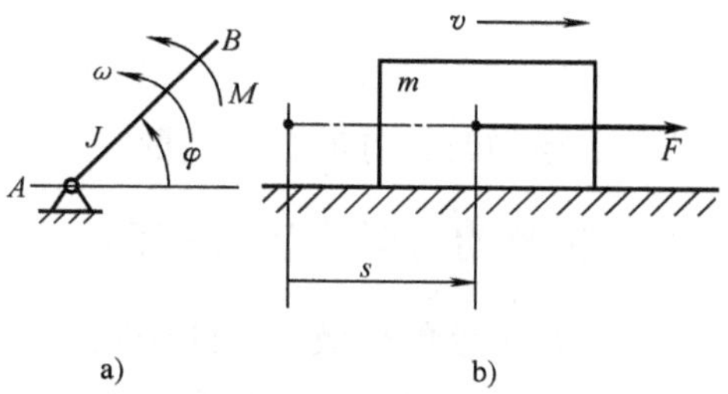


图 13-5　等效构件

a）定轴转动的等效构件　b）直线移动的等效构件

$$M\omega = \sum_{i=1}^{n} M_i\omega_i + \sum_{i=1}^{n} F_i v_i \cos\alpha_i$$

则

$$M = \sum_{i=1}^{n} M_i(\omega_i/\omega) + \sum_{i=1}^{n} F_i \cos\alpha_i (v_i/\omega) \qquad (13\text{-}8)$$

当图 13-5b 所示移动构件为等效构件时，按上述方法可求到等效力 $F$

$$F = \sum_{i=1}^{n} M_i(\omega_i/v) + \sum_{i=1}^{n} F_i \cos\alpha_i (v_i/v) \qquad (13\text{-}9)$$

由于上述等效力（矩）是根据功率相等的原理求解的，故等效力（矩），又称等功力（矩）。

## 二、等效质量和等效转动惯量

由于机械在运转时，各构件具有动能，因此在求解等效质量（转动惯量）时，应根据动能相等的原理求解。即等效构件所具有的动能与机械中 $n$ 个构件具有的动能之和相等。

若取图 13-5a 中的转动构件为等效构件时，有

$$\frac{1}{2}J\omega^2 = \frac{1}{2}\left(\sum_{i=1}^{n} J_i\omega_i^2 + \sum_{i=1}^{n} m_i v_i^2\right)$$

即

$$J = \sum_{i=1}^{n} J_i(\omega_i/\omega)^2 + \sum_{i=1}^{n} m_i(v_i/\omega)^2 \qquad (13\text{-}10)$$

若取图 13-5b 中的移动构件为等效构件时，得等效质量

$$m = \sum_{i=1}^{n} J_i(\omega_i/v)^2 + \sum_{i=1}^{n} m_i(v_i/v)^2 \qquad (13\text{-}11)$$

由于等效质量（转动惯量）是根据动能相等的原理求解的，故等效质量（转动惯量）

又称等能质量（转动惯量）。

**必须强调指出：**

1）等效力或等效力矩是一个假想的力或力矩，它并不是被代替的已知力和力矩的合力或合力矩。

2）等效质量或等效转动惯量也是一个假想的质量或转动惯量，它并不是机构中所有运动构件的质量或转动惯量的总和。所以，在力的分析中便不能用它来确定机构总惯性力或总惯性力偶矩。

3）等效量只与构件角速度（速度）的相对值有关。因此，在一般情况下，未知机械系统的真实运动时，可求出等效量。

## 三、等效动力学模型及实例

对一个自由度的机械系统的研究可以简化成对某等效构件的研究。等效构件是该机械中人为选择的某一构件，其具有的动能与机械系统的动能相等，其上等效力（力矩）的功率与机械系统所有外力（力矩）的功率和相等。该等效构件即该单自由度机械系统的等效动力学模型（图 13-5）。

**例 13-1** 在图 13-6 所示的行星轮系中，已知各轮的齿数为 $z_1=z_2=20$，$z_3=60$；各构件的重心均在其相对回转轴线上，它们的转动惯量为 $J_1=J_2=0.01\text{kg}\cdot\text{m}^2$，$J_H=0.16\ \text{kg}\cdot\text{m}^2$，行星轮 2 的重力为 $G_2=20\text{N}$，模数 $m=10\text{mm}$，重力加速度 $g\approx10\text{m/s}^2$，作用在行星架上的力矩 $M_H=40\text{N}\cdot\text{m}$。试建立以轮 1 为等效构件时的等效动力学模型。

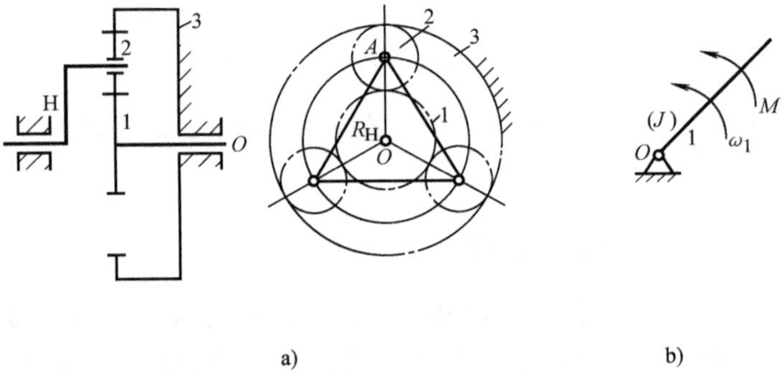


图 13-6 行星轮系的等效动力学模型
a）行星轮系 b）等效动力学模型



**解** 1）求等效转动惯量 $J$。根据动能相等的条件可得

$$\frac{1}{2}J\omega_1^2=\frac{1}{2}J_1\omega_1^2+\frac{1}{2}J_H\omega_H^2+3\left(\frac{1}{2}J_2\omega_2^2+\frac{1}{2}m_2v_A^2\right)$$

故有

$$J=J_1+J_H\left(\frac{\omega_H}{\omega_1}\right)^2+3\left[J_2\left(\frac{\omega_2}{\omega_1}\right)^2+m_2\left(\frac{v_A}{\omega_1}\right)^2\right]$$

式中，$\omega_1$ 是齿轮 1 的角速度；$\omega_H$ 是行星架的角速度；$v_A$ 是行星轮质心 $A$ 的速度。

因为 $$i_{1H}=\frac{\omega_1}{\omega_H}=1-i_{13}^H=1+\frac{z_3}{z_1}=1+\frac{60}{20}=4$$

或 $$i_{2H}=\frac{\omega_2}{\omega_H}=1-i_{23}^H=1-\frac{z_3}{z_2}=1-\frac{60}{20}=-2$$

故 $$\frac{\omega_2}{\omega_1}=\frac{\omega_H}{\omega_1}\frac{\omega_2}{\omega_H}=\frac{1}{4}\times(-2)=-\frac{1}{2}$$

而 $$\frac{v_A}{\omega_1}=\frac{\omega_H R_H}{\omega_1}=\frac{\omega_H}{\omega_1}\left[\frac{1}{2}m\ (z_1+z_2)\right]=\frac{1}{4}\times\left[\frac{1}{2}\times 0.01\times(20+20)\right]\text{m}=0.05\text{m}$$

又 $$m_2=\frac{G_2}{g}=\frac{20}{10}\text{kg}=2\text{kg}$$

所以 $$J=\left\{0.01+0.16\times\left(\frac{1}{4}\right)^2+3\times\left[0.01\times\left(-\frac{1}{2}\right)^2+2\times(0.05)^2\right]\right\}\text{kg}\cdot\text{m}^2$$
$$=0.0425\text{kg}\cdot\text{m}^2$$

由于各速比为一常数，所以 $J$ 也是常数。

2）求等效力矩 $M$。由等效力矩的定义得

$$M=M_H\frac{\omega_H}{\omega_1}$$

所以 $$M=\frac{1}{4}M_H=40\times\frac{1}{4}\text{N}\cdot\text{m}=10\text{N}\cdot\text{m}$$

3）等效动力学模型如图 13-6b 所示，此时的等效量为

$$J=0.0425\text{kg}\cdot\text{m}^2$$
$$M=10\text{N}\cdot\text{m}$$

**例 13-2** 图 13-7 所示为一正弦机构。已知曲柄长度 $l_1$，其绕 $A$ 的转动惯量为 $J_1$，滑块 2、3 的质量为 $m_2$、$m_3$。作用在滑块 3 上的阻力为其速度的线性函数 $F_3=-Av_3$（$A$ 为常数，单位为 N·s/m），作用在曲柄上的驱动力矩 $M_1$ 为常值，取曲柄为等效构件，求其等效动力学模型。

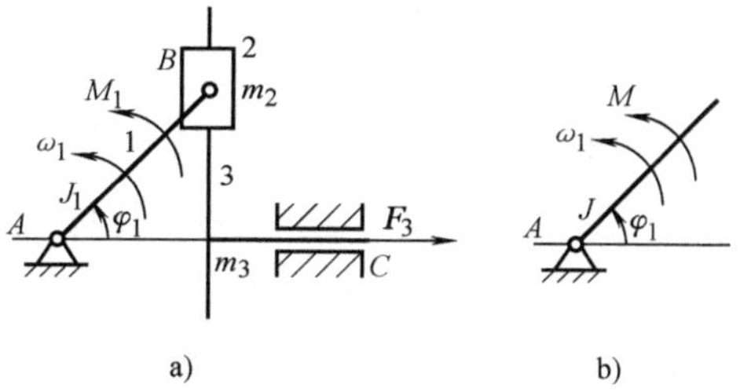


图 13-7 正弦机构
a）机构简图 b）等效动力学模型

**解** 1）求曲柄的等效转动惯量 $J$。根据动能相等，得

$$J=J_1+m_2(v_2/\omega_1)^2+m_3(v_3/\omega_1)^2$$

式中，$v_2=v_B=l_1\omega_1$，$v_3=-l_1\omega_1\sin\varphi_1$

代入上式有 $$J=J_1+m_2l_1^2+m_3l_1^2\sin^2\varphi_1$$

2）求曲柄上的等效力矩 $M$。根据功率相等，得

$$M=M_1+F_3v_3/\omega_1$$

将 $F_3=-Av_3$ 及 $v_3=-l_1\omega_1\sin\varphi_1$ 代入上式，有

$$M=M_1-Al_1^2\omega_1\sin^2\varphi_1$$

3）等效动力学模型。如图 13-7 所示，该正弦机构可用其等效构件 1 的等效动力学模型代替，其上的等效量为

13

等效转动惯量 $J = J_1 + m_2 l_1^2 + m_3 l_1^2 \sin^2\varphi_1$

等效力矩 $M = M_1 - A l_1^2 \omega_1 \sin^2\varphi_1$

在本例中，等效转动惯量 $J$ 的前两项为常量，而第三项则随等效构件的位置参数 $\varphi_1$ 变化，即等效转动惯量是由常量和变量两部分组成的。由于在一般机械中速比为变量的活动构件在其构件总数中占的比例较小，又由于这类构件通常出现在机械系统的低速端，因而其等效转动惯量较小。所以在工程上为了简化计算，有时常将等效转动惯量中的变量部分以其平均值近似代替，甚至完全将其忽略不计。

在等效力矩中包括两项，$M_1$ 为等效驱动力矩，而第 2 项（$-A l_1^2 \omega_1 \sin^2\varphi_1$）是等效阻力矩。为方便起见，有时将等效力矩按等效驱动力矩（用符号 $M_d$ 表示）、等效阻力矩（用符号 $M_r$ 表示）分别计算。

**例 13-3** 图 13-8 所示为一电动卷扬机。设各齿轮 2、3、4、5 的齿数为 $z_2$、$z_3$、$z_4$、$z_5$，其转动惯量为 $J_2$、$J_3$、$J_4$、$J_5$，卷筒的直径为 $D$，转动惯量为 $J_6$，重物的重力为 $G$，电动机的转动惯量为 $J_1$，电动机的驱动力矩是其角速度 $\omega_1$ 的函数 $M_1 = M_1(\omega_1)$。试以电动机为等效构件，建立该卷扬机的等效动力学模型。

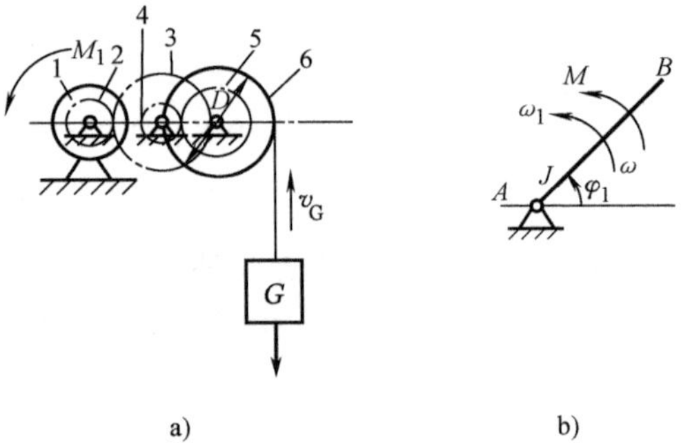


图 13-8 电动卷扬机

a）电动卷扬机受力图 b）等效动力学模型

**解** 1）求等效转动惯量 $J$。根据动能相等有

$$\frac{1}{2}J\omega_1^2 = \frac{1}{2}(J_1 + J_2)\omega_1^2 + \frac{1}{2}(J_3 + J_4)\omega_3^2 + \frac{1}{2}(J_5 + J_6)\omega_5^2 + \frac{1}{2}\frac{G}{g}v_G^2$$

因为

$$\omega_3 = -\omega_1 z_2 / z_3$$

$$\omega_5 = \omega_1 z_2 z_4 / (z_3 z_5)$$

$$v_G = \omega_5 D/2 = D\omega_1 z_2 z_4 / (2 z_3 z_5)$$

所以

$$J = J_1 + J_2 + (J_3 + J_4)\left(\frac{z_2}{z_3}\right)^2 + (J_5 + J_6)\left(\frac{z_2 z_4}{z_3 z_5}\right)^2 + \frac{GD^2}{4g}\left(\frac{z_2 z_4}{z_3 z_5}\right)^2$$

2）等效力矩 $M$。根据功率相等，有

因为

$$M\omega_1 = M_1\omega_1 + G v_G \cos 180°$$

所以

$$M = M_1 - GD z_2 z_4 / (2 z_3 z_5)$$

3）等效动力学模型。如图 13-8b 所示，该等效构件上的等效转动惯量 $J$ 为常值，而等效力矩为等效构件角速度的函数。

13

从以上三例中可以看出，在一般情况下，等效转动惯量 $J$ 是独立广义坐标 $\varphi$ 的函数；又因为机械中的外力可能是时间 $t$、机构位置以及构件速度的函数，所以等效力矩 $M$ 是运动参数 $t$、$\omega$、$\varphi$ 的函数。因此，等效量可写成如下一般函数式

$$\begin{cases} J = J(\varphi) \\ M = M(\varphi, \omega, t) \end{cases} \tag{13-12}$$

## 第三节 机械的运动方程式

如上节所述，不论多么复杂的单自由度机械都可以用其等效动力学模型表示。研究机

械的运动即研究等效构件的运动。设在某 $\mathrm{d}t$ 瞬间内，等效构件的动能增量为 $\mathrm{d}E_k$，则根据动能定理，此动能增量等于在该瞬间等效力（力矩）所作的元功 $\mathrm{d}A$，于是即可列出该等效构件（即该机械）的运动方程的微分表达式

$$\mathrm{d}E_k = \mathrm{d}A \tag{13-13}$$

## 一、能量微分形式的运动方程式

如图 13-5a 所示，与等效构件为定轴转动构件时，式（13-13）可写成

$$\mathrm{d}\left(\frac{1}{2}J\omega^2\right) = M\omega\mathrm{d}t \tag{13-14}$$

如图 13-5b 所示，当等效构件为直线移动时，式（13-13）可写成

$$\mathrm{d}\left(\frac{1}{2}mv^2\right) = Fv\mathrm{d}t \tag{13-15}$$

## 二、能量积分形式的运动方程式

若已知初始条件为：在 $t = t_0$ 时，$\varphi = \varphi_0$（$s = s_0$）及 $J = J_0$（$m = m_0$），则分别对式（13-14）、式（13-15）积分可得到

$$\frac{1}{2}J\omega^2 - \frac{1}{2}J_0\omega_0^2 = \int_{\varphi_0}^{\varphi} M\mathrm{d}\varphi \tag{13-16}$$

$$\frac{1}{2}mv^2 - \frac{1}{2}m_0v_0^2 = \int_{s_0}^{s} F\mathrm{d}s \tag{13-17}$$

## 三、力（力矩）形式的运动方程式

将式（13-14）、式（13-15）进行变换后，又可写成

$$M = \frac{\omega^2}{2}\mathrm{d}J/\mathrm{d}\varphi + J\mathrm{d}\omega/\mathrm{d}t \tag{13-18}$$

$$F = \frac{v^2}{2}\mathrm{d}m/\mathrm{d}s + m\mathrm{d}v/\mathrm{d}t \tag{13-19}$$

当等效质量 $m$（转动惯量 $J$）为常数时，式（13-18）、式（13-19）可写成如下形式

$$M = J\frac{\mathrm{d}\omega}{\mathrm{d}t} \tag{13-20}$$

$$F = m\frac{\mathrm{d}v}{\mathrm{d}t} \tag{13-21}$$

以上三种形式的运动方程式，在实际应用中可根据给定的边界条件进行选用。

13

# 第四节 机械系统的真实运动规律

建立了机械系统的运动方程式，就可以着手解决机械系统动力学的逆问题，即由已知的作用于机械系统上的力的变化规律，确定机械系统的真实运动规律。

由于作用于机械系统上的外力是多种多样的，因而等效力矩可能是位置、速度和时间的函数。求解运动方程所需的原始数据（等效转动惯量、等效力矩等）可以用函数表达

式、曲线或数值表格等不同形式给出。在不同情况下，求解运动方程的方法也应该不同。下面就三种常见情况介绍解析法或数值解法。

应当指出的是，由于机械系统运动方程的复杂性，能用解析法求解的情况并不多见，而常用的是数值解法。

## 一、等效力矩和等效转动惯量是等效构件角位置的函数

用柴油机驱动往复式工作机（如压缩机）时，等效驱动力矩 $M_d$、等效阻力矩 $M_r$ 和等效惯量 $J$，都是等效构件角位置的函数。若给出的等效力矩为 $M_d = M_d(\varphi)$，$M_r = M_r(\varphi)$，等效转动惯量 $J = J(\varphi)$ 时，可直接根据式（13-16）用解析法求解。

由式（13-16）可得

$$\frac{1}{2}J(\varphi)\omega^2 = \frac{1}{2}J_0\omega_0^2 + \int_{\varphi_0}^{\varphi} M_d(\varphi)\,d\varphi - \int_{\varphi_0}^{\varphi} M_r(\varphi)\,d\varphi$$

故

$$\omega = \sqrt{\frac{J_0}{J(\varphi)}\omega_0^2 + \frac{2}{J(\varphi)}\left[\int_{\varphi_0}^{\varphi} M_d(\varphi)\,d\varphi - \int_{\varphi_0}^{\varphi} M_r(\varphi)\,d\varphi\right]} \tag{13-22}$$

或

$$\omega = \sqrt{\frac{J_0}{J(\varphi)}\omega_0^2 + \frac{2}{J(\varphi)}\int_{\varphi_0}^{\varphi} M(\varphi)\,d\varphi} \tag{13-23}$$

在给定初值 $\varphi = \varphi_0$、$\omega = \omega_0$ 时，由式（13-23）可求出 $\varphi$ 角为任何值时的角速度 $\omega$。显然，$\omega$ 是 $\varphi$ 的函数，即 $\omega = \omega(\varphi)$。

如需求得相应的角位移的变化规律 $\varphi = \varphi(t)$，则可再积分一次。因 $\omega = d\varphi/dt$，所以

$$\int_{t_0}^{t} dt = \int_{\varphi_0}^{\varphi} \frac{d\varphi}{\omega(\varphi)}$$

或

$$t = t_0 + \int_{\varphi_0}^{\varphi} \frac{d\varphi}{\omega(\varphi)}$$

将式（13-22）代入上式，积分后得到时间 $t$ 和角位移 $\varphi$ 的函数关系 $t = t(\varphi)$。若需求出 $\omega$ 和时间 $t$ 之间的函数关系式，则可由 $\omega = \omega(\varphi)$ 及 $t = t(\varphi)$ 中消去 $\varphi$ 求得。

## 二、等效转动惯量为常数和等效力矩是速度的函数

用电动机驱动的鼓风机、离心泵以及车床等，均属于这种类型的机械。这类机械的等效驱动力矩和等效阻力矩都是等效构件角速度 $\omega$ 的函数；由于机械系统的速比是常数，故其等效转动惯量也是常数，根据力矩形式的方程式（13-20）来求解是比较方便的。若 $t$、$t_0$ 分别对应于 $\omega_0$、$\omega$ 时的等效构件的时间，则将式（13-20）分离变量后积分可得

13

$$\frac{1}{J}\int_{t_0}^{t} dt = \int_{\omega_0}^{\omega} \frac{d\omega}{M_d(\omega) - M_r(\omega)}$$

所以

$$t = t_0 + J\int_{\omega_0}^{\omega} \frac{d\omega}{M_d(\omega) - M_r(\omega)} \tag{13-24}$$

由式（13-24）可解出 $\omega = \omega(t)$，求导后可得 $\varepsilon = d\omega/dt$。如要求出 $\varphi = \varphi(t)$，则可利

用 $d\varphi=\omega dt$ 求得 $\varphi-\varphi_0=\int_{t_0}^{t}\omega(t)\,dt$，即

$$\varphi=\varphi_0+\int_{t_0}^{t}\omega(t)dt \tag{13-25}$$

**例 13-4**　设电动机的力学特性曲线可用直线表示，由计算得到等效驱动力矩为 $M_d=27600-264\omega$，单位为N·m，且 $M_r=1100N\cdot m$；等效转动惯量 $J=10kg\cdot m^2$。求自起动到 $\omega=100rad/s$，$t_0=0$ 所需的时间 $t$。

**解**　由式（13-24）可得

$$t=t_0+J\int_{\omega_0}^{\omega}\frac{d\omega}{27600-246\omega-1100}=t_0+J\int_{\omega_0}^{\omega}\frac{d\omega}{26500-264\omega}=t_0+\frac{J}{-264}\ln\frac{26500-264\omega}{26500-264\omega_0}$$

将 $J=10kg\cdot m^2$、$\omega=100rad/s$、$t_0=0$、$\omega_0=0$ 代入求得

$$t=\frac{10}{-246}\ln\frac{26500-246\times100}{26500}s=0.211s$$

## 三、等效转动惯量是角位置的函数和等效力矩是位置和速度的函数

用电动机驱动的机械，其驱动力一般是速度的函数。当这类机械包含有速比不等于常数的机构（如平面连杆机构、凸轮机构）时，其等效转动惯量是角位置的函数，生产阻力是位置的函数，因此，等效力矩是位置和速度的函数。如用电动机驱动的刨床、插床、冲压机床等，都属于这种类型的机械。

这种类型的机械系统的运动方程可采取式（13-18）的形式，即

$$J(\varphi)\frac{d\omega}{dt}+\frac{\omega^2dJ(\varphi)}{2d\varphi}=M(\varphi,\omega)$$

或写作

$$\frac{\omega^2}{2}dJ(\varphi)+J(\varphi)\omega d\omega=M(\varphi,\omega)d\varphi \tag{13-26}$$

这个非线性微分方程一般不能用解析法求解。工程上常用的是数值计算法。本书介绍逐段积分法。该法虽然是一种近似计算方法，但当分段区间较小时，其精确度也是足够的。

如图 13-9 所示，将转角 $\varphi$ 等分为 $n$ 个微小的转角，其中每一份为 $\Delta\varphi=\varphi_{i+1}-\varphi_i$（$i=0$，2，…，$n$），其函数记为 $J(\varphi_i)=J_i$，$J(\varphi_{i+1})=J_{i+1}$，$\omega(\varphi_i)=\omega_i$，$\omega(\varphi_{i+1})=\omega_{i+1}$。现用 $\Delta\varphi$ 区间的函数 $J(\varphi)$ 的增量 $\Delta J_i=J_{i+1}-J_i$ 近似代替 $\varphi=\varphi_i$ 时的等效转动量惯量 $J(\varphi)$ 的微分 $dJ_i$，用 $\Delta\varphi$ 区间的函数 $\omega(\varphi)$ 的增量 $\Delta\omega_i=\omega_{i+1}-\omega_i$ 近似代替 $\varphi=\varphi_i$ 时的角速度 $\omega(\varphi)$ 的微分 $d\omega_i$。于是，当 $\varphi=\varphi_i$ 时，式（13-26）可写成

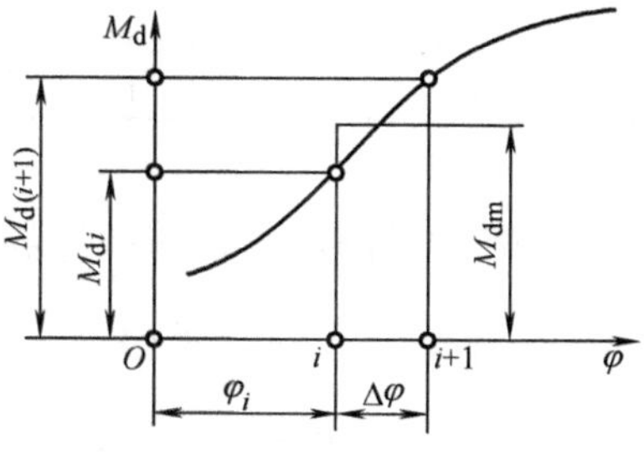

图 13-9　等效力矩 $M_d$ 曲线

$$\frac{\omega_i^2}{2}(J_{i+1}-J_i)+J_i\omega_i(\omega_{i+1}-\omega_i)=M(\varphi_i,\omega_i)\Delta\varphi \tag{13-27}$$

解之可得

13

$$\omega_{i+1}=\frac{M(\varphi_i,\omega_i)\Delta\varphi}{J_i\omega_i}+\frac{3J_i-J_{i+1}}{2J_i}\omega_i \tag{13-28}$$

式中，$M(\varphi_i,\ \omega_i)$ 一般取 $\Delta\varphi$ 区间内的平均值。

图 13-9 所示为等效力矩 $M_d=M\ (\varphi)$ 曲线。在区间 $\Delta\varphi$ 内，等效力矩的平均值为

$$\overline{M}_{dm}=\frac{M_{i+1}+M_i}{2} \tag{13-29}$$

有时为简便起见，也可用 $M_i$ 代替 $\overline{M}_{dm}$，即令

$$M_i=M(\varphi_i,\omega_i)$$

**例 13-5** 图 13-10 所示为牛头刨床机构，取构件 1 为等效构件。设等效驱动力矩为角速度的直线函数 $M_d=550-100\omega$，单位为 N·m；等效阻力矩为转角的函数，$M_r=M_r\ (\varphi)$，其值列于表 13-1 中第 4 列；等效转动惯量 $J$ 是转角的函数，其值见表 13-1 中第 3 列。设 $\omega_0=5\text{rad/s}$，试求 $\omega$ 的变化规律。

**表 13-1 牛头刨床机构的转角、等效转动惯量、等效阻力矩值**

| $i$ | $\varphi/(°)$ | $J/(\text{kg}\cdot\text{m}^2)$ | $M_r/(\text{N}\cdot\text{m})$ | $\omega/(\text{rad}\cdot\text{s}^{-1})$ | $i$ | $\varphi/(°)$ | $J/(\text{kg}\cdot\text{m}^2)$ | $M_r/(\text{N}\cdot\text{m})$ | $\omega/(\text{rad}\cdot\text{s}^{-1})$ |
|---|---|---|---|---|---|---|---|---|---|
| 0 | 0 | 3.40 | 78.9 | 5.00 | 16 | 240 | 3.16 | 13.2 | 5.42 |
| 1 | 15 | 3.39 | 81.2 | 4.56 | 17 | 255 | 3.11 | 13.2 | 5.38 |
| 2 | 30 | 3.36 | 82.5 | 4.80 | 18 | 270 | 3.12 | 13.9 | 5.35 |
| 3 | 45 | 3.31 | 79.7 | 4.69 | 19 | 285 | 3.18 | 14.5 | 5.31 |
| 4 | 60 | 3.24 | 72.7 | 4.80 | 20 | 300 | 3.24 | 75.6 | 5.33 |
| 5 | 75 | 3.18 | 8.5 | 4.80 | 21 | 315 | 3.31 | 80.3 | 4.38 |
| 6 | 90 | 3.12 | 10.5 | 5.90 | 22 | 330 | 3.36 | 81.8 | 4.92 |
| 7 | 105 | 3.11 | 13.7 | 5.19 | 23 | 345 | 3.39 | 80.2 | 4.45 |
| 8 | 120 | 3.16 | 18.1 | 5.43 | 24 | 360 | 3.40 | 78.9 | 4.81 |
| 9 | 135 | 3.30 | 18.5 | 5.14 | 25 | 375 | 3.39 | 81.2 | 4.48 |
| 10 | 150 | 3.50 | 17.9 | 5.25 | 26 | 390 | 3.36 | 82.8 | 4.76 |
| 11 | 165 | 3.72 | 15.0 | 5.19 | 27 | 405 | 3.31 | 79.7 | 4.66 |
| 12 | 180 | 3.82 | 14.1 | 5.31 | 28 | 420 | 3.24 | 72.7 | 4.78 |
| 13 | 195 | 3.72 | 15.0 | 5.43 | 29 | 435 | 3.18 | 8.5 | 4.81 |
| 14 | 210 | 3.50 | 15.7 | 5.49 | 30 | 450 | 3.12 | 10.5 | 5.89 |
| 15 | 225 | 3.30 | 15.2 | 5.45 | 31 | 465 | 3.11 | 13.7 | 5.19 |

**解** 构件 1 每转 15°计算一组数值，即取 $\Delta\varphi=\frac{2\pi}{360°}\times15°=0.2618\text{rad}$；初始角速度 $\omega_0=5\text{rad/s}$。由式（13-28）可得

$$\omega_1=\frac{M(\varphi_0,\omega_0)\Delta\varphi}{J_0\omega_0}+\frac{3J_0-J_1}{2J_0}\omega_0=\frac{(550-100\omega_0-M_r)\Delta\varphi}{J_0\omega_0}+\frac{3J_0-J_1}{2J_0}$$

$$=\left[\frac{(550-100\times5-78.9)\times0.2618}{3.4\times5}+\frac{3\times3.4-3.39}{2\times3.4}\times5\right]\text{rad/s}=4.56\text{rad/s}$$

将计算得到的 $\omega$，填入表 13-1 的第 5 列；然后，用上述同样方法和步骤继续计算下去，并将各值填入表内，画出 $\omega-\varphi$ 曲线（图 13-11）。

13

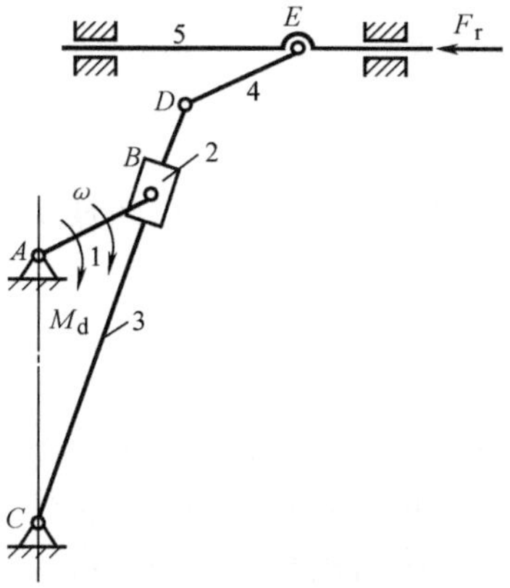


图 13-10　牛头刨床机构

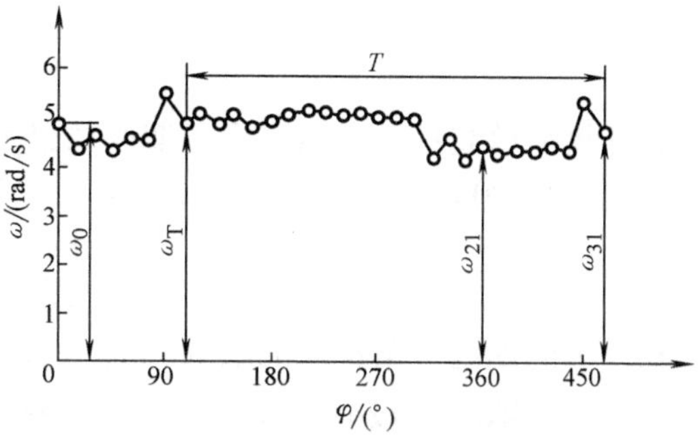


图 13-11　刨床机构的 ω-φ 曲线

## 第五节　机械系统周期性速度波动的调节

一般机械系统的正常工作过程是稳定运转过程。如前所述，系统的稳定运转有等速稳定运转和周期变速稳定运转。

机械作等速运转时，其等效构件的角速度 $\omega$ 为常数，即 $\mathrm{d}\omega/\mathrm{d}t=0$。于是，式(13-18)变为

$$\frac{\omega^2\mathrm{d}J}{2\mathrm{d}\varphi}=M$$

故当系统的等效转动惯量 $J$ 是变量时，等效力矩必须作相应的变化，才能保证角速度 $\omega$ 不发生变化，但实际上这是难以办到的。因此，只有当等效转动惯量 $J$ 为常数，等效力矩 $M=0$，即 $M_\mathrm{d}=M_\mathrm{r}$ 时，系统才能实现等速稳定运转。如电动机驱动的车床、离心泵、鼓风机等是满足上述条件的，其工作过程是等速稳定运转的。

若系统中包含有变速比机构（如连杆机构、凸轮机构等），或作用在系统上的驱动力矩、阻抗力矩是位置的函数（即作周期性变化）时，系统不可能作等速运转而只能作周期性变速稳定运转。

机械系统运转速度的波动，将不同程度地恶化生产过程，降低产品质量，因而应当采取措施，控制速度波动的大小。

### 一、变速稳定运转状态的描述

变速稳定运转状态既有变化的特征，又有稳定的特征。其变化是呈周期性的，其稳定也是对一个周期内的运动整体而言，即两者均受制约于运动周期。因此，描述周期性稳定运转状态需要三个参数：其一是运动变化的周期；其二是描述稳定运转角速度的平均值；其三是描述其速度的不均匀程度。

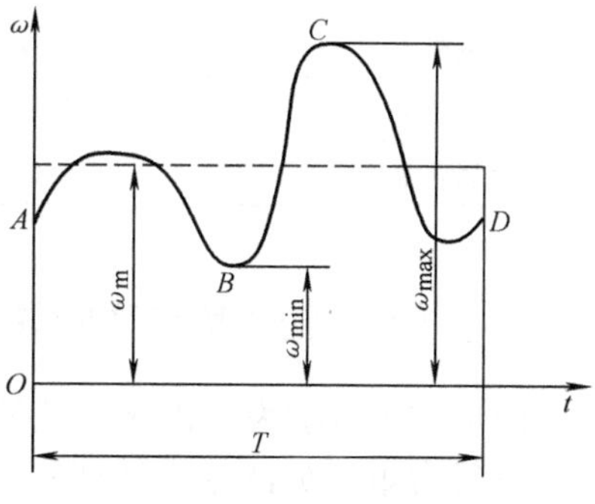


图 13-12　角速度变化曲线

图 13-12 所示为某机械系统一个周期内角速度的变化曲线。在周期 $T$ 内的平均角速度 $\omega_\mathrm{m}$ 应为在此周

期内转角 $\varphi$ 和周期 $T$ 之比，即 $\omega_m=\varphi/T$，而 $\varphi=\int_0^T \omega \mathrm{d}t$，故

$$\omega_m = \frac{1}{T}\int_0^T \omega \mathrm{d}t \tag{13-30}$$

为计算简单起见，常用一个周期内的最大和最小角速度（$\omega_{max}$，$\omega_{min}$）的算术平均值来替代式（13-30），即

$$\omega_m = \frac{1}{2}(\omega_{max}+\omega_{min}) \tag{13-31}$$

在一个周期内，角速度的最大差值（$\omega_{max}-\omega_{min}$）可反映出系统角速度变化的绝对量，但不能反映运转的不均匀程度。一般是采用角速度的变化量和其平均角速度变化的比值来描述机械系统的运转不均匀程度。这个比值用 $\delta$ 表示，称为运转不均匀系数，即

$$\delta = (\omega_{max}-\omega_{min})/\omega_m \tag{13-32}$$

由式（13-31）和式（13-32）解得

$$\omega_{max} = \omega_m\left(1+\frac{\delta}{2}\right) \tag{13-33}$$

$$\omega_{min} = \omega_m\left(1-\frac{\delta}{2}\right) \tag{13-34}$$

于是可得

$$\omega_{max}^2 - \omega_{min}^2 = 2\omega_m^2\delta \tag{13-35}$$

由式（13-32）可知，当 $\omega_m$ 一定时，$\delta$ 越小，则 $\omega_{max}$ 与 $\omega_{min}$ 的差也越小，即机械运转越平稳。由于各种机械的工作性质不同，对其速度波动的限制也不一样。例如，发电机的速度波动会直接影响输出的电压和电流的变化，若变化太大，会使灯光忽暗忽明，闪烁不定；又如，金属切削机床的速度波动也会影响被加工工件的表面质量。因此，对于这种机械，其许用的运转不均匀系数应当取得小些；相反由于破碎机和冲压机械的速度波动对正常工作影响不大，因此，其许可的运转不均匀系数可取得大一些。表 13-2 介绍了常用机械的许用运转不均匀系数。

**表 13-2　许用运转不均匀系数**

| 机械名称 | $\delta$ | 机械名称 | $\delta$ |
|---|---|---|---|
| 破碎机 | 1/5 ~ 1/20 | 造纸机、织布机 | 1/40 ~ 1/50 |
| 冲、剪、锻床 | 1/7 ~ 1/20 | 内燃机、压缩机 | 1/80 ~ 1/150 |
| 泵 | 1/5 ~ 1/30 | 直流发电机 | 1/100 ~ 1/200 |
| 轧钢机 | 1/10 ~ 1/25 | 交流发电机 | 1/200 ~ 1/300 |
| 农业机械 | 1/5 ~ 1/50 | 航空发动机 | 小于 1/200 |
| 金属切削机床 | 1/20 ~ 1/40 | 汽轮发电机 | 小于 1/200 |

13

## 二、周期性速度波动的调节原理

图 13-13 所示为某机械系统处于稳定运转过程中的等效驱动力矩（如图中实线所示）和等效阻力矩（如图中虚线所示）的图线。图中标有正号的阴影部分表示 $M_d>M_r$，标有负号的阴影部分表示 $M_d<M_r$。在任一转角区间 $\varphi_0\sim\varphi$ 内，等效驱动力所做的功为

$$A_d = \int_{\varphi_0}^{\varphi} M_d \mathrm{d}\varphi$$

等效阻力矩所做的功为

$$A_r = \int_{\varphi_0}^{\varphi} M_r \mathrm{d}\varphi$$

在这个区间内 $A_d \neq A_r$，其差值为

$$A = A_d - A_r = \int_{\varphi_0}^{\varphi} (M_d - M_r) \mathrm{d}\varphi = \int_{\varphi_0}^{\varphi} M \mathrm{d}\varphi \tag{13-36}$$

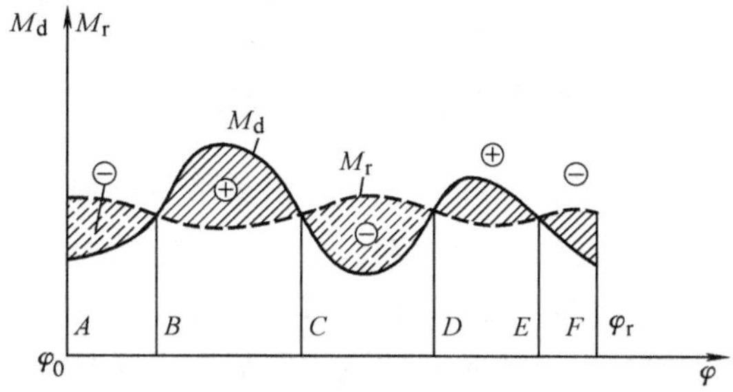


图 13-13　等效力矩和图线

在式（13-36）中，当 $A_d > A_r$ 时，则 $A$ 为正值，称为盈功；若 $A_d < A_r$，则 $A$ 为负值，称为亏功。一般将 $A$ 统称为盈亏功。

由式（13-36）可以看出，盈亏功就是在 $\varphi_0 \sim \varphi$ 区间内的两等效力矩曲线间所夹的面积的代数和。

在机械系统运转的某一个区段内，若盈亏功 $A \neq 0$，则会改变系统的动能。设在 $\varphi_0$ 时，系统的动能为 $E_{k\varphi_0}$；在 $\varphi$ 位置时，系统的动能为 $E_{k\varphi}$，则 $A = E_{k\varphi} - E_{k\varphi_0} = \Delta E_k$。又设对应于 $\varphi_0$ 处的角速度及等效转动惯量为 $\varphi_0$ 及 $J_0$，对应于 $\varphi$ 时的角速度及等效转动惯量为 $\omega$ 及 $J$，则有

$$A = E_{k\varphi} - E_{k\varphi_0} = \Delta E_k = \frac{1}{2} J\omega^2 - \frac{1}{2} J_0 \omega_0^2$$

设 $\varphi_0 - \varphi_e$ 对应于 $\varphi$ 作变速稳定运转的一个周期，则按上式有

$$A = E_{k\varphi_e} - E_{k\varphi_0} = (J\omega_e^2 - J_0\omega_0^2)/2$$

由于该机械作周期性稳定运转，有 $\omega_e = \omega_0$，故 $E_{k\varphi_e} = E_{k\varphi_0}$，$A = 0$。即在一个运动循环内，系统等效驱动力所做的功与等效阻力矩所做的功相等。但是，在一个循环的任一时间间隔内，两者是不相等的，而是按一定规律变化的。显然，当 $J$ 不发生变化或其变化可以略去时，则系统在一个周期内具有最大角速度 $\omega_{max}$ 处，其动能为 $E_{kmax}$；具有最小角速度 $\omega_{min}$ 处，其动能为 $E_{kmin}$，故系统的最大动能之差为 $\Delta E_{kmax} = E_{kmax} - E_{kmin}$。这两个位置之间的动能之差之所以为最大，是因为其间的盈亏功为最大。因此，在一个运动周期内的最大盈亏功必然在 $\omega_{max}$ 和 $\omega_{min}$ 这两个位置之间。即最大的盈亏功为

$$A_{max} = J(\omega_{max}^2 - \omega_{min}^2)/2 = E_{kmax} - E_{kmin}$$

将式（13-35）代入上式可得

$$A_{max} = J\omega_m^2 \delta \tag{13-37}$$

因此，当系统的最大盈亏功 $A_{max}$ 及系统平均角速度 $\omega_m$ 一定时，欲减小系统的运转不均匀程度，则应当增加系统的等效转动惯量 $J$。一般的做法是，在系统中装置一个转动惯量较大的构件，这个构件通常称之为**飞轮**。

由此可知，装置飞轮的实质就是增加机械系统的转动惯量。飞轮在系统中的作用相当于一个容量很大的储能器。当系统出现盈功时，它将多余的能量以动能形式储存起来，并使系统运转速度升高的幅度减小；反之，当系统出现亏功时，它将储存的动能释放出来以弥补能量的不足，并使系统运转速度下降的幅度减小。于是，减小了系统速度波动的程

13

度，获得了调速的效果。不过，应当指出的是，装置飞轮不能使机械运转速度绝对不变，也不能解决非周期性速度波动的问题。因为若在一个时期内，驱动力所做的功一直小于阻力做的功，则飞轮的能量将没有补充的来源，也就起不了调节机械速度波动的作用。

## 三、飞轮转动惯量的计算

所谓飞轮设计，主要是根据给定的机械系统的等效力矩及等效构件的平均角速度 $\omega_m$ 和允许的运转不均匀系数［$\delta$］来确定飞轮的转动惯量。

式（13-37）中的等效转动惯量 $J$ 为机械中各构件的等效转动惯量和飞轮等效转动惯量之和。当系统中安装飞轮以后，由于机械系统的等效转动惯量中的变量部分相对于飞轮转动惯量来说是很小的，因而可略去不计，而仅计等效转动惯量的常量部分。设原系统的等效转动惯量的常量部分为 $J_C$，而飞轮的等效转动惯量为 $J_F$，则作上述近似处理以后，应有 $J \approx J_C + J_F$，故若将式（13-37）中的 $\delta$ 取作许用值［$\delta$］，即可求得飞轮的等效转动惯量为

$$J_F = \frac{A_{max}}{\omega_m^2[\delta]} - J_C \tag{13-38}$$

当原系统中的等效转动惯量中的常量部分 $J_C$ 与飞轮的等效转动惯量 $J_F$ 相比小得多时，则 $J_C$ 也可略去不计。于是，若将 $\omega_m$ 用每分钟的平均转速 $n_m$ 来表示，则应有

$$J_F = \frac{900A_{max}}{\pi^2 n_m^2[\delta]} \tag{13-39}$$

由式（13-38）、式（13-39）求得的转动惯量 $J_F$ 为飞轮的等效转动惯量。当飞轮安装在等效构件上时，则求得的 $J_F$ 就是飞轮的实际转动惯量。如果飞轮安装在其他轴上，则按此两式求得 $J_F$ 以后，还需将其换算到安装飞轮的轴上，求出飞轮的实际转动惯量。

当 $A_{max}$ 和 $A_{min}$ 一定时，按照式（13-38）、式（13-39）可求得 $J_F$ 与［$\delta$］的函数关系，如图 13-14 所示。由该图可知，当所选取的［$\delta$］值很小，就需要很大的飞轮转动惯量，这使得机械过于笨重。因此，［$\delta$］的选取应按实际要求来确定，不可选得太小。

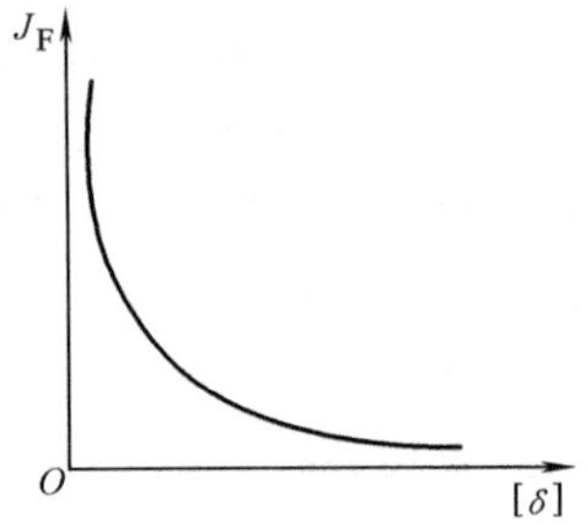

图 13-14　$J_F$ 与[$\delta$]的函数关系

由式（13-38）、式（13-39）还可知：当 $A_{max}$ 和［$\delta$］一定时，若角速度较高，则求得的 $J_F$ 较小，故为减小飞轮的转动惯量，尽可能将飞轮安装在高速轴上。

根据式（13-38）或式（13-39）计算飞轮转动惯量的关键是求最大盈亏功 $A_{max}$。由于等效力矩可能是等效构件位置、速度的函数，因此在计算飞轮转动惯量时也要考虑到各种情况。下面以常见的情况为例说明飞轮转动惯量的计算方法。

**1. 等效驱动力矩和等效阻力矩均为等效构件角位置函数**

图 13-15a 给出了 $M_d = M_d(\varphi)$、$M_r = M_r(\varphi)$ 的曲线。首先，根据两曲线间所夹的面积可画出等效力矩所做的功随转角的变化曲线 $A-\varphi$（即动能变化曲线 $E_k-\varphi$），如图 13-15b 所示；然后根据 $A-\varphi$ 曲线确定系统动能为最大及最小的位置（即角速度为最大 $\omega_{max}$ 及最小 $\omega_{min}$ 的位置），如图 13-15c 所示，从而得到系统的最大盈亏功

$$A_{max} = E_{kmax} - E_{kmin}$$

13

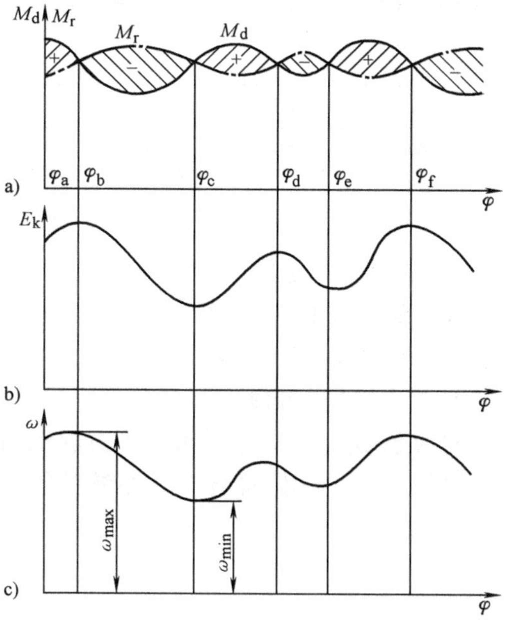


图 13-15　最大盈亏功的确定

a）等效力矩变化曲线　b）动能变化曲线　c）角速度变化曲线

动能 $E_k$ 曲线一般可用积分的方法求出。若 $M_d$、$M_r$ 用表格的数值形式给出，即给出了某些插值点的数据，则 $E_k$ 曲线便可用数值积分法求出；然后用 $E_k-\varphi$ 曲线，找到 $\omega_{max}$ 和 $\omega_{min}$ 的位置，求出最大盈亏功 $A_{max}=\Delta E_{kmax}$，并代入式（13-38）或式（13-39），可求出飞轮转动惯量 $J_F$。

**例 13-6**　图 13-16 所示为某机器的等效力矩图，其中等效阻力矩为常数，其值等于 $M_d$ 的平均力矩 7750N · m。各块面积表示的做功数值见表 13-3。设等效构件的平均转速为 3000r/min，运转不均匀系数 $\delta=1/1000$。试计算飞轮的转动惯量 $J_F$。

**表 13-3　等效力矩图各块面积的做功数值**

| 面积 | $f_1$ | $f_2$ | $f_3$ | $f_4$ | $f_5$ | $f_6$ |
|---|---|---|---|---|---|---|
| 功/J | 1400 | 1900 | 1400 | 1800 | 930 | 30 |

**解**　如图 13-16 所示，在位置 $A$ 时，盈亏功为零；到位置 $B$ 时，有盈功 $\Delta A=A_1=1400\text{J}$；到位置 $C$ 时，有亏功 $\Delta A=A_1-A_2=(1400-1900)\text{J}=-500\text{J}$；到位置 $D$ 时，有盈功 $\Delta A=A_1-A_2+A_3=(-500+1400)\text{J}=900\text{J}$；到位置 $E$ 时，有亏功 $\Delta A=A_1-A_2+A_3-A_4=(900-1800)\text{J}=-900\text{J}$；到位置 $F$ 时，有盈功 $\Delta A=A_1-A_2+A_3-A_4+A_5=(-900+930)\text{J}=30\text{J}$；一个周期的

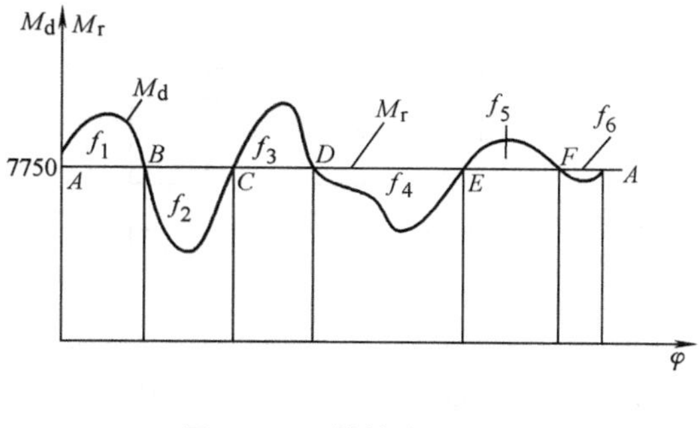


图 13-16　等效力矩图

末位置 $A$ 处的盈亏功 $\Delta A=(30-30)\mathrm{J}=0$。在以上计算中，正值为盈功；负值为亏功。以上计算结果，可列表如下：

| 位　置 | A | B | C | D | E | F | A |
|---|---|---|---|---|---|---|---|
| A/J | 0 | 1400 | -500 | 900 | -900 | 30 | 0 |

应当指出的是，表中的最大盈功 1400J 和最大亏功 -900J，并不是设计飞轮时所需要的 $A_{max}$。这是因为飞轮必须能够吸收一个运动周期中的最大盈功，并且能在任何位置补偿足够的亏功。从以上结果可知，假设以 1400J 作为 $A_{max}$ 来设计飞轮，那么在位置 $BC$ 之间，除能“补上”1400J 的能量外，尚欠缺 500J 无法“补上”，即机械速度波动的不均匀程度将超过 $[\delta]$。显然，这样设计的飞轮是不能满足要求的。

如前所述，最大盈亏功对应于 $\omega_{max}$ 和 $\omega_{min}$ 之间的等效驱动力矩和等效阻力矩曲线所夹的面积之和。由表中数值可以看出，在位置 $B$ 时，系统的等效构件运动的角速度为最大，而在位置 $E$ 时，其角速度为最小，故在区间 $B$ 与 $E$ 之间（同样可以说在 $E\sim B$ 之间）有最大盈亏功（取绝对值），即

$$A_{max}=|-A_2+A_3-A_4|=|-1900+1400-1800|\mathrm{J}=2300\mathrm{J}$$

也可理解为最大动能（具有最大角速度的点 $B$ 的动能）与最小动能（具有最小角速度的点 $E$ 的动能）绝对值之和

$$A_{max}=|E_{kB}|+|E_{kE}|=(|1400|+|-900|)\mathrm{J}=2300\mathrm{J}$$

故

$$J_F=\frac{900A_{max}}{\pi^2 n_m^2[\delta]}=\frac{900\times 2300}{(3.14)^2\times(3000)^2/1000}\mathrm{kg\cdot m^2}=23.3\mathrm{kg\cdot m^2}$$

一般飞轮计算不需要很精确，应用上述简化计算已能满足要求。这种简化计算是工程中的实用方法。

**2．等效驱动力矩为等效构件角速度的函数和等效阻力矩为等效构件角位移的函数**

在冲压机械中，电动机产生的驱动力矩是等效构件角速度的函数，即 $M_d=M_d(\omega)$；而等效阻力矩常可化简为图 13-17a 的形式，其特点是，工作行程的转角 $\varphi_1$ 很小，而阻力矩 $M_{r1}$ 却很大；空行程的转角 $\varphi_2$ 很大，而阻力矩 $M_{r2}$ 却较小。画出的功率–时间曲线如图 13-17b所示。



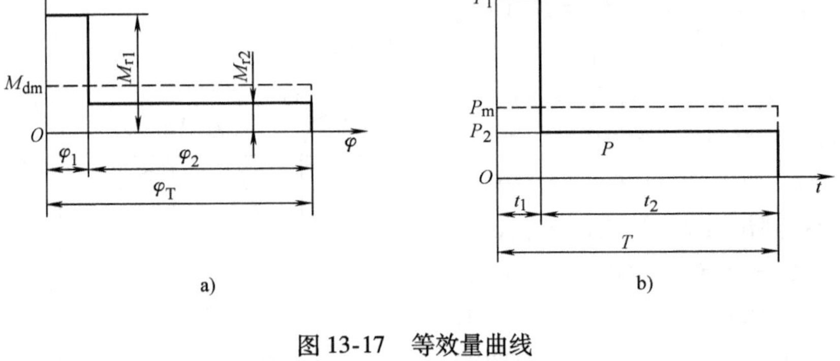


图 13-17　等效量曲线

a）等效阻力矩曲线　b）等效损耗功率曲线

这类机械的允许运转不均匀系数往往较大，故在这类机械中，安装飞轮主要不是为了控制速度波动的大小，而是解决高峰负荷问题。如前所述，作周期变速稳定运转机械中的飞轮起储能器的作用，储能、释能交错进行。如在冲压机械处于高峰负荷时，飞轮便可放出能量，在低负荷时可储存能量。这样便可在选择驱动电动机时，不必按高峰负荷所需的功率来考虑，而是按一周期内消耗的平均功率 $P_m$ 来选择。

通常电动机的功率按式（13-40）计算

$$P = kP_m \tag{13-40}$$

式中，$k$ 为安全系数，可取 1.15～1.25。

机械系统的工艺不同，功率曲线也不一样。例如在图 13-17b 中，时间 $t_1$ 与 $t_2$ 中阻力矩的损耗功率分别为 $P_1$ 和 $P_2$，其平均功率为

$$P_m = (P_1 t_1 + P_2 t_2)/T \tag{13-41}$$

近似地认为电动机在工作行程时按额定功率工作。这样，可求得盈亏功为

$$A_{max} = 1000(P_m - P_2)t_2 \text{ 或 } A_{max} = 1000(P_1 - P_m)t_1 \tag{13-42}$$

式中，$P$ 的单位为 kW；$t$ 的单位为 s；$A$ 的单位为 J。

根据一个运转周期中等效驱动力矩所做的功与等效阻力矩所做的功相等的原则，可求出工作行程近似的等效驱动力矩（即忽略电动机力矩随角速度的变化）。由

$$M_d \varphi_T = k(M_{r_1}\varphi_1 + M_{r_2}\varphi_2) \tag{13-43}$$

求得

$$M_d = k(M_{r_1}\varphi_1 + M_{r_2}\varphi_2)/\varphi_T \tag{13-44}$$

故最大盈亏功为

$$A_{max} = (M_{r_1} - M_d)\varphi_1 \tag{13-45}$$

飞轮在工作行程中放出的能量为$\frac{1}{2}J_F(\omega_{max}^2 - \omega_{min}^2)$，它等于工作行程时需要补充的盈亏功 $A_{max}$，即

$$\frac{1}{2}J_F(\omega_{max}^2 - \omega_{min}^2) = A_{max} = (M_{r_1} - M_d)\varphi_1$$

故

$$J_F = \frac{(M_{r_1} - M_d)\varphi_1}{\omega_m^2[\delta]} = \frac{A_{max}}{\omega_m^2[\delta]} \tag{13-46}$$

应当指出，冲击机械的速度波动虽然对工艺过程影响不大，但其受到电动机性能的限制。各类电动机有其许可的转差率 $S$，故当转速太低时，可能超过 $S$ 的最大允许值，而使电动机过载，不能正常工作，以及由于过载而使电动机发热。所以速度的波动受到电动机过载和发热条件的限制。与额定转差相适应的运转不均匀系数见表 13-4。

**表 13-4 冲击机械常用的运转不均匀系数**

| 电动机额定转差率 $S_H = \frac{n_0 - n_H}{n_0}$ | 动转不均匀系数 |
|---|---|
| 0.02～0.04 | 0.10 |
| 0.05～0.08 | 0.15 |
| 0.08～0.13 | 0.20 |

13

**例 13-7** 已知 J31-315 压力机在一个周期内的总耗功为 115000J，工作行程时需要能量 71600J，周期 $T=4.6\text{s}$，其中工作行程所需要时间 $t_1=0.4\text{s}$。由电动机轴到飞轮轴的速比为 $i=3.18$。试计算飞轮转动惯量 $J_F$。

**解** 由题可知

$$P_1t_1+P_2t_2=115000\text{J}$$

故由式（13-40）可确定电动机功率为（选 $k=1.2$）

$$P=k\frac{P_1t_1+P_2t_2}{T}=1.2\times\frac{115000}{4.6}\text{W}=30000\text{W}=30\text{kW}$$

选用绕线式电动机 JR2-72-4。其额定功率为 $P_H=30\text{kW}$，额定转速为 $n_H=1460\text{r/min}$，转差率为 $S_H=0.027$，为提高转差率在电动机转子中串入电阻，使其 $S_H=0.1$。按表 13-4 选取 $[\delta]=0.20$。由额定转速求得飞轮平均角速度为

$$\omega_m=\frac{2\pi n_H}{60i}=\frac{2\pi\times1460}{60\times3.18}\text{rad/s}=48.08\text{rad/s}$$

工作行程 $t_1$（单位为 s）内电动机发出的能量为 $Pt_1=30\times1000\times0.4\text{J}=12000\text{J}$

故
$$A_{max}=(71600-12000)\text{J}=59600\text{J}$$

按式(13-46)得

$$J_F=\frac{A_{max}}{\omega_m^2[\delta]}=\frac{59600}{48.08^2\times0.2}\text{kg}\cdot\text{m}^2=128.9\text{kg}\cdot\text{m}^2$$

## 习 题

13-1 图 13-18 所示为一机床工作台的传动系统。设已知各齿轮的齿数分别为 $z_1$、$z_2$、$z_2'$、$z_3$，齿轮 3 的分度圆半径为 $r_3$，各齿轮的转动惯量分别为 $J_1$、$J_2$、$J_2'$、$J_3$（当齿轮 $z_1$ 直接装在电动机轴上时，$J_1$ 中还包含电动机转子的转动惯量），工作台和被加工零件的重力之和为 $G$。当取齿轮 1 为等效构件时，试求该机械系统的等效转动惯量 $J$。

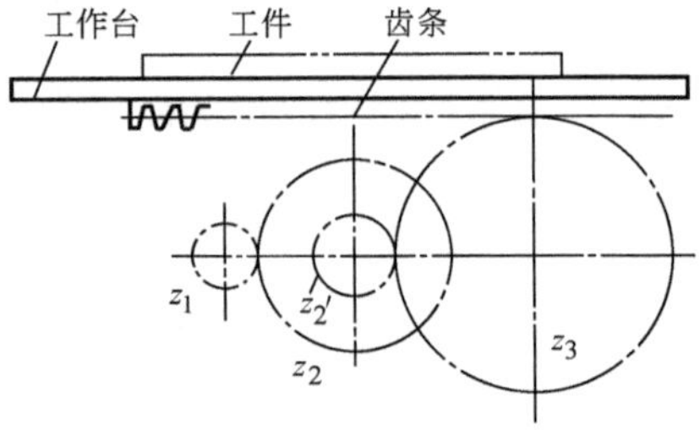

图 13-18 题 13-1 图

13-2 在图 13-19 所示的六杆机构中，设已知滑块 5 的质量 $m=20\text{kg}$，$l_{EF}=200\text{mm}$，$l_{AB}=l_{ED}=100\text{mm}$，$l_{BC}=l_{CD}=l_{EF}=200\text{mm}$，$\varphi_1=\varphi_2=\varphi_3=90°$，作用在滑块 5 上的力 $F=500\text{N}$。当取曲柄 1 为等效构件时，试求机构在图示位置时的等效转动惯量和力 $F$ 的等效力矩。

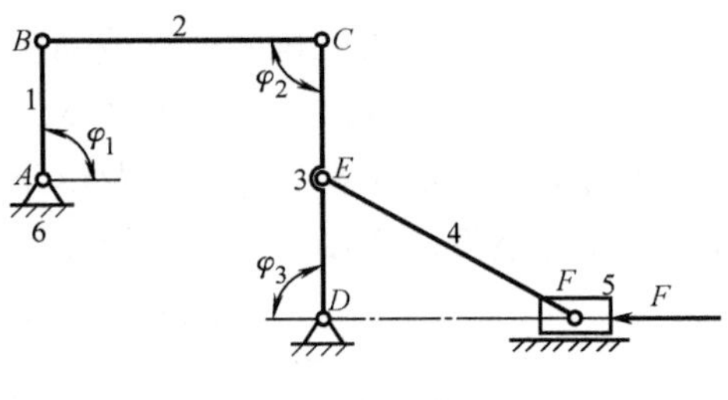

图 13-19 题 13-2 图

13-3 在图 13-20 所示的轮系中，设已知各轮的齿数 $z_1=z_{2'}=20$，$z_2=z_3=40$，各轮的转动惯量 $J_1=J_{2'}=0.01\text{kg}\cdot\text{m}^2$，$J_2=J_3=0.04\text{kg}\cdot\text{m}^2$，作用在轴 $O_3$ 上的阻力矩 $M_3=40\text{N}\cdot\text{m}$。当取齿轮 1 为等效构件时，试求机构的等效转动惯量和阻抗力矩 $M_3$ 的等效力矩。

13-4 设某机械选用交流异步电动机为原动机。电动机的额定角速度 $\omega_H=102.8\text{rad/s}$，同步角速度 $\omega_0=104.6\text{rad/s}$，额定转矩 $M_H=465\text{N}\cdot\text{m}$。已知等效阻抗力矩 $M_r=400\text{N}\cdot\text{m}$（以电动机轴为等效构件），试求该机械稳定运转时的角速度 $\omega_s$。

13-5　已知某机械稳定运转时主轴的角速度 $\omega_s=100\text{rad/s}$，机械的等效转动惯量 $J=0.5\text{kg}\cdot\text{m}^2$，制动器的最大制动力矩 $M_r=20\text{N}\cdot\text{m}$（制动器与机械主轴直接相联，并取主轴为等效构件）。设要求制动时间不超过3s，试检验该制动器是否满足工作要求。

13-6　图13-21所示为铰链四杆机构，已知 $l_1=100\text{mm}$，$l_2=390\text{mm}$，$l_3=200\text{mm}$，$l_4=250\text{mm}$。若作用在构件3上的阻力矩 $M_{r3}=100\text{N}\cdot\text{m}$。试求：

1）当 $\varphi=\dfrac{\pi}{2}$ 时，加于构件1上的等效阻力矩 $M_{er}$。

2）当 $\varphi=\pi$ 时，加于构件1上的等效阻力矩 $M_{er}$。

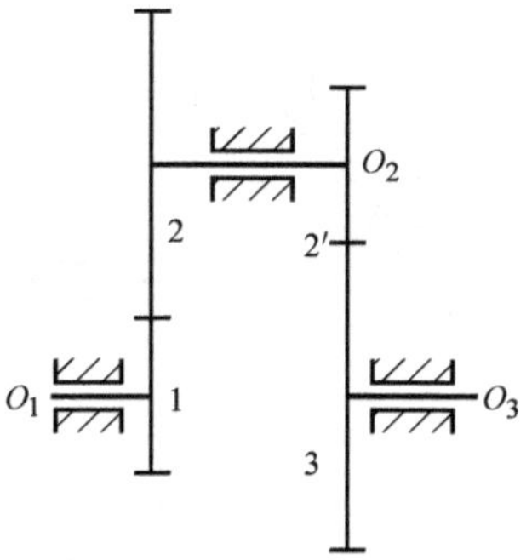


图13-20　题13-3图

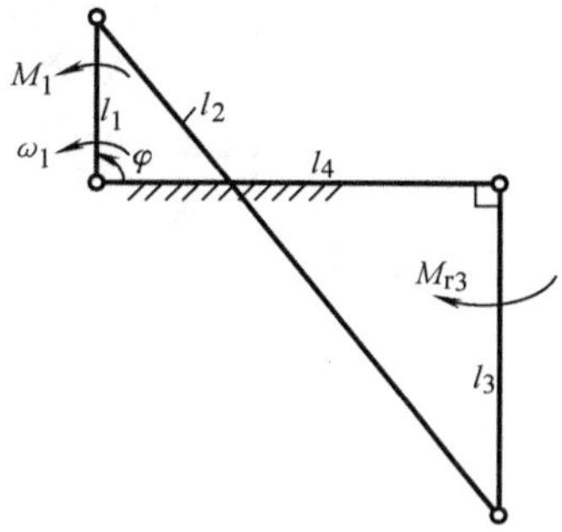


图13-21　题13-6图

13-7　图13-22所示为一齿轮机构，已知此机构各齿轮：$z_1=20$，$z_2=40$，$z_2'=20$，$z_3=40$。设作用在齿轮3上的阻力矩 $M_{r3}=100\text{N}\cdot\text{m}$，问若不计摩擦时，齿轮1上的驱动力矩应为多少？

13-8　图13-23所示为导杆机构。已知 $l_{AB}=100\text{mm}$，加在导杆上的力矩 $M_3=100\text{N}\cdot\text{m}$，导杆对 $C$ 轴的转动惯量 $J_s=0.006\text{kg}\cdot\text{m}^2$。试求：

1）当 $\varphi_1=90°$，$\varphi_3=30°$ 时，由 $M_3$ 转化到构件1上的等效阻力矩 $M_{er}$ 及 $J_s$ 转化到 $A$ 轴的等效转动惯量 $J_{e1}$。

2）当 $\angle ABC=90°$ 时，转化到 $A$ 轴上的 $M_{er}$ 及 $J_{e1}$。

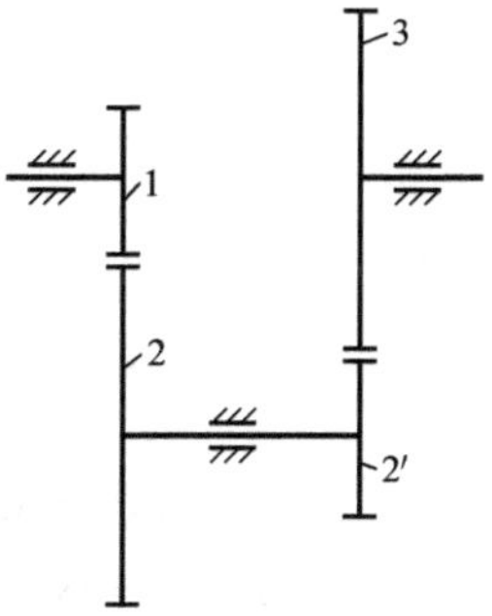


图13-22　题13-7图

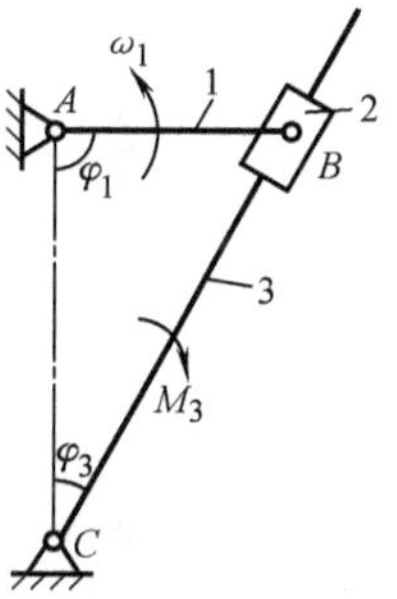


图13-23　题13-8图

13-9　图13-24所示为减速装置，已知各轮齿数 $z_1=z_2=20$，$z_3=60$，$z_5=40$，蜗杆头数 $z_4=2$，各轮重心均在其轴线上且 $J_1=0.001\text{kg}\cdot\text{m}^2$，$J_2=0.001\text{kg}\cdot\text{m}^2$，$J_4=0.016\text{kg}\cdot\text{m}^2$，$J_5=1.6\text{kg}\cdot\text{m}^2$，$m_2=3\text{kg}$，齿轮的模数均为 $m=2\text{mm}$。

13

1）求将各构件质量转化到轴 1 上的等效转动惯量。

2）要使作用于轮 5 上的重物（$G=100\text{N}$）等速上升，设卷筒径 $D=300\text{mm}$，问作用在轮 1 的力矩有多大？

13-10 图 13-25 所示为正弦机构，设曲柄长为 $r$，滑块 3 上受有阻力 $F=-av_3+bv_3^3$，$a$、$b$ 均为常数。现以曲柄 1 为转化构件，求阻力 $F$ 的等效力矩。

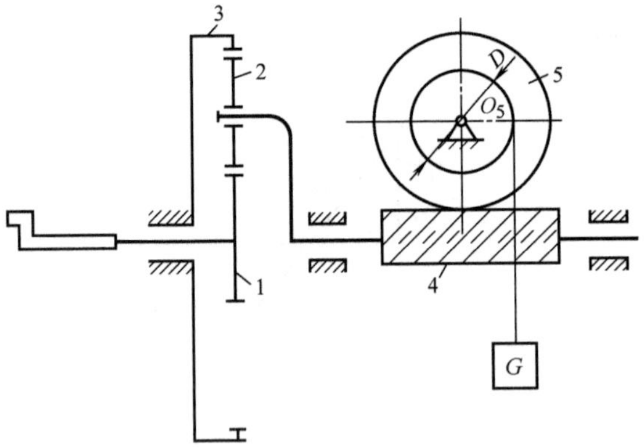


图 13-24 题 13-9 图

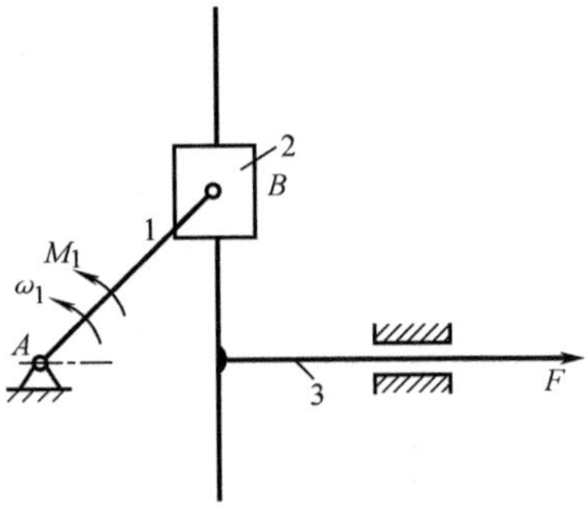


图 13-25 题 13-10 图

13-11 图 13-26 所示为两个机组的 $M-\varphi$ 曲线。两机组均作周期性运转，原动件回转一周为一个周期（即 $\varphi_T=2\pi$）。若取原动件为等效构件，则图 13-26a 所示机组的等效阻力矩 $M_r$ 对转角 $\varphi$ 的变化为三角形，而图 13-26b 所示机组的 $M-\varphi$ 曲线为矩形。机组的等效驱动力矩为常数，均为 $M_d=19.6\text{N}\cdot\text{m}$，等效转动惯量 $J=9.81\text{kg}\cdot\text{m}^2$，初始角速度 $\omega_0=10\text{rad/s}$。试确定等效构件的角速度变化曲线与运转不均匀系数 $\delta$，并比较两个机组的计算结果。

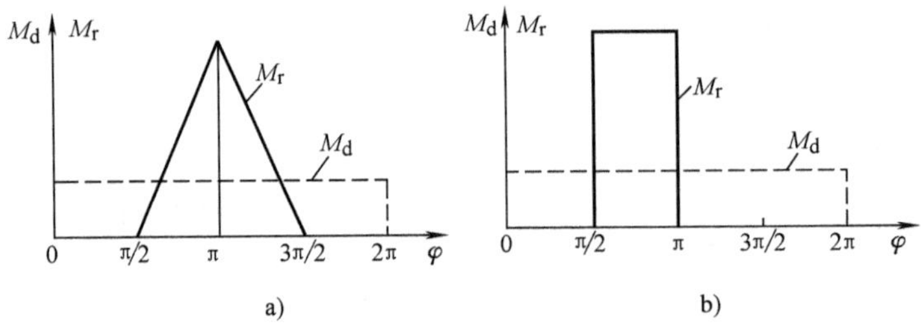


图 13-26 题 13-11 图

13-12 设有一由电动机驱动的机械系统，以主轴为等效构件时，作用于其上的等效驱动力矩 $M_d=A-B\omega=10000-100\omega$，单位为 N·m，等效阻力矩 $M_r=8000\text{N}\cdot\text{m}$，等效转动惯量 $J=8\text{kg}\cdot\text{m}^2$，主轴的初始角速度 $\omega_0=100\text{rad/s}$。试确定运转过程中角速度 $\omega$ 与角加速度 $\varepsilon$ 随时间的变化关系（提示：首先列出主轴的运动微分方程：$J\dfrac{d\omega}{dt}=M_d-M_r=A-B\omega-M_r$，然后根据边界条件，当 $t=0$ 时，$\omega=\omega_0$，求出 $\omega$ 的表达式）。

13-13 设已知一机械所受等效阻力矩 $M_r$ 的变化规律如图 13-27 所示。等效驱动力矩为常数，机械主轴（选为等效构件）的转速为 1000r/min。试求当运转不均匀系数 $\delta$ 不超过 0.05 时所需飞轮的转动惯

量 $J_F$（飞轮安装在机械主轴上，机械其余构件的转动惯量忽略不计）。

13-14　设有一冷碾螺栓头的自动机械，其主轴回转两周为一个运动循环。以主轴为等效构件的等效阻力矩的变化曲线如图 13-28 所示，等效驱动力矩 $M_d$ 和等效转动惯量 $J=1\text{kg}\cdot\text{m}^2$ 皆为常数，主轴的平均转速 $n=160\text{r/min}$。试确定当运转不均匀系数 $\delta=0.01$ 时的飞轮转动惯量 $J_F$。

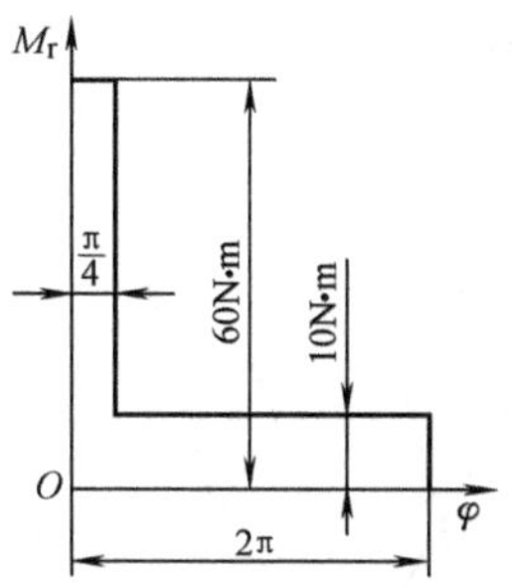


图 13-27　题 13-13 图

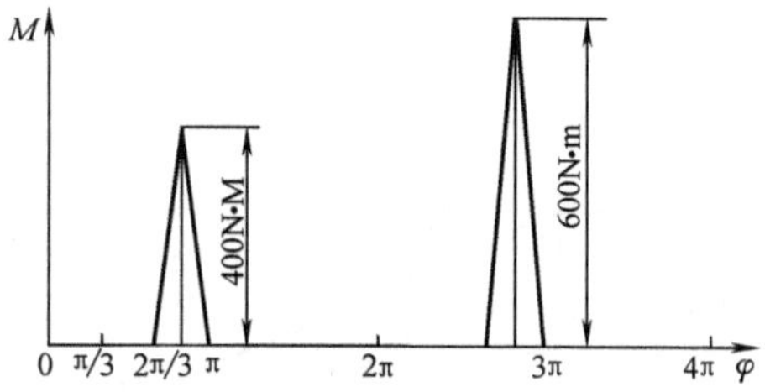


图 13-28　题 13-14 图

13-15　在图 13-29 所示的刨床机构中，已知空程和工作行程中消耗于克服阻抗力的恒功率分别为 $P_1=367.7\text{W}$ 和 $P_2=3677\text{W}$，曲柄的平均转速 $n=100\text{r/min}$，空程曲柄的转角为 $\varphi_1=120°$。当机构的运转不均匀系数 $\delta=0.05$ 时，试确定电动机的平均功率（略去各构件的质量和转动惯量），并分别计算在以下两种情况中的飞轮转动惯量 $J_F$：

1）飞轮装在曲柄轴上。

2）飞轮装在电动机轴上，电动机的平均转速 $n=1200\text{r/min}$，电动机通过减速器驱动曲柄。为简化计算，减速器的转动惯量忽略不计。

13-16　图 13-30 所示为一双作用式增压泵的机构简图。设作用在构件 3 上的阻力 $F_3=1000\text{N}$，曲柄 1 的驱动力矩 $M_{d1}$ 为常数，周期转角 $\varphi_T=\pi$，曲柄长 $l_{AB}=250\text{mm}$，其平均角速度 $\omega_m=20\text{rad/s}$，构件 3 的质量 $m_3=40\text{kg}$。摩擦力和其他构件的质量均忽略不计。当运转不均匀系数 $\delta=0.05$ 时，试确定飞轮的转动惯量 $J_F$ 和曲柄的角速度变化曲线。

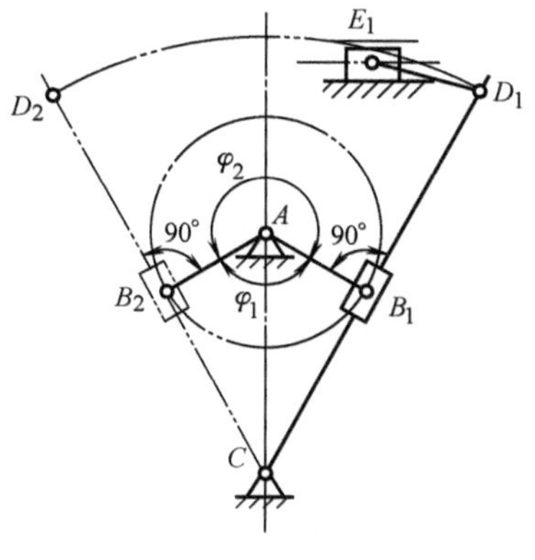


图 13-29　题 13-15 图

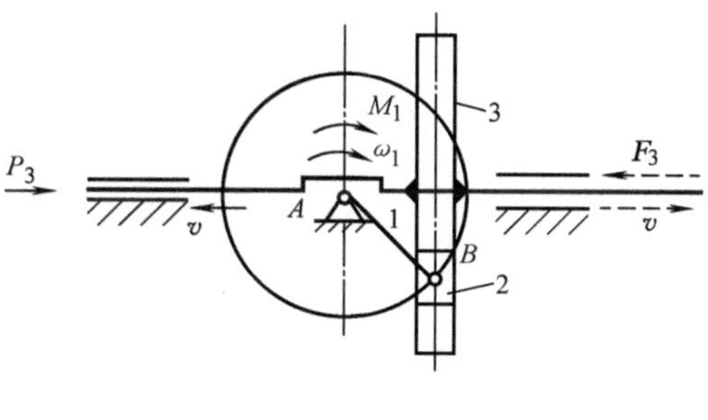


图 13-30　题 13-16 图

13-17　某内燃机的曲柄输出力矩 $M_d$ 随曲柄转角 $\varphi$ 的变化曲线如图 13-31 所示，其运动周期 $\varphi_T=\pi$，曲柄的平均转速 $n_m=620\text{r/min}$。当用该机驱动一阻力矩为常数的机械时，如果要求其运转不均匀系数 $\delta=0.01$，试求：

1）曲柄最大转速 $n_{max}$ 和相应的曲柄转角位置 $\varphi_{max}$。

2）装在曲柄上的飞轮转动惯量 $J_F$（不计其余构件的转动惯量）。

13-18 有一三缸发动机，其曲柄互成 120°。每一气缸曲柄等效力矩图近似为三角形，如图 13-32 所示。

1）试求该发动机的功率。

2）欲保持转速为（500±10）r/min，则需在曲柄上安装多大转动惯量的飞轮？

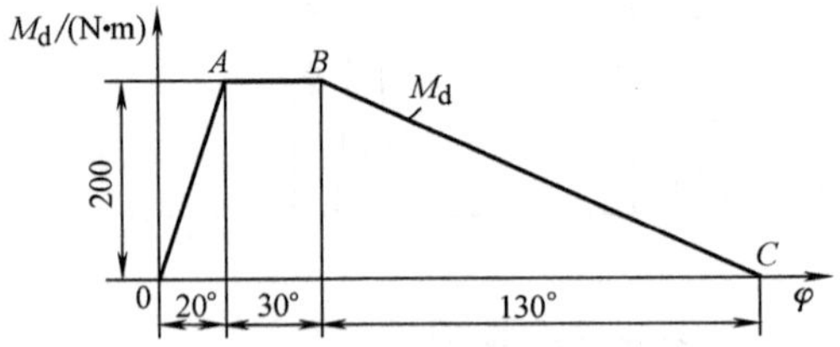


图 13-31 题 13-17 图

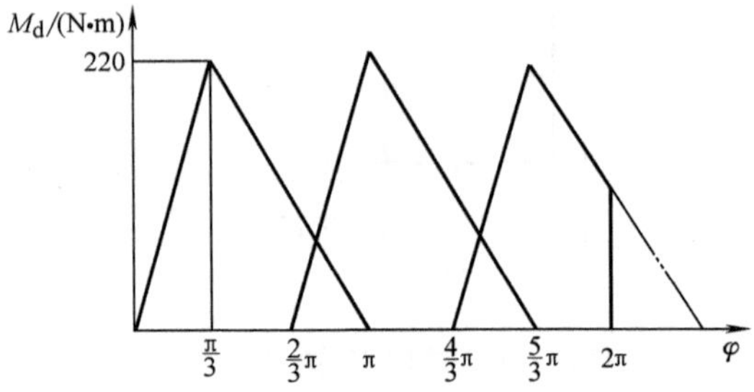


图 13-32 题 13-18 图

# 第十四章　机械的平衡

## 第一节　概　　述

在机械运转过程中，运动构件所产生的惯性力将在运动副中产生附加的动压力。这种由惯性力引起的附加动压力，会增加运动副的摩擦，降低机械效率和使用寿命。由于惯性力的大小或方向经常变化，会使机械及其基础发生有害的振动现象，严重的振动还可能使机械遭到破坏。

由于现代机械运转速度越来越高，惯性力的影响更大。因此，要避免运动构件的惯性力所引起的不良后果，就必须合理地分配构件中的质量，以使惯性力得以平衡，从而消除或减少运动副中的动压力以及机座的振动，这就是所谓机械的平衡问题。机械的平衡问题通常可分为以下三个方面：

（1）**刚性转子的平衡**　当运动构件绕固定轴线回转时，这种回转构件通称为转子。根据经验，如果转子的工作转速位于转子本身的第一阶临界转速的2/3以下时，转子不会有显著的弹性变形，可视为一个刚性构件，称为刚性转子。因此，可以用理论力学中力系的平衡原理来处理这类转子的平衡问题。

（2）**挠性转子的平衡**　若转子的工作转速位于第一阶临界转速的2/3以上时，该转子就可以认为是挠性的。即转子在惯性力的影响下产生弯曲变形，从而使不平衡惯性力显著地增加。这种状态下的转子称为挠性转子，它的平衡理论和平衡技术都要比刚性转子复杂得多。

（3）**机械在机座上的平衡**　对于作往复运动的构件或作平面运动的构件，它们产生的惯性力或惯性力偶就不能由构件各自平衡，其平衡问题必须就整个机构来加以研究。因此，把这类平衡称为机构在机座上的平衡。

就目前而言，刚性转子的平衡问题还是工程上最常见的平衡问题，所以本章着重讲解刚性转子的平衡原理与方法。

## 第二节　刚性转子的平衡原理

### 一、刚性转子的静平衡

齿轮、带轮及叶轮等轴向尺寸较短的构件（其直径 $D$ 与长度 $L$ 之比 $D/L \geqslant 5$ 的情况），它们的质量分布可以看成是在同一平面内。若其质心不在转动轴线上，则转子在回转时将产生离心惯性力而引起轴承中的附加动压力，故必须设法使惯性力之和等于零，即将质心移至轴线上，这样转子就处于平衡状态。这种移动质心至轴线上使惯性力之和等于零的平衡方法，就是静平衡方法。

如图 14-1 所示，设 $m_1$、$m_2$、…、$m_n$ 为位于同一回转平面内的 $n$ 个质量，$\boldsymbol{r}_1$、$\boldsymbol{r}_2$、…、$\boldsymbol{r}_n$ 分别为各质量至回转中心 $O$ 的向径。当转子以角速度 $\omega$ 回转时，各质量产生的离心惯性力，即

$$\sum_{i=1}^{n}\boldsymbol{F}_i = \sum_{i=1}^{n} m_i\boldsymbol{r}_i\omega^2 = \omega^2\sum_{i=1}^{n} m_i\boldsymbol{r}_i \tag{14-1}$$

这些力构成一个平面汇交力系。若这些力的合力不等于零，则可在平面中离回转中心的向径为 $\boldsymbol{r}_{\mathrm{b}}$ 处加质量 $m_{\mathrm{b}}$，使其惯性力 $\boldsymbol{F}_{\mathrm{b}}$ 与上述合力平衡，即

$$\sum_{i=1}^{n}\boldsymbol{F}_i + \boldsymbol{F}_{\mathrm{b}} = 0$$

所以有 $\omega^2\sum\limits_{i=1}^{n} m_i\boldsymbol{r}_i + \omega^2 m_{\mathrm{b}}\boldsymbol{r}_{\mathrm{b}} = 0$。

因 $\omega\neq0$，则上式消去 $\omega$ 后得

$$\sum_{i=1}^{n} m_i\boldsymbol{r}_i + m_{\mathrm{b}}\boldsymbol{r}_{\mathrm{b}} = 0 \tag{14-2}$$

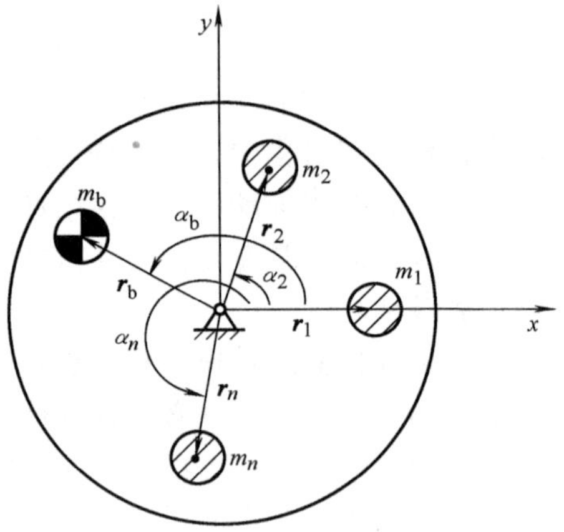


图 14-1 刚性转子的静平衡

式中，$m_{\mathrm{b}}$ 称平衡质量，质量与向径的乘积称质量矩或质径积，所以刚性转子的静平衡条件即转子上所有质量（包括平衡质量）的惯性力的矢量和等于零或所有质量的质量矩的矢量和为零。其物理意义是，欲使转子达到静平衡需用加平衡质量的方法使转子的总质心位于回转轴的中心上。为计算出平衡质量的大小和位置，需将矢量方程式（14-2）变换成坐标方程。一般过轴心 $O$ 沿 $\boldsymbol{r}_1$ 方向取为 $x$ 坐标，各向径以 $x$ 正向逆时针方向度量的角度 $\alpha_i$ 作为其位置角。将各质量矩向坐标轴分解得

$$\begin{cases}\sum\limits_{i=1}^{n} m_i r_i\cos\alpha_i + m_{\mathrm{b}}r_{\mathrm{b}}\cos\alpha_{\mathrm{b}} = 0\\ \sum\limits_{i=1}^{n} m_i r_i\sin\alpha_i + m_{\mathrm{b}}r_{\mathrm{b}}\sin\alpha_{\mathrm{b}} = 0\end{cases}$$

解得

$$\begin{cases}m_{\mathrm{b}}r_{\mathrm{b}} = \left[\left(\sum\limits_{i=1}^{n} m_i r_i\cos\alpha_i\right)^2 + \left(\sum\limits_{i=1}^{n} m_i r_i\sin\alpha_i\right)^2\right]^{1/2}\\ \tan\alpha_{\mathrm{b}} = -\sum\limits_{i=1}^{n} m_i r_i\sin\alpha_i\Big/\left(-\sum\limits_{i=1}^{n} m_i r_i\cos\alpha_i\right)\end{cases} \tag{14-3}$$

在式（14-3）的第二式中，应根据分子分母的正负号，按所在象限来决定 $\alpha_{\mathrm{b}}$ 的值。当平衡质量矩 $m_{\mathrm{b}}r_{\mathrm{b}}$ 求出后，根据结构决定 $r_{\mathrm{b}}$ 即可求出平衡质量 $m_{\mathrm{b}}$ 的值。

## 二、刚性转子的动平衡

轴向长度较大的回转体，如滚筒、电动机转子、多级汽轮机转子等，都可看做是质量不在同一回转平面内分布的转子。这时，即使转子的质心在回转轴线上（图 14-2），但由于各偏心质量的惯性力不在同一回转平面内，它们将形成惯性力偶，所以仍不能得到完全

平衡。要使这种转子平衡，不仅要使各偏心质量惯性力的合力等于零（$\sum F_i=0$），而且这些惯性力所构成的合力偶亦要等于零（$\sum M_i=0$）。这样的平衡称为动平衡。

如图 14-3 所示，设 $m_1$、$m_2$、$m_3$ 为不在同一回转平面内的三个偏心质量，它们分布在 1、2、3 三个回转平面内，其向径为 $r_1$、$r_2$、$r_3$，取坐标系 $Oxy$，则各向径的方位角为 $\alpha_i$。当轴以角速度 $\omega$ 转动时，各质量产生的离心惯性力 $F_1$、$F_2$、$F_3$ 构成了一个空间力系。为了平衡由惯性力产生的对轴的支承座产生的力矩，则必须选取两个平面 $A$、$B$ 作为安装平衡质量的平面，这两个平面称为平衡平面。将惯性力 $F_1$、$F_2$、$F_3$ 按平行力分解原理分解到两个平衡平面 $A$、$B$ 内，则在 $A$、$B$ 两平面内的力系为平面汇交力系，这样就可以按照静平衡的方法在两个平衡平面内求得两个所需的平衡质量。

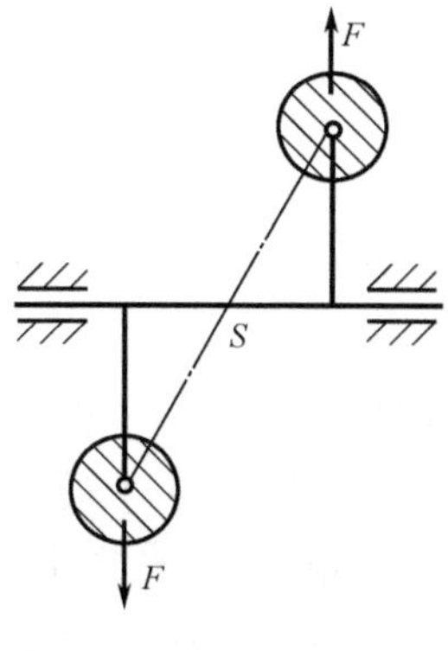

图 14-2　回转体的受力图

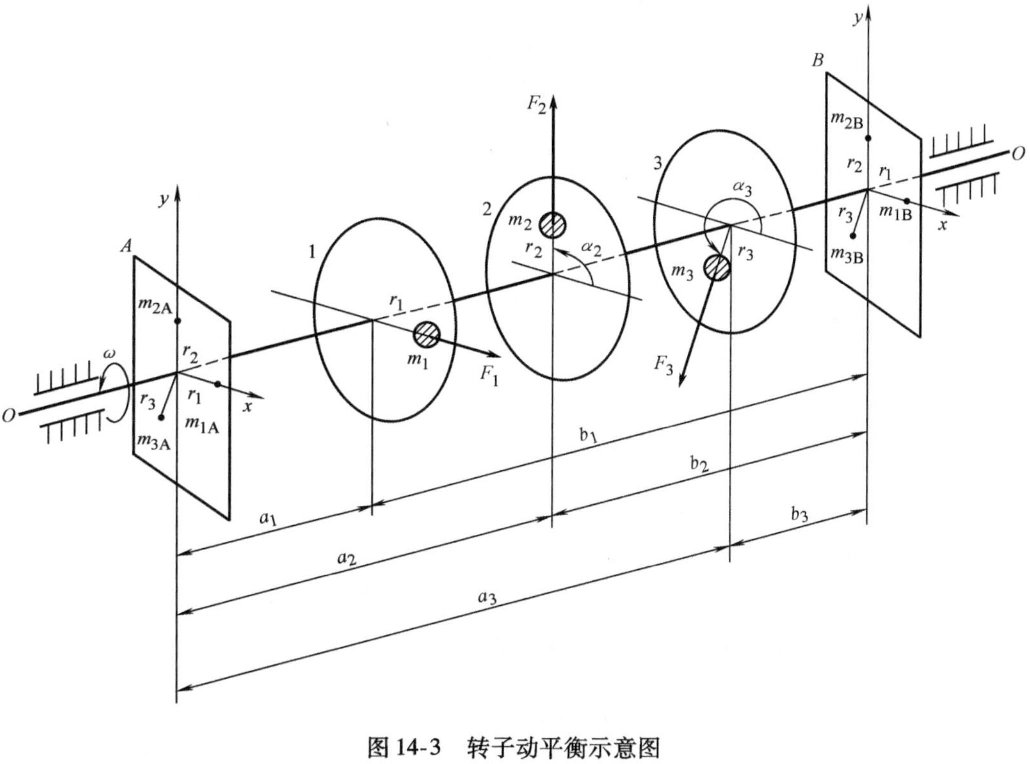

图 14-3　转子动平衡示意图

由于各质量均在同一根轴上，其上各质量的所在的平面的 $\omega$ 是一样的，因此各平衡平面中惯性力矢量和为零，即质量矩的矢量和为零。所以研究惯性力向两个平衡平面上的分解问题即质量矩向两个平衡平面上的分解问题。如图 14-4 所示，有一偏心质量 $m_i$，其向径为 $r_i$，方位角为 $\alpha_i$，将其质量矩 $m_ir_i$ 向两个平衡面 $A$、$B$ 分解，$m_i$ 所在平面与 $A$、$B$ 平面的距离为 $a_i$、$b_i$，$A$、$B$ 间的距离为 $l=a_i+b_i$，分解到 $A$、$B$ 两平面的质量 $m_{iA}$、$m_{iB}$，其向径仍为 $r_i$，方位角仍为 $\alpha_i$，则质量 $m_i$ 产生的惯性力的分解即质量 $m_i$ 向 $A$、$B$ 两平面上的质量分解。即 $m_{iA}$、$m_{iB}$与原质量 $m_i$ 等效，$m_{iA}$、$m_{iB}$的质心与原质量 $m_i$ 的质心重合，故有

$$\begin{cases} m_{iA}+m_{iB}=m_i \\ m_{iA}a_i=m_{iB}b_i \end{cases}$$

由此得

$$\begin{cases} m_{iA}=\dfrac{m_i b_i}{a_i+b_i}=\dfrac{b_i}{l}m_i \\ m_{iB}=\dfrac{m_i a_i}{a_i+b_i}=\dfrac{a_i}{l}m_i \end{cases} \tag{14-4}$$

如果轴上有 $n$ 个偏心质量，则按式（14-4）对 $n$ 个质量进行分解后，再按静平衡方法由式（14-3）分别求出 $A$、$B$ 两平面上的两个平衡质量矩的大小。

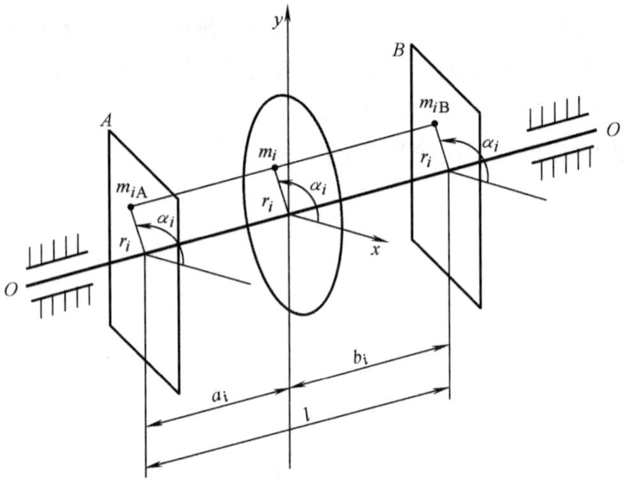


图 14-4　质量分解

**例 14-1**　如图 14-3 所示，$O$ 轴上有三个偏心质量 $m_1=50g$、$m_2=80g$、$m_3=70g$，其向径 $r_1=100mm$、$r_2=80mm$、$r_3=120mm$，各向径间的夹角 $\alpha_{21}=90°$、$\alpha_{32}=135°$。选定平衡平面 $A$、$B$，其间距离 $l=300mm$，各偏心质量所在平面与 $A$ 平面间的距离 $a_1=50mm$、$a_2=150mm$、$a_3=250mm$。试求两平衡平面内应加的平衡质量矩的大小和方位。若 $r_b=100mm$，求两平衡质量的大小。

**解**　1）取坐标系的 $x$ 轴与 $r_1$ 一致，得

$$\alpha_1=0,\ \alpha_2=\alpha_{21}=90°,\ \alpha_3=\alpha_{32}+\alpha_{21}=225°$$

2）求各质量所在平面距 $B$ 平面的距离

$$b_1=l-a_1=250mm,\ b_2=l-a_2=150mm,\ b_3=l-a_5=50mm$$

3）由式（14-4）求平衡平面上的分解质量

$$m_{1A}=\frac{b_1}{l}m_1=\frac{250}{300}\times 50g=41.67g$$

$$m_{1B}=\frac{a_1}{l}m_1=\frac{50}{300}\times 50g=8.33g\ \text{或}\ m_{1B}=m_1-m_{1A}=8.33g$$

$$m_{2A}=\frac{b_2}{l}m_2=\frac{150}{300}\times 80g=40g,\ m_{2B}=m_2-m_{2A}=40g$$

$$m_{3A}=\frac{b_3}{l}m_3=\frac{50}{300}\times 70g=11.67g,\ m_{3B}=m_3-m_{3A}=58.33g$$

4）求平衡面 $A$ 上的平衡质量矩 $m_{bA}r_{bA}$，令

$$x_A = \sum_{i=1}^{3} m_{iA} r_i \cos\alpha_i$$

$$y_A = \sum_{i=1}^{3} m_{iA} r_i \sin\alpha_i$$

得

$$\begin{aligned} x_A &= m_{1A} r_1 \cos\alpha_1 + m_{2A} r_2 \cos\alpha_2 + m_{3A} r_3 \cos\alpha_3 \\ &= (41.67 \times 100\cos 0° + 40 \times 80\cos 90° + 11.67 \times 120\cos 225°)\,\mathrm{g \cdot mm} \\ &= 3176.77\,\mathrm{g \cdot mm} \\ y_A &= (41.67 \times 100\sin 0° + 40 \times 80\sin 90° + 11.67 \times 120\sin 225°)\,\mathrm{g \cdot mm} \\ &= 2209.77\,\mathrm{g \cdot mm} \end{aligned}$$

由式（14-3）得

$$m_{bA} r_{bA} = (x_A^2 + y_A^2)^{1/2} = 3869.75\,\mathrm{g \cdot mm}$$

当 $r_{bA} = r_b = 100\mathrm{mm}$ 时，$m_{bA} = 38.7\mathrm{g}$

$$\tan\alpha_{bA} = -y_A / -x_A = -2209.77 / -3176.77$$

$$\alpha_{bA} = 214.823°$$

5）求平衡面 $B$ 上的平衡质量矩 $m_{bB} r_{bB}$

$$x_B = \sum_{i=1}^{3} m_{iB} r_i \cos\alpha_i = -4116.46\,\mathrm{g \cdot mm}$$

$$y_B = \sum_{i=1}^{3} m_{iB} r_i \sin\alpha_i = -1749.46\,\mathrm{g \cdot mm}$$

$$m_{bB} r_{bB} = (x_B^2 + y_B^2)^{1/2} = 4472.79\,\mathrm{g \cdot mm}$$

$$r_{bB} = r_b = 100\mathrm{mm}$$

$$m_{bB} = 44.73\mathrm{g}$$

$$\tan\alpha_{bB} = -y_B / -x_B = 1749.46/4116.46$$

$$\alpha_{bB} = 23.025°$$

## 第三节　转子的平衡试验及平衡精度

### 一、转子的平衡试验

在设计转子时，一般都要考虑平衡问题，即通过平衡计算调整质量分布使转子达到平衡。从理论上讲，这样的转子是完全平衡的。但是，由于在制造和装配过程中不可避免地带来了一些误差，而且转子材料的密度也不一定均匀，所以转子实际上还是不平衡的，而且这种不平衡量的大小和方位有很大的随机性，不可能在设计时就给予确定和消除。因此，对于平衡要求较高的转子在加工完成后，还需要通过试验的方法来找出应该配置的平衡质量的大小和方位，使转子达到一定精度的平衡要求。

**1．转子的静平衡试验**

静平衡试验一般只适用于轴向尺寸较小（即转子的直径与长度之比 $D/l \geqslant 5$）的盘状转子。静平衡试验主要解决离心惯性力的平衡，即设法将转子的质心移至回转轴线上。静平衡试验的方法和设备都比较简单，一般在静平衡架上进行。图 14-5 所示为静平衡架的结构示意图。其主要部分为水平安装的两个互相平行的钢制刀口形导轨（或圆柱形导轨）。试验时将需要平衡的转子放在平衡架的导轨上，若转子不平衡，其质心必偏离回转轴线，在重力矩 $M=mge$（$e$ 为质量偏心距）的作用下转子就在导轨上滚动，直到质心 $S$ 转到铅垂线下方时才会停止滚动（图 14-5）。待转子停止滚动后，在过转子轴心的铅垂线上方（即转子质心 $S$ 的相反方位）加平衡质量，并逐步调整所加平衡质量的大小或所加质量的径向位置，直至转子在任意位置都能保持静止不动。

但是，转子在导轨上滚动时，因有滚动摩擦阻力的影响，转子停止滚动时的质心并不处在最低位置而是略有偏差。为了消除滚动摩擦阻力的影响，可先将转子向一个方向滚动，待其静止后通过中心划一铅垂线 $nn$（图 14-6）；同样再将转子向另一个方向滚动，待其静止后，通过中心又可划一铅垂线 $mm$，则该转子的质心 $S$ 必位于 $nn$ 和 $mm$ 两线夹角的等分线上。

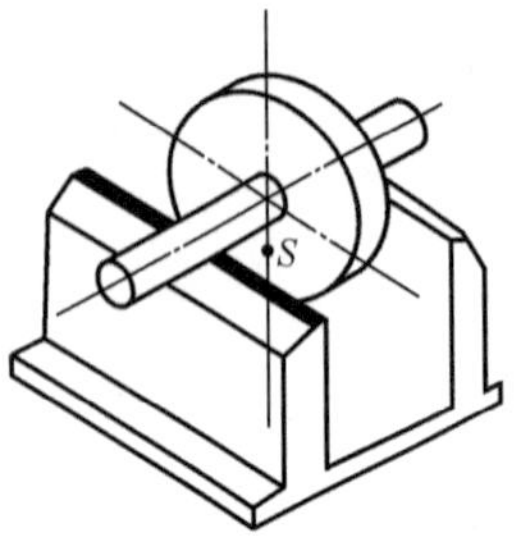


图 14-5　静平衡架示意图

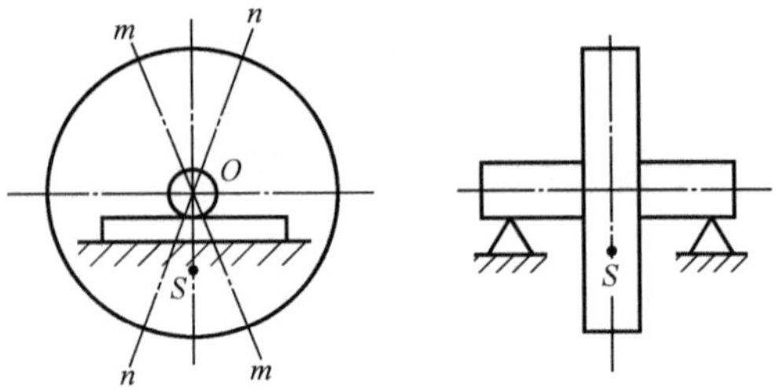


图 14-6　静平衡原理

这种利用重力作用，在导轨式平衡架上找平衡的方法，其设备简单、操作方便、精度较高，故被广泛应用。

**2. 转子的动平衡试验**

不平衡的转子回转时，离心惯性力作用在支承上，使支承发生振动。因此，可通过测量其支承的振动参数来衡量转子的不平衡程度。目前动平衡试验方法大致可分为两类，一类是用专门的动平衡试验机对转子进行动平衡试验；另一类是转子在其本身的机器上对整机进行平衡，又称现场平衡。上述两种动平衡方法的原理是基本相同的。它们都是通过测量支承的振幅及它的相位来测定转子不平衡量的大小和方位。在动平衡机上进行转子动平衡试验的效率高，又能达到较高的精度，因此是生产上常采用的方法。下面简要地介绍动平衡机的工作原理。

动平衡机的种类很多，目前常用的是电测式。它是利用测振传感器将拾得的振动信号通过电子线路加以处理和放大，最后显示出被试转子的不平衡质径积的大小和方位。图 14-7 为一种电测式动平衡机的工作原理示意图。它由

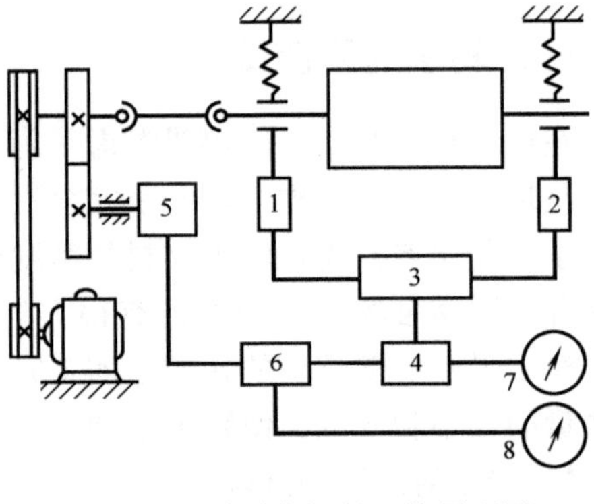


图 14-7　动平衡机的工作原理图
1、2—传感器　3—触算电路　4—放大器
5—基准信号发生器　6—鉴相器　7、8—仪表

驱动系统、试件的支承系统和不平衡量的测量系统这三个主要部分所组成。

驱动系统中，目前常采用变速电动机经过一级 V 带传动，并用万向联轴器与试验转子相联。

试验转子的支承系统是一个弹性系统，它能保证试验转子旋转后，由不平衡量引起的振动使支承部分按一定的方式振动，以便于传感器 1、2 拾得振动信号。

测量系统的任务是把传感器拾得的振动信号，处理成不平衡质径积的大小和方位。由传感器 1、2 得到的信号送入解算电路 3 内进行处理，然后经放大器 4 将信号放大，最后由仪表 7 指示出不平衡质径积的大小。经选频放大后的信号与基准信号发生器 5 产生的电信号一起输入鉴相器 6，经过鉴相器处理后在仪表 8 上指示出不平衡质径积的相位。

## 二、转子不平衡量的表示方法与许用不平衡量

### 1. 转子不平衡量的表示方法

转子的不平衡量一般用质径积（或重径积）或偏心距来表示。首先分析图 14-8 所示的盘状转子情况。设转子质量为 $m$（单位为 kg），质心偏离几何回转轴线的距离称为偏心距，用 $e$（单位为 μm）表示。当转子以角速度 $\omega$ 回转时，转子的离心惯性力 $F=me\omega^2$。若要使转子达到平衡，可在质心 $S$ 的对面，半径为 $r_j$（单位为 mm）处加一平衡质量 $m_j$（单位为 g），使其产生的离心惯性力 $F_j$ 的大小等于 $F$，$F_j$ 指向与 $F$ 相反，从而使转子达到离心惯性力的平衡，即 $F_j=-F$，则有

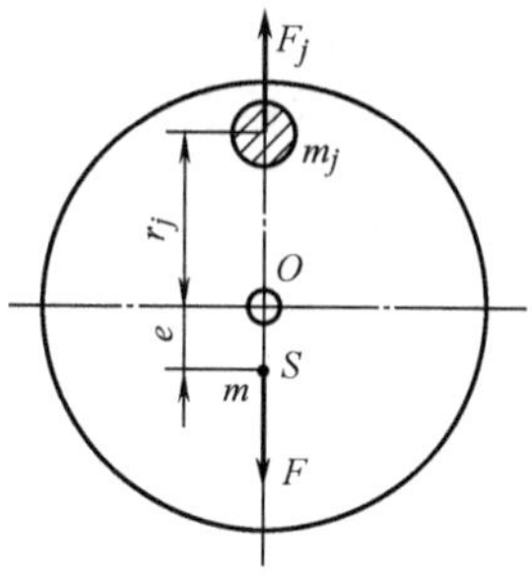

图 14-8 转子不平衡量的表示法

$$m_j r_j = me \tag{14-5}$$

所以，质量为 $m$、偏心距为 $e$ 的转子，可用质径积 $m_j r_j$ 来平衡。由式（14-5）可知，平衡质量的位置离回转中心 $O$ 越远，则所加的平衡质量 $m_j$ 越小。这种用 $m_j r_j$ 大小来表示不平衡程度的方法，称为不平衡量的质径积表示法。但是要注意到：同样大小的质径积（惯性力），对于质量大小不同的两个转子的影响应该是不同的。因此，将质径积与转子的质量联系起来一并考虑是必要的。这样，就提出了单位质量不平衡量的概念。由式（14-5）可得

$$e=\frac{m_j r_j}{m} \tag{14-6}$$

转子质心的偏心距 $e$，即表示转子单位质量的不平衡量。对于具体的平衡试验操作来说，一般采用质径积比较方便而直观；而对于衡量转子的平衡精度来说，则采用偏心距更便于直接比较。

### 2. 转子的许用不平衡量与平衡精度

绝对平衡的转子是做不到的，实际上也不需要把转子的平衡精度定得过高，而应以满足实际工作要求为度。因此，对不同工作要求的转子可允许有不同的许用不平衡质径积 $[mr]$ 或许用偏心距 $[e]$。

回转构件平衡状态的优良程度称为平衡精度。实践经验表明，偏心距和回转角速度的乘积 $e\omega$，反映着回转构件运行的优良程度。不同机器的转子，从工作要求和经济性等方

面考虑，应该允许有不同的 $e\omega$ 值。因此，工程上常用 $e\omega$ 来表示回转构件的平衡精度。目前，我国尚未制定出平衡精度的国家标准。表 14-1 列出了转子类型和平衡精度等级之间的关系（摘自国际标准化协会的资料 ISO1940—1973）供参考使用。对于一个特定的刚性转子，根据转子的类型，选择表 14-1 对应的平衡精度等级 G，查得平衡精度 $A$，再按工作转速 $\omega$ 来确定转子的许用不平衡偏心距 $[e]$ 单位为（μm），即有

$$[e]=\frac{1000A}{\omega} \tag{14-7}$$

在使用表 14-1 中的推荐数值时，应注意下列不同情况：

1）对于静不平衡的转子，按表 14-1 和式（14-7）即可计算出许用偏心距 $[e]$。

2）对于动不平衡的转子，求出 $[e]$ 值后，需按照式（14-5）求出许用不平衡质径积 $[m_jr_j]=m[e]$，然后应将它分配到两个选定的平衡平面Ⅰ和Ⅱ上面去。各平衡平面Ⅰ和Ⅱ上的许用质径积可按下列计算方法进行分配（图 14-9）。

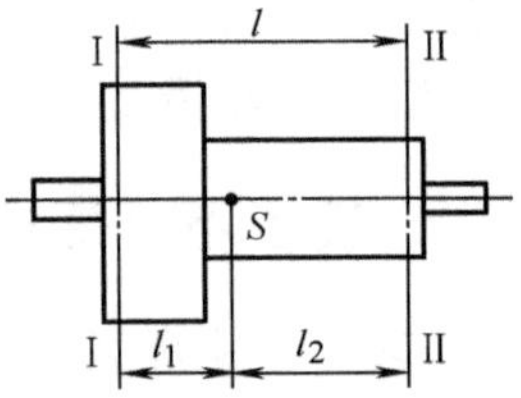


图 14-9　质径积分配原理图

$$\begin{cases}[m_jr_j]_{\text{I}}=m[e]\dfrac{l_2}{l}\\[2ex][m_jr_j]_{\text{II}}=m[e]\dfrac{l_1}{l}\end{cases} \tag{14-8}$$

**表 14-1　各类典型刚性回转构件的平衡精度等级**

| 精度等级 G | 平衡精度 $A/(\text{mm}\cdot\text{s}^{-1})$ | 回转构件类型示例 |
|---|---|---|
| G4000 | 4000 | 刚性安装的具有奇数气缸的低速①船用柴油机曲轴传动装置② |
| G1600 | 1600 | 刚性安装的大型两冲程发动机曲轴传动装置 |
| G630 | 630 | 刚性安装的大型四冲程发动机曲轴传动装置，弹性安装的船用柴油机曲轴传动装置 |
| G250 | 250 | 刚性安装的高速①四缸柴油机曲轴传动装置 |
| G100 | 100 | 六缸和六缸以上高速柴油机曲轴传动装置，汽车、机车用发动机整机 |
| G40 | 40 | 汽车轮、轮缘、轮组、传动轴，弹性安装的六缸和六缸以上高速四冲程发动机曲轴传动装置，汽车、机车用发动机曲轴传动装置 |
| G16 | 16 | 特殊要求的传动轴、螺旋桨轴、万向联轴器轴，破碎机械和农业机械的零件，汽车和机车发动机的部分，特殊要求的六缸和六缸以上的发动机曲轴传动装置 |
| G6.3 | 6.3 | 作业机械的回转零件，船用主汽轮机齿轮，航空燃气轮机转子，风扇，离心机鼓轮，泵转子，机床及一般机械的回转零部件，普通电动机转子，特殊要求的发动机回转零部件 |
| G2.5 | 2.5 | 燃气轮机和汽轮机的转子部件，刚性汽轮发电机转子，涡轮压缩机转子，机床传动装置，特殊要求的大型和中型电动机转子，小型电动机转子，涡轮驱动泵 |
| G1.0 | 1.0 | 磁带记录仪及录音机的驱动装置，磨床传动装置，特殊要求的微型电动机转子 |
| G0.4 | 0.4 | 精密磨床主轴、砂轮盘及电动机转子，陀螺仪 |

① 按国际标准，低速柴油机的活塞速度小于 9m/s，高速柴油机的活塞速度大于 9m/s。
② 曲轴传动装置是包括曲轴、飞轮、离合器、带轮等的组合件。

14

**例 14-2**　某离心叶轮，其最大工作转速为 3000r/min，质量为 40kg，需作动平衡试验。若选定两平衡平面对称于叶轮的质心，试确定两平衡平面上的许用质径积。

**解**　按表 14-1，离心叶轮的平衡精度可选 G6.3 级，$A=\frac{[e]\omega}{1000}=6.3\text{mm/s}$，则

$$[e]\approx\frac{6.3\times1000}{3000/10}\mu\text{m}=21\mu\text{m}$$

由式（14-5）可求得许用不平衡质径积的上限为

$$[m_jr_j]=m[e]=40\times21\text{g}\cdot\text{mm}=840\text{g}\cdot\text{mm}$$

又根据式（14-8）求得Ⅰ和Ⅱ两平衡平面质径积

$$[m_jr_j]_{\mathrm{I}}=[m_jr_j]_{\mathrm{II}}=\frac{1}{2}[m_jr_j]=420\text{g}\cdot\text{mm}$$

## *第四节　平面连杆机构质量矩平衡方法

在平面连杆机构中，除了作回转运动的构件外，还有作往复运动的构件、作平面运动的构件。因此，这些构件产生的惯性力和惯性力偶，就不能由构件各自平衡。其平衡问题，必须就整个机构来加以研究。

机构中各构件的惯性力和惯性力偶，可以合成为一个通过整个机构质心 $S$ 的总惯性力 $F$ 和一个总惯性力偶 $M$。总惯性力和总惯性力偶将被机座所承受。因此，为了消除或减小机构对机座的动压力，就必须设法对机构进行平衡处理。在实际的平衡计算中，总惯性力偶对机座的影响是与外加的驱动力矩和阻力矩对机座的影响一并考虑的，目前机构的平衡一般只计算总惯性力的平衡。

设机构的总质量为 $m$，总质心为 $S$，总质心 $S$ 的加速度为 $a_s$，则机构的总惯性力为 $F=-ma_s$。由于机构质量不可能为零，要使机构的惯性力 $F$ 在任何运动位置时都等于零，则只有使机构在任何运动位置时 $a_s$ 都等于零。也就是说机构的质心应作直线匀速运动或静止。平面机构的平衡问题之一，就是用加平衡质量的办法使机构在运动过程中总质心位置不变。

能用加平衡质量的方法平衡的机构应具备一定的条件。即任何一个活动构件的质量所在位置均可只经过转动副联接的途径通向固定构件。例如在图 14-10 中，$m_3$ 所在位置 $S_3$ 可经过转动副 $C$、$B$、$A$ 或 $D$、$E$ 或 $F$、$G$ 通向固定构件（机架）。质量 $m_2$ 所在的位置 $S_2$ 可经过 $B$、$A$ 通向固定构件，所以可用加平衡质量的方法平衡惯性力。

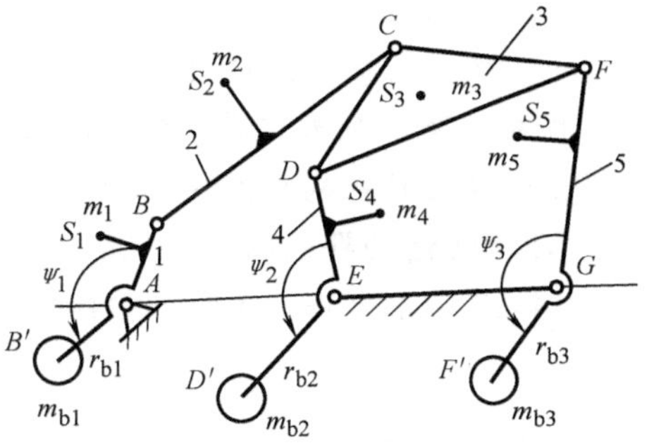

图 14-10　铰链连杆机构的质量平衡

上述条件之所以必要，是因为满足此条件的机构可用附加质量的方法使各构件的质心调整到这一通道的各转动副上，最后使总质心挪到固定支座上。如图 14-11 所示，滑块的质量 $m_C$ 所在位置点 $C$ 可以经过转动副 $B$、$A$ 通向固定构件，即用 $m_{b2}$ 与 $m_C$ 的合成质心挪

到点 $B$，再用 $m_{b1}$ 与点 $B$ 的质量合成质心挪到点 $A$ 而固定不动，即惯性力得到平衡。图 14-12所示机构由活动构件 1、2、3 构成，$A$、$B$ 为转动副，$C$、$D$ 为移动副。显然，该机构不可能采用附加质量的方法来平衡惯性力。

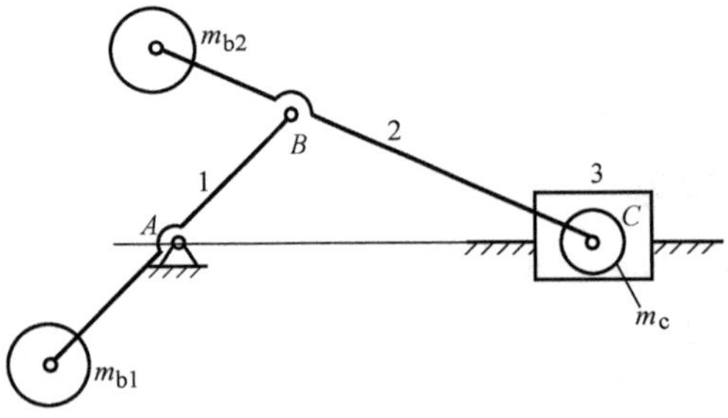


图 14-11 滑块机构的质量平衡

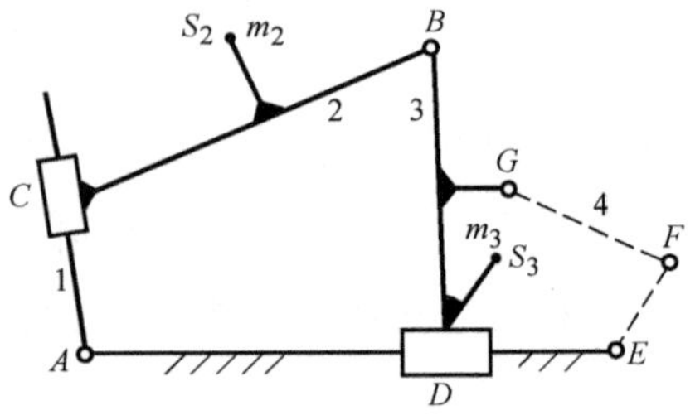


图 14-12 无法用附加质量平衡的机构

## 一、平面机构惯性力平衡的质量矩法

质量矩法的基本思想是使机构总质心在机构运转中保持静止，从而满足平面机构惯性力的平衡条件，实现机构的惯性力平衡。

由理论力学知，由 $n$ 个活动构件组成的机构的总质心的向径 $\boldsymbol{r}_s$ 可表示为 $\boldsymbol{r}_s = \frac{1}{M}\sum_{i=1}^{n} m_i \boldsymbol{r}_{si}$，其中 $M = \sum_{i=1}^{n} m_i$，$m_i$ 为构件 $i$ 的质量，$\boldsymbol{r}_{si}$ 为构件 $i$ 的质心向径。上式可改写为

$$\boldsymbol{r}_s M = \sum_{i=1}^{n} m_i \boldsymbol{r}_{si} \tag{14-9}$$

即机构的总质量矩等于各构件质量矩的矢量和。由于机构在运转过程中，各个活动构件的质心位置发生变化，因而 $\boldsymbol{r}_s$ 也随时间而变化，它是若干随时间变化的线性组合。如果能够适当分布机构的各构件质量，使式（14-9）中的所有与时间有关的矢量的系数都等于零，则机构的总质量矩将和时间无关，即机构的总质心不变，机构处于平衡状态。

值得注意的是，式（14-9）中的 $\boldsymbol{r}_{si}$ 不单是时间的独立参数，在由闭式链构成的机构中，$\boldsymbol{r}_{si}$ 还应该满足机构的封闭矢量方程式。为此，在求解平衡条件时，应根据机构的封闭矢量方程式变换 $\boldsymbol{r}_{si}$ 的表达式，使其均为时间的线性独立矢量。

下面讨论几种机构的惯性力平衡问题。

### 1. 平面铰链四杆机构

图 14-13 所示为一平面铰链四杆机构，现取坐标系 $Axy$，并用复数形式推导出机构的平衡条件。

设机构各杆的质量 $m_i$ 及其质心 $S_i$ 的位置尺寸 $r_i$、$\theta_i$，在连架杆 1、3 上加平衡质量 $m_{bi}$ 使机构的惯性力得以平衡。平衡质量的位置尺寸用 $r_{bi}$、$\psi_i$ 表示，各构件的位置角用 $\varphi_i$ 表示。其中各位置角均沿 $x$ 正向按逆时针方向度量。若机构的总质量为 $m_{\Sigma}$，其向径为 $\boldsymbol{r}_s$，则由公式（14-9）可得到该机构的总质量矩

$$m_{\Sigma} r_s = m_1 r_1 e^{i(\varphi_1+\theta_1)} + m_{b1} r_{b1} e^{i(\psi_1+\varphi_1)} + m_2(l_1 e^{i\varphi_1} + r_2 e^{i(\varphi_2+\theta_2)})$$
$$+ m_3(l_4 e^{io} + r_3 e^{i(\varphi_3+\theta_3)}) + m_{b3}(l_4 e^{io} + r_{b3} e^{i(\psi_3+\varphi_3)})$$

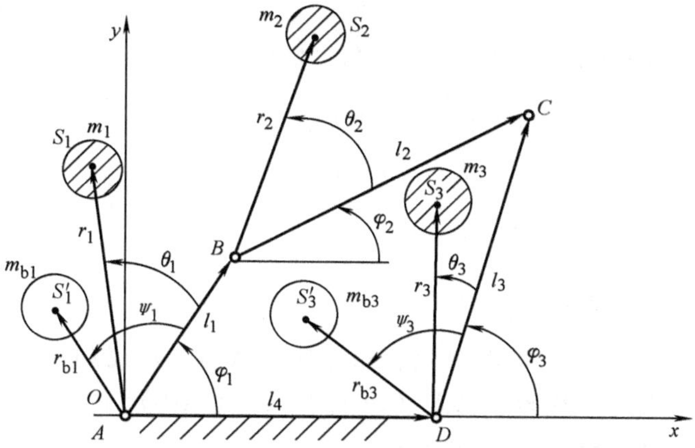


图 14-13　平面铰链四杆机构的平衡

注意到 $e^{i\varphi_2}=(l_4e^{io}+l_3e^{i\varphi_3}-l_1e^{i\varphi_1})/l_2$，并代入上式化简后有

$$m_{\Sigma}r_s=Ae^{i\varphi_1}+Be^{i\varphi_3}+C \tag{14-10}$$

其中

$$\begin{cases}A=m_1r_1e^{i\theta_1}+m_{b1}r_{b1}e^{i\psi_1}+m_2l_1-m_2r_2l_1e^{i\theta_2}/l_2\\ B=m_3r_3e^{i\theta_3}+m_{b3}r_{b3}e^{i\psi_3}+m_2r_2l_3e^{i\theta_2}/l_2\\ C=l_4(m_3+m_{b3}+m_2r_2e^{i\theta_2}/l_2)\end{cases} \tag{14-11}$$

式（14-10）对 $t$ 求导两次后，得机构总惯性力 $\boldsymbol{F}_s=-M\boldsymbol{r}_s$

$$F_s=A\omega_1^2e^{i\varphi_1}+B\omega_3^2e^{i\varphi_3}-iB\varepsilon_3e^{i\varphi_3} \tag{14-12}$$

式中，$\omega_1=\mathrm{d}\varphi_1/\mathrm{d}t$，$\omega_3=\mathrm{d}\varphi_3/\mathrm{d}t$，$\varepsilon_3=\mathrm{d}\omega_3/\mathrm{d}t$。

可见，为了使机构总惯性力 $F_s=0$，应使 $A=B=0$，现将式（14-11）的复数方程分成虚实两部并分别等于零，得

$$\begin{cases}m_1r_1\cos\theta_1+m_{b1}r_{b1}\cos\psi_1+m_2l_1-m_2r_2l_1\cos\theta_2/l_2=0\\ m_1r_1\sin\theta_1+m_{b1}r_{b1}\sin\psi_1-m_2l_1r_2\sin\theta_2/l_2=0\\ m_3r_3\cos\theta_3+m_{b3}r_{b3}\cos\psi_3+m_2r_2l_3\cos\theta_2/l_2=0\\ m_3r_3\sin\theta_3+m_{b3}r_{b3}\sin\psi_3+m_2l_3r_2\sin\theta_2/l_2=0\end{cases}$$

由上式解得

$$\begin{cases}\tan\psi_1=(m_2r_2l_1\sin\theta_2-m_1r_1l_2\sin\theta_1)/(m_2r_2l_1\cos\theta_2-m_2l_1l_2-m_1r_1l_2\cos\theta_1)\\ m_{b1}r_{b1}=[(m_2r_2l_1\sin\theta_2-m_1r_1l_2\sin\theta_1)^2+(m_2r_2l_1\cos\theta_2-m_2l_1l_2-m_1r_1l_2\cos\theta_1)^2]^{1/2}/l_2\end{cases} \tag{14-13}$$

$$\begin{cases}\tan\psi_3=(-m_2r_2l_3\sin\theta_2-m_3r_3l_2\sin\theta_3)/(-m_2r_2l_3\cos\theta_2-m_3r_3l_2\cos\theta_3)\\ m_{b3}r_{b3}=[(m_2r_2l_3\sin\theta_2+m_3r_3l_2\sin\theta_3)^2+(m_2r_2l_3\cos\theta_2+m_3r_3l_2\cos\theta_3)^2]^{1/2}/l_2\end{cases} \tag{14-14}$$

以上即平衡 $m_1$、$m_2$、$m_3$ 产生的惯性力需在两连架杆上附加的平衡质量 $m_{b1}$、$m_{b2}$ 的质量矩及质量的位置角 $\psi_1$、$\psi_3$ 的方程式。在通常情况下，两连架杆可以用附加质量首先平衡，使 $m_1$、$m_3$ 的质心 $S_1$、$S_3$ 分别与支座 $A$、$D$ 重合。即令上式中的 $r_1=r_2=0$，由式（14-13）、式（14-14）可得到仅平衡连杆质量 $m_2$ 时的平衡质量的质量矩的大小和位置，

方程式如下

$$\begin{cases}\tan\psi_1 = r_2\sin\theta_2/(r_2\cos\theta_2 - l_2)\\ m_{b1}r_{b1} = \dfrac{l_1}{l_2}m_2[(r_2\sin\theta_2)^2 + (r_2\cos\theta_2 - l_2)^2]^{1/2}\end{cases} \tag{14-15}$$

$$\begin{cases}\tan\psi_3 = -\sin\theta_2/(-\cos\theta_2)\\ \psi_3 = \pi + \theta_2\\ m_{b3}r_{b3} = \dfrac{l_3}{l_2}m_2 r_2\end{cases} \tag{14-16}$$

式（14-15）、式（14-16）与其他《机械原理》教材中所述的用广义质量静替代法平衡机构得到的公式形式是一致的。在式（14-15）、式（14-6）中，若不平衡质量 $m_2$ 的质心位于构件 2 的轴线上，即 $\theta_2=0$，则得如下公式

$$\begin{cases}\psi_1 = \pi\\ m_{b1}r_{b1} = l_1(l_2 - r_2)m_2/l_2\end{cases} \tag{14-17}$$

$$\begin{cases}\psi_3 = \pi\\ m_{b3}r_{b3} = m_2 r_2 l_3/l_2\end{cases} \tag{14-18}$$

式（14-17）、式（14-18）与其他《机械原理》教材中所述的用质量静替代法平衡机构得到的公式形式是一致的。

**2. 曲柄滑块机构**

图 14-14 所示为一曲柄滑块机构，按上述相同方法推导出平衡 $m_1$、$m_2$、$m_3$ 的惯性力应附加的平衡质量 $m_{b1}$、$m_{b2}$的质量矩及其向径方向角的方程式。

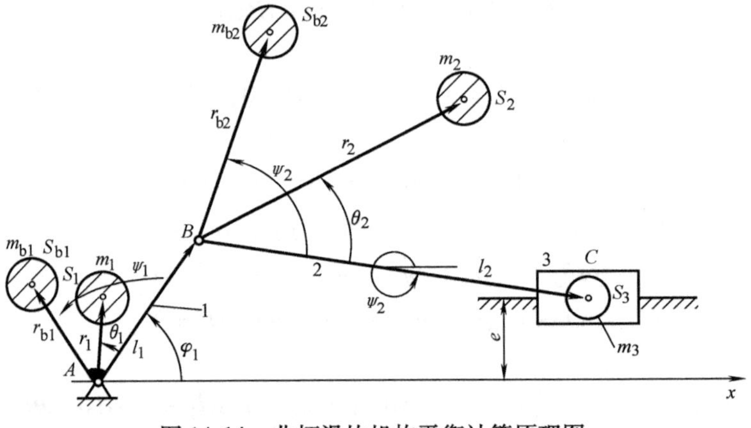


图 14-14 曲柄滑块机构平衡计算原理图

首先列出机构的总质量矩

$$m_\Sigma r_s = m_1 r_1 e^{i(\varphi_1+\theta_1)} + m_{b1}r_{b1}e^{i(\psi_1+\varphi_1)} + m_2(l_1 e^{i\varphi_1} + r_2 e^{i(\varphi_2+\theta_2)}) + m_{b2}(l_1 e^{i\varphi_1} + r_{b2}e^{i(\varphi_2+\psi_2)}) + m_3(l_1 e^{i\varphi_1} + l_2 e^{i\varphi_2})$$

将上式简化成 $\varphi_1$、$\varphi_2$ 的线性组合得

$$\begin{cases}m_\Sigma r_s = Ae^{i\varphi_1} + Be^{i\varphi_2}\\ A = m_1 r_1 e^{i\theta_1} + m_{b1}r_{b1}e^{i\psi_1} + l_1(m_2 + m_3 + m_{b2})\\ B = m_2 r_2 e^{i\theta_2} + m_{b2}r_{b2}e^{i\psi_2} + m_3 l_2\end{cases} \tag{14-19}$$

将 $m_\Sigma r_s$ 对 $t$ 求导二次得总惯性力 $F_s=-M\ddot{r}_s$ 有

$$F_s=A\omega_1^2 e^{i\varphi_1}+B\omega_2^2 e^{i\varphi_2}-iB\varepsilon_2 e^{i\varphi_2} \tag{14-20}$$

为使 $F_s=0$，令 $A=B=0$ 可得到

$$\begin{cases}\tan\psi_2=-m_2r_2\sin\theta_2/(-m_2r_2\cos\theta_2-m_3l_2)\\ m_{b2}r_{b2}=[(m_2r_2\sin\theta_2)^2+(m_2r_2\cos\theta_2+m_3l_2)^2]^{1/2}\end{cases} \tag{14-21}$$

$$\begin{cases}\tan\psi_1=-m_1r_1\sin\theta_1/[-m_1r_1\cos\theta_1-l_1(m_2+m_3+m_{b2})]\\ m_{b1}r_{b1}=[(m_1r_1\sin\theta_1)^2+(m_1r_1\cos\theta_1+l_1(m_2+m_3+m_{b2}))^2]^{1/2}\end{cases} \tag{14-22}$$

式（14-21）、式（14-22）即平衡 $m_1$、$m_2$、$m_3$ 产生的惯性力在构件 1、2 上应附加的质量矩的大小及位置方程式。通常构件 1 已平衡，即 $r_1=0$。此时，平衡 $m_2$、$m_3$ 产生的惯性力，在构件 1、2 上应附加的质量矩方程为

$$\begin{cases}\tan\psi_2=-m_2r_2\sin\theta_2/(-m_2r_2\cos\theta_2-m_3l_2)\\ m_{b2}r_{b2}=[(m_2r_2\sin\theta_2)^2+(m_2r_2\cos\theta_2+m_3l_2)^2]^{1/2}\end{cases} \tag{14-23}$$

$$\begin{cases}\psi_1=\pi\\ m_{b1}r_{b1}=l_1(m_2+m_3+m_{b2})\end{cases} \tag{14-24}$$

若构件 2 的质心 $S_2$ 位于连杆的轴线上，即 $\theta_2=0$，且 $r_1=0$ 得

$$\begin{cases}\psi_2=\pi\\ m_{b2}r_{b2}=m_3l_2+m_2r_2\\ \psi_1=\pi\\ m_{b1}r_{b1}=l_1(m_2+m_3+m_{b2})\end{cases} \tag{14-25}$$

按式（14-25）对曲柄滑块机构的平衡情况如图 14-15 所示。若待平衡质量 $m_2=m_3=1$，$r_{b2}=r_2=l_3/2$，$l_1=r_{b1}$，由式（14-25）计算得 $m_{b2}=3$，$m_{b1}=5$。显然，附加的质量将比原来的平衡质量大大增加。

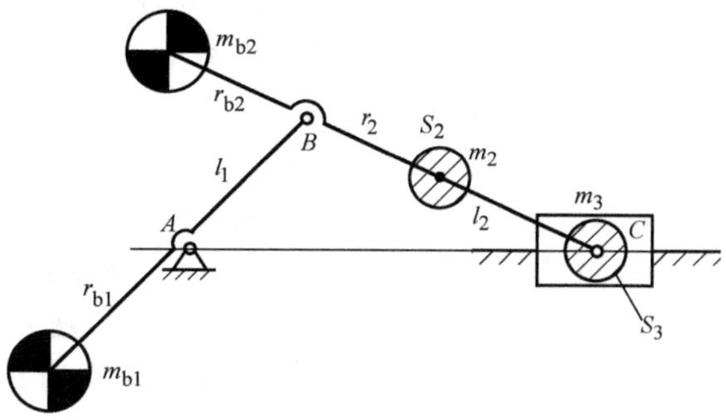


图 14-15　曲柄滑块机构的平衡

**3. 导杆机构**

图 14-16 所示为导杆机构。按上述相同方法，可求出平衡质量矩的方程式如下

$$\begin{cases}\tan\psi_1=-m_1r_1\sin\theta_1/[-m_1r_1\cos\theta_1-m_2l_1]\\ m_{b1}r_{b1}=[(m_1r_1\sin\theta_1)^2+(m_1r_1\cos\theta_1+m_2l_1)^2]^{1/2}\\ \tan\psi_3=(-m_2r_2\sin\theta_2-m_3r_3\sin\theta_3)/(-m_2r_2\cos\theta_2-m_3r_3\cos\theta_3)\\ m_{b3}r_{b3}=[(m_2r_2\sin\theta_2+m_3r_3\sin\theta_3]^2+(m_2r_2\cos\theta_2+m_3r_3\cos\theta_3)^2]^{1/2}\end{cases} \tag{14-26}$$

当构件 1、3 的质心在连架杆的转动轴心处，$r_1=r_3=0$ 时

$$\begin{cases}\psi_1=\pi\\ m_{b1}r_{b1}=m_2l_1\\ \psi_3=\theta_2+\pi\\ m_{b3}r_{b3}=m_2r_2\end{cases} \tag{14-27}$$

当构件1、2、3的质心分别位于$A$、$B$、$C$，即$r_1=r_2=r_3=0$时

$$\begin{cases}\psi_1=\pi\\ m_{b1}r_{b1}=m_2l_1\\ m_{b3}r_{b3}=0\end{cases}\tag{14-28}$$

以上按质量矩方程求解平衡质量矩方程，对于多杆机构也是适用的。因为平衡质量的个数与连架杆的个数相等，使得平衡质量矩的方程式更为复杂一些，此处不再叙述。

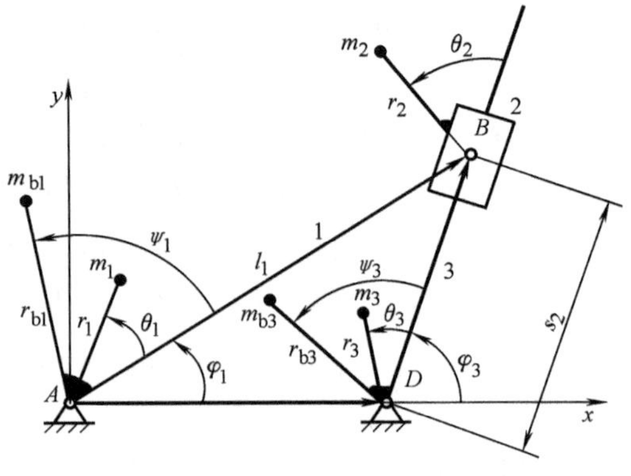

图14-16　导杆机构的平衡

## 二、质量矩平衡法综合平衡效果的讨论

采用质量矩法来平衡惯性力是否对所有机构都适用？是否机构上的惯性力都能够得到完全平衡？在机构上附加质量后会带来什么不良效果？这些问题还应作进一步回答。

1）如前所述，并非对所有机构都能用附加质量的方法来平衡机构的惯性力。如图14-12所示，各机构质量所在位置没有一条只经过转动副联接的途径就可通向固定构件，若采用附加质量平衡法需添加杆组$GFE$，其结果会增大机构的结构。

2）用附加质量平衡机构惯性力的另一不良结果是使机构的质量大大增加。如图14-15所示的例子，要平衡滑块与连杆质量$m_2+m_3=2\text{kg}$产生的惯性力，必须在连杆上加的平衡质量（$m_{b2}=3\text{kg}$）和在曲柄上加的平衡质量（$m_{b1}=5\text{kg}$）大大超过原质量。在连杆上加质量，造成连杆运动空间增大，在结构上也可能会产生困难；另外，用4倍于原质量的代价来企图平衡惯性力，显然是不划算的。

3）机构惯性力平衡的目的并不是消除机构各运动副中的附加动压力，因为在机构上附加质量后只会使运动副中的附加动压力增大。其目的是通过加平衡质量使机构机座中的附加动压力得以完全平衡，消除由不平衡附加动压力所引起的振动以提高机器的运动质量。所谓完全平衡，即由机构原质量和平衡质量分别在机座上引起的附加动压力，大小相等，方向相反，并且共线。

机构平衡质量矩法的基本思想是使机构的原质量和平衡质量产生的惯性力矢量和为零。这里可能出现两种情况，一是原质量的质心与平衡质量的质心重合，则其产生的惯性力可以完全平衡；另一种情况是原质量的质心与平衡质量的质心不重合，两者产生的惯性力大小相等方向相反，但不共线，尽管可以保证总惯性力的矢量和为零，但却产生一附加力偶矩。该附加力偶矩随$m_2$偏离构件2的轴线距离的增大而增大。由于机构不是单一的刚体，而是由运动副联接的构件组合，因此该附加的力偶矩并不能直接由原动件输入力矩平衡。因为单个铰链不能传递力偶矩，因此该附加力偶矩必然以运动副反力的形式最后传递到机架支座上。所以在机架支座上沿机座连线方向的动压力相互平衡不会使机座振动，而在机座连线的垂直方向将产生一大小相等、方向相反、但不共线的附加动压力使机座产生摇振。如果该附加动压力较大，甚至大于未平衡时的附加动压力，显然这一平衡方法是不成功的。

由于质量矩法不能分别求出单个支座上的附加动压力，为了验证以上推断，采用一般

力分析方法对已用质量矩法完全平衡的机构进行机座附加动压力计算，并分别列于表14-2、表14-3，表中计算结果可验证以上论断的正确性。

用质量矩方法进行惯性力“完全”平衡的机构，沿机架方向的惯性力得以消除，但沿机架垂直方向将出现相等反向但不共线的一对惯性力，仍会使机座摇振。由于附加平衡质量后在机座上仍存在附加动压力（有时甚至很大），且各可动运动副中的动压力及原动件上的惯性力矩将会增大，因此不但增大机重和构件结构尺寸，而且也会增大输入力矩的波动。因此应寻求其他平衡方法。

**表 14-2　用质量矩法完全平衡的铰链四杆机构的支座惯性力**(图 14-13)

| 已知条件 | | $r_{b1}=l_1=0.06\text{m}, l_2=l_4=0.3\text{m}, r_2=0.1595\text{m}, \theta_2=23.3°, m_2=7.09\text{kg}, \omega_1=1\text{rad/s}$<br>$l_3=r_{b3}=0.09\text{m}, J_{s2}=2.842\times10^{-3}\text{kg}\cdot\text{m}^2, J_{1A}=9.506\times10^{-3}\text{kg}\cdot\text{m}^2, J_{3D}=2.1462\times10^{-3}\text{kg}\cdot\text{m}^2$ | | | | | | | | |
|---|---|---|---|---|---|---|---|---|---|---|
| 平衡质量 | | $m_{b1}=3.9185\text{kg}, m_{b3}=3.767\text{kg}, \psi_1=157.7°, \psi_3=203.3°$ | | | | | | | | |
| 原动件转角 $\varphi_1$/(°) | | 0 | 40 | 80 | 120 | 160 | 200 | 240 | 280 | 320 |
| 平衡前支座振动力/N | $X'_A$ | 38.97 | 21.34 | 4.54 | -4.69 | -10.64 | -12.91 | -12.01 | -8.99 | 5.32 |
| | $X'_D$ | -10.87 | -2.11 | 0.56 | -2.77 | -2.67 | -0.60 | -1.29 | -0.83 | -0.24 |
| | $Y'_A$ | 9.40 | 9.16 | 9.86 | 5.60 | -2.52 | -8.94 | -12.07 | -11.16 | 0.66 |
| | $Y'_D$ | -15.98 | -3.86 | 5.69 | 7.36 | 2.99 | 0.53 | 1.62 | 23.64 | -1.20 |
| | $M'_b$ | 0.56 | 0.40 | -0.17 | 0.08 | 0.36 | 0.24 | -0.26 | -0.65 | 0.24 |
| 平衡后支座振动力/N | $X_A$ | 76.57 | 30.55 | 1.58 | -7.95 | -19.97 | -21.07 | -13.37 | -13.90 | 4.35 |
| | $X_D$ | -76.57 | -30.55 | -1.57 | 7.96 | 19.98 | 21.06 | 13.37 | 13.89 | -4.35 |
| | $Y_A$ | 25.51 | 8.58 | 1.24 | -5.34 | -12.29 | -14.55 | -9.96 | -4.82 | 11.81 |
| | $Y_D$ | -25.52 | -8.58 | -1.24 | 5.34 | 12.30 | 14.56 | 9.97 | 4.82 | -11.81 |
| | $M_b$ | 1.29 | 17.16 | -0.32 | 0.33 | 0.86 | 0.15 | 0.64 | -1.11 | 0.47 |

**表 14-3　用质量矩法完全平衡的曲柄滑块机构的支座惯性力**（图 14-14）

| 已知条件 | $l_1=0.015\text{m}$，$l_2=0.12\text{m}$，$e=-0.006\text{m}$，$m_1=m_2=10\text{kg}$，$m_3=30\text{kg}$，$r_1=0.01\text{m}$，$r_2=0.03\text{m}$，$r_{b1}=0.015\text{m}$，$r_{b2}=0.06\text{m}$，$\varphi_1=45°$，$\theta_1=\theta_2=45°$，$\omega_1=1\text{rad/s}$ | | | |
|---|---|---|---|---|
| 平衡质量 | $m_{b1}=108.45\text{g}$，$\psi_1=182.49°$，$m_{b2}=63.63\text{g}$，$\psi_2=183.19°$ | | | |
| 惯性力 | $N_C$/N | $X_A$/N | $Y_A$/N | 原动件惯性力矩 $M_b$/（N·m） |
| | 500.6 | -0.002 | -500.6 | -5309.3 |



## 第五节　平面连杆机构惯性力平衡的适用方法

由上节分析知，质量矩法（包括广义质量替代法和质量静替代法的通用方法）对于一般机构而言不可能完全平衡机座上的惯性力，有时所加的平衡质量很大。因此工程上适用的平衡方法必须兼顾平衡效果和结构尺寸、机重，既不能过大增加结构尺寸和机重，又要能减小机器的振动，即采用部分平衡法。

## 一、采用平衡机构平衡

这种平衡方法即在原动件上附加一个机构使其能部分平衡原机构产生的机座惯性力，例如，为平衡图14-17中的滑块质量 $m_c$ 产生的惯性力附加一机构 $AB'C'$，其中 $B'C' /\!/ BC$。这样，$C'$与 $C$ 的运动相似而方向相反。当 $AB' = 0.5AB$ 时，点 $C'$的加速度 $a_{c'} = -0.5a_c$。因此，只要在点 $C'$加 $2m_c$ 的平衡质量，即可使支座惯性力达到有效的平衡。原机构与平衡机构也可以是不同类型的机构。如图 14-18 所示，$B'C'$较长时，点 $B'$的运动近似于直线。点 $B$ 与点 $B'$的运动具有近似的对称性。在点 $B'$加质量 $m$ 可以有效平衡滑块 $B$ 生的惯性力。

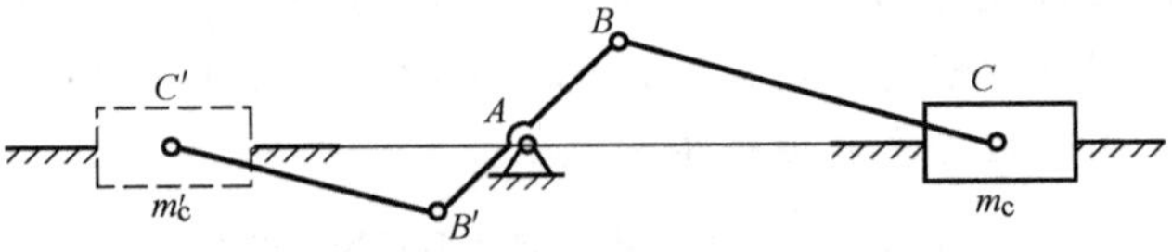

图 14-17　准对称机构平衡法

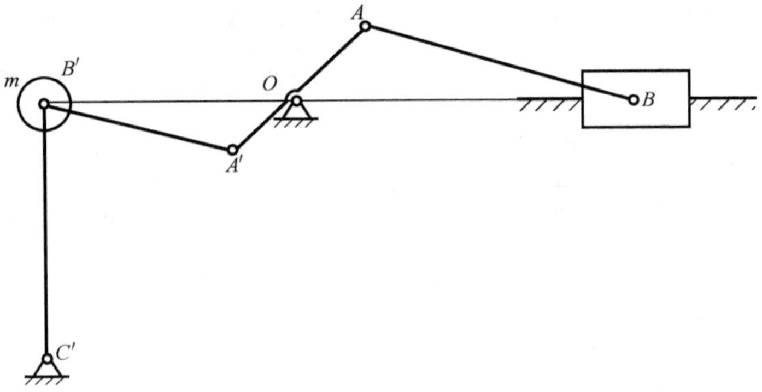

图 14-18　近似对称机构平衡法

## 二、利用几套相似的机构

在工程中若要求两个或几个执行构件完成相似的运动时，利用此法是最经济的。在设计这种机构时，其各构件的配置应考虑到对机座惯性力平衡最为有利。

在图 14-19a 和图 14-19b 中，当曲柄转动时，在某些位置滑块 $C$ 和 $C'$的加速度方向

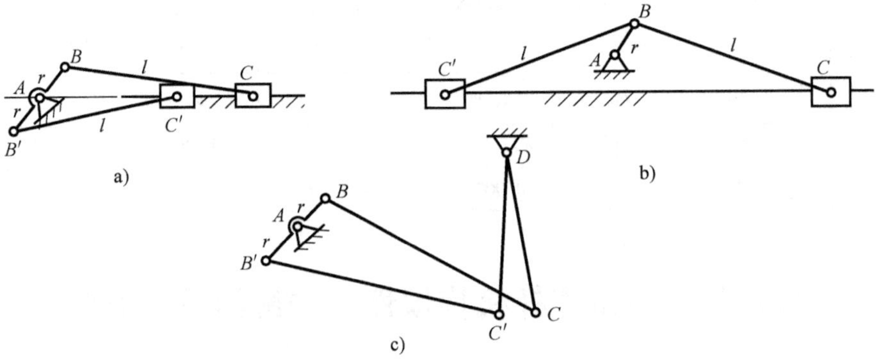

图 14-19　部分平衡的机构配置

a）曲柄滑块（同边）机构　b）曲柄滑块（异边）机构　c）连杆机构

相反，它们的惯性力方向也相反，但由于运动规律不完全相同，所以只能部分抵消；图 14-19c中采用同样办法，当曲柄转动时，两连杆和摆杆的运动方向相反，惯性力部分抵消，达到部分平衡的目的。

如图 14-20 和图 14-21 所示的机构，由于机构各构件的尺寸和质量对称，使惯性力在轴承 $A$ 处所引起的水平动压力完全得到平衡。可见，利用对称机构可得到很好的平衡效果，但其缺点是将使机构的体积大为增加。

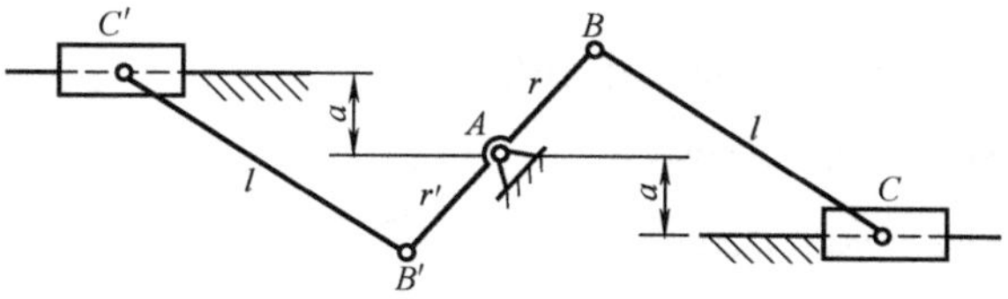


图 14-20　曲柄滑块机构的对称平衡

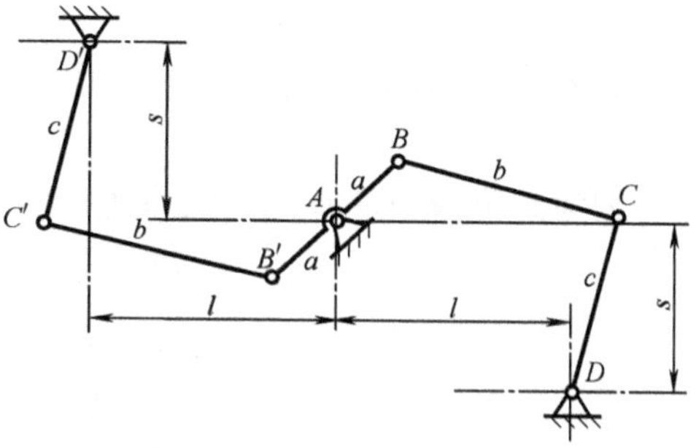


图 14-21　铰链四杆机构的对称平衡

## 三、利用在曲柄上加回转质量达到部分平衡

利用仅在曲柄上加回转质量以部分地平衡机座惯性力。其平衡质量选得较小，以减轻机重。现以图 14-22 所示曲柄滑块机构为例说明这种方法。

设各构件质量 $m_1$、$m_2$、$m_3$，曲柄长 $r$，连杆长 $L$，质心 $S_2$ 在 $BC$ 直线上，$BS_2=a$，$CS_2=b$。构件 1 已经平衡，其质心 $S_1$ 与转轴 $A$ 重合。

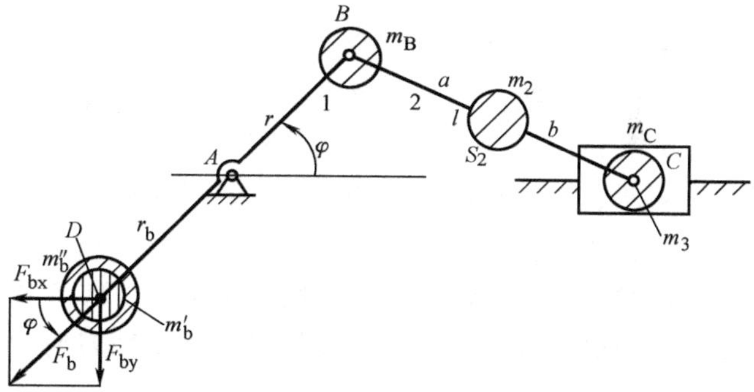


图 14-22　在曲柄上加回转质量部分平衡

首先将 $m_2$ 用 $m_{B2}$ 和 $m_{C2}$ 代替，代替前后总质量不变，质心位置不变，故

$$\begin{cases} m_{B2}=m_2 b/l \\ m_{C2}=m_2 a/l \end{cases}$$

这样机构的惯性力可以看成是由点 $B$ 的质量 $m_B$ 和点 $C$ 的质量 $m_C$ 产生的

$$\begin{cases} m_B=m_{B2}=m_2 b/l \\ m_C=m_3+m_{C2}=m_3+m_2 a/l \end{cases}$$

用加在点 $D$ 处的平衡质量 $m'_b$ 平衡 $m_B$ 产生的惯性力

$$m'_b r_b=m_B r$$

所以

$$m'_b=m_2 br/\ (lr_b) \tag{14-29}$$

用加在点 $D$ 处的平衡质量 $m''_b$ 来平衡点 $C$ 处的惯性力 $F_C=m_C a_C$。现分析如何确定 $m''_b$。

由机构运动分析得到点 $C$ 的加速度方程，用泰勒级数展开并取前两项有

$$a_C = \omega^2 r(\cos\varphi + \lambda\cos 2\varphi)$$

其中，$\lambda = r/l$。

所以

$$F_C = m_C\omega^2 r\cos\varphi + m_C\omega^2 r\lambda\cos 2\varphi = F'_C + F''_C$$

其中，$F'_C$，$F''_C$分别称为第一级和第二级惯性力。当 $\lambda = r/L$ 较小时，第二级及其以上级别的惯性力较第一级惯性力小得多，所以只考虑第一级惯性力，即取

$$F_C \approx m_C\omega^2 r\cos\varphi \tag{14-30}$$

为平衡 $F_C$ 在点 $D$ 另加一平衡质量 $m''_b$，且使得

$$m''_b r_b = m_C r$$

因为此平衡质量 $m''_b$产生之惯性力可分解为水平与垂直两个分量

$$\begin{cases} F_{bx} = m''_b r_b\omega^2\cos\varphi = m_C r\omega^2\cos\varphi \\ F_{by} = m''_b r_b\omega^2\sin\varphi = m_C r\omega^2\sin\varphi \end{cases}$$

可见，$F_{bx} = F_C$ 即 $F_{bx}$已将往复惯性力 $F_C$ 平衡。不过此时又多出了一个新的不平衡惯性力 $F_{by}$。为了减小该 $F_{by}$的不利因素，只能按部分平衡往复惯性力 $F_C$ 来选取 $m''_b$，以使得在垂直方向产生的新的不平衡惯性力 $F_{by}$不致太大，故取

$$m''_b r_b = km_C r \tag{14-31}$$

式中，$k = 1/3 \sim 1/2$。

这样，为部分平衡机座惯性力，在 $D$ 处所加的平衡质量为

$$m_b = m'_b + m''_b = m_2 br/(lr_b) + km_C r/r_b \tag{14-32}$$

## 四、机构惯性力最优平衡方法

如前所述按惯性力“完全”平衡的质量矩方法所求得的平衡质量并不能使机座惯性力相等反向且共线。因此机器在运转时仍出现振动。可以这样说，对一般平面连杆机构，不存在使其机座惯性力完全平衡的附加质量，而只能通过在机构上装加合适的质量使机座惯性力最小，以达到最佳平衡效果。这只能通过优化方法来解决。

设机构中有 $n$ 个连架杆，则需有 $n$ 个附加质量 $m_{bi}$，$n$ 个质量的向径用 $r_i$ 表示，各矢径的方向角 $\psi_i$，$n$ 个连架杆的惯性力沿机架方向与垂直机架方向的分量用 $x_i$、$y_i$ 表示，优化法求解时必须计算出附加平衡质量后的惯性力 $x_i$、$y_i$，使 $x_i$、$y_i$ 最小时的平衡质量即优化点。

设计变量

$$\boldsymbol{x} = (x_1 x_2 x_3 \cdots x_n)^T = (m_1 m_2 \cdots m_n \psi_1 \psi_2 \cdots \psi_n)^T$$

约束条件

$$0 \leqslant \psi_i \leqslant 360°$$

$$0 \leqslant m_i \leqslant [m_i] \ (i = 1, 2, \cdots, n)$$

目标函数

$$\min F(x) = \left[\left|\sum_{l}^{n} X_i\right| + \sum_{l=1}^{n} |Y_i|\right]_{\max} + W|M|_{\max n} \tag{14-33}$$

式中，$M$ 为输入构件上的惯性力矩；$W$ 为加权因子；$[m_i]$ 为各平衡质量的上限。当 $W = 0$ 时，则仅考虑惯性力平衡。

机构平衡的目的在于提高机器的运动精度和平稳性，或降低运动副中的动载荷以提高

零部件的强度。因此，优化计算的目标函数可以是多种多样的。式（14-33）是按振动载荷在机座上平衡的观点，消除或减轻机座动载来建立目标函数的。不论以何种表达式建立目标函数，其平衡效果差别不大，式（14-33）是按照 $X_i$ 的绝对值与 $Y_i$ 的绝对值的和的最大值以及原动件惯性力矩的最大值极小来建立目标函数的。

现以表 14-2 所给已知条件的铰链四杆机构为例进行优化计算。取 $W=0$。优化结果：

$X_1=m_{b1}=7.594\text{kg}$，$X_2=m_{b3}=2.174\text{kg}$，$X_3=\psi_1=223.376°$，$X_4=\psi_3=161.315°$，其平衡效果如图 14-23 所示。图中纵坐标表示 $|X_A+X_D|+|Y_A|+|Y_D|=\sum xy$，即支座残余惯性力。曲线 1 表示未加平衡质量时的支座惯性力，曲线 2、3 分别表示按质量矩法与优化法平衡后的支座残余惯性力。若以平衡了的支座惯性力的相对值为平衡效果，由该平衡实例知，优化方法的平衡效果为 52.964%，质量矩的平衡效果仅为 4.5%。

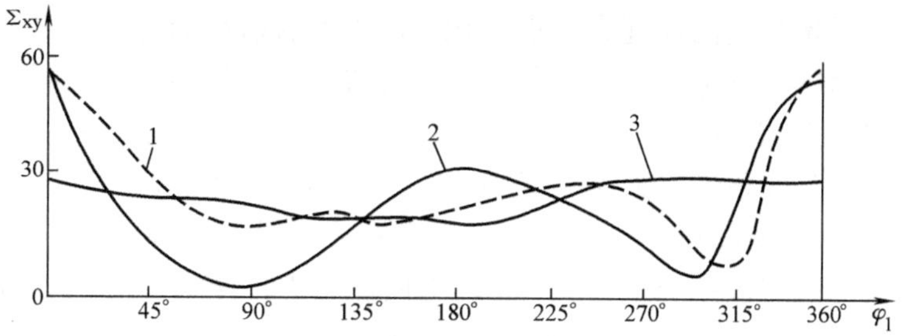


图 14-23　优化方法与其他方法结果比较

## 五、平行四边形机构惯性力完全平衡的计算方法

对一般机构而言，不存在使机构支座惯性力完全平衡的附加质量，但对于平行铰链四杆机构这一具有特殊运动规律的机构，却存在使机座惯性力完全平衡的附加质量。

现用惯性力等效的方法来求解平衡质量。设如图 14-24 所示的两连架杆长度为 $r$，连杆与机架长为 $l$，两连架杆的质量已平衡，即质心与转轴重合，仅在连杆上有一不平衡质量 $m_2$，质心为 $S_2$，过 $S_2$ 作连杆的垂线 $S_2E$ 得垂足 $E$。用 $p=BE$、$q=ES_2$ 表示 $S_2$ 的位置。两连架杆上的平衡质量的大小、位置用如下符号表示：$m_{b1}$，$\psi_1$，$r_b$；$m_{b3}$，$\psi_3$，$r_b$。

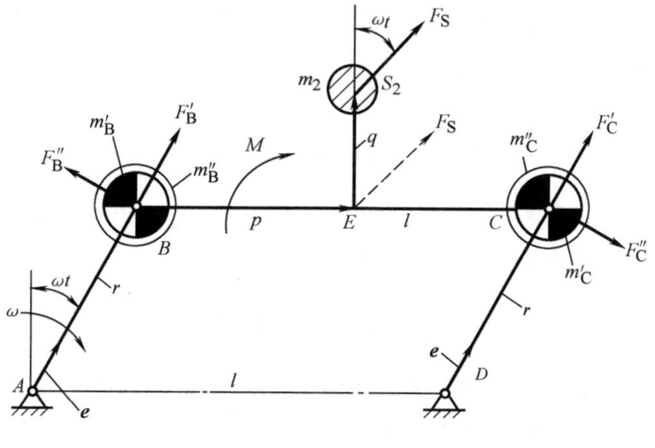


图 14-24　平行四边形机构完全平衡

由于连杆作平动，故其上各点的加速度相等：$a_B = a_{s_2} = a_C = -r\omega^2$，点 $S_2$ 处的惯性力 $F_S$ 与点 $B$、$C$ 的离心惯性力的方向一致，其大小为 $F_S = m_2 r\omega^2$。现将 $F_S$ 平移到点 $E$ 得一平移力偶矩 $M$，然后将作用在点 $E$ 的 $F_S$ 分解到 $B$、$C$ 两点得 $F'_B$、$F'_C$

$$\begin{cases} F'_B = F_S(l-p)/l \\ F'_C = F_S p/l \end{cases}$$

令 $B$、$C$ 处各有一质量 $m'_B$、$m'_C$，则

$$\begin{cases} m'_B r\omega^2 = m_2 r\omega^2 (L-p)/l \\ m'_C r\omega^2 = m_2 r\omega^2 p/l \end{cases}$$

故得

$$\begin{cases} m'_B = m_2(l-p)/l \\ m'_C = m_2 p/l \end{cases} \tag{14-34}$$

即由 $m'_B$、$m'_C$质量产生的惯性力与点 $E$ 由 $m_2$ 产生的惯性力等效。其次尚有一平移力偶矩 $M$ 未曾等效，$M = -F_S q\sin\omega t$，根据力偶只能与力偶等效的原则，可知分别作用在 $B$、$C$ 的等效力 $F''_B$、$F''_C$必须满足 $\boldsymbol{F}''_B = -\boldsymbol{F}''_C$且与 $M$ 同向。同时考虑到加在 $B$、$C$ 的等效力 $F'_B$、$F'_C$不影响 $F''_B$、$F''_C$的等效条件，为此令 $F''_B \perp F'_B$，$F''_C \perp F'_C$，且组成一对与 $M$ 同向的力偶。

由 $\sum M_C = 0$ 得 $-F''_B l\sin\omega t = -F_S q\sin\omega t$；由 $\sum M_B = 0$ 得 $-F''_C l\sin\omega t = -F_S q\sin\omega t$。

设在 $B$、$C$ 处分别有虚拟质量 $m''_B$、$m''_C$产生惯性力 $F''_B$、$F''_C$，代入上式有

$$m''_B = m''_C = m_2 q/l \tag{14-35}$$

为表示 $F''_B$、$F''_C$的方向，设沿连架杆方向的单位矢量 $\boldsymbol{e}$，则作用在 $B$、$C$ 两点的等效力为

$$\begin{cases} \boldsymbol{F}_B = m_B r\omega^2 \boldsymbol{e} = (m'_B + i m''_B)\boldsymbol{r}\omega^2 \boldsymbol{e} = \left(\dfrac{l-p}{l} + i\,\dfrac{q}{l}\right) m_2 r\omega^2 \boldsymbol{e} \\ \boldsymbol{F}_C = m_C r\omega^2 \boldsymbol{e} = (m'_C - i m''_C)\boldsymbol{r}\omega^2 \boldsymbol{e} = \left(\dfrac{p}{l} - i\,\dfrac{q}{l}\right) m_2 r\omega^2 \boldsymbol{e} \end{cases}$$

即作用在 $B$、$C$ 两点的质量 $m_B$ 和 $m_C$ 产生之惯性力与连杆上作用在 $S_2$ 处的质量 $m_2$ 产生的惯性力等效，因此只需在两连架杆上分别加质量 $m_{b1}$、$m_{b3}$ 使其产生之惯性力分别与 $\boldsymbol{F}_B$、$\boldsymbol{F}_C$ 大小相等方向相反，即可使机座惯性力完全平衡，故得

$$\begin{cases} m_{b1} = [(l-p)^2 + q^2]^{1/2} m_2 r/(l r_b) \\ m_{b3} = [p^2 + q^2]^{1/2} m_2 r/(l r_b) \\ \psi_1 = 180^\circ + \arctan\left(\dfrac{q}{l-p}\right) \\ \psi_3 = 180^\circ + \arctan\left(\dfrac{-q}{p}\right) \end{cases} \tag{14-36}$$

若将式（14-36）与用质量矩推导出的式（14-15）比较可以发现，两式导出的质量矩的大小是一致的，但其方向角 $\psi_1$、$\psi_3$ 是不同的。

## 习　　题

14-1　在图 14-25 所示的盘形转子中，有四个偏心重力位于同一回转平面内。它们的大小及其重心至回转轴的距离分别为 $G_1 = 50\text{N}$，$G_2 = 70\text{N}$，$G_3 = 80\text{N}$，$G_4 = 100\text{N}$；$r_1 = r_4 = 100\text{mm}$，$r_2 = 200\text{mm}$，$r_3 = 150\text{mm}$，而各偏心重力的方位如图 14-25 所示。又设平衡重力 $G$ 的重心至回转轴距离 $r = 150\text{mm}$，试求平

衡重力 $G$ 的大小及方位。

14-2 图 14-26 所示为几何尺寸对称的简支转子，在平面Ⅰ和平面Ⅱ上分别存在着不平衡量。已知 $G_1=G_2$，$r_1=r_2$，方位如图 14-26 所示。试问该转子是否产生重心偏移？若将转子放在静平衡机上校正，将会出现什么现象？转子还需要不需要进行其他校正？

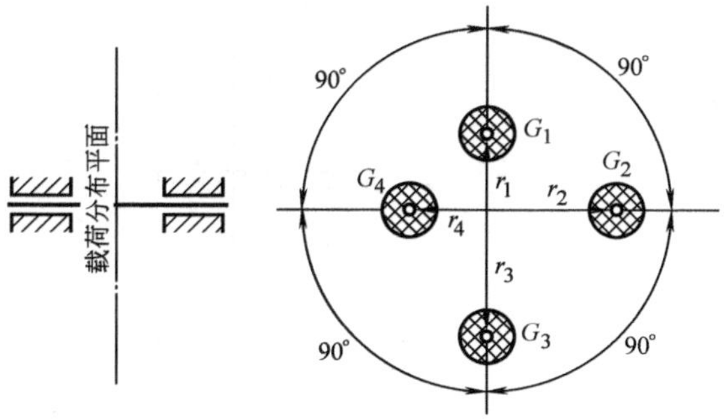


图 14-25 题 14-1 图

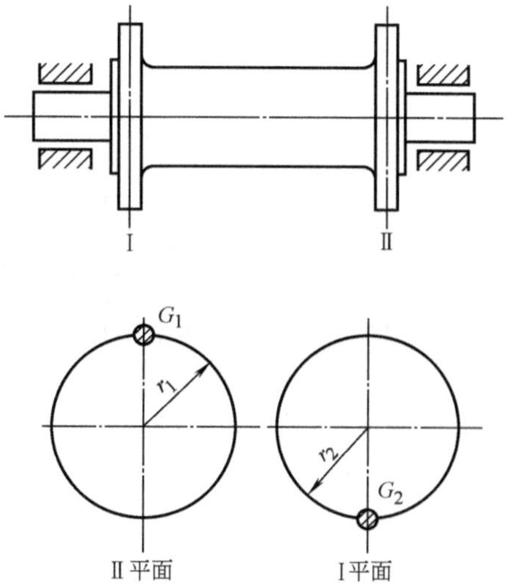


图 14-26 题 14-2 图

14-3 在图 14-27 所示的转子中，已知偏心质量产生的重力 $G_1=100\text{N}$，$G_2=150\text{N}$，$G_3=200\text{N}$，$G_4=100\text{N}$，它们的质心至回转轴的距离分别为 $r_1=400\text{mm}$，$r_2=r_4=300\text{mm}$，$r_3=200\text{mm}$。又知各偏心质量所在的回转平面间的距离为 $l_{12}=l_{23}=l_{34}=200\text{mm}$，各偏心质量间的方位夹角 $\alpha_{12}=120°$，$\alpha_{23}=60°$，$\alpha_{34}=90°$。如果置于平衡基面Ⅰ及Ⅱ中的平衡重力 $G'$ 和 $G''$ 至回转轴的距离为 $r'=r''=500\text{mm}$，试求 $G'$ 和 $G''$ 的大小。

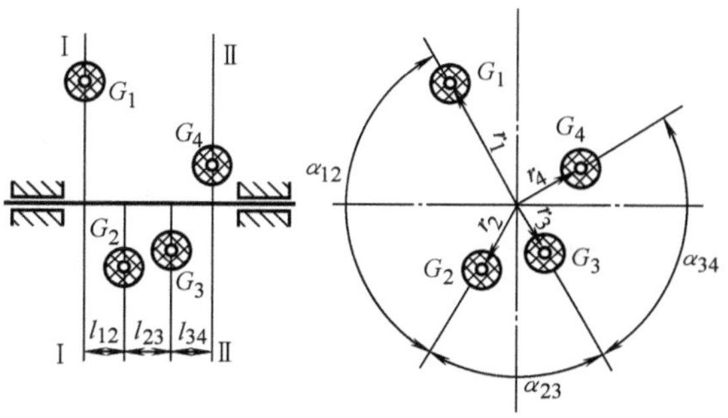


图 14-27 题 14-3 图

14-4 图 14-28 所示为一滚筒，在轴上装有带轮，由带传动使其回转。现已测知带轮有一偏心重力 $G_1=10\text{N}$；另外，根据该滚筒的结构，知其具有两个偏心重力 $G_2=150\text{N}$，$G_3=200\text{N}$，各偏心重力的位置如图 14-28 所示，试设法对此滚筒加以平衡（平衡基面分别选在Ⅰ，Ⅱ平面，确定平衡配重的大小及方位）。

14-5 图 14-29 所示为一行星轮系，已知各轮的齿数分别为 $z_1=58$，$z_2=42$，$z_2'=42$，$z_3=56$；而模数均为 $m=4\text{mm}$；又设行星轮 2-2′已经过准确平衡，其重心可视位于其轴线上，其重力为 $G=G_2+G_2'=10\text{N}$，试问行星轮在传动中所产生的离心惯性力应如何加以平衡？

14-6 已知一用于一般机器的盘形转子的重力为 300N，其转速 $n=8000\text{r/min}$，试确定其许用不平衡量。

14-7 如图 14-30 所示，设已知转子的重力为 1000N，其重心至两平衡基面Ⅰ和Ⅱ的距离分别为 $l_1=200\text{mm}$，$l_2=800\text{mm}$，转子的转速为 $n=10000\text{r/min}$，试确定在两平衡基面Ⅰ、Ⅱ内的许用不平衡重径积。

14-8 如图 14-31 所示的盘形转轴，已知圆盘的直径 $D=400\text{mm}$，圆盘宽度 $b=40\text{mm}$，圆盘重力 $G_0=$

14

1000N。设圆盘上存在不平衡重力 $G_1=20\text{N}$，$G_2=40\text{N}$，方位如图 14-31 所示。两支承的距离 $l=120\text{mm}$，圆盘至支承 $R$ 的距离 $l_1=80\text{mm}$。转轴的工作转速 $n=3000\text{r/min}$。试问：

1）能否判别出转轴上存在着静不平衡还是动不平衡？

2）求此时转轴的总重力 $G$ 及总重心的偏心量 $e$ 及其方向角 $\alpha$。

3）作用在左右两支承上的动压力 $F_L$、$F_R$ 有多大？

4）若平衡该转盘，求平衡重径积的大小 $G_b r_b$ 及方向角 $\alpha_b$。

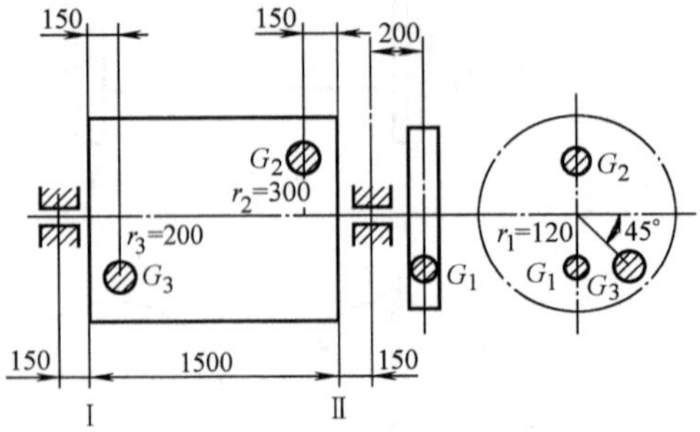


图 14-28　题 14-4 图

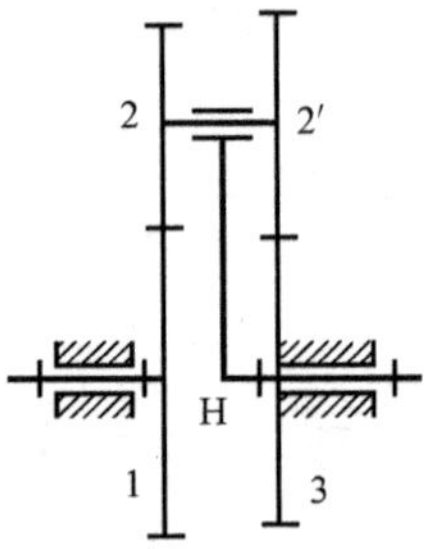


图 14-29　题 14-5 图

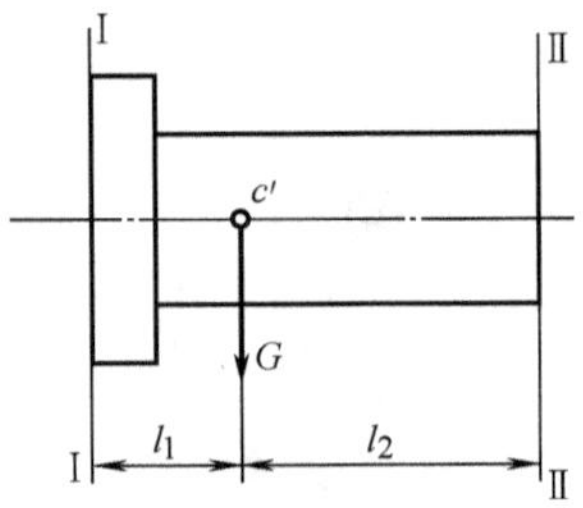


图 14-30　题 14-7 图

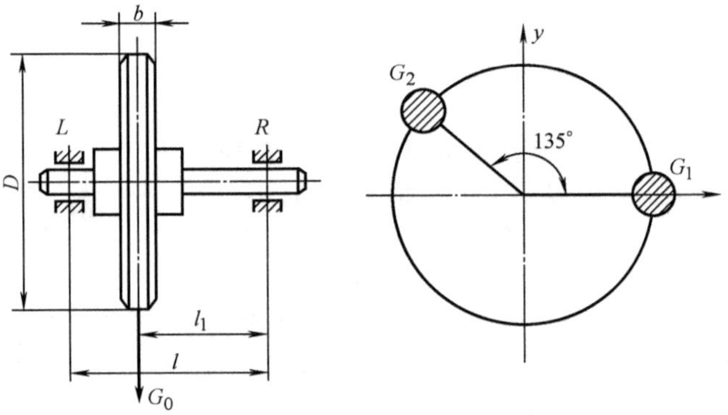


图 14-31　题 14-8 图

14-9　如图 14-32 所示的曲柄滑块机构，构件 1、2 的长度 $l_1=15\text{mm}$、$l_2=120\text{mm}$，偏距 $h=6\text{mm}$，$m_1=m_2=10\text{kg}$，$m_3=30\text{kg}$，$r_1=10\text{mm}$，$r_2=30\text{mm}$。试用质量矩法求加于构件 1、2 上的平衡质量 $m_{b1}$ 和 $m_{b2}$（设 $r_{b1}=15\text{mm}$、$r_{b2}=60\text{mm}$）及其向径的方向角 $\alpha_{b1}$、$\alpha_{b2}$。

14-10　题 14-9 中经质量矩法平衡后的机构中，设 $\varphi_1=45°$，$\omega_1=1\text{rad/s}$，经运动分析得到：$\varphi_2=-7.95°$，$\omega_2=-0.09\text{rad/s}$，$\varepsilon_2=0.09\text{rad/s}^2$，$a_C=-10.09\text{mm/s}^2$。不计各杆的转动惯量，求：

1）各质量产生的惯性力的大小及其方向

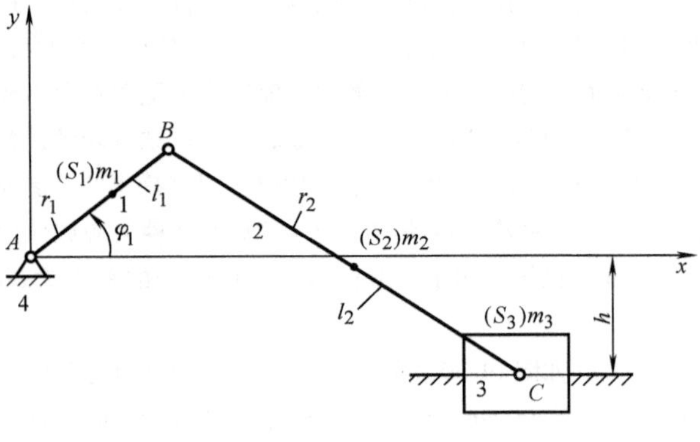


图 14-32　题 14-9 图

角 $F_i$，$\alpha_i$；$F_{bi}$，$\alpha_{bi}$。

2）由不平衡质量 $m_1$、$m_2$、$m_3$ 产生的支座反力 $R_{43}^0$、$R_{41x}^0$、$R_{41y}^0$。

3）加入平衡质量 $m_{b1}$ 和 $m_{b2}$ 后机构的支座反力 $R_{43}$、$R_{41x}$、$R_{41y}$。

4）分析质量矩法的平衡效果。

14-11　与题 14-9 和题 14-10 中的已知条件相同，仅改变连杆与曲柄质量向径的方向角 $\theta_1=\theta_2=45°$（图 14-33）。当 $\varphi_1=45°$时，求：

1）用质量矩法求加于构件 1、2 上的平衡质量的大小及其向径方向角（$m_{b1}$、$\alpha_{b1}$、$m_{b2}$、$\alpha_{b2}$）。

2）各质量产生的惯性力的大小及其方向角 $F_i$，$\alpha_i$；$F_{bi}$，$\alpha_{bi}$。

3）由不平衡质量 $m_1$、$m_2$、$m_3$ 产生的支座反力 $R_{43}^0$、$R_{41x}^0$、$R_{41y}^0$。

4）加入平衡质量后，机构的支座反力 $R_{43}$、$R_{41x}$、$R_{41y}$。

5）分析质量矩法的平衡效果。

14-12　与题 14-9 和题 14-10 中的已知条件相同，仅使 $m_1=m_2=0$，故在曲柄 $AB$ 的反向 $r_1^b=15\text{mm}$ 处加 $m_{b1}$，来平衡 50% 的滑块第一级惯性力。当 $\varphi_1=45°$时，求：

1）$m_{b1}$ 的大小。

2）由 $m_3$ 和 $m_{b1}$ 产生的惯性力的大小 $F_3$、$F_{b1}$ 及方向角 $\alpha_3$、$\alpha_{b1}$。

3）由 $F_3$ 产生的支座反力 $R_{43}^0$、$R_{41x}^0$、$R_{41y}^0$。

4）由 $F_3$、$F_{b1}$ 产生的支座反力 $R_{43}$、$R_{41x}$、$R_{41y}$。

5）分析平衡效果。

14-13　已知条件与题 14-9 相同，试建立该机构优化平衡的数学模型。

14-14　在图 14-34 所示连杆–齿轮组合机构中，齿轮 $a$ 与曲柄 1 固联，齿轮 $b$ 和 $c$ 分别活套在轴 $C$ 和 $D$ 上。各杆尺寸 $l_1=200\text{mm}$，$l_2=300\text{mm}$，$l_3=250\text{mm}$，$l_4=400\text{mm}$，各齿轮的模数 $m=5\text{mm}$，$z_1=z_2=60$，$z_3=40$，设各齿轮的质量分别为 $m_a=10\text{kg}$，$m_b=12\text{kg}$，$m_c=8\text{kg}$，其质心分别与轴线 $B$、$C$、$D$ 重合，而构件 1、2、3 本身的质量略去不计，试建立该机构优化平衡的数学模型。

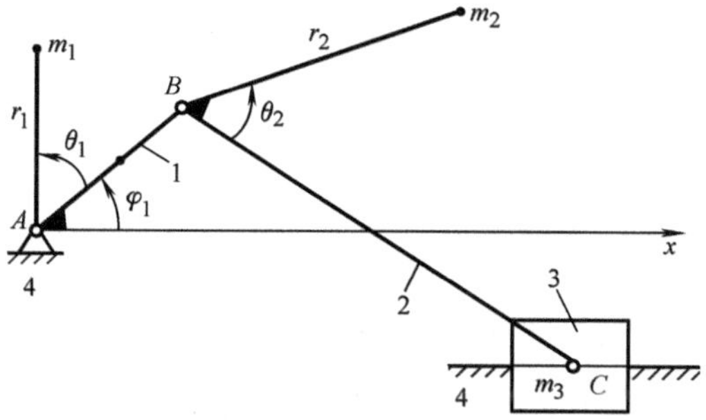


图 14-33　题 14-11 图

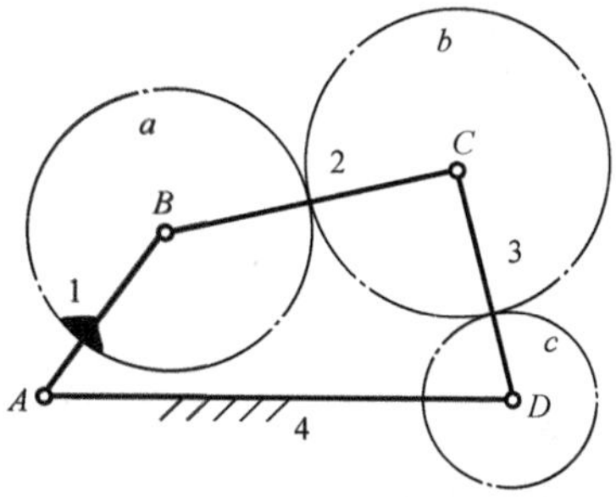


图 14-34　题 14-14 图

14

# 附　　录

## 附录 A　求解线性方程组的高斯主元消去法子程序

设有 $n$ 个方程构成的线性方程组

$$\begin{pmatrix} a_{11} & a_{12} & \cdots & a_{1n} \\ a_{21} & a_{22} & \cdots & a_{2n} \\ \vdots & \vdots & & \vdots \\ a_{n1} & a_{n2} & \cdots & a_{nn} \end{pmatrix} \begin{pmatrix} x_1 \\ x_2 \\ \vdots \\ x_n \end{pmatrix} = \begin{pmatrix} b_1 \\ b_2 \\ \vdots \\ b_n \end{pmatrix}$$

其中，$a_{ij}$为系数矩阵中的已知元素，$b_i$ 为常数，$x_i$ 为待求量。

以下是求如下方程组的子程序：

$$\begin{pmatrix} 3 & 2 & 1 \\ 1 & 1 & 1 \\ 2 & 3 & -1 \end{pmatrix} \begin{pmatrix} x_1 \\ x_2 \\ x_3 \end{pmatrix} = \begin{pmatrix} 14 \\ 10 \\ 1 \end{pmatrix}$$

```
/ ********** /
#define pi 3. 1415926
#include" stdio. h"
#include" math. h"
#include" stdlib. h"

main( )
{

int i,j,n =3,k,z,s;
float x[10],b,c;
static float a[10][10] = { {0,0,0,0} ,{0,3,
2,1,14} ,{0,1,1,1,10} ,{0,2,3,-1,1} } ;
for(i =1;i < n +1;i ++ )
for(j =1;j < n +2;j ++ )
printf( " a[ % d][ % d] = % f\n" ,i,j,a[i]
[j]);
for(j =1;j < n +1;j ++ )
for(j =1;j < n +2;j ++ )
printf( " a[ % d][ % d] = % f\n" ,i,j,a[i]
[j]);
for(j =1;j < n +1;j ++ )
{ if(a[j][j]! =0) goto loop1;
for(i =j;i < n +1;i ++ ) {if(a[i][j]! =0)
goto loop2; }
printf( " no solution" ); goto loop4;

loop2:for(k =j;k < n +2;k ++ ) {b =a[j]
[k];a[j][k] =a[i][k];a[i][k] =b; }

loop1:c =1/a[j][j];
for(z =1;z < n +2;z ++ )
a[j][z] =a[j][z] * c;
for(i =1;i < n +1;i ++ )
if(i! =j) {c = -a[i][j];
for(s =j;s < n +2;s ++ ) a[i][s] =a[i]
[s] +c * a[j][s];
}
}

loop3: printf( " \n ****** solution ****** \n" );
for(i =1;i < n +1;i ++ )
printf( " x[ % d][ % d] = % f\n" ,i,n +1,a
[i][n +1]);
```

```
goto loop5;

loop5:printf("finish\n");
loop4:
getch();
```

经运算得：$x_1$ = 1.000000，$x_2$ = 2.000000，$x_3$ = 7.000000。

# 附录 B　优化方法及其源程序

这里介绍复合型法和随机搜索法。

求下面具有不等式约束的最优解

$$\min \quad F(X) = (x_1 - 8)^2 + (x_2 - 8)^2$$
$$\text{s.t} \quad G_1(X) = x_1 \geqslant 0$$
$$G_2(X) = x_2 - 1 \geqslant 0$$
$$G_3(X) = 11 - x_1 - x_2 \geqslant 0$$

由以上方程知，维数为 2，约束条件数为 3。

## 一、复合型法源程序

```
#include <stdlib.h>
#include <alloc.h>
#include <stdio.h>
#include <math.h>
#include <conio.h>

void cmplx(void);
double fj(int,double *);
void fcn (int, int, double *, double *,
double *,double *);

int main()
{
    cmplx();
    return 1;
}

void cmplx(void)
{
    int n,k,m,l;
    double *a, *b, *c, *d, *w,
*xx, *f, *x, z, *xt, *xf;
    double alpha = 1.3;
    double eps;
    int r,g,i,j;
    double fr,fg;
    n = 2;k = 3;/* n:x[]'s number */
    m = 2*n;/* k:x[]'s constrain function
number */
    a = (double *)malloc((n+1)*sizeof
(double));
    b = (double *)malloc((n+1)*sizeof
(double));
    c = (double *)malloc((k+1)*sizeof
(double));
    d = (double *)malloc((k+1)*sizeof
(double));
    w = (double *)malloc((k+1)*sizeof
(double));
    xx = (double *)malloc((n+1)*(m+
1)*sizeof(double));
    f = (double *)malloc((m+1)*sizeof
(double));
    x = (double *)malloc((n+1)*sizeof
(double));
    xt = (double *)malloc((n+1)*sizeof
```

```
(double));
    xf = (double *)malloc((n + 1) * sizeof
(double));
    if((xx == NULL)||(xf == NULL))
    {
    printf("\n memory not enough!\n");
    exit(1);
    }
    x[1] = 4.0;x[2] = 2.0;/* firstorigi-
naldot */
    a[1] =0.0;a[2] =0.0;/* a[]:maxx[]; */
    b[1] = 11.0;/* b[]:minx[]: */
    b[2] = 11.0;
    eps = 1.0e-30;
    for(i = 1;i <= n;i ++)
    xx[1 * (n+1) + i] = x[i];
    xx[2 * (n + 1) + 1] = 4.0;/* secon-
doriginaldotx[1] */
    xx[2 * (n + 1) + 2] = 4.0;/* secon-
doriginaldotx[2] */
    f[1] = fj(n,x);
    x[1] = 4.0; x[2] = 4.0;/* secon-
dorigial */
    f[2] = fj(n,x);
    for(j = 3;j <= m;j ++)
    {
    for(i = 1;i <= n;i ++)
    {
    xx[j * (n + 1) + i] = a[i] + (b[i]-a
[i]) * j/m;
    x[i] = xx[j * (n + 1) + i];
    }
    LOOP130:r = 1;
    g = 0;
    LOOP140:if((a[r] <= x[r])&&(b[r]
>= x[r]))
    {
    r ++;
    if(r <= n)
    goto LOOP140;
    }
    else
    g = 1;
    if(g == 0)
    {
    fcn(n,k,x,c,d,w);
    r = 1;
    LOOP160:if((c[r] <= w[r])&&(d[r]
>= w[r]))
    {
    r ++;
    if(r <= k) goto LOOP160;
    }
    else
    g = 1;
    }
    if(g! = 0)
    {
    for(r = 1;r <= n;r ++)
    {
    z = 0.0;
    for(g = 1;g <= j-1;g ++)
    z += xx[g * (n + 1) + r]/(j - 1.0);
    xx[j * (n + 1) + r] = (xx[j * (n + 1) +
r] + z)/2.0;
    x[r] = xx[j * (n + 1) + r];
    }
    goto LOOP130;
    }
    f[j] = fj(n,x);
    }
    l = 1;
    LOOP1110:fr = f[1];
    r = 1;
    for(i = 2;i <= m;i ++)
    if(f[i] > fr)
    {
    r = i;
```

```
fr = f[i];
}
g = 1;
j = 1;
fg = f[1];
if(r == 1){g = 2;j = 3; fg = f[2];}
for(i = j + 1;i <= m;i ++ )
{
if(i! = r)
{
if(f[i] > fg)
{
g = i;
fg = f[i];
}}}

for(i = 1;i <= n;i ++ )
{
xf[i] = 0.0;
for(j = 1;j <= m;j ++ )
if(j! = r)
xf[i] += xx[j * (n + 1) + i]/(m - 1.0);
xt[i] = (1.0 + alpha) * xf[i]-alpha *
xx[r * (n + 1) + i];
}
LOOP1160:z = fj(n,xt);
if(z > fg)
{
for(i = 1;i <= n;i ++ )
xt[i] = (xt[i] + xf[i])/2.0;
goto LOOP1160;
}
j = 0;
for(i = 1;i <= n;i ++ )
{
if(a[i] > xt[i])
{
xt[i] += 0.000001;
j = 1;
}
if(b[i] < xt[i])
{
xt[i]- = 0.000001;
j = 1;
}
}
if(j! = 0)
goto LOOP1160;
fcn(n,k,xt,c,d,w);
j = 1;
LOOP1200:if((c[j] <= w[j]) && (d
[j] >= w[j]))
{
j ++ ;
if(j <= k) goto LOOP1200;
}
if(j <= k)
{
for(i = 1;i <= n;i ++ )
xt[i] = (xt[i] + xf[i])/2.0;
goto LOOP1160;
}
for(i = 1;i <= n;i ++ )
xx[r * (n + 1) + i] = xt[i];
f[r] = z;
fr = 0.0;
fg = 0.0;
for(j = 1;j <= m;j ++ )
{
fr += f[j]/m;
fg += f[j] * f[j];
}
fr = (fg-m * fr * fr)/(m - 1.0);
if(fr >= eps)
{
l ++ ;
if(l < 201)
goto LOOP1110;
```

15

```
}
for(i=1;i<=n;i++)
{
x[i]=0.0;
for(j=1;j<=m;j++)
x[i]+=xx[j*(n+1)+i]/m;
}
z=fj(n,x);
printf("l=%d,x1=%lf,x2=%lf,z=%lf\n",l,x[1],x[2],z);
free(a);free(b);free(c);free(d);free(w);
free(xx);free(f);free(x);free(xt);free(xf);
getch();
return;
}

double fj(int n,double *x)
{
double s;
s=(x[1]-8)*(x[1]-8)+(x[2]-8)*(x[2]-8);
return s;
}

void fcn(int n,int k,double *x,double *c,double *d,double *w)
{
c[1]=0.0;
c[2]=0.0;
c[3]=0.0;
d[1]=10.0;
d[2]=10.0;
d[3]=11.0;
w[1]=x[2]-1;
w[2]=11-x[1]-x[2];
w[3]=x[1];
return;
}
```

15

## 二、随机搜索法源程序

```
/**********/
#define pi 3.1415926
#include"stdio.h"
#include"math.h"
#include"stdlib.h"

main()
{
float
x[20],x0[20],f,f0,goalf(),constr(),sm,y[20],s[20],al=1.3,kr,e=1e-5;
int n=2,i,j,g,k,m=50,numb=0,numb0=0;

loop1:for(i=0;i<n;i++)
{printf("x0[%d]=",i);scanf("%f",&x0[i]);}
g=constr(x0);
printf("g=%d\n",g);
if(g==1) goto loop1;
f0=goalf(x0);
for(i=0;i<n;i++)
printf("x0[%d]=%f\n",i,x0[i]);
printf("f0=%f",f0);

loop2:k=1;j=0;
loop3:sm=0;
for(i=0;i<n;i++)
{kr=random(200);kr=kr/200;
y[i]=kr*2-1;sm=sm+y[i]*y[i]; }
for(i=0;i<n;i++)
{s[i]=y[i]/sqrt(sm);x[i]=x0[i]+al*s[i]; }

loop4: g=constr(x);numb0=numb0++;
if(g==1 ) {if(j==0 ) goto loop6;
            else goto loop2; }
f=goalf(x);numb=numb++;
```

```
if(f < f0) goto loop5;
if(j ==0) goto loop6;
else goto loop2;
loop5: for(i =0;i < n;i  ++ ) x0[i] = x[i];
f0 = f;j = 1;
                            for(i =0;i <n;i ++)
x[i] =x0[i] + al * s[i];
goto loop4;

loop6:   k = k + 1;
if(k < m)goto loop3;
if(al > e) {al = al/2;goto loop2; }
printf(" \n ******** results: ******** \n");
for(i =0;i <n;i ++ ) printf(" \nx[%d] =%
f" ,i,x[i]);
printf( " \n numb =% d, numb0 =% d \n al
 =%f, \n f =%f\n" ,numb,numb0,al,f);
printf( " \n ****************** \n");
getch();
} /********** /

float txytan(x,y)       /********** /
float x,y;
{
float z;
if(fabs(x) <=1e-5)
{ if (y <0) z = -pi/2;
    else z = pi/2;}
else if (x <0) z = atan(y/x) + pi;
       else z = atan(y/x);
return(z);
}       /********** /

float goalf(xx)      /********** /
float xx[20];
{
float fx;
fx = (xx[0]-8) * (xx[0]-8) + (xx[1]-8) *
(xx[1]-8);
return(fx);
}       /********** /

float constr(xco)       /********** /
float xco[20];

{int i,gs;
float gco[20];
gco[0] =xco[0];
gco[1] =xco[1]-1;
gco[2] =11-xco[0]-xco[1];

for(i =0;i <3;i ++)
  {if(gco[i] <0){ gs =1;goto loop80;}
   else   gs =0;}
   loop80:return(gs);
     }
```

初始点：$x_1^0=4$；$x_2^0=3$；

初始值：$f^0=41.000000$

******** results: ******

经 664 次迭代运算，得最优解为：

$x_1=5.500212$；$x_2=5.499775$；$f=12.500065$

/**********

# 附录 C　位移矩阵法及其程序

已知某刚体上一点 $P$ 的坐标 XP($I$)，YP($I$)及其上标线相对第一位置的转角 STA($I$)($I$=1，2，3)。设支座 $O$ 的坐标为 $X_0$，$Y_0$，运行程序，即可得到一个铰链四杆机构的各杆

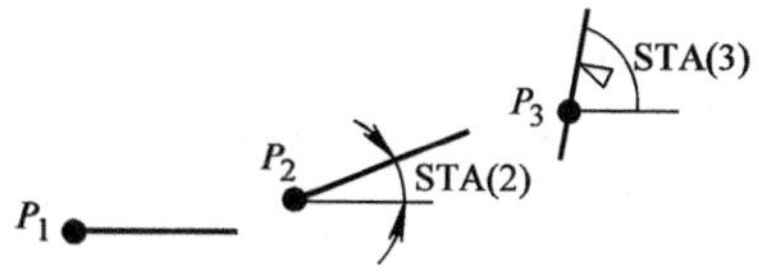


附 C 图

长度尺寸。

```
#include" stdlib. h"
#include" math. h"
#include" stdio. h"
#include" conio. h"
#defineeps1e-5
#definepi3. 14159
#definearow2/ * a:rownumber * /
#defineacol2/ * a:colnumber * /
#definebrow2/ * b:rownumber * /
int agaus(a,b,n)
int n;
double a[ ],b[ ];
{int * js,l,k,i,j,is,p,q;
double d,t;
js = malloc(n * sizeof(int));
l = 1;
for(k = 0;k <= n-2;k ++ )
{d = 0. 0;
for(i = k;i <= n-1;i ++ )
for(j = k;j <= n-1;j ++ )
{t = fabs(a[i * n + j]);
if(t > d){d = t;js[k] = j;is = i;}
}
if(d + 1. 0 == 1. 0)l = 0;
else
{if(js[k]! = k)
for(i = 0;i <= n-1;i ++ )
{p = i * n + k;q = i * n + js[k];
t = a[p];a[p] = a[q];a[q] = t;
}
if(is! = k)
{for(j = k;j <= n-1;j ++ )
{p = k * n + j;q = is * n + j;
t = a[p];a[p] = a[q];a[q] = t;
}
t = b[k];b[k] = b[is];b[is] = t;
}
}
if(l == 0)
{free(js);printf("fail\n");
return(0);
}
d = a[k * n + k];
for(j = k + 1;j <= n-1;j ++ )
{p = k * n + j;a[p] = a[p]/d;}
b[k] = b[k]/d;
for(i = k + 1;i <= n-1;i ++ )
{for(j = k + 1;j <= n-1;j ++ )
{p = i * n + j;
a[p] =a[p]-a[i *n +k] *a[k *n +j];
}
b[i] = b[i]-a[i * n + k] * b[k];
}
}
d = a[(n-1) * n + n-1];
if(fabs(d) + 1. 0 == 1. 0)
{free(js);printf("fail\n");
return(0);
}
b[n-1] = b[n-1]/d;
for(i = n-2;i >= 0;i--)
{t = 0. 0;
for(j = i + 1;j <= n-1;j ++ )
t = t + a[i * n + j] * b[j];
b[i] = b[i]-t;
}
js[n-1] = n-1;
for(k = n-1;k >= 0;k--)
if(js[k]! = k)
{t =b[k];b[k] =b[js[k]];b[js[k]] =t;}
free(js);
return(1);
}
double function(xp1,xp2,yp1,yp2,sad,dd)
doublexp1,xp2,yp1,yp2;
double sad;
```

```
double dd[9];
{int i;
doubled[9];
d[0] = cos(sad);d[1] = -sin(sad);d[2] = xp2-x
p1 * cos(sad) + yp1 * sin(sad);
d[3] = sin(sad);d[4] = cos(sad);d[5] = yp2-x
p1 * sin(sad)-yp1 * cos(sad);
d[6] = 0.0;d[7] = 0.0;d[8] = 1.0;
for(i = 0;i < 9;i ++)
        dd[i] = d[i];
return(dd[i]);
}

main()
{
double
dd[9], a[2][2], b[2], d1[9], d2[9],aa[2][2],bb[2],dd1[9],dd2[9];
int i,j,k;
doublexp1,xp2,yp1,yp2,xp3,yp3;
doublesad2,sad3,ax,ay,dx,dy;
doublexb1,xc1,yb1,yc1;
sad2 = 0.0;sad3 = pi/6;
xp1 = 0; yp1 = 1.0; xp2 = 1.6; yp2 = 2.2;xp3 = 3.4;yp3 = 1.9;
k = 0;
do{
if(k == 0)
{
printf("please input ax,ay:\n");
scanf("%lf%lf",&ax,&ay);
}
else if(k! = 0)
{
printf("please input dx,dy:\n");
scanf("%lf%lf",&dx,&dy);
ax = dx;ay = dy;
}

function(xp1,xp2,yp1,yp2,sad2,dd1);
for(i = 0;i < 9;i ++)d1[i] = dd1[i];
a[0][0] = d1[0] * d1[2] + d1[3] * d1[5] + (1-d1[0]) * ax-d1[3] * ay;
a[0][1] = d1[1] * d1[2] + d1[4] * d1[5] + (1-d1[4]) * ay-d1[1] * ax;
b[0] = d1[2] * ax + d1[5] * ay-(d1[2] * d1[2] + d1[5] * d1[5])/2;
function(xp1,xp3,yp1,yp3,sad3,dd2);
for(i = 0;i < 9;i ++)
d2[i] = dd2[i];
a[1][0] = d2[0] * d2[2] + d2[3] * d2[5] + (1-d2[0]) * ax-d2[3] * ay;
a[1][1] = d2[1] * d2[2] + d2[4] * d2[5] + (1-d2[4]) * ay-d2[1] * ax;
b[1] = d2[2] * ax + d2[5] * ay-(d2[2] * d2[2] + d2[5] * d2[5])/2;
for(i = 0;i < 2;i ++)
for(j = 0;j < 2;j ++)
aa[i][j] = a[i][j];
for(i = 0;i < 2;i ++)bb[i] = b[i];
if(agaus(aa,bb,2)! = 0)
{if(k == 0)
{
xb1 = bb[0];
yb1 = bb[1];
}
else if(k! = 0)
{xc1 = bb[0];
yc1 = bb[1];
}
}
k = k + 1;
}while(k < 2);
printf("xb1 = %f\n",xb1);
printf("yb1 = %f\n",yb1);
printf("xc1 = %f\n",xc1);
```

```
printf("yc1 =%f\n",yc1);
getch();
return;
}
```

# 参考文献


[1] 黄锡恺，郑文纬. 机械原理 [M]. 北京：高等教育出版社，1989.
[2] 孙桓，付则绍. 机械原理 [M]. 北京：高等教育出版社，1989.
[3] 杨可桢，程光蕴. 机械设计基础 [M]. 4 版. 北京：高等教育出版社，2004.
[4] 黄锡恺，郑文纬. 机械原理 [M]. 北京：高等教育出版社，1989.
[5] 申永胜. 机械原理教程 [M]. 2 版. 北京：清华大学出版社，2005.
[6] 王知行，邓宗全. 机械原理 [M]. 2 版. 北京：高等教育出版社，2006.
[7] 天津大学. 机械原理 [M]. 北京：人民教育出版社，1979.
[8] 杨元山，郭文平. 机械原理 [M]. 武汉：华中理工大学出版社，1989.
[9] H. M. Hamilton. Mechanisms and Dynamics of Machinery [M], New York: John Wiley & Sons, 1975.
[10] 白师贤，等. 高等机构学 [M]. 上海：上海科学技术出版社，1988.
[11] 钮国辉，廖汉元. 平面三级机构运动分析的降级法和泰勒级数逼近法 [J]. 武汉钢铁学院学报，1994 (4).
[12] 廖汉元. 变长杆纯滚动高副机构的运动分析 [J]. 武汉钢铁学院学报，1990 (4).
[13] 廖汉元. 型综合的连杆组合法及其应用 [J]. 武汉钢铁学院学报，1992 (2).
[14] 廖汉元. 两自由度机构的型综合 [J]. 武汉冶金科技大学学报，1996 (4).
[15] JA 朗内斯，GL 纳耳桑. 四连杆机构分析图谱 [M]. 李学荣，译. 北京：机械工业出版社，1966.
[16] 袁克美，廖汉元. 广义质量静替代公式的探讨 [J]. 武汉钢铁学院学报，1982 (4).
[17] 廖汉元，袁克美. 平面平行铰链四杆机构完全静平衡的计算方法 [J]. 机构学（东北重型机械学院学报增刊），1983.
[18] 廖汉元. 平面铰链四杆平衡理论的新概念 [J]. 武汉钢铁学院学报，1990 (2).
[19] 曹龙华. 机械原理 [M]. 北京：高等教育出版社，1986.
[20] 廖汉元，郭锦勤. 具有离散值廓线的偏置凸轮机构的分析方法 [J]. 武汉冶金科技大学学报，1996 (2).
[21] 钮国辉，廖汉元. 复演离散值轨迹值的双凸轮连杆机构综合 [J]. 中国机械工程，1996（增刊）.
[22] 廖汉元. 四杆机构最优尺寸综合及机构的最优尺寸族 [J]. 武汉钢铁学院学报，1988 (1).
[23] 廖汉元，陈宗元. 计及摩擦时机构的线性叠加逐次逼近力分析方法 [J]. 武汉钢铁学院学报，1989 (2).
[24] 孔建益，廖汉元. 平面Ⅲ级组运动学最优综合通用程序 [J]. 武汉钢铁学院学报，1991 (3).
[25] 孔建益. 对考虑摩擦时机构力分析逐次逼近叠加方法的改进 [J]. 武汉钢铁学院学报，1991 (2).
[26] 孔建益. 考虑摩擦时机构力分析的简化线性方程解法 [J]. 武汉钢铁学院学报，1992 (2).
[27] 孔建益. 具有一个受控原动件的五杆机构精确实现给定函数的研究 [J]. 中国机械工程，1996（增刊）.
[28] 徐士良. C 常用算法程序集 [M]. 北京：清华大学出版社，1996.
[29] 朱友民，江裕金. 机械原理 [M]. 重庆：重庆大学出版社，1987.
[30] 孔建益，W. Funk，杨金堂. 受控机构学的研究现状和发展展望 [J]. 中国机械工程，1998.9 (1): 55-57.
[31] 杨金堂，孔建益，李公法. 基于运动学的受控机构优化 [J]. 中国机械工程，2006，17 (6): 570-573.
[32] YANG Jin-tang, KONG Jian-yi, XIONG He-gen. Optimization of controlled mechanism based on generalized inverse Method. Available online www. springerlink. com.
[33] 李佳，廖汉元. 摆式飞剪机构尺度综合的优化方法和代数式法 [J]. 武汉科技大学学报，2001 (3).

[34] 李佳，廖汉元．两自由度五杆铰链机构的有曲柄条件［J］．机械传动，2003（1）．
[35] 李佳，廖汉元．平面五杆机构的机构变换及选型［J］．中国机械工程，2007（1）：20-22.
[36] Yang Jintang, Kong Jianyi, Li Gongfa, et al. Developing of Controlled Five-bar Design Platform. World Congress on Software Engineering. 2009（Ⅲ）：38-42.